Sitzungsberichte
der Heidelberger Akademie der Wissenschaften
Mathematisch-naturwissenschaftliche Klasse
Jahrgang 1958, 1. Abhandlung

Beitrag zur Kenntnis der peruanischen Kakteenvegetation

Von

Werner Rauh
Botanisches Institut der Universität Heidelberg

Mit 234 Textabbildungen

(Vorgelegt in der Sitzung am 9. November 1957)

1958
Springer-Verlag Berlin Heidelberg GmbH

Sitzungsberichte der Heidelberger Akademie der Wissenschaften

Mathematisch-naturwissenschaftliche Klasse

Die Jahrgänge bis 1921 einschließlich erschienen im Verlag von Carl Winter, Universitätsbuchhandlung in Heidelberg, die Jahrgänge 1922—1933 im Verlag Walter de Gruyter & Co. in Berlin, die Jahrgänge 1934—1944 bei der Weiß'schen Universitätsbuchhandlung in Heidelberg. 1945, 1946 und 1947 sind keine Sitzungsberichte erschienen.

Jahrgang 1940.

1. F. Eichholtz und W. Sertel. Weitere Untersuchungen zur Chemie und Pharmakologie der Heidelberger Radiumsole. DM 2.20.
2. H. Maass. Über Gruppen von hyperabelschen Transformationen. DM 1.20.
3. K. Freudenberg, H. Walch, H. Grieshaber und A. Scheffer. Über die gruppenspezifische Substanz A (5. Mitteilung über die Blutgruppe A des Menschen). DM 0.60.
4. W. Soergel. Zur biologischen Beurteilung diluvialer Säugetierfaunen. DM 1.—.
5. Annulliert.
6. M. Steck. Ein unbekannter Brief von Gottlob Frege über Hilbert's erste Vorlesung über die Grundlagen der Geometrie. DM 0.60.
7. C. Oehme. Der Energiehaushalt unter Einwirkung von Aminosäuren bei verschiedener Ernährung. I. Der Einfluß des Glykokolls bei Hund und Ratte. DM 5.60.
8. A. Seybold. Zur Physiologie des Chlorophylls. DM 0.60.
9. K. Freudenberg, H. Molter und H. Walch. Über die gruppenspezifische Substanz A (6. Mitteilung über die Blutgruppe A des Menschen). DM 0.60.
10. Th. Ploetz. Beiträge zur Kenntnis des Baues der verholzten Faser. DM 2.—.

Jahrgang 1941.

1. Beiträge zur Petrographie des Odenwaldes. I. O. H. Erdmannsdörffer. Schollen und Mischgesteine im Schriesheimer Granit. DM 1.—.
2. M. Steck. Unbekannte Briefe Frege's über die Grundlagen der Geometrie und Antwortbrief Hilbert's an Frege. DM 1.—.
3. Studien im Gneisgebirge des Schwarzwaldes. XII. W. Kleber. Über das Amphibolitvorkommen vom Bannstein bei Haslach im Kinzigtal. DM 1.60.
4. W. Soergel. Der Klimacharakter der als nordisch geltenden Säugetiere des Eiszeitalters. DM 1.40.

Jahrgang 1942.

1. E. Gotschlich. Hygiene in der modernen Türkei. DM 0.60.
2. Studien im Gneisgebirge des Schwarzwaldes. XIII. O. H. Erdmannsdörffer. Über Granitstrukturen. DM 1.60.
3. J. D. Achelis. Die Überwindung der Alchemie in der paracelsischen Medizin. DM 1.40.
4. A. Benninghoff. Die biologische Feldtheorie. DM 1.—.

Jahrgang 1943.

1. A. Becker. Zur Bewertung inkonstanter α-Strahlenquellen. DM 1.—.
2. W. Blaschke. Nicht-Euklidische Mechanik. DM 0.80.

Jahrgang 1944.

1. C. Oehme. Über Altern und Tod. DM 1.—.

1945, 1946 und 1947 sind keine Sitzungsberichte erschienen.

Sitzungsberichte
der Heidelberger Akademie der Wissenschaften
Mathematisch-naturwissenschaftliche Klasse
Jahrgang 1958, 1. Abhandlung

Beitrag zur Kenntnis der peruanischen Kakteenvegetation

Von

Werner Rauh

Botanisches Institut der Universität Heidelberg

Mit 234 Textabbildungen

(Vorgelegt in der Sitzung am 9. November 1957)

1958
Springer-Verlag Berlin Heidelberg GmbH

ISBN 978-3-540-02337-1 ISBN 978-3-662-30467-9 (eBook)
DOI 10.1007/978-3-662-30467-9

Ursprünglich erschienen bei Springer-Verlag OHG., Berlin . Göttingen . Heidelberg 1958

Druck der Universitätsdruckerei H. Stürtz AG., Würzburg

Beitrag zur Kenntnis der peruanischen Kakteenvegetation

(Ergebnisse der im Jahre 1954 und 1956 mit Unterstützung der Heidelberger Akademie der Wissenschaften und der Deutschen Forschungsgemeinschaft durchgeführten Studienreise in die Hochanden Perus).

Von

Werner Rauh.

Botanisches Institut der Universität Heidelberg

Mit 234 Textabbildungen

(Vorgelegt in der Sitzung am 9. November 1957)

Inhaltsverzeichnis.

Einleitung.

Wer in den Anden Perus pflanzengeographische Studien betreibt, wird sich zwangsläufig mit den Kakteen zu beschäftigen haben, die zu den Charakterpflanzen großer Teile des südamerikanischen Kontinentes gehören und gerade in Peru ein Zentrum ihrer Entwicklung und Verbreitung aufweisen. Auf weite Strecken hin geben sie durch ihr oft bestandsbildendes Auftreten der Landschaft das Gepräge und haben, ganz im Gegensatz zu vielen anderen Pflanzengruppen, bei der heute immer weiter fortschreitenden Kultivierung des Landes ihre einstigen Lebensräume weitgehend behauptet.

Ganz gleich, wo man sich in diesem an landschaftlichen und klimatischen Gegensätzen so überaus reichen Land befindet, sei es in der Küstenwüste, auf den trocknen, sonnendurchglühten Hängen der niederschlagsarmen Andenwestseite, sei es in der windgepeitschten und von Schneestürmen heimgesuchten Hochsteppe des Altiplano oberhalb 4000 m oder gar auf der niederschlagsreichen, zum Tieflandbecken des Amazonas abfallenden Andenostseite, überall begegnet man den bizarren Kakteengestalten in großer Artenzahl und Formenmannigfaltigkeit. Die meisten der in Peru anzutreffenden Gattungen sind in ihrer Verbreitung allein auf dieses Land beschränkt, nur wenige greifen auf die angrenzenden Nachbarstaaten Ecuador, Bolivien und Chile über.

Obwohl in Peru schon mehrere Kakteenforscher und Sammler tätig waren, von denen vor allem HUMBOLDT, ROSE, BACKEBERG, BLOSSFELD, AKERS, JOHNSON und RITTER zu nennen sind — WEBERBAUER hingegen, der fast sein ganzes Leben in den Dienst der Erforschung der Vegetation der peruanischen Anden gestellt hat, scheint den Kakteen nur wenig Interesse entgegengebracht zu haben — waren die bisherigen Kenntnisse der Kakteenvegetation doch noch recht lückenhaft.

Das beweisen allein schon die zahlreichen Neufunde, die wir auf der im Jahre 1954 durchgeführten Studienreise tätigen konnten[1]. Da unser damaliges Arbeitsprogramm indessen vorwiegend das Hochgebirge berücksichtigte und wir Kakteen nur „nebenher" sammeln konnten, erschien es erforderlich, eine speziell auf die Erforschung der Kakteenvegetation ausgerichtete Sammelreise zu unternehmen. Der Plan hierzu ließ sich im Sommer 1956 in Zusammenarbeit mit der Schweizer „Kaktimex" verwirklichen, deren Leiter, Herr J. ZEHNDER, TURGI, mich auf dieser Reise begleitete. Ihm sei für seine großzügige Hilfe und Unterstützung gedankt[2].

Während alle bisherigen Kakteensammelreisen in Peru mehr oder weniger die Klärung systematischer Fragen und die Auffindung neuer Arten zum Ziel hatten und dabei pflanzengeographische Gesichtspunkte völlig außer acht ließen, legten wir den Schwerpunkt unserer Studien auf die Verbreitung und Vergesellschaftung der Kakteen. Schon im Jahre 1954 hatten wir festgestellt, daß viele Kakteengattungen nicht nur ein eng umschriebenes horizontales, sondern auch ein klar umgrenztes vertikales Areal bewohnen und die verbreitetsten Gattungen in immer wiederkehrender vertikaler Aufeinanderfolge erscheinen. Sie können deshalb — besonders wenn sie vegetationsbestimmend auftreten — zur Charakterisierung bestimmter Pflanzengesellschaften herangezogen werden. Diese Feststellungen sind um so bedeutsamer, als in der gesamten Kakteenliteratur keinerlei Angaben hierüber vorliegen. Selbst WEBERBAUER geht in seinem auch heute noch grundlegenden Werk „Die Vegetation der peruanischen Anden" (1911) kaum auf diese Verhältnisse ein.

---

[1] Die in Begleitung von Herrn Dr. G. HIRSCH, Botanisches Institut der Universität Heidelberg, durchgeführte Studienreise wurde durch die finanzielle Unterstützung der Deutschen Forschungsgemeinschaft und der Heidelberger Akademie der Wissenschaften ermöglicht. Beiden Förderern sei hiermit herzlichst gedankt.

[2] Dank gebührt auch dem wissenschaftlichen Ausschuß des Deutschen Alpenvereins für eine finanzielle Beihilfe und allen deutschen Landsleuten und Freunden in Peru, die uns im Lande bei der Durchführung der Reise behilflich waren, sowie allen peruanischen Behörden, die uns ihre Unterstützung zuteil werden ließen.

Ziel und Aufgabe des 1. Teiles der vorliegenden Studie ist es deshalb, erstmalig eine zusammenfassende Darstellung der peruanischen Kakteenvegetation unter pflanzengeographischen Gesichtspunkten zu geben, um hieraus Schlüsse auf die Entwicklung und Wanderung einzelner Gattungen zu ziehen. Der 2. Teil der Arbeit hat die Beschreibung der zahlreichen Neufunde zum Inhalt.

I. Pflanzengeographischer Teil

1. Zur Orographie des Landes

Die einleitend angedeutete Zonierung peruanischer Kakteen steht in enger Beziehung zur orographischen Gliederung, die wohl in kaum einem Lande Südamerikas so ausgeprägt ist wie gerade in Peru. Es erscheint deshalb notwendig, der speziellen Darstellung einige Worte zur Orographie Perus vorauszuschicken[1].

Beherrscht wird das Land von der gewaltigen Kette der Anden, der im Westen, zum Pazifischen Ozean hin, das Küstenland, die Costa, vorgelagert ist, eine größtenteils von einer Sandwüste eingenommenen Ebene, aus der niedere, teils isolierte, teils im Zusammenhang mit dem Andenzug stehende Gebirgszüge herausragen, welche der sog. Küstencordillere zugehören. Die peruanische Wüstenzone ist ein Teil des großen Trockengürtels, der Südamerika von Ostpatagonien über Zentralargentinien und Nordchile (Puna de Atacama) bis an die Nordgrenze Perus durchzieht und dessen Entstehung in Chile und Peru eng mit der Schattenwirkung der Anden gegen die feuchten Ostwinde in Zusammenhang steht. Verstärkt wird der Wüstencharakter dort noch durch den kalten, zur Küste parallel, in nördlicher Richtung verlaufenden Peru- oder Humboldtstrom, der die vom Meer her kommenden Winde schon zu einer erheblichen Ausscheidung der Feuchtigkeit zwingt.

Die Breite der peruanischen Küstenwüste schwankt außerordentlich. Während im Süden des Landes, südlich Atico (16° s. Br.) die Andenkette bis hart an das Meer herantritt, nimmt die Wüste zwischen Ica und Nazca (14.—15.° s. Br.), vor allem aber im Norden zwischen Chiclayo und Paita (5.—7.° s. Br.) in der Desierto de Sechura eine Breite bis zu 150 km ein.

Bezeichnend für die gesamte Küstenebene sind die tagsüber wehenden kräftigen Süd- und Südwestwinde, welche zur Ausbildung von Sicheldünen, „Medanos", führen, wie sie besonders im Norden bei Pacasmayo (Abb. 2 oben) und im Süden bei Ica angetroffen

[1] Man vergleiche hierzu auch die ausführliche Darstellung bei Weberbauer (1911 und 1945) und die dort aufgeführte Literatur.

werden. Nur nachts werden diese als „Virazones“ bezeichneten Seewinde, die in manchen Gegenden, so bei Paracas, Windstärken von 4—7 erreichen können[1], abgeschwächt und sogar von schwächeren Landwinden abgelöst.

Abb. 1. Karte von Peru

Die Küstenebene wird von zahlreichen Flüssen durchquert, die ihren Ursprung auf dem Westcordillerenkamm nehmen und sich im Anschluß an die Andenhebung tief in das Gebirge eingesägt haben. Viele von ihnen aber erreichen den Ozean nur zur Regen-

[1] Sie werden in dieser Gegend direkt als „Paracas-Winde“ bezeichnet.

zeit, denn das wenige Wasser, das sie zur Trockenzeit führen, wird schon weit oben im Gebirge mit Hilfe von Bewässerungskanälen in die großen Taloasen geleitet. Lediglich vom Rio Chira nördlich

Abb. 2. *Oben:* Sicheldünenwüste südlich Trujillo zur Garuazeit. *Unten:* Südliches Andenvorland mit der Taloase des Rio Sihuas

Paita, Rio Santa (Zentralperu), Rio Rimac bei Lima und Rio Majes (Südperu) fließen Wassermassen ungenützt ins Meer. Allein im Bereich der Flüsse finden sich die großen Bewässerungsoasen, die heute das wirtschaftliche Rückgrat des peruanischen Küstenlandes darstellen (Abb. 2 unten).

Hinter der Küstenebene erhebt sich die Andenkette, die im Vergleich zu jener der Nachbarländer eine starke Zerklüftung aufweist. „Reichverzweigt, von langen und tiefen Flußtälern gefurcht und durchbrochen, zeigt das peruanische Gebirge allenthalben eine Mannigfaltigkeit der Naturerscheinungen, wie sie in den Nachbarländern höchstens die Gebirgsränder darbieten" (WEBERBAUER 1911, S. 38).

Zwei Hauptketten lassen sich durch ganz Peru hindurch verfolgen, eine östliche als Ost- und eine westliche, als Westcordillere bezeichnete[1]. Der letzteren vorgelagert ist die niedrige, in einzelne Gebirgsstöcke aufgelöste Küstencordillere. Von der Hauptkette unterscheidet sie sich durch ihr hohes geologisches Alter. Zwischen den beiden Hauptketten erstreckt sich eine von Süd nach Nord an Breite abnehmende, teilweise fast ebene und im Durchschnitt 4000 m hoch gelegene Hochfläche, die vorwiegend von Grasfluren eingenommen wird, welche der Eingeborene in Zentralperu und im Süden als Puna, im Norden als Jalca bezeichnet. Die Anden selbst lassen also die auffällige Dreiteilung in Westcordillere, interandine Hochfläche und Ostcordillere erkennen.

Relativ übersichtlich gebaut ist die Westcordillere, die sich im Norden und Zentralperu steil und unvermittelt aus der Küstenebene heraushebt, im Süden, in der Gegend von Arequipa und Mollendo hingegen allmählich und stufenförmig zum Meere hin abfällt[2].

„Sie ist die eigentliche Achse Perus, die den Gebirgsbau trägt und die auf der ganzen Erstreckung die Wasser der pazifischen Abdachung von denen der amazonischen Täler und vom Titicacabecken scheidet" (TROLL 1930, S. 355). Von der Südgrenze des Landes bis zum 7.° s. Br. trägt sie eine fast ununterbrochene Kette von Schneebergen. Im äußersten Süden erheben sich die nahezu 6000 m hohen Vulkane Ubinas (5672 m), Picchu-picchu (5571 m; Abb. 59) und Misti (5821 m). Wenngleich auch die Berge während der Regenzeit eine bis auf 5000 m herunterreichende Schneehaube

[1] Siehe auch SIEVERS 1914.

[2] Besonders eindrucksvoll werden diese Unterschiede vermittelt einmal auf einer Fahrt von Lima zum 4850 m hohen Ticlio-Paß durch das Rimac-Tal (Zentralperu), zum anderen auf einer solchen von Mollendo nach Arequipa (Südperu). Während man im Rimac-Tal in 5 Std Fahrzeit mit dem Auto von Meereshöhe bis auf nahezu 5000 m gelangt, erreicht man im Süden bei gleicher Fahrzeit nur eine Höhe von 2300 m, wobei man tischebene Hochflächen von 30—50 km Breite zu queren hat (Abb. 2 unten).

tragen, so schmilzt diese während der Trockenzeit doch fast vollständig ab. Weiter im Norden schließen sich die Vulkane Ampato (6310 m) und Coropuna (6613 m) an. Etwa bei 10° 10′ s. Br., am See Conococha, aus dem der Rio Santa entspringt, teilt sich die Westcordillere in 2 Äste, in einen westlichen Zug, die schneefreie, aber doch bis 4600 m aufsteigende Cordillera negra, und in einen östlichen Zug, die Cordillera blanca (Abb. 1). Zwischen beiden liegt das schmale, von Südost nach Nordwest verlaufende, fast 200 km lange Tal des Rio Santa, der oberhalb Huaylas in einer grandiosen Schlucht, dem Cañon de Pato, die Cordillera negra durchbricht und schließlich im Pazifischen Ozean mündet. Die Cordillera blanca mit ihrer südlichen Fortsetzung, der Cordillera Huayhuash, gehört zu den großartigsten tropischen Gebirgslandschaften. Eisgipfel reiht sich an Eisgipfel, unter ihnen der 6768 m hohe Huascaran, die höchste Erhebung der peruanischen Anden überhaupt.

Der südliche und mittelperuanische Westcordillerenzug wird von zahlreichen Flüssen durchschnitten, die ihn zum Pazifischen Ozean hin entwässern. Von Süd nach Nord sind zu nennen: Rio Moquegua, Tambo, Sihuas, Majes, Ocona, Chala, Lomas, Grande, Ica, Pisco, Cañete, Omas, Mala, Lurin, Rimac, Chillon, Huaura, Pativilca, Fortaleza, Huarmey, Culebras, Casma und Santa.

Ihre Täler sind eng und tief eingeschnitten (Abb. 52), die Talwände steil aufsteigend und an vielen Stellen unzugänglich.

Die wenigen Straßen, die in Zentral- und Südperu über die Westcordillere hinwegführen, haben durchwegs Pässe bis über 4000 m Höhe zu überwinden.

Nördlich des Santatales bis zum 6.° s. Br. tritt die Zweiteilung der Westcordillere im Landschaftsbild nicht mehr in Erscheinung, obwohl sie nach Sievers (1914) dennoch vorhanden ist. Die Gipfel nehmen nach Norden allmählich an Höhe ab; die letzten Gletscherberge finden sich nördlich des 8.° s. Br. bei Huamachuco mit dem 4947 m hohen Huailillas. Die Paßstraßen, die hier über die Andenkette hinwegführen, haben nur noch Höhen bis zu 3000 m, im Tal von Olmos nur eine solche von 2200 m zu überwinden.

Erst nördlich des 6.° s. Br. tritt die Zweiteilung der Westcordillere in einen westlichen und östlichen Zug wieder deutlich hervor. In der zwischen beiden gebildeten Senke verläuft der

Rio Huancabamba, bis er vor seiner Vereinigung mit dem Rio Chotano in einem engen Tal den östlichen Zug durchbricht. Die bedeutendsten, sich in den Pazifischen Ozean ergießenden Flüsse des nördlichen Peru sind der Rio Moche, Chicama, Jequetepeque, Saña, Chancay und Piura.

Zwischen West- und Ostcordillere breitet sich nun die bereits erwähnte interandine Hochfläche aus, die in Nord- und Zentralperu von geringer Breitenausdehnung ist und vorwiegend von Grasfluren eingenommen wird, in denen mächtige Horstgräser vorherrschen. Im Norden des Landes wird diese Grassteppe als Jalca bezeichnet; sie steht in pflanzengeographischer Hinsicht den Paramos Ecuadors sehr nahe; die Gräser sind während des ganzen Jahres grün, da infolge der Zunahme der Niederschläge von Süd nach Nord ein ausgeprägter Wechsel zwischen Trocken- und Regenzeit fehlt. In Zentral- und Südperu hingegen wird die Steppe Puna (Abb. 3 oben) genannt; sie ist einer periodischen Trockenzeit unterworfen, während welcher die Büschelgräser sich herbstlich braun verfärben.

Südlich des 14.° s. Br. verbreitert sich die interandine Hochfläche gegen das Becken von Cuzco hin sehr stark und wechselt dabei gleichzeitig ihren floristischen Charakter. Zu den Büschelgräsern gesellt sich, vorwiegend im Südwesten, ein kleiner, immergrüner, schuppig beblätterter Strauch, *Lepidophyllum quadrangulare*, von den Einheimischen als Tola bezeichnet[1]. Einer kleinen Zypresse nicht unähnlich, überzieht dieser oft in Reinbeständen endlose Flächen, so daß man von einer Tola-Formation bzw. Tola-Heide (Abb. 3 unten) sprechen kann.

Wenn uns die interandine Hochfläche auch häufig als eine fast ebene oder leicht hügelige Landschaft entgegentritt, so wird sie doch an vielen Stellen des Landes durch reich verzweigte, oft parallel zu den Andenketten verlaufende Flußsysteme zerteilt. Im Norden ist es vor allem der Marañon, der größte Quellfluß des Amazonas, der seinen Ursprung in der Cordillera Huayhuash nimmt und die peruanische Sierrazone fast bis zur Nordgrenze des Landes der Länge nach durchzieht, bevor er sich nach Osten wendet. Er bildet ein gewaltiges Trockental, dessen Bett bei

[1] Mit diesem Namen werden namentlich in Bolivien, Chile und Argentinien auch andere Sträucher belegt, welche ebenso wie *Lepidophyllum* infolge ihres Reichtums an Harzen im frischen Zustand leicht brennen.

Balsas (6° 40′ s. Br.) bei etwa 900 m Höhe liegt, eingezwängt zwischen steil aufragenden, die 3000 m-Grenze überschreitenden

Abb. 3. *Oben:* Horstgraspuna in Zentralperu (bei Oroya), 4000 m. *Unten:* Tolaheide oberhalb Arequipa, 3500 m. Eine Lamaherde transportiert abgeholzte Tola-Büsche als Brennmaterial zu Tal.

Bergen. Für Zentralperu ist der Rio Mantaro zu nennen, der südwestlich der höchstgelegensten Stadt Perus, Cerro de Pasco, entspringt. Zum großen Teil fließt er durch ein weites, flaches, dicht besiedeltes Talbecken, erst südlich der Stadt Huancayo zieht er in der von allen Autofahrern gefürchteten Mejorada einen tiefen Schnitt durch das Gebirge, um sich bei Huanta nordostwärts zu wenden und die Ostcordillere zu durchbrechen.

Im Süden wird die interandine Hochfläche durch die weitverzweigten Talsysteme des Rio Apurimac (Abb. 8 links) und des oberen Urubamba zerschnitten. „Keine Querverbindung besteht zwischen der westlichen und östlichen Cordillere in diesem unwegsamen Gewirr von tiefen Tälern. Wo dagegen dieser interandine Raum im Südosten an das interandine Titicacahochland grenzt, zieht eine Querkette von über 5000 m hohen Bergen, darunter der Vilcanota, von der Ost- zur Westcordillere" (C. TROLL 1930, S. 357; s. auch Abb. 1). Über diese hinweg führt der La Raya-Paß; hier entspringt auch der Rio Urubamba, der in seinem Oberlauf Vilcanota heißt. Nördlich Cuzco, bei dem kleinen Ort Ollantaitambo, bahnt er sich zwischen den aufragenden Eisbergen der Cordillera Veronica und des Nevado Salcantay in einer gewaltigen Schlucht seinen Weg durch die Ostcordillere. Weiter im Süden als der Urubamba, in der Provinz Cailloma, entspringt der Rio Apurimac, der anfangs nach Nordosten fließt, wobei er sich dem Quellgebiet des Urubamba nähert; hier biegt er dann nach Nordwesten um und behält diese Richtung annähernd bis zu seiner Vereinigung mit dem Urubamba bei. Die bedeutendsten Nebenflüsse des Apurimac sind der Rio Pachachaca und Rio Pampas, die sich tief in das Gebirge einsägen, bevor sie in den Apurimac münden. Der Weg von Cuzco nach Ayacucho kreuzt die Täler dieser drei Flüsse, und man hat auf einer Entfernung von rund 600 km eine Höhendifferenz von nahezu 8000 m zu überwinden, denn die Talsohlen dieser Flüsse liegen unter 2000 m, während die umgebende Hochfläche Höhen von über 4000 m erreicht.

Die Ostcordillere ist im Gegensatz zur Westcordillere viel stärker in einzelne Gebirgsstöcke aufgelöst (Abb. 1). „Keine einzige der Cordilleren hat die Führung unter ihnen; keine einzige setzt sich überhaupt über viele Breitengrade hinweg fort" (C. TROLL 1930, S. 356). Ihr Ostrand wird im Süden durch eine lange Reihe gewaltiger Schneegipfel gekrönt, welche der Peruaner insgesamt die „Cordillere de los Andes" nennt. Ihr südöstlichster Stock in Peru ist die Cordillera de Carabaya, die in der Gegend von Cuzco rasch an Höhe verliert, dafür aber weit nach Westen kulissenartig gestaffelt ist. Ihr gehören ganz im Süden der Nevado Ausangate (6384 m, Abb. 77), nördlich Cuzco die Cordillera Vilcabamba mit dem Salcantay (6271 m) und Pumasillo (6246 m) an. Zwischen diesen einzelnen Gebirgsstöcken bahnen sich Apurimac und Urubamba in imposanten Durchbruchstälern (Abb. 8 links) ihren Weg nach Norden.

Auch nördlich des Mantaro-Durchbruches setzt sich die östliche Cordillere mit Gletscherbergen in der Cordillera Huaytapallana bei Huancayo fort, „um sich dann bei Cerro de Pasco so eng an die Westcordillere anzulehnen, daß der Nudo de Pasco entsteht, der wichtigste hydrographische Knoten Perus, den einheimische Karten noch heute als den Ausgangspunkt eines ganzen Strahlenbündels von Cordilleren bezeichnen. Bis zum Nudo de Pasco hin ist zwischen die beiden Cordilleren das schmale interandine Hochland eingeschlossen, das mit dem 40 km langen, aber seichten Juninsee (4093 m) und den weiten Punaflächen ein kleines Abbild des Titicacabeckens darstellt, nur daß es durch den Mantaro zum Amazonas entwässert wird" (C. TROLL 1930, S. 357). Im Nudo de Pasco nehmen auch die großen Quellflüsse des Amazonas, Huallaga und Ucayali (dieser als Mantaro) ihren Ursprung, während der Marañon weiter nordwestlich in der Cordillera Huayhuash entspringt.

Am Nudo de Pasco beginnt der nördliche Abschnitt des peruanischen Andensystems, der von SIEVERS im Gegensatz zum südlichen, den Ucayali-Anden, auch als Marañon-Anden bezeichnet wird.

Im Vergleich zur nördlichen Westcordillere ist der zwischen Marañon und Huallaga verlaufende Abschnitt der Ostcordillere ein sehr niedriges Gebirge, das nur an wenigen Stellen bis an die Schneegrenze heranreicht. An den Hauptkamm der Ostcordillere schließen sich östlich des Huallaga bis zum Ucayali, noch weitere, niedrige Bergketten an, die sich dann allmählich im Dunkel der Amazonas-Urwälder verlieren.

Zusammenfassend sind also in Peru die folgenden großräumigen Landschaftsformen zu unterscheiden: die Küstenwüste, die Westcordillere mit ihrer zum Pazifischen Ozean hin abfallenden Westabdachung, das interandine Hochland und die Ostcordillere mit ihrem zum Amazonas-Tiefland hin weisenden Ostabfall. Die interandine Hochfläche stellt die eigentliche Sierra-Zone der Einheimischen dar; ihr gehören auch die zu ihr hin abfallenden Abdachungen der beiden Cordillerenketten an.

2. Zur Klimatologie des Landes

Da für die Verbreitung der Kakteen in erster Linie die Feuchtigkeit, weniger die Temperatur eine Rolle spielt, so sei vorwiegend auf die Verteilung der Niederschläge und atmosphärischen Feuchte eingegangen. Wir müssen uns bei der Darstellung auf das grundsätzliche beschränken, da langjährige Beobachtungsreihen und ein entsprechend dichtes Netz klimatologischer Stationen in Peru auch heute noch fehlen.

a) Die Niederschlagsverhältnisse in der Küstenwüste

Innerhalb der peruanischen Küstenwüste ist nach der Verteilung der Niederschläge ein nördlicher und ein südlicher Abschnitt zu unterscheiden; die Grenze verläuft zwischen dem 8. und 11.° s. Br.

Die südliche Küstenregion ist durch das Auftreten der Garua-Nebel (Winternebel) gekennzeichnet, die in den Monaten Mai bis November das Land mit einer mehr oder weniger geschlossenen Decke überziehen und von Juni bis August ihre stärkste Intensität erreichen. Die Nebel, deren Obergrenze bei 500 bis 700 m liegt und die sich 20—30 km landeinwärts in die Andenquertäler erstrecken, bewirken natürlich nur eine geringe, oberflächliche Durchfeuchtung des Bodens. Wenngleich auch der Nebel an manchen Tagen als feiner Sprühregen sich niederschlägt, der ausreicht, um Wege und Straßen kotig zu machen, so fehlt Regen in Tropfenform doch nahezu vollständig.

Für Lima entnehmen wir dem „Boletin Annual Meteorologico" aus den Jahren 1943—1947 folgende Niederschlagshöhen in Millimeter[1]:

	Januar	Februar	März	April	Mai	Juni	Juli	August	September	Oktober	November	Dezember	Summe
1943	1,3	0,0	0,66	0,25	0,81	9,16	11,84	14,15	12,06	1,17	0,1	0,1	51,60 mm
1944	—	0,45	0,25	0,36	3,29	1,89	9,04	9,35	4,65	0,78	0,34	—	30,40 mm
1945	—	0,0	0,0	0,0	0,0	0,27	3,71	4,2	2,55	0,5	—	0,1	11,33 mm
1946	0,1	—	0,3	—	0,4	8,6	7,2	4,6	4,2	2,4	1,8	1,5	31,10 mm
1947	0,7	0,0	0,0	—	0,2	1,15	2,93	4,06	3,09	2,25	0,52	1,55	16,81 mm

Die Maxima der relativen Luftfeuchtigkeit liegen während der Nebelmonate zwischen 94 und 98%, die Minima zwischen 76 und

[1] Die Striche in den folgenden Tabellen bedeuten, daß aus den betreffenden Monaten keine Niederschlagsmessungen vorliegen.

81 %; die entsprechenden Werte während der nebelfreien Zeit betragen 92—94 % (Maximum) und 64—72 % (Minimum). Die hohen Werte relativer Luftfeuchte während der Trockenzeit sind auf den Einfluß des feuchtigkeitsbeladenen Seewindes zurückzuführen.

Für Casa grande (geographische Lage: Breite: 7°44′ S; Länge: 79°11′ W; Höhe: 158 m über NN), in der Übergangsregion zwischen der südlichen und nördlichen Küstenzone gelegen, liegen folgende Angaben der Niederschlagshöhe in Millimeter vor:

	Januar	Februar	März	April	Mai	Juni	Juli	August	September	Oktober	November	Dezember
1945	0,8	0,0	2,0	—	—	—	0,2	0,3	—	—	0,4	4,1
1946	3,4	2,0	4,8	5,1	1,0	—	0,0	1,1	0,3	0,2	—	3,2
1947	0,0	0,0	0,5	2,7	0,6	0,2	—	0,4	—	0,7	3,6	0,3

Bemerkenswert ist, daß die jährliche Niederschlagshöhe und damit auch die Intensität der Küstennebel großen Schwankungen unterworfen sein kann. So traten im Jahre 1954 die Nebel in Lima kaum in Erscheinung, während das Jahr 1956 ein besonders reiches Nebeljahr war. Obwohl in normalen Jahren der Himmel einen ständig regenschweren Anblick bietet, herrscht dennoch trotz hoher Luftfeuchtigkeit extreme Niederschlagsarmut! Nur dort, wo die Nebel gegen die Berge der Küstencordillere oder die Vorberge der Hauptcordillere stoßen, in Höhenlagen zwischen 300 und 500 m, kommt es auch zu Niederschlag in liquider Form, wie die Messungen der 380 m hoch gelegenen Station „Lomas von Lachay“ (geographische Lage: Breite: 11°19′ S, Länge: 77° 22′ W) erkennen lassen:

	Januar	Februar	März	April	Mai	Juni	Juli	August	September	Oktober	November	Dezember	Summe
1945	0,25	0,0	0,0	0,0	0,0	4,22	42,74	63,86	25,28	—	—	—	136,35mm
1946	0,4	0,1	0,6	1,58	11,4	39,82	32,84	43,9	22,92	13,44	18,54	9,84	195,38mm
1947	13,30	0,0	0,0	0,92	1,24	17,68	33,32	45,66	37,54	24,32	0,54	0,0	174,52mm

In großen Zeitabständen (etwa alle 30 Jahre) fallen indessen auch im südlichen Küstenbereich Niederschläge, dann aber von solcher Heftigkeit, daß Straßen und Brücken weggespült und in die aus stark verwittertem Gestein bestehenden Andenvorberge tiefe Erosionsrinnen gerissen werden (Abb. 4 oben).

Abb. 4. *Oben:* Von Erosionsrinnen zerfurchte, vegetationslose Andenvorberge bei Palpa (Südperu). *Unten:* Lomavegetation bei Lima mit *Nolana* und *Hymenocallis amancaës* als vorherrschende Pflanzen

Nach WEBERBAUER wird die Verteilung der Küstennebel in hohem Maße durch die Reliefformen des Landes beeinflußt, so daß auch im südlichen Küstenbereich nebelreiche mit nebelarmen

Gebieten abwechseln. Je weiter man sich von der Küste entfernt, desto mehr sieht man die Nebel sich auf die Kämme und Kuppen der Hügelketten zurückziehen, bis schließlich oberhalb 700 m auch diese nebelfrei werden.

Unter dem Einfluß der Garuanebel entwickelt sich vorwiegend auf den zum Meer gerichteten Abhängen der Hügel eine rasch vergängliche Kräutervegetation, die von den Küstenbewohnern als Lomas bezeichnet wird (Abb. 4 unten). Sie erreicht ihren Hochstand in den Monaten Juli bis Oktober und verschwindet während der Trockenzeit (November bis Mai) bis auf die begleitenden Bäume und Sträucher vollständig. Am üppigsten sind die Lomas in Höhenlagen zwischen 300—500 m, also in jener Region, die gemäß der obigen Angaben aus den Lomas de Lachay eine größere Niederschlagshöhe als die Küstenebene aufweist. Hier gleichen die Lomas zur Hauptentwicklung von der Ferne grünen Wiesen.

Im Süden des Landes, bei Camana und Mollendo, reichen die Nebel bis etwa 1000 m hinauf, d. h. bis an die westlichen Ausläufer der Wüstenhochfläche (s. auch S. 128). Hier trifft, wie schon Weberbauer festgestellt hat, die grüne Loma unmittelbar „mit dem nackten Sandboden der Hochebene zusammen, und ebenso schroff sondert sich an der gleichen Stelle der kühle Nebelschleier der Garua von der sonnendurchglühten Atmosphäre der Wüste" (Weberbauer 1911, S. 621).

Die Ursache der Nebelbildung ist das kalte Küstenwasser des Humboldtstromes; die vom wärmeren Außenozean wehenden und mit Feuchtigkeit beladenen Winde werden über dem kalten Küstenstrom abgekühlt, wodurch es zu einer Kondensation, zur Nebelbildung kommt. In den Monaten Mai bis Ende Oktober, vom Küstenbewohner als Winter bezeichnet, ist das kalte Auftriebswasser des Humboldtstromes verstärkt wirksam, das Andenvorland jedoch gegenüber dem Meere nicht so stark erwärmt (Sonnenstand!); daher kondensiert die Feuchtigkeit bereits in geringer Höhe als Nebel (Abb. 5 oben). In den Sommermonaten aber, November bis April, fehlt der neblige Niederschlag an der Küste, wenngleich auch weiterhin hohe Luftfeuchtigkeit herrscht (s. S. 15). Das jetzt wesentlich stärker als das Meer erwärmte Land veranlaßt die feuchtigkeitsbeladenen Seewinde zum Aufsteigen an der pazifischen Abdachung der Andenwestseite. Es findet aber erst oberhalb 3000 m Höhe infolge der stetig abnehmenden

Lufttemperatur Kondensation, Wolkenbildung und Niederschlag (Abb. 5) statt. Der Westabhang der südlichen und zentralen Cordillere ist demzufolge je nach Jahreszeit, mit der Küste abwechselnd, in Wolken gehüllt. Liegt über dem Vorland eine geschlossene Nebeldecke, so herrscht oberhalb 700

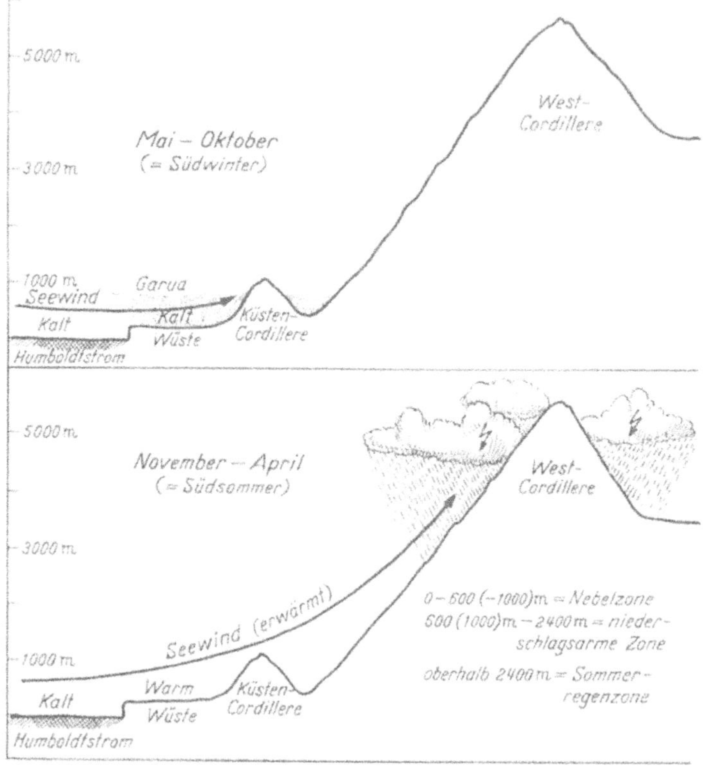

Abb. 5. Schema der jahreszeitlichen Niederschlagsverteilung in Zentral- und Südperu

(—1000) m in der Cordillere wolkenloser Himmel und Trockenzeit; es kommt lediglich zur Quellwolkenbildung, selten zum Regen oder Schneefall; ist aber die Küste wolkenfrei, so ist Regenzeit in den Hochregionen der Cordillere (Abb. 5 unten).

Bis zum 11.° s. Br. sind die winterlichen Garuas eine regelmäßige Erscheinung, wenngleich auch großen Schwankungen von Jahr zu Jahr unterworfen. Weiter nördlich, bis in die Gegend von Trujillo, ergrünen die Hügel nur in besonders nebelreichen Jahren, wie dies 1956 der Fall war; aber schon von Pacasmayo (7°25′ S) an hören die Küstennebel überhaupt auf, und während fast des ganzen Jahres erstrahlt der Himmel in wolkenloser Bläue.

Zwischen dem 8. und 5.° s. Br. unterbrechen alle 5—7 Jahre Regenfälle die Zeit der Dürre. Diese Feuchtigkeit reicht aber aus, um ein üppiges, allerdings nur wenige Wochen anhaltendes Pflanzenleben hervorzuzaubern. Im allgemeinen aber liegen die jährlichen Niederschlagsmengen dieser Gegend unter 40 mm. Als Beispiele mögen Messungen der Orte Piura und Chiclayo dienen:

Piura (5°11′ S):
1945: 143,40 mm Jahresniederschlag (davon allein im Januar 98,1 mm!)
1946: 7,57 mm
1947: 29,75 mm
Relative Luftfeuchtigkeit:
Maximum: zwischen 78 und 92% (Jahresdurchschnitt 84%)
Minimum: zwischen 31 und 56% (Jahresdurchschnitt 40%)

Chiclayo (6°47′ S)
1946: 43,6 mm
1947: 15,8 mm
Relative Luftfeuchtigkeit:
Maximum: zwischen 85 und 98% (Jahresdurchschnitt 93%)
Minimum: zwischen 50 und 71% (Jahresdurchschnitt 58%)

In Abständen von vielen Jahren aber erfolgen, wie im Süden des Landes, auch in dieser Region Regeneinbrüche, die zu großen Naturkatastrophen, wie Zerstörung der Verkehrswege, Vermurung der Plantagen usw. führen. Die letzte derartige Katastrophe spielte sich Januar 1925 ab, eine solche geringeren Ausmaßes im Jahre 1953. Da diese Regen mit ausgesprochenen Nordwinden einbrechen, handelt es sich nach C. Troll um Ausläufer der sommerlichen Regenböen des ecuadorianischen Küstenlandes.

Nördlich des 4.° s. Br., im peruanisch-ecuadorianischen Grenzgebiet, in jener Region also, wo der Humboldtstrom nach Westen von der Küste abbiegt, fallen Niederschläge alljährlich in größerer Ergiebigkeit. So lagen die Niederschlagswerte von Zorritos (3°40′ s. Br.) in den Jahren 1943: bei 558,2 mm; 1944: bei 130,9 mm[1]; 1945: bei 234,3 mm; 1946: bei 88,2 mm.

Die Zunahme der Niederschlagshöhe des peruanischen Küstenlandes von Süd nach Nord äußert sich natürlich auch in der Ausbildung des Vegetationskleides. Je weiter man nach Norden gelangt, desto mehr tritt der eigentliche Wüstencharakter zurück.

[1] Da aus den Monaten Mai, Juli und Oktober keine Messungen vorliegen, dürfte die Jahressumme zu niedrig sein.

Savannenartige Formationen mit eingestreuten Kakteen (Abb. 6 unten) bedecken das Andenvorland. Sie leiten über zum großen Savannengebiet Ecuadors.

b) Die Niederschlagsverhältnisse der Andenwestseite

Nach der Verteilung und der Höhe der Niederschläge sind im Bereich der Andenwestseite, wenigstens in Süd- und Zentralperu bis zur Nordgrenze der Garuanebel, zwei scharf gegeneinander abgrenzbare Zonen zu unterscheiden: die erstere nimmt die unteren Lagen der Anden ein und wird von WEBERBAUER als die regenlose Binnenlandzone[1], die zweite nach oben sich anschließende und bis in die Gipfelregion reichende Zone als die Sommerregenzone bezeichnet. Die basale, regenlose Andenregion beginnt in Zentralperu (nördlich und südlich Lima) oberhalb der Nebelzone, d. h. oberhalb 600 m und reicht bis etwa 1700 (2000) m hinauf; in Südperu sind ihre Grenzen etwas nach oben verschoben; sie setzt dort zwischen 800 und 1000 m ein und erstreckt sich in der Gegend von Arequipa bis 2500 m. Es ist eine Region, in der Niederschläge so selten sind, daß man sie praktisch als regenlos bezeichnen kann; sie wird weder von den Küstennebeln noch von den im Hochgebirge fallenden Regen erreicht. Allerdings ist die nächtliche Taubildung, besonders in den Wintermonaten, oft nicht unerheblich und die einzige Form der Feuchtigkeit, welche den Pflanzen zur Verfügung steht. Leider liegen gerade aus diesem Gebiet nur wenige Angaben über Niederschlagshöhen vor. Die folgende Zusammenstellung stammt von dem auf einem Hochplateau gelegenen Ort Vitor westlich Arequipa (geographische Breite: 16° 27'; Länge: 71° 43'; Höhe: 1552 m über NN):

	Januar	Februar	März	April	Mai	Juni	Juli	August	September	Oktober	November	Dezember	Summe
1945	2,8	6,3	0,0	0,0	0,0	0,0	0,2	0,0	2,0	2,7	0,4	0,3	14,7 mm
1946	0,4	24,1	0,5	0,5	1,0	0,7	0,0	0,0	0,0	0,5	—	—	27,7 mm
1947	1,4	0,5	0,0	0,0	0,0	0,0	0,0	0,0	1,2	0,3	0,3	0,0	3,7 mm

Die durchschnittliche Luftfeuchtigkeit beträgt im Maximum 86%, im Minimum 47%.

[1] Der Ausdruck ist insofern nicht ganz glücklich gewählt, als man hierunter auch die interandinen Trockentäler verstehen könnte, die gleichfalls nur geringe Niederschläge erhalten (s. S. 30ff.).

Abb. 6. *Oben:* Felswüste an der unteren Grenze der Kakteenstufe im Tal des Rio Cañete bei 700 m. *Unten:* Regengrüner Savannenwald mit *Armatocereus cartwrightianus* (Br. et R.) Backbg. bei Canchaque (Nordperu), 500 m

Die Physiognomie der regenlosen Andenzone ist wüstenartig und durch kahle, stark verwitterte Felshänge charakterisiert, an deren Fuß sich ausgedehnte Halden lockeren Schutts ansammeln. Wir können deshalb im Gegensatz zur Küstensandwüste auch von einer Felswüste sprechen (Abb. 6 oben).

Die Vegetation ist außerordentlich artenarm, auf weite Strecken hin sogar fehlend. Es können, abgesehen von wenigen kurzlebigen Kräutern, nur solche Pflanzen gedeihen, die jahrelange Trockenheit zu ertragen vermögen, also vorwiegend Sukkulente. Wenn unter diesen auch die Kakteen tonangebend sind, so sind sie keineswegs die einzigen Pflanzen, welche die Felswüste besiedeln. Mit ihnen vergesellschaftet sind häufig andere Sukkulente wie *Cnidoscolus*- und *Jatropha*-Arten (Euphorbiaceae), deren Sproßachsen im Dienste der Wasserspeicherung stehen, sowie *Peperomia*- und *Pilea*-Arten mit hochsukkulenten Blättern.

In Gebieten, in denen die Felswüste sich weit vom Meer entfernt, wo der Einfluß des feuchten Seewindes sehr gering ist, herrscht völlige Vegetationslosigkeit; es fehlen hier nicht nur die Blütenpflanzen, sondern sogar die Kryptogamen, Algen, Moose und Flechten, wie dies auf den ausgedehnten Tablazzos (Hochflächen) des südlichen Peru zwischen Vitor und dem unteren Majes-Tal der Fall ist (Abb. 2 unten).

Zwischen dem 7.° und 6.° s. Br. verliert die Felswüste mehr und mehr ihr typisches Gepräge. Während im Tal des Rio Saña (7° s. Br.) an die Sandwüste noch eine von Kakteenbeständen eingenommene Felswüste anschließt, deren Obergrenze jedoch schon bei 500 m Höhe liegt, geht bereits bei Olmos (6° s. Br.) die Küstenwüste unmittelbar in einen kakteenreichen Savannenwald über (Abb. 6 unten). Niederschlagsmessungen aus dem nördlichen Andenbereich liegen nur von der Zuckerhacienda Cayalti (Breite: 7° 0,4'; Länge: 79° 34' W; Höhe: 150 m) aus dem Saña-Tal von der unteren Grenze der Kakteenstufe vor:

	Januar	Februar	März	April	Mai	Juni	Juli	August	September	Oktober	November	Dezember	Summe
1945	7,45	0,0	16,0	4,15	0,0	0,0	0,0	0,0	0,0	0,0	0,65	7,3	35,55 mm
1946	3,0	12,73	3,08	7,55	8,91	0,18	0,0	—	0,0	1,78	0,79	0,73	38,75 mm
1947	0,41	0,15	0,25	2,76	2,57	0,32	0,0	2,29	0,39	1,27	13,59	1,46	25,46 mm

Noch weiter nördlich, im ecuadorianisch-peruanischen Grenzgebiet, das bereits eine jährliche Regenzeit aufweist, dringt der kakteenreiche Trockenwald bis nahe an die Küste vor.

Verstärkt wird der wüstenartige Charakter der unteren Andenregion Zentral- und Südperus, vor allem in den engen, von steil aufragenden Felswänden begrenzten Quertälern, durch tagsüber herrschende Talaufwinde, die in manchen Tälern um die Mittagszeit fast Sturmstärke erreichen können. Besonders eindrucksvoll demonstrieren sich diese, wenn man mit dem Auto bergwärts fährt. Die durch den Wagen aufgerissene Staubwolke eilt vom Wind getrieben dem Auto voraus, so daß man ständig in seinem „eigenen“ Staub fahren muß.

Herrscht in den Tälern am frühen Morgen kurz nach Sonnenaufgang eine hohe Luftfeuchtigkeit, die sich in kühleren Nächten in Form von Tau niederschlägt, so trocknet die Luft schon in den Vormittagsstunden unter dem Einfluß intensiver Sonneneinstrahlung und der Talaufwinde stark ab. Um die Mittagszeit beträgt die relative Luftfeuchtigkeit durchschnittlich nur noch 30—40%. Die Winde springen in der Regel gegen 9 Uhr auf, erreichen in den Mittagsstunden ihre größte Stärke, um kurz vor Sonnenuntergang wieder abzuflauen. Sie sind nicht allein für die westandinen Quertäler bezeichnend, sondern treten in gleicher Weise auch in den interandinen Längstälern auf, wo sie einen wesentlichen Faktor für die dort herrschende Trockenheit darstellen. Schon C. Troll (näher hierauf ist auf S. 32 einzugehen) weist ausführlich auf ihr Vorhandensein in den interandinen Tälern und ihren Einfluß auf Niederschlag und Vegetation hin. „In den Durchbruchstälern bildet sich untertags ein besonders verstärkter lokaler Wind aus, der ein echter Talwind im Sinne von Wagner (1932, 1938) ist, wenn auch gewisse Unterschiede gegenüber den Talwinden der breiten und flachsohligen Alpentäler bestehen“ (S. 141).

Fährt man im Januar oder Februar, also während des Sommers, von Lima zum 4000 m hohen Ticlio-Paß hinauf, so kann man oberhalb 2000 m einen auffälligen Wechsel in der Zusammensetzung des Vegetationskleides beobachten. Die Kakteen nehmen an Zahl ab, die braunen Farbtöne der Felswüste treten zurück, und das frische Grün der um diese Jahreszeit in vollem Laub stehenden Sträucher, der zahlreichen Stauden und Kräuter geben der Landschaft das Gepräge (Abb. 48). Erdrutsche (Derumbes) sperren an Stellen, an denen die Straße durch weiche Gesteinsschichten führt, nicht selten den Weiterweg. Wir betreten die bis in die Gipfelregion hinaufreichende und auf die interandine Hochfläche übergreifende Zone der Sommerregen.

In Zentralperu dauert die Regenzeit von Ende November bis April[1], wobei die Hauptmenge der Niederschläge in den Nachmittagsstunden fällt, während nachts und am frühen Morgen der Himmel meist klar und wolkenlos ist.

In Südperu, in Arequipa (2332 m), beginnt die Regenzeit, wie aus der folgenden Tabelle zu ersehen ist, erst im Januar und ist von wesentlich kürzerer Dauer:

	Januar	Februar	März	April	Mai	Juni	Juli	August	September	Oktober	November	Dezember	Summe
1946	11,0	79,5	33,0	3,5	0,0	0,0	0,0	0,0	0,0	0,0	2,8	2,8	132,6 mm

Die untere Regengrenze liegt hier oberhalb 2000 m, denn die Höhenlagen zwischen 1000—2000 m bieten sich, wie schon erwähnt, als völlig pflanzenleere Tablazzos dar.

Ganz anders liegen die Verhältnisse im Norden des Landes. Hier stehen Regenmessungen von der 1750 m hoch gelegenen Hacienda Taulis (geographische Breite: 6° 9′ S; Länge: 79° 1′ W) am Schluß des Saña-Tales zur Verfügung[2]:

	Januar	Februar	März	April	Mai	Juni	Juli	August	September	Oktober	November	Dezember	Summe
1952	225,0	145,0	260,0	265,0	40,0	25,0	8,0	0,0	15,0	69,0	65,0	102,0	1219mm
1953	280,0	310,0	335,0	375,0	146,0	18,0	15,0	3,0	95,0	62,0	55,0	62,0	1756mm
1954	125,0	190,0	194,0	125,0	57,0	45,0	15,0	20,0	12,0	135,0	162,0	53,0	1133mm
1955	108,0	155,0	265,0	196,0	102,0	115,0	15,0	28,0	158,0	53,0	147,0	20,0	1362mm
1956	287,0	263,0	216,0	156,0	90,0	27,0	24,0	26,0					

Welch ein Gegensatz zu dem fast 600 m höher gelegenen Arequipa! Hier ein Jahresniederschlag von 132,6 mm, in Taulis ein solcher bis zu 1756 mm, also mehr als die 10fache Menge! Natürlich kommen diese Unterschiede auch in der Ausbildung des Vegetationskleides zum Ausdruck. Während sich in der Umgebung von Arequipa, besonders westlich der Stadt, Wüsten- und halbwüsten-

[1] Die Höhe der jährlichen Niederschläge kann starken Schwankungen unterworfen sein. Während das Jahr 1954 ein niederschlagsreiches Jahr war, herrschte im darauffolgenden Jahr starke Trockenheit, die sich in der gesamten Wirtschaft Perus sehr nachteilig ausgewirkt hat.

[2] Ich danke Herrn VON BISMARCK, Lima, für die Zurverfügungstellung der Niederschlagswerte.

artige Formationen mit Kakteen und einem niederen Gebüsch von *Franseria* (Compositae) ausbreiten (Abb. 59), stockt auf den Bergen von Taulis auf der Andenwestseite (!) üppigster Wald, nur etwa 80 km (Luftlinie) von der Kakteenfelswüste entfernt. Es ist ein Wald mit Palmen, Baumfarnen, *Ficus*-Bäumen und reicher Epiphytenvegetation, der in seiner floristischen Zusammensetzung

Abb. 7. *Links:* Immergrüner Bergwald im Tal von Taulis bei 2600 m. *Rechts: Ficus spec.* im unteren Bergwald von Taulis, 2200 m

starke Beziehungen zum Nebelwald der Andenostseite aufweist (Abb. 7).

Wenn dieser Wald in den Tälern nördlich von Taulis heute nicht mehr in der gleichen Üppigkeit wie dort anzutreffen ist, so läßt sich diese Feststellung meines Erachtens damit erklären, daß er der Vernichtung anheimgefallen ist. In früheren Zeiten müssen die Höhenlagen oberhalb 1700 m der nördlichen Westanden – von den Trockentälern abgesehen – von Bergwald eingenommen worden sein; Reste davon sind noch in den Tälern von Olmos und Canchaque zu beobachten.

Die Gegenüberstellung von Arequipa und Taulis stützt die von Weberbauer (1911) vertretene Ansicht, „daß an den westlichen Hängen der peruanischen Anden die untere Grenze der Sommerregen je weiter nach Norden, desto tiefer, je weiter nach Süden, desto höher liegt" (1906, S. 111) und sich die Dauer der Regenzeit von Süden nach Norden verlängert.

In der Gipfelregion und auf der interandinen Hochfläche fällt das Maximum der Niederschläge ebenfalls in die Monate Dezember bis März, worüber die folgenden Zusammenstellungen orientieren:

Jauja (geographische Breite: 11°43' S; Länge: 75°27'; Höhe: 3387 m über NN).

	Januar	Februar	März	April	Mai	Juni	Juli	August	September	Oktober	November	Dezember	Summe
1945	146,1	98,0	128,3	23,1	0,2	0,0	2,7	2,6	20,6	36,2	63,8	102,1	623,7 mm
1946	42,8	131,7	118,3	33,2	13,9	0,2	2,5	0,0	34,4	51,5	97,1	104,3	629,9 mm
1947	94,9	55,5	64,1	37,4	14,7	11,0	5,0	—	34,1	22,2	35,2	100,3	174,4 mm

Imata/Südperu (geographische Breite: 15°49' S; Länge: 71°04'W; Höhe: 4405 m über NN).

	Januar	Februar	März	April	Mai	Juni	Juli	August	September	Oktober	November	Dezember	Summe
1945	102,0	103,6	124,9	7,3	0,0	0,0	1,6	5,6	44,5	38,7	12,1	43,7	484,0 mm
1946	111,5	119,5	111,7	68,5	16,8	1,7	3,5	17,5	27,3	21,2	52,9	226,9	779,1 mm
1947	353,5	100,4	38,3	45,4	39,4	0,0	9,0	0,6	22,5	2,3	1,9	93,6	698,9 mm

Puno am Titicaca-See (geographische Breite: 15°5' S; Länge: 70°01'W; Höhe: 3852 m).

	Januar	Februar	März	April	Mai	Juni	Juli	August	September	Oktober	November	Dezember	Summe
1945	82,8	75,0	88,7	41,6	0,0	0,0	0,3	6,2	25,86	40,65	15,9	106,37	483,38 mm
1946	120,84	174,49	91,99	48,51	8,95	1,76	4,96	9,02	6,65	66,56	—	210,52	724,25 mm
1947	105,67	76,72	44,9	56,13	11,94	1,27	0,6	7,11	39,88	31,5	17,02	83,26	476,00 mm

Aus den Tabellen ist aber zu entnehmen, daß auch die als Trockenzeit zu bezeichnenden Wintermonate Mai bis Oktober nicht völlig niederschlagsfrei sind. So erlebten wir im Jahre 1954 am Nevado Salcantay im Juni täglich zwischen 16 und 18 Uhr heftige Schneefälle, ebenso Ende Juli in der Cordillera blanca, denn oberhalb 4400 m (nur selten bis 3700 m herabreichend) treten die Niederschläge meist in Form von Schnee oder Graupeln auf.

Andererseits fallen auch während der Hauptregenzeit die Niederschläge nicht während des ganzen Tages. Gewöhnlich herrscht klares und wolkenloses Wetter mit guter Fernsicht bis gegen 10 Uhr; dann beginnen sich Quellwolken zu türmen, die sich gegen Mittag zu einer geschlossenen Wolkendecke vereinigen (Abb. 3 oben); zwischen 14 und 17 Uhr, meist verbunden mit heftigen Gewittern, beginnt es stark zu schneien, so daß binnen weniger Stunden die zu dieser Zeit in voller Blüte stehende Vegetation unter einer geschlossenen Schneedecke begraben wird. Doch reicht die Kraft der Sonne des nächsten Morgens aus, um in Höhenlagen bis 4600 m den Schnee vollständig zum Abschmelzen zu bringen. Der Boden ist während der ganzen Regenzeit stark durchfeuchtet; die über die Andenkämme und die Hochfläche hinwegführenden Wege und Straßen sind grundlos.

Die relative Luftfeuchtigkeit ist zur Regenzeit sehr hoch (80 und 95%), niemals aber erreicht sie Werte unter 50%. Die Lufttemperaturen sind, verglichen mit denen der Trockenzeit, ebenfalls hoch. So werden für den bereits erwähnten Ort Imata (4405 m) die aus Tabelle 1 (S. 28 u. 29) ersichtlichen Werte angegeben.

Während der Trockenzeit ist die Bewölkung gering. Tag für Tag herrscht blauer Himmel; nur um die Mittagszeit treten Quellwolken auf, die zur Niederschlagsbildung Anlaß geben können. Der Punaboden, eine fast meterdicke schwarze Humusschicht (Abb. 75 links), trocknet in seinen obersten Schichten stark aus. Die meisten Pflanzen befinden sich während der Trockenzeit im Stadium der Ruhe; die großen Büschelgräser verfärben sich bereits am Ende der Regenzeit herbstlich gelb; nur die der Punazone angehörigen Kakteen haben während der niederschlagsarmen Monate ihre Hauptblütezeit.

Temperatur- und Feuchtigkeitsgegensätze zwischen Tag und Nacht beginnen sich zu verschärfen. Tagsüber herrschen in der Regel auch oberhalb 4000 m bei wolkenlosem Himmel Lufttemperaturen von mehr als +10°, während nachts das Thermometer in den Monaten Juli bis August unter den Nullpunkt absinkt. Es treten nicht selten Temperaturdifferenzen innerhalb 24 Std bis zu 20° auf. Noch extremer werden die Gegensätze, wenn man die Bodenoberflächentemperaturen berücksichtigt, also jene Zone,

Tabelle 1

1947	Januar	Februar	März	April
2stündige Mitteltemperatur . .	4,5	5,0	5,2	3,9
Mittl. Maximum	10,3	11,8	13,6	12,6
Mittl. Minimum	− 1,5	− 1,8	− 2,1	− 3,4

Tabelle 2

Zeit	0^{00}	1^{00}	2^{00}	3^{00}	4^{00}	5^{00}	6^{00}	7^{00}	8^{00}	9^{00}	10^{00}
Lufttemperatur in 1,5 m Höhe in °C	− 1	0	− 1,5	− 1	− **1,5**	− 1	+ 1	+ 4	+ 6,2	+ 8	+ 10
Bodenoberflächentemperatur in °C	− 3	− 4	− 5	− 5	− 7	− **7**	− 6	+ 5	+ 20	+ 24	+ 36
Relative Feuchte in %	86,5	87	85,5	86,5	79	86,5	74	88	84,5	59,5	48
Wind in m/sec .	0	0	0	0	0	0	0	0	0	2	4

Tabelle 3

	Januar	Februar	März	April	Mai	Juni
Niederschläge in mm	40,39	69,07	106,03	77,2	51,05	20,81
Temperatur, mittl. Maximum.	21,7	20,9	21,2	20,5	20,9	21,5
Temperatur, mittl. Minimum .	9,2	9,8	9,4	9,7	8,8	8,3

Tabelle 4 (Apurimactal,

	0^{00}	2^{00}	4^{00}	6^{00}
Lufttemperatur in °C.	+ 12	+ 11,5	+ 10	+ 13
Relative Feuchte in %	80	75,5	89,9	76,4
Windgeschwindigkeit in m/sec . .	0	0	0	0

die für den Pflanzenwuchs von größter Bedeutung ist. Wie aus eigenen Messungen[1] zu entnehmen ist, können an der Bodenoberfläche die Temperaturdifferenzen bis zu 45° (!) betragen.

Die aus Tabelle 2 (S. 28 u. 29) zu entnehmende Messung vom 19./20. August 1954, also nach Ende der kältesten Jahreszeit, stammt aus der Cordillera negra von der 4225 m hohen Paßhöhe Punta Caillan, dem Standort von *Oroya borchersii* und zahlreichen *Tephrocacteen.*

Ähnlich der Temperatur verhält sich auch der Gang der relativen Feuchte. Wenngleich auch während der Trockenzeit die Luft nachts mit Wasserdampf gesättigt ist, der jeden Morgen als

[1] Die Messungen wurden von Dr. Hirsch durchgeführt.

(Imata, 4405 m).

Mai	Juni	Juli	August	September	Oktober	November	Dezember
2,6	0,7	0,4	1,3	2,1	2,9	3,5	4,5
12,4	12,4	11,8	13,2	14,2	15,2	17,1	14,6
− 7,1	− 13,0	− 12,1	− 12,5	− 10,4	− 9,4	− 9,4	− 3,3

(Punta Caillan, 4225 m).

11^{00}	12^{00}	13^{00}	14^{00}	15^{00}	16^{00}	17^{00}	18^{00}	19^{00}	20^{00}	21^{00}	22^{00}	23^{00}	24^{00}
+ **10**	+ 8	+ 7	+ 6	+ 5,5	+ 5	+ 3	0	+ 1	+ 0,5	+ 1	0	− 1	− 1
+ **38**	+ 32	+ 31	+ 27	+ 22	+ 15	+ 6,5	+ 2	+ 1	+ 1	− 1	− 1,5	− 3	− 3
40	51	49,5	58	72	77,5	73,5	73	100	93,5	87	100	100	86,5
4	8	9	9	9	4	3	0	0	0	0	0	0	0

(Cajamarca, 2640 m).

Juli	August	September	Oktober	November	Dezember	
13,97	18,29	45,15	91,69	75,26	89,19	Summe: 698,65 mm
19,3	19,1	19,3	2,7	21,1	20,6	Jahresmittel/Maximum 20,5
11,4	11,9	12,7	13,6	12,0	12,1	Jahresmittel/Minimum 10,7

Hacienda Carahuasi).

8^{00}	10^{00}	12^{00}	14^{00}	16^{00}	18^{00}	20^{00}	22^{00}
+ 18	23,5	+ 27	+ 28,5	+ 25,5	+ 22	+ 19	+ 14
52,6	46,8	44,6	23,2	45	63,8	61,1	63,5
0	0	2	6	4	5	0	0

Reif niedergeschlagen wird, so kann tagsüber die Luftfeuchtigkeit bis auf 40% absinken. Verstärkt wird die Lufttrockenheit durch die täglichen, recht heftigen und trockene Luft heranführenden Winde. Selbst der Mensch, der in dieser Höhe zu arbeiten gezwungen ist, bekommt die Trockenheit der Luft zu spüren. Er wird nicht nur von einem ständigen Durstgefühl geplagt; auch die Haut springt auf, Fingernägel und Haare brechen ab[1].

[1] Auch C. Troll weist auf die starken Winde hin, die für die gesamte Andenhochfläche typisch zu sein scheinen, wenn er sagt: „Auch meine sonstigen Erfahrungen in den bolivianischen Anden deuten darauf hin, daß tägliche Ausgleichswinde größten Stils von allen Seiten, entlang der ganzen Westseite von der Küstenwüste her, von Nordosten aus dem Tiefland des Mormoré und von Südosten aus dem Gran Chaco auf die Hochplateaus der zentralen Anden gerichtet sind" (S. 131).

Je weiter man nach Süden kommt, desto mehr verstärkt sich der Gegensatz zwischen der sommerlichen Regen- und der winterlichen Trockenzeit; nur im Bereich der nahe zum Urwald gelegenen Ostcordillerenzüge sind auch im Winter Niederschläge, vor allem aber Nebel, keine seltene Erscheinung.

Anders im nördlichen Peru. Hier ist die Gipfelhöhe wesentlich niedriger; bei 6,5° s. Br. bleibt sie unter 4000 m und bei 5,5° s. Br. sogar unter 3000 m. Die Niederschläge fallen meist in Form von Regen oder Graupeln; Schnee fehlt vom 7.° s. Br. an nordwärts vollständig. Die Niederschläge sind nicht allein auf den Sommer beschränkt, sondern fallen auch im Winter in beachtlicher Höhe, wie aus den Niederschlagsangaben von Cajamarca (geographische Breite: 7°08′ S; Länge: 78°3′; Höhe: 2640 m über NN) aus dem Jahre 1947 hervorgeht (Tabelle 3, S. 28 u. 29).

Deshalb ist auch die Vegetation keiner periodischen Trockenzeit unterworfen und die Pflanzen der Jalca (s. S. 10) lassen keine ausgesprochene Periodizität der Blütezeit erkennen. Infolge der hohen Niederschlagstätigkeit erweist sich die Jalca im Gegensatz zur Puna als frei von Kakteen.

c) Niederschlag und Temperatur in den interandinen Trockentälern

Wie schon in dem Abschnitt über die Orographie des Landes ausgeführt, wird die interandine Hochfläche von tief eingeschnittenen Flußtälern zerteilt, deren Wände oft senkrecht emporragen und deren Sohlen nicht selten unterhalb 1000 m liegen. Die Höhendifferenz vom Flußbett bis zu den benachbarten Hochcordilleren kann auf kürzester Entfernung bis zu 4000 m betragen! So liegt am Rio Apurimac, einem der ausgeprägtesten Trockentäler des südlichen Peru, das Niveau des Flusses bei der Puente Cunyac (zwischen Limatambo und Abancay) bei 1900 m, während der nur 20 km (Luftlinie) entfernte Nevado Salcantay eine Höhe von 6264 m erreicht. Es stoßen hier klimatische Extreme auf kürzester Entfernung zusammen, und die großräumigen Klimazonen der peruanischen Anden wiederholen sich auf engstem Raum.

Obwohl aus keinem der Trockentäler Perus klimatologische Beobachtungen über längere Zeiträume hinweg vorliegen, können wir allein aus der Physiognomie der Vegetation Rückschlüsse auf die klimatischen Verhältnisse ziehen.

Für SE Bolivien teilt C. Troll (1929) die Trockentäler in mäßig trockne Hochvalles von 2900 m bis 2000 m (1900 m) und in trockenheiße Tiefvalles (unterhalb 2000 m) ein. „Die Hochvalles tragen vorwiegend kakteenreichen Trockenbusch (Dorn- und Hartlaubbusch), ihre reichbewässerten Talböden schmücken üppige Kulturen von Mais, Wein, Feigen, Pfirsichen und Luzerne und die charakteristische Erscheinung des Pfefferbaumes *Schinus molle*. In den Becken mit ihren durchlässigen Sedimentfüllungen, aber auch auf trockenen Schwemmkegeln aller Hochvalles sind Schirmakazienbestände eine typische Erscheinung. In den Tiefvalles, den unter 2000 m hinab eingeschnittenen Cañons der größeren Flüsse, sind die steilen Hänge mit einem schütteren xerothermen laubwerfenden Wald bedeckt, in dem Dreiviertel des Jahres die Sonne glüht. In den trockensten und tiefsten Teilen fehlt auch dieser und an seine Stelle treten fast wüstenhafte Kakteen-Bromeliaceen-Bestände mit einer ephemeren Regenflora. Für Kulturen größeren Stils fehlt das flache Gelände, meist schlägt das breite Hochwasserbett des Flusses von Hang zu Hang, und nur kleine Terrassenecken an den Mündungen der Seitenbäche erlauben die Kulturen von Zuckerrohr und halbtropischen Früchten". Diese von C. Troll eindrucksvoll geschilderten Verhältnisse lassen sich ohne Einschränkung auf das mittlere Apurimac-Tal, auf große Abschnitte der Täler des Rio Pampas, Rio Mantaro zwischen La Mejorada und der Puente Alcomachay und des Marañon zwischen Balsas und Bellavista übertragen.

Als Beispiel sei hier kurz das Tal des Rio Apurimac angeführt, das von uns 1954 eingehender untersucht wurde. Zwischen der Puente Cunyac und Abancay hat sich der Fluß tief in das Gebirge eingesägt, und die Talwände steigen in mehreren terrassenartigen Stufen zur interandinen Hochfläche auf (Abb. 8 links).

Es lassen sich im wesentlichen folgende große Vegetationsstufen erkennen (s. Abb. 62). Die unterste, vor allem die steilen Talwände bis zur Höhe der ersten Terrasse (1900—2200 m) besiedelnde, wird von einer rein xerophytischen Vegetation eingenommen, in der die mächtigen Kandelaber von *Azureocereus viridis* (Abb. 60) tonangebend sind. Daran schließt sich ein xerothermer, regengrüner *Bombax ruizii*-Wald (Abb. 61 unten) an mit einem an Sukkulenten reichen Unterwuchs [*Cleistocactus morawetzianus, Fourcroya occidentalis* (Abb. 61 oben), *Opuntien, Jatropha ciliata*], sowie *Acacia macracantha, Prosopis juliflora* u. v. a. (s. auch S. 140ff.), die einen reichen Bewuchs epiphytischer Tillandsien tragen. Der *Bombax*-Wald erreicht seine Obergrenze bei 2900 m und geht über eine Sekundärformation niedriger Büsche in die Grasfluren der Puna über.

Vergleichen wir nun diese Vegetationszonierung mit der anderer Gebiete Perus, so stellen wir eine auffallende Übereinstimmung mit den Westandenhängen des nördlichen Peru zwischen dem 6.° und 4.° s. Br. fest. Auch hier werden die tieferen Lagen von säulenförmigen *Cereen* eingenommen (*Armatocereus* und *Neoraimondia*), an die sich ein kakteenreicher, regengrüner *Bombax*-Wald anschließt, der über einen Bergwald in die Grasfluren der Jalca übergeht. Angedeutet ist dieser auch am Apurimac und zwar an seinem Ostufer, am Fuße des Nevado Salcantay bei der Pampa Soray (3900—4200 m, s. Abb. 62).

Aus diesen Übereinstimmungen in der Vegetationszonierung können wir auch auf Gemeinsamkeiten in klimatologischer Hinsicht schließen; das würde bedeuten, daß die Niederschlagstätigkeit gering ist, die Durchschnittstemperaturen hoch sind[1] und die relative Luftfeuchte, besonders in den tieferen Lagen, wenigstens tagsüber niedere Werte aufweist. Auch die nächtliche Abkühlung unterbleibt, denn die tagsüber stark erwärmten, nur mit schütterer Vegetation bedeckten, steilen Felswände geben die gespeicherte Wärme nur langsam wieder ab.

Über einen 24stündigen Gang der Temperatur und der relativen Feuchte orientiert die Zusammenstellung in Tabelle 4 (S. 28 u. 29), die aus dem kältesten Monat (Juni) stammt.

Während eines 8tägigen Aufenthaltes auf der Hacienda Carahuasi im Juni 1954 konnten wir beobachten, wie die Wolkenbänke vom nahegelegenen Nevado Salcantay, an dem täglich starke Schneefälle zu verzeichnen waren, allmorgentlich über das Apurimac-Tal getrieben wurden und sich hier über dem stark erwärmten Taleinschnitt aufzulösen begannen. Nur die oberen Talränder zwischen 3000 und 4000 m erhielten Niederschläge, während die Talsohle selbst davon verschont blieb. Verstärkt wird die Trockenheit der unteren Tallagen durch die täglichen Talaufwinde, worin

[1] VARGAS (1949) äußert sich zur Klimatologie des Apurimac-Tales wie folgt: »En general el clima es cálido y seco. El período pluvial es frecuentemente más breve que en la hoya del Vilcanota-Urubamba, que corre aproximadamente paralela al Apurímac. La temperatura es variable, pero más elevada que en los mismos níveles, comparación hecha con la anteriormente nombrada (Vilcanota)« (S. 217). Als Durchschnitts-Wintertemperaturen gibt VARGAS folgende Werte an: Lufttemperatur 48°; Bodentemperatur 42° (S. 217).

Übereinstimmung mit den Quertälern der Andenwestseite herrscht. Je tiefer wir also in ein solches Trockental hinabsteigen, desto geringer wird die Niederschlagstätigkeit und desto ausgeprägter der xerophytische Charakter der Vegetation. Die interandinen Trockentäler sind deshalb gleich der Felswüste der Andenwestseite Zentren der Kakteenverbreitung.

Auf die Klimatologie der Anden*ost*seite einzugehen, erübrigt sich in diesem Zusammenhang; es sei lediglich darauf hingewiesen,

Abb. 8. *Links:* Durchbruch des Rio Apurimac durch die Ostcordillere. *Rechts: Cereus vargasianus* (?) Card. im Savannenwald im Tal des Rio Urubamba bei Quillabamba auf der Andenostseite, 1000 m.

daß die Ostabhänge infolge des mit Feuchtigkeit beladenen Passatwindes eine hohe Luftfeuchtigkeit und starke Niederschlagstätigkeit aufweisen. Der Wald steigt deshalb hier aus der Ebene des Amazonasbeckens bis fast an die Grenze des Eises hinauf. In den höheren und mittleren Gebieten der Cordilleren lagern während des ganzen Jahres anhaltende Nebel, unter deren Einfluß sich ein epiphytenreicher Nebelwald entwickelt, dessen untere Grenze bei etwa 2000 m liegt. Darunter folgt eine trocknere Zone, die in Südperu während des Winters fast keine Niederschläge erhält, da sie gegen das Amazonasbecken durch niedrige Gebirgszüge abgeschirmt wird, an denen der Passat schon einen großen Teil seiner Feuchtigkeit in Form von Regen niederschlägt. Diese

Trockengebiete, wie beispielsweise das Urubamba-Tal zwischen Quillabamba und El Encuentro, werden von einer regengrünen Savanne eingenommen, der säulenförmige Cereen beigemischt sind (Abb. 8 rechts).

3. Die in Peru beheimateten Kakteengattungen

Wie bereits in der klimatologischen Übersicht angedeutet, liegen die Verbreitungszentren der peruanischen Kakteen in den Trockengebieten, also in der Felswüste und den Trockentälern. Wenn auch in Gebieten mit höheren Niederschlägen die Kakteen sowohl an Arten- wie auch an Individuenzahl abnehmen, so verschwinden sie doch nie vollständig; das bedeutet, daß ihr vertikales Areal sich bis in die Hochregionen der Anden erstreckt. Von wenigen Ausnahmen abgesehen werden indessen nur Gebiete besiedelt, die einem periodischen Wechsel zwischen Trocken- und Regenzeit unterliegen. Als Verbreitungsgebiete scheiden deshalb auf Grund dieser Feststellung von vornherein aus: die Jalca, der immerfeuchte Nebelwald und der tropische Regenwald in seiner typischen Ausbildung.

Vorherrschend in Peru sind Säulenformen aus der Unterfamilie der *Cereoideae* K. Schum.

Die langsäuligen Formen mit radiären Blüten sind mit folgenden Gattungen vertreten: *Neoraimondia, Armatocereus, Corryocactus* und *Erdisia* aus der Sippe der *Corryocerei* Backbg., deren typisches Merkmal die mit Stacheln oder Borsten bewehrten Blütenröhren und Früchte sind.

Die Sippe der *Gymnanthocerei*, deren Früchte zwar nackt sind, aber mehr oder weniger stark in Erscheinung tretende Schuppenblätter tragen, ist vertreten durch *Monvillea, Browningia, Gymnocereus* und *Azureocereus.*

Zu den *Trichocerei* (Blütenröhre und Früchte mehr oder weniger stark behaart) gehören *Trichocereus, Haageocereus, Neobinghamia* und *Weberbauerocereus.* In der letzteren Gattung erfolgt bereits ein Übergang von radiärem zu zygomorphem Blütenbau (s. S. 450).

Zu den kurzsäuligen Formen mit radiären Blüten gehört die *Echinocereus*-artige, gruppen- oder polsterbildende, isoliert stehende Gattung *Mila* mit kahlen, gelben Blüten und stachelbeerähnlichen Früchten.

Von den Kugelformen mit radiären Blüten sind zu nennen die Gattungen: *Lobivia, Oroya* und *Islaya.*

Die Kakteen mit zygomorphen Blüten, die von BACKEBERG in der Sippe der *Loxanthocerei* zusammengefaßt werden, sind vertreten durch die Gattungen:

Loxanthocereus (Blütenröhre meist mehr oder weniger S-förmig gekrümmt); *Seticereus*, eine Gattung, die sowohl kleinere, niederliegend-kriechende (*S. icosagonus*), als auch aufrecht wachsende und kandelaberartig verzweigte Arten (*S. chlorocarpus*; *S. roezlii*), umfaßt. Ihre zur Blütenbildung schreitenden Areolen bilden zuweilen einen dichten Borstenschopf; ferner *Cleistocactus*, *Oreocereus* und *Morawetzia*.

Zu den kurzsäuligen Formen mit zygomorphen Blüten, die in der Jugend häufig von kugeligem Wuchs sind, im Alter aber nicht selten cereoid werden, gehören die Gattungen *Arequipa* und *Matucana*.

Die *Cephalocerei*, eine Sippe von weiter Verbreitung ist durch die folgenden Gattungen vertreten: *Pilosocereus:* große, säulenförmige Cereen, deren blühbare Areolen zu reichlicher Bildung längerer Wollhaare schreiten und die insgesamt zu einem Pseudocephalium[1] zusammentreten; die Gattung ist in Peru ausschließlich auf den Norden des Landes beschränkt.

Zu den *Cephalocerei* mit echten Cephalien[1] gehören die Gattungen: *Thrixanthocereus* und *Espostoa*. Die erstere kommt allein in Nordperu vor, während *Espostoa* südwärts bis nach Zentralperu vordringt.

Zu den kugelförmigen Cephalienträgern, den *Cephalocacti*, mit endständigem Scheitelcephalium gehört allein *Melocactus*, eine Gattung mit einem riesigen Verbreitungsgebiet, das sich von Mexiko und Cuba über die westindischen Inseln bis nach Zentralperu erstreckt.

Ein relativ kleines Verbreitungsgebiet besitzen die *Hylocereen*, die als Begleitpflanzen ausschließlich der regengrünen Wälder des nördlichen Peru auftreten. Von gleicher Verbreitung sind auch die wenigen Arten der Gattung *Rhipsalis*.

Die ein sehr zerissenes Areal mit dem Schwerpunkt Südamerika einnehmende Gattung *Peireskia* bildet gleichfalls einen wesentlichen Bestandteil der Trockenwälder des nördlichen Peru. Ihre bisher aufgefundenen Arten zeichnen sich alle durch den Besitz

[1] Die Begriffe „Pseudocephalium" und „echtes Cephalium" sind bereits an anderer Stelle (RAUH 1957) erläutert worden.

auffallend kleiner Blüten aus, so daß diese wohl in einer besonderen Entwicklungsgruppe zusammenzufassen sind.

Auch die Unterfamilie der *Opuntioideae* K. Schum. ist durch mehrere Gattungen und Arten vertreten.

Zunächst die *Platyopuntien*: Viele der heute große Gebiete des südlichen Peru bewohnenden Arten sind nicht heimisch, sondern zum Zwecke der Koschenille-Laus-Zucht aus Mittelamerika eingeführt worden. Das Zentrum der Koschenille-Farbstoffgewinnung lag in den Trockengebieten von Ayacucho. Dieser Erwerbszweig ist zwar heute mit Einführung der billigeren Anilinfarbstoffe weitgehend zum Erliegen gekommen; die Opuntien aber sind geblieben und breiten sich weiter aus. Außer den mexikanischen Arten gibt es indessen auch in Peru beheimatete *Platyopuntien*. Für die Trockengebiete des nördlichen Peru ist *O. macbridei* bezeichnend, während im Süden des Landes, und zwar nur in höheren Lagen, die „*Airampoae*“[1], vertreten durch *O. soehrensii*, zu Hause sind; *O. pestifer* und *O. pascoensis* sind in ihrer Verbreitung auf das zentrale Peru beschränkt.

Wesentlich häufiger sind die *Cylindropuntien*. Die mit Scheidenstacheln versehene *O. tunicata* und die mit ihr nahe verwandte *O. pallida*, beide an mehreren Orten Perus anzutreffen, dürften bereits vor langer Zeit aus Mexiko eingeschleppt worden sein.

Die scheidenlosen *Cylindropuntien* werden vorwiegend durch *O. exaltata* und *O. subulata* vertreten, zwei Arten, welche sehr deutlich die Kulturregion in den Anden charakterisieren. Ihre weite Verbreitung in dieser Zone verdanken sie denn wohl auch weitgehend dem menschlichen Einfluß, da sie nicht selten zur Umfriedung von Feldern und Gehöften Verwendung finden und sich in hohem Maße vegetativ vermehren.

Eine eigentümliche *Cylindropuntie* von nur lokaler Verbreitung ist *O. pachypus*, die lange Zeit nur aus dem Eulalia-Tal bei Lima bekannt war, dann aber vor wenigen Jahren von AKERS auch im nördlich benachbarten Canta-Tal gefunden wurde. Nach unseren Beobachtungen ist sie hier sogar häufiger als im Eulalia-Tal.

Eine besondere Rolle spielen die *Sphaeropuntien* mit der artenreichen Gattung *Tephrocactus*, da sie an vielen Stellen des Landes, besonders in der hochandinen Region, als vegetations-

[1] Als „Airampo“ bezeichnet der Eingeborene all jene Opuntien, die ein von Anthocyan (Betanin) intensiv rot gefärbtes Fruchtfleisch besitzen, das, zusammen mit den Samen getrocknet, zum Färben von Lebensmitteln dient.

bestimmende Elemente in Erscheinung treten. Es handelt sich um niedrig bleibende, kurzgliedrige, gruppenbildende und häufig zur Polsterbildung neigende Pflanzen, die zwei, in sich abgeschlossene Verbreitungsgebiete bewohnen: einmal die tieferen Lagen der Felswüste (*T. kuehnrichianus*, *T. sphaericus*, *T. mirus*), zum anderen gehören sie zu den Charakterpflanzen der interandinen Hochfläche zwischen 3700 und 4200 m. Wenngleich in dieser Höhenlage stark wollig behaarte Formen durchaus vorherrschen, so erbrachte unsere Sammeltätigkeit doch auch mehrere neue, völlig unbehaarte Arten.

Von all den im Vorstehenden aufgeführten Gattungen sind ein großer Teil in ihrer Verbreitung allein auf Peru beschränkt. Hierher gehören: *Corryocactus*[1], *Neoraimondia*, *Azureocereus*, *Seticereus*, *Morawetzia*, *Loxanthocereus*, *Arequipa*, *Matucana*, *Haageocereus*, *Islaya*, *Mila*, *Oroya* und *Espostoa*. Die folgenden Gattungen haben den Schwerpunkt ihrer Verbreitung und Entwicklung in Peru, greifen indessen noch auf die Nachbarländer über: *Erdisia* (bis La Paz in Bolivien), *Armatocereus* (bis nach Südecuador), *Browningia* (bis nach Nordchile). Alle übrigen Gattungen haben entweder ein sehr großes, wenn auch oft zerstückeltes Areal, bzw. das Zentrum ihrer Entwicklung liegt in den Nachbarländern.

4. Zur Verbreitung und Vergesellschaftung peruanischer Kakteen[2]

a) Zur Kakteenvegetation der Küstensandwüste

Wenngleich auch weite Strecken der Küstenwüste Zentral- und Südperus völlig vegetationslos sind, so tragen andererseits doch ausgedehnte Sandflächen eine überraschend üppige Vegetation nicht nur von Annuellen, sondern auch von Perennierenden. Natürlich sind nur solche Pflanzen in der Lage, in diesem niederschlagsarmen Klima zu gedeihen, die mit besonderen Einrichtungen ausgestattet sind, welche ihnen die Aufnahme geringster Spuren von Feuchtigkeit ermöglichen. Soweit es sich um Holzgewächse handelt, besitzen sie ein tiefgreifendes, bis zum Grundwasser vordringendes Wurzelsystem. Bäume und Sträucher besiedeln vorwiegend den nördlichen, nebelfreien Wüstenabschnitt.

[1] Nach brieflicher Mitteilung von Backeberg ist *Corryocactus* jetzt auch in Nordchile gefunden worden.

[2] Die in den folgenden Abschnitten aufgeführten Kakteen, sind — soweit es sich um neue Arten handelt — im 2. Teil der vorliegenden Arbeit beschrieben. Die in Klammern gesetzten Zahlen bedeuten die Nummern, unter welchen die Pflanzen gesammelt worden sind.

Die in der Garuazone lebenden Pflanzen lassen vielfach entgegengesetzte Verhältnisse erkennen: ihre Wurzeln streichen flach unter der Bodenoberfläche dahin, um die durch den Nebel sich niederschlagende und nur wenige Zentimeter in den Boden eindringende Feuchtigkeit ausnutzen zu können. Dabei kann es gelegentlich zur Ausbildung von Heterorhizie kommen, wie dies für den Zwiebelgeophyten *Hymenocallis amancaës* bereits beschrieben worden ist

Abb. 9. *Tillandsia latifolia*-Fluren in der Wüste südlich Trujillo

(Rauh 1955). Andere Pflanzen sind überhaupt völlig wurzellos und nehmen Wasser und Luftfeuchtigkeit mit Hilfe ihres Vegetationskörpers auf. Hierher gehören nicht nur niedere Pflanzen wie Algen, Flechten und Moose, sondern auch Blütenpflanzen, vor allem Vertreter aus der Gattung *Tillandsia*[1]. Wieder andere Gewächse bilden besondere wasserspeichernde Gewebe aus und treten als Stamm- bzw. Blattsukkulente in Erscheinung (Kakteen, einige *Peperomia*-Arten); eine letzte Gruppe von Pflanzen schließlich vollendet ihren Entwicklungszyklus innerhalb weniger Monate,

[1] Die in der Küstenwüste verbreiteten *Tillandsien*, auf die in anderem Zusammenhang ausführlich eingegangen wird, sind nur scheinbar wurzellos. Sie besitzen zwar Wurzeln, doch verlaufen diese im Innern der Sproßachse (s. Rauh 1956) und treten nur selten nach außen. Als Wasseraufnahmeorgane spielen sie jedenfalls keine Rolle.

vorwiegend während der Nebelzeit und verbringt die extreme Trockenzeit im Stadium der Ruhe. Hierzu gehören die Annuellen und Zwiebel- bzw. Knollengeophyten.

Die verbreitetsten Pflanzen der eigentlichen Wüstenregion sind *Tillandsien*, deren nördliche Verbreitungsgrenze mit jener der Garuanebel zusammenfällt. Sie bedecken oft quadratkilometergroße Flächen und treten meist in Reinbeständen auf. Vorherrschend ist *Tillandsia latifolia* (Abb. 9), deren bestandsbildendes Vorkommen auf ausgiebiger vegetativer Vermehrung beruht. Wenige Kilometer nördlich Trujillo ist diese vergesellschaftet mit *T. purpurea* und *T. recurvata*[1], einer kleinen, zur Bildung großer Polster neigenden Art, die auch im Süden oberhalb Camana angetroffen wurde. In der Gegend von Lima ist *T. straminea* tonangebend, eine Art von eigenartigem Wuchs[2]. Sie bildet meterlange Stränge, in denen die Sprosse so orientiert sind, daß ihre wachsenden Spitzen alle zur Seeseite hin ausgerichtet sind, während die rückwärtigen Achsenteile in dem Maße absterben, wie ein solcher Strang an seiner „Vorderkante“ weiterwächst (s. Abb. 2 bei RAUH 1956). Alle diese *Tillandsien*, die auch in die Andenquertäler bis zur Obergrenze der Garuanebel eindringen, deren Hauptverbreitungsgebiet aber in Höhenlagen bis zu 300 m liegt, gehören der ökologischen Gruppe der sog. „grauen“ Tillandsien an, deren Blätter ein dichtes Kleid von Saugschuppenhaaren tragen, die bekanntlich im Dienste der Wasseraufnahme stehen. Diese *Tillandsien*bestände bedecken nun nicht in geschlossener Vegetation den gesamten Wüstenstreifen der Garuazone, sondern sind immer wieder durch kilometerweite, vegetationsleere, nackte Sandflächen voneinander getrennt, in denen allenfalls Blaualgen (*Nostoc*-Arten) und Flechten anzutreffen sind; meist fehlen aber auch diese. Welche klimatologischen Besonderheiten die lückenhafte Verbreitung der Tillandsien bedingen, kann nur durch langjährige Beobachtungen geklärt werden.

In die *Tillandsien*-Formation der Küstenwüste fällt nun auch das Verbreitungsgebiet einiger interessanter Kakteen aus den Gattungen *Haageocereus*, *Loxanthocereus* und *Islaya*.

---

[1] Die Bestimmung der Tillandsien übernahm freundlicherweise L. B. SMITH vom Smithsonian Institution, Washington, dem ich an dieser Stelle meinen herzlichsten Dank aussprechen möchte.

[2] WEBERBAUER (1911) bezeichnet diese Pflanze als *T. straminea* H. B. K., das von mir am gleichen Standort gesammelte Material hingegen wurde von L. B. SMITH als *T. paleacea* Presl. bestimmt.

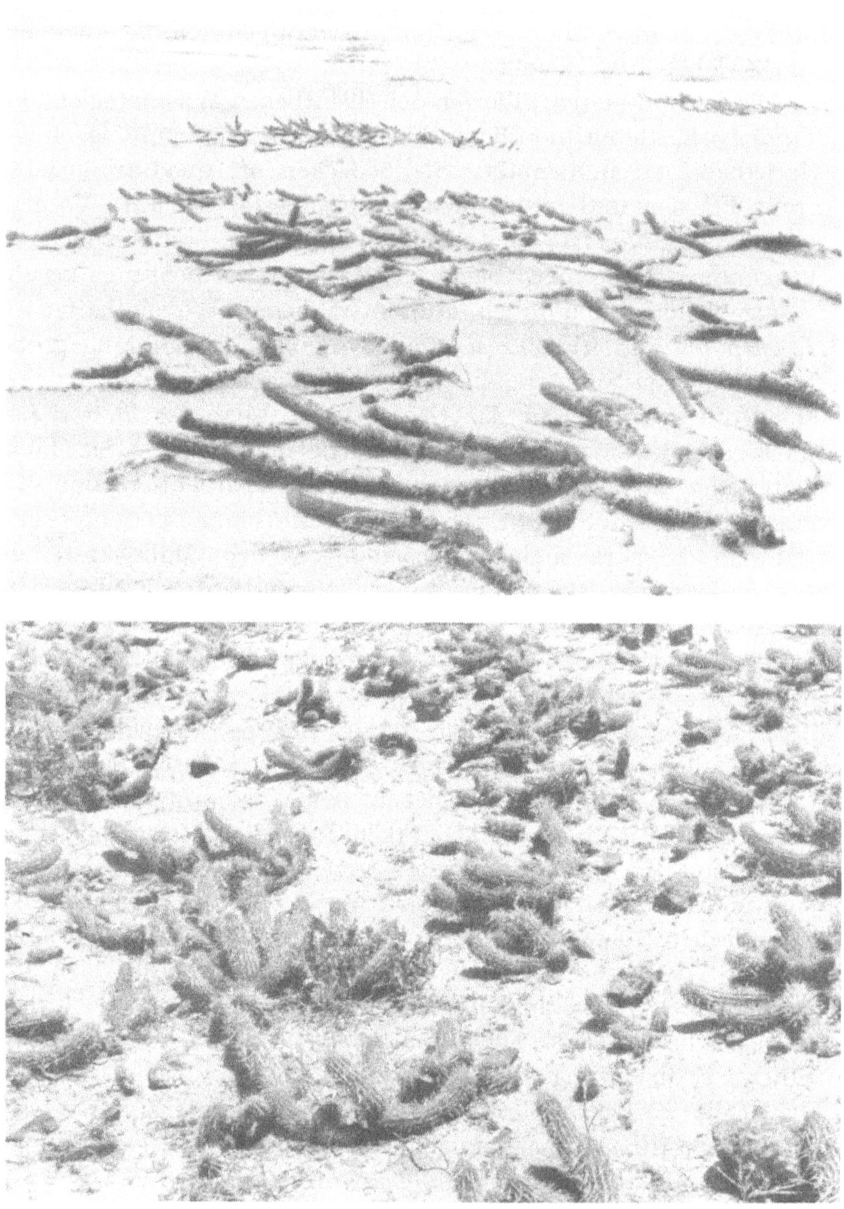

Abb. 10. *Oben: Haageocereus repens* Rauh et Backbg. in der Küstensandwüste südlich von Trujillo. *Unten: Haageocereus decumbens* (Vpl.) Backbg., Wüste bei Chala

So finden wir nördlich und südlich Trujillo, zum Teil mit *Tillandsia latifolia, T. recurvata* und *T. purpurea* vergesellschaftet oder allein wachsend und große Strecken des nackten Wüstensandes besiedelnd, den auffälligen, immer in Gruppen auftretenden *Haageocereus repens* (Sammelnummer K 106, 1954; K 88, 1956)[1], dessen bis 2 m lange, niederliegende Säulen im lockeren Sand umherkriechen und oft von diesem überweht werden, so daß nur die schräg aufwärts und landeinwärts gerichteten Triebspitzen herausschauen (Abb. 10 oben). Die auf der Unterseite der dicht mit Flechten bewachsenen Säulen entstehenden Wurzeln sind reich verzweigt und streichen flach im Sand dahin. Zur Garuazeit, in die auch die Blütezeit fällt, sind die Triebe so prall und saftig, daß das Wasser geradezu herausspritzt, wenn man diese abschlägt. Die Ruheperiode fällt in die nebelfreie Zeit.

Von gleichem Wuchs ist auch der von Chala an südwärts mit Unterbrechungen bis Mollendo sich erstreckende *Haageocereus decumbens*, der dort, wo er auftritt, in der Regel Massenbestände bildet (so bei Chala, bei km 617 und km 526 bis km 573 an der Carretera Panamericana). *H. decumbens* besitzt kürzere, bis 60 cm lange, niederliegende, von der Basis her verzweigte und auf der Unterseite nicht selten wurzelnde Säulen, deren Scheitel gleichfalls seeabwärts gerichtet sind (Abb. 10 unten). Im Gegensatz zu *H. repens* ist *H. decumbens* selten mit *Tillandsien* vergesellschaftet, sondern vorwiegend mit Pflanzen der sich weiter landeinwärts auf den Hügeln ausbreitenden Lomaformation, die auf den ebenen Küstenterrassen gegen das Meer zu ausklingt.

Bei Chala, wo die Lomas bis nahe an das Meer heranreichen, wächst *H. decumbens* vorwiegend in flachen Erosionsrinnen in Gesellschaft von *Zephyranthes albicans*, einer prachtvollen, weißblütigen *Amaryllidaceae*, die stellenweise in solchen Massen auftritt, daß die Wüstenflächen zur Blütezeit weiß erscheinen, sowie *Nolana-*, *Oxalis*-Arten u. a.[2]. Dennoch bleiben die eigentlichen Lomapflanzen an Häufigkeit hinter *H. decumbens* zurück, so daß wir von einer *H. decumbens*-Ges. sprechen können, welche die

---

[1] Die Pflanze wurde 1954 von BACKEBERG, da sie ohne Blüten gesammelt wurde — sie scheint nicht sehr blühwillig zu sein — für einen *Loxanthocereus* gehalten und als *L. casmaensis* in einem in der französischen Zeitschrift „Cactus“, Bd. 12, H. 54, erschienenen Reisebericht unter diesem Namen ohne Diagnose publiziert. Auf Grund der im Jahre 1956 gefundenen Blüten hat sich die Pflanze als ein *Haageocereus* erwiesen. Der Name *Loxanthocereus casmaensis* ist deshalb einzuziehen.

[2] Weiter im Süden zwischen km 513 und 617 gesellen sich zu *H. decumbens* auch *Franseria artemisioides*, *Krameria triandra*, *Heliotropium ferreyrae* u. a.

Lomas nach unten hin begrenzt. *H. decumbens* fehlt den im Hinterland sich erhebenden Lomahügeln vollständig. Hier werden in etwa 200 m Höhe die Kakteen vertreten durch den 3—4 m hohen *Trichocereus chalaensis* (K 128, 1956, Abb. 11), eine der in Peru am tiefsten herabsteigenden Arten der Gattung, die ihre Hauptverbreitung sonst in Höhenlagen zwischen 2000 und 3000 m hat[1].

Abb. 11. *Trichocereus chalaensis* Rauh et Backbg. in den Felslomas oberhalb Chala. Die Buschvegetation wird vorwiegend von *Croton*-Arten gebildet

T. chalaensis, der sich vorwiegend auf die herabziehenden Talrunsen beschränkt und hier dichte Gruppen bildet, ist Bestandteil einer offenen Felsloma, in der niedrige Sträucher, vor allem *Croton*-Arten und die baumförmige *Carica candicans* tonangebend sind.

Der *H. decumbens*-Ges. bei Chala vorgelagert ist ein 1—2 km breiter, ebener Wüstenstreifen, der ausschließlich von *Islaya* (*I. paucispina*, *I. mollendensis*; K 127, 1956) besiedelt wird, einer kleinen, unscheinbaren, bis zum Scheitel im Sand steckenden, aber in großer Individuenzahl auftretenden Pflanze. Wir begegnen bei Chala erstmalig diesem interessanten Genus, dessen Verbreitungsgebiet sich annähernd mit dem von *Haageocereus decumbens* deckt, das aber, wie unsere Neufunde erbracht haben, sich viel weiter landeinwärts erstreckt, als man bisher angenommen hat. BACKEBERG hielt *Islaya*, die im übrigen bisher nur mit 3 Arten bekannt war, für eine rein auf die Küstennähe beschränkte Gattung. Sie ist, abgesehen von Eigentümlichkeiten

[1] Im Jahre 1954 fand ich auf den Cerros von Pongo (km 538) auch einen *Trichocereus* in ähnlicher Vergesellschaftung wie bei Chala. Da damals kein Material gesammelt wurde, ist nicht klar, ob es sich bei der Pongo-Pflanze um die gleiche Art handelt.

im Bau der Frucht, dadurch besonders interessant, als es sich um die einzige Kugelkakteen-Gattung im unmittelbaren Küstenbereich Perus handelt, deren Areal in keinerlei Beziehung zu den ostandinen und nordchilenischen Kugelkakteen-Gattungen steht. *Islaya* bildet nur im Alter verlängerte (bis 50 cm lange) Körper, die in der

Abb. 12. Blaualgenwüste bei Ocana, 200 m (Südperu). Die Schwarzfärbung der an sich weißen Gipshänge beruht auf einer Massenvegetation von Blaualgen. Die Hänge der linken Bildseite sind die Standorte von *Islaya copiapoides* Rauh et Backbg.

Jugend bis zu ihrem wollig-filzigen Scheitel im Substrat verborgen sind, im Alter aber schiefwüchsig werden und dabei ihre Scheitel stets von See abwenden.

In der Gegend von Chala ist im Küstenbereich folgende Vegetationszonierung zu beobachten: Die sich unmittelbar über dem Meer erhebende Strandterrasse wird von einer Blaualgen-reichen *Islaya*-Ges. eingenommen, der jede weitere Begleitflora fehlt; daran schließt sich landeinwärts die *Haageocereus decumbens*-Ges. an, die mit ansteigendem Gelände in die Loma-Formation übergeht. Deren unterste Stufe wird von einer *Nolana inflata-Oxalis*-Ges. gebildet, die bei 100 m von einem *Trichocereus*-reichen *Croton*-Gebüsch abgelöst wird, dem zahlreiche Charakterpflanzen der Lomas beigesellt sind.

Islaya paucispina und *I. mollendensis* finden sich nicht allein auf der Küstenterrasse nahe dem Meer, sondern auch auf den weiter vom Meer entfernten, etwa 300 m hohen Hügeln südlich Chala, über welche die Straße in das Tal des Rio Chala hinabführt. Auch hier besiedelt sie, zusammen mit Blaualgen, feinerdigen, lockeren, gipshaltigen Boden. Die Pflanzen scheinen ein derartiges Substrat zu bevorzugen, denn auch *I. copiapoides* (K 42, 1954; K 135, 1956), zwischen Ocona und Camana, und *I. brevicylindrica* (K 136, 1956) oberhalb Camana besiedeln ähnliche Standorte in gleicher Vergesellschaftung, d. h. mit Blaualgen. Die letzteren bilden oft solche Massenbestände, daß die an sich weißen Hügel eine schwarze Färbung annehmen (Abb. 12, rechte Bildseite).

In Gesellschaft von *I. copiapoides* wurde weiterhin *Haageocereus mamillatus* var. *brevior* (K 137, 1956) und zusammen mit *I. brevicylindrica* wurde *Haageocereus ocona-camanensis* (K 155, 1956) angetroffen, beides Arten von niederliegend-kriechendem Wuchs, die in die engere Verwandtschaft von *H. decumbens* gehören.

Am weitesten landeinwärts dringt die von uns neu entdeckte *Islaya grandis* (K 150, 1956), der „Riese" der Gattung. Ihre Körper erreichen eine Länge bis 50 cm bei einem Durchmesser bis zu 20 cm und besitzen im Vergleich zu den anderen Arten auffallend kleine Blüten. *I. grandis* wächst etwa 180 km landeinwärts in dem extrem trocknen Tal des Rio Majes nahe der Hacienda Ongora in 900—1000 m Höhe ohne jegliche Begleitflora auf stark verwitterten, roten Sandsteinfelsen und wasserdurchlässigen Grobschotterterrassen des Rio Majes. Sie weicht nicht nur habituell von den übrigen Arten der Gattung ab, sondern nimmt auch eine ökologische Sonderstellung ein, indem sie extrem trockne Standorte außerhalb der Nebelzone besiedelt.

Außer den vorstehend aufgeführten Gattungen ist für den Bereich der Küstenwüste nur noch die Gattung *Loxanthocereus* zu erwähnen, die im Süden, bei Mollendo, mit *L. sextonianus* und im Norden mit *L. gracilis* (= *Maritimocereus gracilis* Akers) vertreten ist.

Die auffälligste Eigentümlichkeit aller die Küstensandebenen bewohnenden Arten — soweit es sich wenigstens um Säulenformen handelt — ist der niederliegend-kriechende Wuchs mit den landeinwärts gerichteten Scheiteln. Es erhebt sich nun die Frage, ob diese für Kakteen recht auffällige Wuchsform durch äußere Einflüsse, vor allem durch die auf S. 5 erwähnten, tagsüber wehenden starken Seewinde verursacht wird oder ob sie erblich fixiert ist. Gegen die ausschließliche Wirkung der Seewinde spricht einmal die Feststellung, daß bei Atico in unmittelbarer Küstennähe die 4—5 m hohen, aufrecht wachsenden Kandelaber von *Neoraimondia* angetroffen werden, die in noch viel stärkerem Maße den Seewinden ausgesetzt sind, zum anderen langjährige Kulturversuche von Dr. CULLMANN (Marktheidenfeld), der *Haageocereus decumbens* aus den von BACKEBERG (1930) gesammelten Samen herangezogen hat und der dennoch seinen niederliegenden Wuchs beibehalten hat[1]. Auf der Wirkung des Seewindes dürfte vielleicht die gleichsinnige, landeinwärtsgerichtete Orientierung der Scheitel zurückzuführen sein, denn dieser führt sehr viel Staub mit sich, der in Verbindung mit der hohen Luftfeuchtigkeit zu einer Verkrustung der Vegetationspunkte und damit zu einem Sistieren des Wachstums führen könnte. Die sich aus dem Sand erhebenden Triebe sind auf der Windseite auch meist mit einer dicken Staubkruste überzogen (Abb. 13 oben).

b) Zur Kakteenvegetation der Loma-Formation

Wie schon auf S. 17 erwähnt, werden im Bereich der Garuazone die Berge der Küstencordillere und die niedrigen, die Küstenwüste landeinwärts begrenzenden Andenvorberge von einer pflanzengeographisch recht interessanten und sich bis zur Obergrenze der Nebel erstreckenden Vegetation eingenommen, welche der Einheimische als Lomas gezeichnet. In der Regel finden sich diese also weiter landeinwärts; nur im Bereich der Steilküste treten sie bis nahe an das Meer heran.

Obwohl die Lomas, da sie relativ leicht zugänglich sind, wenigstens für einen großen Teil des Landes zwar floristisch, jedoch nicht pflanzensoziologisch, als gut durchforscht gelten können, hat man merkwürdigerweise den dort wachsenden Kakteen recht wenig Beachtung geschenkt. Auch FERREYRA (1953), der in seiner Zusammenstellung über 400 Lomapflanzen aufführt, übergeht diese Pflanzengruppe vollständig. So nimmt es nicht wunder, daß wir gerade in diesen Gebieten, in allernächster Nähe von Lima, eine Reihe von Neufunden tätigen konnten.

[1] In gleicher Weise verhält sich auch der niederkalifornische *Machaerocereus eruca* Br. et R. (= *Lemaireocereus eruca*), der ebenfalls in der Kultur seinen niederliegenden Wuchs nicht aufgibt.

Zum allergrößten Teil besteht die Lomavegetation aus Kräutern, unter denen die Annuellen, sowie Zwiebel- und Knollengeophyten durchaus dominieren. Bei dem lockeren Gefüge der Pflanzendecke (Abb. 4 unten) bleibt genügend Raum für erdbewohnende Moose und Flechten. Bemerkenswert ist die geringe Zahl der oberirdisch Perennierenden, zu denen neben Sträuchern und kleinen Bäumen *(Caesalpinia tinctoria* und *Carica candicans)* auch Kakteen gehören.

In biologischer Hinsicht sind die meisten Lomagewächse als Schattenpflanzen zu betrachten, denn der geschlossenen und tiefliegenden Nebeldecke zufolge ist der Lichtgenuß während der Vegetationszeit gering[1]. So finden wir denn auch eine Reihe von Arten, Begonien und Farne, deren Hauptverbreitungsgebiete im lichtarmen Nebelwald der Andenostseite liegt. Hygromorphe Strukturen der oberirdischen Organe deuten auf die ständig hohe Luftfeuchtigkeit hin; die Blätter besitzen keinerlei transpirationsherabsetzende Einrichtungen, und nur wenige Stunden anhaltender Sonnenschein genügen, um die Lebenstätigkeit vieler Kräuter zum Erliegen zu bringen. Um so merkwürdiger ist nun das Vorkommen der Kakteen in den Lomas, die bekanntlich immer als Beispiele extremer Xerophyten angeführt werden und trockne Wüsten und Halbwüsten bewohnen. In den Lomas besiedeln sie, worauf schon hingewiesen wurde, felsige und steinige Hänge.

Als besonders reich an Kakteen hat sich der Zugang des Lurin-Tales wenig oberhalb des Dörfchens Pachacamac erwiesen. Inmitten der Kulturregion finden sich zwischen den üppigen Mais- und Baumwollfeldern kleine Hügel, die von dichten Kakteenbeständen, zusammen mit einigen Lomapflanzen, *Oxalis*-Arten, *Anthericum eccremorrhizum, Solanum pinnatifidum, Loasa urens, Tigridia lobata* (?) u. a. eingenommen werden. Vorherrschend sind Varietäten von *Haageocereus olowinskianus*, der weiter südlich, zwischen Lurin und San Bartolo, auf stark verwitterten Küstenbergen ein größeres, jedoch lokal begrenztes Areal besitzt. Hier bei Pachacamac handelt es sich um die Varietäten *repandus* (K 177), *rubriflorior* (K 177a) und *subintertextus* (K 177b) (s. S. 384ff. und Abb. 180—181). Dazu gesellt sich *H. piliger* (K 178), eine dicksäulige, weiß-borstige Art, sowie der auffällige *Loxanthocereus multi-*

[1] Leider konnten von uns 1954 keine Lichtmessungen durchgeführt werden, da in diesem Jahr die Nebelbildung außerordentlich gering und die Lomas recht dürftig entwickelt waren.

Abb. 13. *Oben: Haageocereus clavispinus* Rauh et Backbg. in den Lomas bei Lima (Ataconga). *Unten: Neoraimondia arequipensis* var. *aticensis*-Vegetation in den Küstenlomas von Atico

floccosus (K 175a), dessen niederliegende Säulen, vorwiegend unterseits, dicht mit dem Wollfilz der blühbaren Areolen bedeckt sind (S. 309 und Abb. 150).

Am Fuße der Lomahügel von Lima (Ataconga) wurde *Haageocereus clavispinus* (K 44) gefunden, dessen wild und derb bestachelte Triebe in dicke Staubkrusten eingehüllt sind (Abb. 13 oben).

Auf den Quilmana-Hügeln bei Imperial, die infolge des Massenvorkommens von *Cyanophyceen* gebietsweise eine Schwarzfärbung annehmen, ansonsten aber, abgesehen von einem dürftigen Bewuchs von *T. straminea*, die typische Lomavegetation vermissen lassen, findet sich in seichten Erosionsrinnen eine Varietät von *Haageocereus olowinskianus* (K 165) und der niederliegende *Loxanthocereus cañetensis* (K 166). Beide tragen häufig einen so dichten Flechtenbewuchs, daß das Wachstum der Säulen erlischt und diese absterben. Reicher Flechtenbewuchs als Zeichen der hohen Luftfeuchtigkeit ist überhaupt typisch für Kakteen der Lomazone, während jene der trocknen Felswüste nicht selten in dichte Mäntel von *Tillandsien* (*T. recurvata, T. virescens*) eingehüllt sind.

Nördlich Lima (km 80 an der Panamericana) treten in gleicher Vergesellschaftung, auf stark verwitterten Hügeln der Küstencordillere ebenfalls *Haageocereen* (K 45) zusammen mit *Loxanthocereen* (K 46) auf.

Zu den interessantesten Stellen der südperuanischen Küstenvegetation gehören jedoch die Lomahänge wenige Kilometer südlich von Atico, die eigentümlicherweise, obwohl sie leicht erreichbar sind, von WEBERBAUER auch in der 2. Auflage seines Werkes (1945) mit keinem Wort erwähnt werden. Es handelt sich um ausgesprochene Felslomas, welche die steil zum Meer hin abfallenden Hänge des zwischen Atico und Ocona bis an den Ozean herantretenden Gebirges besiedeln. Sie sind in diesem Zusammenhang dadurch von besonderem Interesse, daß nicht die sonst typischen, krautigen Lomapflanzen das Vegetationsbild beherrschen, sondern Kakteen und zwar mächtige Säulencereen, wie wir sie in der gleichen Wuchsform im gesamten Küstenbereich erst wieder im äußersten Norden bei Tumbes antreffen. Wir können also von einer kakteenreichen Fazies der Lomas sprechen, wie sie an keiner anderen Stelle Perus in ähnlicher Ausbildung wieder in Erscheinung tritt[1]. Vorherrschend ist *Neoraimondia* mit gewaltigen, bis 6 m hohen und bis 70 cm dicken Säulen, die von der

[1] Für die Lomas von Mollendo, die von uns nicht besucht wurden, betont WEBERBAUER ausdrücklich, daß „cerca del mar la loma contiene sólo pocas Cactáceas, siendo estas generalmente pequeñas y aplicadas al suelo (wohl *Haageocereus decumbens*, Verf.). Mas al interior, p. ej. alrededor de Posco (558 m), se ven muchas Cactáceas columnares“ (1945, S. 234).

Spritzzone des Ozeans bis in Höhenlagen von etwa 100 m bestandsbildend auftritt (Abb. 13 unten). *Neoraimondia* ist hinsichtlich ihrer Verbreitung eine typisch peruanische Gattung, deren Areal sich ausschließlich auf der pazifischen Andenseite findet und hier mit den heutigen politischen Grenzen des Landes sich deckt, also von dessen äußerstem Norden bis zum äußersten Süden sich erstreckt. Wie schon BRITTON und ROSE (1920) bemerken, ist *Neoraimondia* allein beschränkt „on the borders of the barren Peruvian deserts, where its water supply is very meager" (Bd. II, S. 182). Sie ist also eine für die Felswüste charakteristische Gattung, deren Hauptverbreitungsgebiete denn auch die Trockengebiete der Andenquertäler sind. Hiervon macht nur das auf wenige Kilometer beschränkte Vorkommen von Atico eine Ausnahme. Die nächsten, mir bekannten küstennahen, aber immerhin 30—100 km vom Meer entfernten, *Neoraimondia*-Standorte finden sich in den Tälern von Nazca, des Rio Majes und bei Mollendo.

Als Typus der Gattung wird die Mollendo-Pflanze angesehen, die von MEYEN (1834) entdeckt und von K. SCHUMANN als *Cereus macrostibas* beschrieben worden ist[1], steil aufstrebende, $\pm$ parallel angeordnete Säulen ohne hervortretenden Primärsproß (s. Abb. 118, links) und grünlich-weiße Blüten besitzt. Mit ihren auseinandertretenden, nicht parallel angeordneten, von der Basis her verzweigten Trieben, vor allem aber mit ihrem lange Zeit hervortretenden Primärsproß (Abb. 14 links), weicht die Atico-Pflanze im Wuchs und auch in ökologischer Hinsicht erheblich von jener von Mollendo ab, so daß es wohl berechtigt erscheint, diese als eigne Varietät (var. *aticensis*) zu führen[2]. Im südlichen Küstenbereich vertritt sie in Meeresnähe als einzige den Typus der aufrechten Säulenkakteen. Mit *Neoraimondia* vergesellschaftet sind noch andere Kakteen, vor allem *Islaya* (K 127), die bis an den Geröllstrand vordringt, hier zusammen mit einigen Halophyten wächst und deren kurzsäulige, bis 20 cm lange Körper häufig von einer dicken Salzkruste überzogen sind. Etwas weiter vom Wasser entfernt gedeihen niederliegende *Haageocereen* [*H. decumbens*, *H. australis* var. *acinaciformis* (K 131), *H. ambiguus* (K 132), *H. ambiguus* var. *reductus* (K 133), *H. litoralis* (K 157)] und einige, da nur vegetativ angetroffen, nicht bestimmbare *Loxanthocereen*.

[1] Sie wird heute von BACKEBERG als *N. arequipensis* bezeichnet.

[2] Leider konnten keine Blüten gesammelt werden, so daß bislang nicht bekannt ist, ob die Pflanze ebenfalls grünlich-weiße Blüten besitzt.

Oberhalb 100 m verschwindet *Neoraimondia* bereits, obwohl sie sonst in den südlichen Trockengebieten (Arequipa) noch bei 2400 m nicht selten ist. Sie wird von dem gleichfalls säulenförmigen, buschig verzweigten *Corryocactus brachypetalus* (Abb. 14 rechts) abgelöst, der zusammen mit den oben aufgeführten *Haageocereen* und *Loxanthocereen* bis etwa 400 m die felsigen Steilhänge hinaufsteigt.

Abb. 14. *Links: Neoraimondia arequipensis* var. *aticensis* bei Atico, Einzelpflanzen. *Rechts: Corryocactus brachypetalus* (Vpl.) Br. et R. in den Küstenlomas bei Atico

C. brachypetalus wurde auch als Bestandteil der flechtenreichen Lomas oberhalb Camana (400 m) angetroffen, wo er mit *Haageocereus mamillatus* (K 139, s. Abb. 183, I) und *Loxanthocereus camanaensis* (K 141) in Begleitung von *Tillandsia recurvata, Stenomesson*- und *Alstroemeria*-Arten vereinzelt wächst. BRITTON und ROSE geben als weiteren Standort „rocky and sandy bottoms" bei Mollendo an.

Die Küstenlomas von Atico weisen also eine recht auffällige Gliederung in eine untere *Neoraimondia*-Ges. (0—100 m) und eine obere *Corryocactus*-Ges. (100—400 m) auf. Von den begleitenden Lomapflanzen sind zu erwähnen: eine bis 30 cm hohe, sukkulente, stämmchenbildende *Oxalis*-Art, *Alstroemeria,* mehrere *Nolanum*-

Arten, *Nicotiana paniculata, Croton, Adiantum concinnum, Stenomesson* u. a., doch treten diese im Vergleich zu den Kakteen nur wenig in Erscheinung. Die sehr offene Vegetation ist wohl zum Teil durch die Steilheit des Geländes bedingt.

Es wurden von uns in dem ausgedehnten Garuagebiet nur wenige Lomahügel auf Kakteen hin durchforscht. Dennoch ist die Zahl an Neufunden überraschend groß, ein Zeichen dafür, daß alle Kakteensammler in Peru diesem Gebiet bisher viel zu wenig Beachtung geschenkt haben und von hier noch zahlreiche Neufunde zu erwarten sind.

c) Zur Kakteenvegetation des nördlichen Andenvorlandes

Nördlich Trujillo erreichen die Garuanebel ihre Nordgrenze. Diese markante Klimascheide wird durch das Verschwinden der terrestrischen Wüstentillandsien *(T. latifolia, T. purpurea, T. recurvata)* deutlich gekennzeichnet. An ihre Stelle treten jetzt Holzgewächse, zuerst einzeln und zerstreut (Abb. 15 oben) und im Übergangsbereich noch mit *Tillandsien* vergesellschaftet; je weiter man aber nach Norden kommt, desto häufiger werden diese sowohl an Arten- als an Individuenzahl, bis schließlich die Wüste, infolge zunehmender Niederschlagstätigkeit (s. S. 19), durch das Auftreten ganzer Gehölzgruppen in eine Savannenlandschaft übergeht (Abb. 6 unten). Von den typischen Repräsentanten sind zu nennen: der Algarrobo, *Prosopis juliflora* (Abb. 15 unten), der je nach Nutzung[1] in strauch- oder baumförmigem Wuchs auftritt und oft regelrechte Haine bildet, ferner der Sapote, *Capparis angulata* (Abb. 15 oben), *Acacia tortuosa, Cryptocarpus pyriformis, Parkinsonia aculeata, Colletia spinosa, Vallesia dichotoma* u. a. Der neben *Prosopis* am weitesten nach Süden bis in die *Tillandsien*-Bestände vordringende Strauch ist der Sapote, der in Gebieten mit starken Seewinden häufig zur Dünenbildung (Abb. 15 oben) Anlaß gibt.

Zwischen Trujillo und dem 30 km weiter nördlich gelegenen Ort Chicama schieben sich zwischen *Tillandsien*-Wüste und Küste

[1] Infolge der Kohlen- und Holzknappheit der Andenwestseite stellt der Algarrobo, der im Norden ehemals wohl waldbildend aufgetreten ist, dessen Bestände aber erheblich dezimiert worden sind, einen der wichtigsten Holzlieferanten dar, dessen hartes Holz zu Holzkohle verarbeitet wird. *Prosopis* kommt außer im Norden noch vereinzelt in der Gegend von Ica und in den südlichen, interandinen Trockentälern vor.

niedrige Cerros der Küstencordillere ein, die auf der Landseite von *Neoraimondia* und *Melocactus* besiedelt werden. Es dürfte

Abb. 15. *Oben:* Küstenwüste nördlich Trujillo mit eingesandeten Büschen von *Capparis angulata* R. et P. *Unten:* Alter Algarrobo (*Prosopis juliflora D. C.*) bei Ica

sich in dieser Breitenlage wohl um den am weitesten zum Meer vordringenden *Melocactus*-Standort handeln, denn gleich *Neoraimondia* ist auch diese Gattung — von ihrem ostandinen Vorkommen im Marañontal abgesehen — ausschließlich auf die westandinen Trockentäler beschränkt. Erst im Norden, bei Tumbes, wird *Melocactus* auch im Küstenbereich häufiger. In ausgeprägten Garuajahren stehen die Kakteenstandorte von Chicama zwar unter dem Einfluß der Nebel, doch sind die Pflanzen gegen die Wirkung der feuchten Seewinde geschützt.

Eine ganz ähnliche Vergesellschaftung *(Neoraimondia-Melocactus)* tragen auch die Küstencerros bei Chepani, die wie bei Chicama von der Andenhauptkette durch einen breiten Streifen ebener Sandflächen getrennt werden. Da diese bereits nördlich der Garuazone gelegen sind, werden sie auch nicht von *Tillandsien,* sondern von einem lockeren Gebüsch eingenommen, in welchem bald *Capparis angulata,* bald *Prosopis juliflora* als Leitpflanzen auftreten.

Nördlich Chiclayo verläßt die Carretera Panamerica die Küste und zieht weit landeinwärts, die Desierto de Sechura umgehend. Sie führt bis Talara an den Vorbergen der Andenkette entlang, und die in diesem Gebiet auftretenden Kakteen, *Neoraimondia, Armatocereus cartwrightianus, Haageocereus-* und *Melocactus*-Arten, gehören bereits der niederen Andenregion an und werden dort besprochen.

Erst bei Mancora nähert man sich wieder der Küste. Die hier 1—2 km breite, von Erosionsrinnen zerfurchte Küstenebene trägt einen ausgesprochen savannenartigen Charakter[1], der zur Regenzeit noch stärker zum Ausdruck kommt als zur Trockenzeit, wenn die zahlreichen Annuellen und die Gräser braun und vertrocknet sind. Die meisten Sträucher, von einem dichten Gewirr der abgetrockneten Triebe von *Luffa operculata* überzogen, befinden sich im blattlosen Zustand. An blühenden Pflanzen wurden im August allein strauchige, großblütige *Ipomoea*-Arten und *Cordia rotundifolia* beobachtet. Von den nichtblühenden Holzpflanzen wurden notiert: *Prosopis juliflora, Loxopterygium huasango, Capparis angulata, C. mollis, Acacia macracantha, Grabowskia boerhaviifolia, Bombax discolor* u. a.

In diesem lichten, zum Teil regengrünen Gebüsch treten nun die markanten Gestalten gewaltiger Säulenkakteen besonders eindrucksvoll in Erscheinung und verstärken das xerophytische Gepräge der Küstenvegetation. Bis nahe an das Meer heran finden sich die bis 8 m hohen, reich verzweigten „Bäume“ von

[1] WEBERBAUER spricht von einem „Xerophytenpark“ (parque xerofitica).

Armatocereus cartwrightianus (Abb. 16) zusammen mit einem *Haageocereus* (K 107, 1954), der *H. laredensis* sehr nahe steht, und *Melocacteen.* Wie bei Atico im Süden sind also auch im Norden, zwischen Mancora und Tumbes, Säulenkakteen Elemente der Küstenvegetation.

Auf den im Hinterland sich erhebenden Cerros hingegen ist *Neoraimondia gigantea* die vorherrschende Kakteenart und eine

Abb. 16. Strandterrasse bei Tumbes (Nordperu) mit *Armatocereus cartwrightianus, Prosopis* und *Capparis*-Arten

Charakterpflanze lichter, von *Bombax discolor* und *Loxopterygium* gebildeter Wälder. *Neoraimondia* scheint felsige Standorte zu bevorzugen, denn in keinem Gebiet Perus wurde die Pflanze auf Feinerde (Sand oder Lehm) angetroffen.

Diese kakteenreiche, offene, savannenähnliche Vegetation (Abb. 6) erstreckt sich bis in das südliche Ecuador. Erst bei Arenillas beginnt sich das Vegetationsbild zu ändern, indem die lockere Gebüschformation allmählich in einen geschlossenen, regengrünen Wald übergeht, in welchem mächtige, grünrindige Ceibos *(Bombax)* mit ihren tonnenförmigen, wasserspeichernden Stämmen, sowie *Erythrina*-Arten die Charakterbäume sind. Als Unterwuchs finden sich zwar noch zahlreiche Kakteen, doch treten sie als beherrschende Elemente im Vegetationsbild nicht mehr in

Abb. 17. *Oben:* Regengrüner Savannenwald im peruanisch-ecuadorianischen Grenzgebiet mit *Pilosocereus tweedyanus* Backbg. (Bildmitte) und *Armatocereus cartwrightianus* (Br. et R.) Backbg. *Unten: Monvillea diffusa* Br. et R. als Unterwuchs in dem gleichen Wald

Erscheinung. Es handelt sich um *Armatocereus cartwrightianus*, *Pilosocereus tweedyanus* (Abb. 17 oben), die undurchdringliche

Dickichte bildende *Monvillea diffusa* (Abb. 17 unten), *M. maritima* und den epiphytischen *Hylocereus venezuelensis* (Abb. 44 links). Der reiche Bewuchs der Baumkronen mit *Tillandsien* deutet auf hohe Luftfeuchtigkeit hin. Dieser, die Küstenebenen des südlichen Ecuador bedeckende und sich landeinwärts an eine Mangroveformation anschließende Wald zeigt in seiner floristischen Zusammensetzung weitgehende Übereinstimmungen mit jenem der Andenquertäler des nördlichen Peru (Tal von Canchaque, Tal von Olmos) mit dem Unterschied aber, daß diese Wälder hier erst in größerer Entfernung von der Küste auftreten und Höhenlagen zwischen 300 und 500 m einnehmen.

d) Zur Kakteenvegetation der Andenwestseite

Wie in der klimatologischen Übersicht bereits angedeutet, liegt das Zentrum der Kakteenverbreitung in der unteren, als Felswüste bezeichneten Region der Andenwestseite und hier wiederum auf den Steilhängen und Terrassen der trockenheißen Taleinschnitte. Niederschlagsarmut, hohe Jahresdurchschnittstemperaturen, intensiver Lichtgenuß während des ganzen Jahres und extreme Lufttrockenheit (wenigstens tagsüber) wirken sich insgesamt günstig auf die Verbreitung und das Wachstum der Kakteen aus. Dennoch ist ihr oft bestandsbildendes Auftreten nur zum Teil klimatisch bedingt, da auch der Faktor der Konkurrenz eine recht untergeordnete Rolle spielt, denn unter derartig extremen klimatischen Bedingungen können nur solche Pflanzen leben, welche lange Trockenperioden aus-

Abb. 18. Kakteenformation des Rimactales bei 900 m mit *Neoraimondia rosiflora* Backbg., *Haageocereus acranthus* (Vpl.) Backbg. und *Cnidoscolus basiacanthus* Pax et Hoffm.

zuhalten vermögen. So finden wir neben den Kakteen nur noch *Cnidoscolus* (Abb. 18) und *Jatropha*-Arten *(Euphorbiaceae)*, niedrige, reich verzweigte, laubwerfende Sträucher mit wasserspeichernden Sprossen. Auffallend gering ist die Zahl der Annuellen und der Gramineen. Auch Knollen- und Zwiebelgeophyten sind nicht häufig.

Unter den Kakteen herrschen nun durchaus die Säulenformen vor (Abb. 18), während — von *Melocactus* abgesehen — Kugelformen auf die niederschlagsreicheren Andenregionen beschränkt sind.

Alle Kakteen der Felswüste besitzen ein mächtig entwickeltes Wurzelsystem, eine meist tief in den Boden eindringende Hauptwurzel, deren reich verzweigte und eine Länge von vielen Metern erreichende Seitenwurzeln jedoch flach unter der Erdoberfläche dahinstreichen, um die geringsten Spuren an Feuchtigkeit aufnehmen zu können. Trotz der tagsüber herrschenden Lufttrockenheit weisen die Nächte eine hohe relative Luftfeuchtigkeit auf, die sich während der kühleren Wintermonate nicht selten als Tau niederschlägt. Diese geringe Feuchtigkeitsmenge scheint indessen auszureichen, um den Wasserbedarf der oft riesige Ausmaße erreichenden Säulenkakteen zu decken, denn Niederschlag in Form ergiebiger Regen ist, worauf schon hingewiesen wurde, eine seltene und nur in größeren Zeitabständen sich wiederholende Erscheinung.

Wenngleich nun auch die die Felswüste bewohnenden Kakteengattungen ein größeres horizontales Areal bewohnen, so zeigen einzelne Arten doch oft ein eng umschriebenes vertikales Verbreitungsgebiet. Im folgenden soll nun ein Überblick der Kakteenvegetation der westandinen Andenquertäler gegeben werden, wobei der Schwerpunkt der Darstellung auf die vertikale Zonierung zu legen ist.

Zentralperu

Für die zentralperuanischen Täler vom 14.° bis zum 8.° s. Br. gilt ganz allgemein, daß die Küstennebel etwa 10—30 km landeinwärts in die Andentäler eindringen und mit diesen auch einige Lomapflanzen, vor allem „wurzellose", graue Tillandsien. Ihre obere Verbreitungsgrenze kennzeichnet deutlich die Obergrenze der Nebel, die in Zentralperu bei etwa 600 m, im Süden bei 1000 m Höhe liegt. Zwischen die Tillandsien- und die sich nach oben anschließende Kakteenstufe schiebt sich meist eine völlig vegetationsleere, wüstenhafte Region von 100—200 m vertikaler Ausdehnung ein.

Rimac-Tal bei Lima

Die Obergrenze der Garuanebel liegt wenig oberhalb des kleinen Ortes Chaclacayo (650 m). Hier lockern sich auch die *Tillandsien*-Bestände auf, die auf den ebenen Rimac-Terrassen bei Cajamarquilla (400 m) noch quadratkilometergroße Flächen bedecken[1], und die stark verwitterten, steilen Talhänge bieten sich in völliger Vegetationslosigkeit dar. Erst oberhalb Chosica (853 m), wo das Tal sich zu verengen beginnt, erscheinen die ersten Kakteen, *Haageocereus*-Arten und *Neoraimondia rosiflora*, eine niedrigbleibende, nur 2 m hoch werdende, ausschließlich auf Zentralperu beschränkte Art[2] mit rosafarbigen Blüten (Abb. 18). Sie tritt zunächst einzeln und zerstreut auf, so daß die Hänge von der Ferne wie getupft erscheinen. Oberhalb 1000 m aber nimmt *Neoraimondia* an Häufigkeit zu und beherrscht zwischen 1100 und 1200 m das Vegetationsbild außerhalb der Taloase (Abb. 18). Von den *Haageocereen* zeigt nur *H. acranthus* eine größere Häufigkeit (Abb. 18), während die übrigen Arten (*H. chosicensis*, *H. salmonoides*, *H. rubrispinus* u. a.) nicht wesentlich in Erscheinung treten. Von der recht spärlichen Begleitflora sind zu nennen: *Cnidoscolus basiacanthus*, *Loasa* spec. (weißblütig), *Onoseris albicans*, *Encelia canescens*, *Cacabus prostratus*, *Monnina pterocarpa*, *Solanum lycopersicum*, *Trixis cacalioides*. Bei 1100 m gesellen sich zu den bereits aufgeführten Kakteen weitere, vor allem die sehr dekorative *Espostoa melanostele*[3]. Ihre bis 2 m hohen, von der Basis her verzweigten Säulen sind im Neutrieb von einem reinweißen Haarfilz umsponnen und verfärben sich im Alter an der Basis tiefschwarz, so daß der Anschein erweckt wird, als seien sie gebrannt worden. Der Typus zeichnet sich durch den Besitz langer und goldgelber Zentralstacheln aus (Abb. 19). Im Rimac-Tal tritt außerdem noch

---

[1] Siehe Abb. 1 bei RAUH (1956).

[2] AKERS (1946, S. 99ff.) hält diese Pflanze für *N. macrostibas* und damit die Gattung für monotypisch, obwohl er ausdrücklich darauf hinweist, daß er entgegen der Originalbeschreibung von *N. macrostibas* niemals weiße, sondern nur rosarote Blüten angetroffen habe. BACKEBERG hat die im Rimac-Tal wachsende Pflanze bereits 1942 als *N. macrostibas* var. *rosiflora* beschrieben und 1951 auf Grund ihres niedrigen Wuchses zu einer eignen Art erhoben. Man kann AKERS nicht beipflichten, wenn er sagt: "The larger type is usually found in the hills near the ocean and it is soaked with heavy fogs throughout the winter months. The smaller type exists farther inland (thirty miles) in the river canyons out of reach of the fog and at the lower extremity of the rainy belt" (S. 101). Es handelt sich hier eben um verschiedene Arten.

[3] BACKEBERG bezeichnet sie als *Pseudoespostoa melanostele*.

die var. *inermis* auf, bei welcher die Zentralstacheln fehlen oder nur sehr kurz sind (Abb. 20). Ihre Triebe weisen nicht selten deutliche, stockwerkartig angeordnete, ringförmige Zonen auf (Abb. 20), die dadurch zustande kommen, daß jeweils auf eine schmale, dicht behaarte Zone ein längerer, schwächer behaarter Abschnitt folgt. Wir gehen wohl nicht fehl in der Annahme, in dieser Zonenbildung eine gewisse Periodizität des Längenwachstums

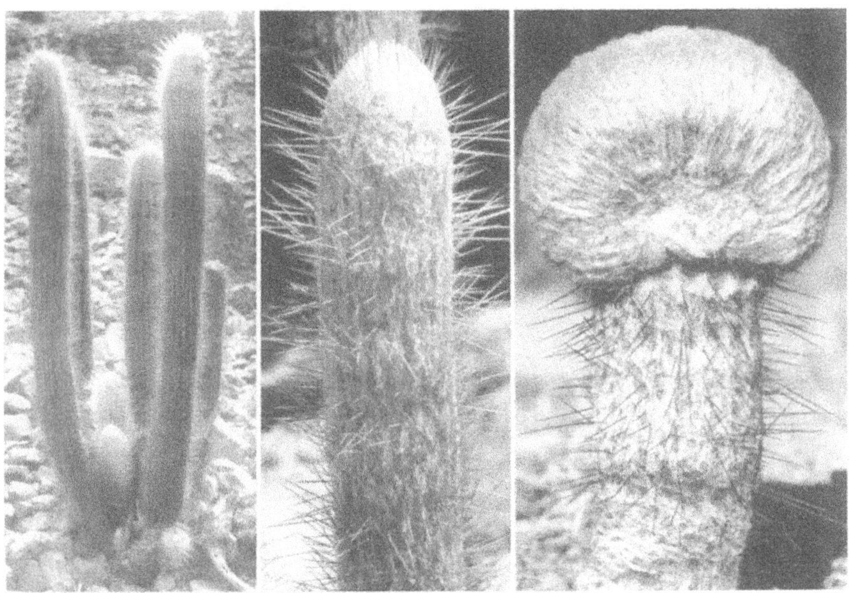

Abb. 19. *Espostoa melanostele Borg. Links:* Jüngere, zur Cephalienbildung schreitende Pflanze. *Mitte:* Einzeltrieb mit zonenförmig angeordneten Zentralstacheln. *Rechts:* In der Natur entstandene Cristata-Form

zu erblicken. Auch der lang bestachelte Typus läßt nicht selten diese Periodizität erkennen, die sich hier jedoch in einer Rhythmik der Bildung abwechselnd längerer und kürzerer Zentralstacheln äußert (Abb. 19 Mitte).

Espostoa ist ein Vertreter der peruanischen Cephalienträger. Erlangen die einzelnen Triebe ihre Blühfähigkeit, so kündigen sie dies durch die Bildung eines Cephaliums[1] an; die blühbaren, nur auf eine Sproßseite lokalisierten Areolen schreiten zu verstärkter Wollbildung und bilden insgesamt einen zusammenhängenden, von der Scheitelspitze basalwärts ziehenden Wollschopf,

[1] Siehe auch RAUH 1957.

eben das bei *E. melanostele* intensiv braun gefärbte Cephalium; nur selten sind Doppelcephalien zu beobachten, d. h. zwei sich genau gegenüberstehende Wollzonen, die beide vom Scheitel ihren Ausgang nehmen. Vegetative und fertile Region eines Sprosses sind also scharf gegeneinander abgesetzt. In der Cephalienwolle

Abb. 20. *Espostoa melanostele* var. *inermis* Backbg. in der Kakteenformation des Rimactales bei 1200 m

versteckt, die von den Einheimischen auch als „lana vegetal" für Polsterzwecke gesammelt wird, entstehen die Blütenanlagen, die bis zu ihrer Entfaltung kaum zu sehen sind. Das Öffnen der Blüte vollzieht sich bei einbrechender Dunkelheit, d. h. gegen 18 Uhr; sie schließen sich kurz vor Sonnenaufgang (6 Uhr). Im entfalteten Zustand werden sie von zahlreichen kleinen Ameisen besucht (Abb. 227 IV), die wohl auch die Bestäubung übernehmen. Versuche, die Blühdauer der sich öffnenden Blüten durch Verdunkeln zu verlängern, schlugen fehl, so daß die 12stündige nächtliche Blühzeit durch endogene Faktoren geregelt werden dürfte.

Wird der Scheitel eines cephalientragenden Triebes verletzt[1], so entwickelt sich aus einer unterhalb der Wundstelle gelegenen vegetativen Areole ein Fortsetzungssproß, der sich in die Richtung des verletzten Triebes stellt und nach einer kurzen Periode vegetativen Wachstums[2] sofort wieder zur Cephalienbildung schreitet und zwar auf der gleichen Seite wie die Abstammungsachse. Ist also eine Pflanze in das Stadium der Blühfähigkeit eingetreten, so reagiert sie mit Cephalien-, d. h. mit verstärkter Areolenwollbildung, gleich, ob es sich dabei um die Primärachse oder um einen infolge Verletzung austreibenden Seitensproß handelt. Welche inneren Faktoren die Cephalienbildung veranlassen, bedarf noch der Klärung.

Erwähnenswert scheint mir weiterhin die Feststellung, daß an einer Pflanze — besonders kräftige Exemplare können bis zu 20 Triebe von annähernd gleicher Länge und wohl auch von gleichem Alter aufweisen — die Cephalien aller Säulen bevorzugt nach einer Seite und zwar nach der der längsten Lichteinwirkung, d. h. nach W bis WSW ausgerichtet sind. Diese Feststellung gilt nicht allein für *Espostoa melanostele,* sondern auch für *E. lanata* (Abb. 67 *unten*) und andere *Cephalocerei*[3]. Ob nun die Länge der Sonnenscheindauer die Cephalienbildung auf einer Sproßseite tatsächlich induziert, bedarf noch der experimentellen Nachprüfung; doch lassen sich derartige Versuche nur in Gebieten mit intensiver Sonneneinstrahlung durchführen; in dem relativ lichtarmen Klima Mitteleuropas schreitet *Espostoa* nur selten zur Cephalienbildung, während diese im Mittelmeergebiet bei entsprechender Kultur schon nach wenigen Jahren erreicht wird[4].

Espostoa melanostele ist in ihrer Verbreitung ausschließlich auf die niederschlagsarme Kakteenfelswüste der Westanden beschränkt; ihre obere Verbreitungsgrenze (2000—2400 m) fällt mit der unteren Grenze der Sommerregenzone zusammen. Sie ist nicht nur einer der schönsten, sondern auch interessantesten Kakteen dieser Region. Zusammen mit ihr erscheint ein zweiter Cephalienträger, *Melocactus peruvianus,* zugleich ein Vertreter der Kugelkakteen im

[1] Diese sind in ihrem oberen Abschnitt völlig unverzweigt und erzeugen Seitenzweige nur an der Basis.

[2] Diese ist wohl notwendig, um den Seitensproß genügend erstarken zu lassen.

[3] Siehe WERDERMANN 1933.

[4] Die in der Kakteengärtnerei Pallanca, Bordighera, kultivierten *Espostoa*-Arten bilden, auf *Opuntia ficus indica* gepfropft, schon nach 8 bis 10 Jahren Cephalien aus.

Bereich der Kakteenfelswüste. Während im Norden Perus *Melocactus* auch im Küstenbereich angetroffen wird (s. S. 53), liegt sein Verbreitungsgebiet in Zentralperu ausschließlich in der niederschlagslosen Andenregion. Hier bewohnt *Melocactus* von allen Kakteen die extrem trockensten Standorte und findet sich oft mit seinem Wurzelwerk eingeklemmt in feinsten Felsspalten, die nahezu frei von Feinerde sind. Immer wieder steht man staunend vor diesen seltsamen Kakteengestalten und fragt sich, wie die Pflanzen ihren Bedarf an Nährstoffen und Wasser zu decken in der Lage sind. Im Tal des weiter nördlich gelegenen Rio Fortaleza wächst *Melocactus fortalezensis* (K 47, Abb. 21) in engen Spalten abschüssiger Granitplatten, die unter Mittag zur Zeit der stärksten Sonneneinstrahlung eine Temperatur von über +60° C (!) aufweisen. Das zentrale Wassergewebe nimmt dabei Temperaturen bis zu 45° C an. Schneidet man eine solche Pflanze durch, so zieht man zunächst erschrocken die Hand zurück und glaubt, sich zu verbrennen. Die Pflanzen werden im wahrsten Sinne des Wortes „gekocht" und zeigen dennoch volle Lebenstätigkeit, blühen und fruchten reichlich[1]. Im Gegensatz zu *Espostoa* bildet *Melocactus* ein terminales Cephalium[2], das sich allein schon auf Grund seiner Form und Farbe, vor allem aber in der Borsten- und Wollbildung der Blühareolen scharf vom vegetativen Körper absetzt. Da die Blüten am Cephalium eine seitliche Stellung (Abb. 234) einnehmen und in ringförmigen Zonen angeordnet sind, wächst dessen Scheitel ständig fort und nimmt schließlich die Form eines langen[3], schwarzroten Zylinders an, der mehr oder weniger deutlich Jahreszuwachszonen erkennen läßt (Abb. 21 I).

In der Regel ist *Melocactus* unverzweigt. Es wurde indessen sehr häufig beobachtet, daß die Pflanzen Fliegen-(?)maden beherbergen, welche nicht nur den Körper zerfressen, sondern auch häufig das Cephalium zerstören. Geht dieses zugrunde, bleibt der Körper aber am Leben, so entwickeln sich aus den unmittelbar unterhalb des Cephaliums gelegenen Areolen Knospen, die kreisförmig das absterbende Cephalium umstellen und schon als relativ kleine Körper erneut zur Cephalienbildung schreiten (Abb. 21 *II*).

[1] Infolge des hohen Wärmeanspruches ist die Kultur der *Melocacteen* außerordentlich schwierig. Sie bedürfen sehr viel Bodenwärme und gehen deshalb, wenn sie zu kühl gehalten werden, schon nach kurzer Zeit ein.

[2] Auf dessen Morphologie wird an anderer Stelle ausführlich eingegangen.

[3] Bei dem am Marañon verbreiteten *M. bellavistensis* wurden Cephalien von einer Länge bis zu 30 cm beobachtet.

Abb. 21. Melocactus fortalezenzis Rauh et Backbg. *I* alte Pflanze; *II* Pflanze mit Doppel-; *III* mit 3fachem Cephalium

Fault jetzt auch die Mutterpflanze aus, so fallen die bereits blühfähigen Seitensprosse zu Boden und dienen der vegetativen Vermehrung. Meist aber bleiben sie mit der Mutterpflanze in Verbindung; werden nun auch an den Tochtersprossen die sekundären Cephalien zerstört, so wiederholt sich der oben geschilderte Vorgang der Verzweigung, so daß nicht selten Pflanzen mit

Abb. 22. *Tephrocactus kuehnrichianus* Backbg. in der Kakteenformation des Rimactales bei 1000 m

3facher Cephalienbildung angetroffen werden können (Abb. 21 *III*), eine Erscheinung, auf die bisher in der Literatur nicht verwiesen worden ist.

Zu den niedrig bleibenden, fast kugelförmig wachsenden Kakteen dieser Höhenlage gehört auch *Tephrocactus kuehnrichianus* (Abb. 22), eine der am tiefsten herabsteigenden Kugelopuntien (*Sphaeropuntien*), die ihre Hauptverbreitung vorwiegend in den Hochsteppen der Anden haben. Man kann *T. kuehnrichianus* treffend als „Kartoffelopuntie" bezeichnen, denn die aus kugeligen Gliedern bestehenden „Sproßhaufen" gleichen einem Sack ausgeschütteter Kartoffeln. Die einzelnen Sproßgenerationen stehen nur locker miteinander in Verbindung, so daß starker Wind und Steinfall ausreichen, um sie voneinander zu trennen; sie wurzeln an anderen Stellen wieder ein und geben so zur Bildung neuer Kolonien Anlaß. So unscheinbar die Pflanze auch im vegetativen Zustand ist, so auffallend sind ihre großen, leuchtendgelben Blüten.

Noch eine interessante, ausschließlich auf Zentralperu beschränkte Gattung, ist aus dieser Höhenlage zu nennen. Es handelt sich um die *Echinocereus*-artige *Mila*, deren dünne, niederliegende und reich verzweigte Triebe zu locker polsterförmigen

Abb. 23. *Mila nealeana* Backbg. in der Kakteenformation des Rimactales bei 1200 m

Kolonien (Abb. 23) zusammentreten, die zur Blütezeit (Februar) mit ihren großen, gelben, trichter- bis radförmigen Blüten einen prachtvollen Schmuck der Kakteenfelswüste bilden.

Nachdem lange Zeit nur eine Art, *M. caespitosa*, aus der Gegend von Santa Clara (Lomahügel?) bekannt war, fand Backeberg im Rimac-Tal noch zwei weitere Arten, *M. nealeana* und *M. kubeana*; die letztere oberhalb Matucana bei 2500 m Höhe. Durch Akers und unsere Sammeltätigkeit sind aus den verschiedensten Tälern Zentralperus mehrere neue Arten bekannt geworden. *Mila* hat ein großes vertikales Verbreitungsgebiet und erstreckt sich von 900 (500?) m bis nahezu 3000 m Höhe.

Neoraimondia erreicht ihre größte Verbreitungsdichte zwischen 1000 und 1200 m und verschwindet bei 1400 m vollständig. Statt ihrer tritt *Espostoa melanostele*, zusammen mit *Haageocereus*

acranthus vegetationsbestimmend auf. Diese *Espostoa melanostele-Haageocereus acranthus*-Ges. erstreckt sich bis rund 2000 m Höhe. Mit dem Beginn der Sommerregenzone wird auch *Espostoa* seltener; in einzelnen Exemplaren steigt sie bis 2400 m auf. Im Vergleich zur *Neoraimondia*-Ges. besitzt die *Espostoa-Haageocereus acranthus*-Ges. eine wesentlich reichere Begleitflora. Wir finden jetzt in größerer Zahl kleine, zum Teil regengrüne Sträucher beigemischt, wie *Cnidoscolus basiacanthus, Jatropha macrantha, Carica candicans, Yungia axillaris, Lantana scabiosaeflora, Aloysia scorodonioides, Abutilon*-Arten, *Mentzelia cordifolia, Hoffmannseggia viscosa* u. a.; auch die Krautflora ist, wenigstens während der Sommermonate, üppiger entwickelt. Bei 1600 m erscheinen die mächtigen Rosetten von *Fourcroya occidentalis* (Abb. 24 oben). Im übrigen aber macht die Vegetation noch immer einen stark xerophytischen und offenen Eindruck. Das Vegetationsbild ändert sich erst zwischen 2000 und 2500 m, in jener Zone also, die schon im Bereich der Sommerregen liegt. Im Februar 1954 konnte jedenfalls beobachtet werden, daß die nachmittäglichen Niederschläge bis 2000 m herunterreichen. Die Hänge sind zu dieser Jahreszeit lebhaft grün, alle Sträucher sind belaubt, viele Einjährige stehen in Vollblüte; auch Gräser werden zunehmend häufiger. Wenngleich auch die Kakteen als vegetationsbestimmende Elemente nicht mehr in Erscheinung treten, so verschwinden sie doch keineswegs, wie oberhalb 2000 m auch noch Sukkulente aus anderen Verwandtschaftskreisen angetroffen werden: so die interessante, mit Fensterblättern ausgestattete *Peperomia nivalis, Pilea serpyllacea, Echeveria peruviana* und *Jatropha macrantha,* die bei 2400 m noch immer recht häufig ist. Im Vegetationsbild treten jetzt vor allem terrestrische, mit Erdwurzeln versehene Bromelien in Erscheinung, wie *Puya roezlii, Pitcairnea ferruginea, P. pungens,* von denen vor allem die erstere auf den steilen Talhängen und Felsabstürzen dichte, oft geschlossene Bestände bildet (Abb. 24 unten), deren sattes Grün auch während der Trockenzeit im scharfen Kontrast zum Gelb-braun der übrigen, weitgehend verdorrten Vegetation steht. Diese *Puya*-Formation, welche die Kakteenformation ablöst, erstreckt sich bis nahezu 3000 m Höhe. In dieser Region hört gleichzeitig die Bewässerungskultur auf; auf den Hängen, soweit nicht zu steil, sind überall Terrassen zu beobachten, auf denen Anbau von Kulturpflanzen, vorwiegend Getreide, während der Regenzeit erfolgt.

Abb. 24. *Oben:* Vegetation an der Untergrenze der Sommerregenzone im Rimactal bei 2400 m mit *Haageocereus acranthus* (Vpl.) Backbg. und *Fourcroya occidentalis* Presl. *Unten:* Ausschnitt aus der *Bromelien*-Form mit *Puya roezlii* E. Morr; Rimactal bei 2800 m

Von den Kakteen der *Puya*-Formation sind zu nennen: *Espostoa melanostele,* die auf den Hügeln oberhalb Matucana auf dem linken Ufer des Rimac ihre Obergrenze erreicht. Sehr häufig ist der formenreiche *Haageocereus acranthus* (Abb. 24 oben), der von allen *Haageocereen* in ökologischer Hinsicht eine Sonderstellung einnimmt. Während die meisten Arten der Gattung[1] — von den Küstenformen abgesehen — extreme Xerophyten sind und nur die niederschlagslose Andenregion besiedeln, besitzt *H. acranthus* ein großes vertikales, sich bis in die Region der Sommerregen ausdehnendes Areal. Es gesellen sich auch neue Kakteen hinzu, große Säulencereen aus den Gattungen *Trichocereus* und *Armatocereus*, deren Hauptverbreitungsgebiet in Zentralperu die mittleren Höhenlagen der Andenregion sind. *Trichocereus* scheint im Rimac-Tal durch 2 Arten vertreten zu sein, die eine wächst stets aufrecht, und ihre dicken blau bereiften, 6—8 rippigen Säulen erreichen eine Höhe von 2—3 m, während die andere, *T. peruvianus*, sich durch meist niederliegenden Wuchs auszeichnet. Ihre wesentlich dünneren, bis 8 m langen Säulen hängen oft, Schlangen oder dicken Tauen gleich, von den steilen Felswänden herab (Abb. 25). Diese Art ist ein konstanter Begleiter der *Puya*-Formation und erreicht zusammen mit dieser seine obere Verbreitungsgrenze.

Abb. 25. *Trichocereus peruvianus* Br. et R. in einer Steilwand des Rimactales bei 2800 m

Armatocereus matucanensis (Abb. 26 oben), der einzige Vertreter der Gattung im Rimac-Tal hingegen ist eine stammbildende, 2—3 m hohe Art, deren reich verzweigte Säulen in Übereinstimmung auch mit anderen *Armatocereen* durch Einschnürungen eine auffallende Gliederung erfahren, wobei die einzelnen Glieder wohl dem Zuwachs einer Triebperiode entsprechen. Häufig ist *A. matucanensis* sowohl unterhalb Matucana in den *Fourcroya*-Beständen als auch oberhalb des Ortes. Hier findet sich auch der Typ-Stand-

[1] Hierzu gehören alle jene Arten, die AKERS in der Gattung *Peruvocereus* zusammenfaßt.

Abb. 26. *Oben: Armatocereus matucanensis* Backbg.-Vegetation oberhalb Matucana, Rimactal, 2500 m. *Unten: Matucana haynii* Br. et R. in den Felshängen oberhalb Matucana, Rimactal, 2400 m

ort von *Matucana haynii* (Abb. 26 unten), die gleich den übrigen Arten der Gattung auf der Andenwestseite nur auf steil abfallenden und nahezu unzugänglichen Felswänden wächst. Das mag auch der Grund dafür sein, daß bisher nur wenige Vertreter dieser interessanten Kakteengattung Perus gefunden worden sind. Erst F. RITTERS und unsere Neufunde in den Andenquertälern, sowie in den Hochsteppen haben gezeigt, daß *Matucana* eine artenreiche Gattung ist und eine viel weitere Verbreitung besitzt als bisher angenommen. Ihr Areal erstreckt sich, soweit bisher bekannt, vom Tal von Nazca-Puquio im Süden bis zur Cord. blanca im Norden und greift bei Balsas am Marañon mit der zitronengelb-blütigen *M. weberbaueri* sogar auf die Andenostseite über (s. Abb. 165)[1]. Die typischen Merkmale der Gattung sind die schiefsaumigen, lebhaft rot gefärbten Blüten mit kahler Röhre und die sich mit 4 Längsrissen öffnenden Früchte (Abb. 164), eine Öffnungsweise, die sonst bei keiner anderen Kakteengattung wieder angetroffen wird[2]. Die Pflanzen wachsen entweder einzeln — sie sind dann in ihrer Jugend von kugeligem, im Alter hingegen von kurz ceroidem Wuchs (Körper bis 60 cm lang) — oder sie treten zu Gruppen und Polstern zusammen. Dies ist der Fall bei einigen Arten der Puna und der Tolaheide, die nicht nur sehr hochgelegene Standorte, sondern auch meist ebene Flächen besiedeln.

In den Andenquertälern Zentralperus scheint *Matucana* die 2400 m-Grenze nicht zu unterschreiten. Sie erscheint dann aber, wenn überhaupt vorhanden, so präzis in dieser Höhenlage, daß man den Höhenmesser danach einrichten könnte, und viele der neuen Standorte verdanken wir allein dem Studium der vertikalen Verbreitungsgrenzen der Kakteen.

Die höchstgelegensten Standorte von *Matucana haynii* im Rimac-Tal wurden bei 3400 m notiert; im Süden, in der Tolaheide bei Puquio, überschreitet die Gattung die 4000 m-Grenze, wie ja überhaupt im Süden die Verbreitungsgrenzen der abnehmenden Höhe der Niederschläge zufolge erheblich weiter nach oben verschoben sind. *Matucana* ist in Zentralperu ein typischer Begleiter mesophytischer Vegetation der mittleren Andenlagen.

Oberhalb des Ortes Matucana hat BACKEBERG noch *Mila kubeana* und den rotblühenden *Loxanthocereus eriotrichus* gesammelt, der gleich *Matucana* zygomorphe Blüten besitzt.

---

[1] Da diese Pflanze bisher nicht wieder gefunden wurde, ist nicht geklärt, ob es sich wirklich um eine *Matucana* handelt.

[2] Nur noch bei *Thrixanthocereus* öffnen sich die Früchte mit Längsrissen.

Zwischen 3400 m und 3700 m lockert sich die *Puya*-(Bromelien) Formation auf und damit bleiben auch die begleitenden Kakteen zurück. Sie wird abgelöst von einer sich bis an die Untergrenze der Puna (4000 m) erstreckenden Formation niedriger, 1—2 m hoher Sträucher. Vorherrschend ist in den oberen Regionen *Lupinus paniculatus*, ein Strauch mit silbrig-behaarten Blättern,

Abb. 27. *Cylindropuntia exaltata* als Begleitpflanze der *Lupinus paniculatus*-Ges., Rimactal, 3800 m

der oberhalb 3800 m in dichten Beständen die Talhänge bedeckt (Abb. 27), die zur Zeit der Vollblüte einen unbeschreiblichen Anblick bieten. Von der Begleitflora sind zu nennen: die strauchige *Ambrosia peruviana* (stellenweise häufig); die interessante Komposite *Mutisia viciaefolia*, die fast während des ganzen Jahres über und über mit orange-roten Blütenköpfen bedeckt ist; halbstrauchige *Calceolaria*-Arten; *Clematis peruviana*, die gelbblütige Geraniaceae *Balbisia verticillata*; *Coreopsis*, *Bidens*, die niederliegende, meist nackte Felsköpfe überziehende, halbstrauchige *Muehlenbeckia volcanica*,. *Acaena*, *Alonsoa*, die stattliche *Bomarea involucrosa*, strauchige *Eupatorium*- und *Baccharis*-Arten, *Loasa grandiflora* u. v. a.

In die Lupinenstufe fällt auch der Anbau der hauptsächlich der Ernährung der Hochlandindianer dienenden Hackfrüchte, wie

Kartoffel, Oca (*Oxalis tuberosa*), Ulluco (*Ullucus tuberosus, Basellaceae*) und Mashua (*Tropaeolum tuberosum*). Diese Zone ist arm an Kakteen; es findet sich allein die reich verzweigte Büsche bildende *Cylindropuntia exaltata* (Abb. 27). Wie bereits einleitend erwähnt, ist diese gleich der sehr ähnlichen *O. subulata*[1], ein konstanter Begleiter der oberen Ackerbauzone ohne Bewässerung [3000—3700 (4000 m)]. Ihre weite Verbreitung — sie bildet stellenweise ausgedehnte, undurchdringliche Gebüsche — beruht nicht allein auf dem Menschen, der die Pflanze zur Umfriedung der Felder verwendet, sondern auch auf ausgiebiger vegetativer Vermehrung, wobei die Sproßglieder sich leicht von der Mutterpflanze lösen und wieder einwurzeln.

An ihrer oberen Grenze verzahnt sich die Lupinenstufe mit der Puna, die im Rimac-Tal, wie auch an vielen anderen Orten, auf die Andenwestseite übergreift. Erst oberhalb 4000 m treten Kakteen wieder als vegetationsbestimmende Elemente in Erscheinung, auf die an späterer Stelle einzugehen ist.

Zusammenfassend stellen wir fest, daß das Rimac-Tal und dessen Vorland eine auffällige Vegetationszonierung erkennen läßt, in erster Linie bedingt durch die mit der Höhe zunehmende Niederschlagstätigkeit bei gleichzeitigem Absinken der Jahresdurchschnittstemperatur. Es sind die folgenden Pflanzenformationen zu unterscheiden:

Formation der wurzellosen *Tillandsien* und Lomaformation im Bereich der Garuazone (0—500 m).

500—700 m, völlige Vegetationslosigkeit.

Formation der xerophytischen Säulenkakteen (800—2000 m) mit der *Neoraimondia rosiflora* — (800—1400 m) und *Espostoa melanostele-Haageocereus acranthus*-Ges. (1400—2000 m).

Kakteenreiche Bromelien-Formation (2000—3600 m).

Gebüschformation mit der *Lupinus paniculatus*-Ges. (3600 bis 4000 m).

Horstgras-Formation (Puna).

Wir sind bewußt etwas ausführlicher auf die Vegetationszonierung des Rimac-Tales eingegangen, da diese in ähnlicher Ausbildung, jedenfalls was die Verteilung der Kakteen anlangt, auch in anderen westandinen Quertälern sich wiederholt.

---

[1] Siehe AKERS: Cactus and Succ. J. Cact. and Succ. Soc. Amer. **18** (1946).

Eulalia-Tal

Besonders reich an Arten ist die Kakteenstufe des Eulalia-Tales, das von Chosica aus in nordöstlicher Richtung verläuft. Obwohl es mit dem Rio Rimac in Verbindung steht, weist das Eulalia-Tal doch eine Reihe eigner Arten auf, die nicht in das Rimac-Tal eindringen.

Abb. 28. *Cylindropuntia pachypus* (K. Schum.) Backbg. *Links:* Cristat-Form. *Rechts:* fruchtend

Hier ist zunächst die eigentümliche *Cylindropuntia pachypus* zu nennen, deren zylindrische, bis 1 m hohe, nur wenig verzweigte Säulen mit den in Parastichen angeordneten Blattpolstern eher einem *Cereus* als einer *Opuntie* gleichen (Abb. 28). *C. pachypus*, welche die Höhenlagen zwischen 900 und 1400 m einnimmt, scheint eine phylogenetisch recht alte, heute wohl im Rückgang begriffene Art zu sein, die nur ein sehr kleines, eng umschriebenes, allein auf das Eulalia- und das weiter nördlich gelegene Canta-Tal (Rio Chillon) beschränktes Areal besitzt. Beide Täler weisen keine Querverbindung miteinander auf und sind durch hohe Bergketten voneinander getrennt. Das Fehlen im Rimac-Tal, obwohl hier die gleichen Lebensbedingungen gegeben sind, kann nur damit erklärt werden, daß die Pflanze entweder an völlig unzugänglichen Orten wächst und bis heute noch nicht gefunden worden oder aber hier bereits verschwunden ist. *C. pachypus* vermehrt sich wohl ausschließlich vegetativ, denn trotz des häufigen, truppweisen Auftretens im Canta-Tal wurden selten Sämlingspflanzen gefunden. Die Vermehrung erfolgt mit Hilfe von Blüten„kurztrieben", 3—5 cm langen Seitenachsen, die sich in der oberen Region älterer Säulen entwickeln und mit einer terminalen Blüte abschließen (Abb. 28 rechts). Zur Zeit der Fruchtreife lösen sich die „Kurztriebe" ab und fallen zu Boden. Aus ihren Areolen treiben neue Wurzeln, und eine Areole wächst zu einem neuen Langtrieb aus, während die Frucht selbst vertrocknet. Obwohl die Samen völlig ausdifferenzierte Embryonen enthalten, scheinen sie schlecht zu keimen. Die vegetativ entstandenen Pflanzen sind auch späterhin noch an den basal erhalten bleibenden „Blütenkurztrieb" kenntlich.

Von den weiteren Besonderheiten der Kakteenvegetation des Eulalia-Tales ist die Gattung *Neobinghamia* (s. auch S. 435ff.) zu nennen, die H. BLOSSFELD bereits 1937 bei Chosica entdeckt hat, wo sie von uns jedoch nicht beobachtet wurde. WERDERMANN[1] beschrieb die BLOSSFELDsche Pflanze als *Binghamia climaxantha*[2], und die Diagnose stimmt weitgehend mit unserer Pflanze K 24 überein (Abb. 29 links), die zugleich mit dem von AKERS (1947)[3] beschriebenen *Peruvocereus albicephalus* identisch sein dürfte. *Neobinghamia*, stets ein Bestandteil der *Haageocereus-Espostoa melanostele*-Ges., ist dadurch besonders auffällig, daß sie in ihrem Habitus Merkmale beider Gattungen vereinigt[4]. Mit *Haageocereus*

[1] Fedde Rep. **42**, 4—6 (1937).

[2] BACKEBERG (1951) nahm *Binghamia climaxantha* aus der Gattung *Haageocereus* Backeberg (= p.p. *Binghamia* Br. et R.) heraus und stellte hierfür die eigene Gattung *Neobinghamia* auf.

[3] AKERS, J.: New species from Peru. Cact. and Succ. J. Amer. **19**, H. 10 (1947).

[4] BLOSSFELD schreibt hierzu: „Im Habitus genau wie der *Cephalocereus* (= *Espostoa*) *melanostele*, doch der untere Teil des Körpers etwas schütterer behaart, fast nackt, allerdings mit Stacheln. Auch hat er kein Cephalium, sondern blüht seitlich aus einem Querstreifen von Wollflocken, der etwa ein Drittel des Stammumfanges sich um diesen legt. Ich fand bei den meisten Pflanzen ungefähr 8 solcher Wollstreifen in etwa gleichen Abständen untereinander, von denen der oberste in dieser Jahreszeit meist Früchte trägt und der zweitoberste blüht, manchmal auch der dritte. Die Blüte ähnelt der von *C. chosicensis*, ist jedoch bedeutend kürzer und gedrungener" (zitiert bei WERDERMANN 1937).

stimmt sie im Wuchs, sowie weitgehend im Blütenbau und -form (s. S. 437ff.) überein, mit *Espostoa* hingegen in der starken Haarbildung der Areolen, die im Scheitel insgesamt einen dichten,

Abb. 29. *Links: Neobinghamia climaxantha* (Werd.) Backbg., Eulaliatal 1000 m. *Rechts: Neobinghamia climaxantha* var. *armata* Akers, Churintal 1200 m

weißen Wollschopf bilden[1] (Abb. 29). Auch die oft langen, intensiv gelb gefärbten Zentralstacheln und die an der Basis sich häufig

[1] Es gibt allerdings auch *Haageoc.*-Arten, deren Areolen neben Stacheln ± zahlreiche, dünne Wollhaare aufweisen, doch ist die Haarbildung niemals so ausgeprägt wie bei *Neobinghamia*. Akers (1951) hat für diese behaarten Arten, die meist engtrichterige Blüten besitzen, das neue Genus „Peruvocereus" geschaffen, das von Werdermann und Backeberg jedoch nicht anerkannt wird. Backeberg spaltet die außerordentlich arten- und formenreiche Gattung *Haageocereus* in seinem neuen Kakteenwerk auf Grund der Areolenbestachelung in mehrere Reihen auf und faßt die behaarten Formen in der Reihe der „*Setosi*" zusammen.

schwarz verfärbenden Säulen sind Merkmale der *Espostoa melanostele*. Mit dieser hat *Neobinghamia* weiterhin gemeinsam, daß die blühbaren Areolen zu starker Wollbildung neigen, doch kommt es niemals zur Ausbildung eines echten (s. S. 35), sondern allenfalls eines Pseudocephaliums. Dieses zieht entweder vom Scheitel als geschlossener, häufiger aber als unterbrochener und nur auf die eine Seite der Säule beschränkter Wollmantel herab (s. Abb. 32) oder tritt, wie schon BLOSSFELD beschrieb, in ringförmigen Zonen auf (Abb. 29 links). Diese bestehen aus 1—2 Querreihen dichtwolliger Areolen und umlaufen meist ein Drittel oder knapp die Hälfte des Säulenumfanges, selten sind sie zu einem vollständigen Ring geschlossen. Ob es sich nun bei *Neobinghamia* um einen Gattungsbastard zwischen *Haageocereus* und *Espostoa* handelt, wie man zunächst auf Grund des Habitus annehmen möchte, läßt sich zytologisch leider nicht nachweisen, denn sowohl *Haageocereus* als auch *Espostoa* und *Neobinghamia* besitzen die Chromosomenzahl $2n = 22$[1].

Für eine Bastardnatur würden folgende Beobachtungen sprechen:

Neobinghamia ist in ihrer Verbreitung stets an die Mischbestände *Espostoa-Haageocereus* gebunden und ist stets nur in einzelnen Exemplaren anzutreffen, worauf schon BLOSSFELD hinweist.

Von *N. climaxantha* sind wie von *Espostoa melanostele* 2 Formen bekannt, die mit langen, gelben Zentralstacheln bewehrte var. *armata* (Abb. 29 rechts) und eine solche ohne lange Zentralstacheln, welche dem BLOSSFELDschen Typus entspricht (Abb. 29 links).

Ich selbst neige, auf Grund zahlreicher Standortsbeobachtungen dazu, *Neobinghamia* nicht als Bastard, sondern als eigne Gattung zu betrachten, die jedoch *Haageocereus* näher steht als *Espostoa*.

Erst langjährige und systematisch durchgeführte Aussaatversuche mit wirklich reinem Saatgut, sowie am natürlichen Standort durchgeführte Kreuzungsversuche zwischen *Haageocereus* und *Espostoa* vermögen das „Problem *Neobinghamia*" zu klären.

Die Gattung, bislang allein aus dem Eulalia- und Rimac-Tal bekannt, wurde von uns nun in mehreren, auffällig im Wuchs, in der Färbung und in der Wollbildung voneinander unterscheidbaren Arten und Varietäten im Lurin-Tal, in den weiter nördlich

---

[1] Die Chromosomenzählungen wurden von R. BURST, Botanisches Institut der Universität Heidelberg, durchgeführt, wofür ihm herzlich gedankt sei.

gelegenen Tälern des Rio Huaura, Rio Fortaleza und in den Trockenwäldern von Olmos gefunden (s. S. 102). Der letztere Standort (*N. mirabilis*; K 82, Abb. 43 rechts) liegt zwar bereits 140 km nördlich des Verbreitungsgebietes von *Espostoa melanostele*, doch wächst hier auf den Andenwesthängen eine bis 6 m hohe Kandelaber-*Espostoa*, *E. procera* (Abb. 43 links), zusammen mit *Haageocereen*, so daß auch dieser Standort in das Areal von *Espostoa* und *Haageocereus* fällt. Ich bin davon überzeugt, daß bei intensiver Durchforschung des Gebietes weitere *Neobinghamia*-Standorte in Zentral- und Nordperu aufgefunden werden.

Es wurde schon erwähnt, daß das Eulalia-Tal besonders reich ist an *Haageocereen*. So fand Akers *Haageoc.* (= *Peruvoc.*) *albisetatus*, eine bis 3 m hoch werdende Art, die mit ihrer weißen, dünnen Behaarung an *Cleistocactus straussii* erinnern soll; *H. rubrispinus*; *H. albispinus*. Von uns konnten die folgenden neuen Arten bzw. Varietäten gesammelt werden: *H. smaragdiflorus* (K 33); *H. pseudomelanostele* var. *carminiflorus* (K 20); *H. comosus* (K 27) (s. S. 428 ff.).

Auch die für die Kakteenstufe des Rimac-Tales aufgeführten *Mila*, *Tephrocactus kuehnrichianus* und *Melocactus* fehlen nicht. *Neoraimondia rosiflora* tritt im Vegetationsbild nicht so auffällig in Erscheinung wie im nahen Rimac-Tal.

Von der Begleitflora wurde während der Trockenzeit lediglich *Onoseris albicans*, *Cnidoscolus basiacanthus*, *Encelia canescens*, *Tagetes pauciflora* und *Oxalis spec.* notiert. Bei 900 m treten zu den *Haageocereen* noch größere Bestände von *Tillandsia paleacea*.

Tal des Rio Chillon (Canta-Tal)

Dieses nur wenige Kilometer nördlich Lima gelegene Flußtal zeigt mit dem Rimac-Tal, zu dem es nahezu parallel verläuft, eine in den Grundzügen übereinstimmende Vegetationsgliederung. Bemerkenswert ist das Auftreten weiterer Arten aus der Gattung *Haageocereus*. Die außerordentliche Mannigfaltigkeit dieser Gattung, ihr Artenreichtum, die große Variationsbreite der einzelnen Arten und deren oft lokales Vorkommen scheint ein Beweis dafür zu sein, daß dieses rein peruanische Genus phylogenetisch relativ jung ist und sich noch in lebhafter Artneubildung befindet. In jedem abgeschlossenen Tal entwickeln sich neue Arten, die dazu noch extrem polymorph und polychrom sind, was eine Diagnostizierung sehr erschwert.

Das Chillon-Tal ist an seinem Beginn recht breit und die flachen Talhänge von Grobschutt bedeckt. Bis etwa 40 km landeinwärts und bis zu einer Höhe von 500 m dringen die Garuanebel vor und mit ihnen die „wurzellosen“ *Tillandsien*, *T. latifolia* und *T. paleacea*. In seichten Talrunsen tritt eine *Haageocereus pseudomelanostele* nahestehende Art (K 171) bestandsbildend auf, die bei 400 m aber wieder verschwindet. Zwischen 500 und 700 m herrscht dann, von der Taloase abgesehen, völlige Vegetationslosigkeit. In Übereinstimmung mit dem Rimac-Tal setzt bei 700 m ziemlich unvermittelt die Kakteenstufe ein, jedoch nicht mit *Neoraimondia rosiflora*, sondern mit *Armatocereus procerus*, einer Art von charakteristischem und leicht kenntlichem Wuchs. Die von der Basis her verzweigten, gegliederten, steil aufsteigenden Säulen (s. Abb. 34 oben; Abb. 47 links) sind in der Jugend wild bestachelt und verfärben sich im Alter lebhaft braun; dabei verlieren sie oft ihr Stachelkleid, wodurch sie das Aussehen der Triebe von *Browningia candelaris* annehmen[1].

Von allen zentralperuanischen *Armatocereen* besiedelt *A. procerus* die tiefsten Lagen und besitzt eine recht eigenartige Verbreitung. Er wurde weiter nördlich im Tal des Rio Huaura, Rio Fortaleza und Rio Casma beobachtet, wo er regelrechte Wälder bildet (Abb. 34 oben); südlich des Chillon-Tales fehlt er sämtlichen Andenquertälern, also auch dem Rimac-Tal und erscheint erst wieder im Pisco- und im Nazca-Tal (Abb. 47). Worauf die Verbreitungslücke in Zentralperu zurückzuführen ist, konnte nicht geklärt werden. Die am weitesten herabsteigenden Exemplare von *A. procerus* sind noch dicht mit epiphytischen Tillandsien (*T. paleacea*) bewachsen. Schon bei 1000 m erreicht diese Art ihre obere Verbreitungsgrenze und wird abgelöst von *Neoraimondia rosiflora*, die bis 1400 m vegetationsbestimmend auftritt. Innerhalb der *Neoraimondia*-Ges. ist nun eine untere *Haageocereus aureispinus*-(von 1000—1200 m) und eine obere *Espostoa melanostele*-reiche Fazies (von 1200 1400 m) zu unterscheiden.

H. aureispinus (K 170) besiedelt vorwiegend die flachen, stark blockigen Terrassen und bildet bei 1000 m, wenig oberhalb der kleinen Siedlung Quives zusammen mit *Neoraimondia* wahre Massenbestände (Abb. 30). Seine weißlich-grünen, engtrichterigen

---

[1] Ausführliche Diagnose bei RAUH, W.: Neue Kakteen aus Peru. Kakteen und andere Sukkulenten **8**, Nr. 6 (1957).

Blüten öffnen sich vereinzelt schon um 16 Uhr[1] und werden von Kolibris und Fliegen aufgesucht.

An weiteren *Haageocereen* wurde außer *H. acranthus* nur noch *H. aureispinus* var. *rigidispinus* (K 170a) notiert, der sich vom Typus durch einen gedrungeneren Wuchs und derbere Bestachelung unterscheidet, wobei die Zentralstacheln auffallend knotige Verdickungen aufweisen. Häufig sind auch *Cylindropuntia pachypus*

Abb. 30. *Neoraimondia-Haageocereus-Ges.* in der Kakteenstufe des Canta-Tales bei 800 m

und *Melocactus peruvianus*. Bereits bei 1100 m erscheint *Espostoa melanostele* in einzelnen Exemplaren; ihre größte Verbreitungsdichte liegt aber zwischen 1300 und 1500 m, vereinzelt steigt sie jedoch bis 2400 m auf.

Bei 1500 m verschwinden *Neoraimondia* und *Cylindropuntia pachypus*, während *Haageocereus acranthus* und *Espostoa* auch weiterhin auftreten, doch an Häufigkeit verlieren. Die Obergrenze der Kakteenstufe ist mit 1700 m anzunehmen.

In Übereinstimmung mit dem Rimac-Tal wird diese in dem sich jetzt verengenden Tal von der Bromelien-Formation mit *Puya*

[1] Das Merkmal der teilweisen Tagblütigkeit zieht Akers u. a. zur Begründung seines Genus „Peruvocereus" heran. Der Hochstand der Blüte fällt aber dennoch, wie auch bei den übrigen Haageocereen, in die Nacht. Gegen Morgen beginnen sich die Blüten zu schließen.

roezlii als vorherrschendem Element abgelöst, der an Kakteen *Haageocereus acranthus*, sowie einzelne Exemplare von *Armatocereus matucanensis* und *Trichocereus peruvianus* beigemischt sind. Konstante Begleitpflanzen sind auch hier *Echeveria peruviana* (besonders häufig in Steilwänden), *Peperomia nivalis* und die südafrikanische *Aloë vera*, die sich in Peru an vielen Stellen in den Trockentälern eingebürgert hat. Eine besondere Note erhält, im Vergleich zum Rimac-Tal, die Bromelienstufe des Chillon-Tales durch das Auftreten von *Tillandsia paleacea* und *T. latifolia*, die sich aber nur auf Felsblöcken und Steilwänden in unmittelbarer Nähe des Flusses ansiedeln, wo die Luft entsprechend feuchtigkeitsgesättigt ist.

Oberhalb 2500 m werden der zunehmenden Niederschlagstätigkeit zufolge die Hänge grasiger; auch Sträucher und kleine Bäume, vor allem *Carica candicans*, gesellen sich hinzu.

Wie im Rimac-Tal wurde zwischen 2400 und 3000 m in nahezu unzugänglichen Steilwänden auch *Matucana haynii* angetroffen, die in ähnlicher Vergesellschaftung auftritt, nämlich mit *Trichocereus peruvianus* und *Loxanthocereen*.

In der Umgebung des 2870 m hoch auf einer Terrasse liegenden Ortes Canta ist die natürliche Vegetation stark gestört. In seiner Umgebung breiten sich grüne Luzerne- und Getreidefelder aus, umrahmt von lichten Eucalyptushainen. Da hier die Weiterfahrt abgebrochen werden mußte, können über die Vegetationsverhältnisse zwischen Canta und dem Viuda-Paß keine Aussagen gemacht werden. Es ist anzunehmen, daß weitgehende Übereinstimmungen mit denen der entsprechenden Höhenlagen des Rimac-Tales bestehen.

Das Chillon-Tal weist also die folgende Vegetationszonierung auf:

bis 400 m: Formation der wurzellosen *Tillandsien* im Bereich der Garuanebel;

400—700 m: völlige Vegetationslosigkeit;

700—1700 m: Formation der xerophytischen Säulenkakteen (Kakteenstufe).

Innerhalb derselben sind zu unterscheiden:

Armatocereus procerus-Ges. (700—1000 m);

Neoraimondia rosiflora-Ges. (1000—1500 m), mit einer unteren *Haageocereus aureispinus*-reichen (1000—1200 m) und einer oberen *Espostoa melanostele*-reichen (1200—1500 m) Fazies;

Espostoa melanostele — *Haageocereus acranthus*-Ges. (1500 bis 1700 m).

Bromelien-Formation (1700—3000 m).

Tal des Rio Huaura (Churin-Tal)

In floristischer Hinsicht weist das Tal des Rio Huaura sehr enge Beziehungen zum Canta-Tal auf. Die Küstennebel dringen, wohl infolge der anfänglichen Breite des Tales, weit landeinwärts und erreichen erst bei San Jeronimo de Sayan (50 km von der Küste entfernt, 600 m hoch) ihre Obergrenze. Hier verengt sich das Tal, wird extrem trocken, und die nackten, stark verwitterten, vegetationslosen Blockgranite stehen in scharfem Kontrast zum Grün der Taloase, in der neben Baumwolle auch Wein und Obst (Pfirsiche und Pflaumen) kultiviert werden.

Wiederum setzt bei etwa 700 m die Kakteenstufe ein und zwar mit *Armatocereus procerus*, dessen 3—4 m hohe Kandelaber selbst in engsten Felsspalten Fuß gefaßt haben. Sehr bald stellen sich auch *Haageocereen* ein, welche bevorzugt die flachen, stark blockigen Flußterrassen besiedeln. Es handelt sich um *H. acanthocladus* (K 90), eine derb bestachelte, neue Art, die bei 900 m recht häufig ist; *H. pachystele* (K 91), eine dicksäulige (Säulen bis 15 cm dick!), niedrig bleibende Art, und *Melocactus jansenianus* (?). Zu diesen gesellen sich wenig höher *Neoraimondia rosiflora*, *Espostoa melanostele* und *Tephrocactus kuehnrichianus*. Oberhalb 1200 m wird *Armatocereus procerus* seltener, um bei 1400 m völlig zu verschwinden. Seine Stelle nimmt die *Epostoa melanostele*-Ges. ein, während *Neoraimondia rosiflora* im Vergleich zu den bisher besprochenen Tälern im Vegetationsbild nur wenig in Erscheinung tritt. Die erstere aber bildet in Höhen von 1400—1800 m auf den schmalen Flußterrassen und am Fuße der von Schuttblöcken übersäten Steilhänge so dichte Bestände, daß diese von der Ferne weiß erscheinen (Abb. 31). Pflanze steht neben Pflanze, zum Teil mit cristaten Trieben (Abb. 19, rechts), die sonst bei *E. melanostele* recht selten zu beobachten sind.

Infolge seiner cañonartigen Ausbildung, der starken Talaufwinde, die um die Mittagszeit fast mit Sturmstärke durch den engen Schlauch gepreßt werden, der starken Erwärmung der Talwände und der geringen Niederschläge, gehört das Churin-Tal zu den trockensten Tälern des zentralen Peru. Demzufolge ist auch die Vegetation — von der Taloase abgesehen — sehr dürftig und fast ausschließlich durch Xerophyten vertreten, die bis 2400 m hinauf das Landschaftsbild beherrschen.

Zu den bereits aufgeführten Kakteen der *Espostoa melanostele*-Ges. gesellen sich: *Haageocereus crassiareolatus* (K 90b) und die var. *smaragdisepalus* (K 94), *H. achaetus* (K 92), *H. dichromus* (K 101) und die var. *pallidior* (K 99), *H. acranthus*, die in Mexiko

Abb. 31. Ausschnitt aus der *Espostoa melanostele*-Ges. der Kakteenstufe des Churintales, 1200 m

beheimatete *Opuntia tunicata* und eine neue *Mila, M. albisaetacea* (K 65a), die auch im Santa-Tal festgestellt wurde. Besonderer Erwähnung bedarf wiederum *Neobinghamia*, von denen 2 Arten gesammelt werden konnten, die schon aus dem Eulalia-Tal bekannte *N. climaxantha*, die in der lang-gelb bestachelten var. *armata* (K 100) auftritt, eine prachtvolle, bis 1,5 m hohe Pflanze, deren stark wollig-behaarter Scheitel bei flüchtiger Betrachtung dem einer *Espostoa* gleicht (Abb. 29 rechts), sich von dieser aber durch die zonenförmige Anordnung der blühbaren Areolen unterscheidet. Sie wächst bei 1600 m auf einer niedrigen Uferterrasse in einem lockeren Bestand von *Schinus molle*. Zwischen 1400 und 1600 m findet sich eine zweite, als *N. villigera* bezeichnete Art (K 93, Abb. 32 links), die nur 1,3 m hoch wird und sich von der vorigen durch die wesentlich kürzeren Zentralstacheln und die auffallend starke Wollbildung der blühbaren Areolen unterscheidet. Diese treten zu einem ± kompakten, bis 50 cm langen, auf einer Seite der Triebe herablaufenden Pseudocephalium zusammen. Auch im Churin-Tal ist *Neobinghamia* immer nur in vereinzelten Exem-

Abb. 32. *Links: Neobinghamia villigera* Rauh et Backbg. in der *Espostoa melanostele*-Ges. des Churintales, 1200 m. *Rechts: Neobinghamia multiareolata* Rauh et Backbg. in der *Armatocereus procerus*-Ges. des Rio Fortalezatales, 1000 m

plaren in Mischbeständen von *Haageocereus* und *Espostoa* anzutreffen.

Bei 1700 m gesellt sich der *Espostoa*-Ges. die interessante, erdbewohnende Bromelie *Deuterocohnia longipetala* bei, eine Art von rein nördlicher Verbreitung, die im Churin-Tal ihre Südgrenze erreicht und als Anzeiger für trocken-heiße Täler gelten kann. Im Tal des Rio Jequetepeque bildet *Deuterocohnia* eine eigene Gesellschaft. Sie ist eine der wenigen Bromelien, deren Infloreszenzen mehrere Jahre hintereinander Blüten hervorbringen.

Die *Espostoa*-Ges. erstreckt sich zwar bis 2000 m Höhe, lockert sich aber nach oben auf, da das Tal etwa 20 km unterhalb des Ortes Churin sich noch stärker verengt, die Talwände fast senkrecht abstürzen und die Flußterrassen, die Hauptstandorte der Kakteen, bis auf einen schmalen Streifen eingeengt werden.

Neben *Espostoa* erscheint in dieser Höhenlage auch *Haageocereus acranthus* und eine diesem nahestehende Art, die sich vom Typus durch eine auffallende Rhythmik der Blütenbildung unterscheidet, die auch späterhin noch deutlich daran kenntlich ist, daß die ringförmig angeordneten Wollbüschel der blühbaren Areolen mehrere Jahre lang erhalten bleiben. Die blühfähigen Triebe weisen demzufolge eine deutliche Zonierung auf (Abb. 33), wobei die einzelnen Zonen wohl jeweils dem Zuwachs einer Triebperiode entsprechen. Auf Grund dieses Merkmales wurde die Pflanze mit dem Namen *H. zonatus* (K 96) belegt. Eine solche Zonierung zeigen zwar auch andere *Haageocereen*, wie *H. icosagonoides* (K 86, Abb. 37 rechts) und *H. versicolor*, doch niemals in so ausgeprägter Form, da die Areolenwolle sehr kurz ist. Erwähnenswert ist, daß *H. zonatus* im Gegensatz zu allen übrigen *Haageocereen*, die während der Trockenzeit (August-September) in Vollblüte stehen, stets nur in vegetativem Zustand angetroffen wurde. Da auch nur wenige abgetrocknete Blüten beobachtet wurden, ist zu vermuten, daß zwar die Vorstufe der Blütenbildung in Form verstärkter Wollbildung erreicht wird, Blüten selbst aber nur in geringer Zahl zur Ausdifferenzierung gelangen.

Recht häufig tritt bei 2000 m auch ein niedrig-bleibender, bis 2 m hoher *Armatocereus* auf, *A. churinensis* (K 97), der wohl *A. matucanensis* sehr nahe steht.

Erst oberhalb des 2400 m hoch gelegenen Ortes Churin, bekannt durch seine heißen Quellen und fossilführenden Tuffablagerungen, wird die Vegetation üppiger. Das Tal ist zwar noch immer sehr eng, doch breitet sich jetzt unter dem Einfluß der Sommerregen auf den Hängen ein von erdbewohnenden, rosettenbildenden Bromelien untermischtes, ziemlich dichtes Gebüsch von *Flourensia macrophylla* als Leitpflanze aus. In ihrer Begleitung finden sich: *Spartium junceum, Ephedra americana, Mutisia viciaefolia, Stenolobium sambucifolium, Yungia*-Arten, *Proustia pungens, Trixis cacalioides, Balbisia verticillata, Psoralea*, Erdorchideen (*Epidendrum*-Arten) u. v. a.

Hinsichtlich der Vegetationsverteilung macht sich im oberen Churin-Tal ein deutlicher Expositionsunterschied bemerkbar: während die Sonnenhänge eine offene, xerotherme Gebüschvegetation tragen, sind die Steilwände der feuchteren Schattenhänge dicht mit Bromelien bewachsen, mit rosettenbildenden *Tillandsia-* und *Puya*-Arten. Von den „grauen" Tillandsien bildet *T. tectorum* noch größere Bestände. Von allen „wurzellosen" erdbewohnenden

Abb. 33. *Haageocereus zonatus* Rauh et Backbg. im Churintal bei 1400 m. *Rechts:* Trieb mit 3 Blühzonen

Tillandsien dringt diese am weitesten in die Täler ein und hat damit auch ein ausgedehntes vertikales Areal.

Wiederum erscheint bei 2500 m *Matucana* an steilen, unzugänglichen Felswänden der Sonnenseite. Es handelt sich hier um eine nach Wuchs und Farbe variable, deshalb auch als *M. variabilis* (K 95) bezeichnete Art, die in 2 Varietäten auftritt; in einer feinweiß bestachelten, an *M. haynii* erinnernde und in einer braun-rot bestachelten Form (var. *fuscata*). Die Körper der ersteren erreichen im Alter eine Länge von 15 cm; auch die Jungpflanzen zeigen schon ceroiden Wuchs, während die der var. *fuscata* anfangs flachgedrückt sind und erst im Alter ceroid und bis zu 40 cm lang werden.

Durch das Auftreten von *Borzicactus* (*Clistanthocereus*) *tesselatus*, dessen nächste Verwandte sich erst wieder im mittleren Santa-Tal finden, sind floristische Beziehungen zu diesem gegeben. Borzicactus tritt hier wie dort in der gleichen Vergesellschaftung auf, zusammen mit *Trichocereus santaensis* (K 58) und *Flourensia macrophylla*.

Mit dem Beginn der oberen Kulturregion bei 3400 m verschwinden alle diese Kakteen und werden allein durch *Opuntia exaltata* vertreten. In dieser Region ist die natürliche Vegetation stark anthropogen beeinflußt. Die äußeren Anzeichen hierfür sind die oft ausgedehnten Gebüsche strauchiger *Eupatorium*- und *Baccharis*-Arten, die eine als „Monte" bezeichnete Sekundärformation bilden. Überall in Peru, wo die ursprüngliche Vegetation vernichtet worden ist, breitet sich dieses übermannshohe Gebüsch aus, das schwer wieder auszurotten ist, da die Sträucher sich durch eine starke Regenerationsfähigkeit auszeichnen. Die ursprüngliche Vegetation dürfte ein *Polylepis-Buddleia*-Wald gewesen sein, von dem sich noch Reste beiderseits des Flusses finden. Eingestreut sind kleine *Sphagnum*-Gehängemoore mit *Blechnum*- und *Brachychiton*-Arten.

Oberhalb 4000 m bildet *Polylepsis* auch heute noch größere Bestände, die indessen auf die steilen Talhänge zurückgedrängt sind. Infolge der Exponiertheit des Standortes haben sich die Gehölze der Vernichtung durch den Menschen entzogen und konnten sich erhalten, während an leicht zugänglichen Standorten der Wald durch den Hochlandindianer restlos abgeholzt worden ist. Bei 4400 m erreichen die *Polylepis*-Wälder ihre Obergrenze.

Abschließend über das Churin-Tal stellen wir fest: die Kakteenstufe ist infolge extremer Trockenheit, die durch starke Talaufwinde noch verstärkt wird, sehr ausgeprägt und erstreckt sich von 700—2400 m. Innerhalb derselben ist eine untere *Haageocereus-Armatocereus procerus* (700—1100 m) — und eine obere *Espostoa melanostele*-Ges. mit einer dürftigen Begleitflora zu unterscheiden. Oberhalb 2400 m treten die Kakteen als vegetationsbestimmende Elemente nicht mehr in Erscheinung; sie erscheinen als Begleitpflanzen einer xerothermen Gebüschformation.

Tal des Rio Fortaleza

Im Vergleich zu den bisher aufgeführten Tälern ist das Tal des Rio Fortaleza, das den Zugang zu dem sich zwischen Cord. negra und Cord. blanca erstreckenden Santa-Tal vermittelt, arm an Kakteenarten. In der Kakteenstufe wurden lediglich 6 Arten notiert, die teilweise aber in Massenbeständen erscheinen. So bildet *Armatocereus procerus* zwischen 1000 und 1200 m auf nackten und stark verwitterten Granitfelsen regelrechte Wälder von einer Ausdehnung und Üppigkeit, wie sie in keinem der übrigen Quertäler wieder beobachtet wurde (Abb. 34 oben). Von den Begleitpflanzen sind zu nennen: *Haageocereus horrens* var. *sphaerocarpus* (K 48), *Espostoa melanostele, Melocactus fortalezensis* (K 47), eine neue Art mit sehr derben, im Neutrieb rötlichen Stacheln (Abb. 21) *Mila fortalezensis* (K 50), eine Pflanze mit kräftigen, rübenartigen Wurzeln und nur wenigen, kurzen, weißlich-grau bestachelten Gliedern, und eine neue *Neobinghamia, N. multiareolata* (K 51, Abb. 32 rechts), die zwar der *N. climaxantha* nahesteht, sich von dieser aber darin unterscheidet, daß die bis 1,20 m hohen Säulen fast bis zur Basis mit der Wolle der blühfähigen Areolen bedeckt sind.

Auffallend ist das Fehlen von *Neoraimondia.* Diese Verbreitungslücke kann wohl damit erklärt werden, daß *N. rosiflora* im Churin-Tal seine nördliche Verbreitungsgrenze erreicht, die für Nordperu typische *N. gigantea* aber nicht so weit nach Süden vordringt.

Bezeichnend für das Fortaleza-Tal ist weiterhin, daß *Tillandsia paleacea* noch bei 1200 m ausgedehnte Bestände innerhalb der Kakteenstufe (Abb. 34 unten) bildet, denn normalerweise ist diese in ihrer Verbreitung an die Zone der Küstennebel gebunden. Im August 1956 konnten wir aber beobachten, wie die Garuanebel, besonders in den Abendstunden kurz nach Sonnenuntergang und am frühen Morgen bis in diese Höhenlagen getrieben werden und die Kakteen- und *Tillandsien*-Bestände in einen dichten Schleier hüllen. Sie lösen sich zwar nach kurzer Zeit wieder auf, und die Luft trocknet stark ab, doch scheint die mitgeführte Feuchtigkeit auszureichen, um die Lebenstätigkeit der *Tillandsien* aufrechtzuerhalten.

Bei 1500 m verschwindet *Armatocereus procerus*; statt seiner übernimmt *Espostoa melanostele* die Führung; sie ist zwar bis 1700 m recht häufig, tritt jedoch keineswegs in so geschlossenen Beständen

Abb. 34. *Oben:* Ausschnitt aus der *Armatocereus procerus*-Ges. des Rio Fortalezatales, 800 m. *Unten: Tillandsia paleacea*-Vegetation mit *Haageocereus horrens* Rauh et Backbg. im Fortalezatal bei 1000 m

auf wie im Churin-Tal und ist vergesellschaftet mit niedrigen Sträuchern, wie *Cnidoscolus, Croton, Flourensia, Trixis, Yungia* u.a. Im allgemeinen aber macht die Vegetation, vor allem während der Trockenzeit, einen recht dürftigen Eindruck, woraus in Übereinstimmung mit dem Churin-Tal auf eine geringe Niederschlagshöhe zu schließen ist.

Abb. 35. *Oben: Haageocereus acranthus* var. *fortalezensis*-Vegetation im Tal des Rio Fortaleza bei 1600 m. *Unten: Loxanthocereus sulcifer* im Tal des Rio Fortaleza, 2600 m

Mit dem Eintritt in die Zone der Sommerregen, deren untere Grenze durch einen üppigeren Bewuchs von Gramineen und

Annuellen gekennzeichnet ist, bleiben, mit Ausnahme von *Espostoa* und *Mila*, deren obere Verbreitungsgrenze bei 2200 m notiert wurde, die extrem trockenheitsliebenden Kakteen zurück; an ihre Stelle treten andere Arten; *Haageocereus acranthus* var. *fortalezensis* (K 51 a), eine abweichende Form von *H. acranthus* mit niederliegenden Säulen (Abb. 35 oben) und ein *Armatocereus*, wohl *A. matucanensis*. Dieser erscheint in einzelnen Exemplaren zwar schon bei 1800 m, ist aber erst zwischen 2400 und 3000 m häufiger und bildet oberhalb der inmitten grüner Maisfelder und lichter Eucalyptushaine liegenden Siedlung Colca (2600 m) auf flachen, lehmigen Sonnenhängen eine eigene Gesellschaft; die steilen Schattenfelshänge hingegen werden von rosettenbildenden Bromelien (*Puya roezlii*, *Pitcairnea ferruginea* und *Tillandsien*) bewachsen, so daß in Übereinstimmung mit der entsprechenden Höhenlage des Churin-Tales die Vegetationsverteilung in enger Abhängigkeit von der Exposition steht.

Von den Begleitern der *A. matucanensis*-Ges. ist vor allem *Loxanthocereus sulcifer* (K 52) zu nennen, eine neue Art mit über 1 m langen, niederliegenden oder bogig aufsteigenden und auffallend gefelderten Säulen (Abb. 35 unten), die zur Trockenzeit mit prächtigen, leuchtend karminroten, stark zygomorphen Blüten geschmückt sind. Diese Art hat nur lokale Verbreitung; sie wurde allein für das Rio Fortaleza- und Casma-Tal festgestellt und steht der im Santa-Tal aufgefundenen neuen Art, *L. granditesselatus* (K 64) nahe.

Trichocereus peruvianus, in dieser Höhenlage sonst ein konstanter und häufiger Begleiter der *Armatocereus*-Ges., wurde nur in wenigen Exemplaren beobachtet.

Oberhalb 3300 m beginnt sich das Tal zu weiten, die Hänge werden flacher und sind von einem niederen, in seiner natürlichen Zusammensetzung stark gestörtem Buschwerk bewachsen, dem Gruppen von *Opuntia exaltata* beigemischt sind. Das Auftreten dieser Pflanze zeigt an, daß die Hänge wenigstens zeitweilig bewirtschaftet sind.

Wie im Rimac-Tal wird bei 3700 m die Kulturregion gegen die Puna hin durch ein Lupinengebüsch begrenzt, in welchem *L. paniculatus* in kleinen, bis 3 m hohen Bäumchen bestandsbildend auftritt in Begleitung von *Opuntia exaltata*, *Barnadesia*, *Eupatorium*, *Baccharis*, *Acaena*, *Oxalis*, *Bomarea* und zahlreichen Horstgräsern, die von der nahen Puna herabsteigen. In Steilabstürzen von Felsköpfen erscheint *Matucana elongata* (K 53), eine in der Bestachelung zwar an *M. haynii* erinnernde, sich von dieser aber durch die an der Spitze verzweigten, bis 60 cm langen Säulen unterscheidende Art. Mit ihr zusammen wächst *Erdisia tenuicula* (K 54), die als eine der höchststeigenden *Erdisia*-Arten gelten kann.

An die *Lupinus paniculatus*-Ges. schließt sich noch ein schmaler Gürtel niedriger *Baccharis*-Sträucher an, der bei 4000 m in die Grasformation der Puna übergeht. *Lupinus* und *Baccharis* bilden eine die Puna nach unten begrenzende Zwergstrauchformation, wie sie auf der Andenwestseite sonst selten angetroffen wird, hingegen auf der Andenostseite — wenn auch in anderer floristischer Zusammensetzung — regelmäßig zwischen Nebelwald und Hochsteppe sich einschiebt.

Abschließend ist über die Kakteenzonierung des Rio Fortaleza-Tales folgendes zu sagen:

Das Tal ist, im Vergleich zu anderen Tälern, zwar arm an Arten, doch treten diese meist in Massenbeständen auf. Innerhalb der sich bis 1700 m erstreckenden Kakteenstufe lassen sich im wesentlichen die folgenden Gesellschaften unterscheiden:

Armatocereus procerus-Haageocereus horrens-Ges. mit einer *Tillandsia paleacea*-reichen Fazies.

Espostoa melanostele-Haageocereus acranthus-Ges. mit *Melocactus* und *Mila* als Begleitpflanzen.

Die Höhenlagen zwischen 1700 und 2400 m sind sehr arm an Kakteen, erst oberhalb 2400 m treten diese mit der *Armatocereus matucanensis-Loxanthocereus sulcifer*-Ges. wieder vegetationsbestimmend in Erscheinung.

Die obere Kulturregion ist durch das Vorherrschen von *Opuntia exaltata* gekennzeichnet.

Tal des Rio Casma[1]

Eine mit dem Fortaleza-Tal in den Grundzügen übereinstimmende Kakteenzonierung weist auch das Tal des Rio Casma auf, allein mit dem Unterschied, daß *Neoraimondia* als vegetationsbestimmendes Element wieder erscheint.

In seinem Oberlauf ist das Tal des Rio Casma, der sich tief in das weiche, cretaische Gestein der Cordillera negra eingesägt hat, noch trockner als das Fortaleza-Tal, die Vegetation demzufolge

[1] Dieses Tal wurde nur im Jahre 1954 besucht und nicht speziell auf seine Kakteenvegetation hin durchforscht, so daß aus diesem Gebiet wohl noch manche Neufunde zu erwarten sind.

noch dürftiger; in seinem Unterlauf rücken die Berge weit auseinander, und die breite Talsohle wird von ausgedehnten Bananenkulturen eingenommen, die der Landschaft ein tropisches, im krassen Gegensatz zu den umgebenden wüstenhaften Andenvorbergen stehendes Gepräge geben. In der Umgebung von Casma wird die der Andenkette vorgelagerte Küstensandwüste von lichten Algarrobo-(*Prosopis juliflora*) Hainen unterbrochen, an die landeinwärts ein etwa 20 km breiter Streifen Felswüste mit vereinzelten Exemplaren von *Parkinsonia aculeata* anschließt.

Schon bei 500 m setzt auf den stark schuttigen Talhängen die Kakteenstufe mit *Armatocereus procerus* und Haageocereen ein. *Armatocereus* steigt zwar in einzelnen Gruppen bis 1000 m empor, wird aber schon bei 800 m von *Neoraimondia gigantea* (?) abgelöst, die zwischen 900 und 1100 m größere Bestände mit *Haageocereus pacalaensis* (K 92, 1954)[1], *Melocactus, Cnidoscolus basiacanthus, Trixis cacalioides* bildet. Bei 1600 m erreicht *Neoraimondia* ihre Obergrenze; aber schon in tieferen Lagen erscheint *Espostoa melanostele,* die zwischen 1600 und 1800 m bestandsbildend in Gesellschaft von Bromelien (*Puya-* und *Tillandsia*-Arten) auftritt.

Oberhalb 1800 m verengt sich das Tal cañonartig und von einigen Säulencereen (*Trichocereus*) abgesehen, verschwinden die Kakteen vollständig; die steilen Talwände sind dicht mit Bromelien, *Puya roezlii, Pitcairnea ferruginea, Tillandsia latifolia, T. tectorum,* Trichtertillandsien, *Fourcroya occidentalis, Echeveria peruviana, Jatropha macrantha, Peperomia galioides* u. a. bewachsen.

Zwischen 2500 und 4000 m ist die natürliche Vegetation, vor allem die der rechten Talflanke (Sonnenseite) recht kümmerlich; teilweise herrscht sogar völlige Vegetationslosigkeit. An Kakteen wurden lediglich *Loxanthocereus sulcifer* (bei 3000 m) und *Matucana yanganucensis* var. *albispina* (K 55 bei 3900 m) notiert, wobei die letztere ihre Hauptverbreitung in entsprechender Höhenlage der Cordillera blanca hat und von hier über die Cordillera negra hinweg in das Casma-Tal auf die Andenwestseite übergreift.

Die nördlichen Andenquertäler

Tal des Rio Jequetepeque[2]

Im Tal des bereits nördlich des 8.° s. Br. gelegenen Rio Jequetepeque vollzieht sich in floristischer Hinsicht der Übergang von

[1] Wurde von BACKEBERG als *H. pacalaensis* sehr nahestehend bestimmt.
[2] Auch dieses Tal wurde nur im Jahre 1954 besucht.

der Vegetation Zentralperus zu jener des nördlichen Peru. Wenngleich auch die Physiognomie der Vegetation noch weitgehend mit jener der zentralperuanischen Täler übereinstimmt, so sind doch bereits Florenelemente festzustellen, die hier entweder ihre südliche Verbreitungsgrenze erreichen oder erstmalig in größerer Individuenzahl erscheinen. Zu diesen letzteren gehört insbesondere *Deuterocohnia longipetala*[1], die an der oberen Grenze der Kakteenstufe in geschlossenen Beständen die Hänge überzieht und eine eigne Gesellschaft bildet (Abb. 36). Es sind ferner die für die Küstenwüste des nördlichen Peru charakteristischen Gehölze, *Capparis*-Arten, *C. ovalifolia* und *C. angulata*, zu nennen, die von der Küstenwüste her in die Kakteenfelswüste eindringen, ferner *Loxopterygium huasango*, *Bombax*-Arten (vor allem *B. discolor*) und *Cercidium praecox*, ein auffallend grünrindiger, zur Trockenzeit im vollen Blütenflor stehender Baumstrauch. Sein Verbreitungsgebiet erstreckt sich von Tumbes bis zum Rio Chicama; ein zweites Areal findet sich im Süden des Landes, in der Provinz Ica und in den interandinen Trockentälern des Rio Apurimac und Rio Mantaro.

Im Jequetepeque-Tal kündigt sich weiterhin eine Erscheinung an, die um so augenfälliger wird, je weiter wir nach Norden gelangen, nämlich das Absinken der vertikalen Verbreitungsgrenzen vieler Pflanzen, insbesondere der Kakteen. Eine Erklärung hierfür ist in der von Süd nach Nord zunehmenden Niederschlagstätigkeit zu suchen. So liegt die untere Grenze der Kakteenstufe bereits bei 100 m über NN, im Jequetepeque-Tal erstreckt sich diese zwar noch bis 1600 m; in den nördlichen Tälern aber fällt die Obergrenze indessen bereits in die Höhenlagen zwischen 500 und 600 m.

Auffälliger als auf der westlichen Andenabdachung aber vollzieht sich der Vegetationswechsel auf der interandinen Hochfläche in der Umgebung von Cajamarca, wo mit zunehmender Höhe der fast über das ganze Jahr sich verteilenden Niederschläge die periodisch trockne Puna in die immergrüne Jalca übergeht.

Die im Unterlauf des Jequetepeque sehr breite Taloase wird von Bananen-, Baumwoll- und Reiskulturen eingenommen. Einen besonders merkwürdigen Anblick bieten die unter Wasser stehenden Reisfelder, welche unmittelbar an die vegetationslosen Andenvorberge angrenzen, deren wüstenhafter Charakter dadurch noch

[1] WEBERBAUER gibt *Deuterocohnia* schon für das weiter südlich gelegene Chicama-Tal als bestandsbildend bei 500 m an.

verstärkt wird, daß diese bis zu einer Höhe von 300 m und weit in das Land hinein mit Flugsanden bedeckt sind. Diese im Andenvorland an sich nicht seltene Erscheinung kommt dadurch zustande, daß die lockeren Dünensande durch die ständig wehenden Süd- und Südwestwinde aus der Wüste herausgeblasen werden und sich auf den Andenvorbergen ablagern. Reis- und Baumwollkulturen inmitten einer solch wüstenhaften Landschaft sind natürlich nur mit Hilfe von Bewässerung möglich. So wird denn auch schon weit oben im Gebirge der Fluß angezapft und sein Wasser in reich verzweigten, zum Teil noch aus der Inkazeit stammenden Bewässerungsgräben (Asechias) in die Felder geleitet.

Etwa 12 km landeinwärts erscheinen auf stark verwitterten Graniten der Talhänge und auf Blockterrassen des Flusses in 100 m Höhe die ersten Kakteen, *Haageocereen*, vor allem aber *Neoraimondia gigantea*, die hier in einer bis 8 m hohen, wenig verzweigten Form auftritt. Ihre üppigste Entfaltung hat die *Neoraimondia*-Ges. zwischen 200 und 400 m, wo sich zu den Kakteen auch kleine Bäume und Sträucher, *Loxopterygium huasango, Cercidium praecox, Capparis ovalifolia, C. angulata* und *Trixis cacalioides* gesellen.

Schon bei 500 m Höhe wird *Neoraimondia* seltener und ist jetzt ausschließlich auf die ebenen Flußterrassen lokalisiert, während die Talhänge zwischen Tembladera und Chilete auf weite Strecken hin von kompakten Polstern der rosettenbildenden *Deuterocohnia longipetala* bedeckt sind (Abb. 36). Begleitpflanzen der bis 800 m Höhe und bis östlich Chilete sich erstreckenden *Deuterocohnia longipetala*-Ges. sind *Haageocereus versicolor* var. *xanthacanthus, Espostoa melanostele* (stellenweise häufig), *Melocactus spec., Capparis angulata, Cercidium praecox, Cnidoscolus spec., Cordia rotundifolia, Jatropha spec., Fourcroya spec., Croton spec.* und *Bombax discolor* (sehr vereinzelt).

Erstmalig begegnen wir der eigenartigen, mit sukkulenten Fensterblättern ausgestatteten und kleine, bis 50 cm hohe „Bäumchen" bildenden *Peperomia dolabriformis*, die weiter nach Norden zu an Häufigkeit gewinnt und vorwiegend die Spalten steiler Felswände besiedelt.

Im übrigen aber ist die Vegetation — von den *Deuterocohnia*-Beständen abgesehen — sehr offen, und das Vorherrschen von Xerophyten, sklerophyller und laubwerfender Sträucher und Bäume (*Bombax, Loxopterygium*) läßt auf große Trockenheit schließen, die durch die tagsüber wehenden, heftigen Talaufwinde noch verstärkt wird.

Oberhalb 1200 m lockert sich die *Deuterocohnia*-Ges. auf, und ihre Stelle nimmt eine, bis 1500 m sich erstreckende *Espostoa-melanostele-Croton*-Ges. ein. Ihre Begleitpflanzen sind *Armatocereus laetus* (oder eine diesem sehr nahestehende Art), vereinzelte

Abb. 36. Ausschnitt aus der *Deutercohnia longipetala*-Ges. im Tal des Rio Jequetepeque, 1000 m

Exemplare des im Rio Saña-Tal weiter verbreiteten *Rauhocereus* (K 141, 1954) und eine graublättrige, terrestrische, stellenweise recht häufige *Puya*.

Bei 1500 m treten die Kakteen im Vegetationsbild zurück, und auf den Hängen breitet sich eine *Acacia macracantha-Croton*-reiche Gebüschformation aus, die sich bis zur Kulturstufe (etwa 2300 m) hin ausdehnt.

Die bemerkenswerteste Besonderheit des Jequetepeque-Tales ist darin zu sehen, daß einmal die Untergrenze der Kakteenstufe wesentlich tiefer liegt als in den zentralperuanischen Tälern, andererseits die Kakteen keine Reinbestände mehr bilden, sondern mit Sträuchern und kleinen Bäumen vergesellschaftet sind, von denen einige in diesem Tal ihre Südgrenze erreichen.

Tal des Rio Saña

Obwohl dieses Tal nur 50 km nördlich des Jequetepeque und annähernd parallel zu diesem verläuft, weist es eine völlig andere Vegetation auf. Diese überrascht nicht nur durch ihre Üppigkeit

Abb. 37. *Links: Haageocereus pseudoversicolor* Rauh et Backbg. im Sañatal bei 100 m. *Rechts: Haageocereus icosagonoides* Rauh et Backbg. im Sañatal bei 500 m

und den Reichtum an Arten, sondern ist insbesondere dadurch gekennzeichnet, daß der nur 90 km Luftlinie von der Küstenwüste entfernte Talschluß, wie schon auf S. 24 erwähnt, von einem Wald eingenommen wird, wie er in ähnlicher Zusammensetzung und Ausbildung heute nur noch auf den Abhängen der Ostcordillere angetroffen wird. Im Saña-Tal verläuft also jene markante Linie, welche die Vegetation Zentralperus von der Nordperus scheidet und die dadurch charakterisiert ist, daß der sonst nur auf die atlantische Abdachung der Andenkette beschränkte Bergwald auf die pazifische übergreift. In Höhenlagen, welche in Zentralperu noch von einer rein xerophytischen Vegetation eingenommen werden, breitet sich im Gefolge der mit Annäherung an den Äquator zunehmenden Niederschlagstätigkeit üppigster, immergrüner Wald aus (Abb. 7)[1]. Es muß jedoch darauf hingewiesen werden, daß in keinem der nördlichen Andentäler der die höheren Lagen einnehmende Bergwald in gleicher Ursprünglichkeit wieder angetroffen wird. Infolge der geringen Besiedlung des Saña-Tales hat sich dieser in seiner natürlichen Zusammensetzung erhalten, während er in den Tälern von Olmos und Canchaque das Bild weitgehender Zerstörung aufweist.

Das Saña-Tal läßt eine sehr übersichtliche Vegetationszonierung erkennen. Die mit einzelnen Büschen von *Capparis angulata* durchsetzte Küstensandwüste geht in einen *Capparis*-reichen Algarrobo-Wald über, der zwischen dem Ort Saña und der Zuckerhacienda Cayalti wohl vernichtet ist, denn hier breiten sich heute ausgedehnte Zuckerrohrkulturen aus, an die sich landeinwärts vegetationsarme, fast ebene und sehr breite, steinige Flußterrassen mit einzelnen Büschen von *Capparis angulata* anschließen. Schon bei 100 m erscheinen die ersten Kakteen, zunächst *Haageocereus pseudoversicolor* (K 85, Abb. 37 links), zu dem sich bald *Neoraimondia gigantea* gesellt, die in einer auffallend niedrigen, selten höher als 4 m werdenden, breit ausladenden, als var. *saniensis* zu bezeichnenden Form auftritt. (Abb. 38).

Schon bei 150 m Höhe und etwa 50 km östlich der Carretera Panamericana bildet *Neoraimondia* so ausgedehnte Massenbestände, daß die davon bewachsenen niederen Cerros von der Ferne grün erscheinen (Abb. 38 oben). Im Vergleich zu anderen Standorten zeigt *Neoraimondia* im Saña-Tal ausgiebige natürliche Verjüngung. Die an Begleitpflanzen recht arme Gesellschaft besiedelt nur die niederen Lagen; schon bei 200 m Höhe wird die Vegetation zunehmend artenreicher. Zu *Neoraimondia* gesellen sich *Armatocereus oligogonus* (?), *Haageocereus icosagonoides* (K 86, Abb. 37 rechts), *Melocactus*, *Espostoa melanostele*, die im Saña-Tal ihre Nordgrenze erreicht, und die kandelaberförmig wachsende *Espostoa procera* (K 83). Dazu treten kleine Bäume und Sträucher, wie die bereits aus dem Jequetepeque-Tal her bekannten *Loxopterygium huasango*, *Cercidium praecox*, *Jatropha spec.*, *Trixis cacalioides*, *Capparis angulata*, *C. ovalifolia* und *Deuterocohnia longipetala*.

[1] Den speziellen Vegetationsverhältnissen des Saña-Tales soll eine besondere Studie gewidmet werden.

Abb. 38. *Neoraimondia gigantea* var. *saniensis* Rauh et Backbg. in der Kakteenstufe des Rio Sañatales bei 300 m

Bereits bei 500 m erreicht die typische Kakteenfelswüste ihre Obergrenze und wird abgelöst von einem regengrünen Wald, in welchem *Bombax* (wohl *B. discolor*) die Leitpflanze ist.

Innerhalb der bis 1300 m emporreichenden Trockenwaldstufe sondert sich eine untere Kakteen-reiche (500—800 m) und eine obere

Tillandsien-reiche Fazies heraus. Die erstere ist durch das Vorherrschen von Kakteen im Unterwuchs charakterisiert; bis 800 m sind noch recht häufig: *Espostoa procera, Armatocereus oligogonus* (?) (stellenweise größere Bestände bildend), *Pilosocereus tuberculosus* (K 83a, sehr selten), *Rauhocereus riosaniensis* (K 141, 1954), eine schlanksäulige, 3—4 m hohe Art, die vielerorts zusammen mit *Monvillea maritima* dichte, undurchdringliche Gebüsche bildet.

Sind schon in dieser Region epiphytische *Tillandsien* nicht selten, so nimmt deren Zahl nach oben hin ständig zu, und die Kronen der *Bombax*-Bäume sind von ihnen oft in dichte Mäntel eingehüllt (Abb. 39 oben). Vorherrschend sind *Tillandsia usneoides, Guzmannia monostachya,* die auch Blockhalden zusammen mit einer breitblättrigen *Peperomia* (Sammel-Nr. P 343, 1956), *P. dolabriformis* und *Epidendrum*-Arten besiedelt.

Zu den auffallendsten Erscheinungen aber gehört *Tillandsia rauhii*[1], eine sehr große epiphytische, peruanische Bromelie, deren bis 1 m im Durchmesser große Rosetten mit ihren riesigen Infloreszenzen an steilen Felswänden haften.

Mit zunehmender Häufigkeit der Bromelien verschwinden die Kakteen mehr und mehr. Oberhalb 1000 m sind sie allein vertreten durch *Hylocereus peruvianus,* dessen bis 2 m lange, hellgrüne, meist 3kantige und kurz bestachelte Triebe zu dichten Hecken sich verflechten (Abb. 39 unten). Der Saña-Standort dieser 1931 von BACKEBERG aufgefundenen Art ist umso bemerkenswerter, als es sich um den bisher nachgewiesen südlichsten Standort auf der Andenwestseite handelt. *H. peruvianus* ist häufig vergesellschaftet mit *Guzmannia monostachya, Peperomia spec.* (Nr. P 343, 1956) und *P. galioides.*

In Flußnähe erhält der *Bombax*-Wald eine besondere Note durch die Anwesenheit immergrüner Gehölze, baumförmiger *Ficus*- und *Clusia*-Arten.

Der regengrüne *Bombax*-Wald erstreckt sich bis etwa 1500 m. Mit zunehmender Niederschlagshöhe werden die laubwerfenden Gehölze mehr und mehr durch immergrüne ersetzt. Schon bei 1700 m Höhe, bei der Hacienda Taulis, nur 90 km von der Küstenwüste entfernt, betreten wir einen immergrünen Bergwald mit Palmen und *Ficus*-Arten (Abb. 7), der bei 2400 m in einen

[1] Es handelt sich um eine von L. B. SMITH bestimmte neue Art, deren Beschreibung noch nicht erfolgt ist.

epiphytenreichen *Podocarpus-Drymis*-Wald übergeht, an den sich die immergrüne Jalca anschließt.

Abb. 39. *Oben:* Regengrüner, *Tillandsien*-reicher *Bombax discolor*-Wald im Tal des Rio Saña bei 1200 m. *Unten: Hylocereus peruvianus* Backbg. Tal des Rio Saña, 1400 m. Im Vordergrund (rechts) *Peperomia* (Nr. P 343, 1956)

Allein die Übergangszone vom regengrünen zum immergrünen Bergwald ist anthropogen beeinflußt, da gerade diese Höhenlage intensiver kultiviert wird. Die linken Talhänge in der Umgebung der Siedlung Florida werden von Zuckerrohr-, Ananas- und Bananenkulturen eingenommen, während die gegenüberliegende, rechte Talseite bei Monte Secco zu den besten Kaffeeanbaugebieten der westlichen Andenseite gehört.

Der Wald von Taulis verdankt seine Entstehung in erster Linie den hohen Niederschlägen (s. Tabelle auf S. 24), deren Werte weit

Abb. 40. Blick von der Jalca auf den Bergwald des Sañatales nach einem Gewitterregen

über denen der Nachbartäler liegen[1]. Auch während der Trockenzeit fällt häufig in den Nachmittagsstunden in höheren Lagen Regen. Von den Gipfellagen aus kann man beobachten, wie die warmen, feuchten Luftmassen von der Wüste her in das Tal eindringen, an den steil aufragenden Bergen des Talschlusses emporsteigen und hier mit den kalten, über der Jalca liegenden Luftmassen zusammenstoßen. Dadurch kommt es zu einer starken Quellbewölkung, aus der gewöhnlich zwischen 16 und 18 Uhr heftiger Regen fällt. Nach Abgabe des Niederschlages sinkt die Wolkenuntergrenze ab, und bis in die frühen Abendstunden hinein lagert ein geschlossenes Wolkenmeer über der Waldzone (Abb. 40);

[1] Die hohen Niederschläge stehen wiederum in ursächlichem Zusammenhang mit der heutigen Waldbedeckung.

von der Jalca aus bietet sich dann ein Bild, wie man es sonst nur vom Nebelwald der Ostcordillere her gewohnt ist.

Auf kürzester Entfernung lösen sich im Saña-Tal Pflanzenformationen verschiedensten Charakters ab (Abb. 41):

Küstensandwüste mit eingestreuten Gehölzgruppen: 0—100 m

Kakteenstufe: 100—500 m

Kakteen-reicher Savannenwald: 500—900 m

Tillandsien-reicher Savannenwald: 900—1500 m

unterer, immergrüner Bergwald (mit *Ficus* und Palmen): 1500—2400 m

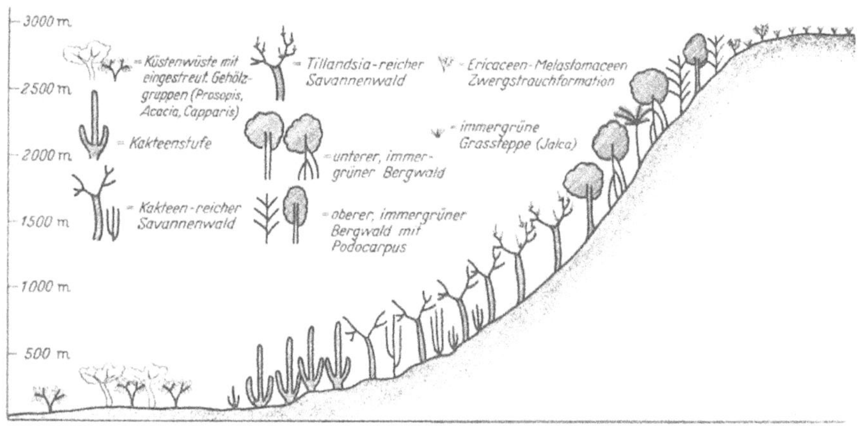

Abb. 41. Schema der Vegetationszonierung im Sañatal

oberer, immergrüner Bergwald (mit *Podocarpus* und *Drymis*): 2400—3000 m

Zwergstrauchstufe (Ericaceen-Melastomaceen): 3000—3200 m

immergrüne Jalca: oberhalb 3200 m.

Die Mannigfaltigkeit und der Reichtum der Vegetation machen das Saña-Tal zu einem der pflanzengeographisch interessantesten Täler des nördlichen Peru.

Tal von Olmos (pazifische Seite)

Nördlich Chiclayo vollzieht sich ein weiterer Wechsel im Vegetationsbild der pazifischen Andenseite, der dadurch charakterisiert ist, daß die Kakteenstufe in ihrer typischen Prägung, wie wir sie von den Tälern südlich des 7.° s. Br. her kennen, mehr und mehr verschwindet: die Kakteen treten als vegetationsbestimmende Florenelemente zurück und sind nurmehr Bestandteile eines sehr lichten regengrünen Savannenwaldes bzw. -busches der direkt an die Küstenwüste grenzt[1] (Abb. 42).

Von der am östlichen Rande des großen Wüstengebietes der Desierto de Sechura 150 m hoch gelegenen Siedlung Olmos führt eine gut ausgebaute Straße in das enge Tal des kleinen Rio Olmos und überschreitet bereits nach rund 50 km die Westcordillere. Da

Abb. 42. Kakteen-reicher Trockenbusch auf den Andenvorbergen des Olmostales, 200 m

an dieser Stelle der Paß nur eine Höhe von 2144 m erreicht, die umgebenden Gipfel knapp 3000 m hoch sind, entsteht hier eine Pforte in der Andenkette, durch welche jene Kakteen die Westcordillere überschreiten können, deren Hauptverbreitungsgebiet auf der atlantischen Seite liegt. Nur so erklärt sich das Vorkommen von *Espostoa procera* (K 83, Abb. 43 links) aus der Gruppe der „Kandelaber-*Espostoen*" und von *Seticereen* auf der westlichen Andenabdachung.

Schon wenige Kilometer östlich des inmitten von Algarrobo-(*Prosopis juliflora*)-Hainen gelegenen Ortes Olmos erheben sich die Andenvorberge, die ein lichtes, kakteenreiches, regengrünes Gestrüpp (Abb. 42) tragen, untermischt mit kleinen Bäumen von *Loxopterygium huasango, Capparis angulata* (immergrün; auch

[1] Nach WEBERBAUER weist bereits das südlich gelegenere und von uns nicht besuchte Tal des Rio Chancay die gleiche Zonierung auf.

strauchförmig wachsend), *Cercidium praecox, Caesalpinia corymbosa, Bursera graveolens, Bougainvillea peruviana* (meist strauchförmig).

Die Säulencereen sind vertreten durch *Neoraimondia gigantea, Armatocereus cartwrightianus, A. oligogonus* (K 139a), *Espostoa*

Abb. 43. *Links: Espostoa procera* Rauh et Backbg. *Rechts: Neobinghamia mirabilis* Rauh et Backbg. Olmostal, 200 m (Nordperu)

procera (Abb. 43 links), *Monvillea diffusa, Haageocereus versicolor, H. spec.* (K 81), *Melocactus unguispinus* (K 72). Eine der auffallendsten Erscheinungen ist ohne Zweifel die sehr seltene *Neobinghamia mirabilis* (K 83, Abb. 43 rechts), deren purpurrot bestachelte und weißwollig behaarte, bis 2 m hohe Säulen einer purpurfarbigen *Espostoa lanata*, wie sie auf der atlantischen Seite recht häufig sind, gleichen. Bemerkenswert ist die starke Wollbildung der blühbaren Areolen, die insgesamt ein dichtes, unregelmäßig oder in Zonen angeordnetes Pseudocephalium bilden. *N. mirabilis*, einer der interessantesten Neufunde mit roten Nachtblüten, ist nach den bisherigen Beobachtungen die am weitesten nach Norden vordringende Art der Gattung.

Oberhalb 400 m treten die Kakteen zahlenmäßig zurück, und der Kakteenbusch geht in einen *Tillandsien*-reichen *Bombax*-Wald (*B. discolor*) über, der in geschlossenen, jedoch lichten Beständen die Berghänge bis etwa 1200 m bedeckt. Beigemischt ist eine baumförmige, zur Trockenzeit in Vollblüte stehende *Erythrina*, deren wasserspeichernde und grünrindige Stämme mit derben, auf einen Korksockel emporgehobene Stacheln besetzt sind. Wie im Saña-Tal sind die Baumkronen so dicht von *Tillandsien* bewachsen, daß von der Ferne eine Belaubung vorgetäuscht wird. Vorherrschend ist die interessante, ausläuferbildende *T. espinosa*, die mit ihren lockeren Polstern die Äste förmlich einhüllt. Recht häufig sind auch *T. ebracteata*, auffällig durch ihre gelbgrünen Rosetten, *T. distichia* und die in langen Bärten von den Zweigen herunterhängende *T. usneoides*.

Zur Epiphytenvegetation muß auch der vorwiegend in den Baumkronen wachsende *Hylocereus venezuelensis* (Abb. 44 links) gerechnet werden, dessen hechtgraue, dreikantige, bis 3 m lange Triebe flagellenartig dem Boden zustreben. Sein Hauptverbreitungsgebiet liegt in Venezuela, erstreckt sich aber südlich bis in das Tal von Olmos. In Peru ist *H. venezuelensis* ein typischer Begleiter des regengrünen *Bombax*-Waldes.

Bemerkenswert ist das Vorkommen von *Seticereus roezlii* (?) (oder einer diesem nahe verwandten Art) zwischen 600 und 700 m. Sein Hauptareal findet sich auf der Andenostseite zwischen 2400 und 1200 m. Im Tal von Olmos überschreitet dieser jedoch die Andenkette, fehlt aber merkwürdigerweise den höheren Lagen der pazifischen Abdachung.

An der Obergrenze des *Bombax*-Waldes erscheint bei 1000 m ein weiterer Säulencereus, der 3—5 m hohe, zuweilen dicht von *Tillandsien* bewachsene *Gymnocereus microspermus* (Abb. 44 rechts), der mit den im südlichen Peru verbreiteten Gattungen *Browningia* und *Azureocereus* darin übereinstimmt, daß die Beerenfrüchte mit auffallend großen, zum Teil dachziegelig sich deckenden Schuppen besetzt sind. Sie werden auf Grund dieses gemeinsamen Merkmales in der Sippe der *Gymnocerei* vereinigt. Während *Browningia* und *Azureocereus* aber trockne Regionen besiedeln, stellt *Gymnocereus* größere Ansprüche an Feuchtigkeit; so bevorzugt er als Standorte feuchtere Schluchten (Quebradas) und bildet, vor allem auf der linken Talseite, bis 1800 m hinauf größere Bestände. Bisher war die Gattung allein aus Nordperu von der pazifischen Andenseite her bekannt. Mit dem Auffinden des neuen *G. amstutziae* (K 5) in Zentralperu im Nebelwald von Paucartambo (Deptm. Junin) in nahezu unzugänglichen Steilwänden auf der Andenostseite hat sich das Areal der Gattung nicht unwesentlich erweitert.

Abb. 44. *Links: Hylocereus venezuelensis* Br. et R. als Epiphyt im Trockenwald des Olmostales, 500 m. *Rechts: Gymnocereus microspermus* Backbg. im Olmostal, 1500 m

Bei 1200 m hört der geschlossene *Tillandsien*-reiche *Bombax*-Wald auf; nur in Talrunsen zieht er sich noch etwas weiter empor, um in eine aus Gebüsch gebildete Sekundärformation überzugehen. Das natürliche Vegetationsbild ist stark gestört, denn überall finden sich auf flacheren Hängen kleine Chacras (Felder), teilweise noch bewirtschaftet, zum Teil aber aufgelassen und bereits wieder von „Monte“ bewachsen. Das Auftreten von *Chusquea, Phytolacca, Clusia, Embothryum, Colignonia, Oreopanax, Gaultheria* u. a., alles Charakterpflanzen des Nebelwaldes, weisen darauf hin, daß die ursprüngliche Vegetation ein sich zwischen 1300 und 2000 m erstreckender immergrüner Wald gewesen sein muß von ähnlicher Zusammensetzung wie im nahen Saña-Tal. Allerdings ist dieser heute bis auf kümmerliche, auf steile Quebradas zurückgedrängte Reste vernichtet.

Erst wenig unterhalb der Paßhöhe läßt die Vegetation wieder ihre natürliche Zusammensetzung erkennen und tritt als ein vorwiegend aus *Lupinen* gebildetes Gebüsch in Erscheinung.

Auf die interessante Vegetation der ostandinen Abdachung und des Huancabamba-Tales sei bei der Besprechung der interandinen Trockentäler eingegangen.

Tal des Rio Piura zwischen Chulcanas und Canchaque

Eine in den Grundzügen mit dem Olmos-Tal übereinstimmende Vegetationszonierung treffen wir auch im Tal des Rio Piura an, nur ist die Vegetation hier viel ursprünglicher und in ihrer floristischen Zusammensetzung noch reichhaltiger, denn sie enthält eine Reihe von Florenelementen, welche in diesem Tal ihre südliche Verbreitungsgrenze erreichen.

Der wüstenhafte Charakter des Andenvorlandes tritt in der Umgebung von Chulcanas, dem Zugang vom Tal des Rio Piura, noch stärker zurück als in der Umgebung von Saña. Die ebenen, der Andenkette vorgelagerten Tablazzos tragen einen lockeren Bewuchs von *Capparis angulata* und *Prosopis juliflora* mit einem Unterwuchs von regengrünem Gebüsch (*Cercidium praecox, Parkinsonia aculeata, Cordia rotundifolia, Cucurbitaceen, Convolvulaceen*) und *Armatocereus cartwrightianus*. Die *Prosopis-Capparis*-Haine sind nicht ausschließlich auf das Andenvorland beschränkt, sondern dringen im Flußtal weit landeinwärts, besiedeln jedoch stets nur die Flußterrassen. Noch weniger als im Tal von Olmos kommt es im Canchaque-Tal zur Ausbildung einer eignen Kakteenformation. Bereits die niedrigsten Andenvorberge, von etwa 150 m aufwärts, sind mit einem sich bis etwa 1000 m erstreckenden lichten, regengrünen Trockenwald bestanden. In niederen Lagen (150—300 m) ist dieser sehr offen; die Bäume, *Bombax discolor Loxopterygium huasango, Bursera graveolens, Caesalpinia corymbosa* stehen im weiten Abstand voneinander und lassen Platz für eine reiche Begleitflora, die neben Sträuchern auch zahlreiche Kakteen enthält. Tonangebend auf den Vorbergen sind *Neoraimondia gigantea* und *Armatocereus cartwrightianus*, der weit landeinwärts dringt, während *A. oligogonus* gleich *Neoraimondia* auf die niederen Lagen beschränkt bleibt. Eine der auffallendsten Erscheinungen ist *Haageocereus versicolor*, der mit seinen braunrot bestachelten Säulen belebende Farbtöne in das zur Trockenzeit eintönige Grau des Trockenwaldes bringt (Abb. 45 rechts). Eine sehr dekorative

Pflanze ist auch *Melocactus unguispinus* (K 72) mit seinen langen, schlanken Körpern und rosafarbiger Bestachelung (Abb. 234).

Zwischen Salitral und Serran (300 m) ändert sich das Vegetationsbild. Die Kakteen treten zahlenmäßig zurück: *Neoraimondia, Armatocereus oligogonus, Haageocereus versicolor, Melocactus* und die Gehölze des unteren, kakteenreichen Trockenwaldes ver-

Abb. 45. *Links: Neoraimondia gigantea* Backbg. (links davon *Capparis angulata*). *Rechts: Haageocereus versicolor* Backbg. im Tal von Canchaque, 200 m (Nordperu)

schwinden; der Wald wird geschlossener und im wesentlichen von drei Leitarten gebildet: *Bombax discolor, Ceiba spec.* („Ceibo") und *Erythrina spec.* Die imposanteste Erscheinung unter diesen ist ohne Zweifel der Ceibo[1], auffallend durch seine gewaltigen Brettwurzeln, seinen mächtigen, einen Durchmesser bis zu 2 m erreichenden grünrindigen, tonnenförmig angeschwollenen, wasserspeichernden Stamm und seine reich verzweigte Krone, die zur Trockenzeit die Wollballen der aufgesprungenen Früchte zieren (Abb. 46). Während des größten Teiles des Jahres ist der Ceibo blattlos, doch ist er wohl mit Hilfe der chloroplastenführenden

[1] Auch WEBERBAUER (1945) führt diese auffällige Art als „*Bombax spec.*" auf.

Rinde in der Lage, seinen Stoffbedarf auch während der Trockenzeit zu decken. Er erreicht im Tal von Canchaque die Südgrenze seiner Verbreitung, beherrscht aber die Savannenwälder Südecuadors.

Nur noch vereinzelt finden sich Kakteen: *Monvillea diffusa*, *Armatocereus cartwrightianus* und *Pilosocereus tweedyanus*; der letztere, ein typischer Begleiter des Ceibo-Waldes in Südecuador,

Abb. 46. Regengrüner Savannenwald im Tal von Canchaque (1000 m) mit „*Ceiba*" und *Erythrina spec.*

erreicht im Canchaque-Tal seinen südlichsten Standort. In höheren Lagen, zwischen Serran und Canchaque erscheint als höchststeigendste Art auf der pazifischen Seite wiederum *Gymnocereus microspermus*, der sich stets an die feuchteren Runsen des Flußtales hält. Am gleichen Standort wurde auch *Rhipsalis micrantha* (P 2127a, 1954) gesammelt, dessen abgeflachte oder 3—4kantige Triebe in langen, reich verzweigten Büschen von den feuchten Felswänden herunterhängen. Britton und Rose (Bd. IV, S. 239) geben als Verbreitungsgebiet dieser seltenen Art Südecuador und Nordperu an.

In Übereinstimmung mit dem Olmos-Tal ist auch im Tal von Canchaque eine untere Kakteen- und eine obere *Tillandsien*-reiche Fazies des *Bombax*-Waldes zu unterscheiden. Die letztere setzt bei etwa 500 m ein und geht zwischen 1000 und 1200 m durch das Vorherrschen immergrüner Bäume in einen Bergwald über. Auch hier sind die Baumkronen so dicht mit *Tillandsien* bewachsen, daß die Äste völlig unter dem Bewuchs der Epiphyten verschwinden. Dazu gesellt sich *Hylocereus venezuelensis*, der im Canchaque-Tal noch weitaus häufiger ist als im Olmos-Tal.

Der sich von Canchaque an aufwärts bis fast zur Paßhöhe erstreckende immergrüne Bergwald ist in seiner natürlichen Zusammensetzung stark gestört, denn große Gebiete sind abgeholzt und werden von Bananen-, Orangen-, Mango- (*Mangifera indica*), Cherimoya- (*Anona cherimolia*), Zuckerrohr- und Kaffeeplantagen eingenommen, welche der Landschaft ein tropisches Gepräge geben. Auf den nicht in Kultur genommenen Kahlschlägen breitet sich ein dichtes Monte-Gebüsch aus. Von der ursprünglichen Vegetation sind nur noch Reste zu beobachten. Erst oberhalb 2700 m tritt uns die Vegetation wieder in ihrer natürlichen Zusammensetzung als *Polylepis-Weinmannia*-Wald entgegen, der bei 3000 m in die gebüschreiche Wiesenformation der Jalca übergeht.

Aus den vorausgehenden Vegetationsschilderungen der Täler zwischen Lima und Canchaque lassen sich nun — soweit es die Kakteenvegetation betrifft — folgende allgemeine Gesetzmäßigkeiten herausstellen:

Vom Rimac-Tal an nordwärts bis zum Tal des Rio Saña (7.° s. Br.) kommt es in den niederen Lagen der Andenwestseite infolge extremer Niederschlagsarmut, hoher Temperaturen und starker Talaufwinde zur Ausbildung einer ausgeprägten Kakteenfelswüste, in der vorwiegend Säulenkakteen vegetationsbestimmend auftreten. Nördlich des 7.° s. Br. verschwindet diese mit zunehmender Niederschlagstätigkeit in ihrer extremen Ausbildung und wird von einem Kakteen-reichen, regengrünen, sich bis nach Südecuador hinein erstreckenden Trockenwald abgelöst, in welchem die Kakteen nurmehr als Begleitpflanzen periodisch laubwerfender Gehölze auftreten.

Mit der von Süd nach Nord ansteigenden Niederschlagshöhe wird aber auch die vertikale Ausdehnung der Kakteenfelswüste eingeengt, wobei gleichzeitig die oberen Verbreitungsgrenzen der einzelnen Gattungen absinken. In Zentralperu nimmt die Kakteenfelswüste einen Raum von rund 1000 m Höhe ein; sie beginnt bei 700 m und erreicht ihre Obergrenze zwischen 1500 und 1800

(2000) m; nördlich des 7.° s. Br. hingegen setzt sie bereits bei 100 m Höhe ein und endet schon zwischen 300 und 500 m.

Durch das ganze zentrale und nördliche Peru hindurch bleibt die vertikale Aufeinanderfolge der häufigsten Kakteengattungen die gleiche. Die untersten, trockensten Regionen werden von *Neoraimondia, Haageocereus, Melocactus, Mila, Armatocereus* (z.T.); die oberen Lagen hingegen von *Espostoa, Armatocereus* (z. T.), *Loxanthocereus* eingenommen.

Die Andenquertäler südlich Lima

sind, abgesehen von floristischen Besonderheiten, sowohl in ihrer Physiognomie als auch hinsichtlich der Vegetationsgliederung recht einheitlich und zugleich auch einförmig. Sie alle zeichnen sich bis in die mittleren Gebirgslagen hinauf durch starke Trockenheit und demzufolge durch offene Vegetation aus und machen einen wüstenhaften Eindruck, der sich um so mehr verstärkt, je weiter man nach Süden gelangt.

Tal des Rio Cañete

Nach Durchquerung der vegetationsarmen Küstencordillere von Imperial weitet sich das Tal und man ist überrascht von der Üppigkeit der Bananen- und Baumwollkulturen, welche sich beiderseits des Flusses ausdehnen. Bis zu dem kleinen Ort Lunahuana gleicht die dicht besiedelte Taloase mit ihren Kulturen von japanischen Mispeln, Quitten, Wein, Äpfeln, Pfirsichen, Kirschen, Cherimoyas einem großen Obstgarten. Man könnte fast vergessen, sich in einem wüstenartigen Gebiet zu befinden, wenn nicht über der Flußoase die steilen, von Erosionsrinnen zerfurchten und nahezu vegetationslosen Talhänge sich erheben würden. Nur hin und wieder finden sich darauf kleinere Flächen von *Tillandsia paleacea*, welche andeuten, daß die Küstennebel gelegentlich weit landeinwärts getrieben werden. Bemerkenswert ist ferner, daß der Pfefferbaum, *Schinus molle*, sonst ein ausgesprochener Flußbegleiter, stellenweise auf den trocknen Talflanken einige hundert Meter emporsteigt und hier lichte Haine bildet.

Wenn auch Kakteen wie *Neoraimondia rosiflora* vereinzelt schon bei 600 m erscheinen, so liegt die Untergrenze der eigentlichen Kakteenstufe doch erst zwischen 700 und 800 m. In Übereinstimmung mit dem Rimac-Tal setzt sie mit der *Neoraimondia-Haageocereus acranthus*-Ges. ein, wobei *Neoraimondia* die am Fuße der Erosionsrinnen sich anhäufenden Schuttkegel als Standorte bevorzugt. Anfangs sind die Kakteen frei von jeglicher Begleitflora; nur am Fuße der Steilhänge bildet sich wohl infolge austretenden Sickerwassers eine schmale Gebüschzone von *Colletia spinosa* und *Grabowskia boerhaviifolia*.

Ihre reichste Entfaltung erfährt die *Neoraimondia*-Ges. zwischen 900 und 1000 m auf den Schuttkegeln und den fast ebenen Flußterrassen. Von den Begleitpflanzen sind zu nennen: *Haageocereus acranthus, Espostoa melanostele, Melocactus spec., Mila nealeana* (K 29, 1954), *Borzicactus piscoensis* (K 161), *L. erigens* (K 164), *Cnidoscolus basiacanthus, Jatropha macrantha, Trixis cacalioides, Hoffmannseggia viscosa, Loasa incana, Lippia spec., Lantana scabiosiflora, Lycium salsum* (?), *Mentzelia cordifolia, Alternanthera tubulosa, Calandrina pachypoda, Mirabilis viscosa* und einige Gräser. Die Vegetation ist sehr offen und dürftig.

Oberhalb 1000 m geht die *Neoraimondia-Haageocereus acranthus*-Ges. in die *Neoraimondia-Espostoa*-Ges. über, die sich bis etwa 1300 m erstreckt; dann aber übernimmt *Espostoa* bis zur Obergrenze der Kakteenstufe (etwa 1800 m) die führende Rolle. Von den begleitenden Kakteen sind zu erwähnen: *Haageocereus acranthus, Trichocereus peruvianus* und *Opuntia tunicata*.

Die Vegetationsverhältnisse der oberen Talstufe oberhalb des Ortes Yauyos konnten nicht studiert werden.

Vergleichen wir das Cañete- mit dem Rimac-Tal, so bestehen hinsichtlich der Vegetationszonierung keine wesentlichen Unterschiede; abgesehen davon, daß die Landschaft einen noch wüstenhafteren Eindruck macht. Zur Trockenzeit sind die Talhänge zwischen 600 und 1800 m ausgesprochen pflanzenarm; nur während der Sommermonate erscheint eine kurzlebige Annuellenflora.

Tal des Rio Pisco

Wenngleich auch dieses Tal hinsichtlich der Zusammensetzung seiner Kakteenvegetation noch Beziehungen zu den Tälern Mittelperus aufweist, die gegeben sind in der Anwesenheit von *Armatocereus procerus, Neoraimondia rosiflora, Haageocereus acranthus* und *Melocacteen*, so vollzieht sich doch im Pisco-Tal pflanzengeographisch bereits der Übergang zum südlichen Andenbereich. Bemerkenswert ist nicht nur das Fehlen von *Espostoa melanostele*, die im Cañete-Tal (vielleicht auch erst im Tal des Rio San Juan) die Südgrenze ihres Verbreitungsgebietes erreicht, sondern es erscheinen auch Vertreter von Gattungen, deren Entwicklungszentrum Südperu ist. Hierher gehört insbesondere die Gattung *Weberbauerocereus*, die mit der neu aufgefundenen Art *W. rauhii* nördlich bis zum Pisco-Tal vordringt. Erstmalig begegnen wir auch südlichen Vertretern der Gattung *Neoraimondia*, *N. arequipensis*, die sich von den nördlichen Arten durch eine größere Anzahl der Rippen ihrer Säulen und durch den Besitz weißer Blüten unterscheidet.

Der Unterlauf des Pisco-Tales ist dadurch charakterisiert, daß die Andenvorberge infolge der Tätigkeit der starken Paracas-Winde (s. S. 6) bis in die Gegend von Humay mit Sand überlagert sind. Die anfangs breite Taloase wird von ausgedehnten Baumwollkulturen eingenommen, denn die Umgebung von Pisco gehört heute zu den bedeutendsten Baumwollanbaugebieten Perus. Erst 80 km landeinwärts verengt sich das Tal, und die steil aufragenden Wände stehen mit ihrer zunächst völligen Vegetationslosigkeit in scharfem Kontrast zum Grün der Oase. Aus den Seitentälern ergießen sich breite, den Flußschotter überlagernde Schuttfächer; sie sind die bevorzugten Standorte der Kakteen, die zwischen 700 und 750 m erscheinen und bei 1000 m dichte Bestände bilden. Vorherrschend ist zunächst *Armatocereus procerus* (Abb. 47 links), dem sich bald *Neoraimondia rosiflora*, *Haageocereus acranthus* (stellenweise sehr häufig) und *Melocacteen* beigesellen.

Noch bei 1000 m ist die Begleitflora recht dürftig. Im März 1954 wurden notiert: *Jatropha macrantha*, *Cnidoscolus spec.*, *Orthopterygium huaucui* (*Julianaceae*), *Galvesia limensis*, *Hoffmannseggia viscosa*, *Encelia canescens*, *Trixis cacaloides*, *Aloysia scabiosaeflora*.

Obwohl *Neoraimondia* in einzelnen Exemplaren bis 2000 m aufsteigt, erreicht die untere Kakteenstufe zwischen 1200 und 1500 m ihre Obergrenze. In der sich anschließenden oberen Kakteenstufe (bis 2100 m) nehmen die Begleitpflanzen, vorwiegend Sträucher, an Zahl zu. Die leitende Kakteenart ist *Weberbauerocereus rauhii*, eine 3—5 m hohe, mit ihren grau-weiß borstigen, schlanken, steil aufstrebenden Säulen stark vom Typus abweichende Art. Bislang war die Gattung nur aus Südperu (Umgebung von Arequipa) bekannt; mit *W. rauhii* dringt sie aber weit nach Norden vor und schließt hier südlich an das Areal von *Espostoa* an. Recht häufig ist *Weberbauerocereus* zwischen 1900—2100 m. Er besiedelt in größeren Trupps (Abb. 47 rechts) die vegetationsarmen Hänge des extrem trockenen und von heftigen Aufwinden heimgesuchten Pisco-Tales. Von den weiteren Kakteen dieser Höhenlage sind zu nennen: *Haageocereus acranthus* und die var. *metachrous* (K 162), eine Varietät, deren weiße Blüten sich postfloral karminrot verfärben, *Mila densiseta* (K 160, bei 2000 m); *Borzicactus piscoensis* (K 161, bei 2000 m); *Matucana cereoides* (K 159, in Steil-

Abb. 47. *Links: Armatocereus procerus*-Ges. in der Kakteenstufe des Piscotales, 900 m. Im Vordergrund *Haageocereus acranthus* (Vpl.) Backbg. *Rechts: Weberbauerocereus rauhii* Backbg. im Piscotal bei 2300 m

wänden wachsend), *Trichocereus* spec. (mit dicken, goldgelb bestachelten Säulen). Oberhalb 2100 m wird *Weberbauerocereus* seltener, und an seine Stelle tritt *Armatocereus arboreus* (Abb. 48), der fast die Ausmaße von *A. cartwrightianus* erreicht. Er gehört bereits der Sommerregenzone an und ist Bestandteil einer mesothermen, an Stauden und Kräutern reichen Gebüschvegetation. *Lantana*- und *Lippia*-Arten überziehen die Hänge in dichten Beständen; eingestreut sind kleinere Gruppen von *Carica candicans* (Abb. 48), *Jatropha macrantha* und *Croton*-Arten. Zur Regenzeit entwickelt sich eine üppige Annuellen-Vegetation, so daß die mittleren Andenlagen sich in einem frischen Grün darbieten. Aber schon wenige Monate später sind sie wieder braun und ausgebrannt; die Kräuter verdorrt und die meisten Sträucher haben ihre Blätter abgeworfen.

Das vertikale Verbreitungsgebiet von *Armatocereus arboreus* fällt etwa mit dem von *Carica candicans* zusammen. Beide erreichen ihre Obergrenze zwischen 2600 und 2800 m.

Abb. 48. *Armatocereus arboreus* Rauh et Backbg. mit *Carica candicans* Gray und *Croton* in der Gebüschformation des Piscotales bei 2500 m

Oberhalb 3000 m finden sich übereinstimmend mit dem Rimac-Tal an Kakteen nur noch Trichocereus peruvianus als Begleiter der *Puya*-Form. und *Opuntia exaltata* als Bestandteil einer aus strauchigen *Eupatorium*- und *Baccharis*-Arten gebildeten Sekundär-(Monte-) Formation.

Tal des Rio Blanco (Nazca—Puquio)

Noch deutlicher als im Tal des Rio Pisco ist im Vegetationskleid der Übergang von Zentral- zu Südperu auf einer Fahrt von Nazca nach Puquio zu beobachten, wobei die Straße anfangs das Tal des Rio Blanco benutzt. Die niederen Lagen der Andenwestseite zeichnen sich durch eine noch größere Trockenheit aus, welche bis in größere Höhenlagen hinauf Vegetationsarmut nach sich zieht.

Abb. 49. *Browningia candelaris* (Mey.) Br. et R. verschieden alte Entwicklungsstadien; oben aus dem Tal Nazca-Puquio; unten aus dem Majestal. Die Bäume (rechts oben) sind *Orthopterygium huaucui* (Gray) Hemsl.

Zu den für das Pisco-Tal erwähnten südlichen Pflanzengattungen treten weitere; von den Kakteen ist vor allem die die mittleren Höhen besiedelnde *Browningia* (*Cereus*) *candelaris* zu nennen, eine der interessantesten Kakteen Perus, welche im Tal des Rio Blanco ihre Nordgrenze erreicht, südlich aber bis nach Nordchile hinein anzutreffen ist. *Browningia* ist eine phylogenetisch alte, heute im Rückgang begriffene Gattung, die sich durch habituell auffallend voneinander verschiedene Jugend- und Altersformen auszeichnet. In der Jugend bildet *Browningia* völlig unverzweigte, 2—3 m hohe, von der Ferne an Telegrafenstangen erinnernde Säulen mit lang und wild bestachelten Areolen (Abb. 49 links). Der Eintritt in die sich reich verzweigende und blühfähige Altersform wird nun daran kenntlich, daß der Primärsproß nicht nur sein Längenwachstum einzustellen beginnt, sondern auch die Areolen aufhören, weiterhin verlängerte Stacheln zu bilden (Abb. 49 Mitte und rechts). Sie erzeugen nurmehr wenige, feine Borsten, so daß die Areolen fast nackt erscheinen. Erst auf diesem Stadium setzt Verzweigung ein, und zwar gehen die nahezu quirlförmig angeordneten Seitenäste 1. Ordnung nur aus dem stachellosen Terminalabschnitt des Primärsprosses, bzw. wenig oberhalb der bestachelten Zone hervor (Abb. 49). *Browningia* ist deshalb einer der wenigen peruanischen Kakteen mit rein akroton geförderter Verzweigung und einer dadurch bedingten ausgeprägten Stammbildung. Die Stämme selbst erreichen einen Durchmesser bis zu 50 cm; die größten Exemplare wurden im Tal des Rio Majes bei 3000 m Höhe angetroffen (Abb. 49 unten rechts). Hinsichtlich ihrer Standortsansprüche scheint *Browningia* eine große ökologische Amplitude zu besitzen, denn sie besiedelt sowohl extrem trockene Felswüsten (Umgebung von Arequipa, Hochtal von Chala) als auch Standorte, die bereits vom Sommerregen erreicht werden. Ihre obere Verbreitungsgrenze liegt zwischen 3000 und 3300 m.

Zu den weiteren, bemerkenswerten Florenelementen des Rio Blanco-Tales gehört *Bulnesia retamo*, ein grünrindiger, mit kleinen, hinfälligen Blättern versehener Rutenstrauch. Er besiedelt stets die trockenen Schutterrassen der unteren niederschlagslosen Region (bis 1000 m) und steigt im Schotter der ausgetrockneten Flußbetten bis in die Küstenwüste herab (Abb. 50). *Bulnesia* wächst noch an solchen Orten, an denen keine anderen Pflanzen, nicht einmal Kakteen, zu gedeihen vermögen. Infolge ihrer disjunkten Verbreitung ist diese Pflanze von besonderem pflanzengeographischem

Interesse. Ihr Hauptareal liegt in Argentinien, in den niederschlagsarmen Provinzen Catamarca, La Rioja, Cordoba und Mendoza; ein zweites, kleineres Areal findet sich in Peru zwischen Nazca und Ica.

Eine ganz ähnliche Verbreitung hat auch *Bougainvillea spinosa*, die in Peru nur im Departement Moquegua vorkommt und dann erst wieder in Argentinien.

Abb. 50. Eingang zum Tal des Rio Nazca mit *Bulnesia retamo* (Gill.) Griseb. und *Armatocereus procereus*, 900 m

Aus diesen arealgeographischen Beobachtungen kann der Schluß gezogen werden, daß vor der Andenhebung entweder zusammenhängende Areale existiert haben müssen, bzw. zu dieser Zeit eine Pflanzenwanderung über die damals niedrigeren Andenkämme hinweg möglich war. Eine Stütze findet diese Vermutung in fossilen Funden einer tertiären, tropischen Flora am Cerro de Potosi in der heutigen Höhe von über 4000 m, wo sich jetzt eine kälteliebende Hochgebirgsflora ausbreitet.

Viel stärker als in den niederen Lagen vollzieht sich aber in höheren Regionen und auf der interandinen Hochfläche der Übergang zur Vegetation Südperus durch das Auftreten der Tola, des Zwergstrauches *Lepidophyllum quadrangulare*, der von Puquio ab südwärts nun in eintönigen Beständen riesige, als Tola-Heide zu bezeichnende Flächen überzieht, in denen die Punagräser nur eine untergeordnete Rolle spielen (Abb. 3 unten). Somit betreten wir im Gebiet Nazca—Puquio einen Vegetationsbezirk, der seiner floristischen Zusammensetzung nach bereits dem südlichen Andenbereich angehört.

Bis 500 m Höhe wird im Nazca-Tal außerhalb der Flußoase die Vegetation allein durch *Bulnesia retamo* vertreten, welche die am Fuße der Talhänge sich anhäufenden Schuttfächer besiedelt. Bei 600 m Höhe beginnt die im Vergleich zu anderen Tälern sehr artenarme Kakteenstufe. Sie wird eingeleitet durch *Armatocereus procerus*, der im Nazca-Tal wohl seinen südlichsten Standort erreicht, anfangs in einzelnen Exemplaren, zusammen mit *Bulnesia* auftritt (Abb. 50), später aber größere Bestände auf den breiten Schotterterrassen des Flusses bildet (Abb. 47 links), denen sich bei 800 m Höhe *Haageocereus turbidus* (K 105), *Loxanthocereus clavispinus* (K 106), *Melocactus spec.* (K 108) und *Neoraimondia rosiflora* beigesellen. Bis 800 m sind die Kakteen auf den Talboden und die Schuttfächer beschränkt; erst oberhalb 1000 m besiedeln sie auch die felsigen Talhänge.

Die Straße verläßt sehr bald das Rio Blanco-Tal und führt über flach geneigte Kreide(?)-Hänge auf eine stark verwitterte und von Erosionsrinnen zerfurchte Hochfläche, die von einem lockeren Bestand von *Orthopterygium huaucui* (*Julianaceae*)[1] eingenommen ist, wobei sich die bis 4 m hohen Bäumchen vorwiegend an die Erosionsrinnen halten. Von den begleitenden Kakteen sind zu nennen: *Weberbauerocereus rauhii, Haageocereus turbidus* var. *maculatus* (K 110), *Loxanthocereus ferrugineus* (K 109), *Tephrocactus mirus* (K 111). Die übrige Begleitflora ist dürftig und besteht aus kleinen Sträuchern, wie *Kageneckia lanceolata, Croton spec., Malvastrum rusbyi, Trixis cacalioides* und *Verbena juniperifolia*.

Während der Regenzeit jedoch scheint sich eine etwas üppigere Annuellen-Vegetation zu entwickeln, denn die von *Orthopterygium* bewachsenen Hänge lassen zahlreiche Viehtrittspuren erkennen, welche von Beweidung herrühren. So wurden im März 1954 die folgenden Pflanzen notiert: *Tagetes pauciflora* (häufig) und einige typische Lomapflanzen, wie *Pterocarya laterifolia, Nolana*-Arten, *Stenomesson, Anthericum eccremorhizum* und einige Gräser. Die

[1] *Orthopterygium* spielt im Süden die gleiche pflanzengeographische Rolle wie *Loxopterygium* (*Anacardiaceae*) im Norden und vertritt diesen im Süden.

Anwesenheit der Lomapflanzen deutet darauf hin, daß in nebelreichen Jahren in dieser Höhenlage (1200—1400 m) sich noch Lomavegetation entwickeln kann.

An der Obergrenze der *Orthopterygium*-Ges. (1600 m) erscheint erstmalig *Browningia candelaris* (bis 3000 m aufsteigend), zusammen mit einem 2—3 m hohen *Armatocereus* (*A. matucanensis*?) und *Corryocactus* (K 39, 1954), der gleich *Browningia* im Gebiet Nazca—Puquio die Nordgrenze seiner Verbreitung erreicht.

Zwischen 2000 und 2700 m siedelt sich ein dichtes Gestrüpp einer niederen, bis 50 cm hohen Komposite (*Grindelia montana*) an, welches den Eindruck einer Sekundärformation macht. Oberhalb 3000 m tritt diese zurück, und die flachen, zum Teil aus vulkanischen Tuffen bestehenden, wenig gegliederten Hochplateaus sind von höheren Sträuchern bewachsen. Erstmalig begegnen wir hier dem Tolastrauch, *Lepidophyllum quadrangulare*, in Gesellschaft von *Verbena juniperina* (stellenweise häufig), *Proustia pungens, Balbisia verticillata, Senecio idiopappus* (auf steileren Hängen oft bestandsbildend), *Chuquiragua, Mutisia, Tetraglochin strictum, Baccharis incanum, Coreopsis* und *Diplostephium*, untermischt mit einzelnen Grashorsten von *Stipa* und *Festuca*; auffallend ist der Reichtum an Kakteen, wenngleich auch diese im Vegetationsbild zunächst recht wenig in Erscheinung treten. Bemerkenswert ist das Vorkommen von *Loxanthocereus hystrix* (K 112), eine der höchststeigendsten und größten Arten der Gattung mit derber und wilder Bestachelung. Im Gebüsch versteckt wächst eine der schönsten peruanischen *Matucanen, M. hystrix* (K 113), mit einer gleichfalls sehr derben und langen Bestachelung, die in der Farbe von Rotbraunviolett bis zum tiefen Schwarz variiert. Eine der dekorativsten Kakteengestalten dieser Region ist aber ohne Zweifel *Oreocereus hendriksenianus*, ein typischer Begleiter der Tola-Heide, der mit seinen weiß-filzigen Säulengruppen belebende Farbtöne in das Graugelb der Landschaft bringt (Abb. 51). Die Gattung, mit dem Verbreitungszentrum im Altiplano von Bolivien, ist in Peru allein durch *O. hendriksenianus* vertreten, von dem jedoch einige Formen bekanntgeworden sind. Der von BACKEBERG beschriebene Typus besitzt einen fuchsbraunen Scheitel; daneben gibt es Formen mit rein-weißer Scheitelwolle und sehr dichter Behaarung (var. *densilanatus*) und solche mit etwa 10 cm langen, goldgelben Zentralstacheln (var. *spinosissimus*). *O. hendriksenianus* überschreitet am Kondorsencha-Paß die küstennahe Kette der

Westcordillere und besiedelt den die Senke von Lucanas begrenzenden Ostabfall zwischen 4200 und 4000 m zusammen mit *Matucana multicolor* (K 115), eine der höchststeigenden *Matucanen* überhaupt, deren untere Verbreitungsgrenze bereits bei 3800 m notiert wurde.

Zusammenfassend stellen wir fest, daß im Gebiet Nazca—Puquio auch auf der Andenwestseite sich ein auffallender Floren-

Abb. 51. *Oreocereus hendriksenianus* Backbg. var. *densilanatus* Rauh et Backbg. in der Tolaheide am Paß Kondorsencha zwischen Nazca und Lucanas, 3800 m

wechsel vollzieht, der dadurch charakterisiert ist, daß eine Anzahl die Vegetation bestimmender Pflanzen mit südlicher bzw. südöstlicher Verbreitung hier ihre Nordgrenze erreichen. Speziell von den Kakteen sind die Gattungen *Browningia*, *Corryocactus* und *Oreocereus* zu nennen.

Tal von Chala

Im Vergleich zu anderen Tälern ist das Tal des Rio Chala sehr kurz und zeichnet sich durch eine so extreme Trockenheit aus, daß nicht einmal Kakteen gedeihen. Es ist deshalb eines der wenigen Täler, in denen nahezu völlige Vegetationslosigkeit herrscht. Lediglich am Taleingang sind bis etwa 1000 m die Talflanken von grauen *Tillandsien* bewachsen, die aber ein recht kümmerliches Wachstum zeigen und vielfach abgestorben sind. Man ist von der Vegetationsleere dieses Tales besonders stark beeindruckt, wenn man es zur Garuazeit betritt und zuvor die von saftigstem Grün bedeckten Westabhänge durchquert hat.

Der wüstenhafte Charakter reicht bis in Höhen von 2600 m. Auch hier tragen die roten, vulkanischen Hänge nur einen dürftigen Bewuchs von *Browningia candelaris* (auch von dieser sind die meisten Exemplare abgestorben), *Weberbauerocereus horridispinus* (K 125) und *Haageocereus platinospinus*, eine Art von rein südlicher Verbreitung. Nur an Erosionsrinnen, die während der Regenzeit wohl zeitweilig Wasser führen dürften, findet sich eine etwas üppigere, zur Trockenzeit jedoch völlig verdorrte Vegetation von *Franseria fruticosa, Suaeda foliosa* (?) und einer nicht bestimmbaren, kugelbuschbildenden, graublättrigen, stellenweise größere Bestände bildenden Komposite. Erst oberhalb 3000 m wird die Vegetation durch das Auftreten von Zwergsträuchern wie *Fabiana densa* und *Lepidophyllum* reicher und leitet über zur interandinen, in der Umgebung der Lagune Parinocochas endlose Flächen bedeckenden Tolaheide.

Das Tal des Rio Majes

ist eines der landschaftlich großartigsten und in seinem Unterlauf in botanischer Hinsicht zugleich trostlosesten Erosionstäler des südlichen Peru (Abb. 52); es ist eine Terrassenlandschaft größten Ausmaßes, in welchem die einzelnen Terrassen zum Teil wieder bis auf Reste abgetragen sind. Soweit aber erhalten, sind sie von tiefen Erosionsrinnen zerfurcht. Da das Flußtal nur langsam ansteigt und die Talsohle etwa 100 km landeinwärts (zwischen Aplao und der Hacienda Ongoro) erst bei 900 m liegt, greift die vegetationslose Zone weit in das Landesinnere vor. Noch bei Aplao ist außerhalb der Flußoase keinerlei Pflanzenwuchs zu beobachten; erst oberhalb 900 m erscheint im Schutt am Fuße der Talflanken und auf Flußterrassen ein spärlicher Bewuchs von *Islaya grandis* (K 150, s. auch S. 492). Dieser Standort ist umso bemerkenswerter, als die übrigen Arten nur im feuchteren Küstengebiet wachsen und feinerdige Standorte besiedeln, während *I. grandis* auf Grobschutt in einem der trockensten Gebiete[1] des

[1] Nach Aussagen der seit Jahren im Majes-Tal ansässigen deutschen Landwirte ist die Region bis 1300 m völlig niederschlagslos. Nur in kühleren Nächten während der Wintermonate schlägt sich hin und wieder Tau in nicht meßbarer Form nieder. Verstärkt wird die Trockenheit durch starke Talaufwinde, die vor allem in den Frühlingsmonaten (September bis November) auftreten, in den Mittagsstunden bis zu Sturmstärke auflaufen und erst nach Sonnenuntergang wieder abflauen.

südlichen Peru gedeiht. Zusammen mit dieser tritt ein neuer, buschig verzweigter, bis 80 cm hoher *Haageocereus* auf, der von allen *Haageocereen* als der blühwilligste gelten kann, denn die kurzen Säulen tragen in Scheitelnähe eine Fülle großer, weißer Blüten (Abb. 53 oben); er wurde auf Grund seiner Reichblütigkeit deshalb *H. pluriflorus* (K 151) benannt. Zu den xerophytischen

Abb. 52. Tal des Rio Majes bei der Hacienda Ongoro, 900 m

Kakteen der gleichen Region gehört auch *Tephrocactus crassicylindricus* (K 152), der lockere, bis zu 1,5 m im Durchmesser große Polster bildet (Abb. 53 unten). Seine lang-zylindrischen und derb bestachelten Sproßglieder weisen auf engere Verwandtschaft zu argentinischen Arten hin, denn die peruanischen, die Felswüste besiedelnden Vertreter besitzen sämtlich kugelige Sproßglieder. Von der sonstigen Begleitflora ist nur eine schmalblättrige *Nolana* zu erwähnen, sowie *Neoschroetera divaricata*, ein kleinblättriger *Zygophyllaceen*-Strauch von besonderem pflanzengeographischem Interesse. *Neoschroetera* (im Majes-Tal als „calico" bezeichnet) besitzt ein südamerikanisches Areal (Peru, Argentinien, Bolivien und Chile) und tritt dann erst wieder bestandsbildend im Hochland von Zentralmexiko (bei $\pm$ 2000 m) auf und überzieht hier, gleich *Lepidophyllum quadrangulare* in Südperu endlose Flächen, die von der Ferne grüne Wiesen vortäuschen. Bezeichnenderweise wird die Pflanze in Mexiko auch „el gobernador“ genannt. In Südperu

Abb. 53. *Oben: Haageocereus pluriflorus* Rauh et Backbg. *Unten: Tephrocactus crassicylindricus* Rauh et Backbg. im Tal des Rio Majes, 900 m

gehört *Neoschroetera* zu den Charakterpflanzen trockener Regionen in Höhenlagen zwischen 900 und 1400 m.

Während die Täler des Rio Andamayo und Rio Colca, welche sich beide oberhalb der Hacienda Ongoro zum Rio Majes vereinigen, bis in Höhen von 2000 m auch weiterhin vegetationsarm sind und einen geradezu kümmerlichen Bewuchs von *Browningia candelaris, Neoraimondia arequipensis* var. *rio-majensis* und *Tephrocactus crassicylindricus* tragen, weist das über Chuquibamba zur Tolahochfläche hinaufführende Seitental einen überraschend reichen

Abb. 54. *Neoraimondia arequipensis* var. *riomajensis* Rauh et Backbg. mit *Franseria fruticosa* auf einer Flußterrasse des Rio Majes, 1200 m

Pflanzenwuchs auf, in welchem Kakteen bis nahe 4000 m bestandsbildend auftreten. Die Vegetation ist jedenfalls wesentlich üppiger als jene der entsprechenden Höhenlagen in der Umgebung von Arequipa. Bis 1500 m ist sie allerdings recht offen und dürftig; dann aber setzen ziemlich unvermittelt auf den ebenen Terrassen des sich weitenden Talkessels und auf Schuttfächern der zurückweichenden Talhänge bei der kleinen Siedlung Paicachacra (1700 m) prächtige Bestände säulenförmiger Cereen ein, die hier regelrechte Wälder (Abb. 54) bilden mit einem Unterwuchs von *Franseria fruticosa,* einer halbstrauchigen Komposite von südlicher Verbreitung, welche schon im Tal des wenig nördlicher verlaufenden Rio Chala ihre Nordgrenze erreicht. Zahlenmäßig vorherrschend ist *Neoraimondia arequipensis* var. *riomajensis,* die sich vom Typus durch die geringere Größe (3—5m, selten bis 7 m), vor allem aber durch den Besitz rötlicher Blüten unterscheidet. Begleitpflanzen der *Neoraimondia-Franseria*-Ges. sind *Weberbauerocereus weberbaueri*, *Armatocereus riomajensis* (K 152a) und *Haageocereus pluriflorus*. Bei 2100 m übernimmt *Armatocereus riomajensis* unter den Kakteen bis 2800 m die Führung. Noch immer bildet *Franseria* zusammen mit der halbstrauchigen Komposite *Diplostephium tacorense* und *Heliotropium peruvianum* einen geschlossenen Unterwuchs in den Kakteenbeständen. Von einer krautigen Begleitflora ist während der Trockenzeit nichts zu beobachten.

Mit der oberen Verbreitungsgrenze von *Armatocereus* (2800 bis 3000 m) fällt auch jene von *Weberbauerocereus* und *Browningia* zusammen; die letztere erscheint bei 3000 m sogar in den größten und imposantesten Exemplaren, welche ich je in Peru beobachten konnte (Abb. 49 unten rechts).

Oberhalb 3000 m, d. h. oberhalb des Ortes Chuquibamba, sind zwar die Kakteen nicht minder zahlreich; doch sind sie jetzt Begleitpflanzen eines dichten, die Hänge überziehenden Gebüsches, in welchem *Mutisia viciaefolia*, *Lupinus paniculatus*, *Proustia pungens*, *Diplostephium tacorense*, *Senecio idiopappus*, *Balbisia verticillata*, *Colletia spinosa*, *Muehlenbeckia tamnifolia* und *Escallonia* vorherrschen. Die häufigste Kakteenart ist *Corryocactus puquiensis* (K 48, 1954). In keinem Tal Perus wurden Vertreter dieser Gattung in solchen Massenbeständen angetroffen wie gerade im Tal von Chuquibamba. Viele Exemplare sind von der parasitischen Loranthacee *Psittacanthus cuneifolius* (?) befallen, die mit großen Büschen auf den Kakteensäulen sitzt (Abb. 55 links) und deren bleistiftdicke Wurzeln das Rindengewebe der Wirtspflanze auf weite Strecken hin durchwuchern. Die Gattung *Psittacanthus* hat in Peru an sich eine weite Verbreitung, doch schmarotzt sie normalerweise nur auf Holzgewächsen, so daß ihr Auftreten auf Kakteen besonders auffällig ist. Nach Aussagen von Einheimischen werden die schwarzen, beerenartigen Früchte gern von Vögeln gefressen, so daß die Pflanze in ähnlicher Weise wie die Mistel in Europa verbreitet werden dürfte. Nun finden sich gerade in den *Corryocactus*-Büschen häufig die Nester einer *Astenes*-Art (Abb. 55 rechts), die nach Mitteilung der Ornithologin Frau Dr. KOEPCKE, Lima, nur auf dieser Kaktee nistet[1]. Es ist deshalb anzunehmen, daß dieser Vogel zu einer Verbreitung des Parasiten von Pflanze zu Pflanze beiträgt.

[1] Vermutlich handelt es sich um den von Frau Dr. KOEPCKE neu entdeckten *Astenes cactorum*.

An weiteren Kakteen der *Corryocactus*-reichen Gebüschformation sind zu nennen: *Trichocereus schoenii, Opuntia exaltata* und die kleine, niederliegende, lang und rotbraun bestachelte *Opuntia soehrensii*, die von den Eingeborenen auch der Früchte wegen angepflanzt wird. Ihre zusammen mit dem anthocyanhaltigen „Fruchtfleisch" getrockneten Samen kommen unter dem Namen

Abb. 55. *Links: Psittacanthus cuneifolius* (R. et P.) G. Don. auf *Corryocactus. Rechts:* Nest von *Asthenes spec.* auf *Corryocactus*

„airampo" in den Handel und dienen zum Färben von Süßspeisen (Puddings, Gelees u. a.).

Oberhalb 3500 m steigt das Gelände steil zu der den Talkessel von Chuquibamba begrenzenden Hochfläche an. *Corryocactus* bleibt zurück und an seine Stelle tritt *Trichocereus* als Bestandteil der in seiner Zusammensetzung zwar gleichbleibenden, aber sich auflockernden Gebüschvegetation. Zu den Sträuchern gesellen sich bereits Horstgräser und *Lepidophyllum,* welche von der nahen Hochfläche auf die westliche Abdachung übergreifen.

Bei 4000 m wird die flach hügelige, sich bis an den Fuß des von gewaltigen Gletschern bedeckten Vulkanmassivs Corupuna erstreckende Hochfläche erreicht. Soweit das Auge blickt, breitet sich die Tola aus, begleitet von *Tetraglochin strictum, Adesmia*-Arten, *Senecio idiopappus*; aus dem niederen Strauchwerk leuchten hin und wieder die weißen bzw. roten Polster von *Tephrocactus lagopus* und *T. ignescens*, sowie die dekorativen Säulengruppen des weißfilzigen *Oreocereus hendriksenianus* heraus.

In keinem westandinen Quertal Perus sind die Kakteen in so großer Individuenzahl vertreten wie in dem von Chuquibamba, und in keinem Tal ist eine so scharfe Gliederung der einen breiten Raum (800—3000 m) einnehmenden Kakteenstufe und eine so übersichtliche vertikale Aufeinanderfolge der einzelnen Gattungen wie in diesem zu beobachten. Sie sei deshalb abschließend noch einmal wiedergegeben:

Es sind drei große Pflanzenformationen zu unterscheiden:

Kakteenformation (800—3000 m)

mit den folgenden Gesellschaften:

Islaya-Haageocereus-Tephrocactus-Ges. (700—1500 m); Begleitflora nahezu fehlend.

Neoraimondia-Franseria-Ges. (1500—2000 m); Begleitflora: *Browningia, Weberbauerocereus, Armatocereus.*

Armatocereus-Franseria-Ges. (2000—3000 m); Begleitpflanzen: *Browningia, Weberbauerocereus, Corryocactus.*

Gebüschformation (3000—4000 m)

mit *Corryocactus* (3000—3800 m)
und *Trichocereus* (3800—4000 m).

Tolaformation (oberhalb 4000 m)

mit *Oreocereus* und *Tephrocacteen.*

Vergleichen wir die Vegetationsverhältnisse des Chuquibamba-Tales mit jenen der Täler des nördlichen Peru, so fällt auf, daß die Kakteenstufe nicht nur einen wesentlich breiteren Raum einnimmt, sondern auch die vertikalen Verbreitungsgrenzen einzelner Gattungen erheblich weiter nach oben verschoben sind.

Umgebung von Arequipa

Cerros de Caldero

Fährt man auf der Carretera Panamericana von Camana hinauf zu der 2400 m hoch gelegenen Stadt Arequipa, so durchquert man zunächst die bis 1000 m emporreichende Lomazone, deren Obergrenze durch das allmähliche Verschwinden terrestrischer *Tilland*-

sien (*T. recurvata*), sowie erdbewohnender Flechten (*Teloschistes*) gekennzeichnet wird. Man gelangt dann auf eine fast ebene, nur allmählich gegen die Andenkette hin ansteigende, völlig vegetationslose, tertiäre Hochfläche, welche von den Tälern des Rio Sihuas (Abb. 3) und Rio Vitor zerschnitten wird. Erst etwa 35 km westlich Arequipa erscheint auf den Westabhängen der bis 3000 m

Abb. 56. Die von Vulkanaschen und Sanden bedeckten Cerros de Caldero westlich Arequipa (Südperu). Im Vordergrund *Franseria fruticosa* Phil.

aufragenden, aus plutonischem Gestein bestehenden und von weißen Flugsanden und Aschen überdeckten Cerros de Caldero bei 2300 m Höhe wieder spärliche Vegetation, vorwiegend Kakteen mit einem lichten Gestrüpp von *Franseria fruticosa* (Abb. 56). Im Vergleich zum Majes-Tal ist also die untere Grenze der Kakteenstufe noch weiter nach oben verschoben. Die sehr zerstreut stehenden, großen Säulencereen sind vertreten durch *Browningia candelaris*, *Neoraimondia arequipensis* var. *rhodantha* (K 145, mit rosafarbigen Blüten), sowie *Weberbauerocereus*. Dazu gesellen sich kurzsäulige Formen, *Haageocereus platinospinus* (Abb. 58 oben) mit seinen niederliegenden Säulengruppen, *Arequipa*, eine für die Umgebung der gleichnamigen Stadt charakteristische Gattung, sowie *Tephrocacteen*. Einer der interessantesten von ihnen ist *T. sphaericus*, dessen lockere, aus kugeligen Gliedern bestehende Kolonien vorwiegend Sandflächen und versandete Erosionsrinnen (Abb. 57) besiedeln zusammen mit der im März in Vollblüte stehenden Iridacee *Cypella cyrtophylla* und *Spergularia stuebelii* (?).

Die Kakteen steigen bis zur Paßhöhe (2900 m) empor, überschreiten diese und werden auf der zum Becken von Arequipa abfallenden Ostseite der Cerros häufiger, wie überhaupt die östliche Cerroabdachung wohl unter dem Einfluß der im nahen Misti-

Abb. 57. *Links:* *Tephrocactus sphaericus* (Foerst.) Backbg. auf den Cerros de Caldera mit *Cypella cyrthophylla* Diels und *Franseria fruticosa* auf den Cerros de Caldera, 2500 m. *Rechts:* Einzeltrieb mit Frucht von *T. sphaericus*

gebiet fallenden Niederschläge steht und demzufolge eine üppigere und artenreichere Vegetation trägt als die im Regenschatten liegende Westseite. Unter den Kakteen ist zahlenmäßig am reichsten vertreten *Weberbauerocereus weberbaueri* (Abb. 59), von dem mehrere Formen gefunden wurden (var. *aureifuscus*, K 140a; var. *horribilis*, K 140b; var. *humilior*, K 140c), die im Wuchs und in der Bestachelung nicht unerheblich voneinander abweichen. Einer der auffallendsten Neufunde ist *W. seyboldianus* (K 148), eine bis 2,5 m hoch werdende Art mit karminroten (!), stark zygomorphen Blüten, während die übrigen *Weberbauerocereen* grünlichweiße bzw. blaß-schokoladenfarbige, ± radiäre Blüten besitzen. Nur in der Knospenlage und in der ± gekrümmten Röhre kommt eine leichte Dorsiventralität zum Ausdruck. Das Auffinden von

W. seyboldianus, der in wenigen Exemplaren am Fuße des Chachani auf Vulkanaschen oberhalb des Ortes Caima angetroffen

Abb. 58. *Oben: Haageocereus platinospinus* (Werd. et Backbg.) Backbg. *Unten: Erdisia meyenii* (Mey.) Br. et R.

wurde, liefert eine wesentliche Stütze für die von BACKEBERG vertretene Auffassung, *Weberbauerocereus* von *Trichocereus* abzutrennen und als eignes Genus zu betrachten.

An neuen Elementen erscheint auf der Ostabdachung der Cerros de Caldero *Erdisia meyenii*, eine recht interessante Kaktee, deren truppweises Auftreten (vor allem zwischen Arequipa und Chiguata) auf der Bildung verlängerter, hypogäischer Ausläufer beruht, die als orthotrope, bis 50 cm lange Assimilations- und Blütentriebe über den Boden treten (Abb. 58 unten). Nach den in der Umgebung von Chiguata angestellten Beobachtungen sind diese nur kurzlebig, sterben nach der Fruchtreife ab und aus ruhenden Areolen der ausläuferartigen Abschnitte entwickeln sich neue Blütentriebe. Dieses im Bereich der Kakteen einzigartige Phänomen ist nicht etwa durch äußere Faktoren, wie allzugroße Trockenheit bedingt, sondern im Bauplan der Pflanze verankert.

Die Westabhänge der Vulkane Misti, Chachani und Picchupicchu

Über der im Durchschnitt 2200 m hohen fruchtbaren und landschaftlich großartigen Talebene von Arequipa erhebt sich im Osten die Kette der erloschenen Vulkane des Picchupicchu, des formschönen Misti und des zerrissenen Chachani. Obwohl alle Gipfel während der kurzen Regenzeit (Januar bis März) eine bis 4000 m herabreichende Schneehaube tragen (Abb. 59), schmilzt diese unter dem Einfluß der starken Sonneneinstrahlung während der Wintermonate weitgehend ab.

Sowohl auf der zum großen Teil aus Vulkanaschen bestehenden Talebene als auch auf den Aschenhängen am Fuße der Vulkane findet sich eine Vegetation, die in ihrer Zusammensetzung auf weite Strecken hin recht einheitlich ist und von Weberbauer als „Mistizone" bezeichnet wird. Es ist eine Formation niedriger Sträucher, durchsetzt von Kakteen. Innerhalb derselben lassen sich in vertikaler Richtung mehrere Gesellschaften unterscheiden, über deren Aufeinanderfolge wir uns am besten einen Überblick bei einer Besteigung des Vulkanes Chachani verschaffen.

Die unteren Lagen, von 2200—2900 m, werden von der *Franseria fruticosa*-Ges. eingenommen (Abb. 59). *Franseria*, ein niedriger, bis 50 cm hoher, reich verzweigter, nur während der Regenzeit belaubter Kompositenstrauch tritt meist in geschlossenen Beständen auf, die zur Trockenzeit einen trostlos eintönigen Anblick bieten. Nur die auf offenen Aschen- und Sandflächen sich ansiedelnde und durch ganz Peru hindurch verbreitete Komposite *Encelia canescens* steht in Blüte. Während der Regenzeit aber sind Geophyten (*Cypella cyrtophylla*, *Stenomesson*) und Annuelle in größerer Zahl vorhanden. Gegenüber *Franseria* treten andere strauchartige Gewächse zurück; es wurden lediglich *Dalea cylindrica, Astragalus richii, Tarasa rahmeri* (Malvac.), *Tecoma* (= *Stenolobium*) *arequipense, Cortaderia rudiuscula, Coldenia elongata, Hoffmannseggia viscosa, Verbena hispida* und *Sarcostema solanoides* notiert. Eine üppigere Vegetation höherer Sträucher, vorwiegend *Huthia coerulea, Adesmia verrucosa, Calceolaria inamoena, Senecio*

Abb. 59. *Franseria fruticosa*-Ges. mit *Weberbauerocereus weberbaueri* Backbg. am Fuße des Vulkanes Chachani bei Arequipa, 2600 m

adenophyllus, Grindelia peruviana, Balbisia weberbaueri und *Colletia spinosa* findet sich allein in Erosionsrinnen und Trockenbetten, die während der Regenzeit zeitweilig von Wasser durchflossen werden.

Die Kakteen der *Franseria*-Ges. sind vertreten durch *Weberbauerocereus* (Abb. 59), *Browningia, Arequipa* und *Erdisia meyenii*. Häufig ist auch der unscheinbare *Tephrocactus dimorphus*, dessen weite Verbreitung auf ausgiebiger vegetativer Vermehrung beruht, indem die kugeligen Sproßglieder bei der geringsten Berührung abbrechen, von Tier und Mensch verschleppt werden und anderen Orten einwurzeln. Die obere Verbreitungsgrenze der meisten dieser Kakteen fällt annähernd mit jener von *Franseria* (2900—3000 m) zusammen.

Bei etwa 3000 m geht die *Franseria*-Ges. in eine *Diplostephium tacorense*-Ges. über, in welcher dieser kleine Kompositenstrauch teilweise Reinbestände bildet. Nur hin und wieder sind andere Zwergsträucher wie *Adesmia spinosissima, A. verrucosa, A. melanthes, Tarasa rahmeri, Senecio adenophyllus, Proustia pungens, Calceolaria* sowie einzelne *Festuca-* und *Stipa*horste beigemischt. Auch innerhalb der *Diplostephium*-Ges. nimmt die Vegetation der nur zeitweilig Wasser führenden Trockenbetten eine Sonderstellung ein durch das Vorherrschen höherer Sträucher: *Baccharis spec., Proustia pungens, Lycianthes lycioides, Mutisia viciaefolia* und *Cestrum spec.* (Nr. 520, 1954). An Kakteen finden sich nur noch *Corryocactus puquiensis* (K 48, 1954, bis 3700 m), *Tephrocactus dimorphus* und *Lobivia mistiensis*, ein Vertreter der in Peru ausschließlich auf den äußersten Süden und Südosten beschränkten Gattung. Diese Standorte sind die westlichsten Ausstrahlungen des großen bolivianisch-argentinischen Areals, das über das Becken des Lago Titicaca hinweg nach Peru herübergreift.

Mit zunehmender Höhe wird das Gelände felsiger, und die dornigen Büsche von *Adesmia* (*A. spinosissima* und andere Arten) treten mehr und mehr in den Vordergrund. Die *Adesmia*-Ges. verleiht der Landschaft ein düsteres, graubraunes Aussehen, das nur durch die roten Farbkleckse der fast während des ganzen Jahres in Blüte stehenden, breitblättrigen, 1—2 m hohen *Chuquiragua rotundifolia* unterbrochen wird. Wasserrinnen werden von den 3—4 m hohen Büschen der sparrig verzweigten *Cantua candelilla* gesäumt. Bei 3300 m gesellt sich der weißfilzige *Senecio idiopappus* hinzu, der oberhalb 3600 m eine eigene Gesellschaft bildet mit *S. adenophyllus, S. graveolens, Baccharis spec.* (P 524), *Chuquiragua rotundifolia, Polylepis* (auf Steilhängen zuweilen lichte Haine bildend) und *Lepidophyllum quadrangulare* als Begleitpflanzen. Die letztere übernimmt bei 3900 m die Führung, besiedelt vorwiegend flacher geneigte Aschenhänge in Gesellschaft von *Festuca orthophylla, Stipa ichu, Senecio*-Arten, *Perezia coerulescens* und *Tephrocactus ignescens*, einer typisch südperuanischen, polsterbildenden Art, die mit ihren lang und rot bestachelten Gliedern und ihrem reichen Blütenschmuck einen prachtvollen Anblick bietet.

Bei 4200 m wird die sich zwischen Chachani und Misti erstrekkende Hochfläche erreicht, in der bald die Tola, bald die Ichu-Gräser vegetationsbestimmend auftreten.

Auf die interessante Fels- und Schuttvegetation des Gipfelaufbaues mit ihren Polsterpflanzenfluren von *Azorella yarita* (Abb. 74 unten) sei in diesem Zusammenhang nicht eingegangen.

Der augenfälligste Unterschied der „Mistizone“ zum nahen Majes-Tal besteht in der wenig ausgeprägten Kakteenformation. In reiner Ausbildung findet sich diese nur auf der westlichen Abdachung der Cerros de Caldero, während die Talebene von Arequipa — soweit nicht in Kultur genommen — und die Westabhänge der Vulkane von einer Gebüschformation eingenommen werden, in der zwar Kakteen auftreten, jedoch keineswegs das Landschafts- und Vegetationsbild beherrschen.

Zusammenfassung

Aus der in den vorausgehenden Abschnitten gegebenen Schilderung der Vegetationsverhältnisse der westandinen Quertäler geht hervor, daß die Andenwestseite eine auffällige und an vielen Orten recht klare Vegetationszonierung erkennen läßt. Diese steht in erster Linie in Abhängigkeit von der Höhe und Dauer der Niederschläge. Hierauf hat schon WEBERBAUER (1911, 1945) an verschiedenen Stellen hingewiesen.

Nach der Verteilung der Niederschläge sind auf der westlichen Abdachung der Anden zwischen dem 17.° und 8.° s. Br. drei Zonen zu unterscheiden:

I. Zone der Garuanebel: 0—600 (1000) m.

II. Niederschlagslose bzw. niederschlagsarme Felswüstenzone: 600 (1000) —2400 (3000) m.

III. Zone der Sommerregen: 2400 (3000) m bis zur Gipfelregion.

Nördlich des 8.° s. Br. fehlen die Garuanebel; die niederschlagslose Zone wird mit Annäherung an den Äquator mehr und mehr eingeengt, und die Sommerregen greifen über die Westcordillere hinweg bis in die Küstenregion.

Wenn nun in folgendem eine Übersicht über die mit zunehmender Höhe sich ablösenden Pflanzenformationen gegeben wird, so kann es sich nur um eine recht grobe Einteilung handeln, denn eine Untergliederung in einzelne Pflanzengesellschaften bedarf noch jahrelanger intensiver Forschung.

A. Zentralperu, zwischen dem 15.° und 8.° s. Br.

I. Zone der Garuanebel (0 — 600 m)

a) Küstensandwüste (0—300 m)

mit folgenden Ausbildungsformen:

Vegetationslose Sandwüste,
Blaualgen- und Flechten-Gesellschaften,
Gesellschaften der „wurzellosen" grauen *Tillandsien*,
Gesellschaften der Küstenkakteen.

b) Lomaformation (300—600 m)

Auch innerhalb der die Hügel bedeckenden Lomavegetation sind mehrere Ausbildungsformen zu unterscheiden:

Annuellen- und Geophyten-reiche Lomas,
Gebüsch-reiche Lomas,
Kakteen-reiche Lomas.

II. Niederschlagslose bzw. niederschlagsarme Felswüstenzone

Sie wird im wesentlichen von der Kakteenformation eingenommen. Innerhalb dieser sind zu unterscheiden:

a) Untere Kakteenstufe (700—1400 m)

Große Säulencereen, ohne strauchförmige Begleitflora herrschen vor. Ihre wichtigsten Gesellschaften sind:

Armatocereus procerus-Ges.,
Neoraimondia-Haageocereus-Ges.

b) Obere Kakteenstufe (700—2400 m)

Niedrige Säulencereen herrschen vor mit sukkulenten Sträuchern und Stauden als Begleitpflanzen. Wichtigste Gesellschaften:

Espostoa melanostele-Ges.,
Haageocereus acranthus-Ges.

III. Zone der Sommerregen (2400 bis zur Gipfelregion)

a) Formation der rosettenbildenden Erdbromelien (2500—3000 m)

mit Säulencereen, regengrünen Gehölzen, Annuellen und Stauden als Begleitpflanzen.

b) Gebüschformation (3000—3800 m)

Kakteen (mit Ausnahme von *Opuntia exaltata* und *O. subulata*) fehlend. Immergrüne Sträucher vorherrschend. Gräser und Stauden werden mit der Höhe zunehmend häufiger. Im Bereich der Ackerbauzone ist die natürliche Vegetation stark gestört und durch eine Sekundärformation (Monte-Gebüsch) ersetzt.

c) Formation der sommergrünen Grassteppe (Puna; 3800—4500 m)

d) Formation der Schutt- und Felspflanzen (bis5200 m)

B. Südperu zwischen dem 15.° und 17.° s. Br.

In Südperu ist die Vegetationszonierung im Vergleich zu Zentralperu nicht ganz so übersichtlich, da die Höhengrenzen der einzelnen Formationen von Tal zu Tal verschieden hoch liegen. Während im Tal des Rio Majes die Kakteenformation schon bei 1000 m einsetzt, beginnt sie in der Umgebung von Arequipa erst bei 2000m. Die im folgenden angegebenen Höhenzahlen können deshalb nur als Durchschnittswerte gelten.

I. Zone der Garuanebel [0—800 (1000) m]

Untergliederung wie bei *A I.*

II. Niederschlagslose bzw. niederschlagsarme Felswüstenzone [800 (1000) —3000 m]

Auch in Südperu wird diese vorwiegend von der Kakteenformation eingenommen, die zu gliedern ist in:

a) Untere Kakteenstufe

mit Säulen und Kandelabercereen und dürftiger Begleitflora (1000 —2000 m).

b) Obere, gebüschreiche Kakteenstufe

mit laubwerfenden und immergrünen Gehölzen als Begleitpflanzen.

III. Zone der Sommerregen (oberhalb 3000 m)

a) Formation höherer, laubwerfender und immergrüner Sträucher (3000—3600 m)

mit Säulencereen als Begleitpflanzen.

b) Tolaformation
mit polsterbildenden Tephrocacteen [3600 (4000) —4500 m].

c) Formation der Schutt- und Felspflanzen.

C. Nordperu zwischen dem 8.° und 6.° s. Br.

I. Niederschlagsarme Zone [0—500 (800) m]

a) Gebüsch-reiche Küstensandwüste [0—100 (200) m]

b) Kakteenformation [100 (200) —500 (800) m]

II. Sommerregenzone [oberhalb 500 (800m)]

a) Formation des regengrünen Savannen-Waldes [500 (800) —1800 (2000) m]

α) Unterer, Kakteen-reicher Savannenwald

β) Oberer, Epiphyten-reicher Savannenwald

b) Formation des immergrünen Bergwaldes [1800 (2000) —3000 m]

c) Formation der immergrünen Grassteppe (Jalca, 3000—3400 m)

Der nördlichste Abschnitt des Landes (nördlich des 5.° s. Br.) unterscheidet sich von dem weiter südlich gelegenen allein darin, daß die Kakteenformation völlig verschwindet und Kakteen-reiche, regengrüne Gehölzformationen bis an die Küste herabreichen.

e) Zur Kakteenvegetation der interandinen Trockentäler

An die Schilderung der Vegetationsverhältnisse der Andenwestseite ist die der interandinen Trockentäler anzuschließen, deren Physiognomie weitgehend mit jener der westlichen Andenabdachung übereinstimmt, worauf schon einleitend hingewiesen wurde (s. S. 30). Wenn auch die großen, vorwiegend in süd-nördlicher Richtung verlaufenden Flußsysteme dem humiden Klimabereich des Landes angehören, so stellen sie dennoch lokale Trockeninseln dar, bedingt durch die Morphologie ihrer Täler. Im Anschluß an die Andenauffaltung haben die Flüsse sich so tief in die interandine Hochfläche bzw. in die Cordillerenketten eingesägt, daß die Höhendifferenz zwischen Talsohle und den nahen Eismassiven an vielen Stellen (so im Süden des Landes) mehr als 4000 m beträgt. In den engen Talschläuchen entstehen thermische

Auftriebsströmungen, welche die von der Cordillere herüberziehenden Wolken zum Abtrocknen und damit zur Auflösung bringen, so daß während des ganzen Jahres nur geringe Niederschläge fallen. Die interandinen Täler sind deshalb Gebiete von wüsten- bzw. halbwüstenartigem Charakter, deren Vegetation ein ausgesprochen xerophytisches Gepräge trägt. Wie auf der Andenwestseite sind Kakteen und zwar große Säulencereen vorherrschend, so daß die interandinen Trockentäler ein zweites Verbreitungszentrum dieser Kakteengruppe bilden. Die über lange Zeiträume währende Abgeschlossenheit der Täler hat die Entstehung neuer Gattungen und Arten begünstigt, so daß gerade diese Gebiete, vor allem aber die südlichen Trockentäler, reich an auffälligen Kakteen von oft recht lokaler Verbreitung sind. Hingewiesen sei auf *Morawetzia* und *Azureocereus*. Die erstere besitzt ein nur kleines Verbreitungsgebiet im mittleren Mantaro-Tal bei La Mejorada und zeichnet sich durch die Bildung eines terminalen Cephaliums (Abb. 160) aus, das bei keiner anderen peruanischen Kakteengattung wieder angetroffen wird. BACKEBERG betrachtet *Morawetzia* als eine isoliert stehende und spezialisierte Stufe der *Oreocereen*-Gruppe. Die Gattung *Azureocereus*, bisher in Peru mit Sicherheit durch 2 Arten vertreten, ist im Flußsystem des Apurimac verbreitet. Sie ist zwar mit *Gymnocereus* und *Browningia* in der Sippe der *Gymnocerei* zu vereinigen, stellt aber dennoch ein gut umschriebenes eigenes Genus dar.

Besonderer Erwähnung bedarf auch das isolierte Vorkommen von *Barbacenia* im Apurimac-Tal, dem einzigen peruanischen Vertreter aus der Familie der *Velloziaceae*, die ihre Hauptverbreitung in Kolumbien und Ecuador hat.

Von pflanzengeographischem Interesse ist weiterhin das oft waldbildende Auftreten von *Bombax ruizii*, der einzigen *Bombacaceae* mit südlicher Verbreitung. Er ist nahe verwandt mit *Bombax discolor*, der in den nördlichen Westanden waldbildend ist, jedoch hier die niedrigen Westcordillerenpässe überschreitet, durch das Huancabamba-Tal östlich bis zum Tal des Marañon und in diesem bis über Balsas hinaus nach Süden vordringt, um in den südlichen Trockentälern (Mantaro und Apurimac) von *B. ruizii* abgelöst zu werden. Die übrigen Bombacaceengattungen *Ceiba* und *Chorisia* hingegen sind allein auf den Norden Perus beschränkt, wobei *Ceiba* ein westandines Areal besitzt, während *Chorisia* ein Bestandteil der interandinen Trockenwälder ist.

Wenngleich auch in den Trockentälern die Physiognomie der westandinen Vegetation sich wiederholt, so trägt diese doch ihre eigenen Züge, bedingt durch das Auftreten besonderer Florenelemente.

Südperu

Das Trockengebiet des Rio Apurimac und seiner Nebenflüsse

Eines der imposantesten und landschaftlich eindrucksvollsten Trockentäler des südlichen Peru ist das Flußsystem des Rio Apuri-

Abb. 60. *Azureocereus viridis* Rauh et Backbg. im Apurimactal bei der Hacienda Carahuasi, 2000 m

mac mit seinen großen Nebenflüssen Pachachaca, Pampas und Mantaro.

Typische Ausbildung zeigt die Vegetation im Tal des Apurimac zwischen Limatambo und Carahuasi, kurz bevor dieser in einer unzugänglichen Schlucht die Ostcordillere durchbricht (Abb. 8). Das Flußbett liegt hier bei 1900 m, während die sich über dem Tal erhebenden Gletscherberge der Vilcabambacordillere die 6000 m-Grenze überschreiten; die Luftlinienentfernung von der Talsohle bis zur Gipfelregion beträgt nur etwa 20 km. Wo der Talboden breiter und die Möglichkeit für Pflanzenwuchs gegeben ist, stocken lichte Wälder von *Salix humboldtiana*, *Schinus molle*, *Prosopis juliflora* und *Acacia macracantha*[1]. Daran schließt sich eine bis 2200 m emporreichende Xerophytenstufe an, welche die steilen Talflanken und die Reste alter Flußterrassen einnimmt. Vorherrschend sind die 5—8 m hohen Kandelaber von *Azureocereus viridis* (Abb. 60), der sich von dem im Mantaro-Tal verbreiteten *A. nobilis* durch die grüne Farbe seiner Sproßrinde und die weniger auffallende Höckerung der Rippen unterscheidet.

Auf den mehr ebenen Terrassen ist dieser vergesellschaftet mit *Fourcroya occidentalis* und kleinen Sträuchern, *Krameria triandra*, *Tecoma arequipensis*, *Hoffmannseggia viscosa*, *Phaseolus atropurpureus* und laubwerfenden, strauchigen, halbsukkulenten *Ipomoea*-Arten (weiß- und rotblühend). Auffallend ist der Reichtum an Gräsern, die während der Zeit der größten Trockenheit (März bis Mai) jedoch völlig verdorrt sind. Vorherrschend sind *Bouteloua pilosa* und Arten aus den Gattungen *Melica*, *Setaria*, *Cenchrus*, *Pennisetum*, *Eragrostis*, *Festuca* und *Heteropogon*. Eine der bemerkenswertesten Pflanzen dieser Kakteen„steppe" ist die bereits erwähnte *Barbacenia vargasii*, deren kompakte Horste noch trockenste Gipsböden besiedeln.

An die Xerophytenstufe schließt sich ein savannenartiger Wald von *Bombax ruizii* an (Abb. 61 unten), dessen Zweige dicht mit „grauen" Tillandsien, *T. usneoides*, *T. bryoides*, *T. capillaris* und *T. streptocarpa* bewachsen sind. Auch im *Bombax*-Wald finden sich noch Kakteen, jedoch nicht die großen Säulencereen der Xerophytenstufe, sondern niedrige Arten, vor allem die schlanken Säulengruppen von *Cleistocactus morawetzianus* (Abb. 61 oben) und *Opuntia pestifer*, die in dichten Beständen den Boden überzieht. Diese Pflanze macht ihrem Namen alle Ehre, denn nichts ist unangenehmer, als einen solchen Bestand zu durchqueren; die dünnen Säulenglieder brechen leicht ab, hängen sich in die Kleider und durchbohren mit ihren Glochidien das Schuhwerk. Auch sonst weist der *Bombax*-Wald eine artenreiche Begleitflora, vor allem von Sträuchern auf: *Piptadenia colubrina* (*Papilionaceae*), *Leucaena trichodes*, *Dalechampia aristolochiifolia*, *Jatropha ciliata*, *Cnidoscolus diacanthus*, *Oreopanax* („maquimaqui"), *Rhus juglandifolia*, *Trema micrantha* (*Ulmaceae*), *Ipomoea*-, *Lantana*- und *Lippia*-Arten, *Zizyphus mistol*, *Serjanea spec.*, *Sapindus saponaria*, *Puya densiflora*, *Cyrtopodium punctatum* u. a. An Stellen, an denen

[1] In höheren Lagen, zwischen 2200 und 2600 m ist *Erythrina falcata* („pisonay") ein charakteristischer Flußbegleiter.

Abb. 61. *Oben: Cleistocactus morawetzianus* Backbg. mit *Fourcroya andina* (?) im regengrünen *Bombax*wald des Apurimactales, 2400 m. *Unten: Tillandsia*-reicher *Bombax ruizii*-Wald im Apurimactal

die Talhänge zurückweichen und sich verflachen, wird der *Bombax*-Wald von dichten *Acacia macracantha-Prosopis juliflora*-Beständen unterbrochen.

Die Obergrenze des Trockenwaldes liegt bei etwa 2700 m. Auf der linken, nach Osten exponierten Talseite geht dieser in eine aus Gebüsch gebildete Sekundärformation über, die bei 4000 m von der von Gräsern beherrschte Punahochfläche abgelöst wird. Kleine Bestände von *Escallonia* bei 3300 m und die Anwesenheit von *Melastomaceen* und *Ericaceen* bei 3800 m deuten darauf hin, daß

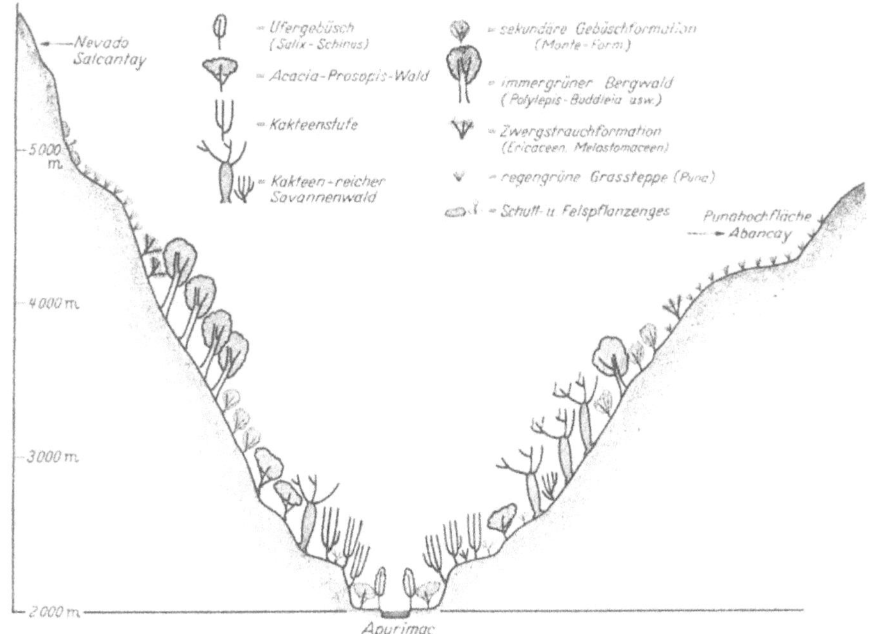

Abb. 62. Schema der Vegetationszonierung des mittleren Apurimactales

die natürliche Vegetation ein immergrüner, heute vernichteter Bergwald gewesen sein dürfte. Erhalten hat sich dieser auf der nach Westen hin exponierten Talseite an den Westabhängen des Nevado Salcantay. Wenngleich auch hier in Höhenlagen zwischen 2800 und 3600 m die natürliche Vegetation weitgehend zerstört ist, so finden sich doch noch bei der alten Kultstätte Choquechucro (3600 m) und der Pampa Soray prächtige Bergwälder mit alten knorrigen Exemplaren von *Polylepis*, *Escallonia*, *Poecilochroma*, einer baumförmigen Solanacee mit großen, glockenförmigen, schmutzig-violett geaderten Blüten, *Gynoxys*, *Buddleia*, *Vallea* und einem Unterwuchs von *Ericaceen*, *Melastomaceen* und vielen Farnen. Es ist ein Wald, wie er in ähnlicher Zusammensetzung auf der Ostcordillere den Nebelwald gegen die Hochsteppe abgrenzt.

Vergleichen wir die Vegetationszonierung (Abb. 62) der Apurimacschlucht zwischen Limatambo und Carahuasi mit jener anderer Gebiete Perus, so fällt eine weitgehende Übereinstimmung mit dem nördlichen, westandinen Abschnitt, beispielweise mit dem Tal des Rio Saña auf. Der *Prosopis-Acacia*-Wald des Andenvorlandes im Saña-Tal findet sich in ähnlicher Ausbildung auf der Talsohle des Apurimac wieder; in beiden Gebieten schließt daran in vertikaler Richtung eine Stufe säulenförmiger Cereen, die über einen Kakteenreichen in einen *Tillandsia*-reichen *Bombax*-Wald übergeht. Mit zunehmender Höhe der Niederschläge wird dieser von einem immergrünen Bergwald abgelöst, der sich an seiner Obergrenze mit der Hochsteppe verzahnt. Während im Saña-Tal die einzelnen Formationen aber einen breiten Raum einnehmen, drängen sich diese in der Apurimacschlucht auf engstem Raum zusammen (Abb. 62).

Fährt man von Carahuasi über Abancay nach Ayacucho, so vollzieht sich nicht nur ein ständiger Landschafts-, sondern auch ein steter Florenwechsel. Aus dem Apurimac-Tal gelangt man in kürzester Zeit auf die 4000 m hoch gelegene Punafläche und durchquert dabei all die oben beschriebenen Formationen. Von der Puna geht es ebenso steil wieder hinunter in das Tal des Pachachaca, wobei auf den nach NW exponierten Talhängen sich die Vegetationszonierung der nach Osten gerichteten Hänge des Apurimac-Tales wiederholt: Von 3800—3300 m erstreckt sich eine Zwergstrauchformation, innerhalb der eine *Baccharis*-Ges. (3800—3600 m) und eine *Ericaceen*- und Farn-reiche *Melastomaceen*-Ges. (3600—3300 m) zu unterscheiden sind. Baumgruppen von *Embothrium*, *Escallonia*, *Gynoxys*, *Vallea* und *Poecilochroma*, die heute nur noch die feuchteren Quebradas besiedeln, deuten auf ehemalige Bewaldung dieser Region hin.

Grandios ist der Blick hinunter in die tiefe Schlucht des Pachachaca, deren Flanken einen mit dem Apurimac-Tal übereinstimmenden Pflanzenwuchs tragen, d.h. unterhalb 2400 m erstreckt sich ein regengrüner *Bombax*-Wald mit einem reichen Unterwuchs von Sukkulenten: *Cleistocactus*, *Platyopuntien*, *Jatropha*, *Cnidoscolus*, *Fourcroya*. Basalwärts geht dieser in die Xerophytenstufe über, in welcher wiederum *Azureocereus viridis* die Leitart ist. Sehr häufig ist auch *Fourcroya*, deren starke Ausbreitung auf vegetativer Vermehrung beruht, denn an Stelle von Blüten entstehen in der Infloreszenz Bulbillen, welche zu Boden fallen und zu neuen Pflanzen auswachsen.

Abb. 63. *Oben:* Tal des Rio Pampas mit *Azureocereus nobilis* Akers und *Acacia-Prosopis*-Wald. *Unten:* Xerophytenvegetation (*Opuntia-Fourcroya*) im Trockengebiet von Ayacucho

Von der Talsohle des Rio Pachachaca führt die Straße erneut hinauf auf 4100 m und über die Punahochfläche hinweg in das Tal des Rio Pampas, wobei die bereits geschilderte Vegetationszonierung in ihren Grundzügen sich wiederholt.

Auf der sehr breiten Talsohle, die bei 2100 m Höhe erreicht wird, breitet sich ein geschlossener *Acacia macracantha*-Wald aus (Abb. 63 oben), dem *Schinus molle, Prosopis juliflora* beigemischt sind, während auf den Talhängen ein kakteenreicher *Bombax*-Trockenwald stockt. Es handelt sich im wesentlichen um die gleichen Arten, die uns bereits von den übrigen Tälern des Apurimacsystems her bekannt sind; nur werden *Platyopuntien* zunehmend häufiger.

Noch einmal hat die Straße die Punahochfläche zu überwinden, ehe sie in das weite Becken von Ayacucho, eine von weißen Kalkmergeln gebildete und von tiefen Erosionsrinnen zerfurchte Schichttafellandschaft hinabführt (Abb. 63 unten).

Da sowohl Bodenverhältnisse (Wasserdurchlässigkeit) wie auch extreme Trockenheit den Anbau wertvoller und lebenswichtiger Kulturpflanzen erschweren, hat sich in der Umgebung von Ayacucho ein besonderer Erwerbszweig entwickelt, nämlich die Züchtung der Koschenille-Laus. Hiermit im Zusammenhang steht auch die weite Verbreitung mexikanischer *Platyopuntien*, die in solchen Massen auftreten, daß die Hänge von der Ferne grün erscheinen (Abb. 63 unten). Mit der Einführung der billigeren Anilin-Farbstoffe, mit denen die Indianer heute ihre Stoffe färben, kam die Koschenillelaus-Zucht fast zum Erliegen. Die Opuntien aber breiten sich weiter aus und erobern das nicht in Kultur genommene Land. Mit ihnen zusammen wurden wohl auch *Cylindropuntia tunicata* und *Agave americana* eingeschleppt, die beide gerade im Trockengebiet von Ayacucho recht häufig sind. Es fehlt aber auch nicht an heimischen Kakteen, insbesondere Säulenformen. Zwar ist *Azureocereus viridis* bereits verschwunden, doch treten eine Reihe neuer Arten auf, die, da sie nur im vegetativen Zustand gesammelt, nicht mit Sicherheit klassifiziert werden konnten[1] und von BACKEBERG bis zur endgültigen systematischen Zuordnung mit provisorischen Namen belegt worden sind. Es handelt sich um *Cereus* (*Azureocereus*?) *deflexispinus*, eine bis 1,5 m hohe und 8—10 cm dicke, blaugrüne Säulen bildende Pflanze (K 77, 1954), *Corryocactus* (?) *ayacuchoensis* (K 73, 1954) mit roten Zentralstacheln und einer weißstacheligen var. *leucacanthus* (K 74, 1954), *C. heteracanthus* (K 76, 1954) und *Cleistocactus morawetzianus* var. *pycnacanthus* (K 75, 1954).

Die Begleitflora der Kakteenbestände ist recht dürftig. An die Erosionsrinnen halten sich *Schinus molle* und *Acacia macracantha*,

[1] Die Blütezeit scheint wohl in die Regenzeit zu fallen.

während *Dodonaea viscosa*, ein niedriger *Sapindaceen*-Strauch mit klebrigen Blättern und geflügelten Früchten die Trockenhänge besiedelt. Er ist ein Anzeiger niederschlagsarmen Klimas und tritt meist gesellig auf. Zu erwähnen sind weiterhin *Proustia pungens, Caesalpinia tinctoria, Hoffmannseggia viscosa, Colletia spinosa, Arcythophyllum thymifolium, Eupatorium urubambense, Grindelia montana, Serjanea platypetala* und xerophytische Pteridophyten wie *Selaginella peruviana* und *Pellaea nivea.* Von der spärlichen, während der Trockenzeit völlig verdorrten *Gramineen*-vegetation führt WEBERBAUER (1945) die folgenden Arten auf: *Andropogon saccharoides, Stipa mucronata, Aristida adcensionis, Mühlenbergia rigida, Eragrostis patula* und *E. lurida.* Sämtliche Pflanzen sind von dicken Kalkstaubkrusten überzogen.

Im Vergleich zum Apurimac-Tal ist die Vegetation wesentlich offener und lückenhafter. Aus dem völligen Fehlen von *Bombax* und der epiphytischen *Tillandsien* ist zu schließen, daß die Lebensbedingungen im Talbecken von Ayacucho noch wesentlich schlechter sind als in den Trockentälern des Apurimac, Pachachaca und Pampas.

Etwa 25 km südlich des Ortes Huanta erscheint erneut die Gattung *Azureocereus* mit dem prachtvoll blaugrünen *A. nobilis* (= *A. hertlingianus*). Er bildet gleich *A. viridis* 5—8 m hohe Kandelaber (Abb. 64 oben), welche das Vegetationsbild des Rio Huarpa bis zu seiner Mündung in den Rio Mantaro und noch weite Strecken des Mantaro-Tales bis zu einer Höhe von 2500 m beherrschen.

Am ausgeprägtesten tritt uns die Kakteenvegetation zwischen Huanta und der Puente Alcomachay entgegen, jener Stelle, an welcher der Mantaro zunächst nach NO und dann scharf nach NW umbiegt. Die Landschaft trägt hier mit den von Erosionsrinnen zerfurchten und von Säulenkakteen (*Azureocereus nobilis*) bestandenen Lehmterrassen (Abb. 64 oben) einen ausgesprochen wüstenhaften Charakter. Doch unterscheidet sich diese interandine Kakteenwüste von der westandinen durch einen dichten Bewuchs von Gräsern, so daß es richtiger erscheint, von einer Kakteen-„steppe“ zu sprechen.

Vorherrschend unter den Gräsern sind *Bouteloua curtipendula, Heteropogon contortus, Pappophorum alopecuroideum, Cottea pappophoroides, Aristida adscensionis* und *Tragus racemosus.*

Abb. 64. *Oben:* Kakteensteppe im Mantarotal bei Huanta mit *Azureocereus nobilis* Akers
Unten: Morawetzia doelziana Backbg.

Die mit *Azureocereus nobilis* vergesellschafteten Kakteen sind *Platyopuntien, Cylindropuntia tunicata* und die interessante *Morawetzia doelziana* (Abb. 64 unten), die auch in einer unbehaarten Varietät (var. *calva*) auftritt. Das Areal von *Morawetzia* nimmt nur einen kleinen Raum ein und erstreckt sich von Huanta bis zur Mejorada.

Acacia macracantha und *Prosopis juliflora* sind wiederum allein auf die Talsohle beschränkt (Abb. 63).

Bis zum Zusammenfluß des Rio Huarpa mit dem Mantaro fehlt *Bombax* vollständig. Er erscheint erst nördlich des Dorfes Mayoc (2250 m), jedoch nur vereinzelt und niemals vegetationsbestimmend. Vorherrschend bleiben weiterhin bis zu einer Höhe von 2600 m *Azureocereus nobilis* und all jene Kakteen, die auch für das Trockengebiet von Ayacucho bezeichnend sind. Sobald sich das Tal verengt, ist in der Vegetationsverteilung ein Expositionsunterschied in der Weise festzustellen, daß die Kakteen die Sonnenseite des Tales einnehmen, während auf der Schattenseite Buschwerk und erdbewohnende Bromelien vorherrschen.

Oberhalb 2600 m verschwinden die Kakteen, und an ihre Stelle tritt ein Gebüsch von *Dodonaea viscosa*, *Schinus molle*, *Cercidium praecox*, *Leucaena trichodes*, *Cnidoscolus*, *Jatropha longipedunculata* und *Croton*-Arten. Etwa 60 km nördlich der Puente Alcomachay beginnt dann der Durchbruch des Mantaro, und das Tal verengt sich cañonartig zu der berüchtigten Mejorada. Infolge der Steilheit der Talflanken ist die Vegetation sehr offen und wird von *Schinus molle* und einem von erdbewohnenden Bromelien durchsetzten Gestrüpp gebildet. Von den Kakteen sind nur noch *Platyopuntien*, *Morawetzia* und *Cleistocactus morawetzianus* var. *pycnacanthus* zu beobachten.

Nach Passieren des Mantarodurchbruches verläßt die Straße das Flußtal und führt hinauf in das stark kultivierte Becken von Huancayo, dessen dürftige, natürliche Vegetation sich auf verkarstete Jurakalkbänke zurückgezogen hat.

Die Trockengebiete des Urubamba-Tales zwischen Urubamba und Ollantaitambo

Nordwestlich der 3000 m hoch gelegenen Stadt Cuzco ist das Tal des Rio Urubamba, kurz bevor er in die Ostcordillere eintritt und diese in der gewaltigen Schlucht von Machupicchu durchbricht, niederschlagsarm und die Vegetation demzufolge offen und von xerophytischem Gepräge. Niedriges Buschwerk, untermischt von einzelnen Kakteen, bedeckt in großer Einförmigkeit die stark verwitterten Talhänge. Die Säulencereen sind durch *Trichocereus cuzcoensis* vertreten, der in den Quertälern der Cordillere Veronica und im oberen Urubamba-Tal bis 3500 m aufsteigt und nicht selten auch zur Umfriedung von Gehöften angepflanzt wird (Abb. 65 links). Häufiger sind auch *Cylindropuntia subulata* (oder *exaltata* ?) und *C. tunicata*, *C. pallida* (Abb. 65 rechts), ferner die bis 3000 m aufsteigende *Erdisia squarrosa* und *Lobivia corbula* (K 62, 1954), die wohl hier ihre untere Verbreitungsgrenze erreicht. Nach Herrera soll sie allersings bis 1900 m herabsteigen.

Abb. 65. *Links: Trichocereus cuzcoensis* Br. et R. im Vilcanotatal bei 3000 m als Heckenpflanze. *Rechts: Cylindropuntia pallida* Knuth im Urubambatal bei Urubamba

Von der Begleitflora sind *Berberis spec.* (P 771, 1954), *Proustia spec.* (P 772, 1954), *Caesalpinia tinctoria*, *Mimosa revoluta*, *Kageneckia lanceolata*, *Ephedra americana*, *Spartium junceum* (eingebürgert), *Tecoma* (= *Stenolobium*) *sambucifolium*, *Croton*, *Muehlenbeckia hastulata*, *Salvia oppositiflora*, *Fourcroya*, *Puya longistyla* (?), *Pilea serpyllacea*, *Oxalis herrerae* (?), *Coreopsis*, *Selaginella peruviana* und verschiedene xerophytische Farne zu nennen.

Zwischen Quillabamba und der Yanatile-Mündung

Mit dem Eintritt in die Ostcordillere verliert das Urubamba-Tal seinen trockenen Charakter, und in der Umgebung von Machupicchu breitet sich eine typische Regenwaldvegetation aus, die von Osten her in das Tal eindringt.

Nach dem Durchbruch durch die Ostcordillere durchfließt der Urubamba zwischen Quillabamba und der Yanatile-Mündung (zwischen 1500 und 600 m) ein Gebiet, das durch eine regengrüne, Savannenvegetation charakterisiert ist, deren Entstehung sich damit erklären läßt, daß dieser Talabschnitt im Regenschatten niederer Cordillerenzüge liegt, welche sich zwischen Ostcordillere und Amazonas-Tiefebene einschieben. WEBERBAUER (1911) gibt eine anschauliche Schilderung der Vegetationsverhältnisse dieses Urubamba-Abschnittes. „Kaum eine Formation erlangt eine so bedeutende Ausdehnung wie die regengrüne Savanne. Aus einer sehr lockeren Grasflur erheben sich vereinzelte Bäume und schlanke Sträucher.... Von den Bäumen finden sich *Dilodendron bipinnatum, Lühea panniculata, Cybistax spec.*, ferner Leguminosen mit feingefiedertem Laub und schirmförmig ausgebreiteten Kronen, sowie *Bombacaceen*; von Sträuchern *Trema micrantha, Dodonaea viscosa*; *Vernonia weberbaueri* nebst Arten von *Jatropha, Croton, Lantana.* Regengrünes Savannengehölz besetzt in der Nachbarschaft der Savanne trocknere Stellen der Flußufer, z. B. felsige, steile Böschungen. Bäume und Sträucher, größtenteils wohl Arten der Savannenflora, vereinigen sich zu einem lockeren, lichten Bestand" (WEBERBAUER 1911, S. 277). Beigemischt sind die 3—5 m hohen Kandelaber eines Säulencereus, der nicht nur die Flußterrassen (Abb. 8 rechts) besiedelt, sondern auch die steilen Talhänge hinaufsteigt[1]. Oft sind die Säulen dicht mit „grauen" Tillandsien bewachsen. Von den Felswänden hängen

[1] Nach HERRERA (1941, S. 315, Nr. 1472) soll es sich um *Cereus trigonodendron* K. Schum. handeln. Er bezieht sich wohl auf eine Angabe von WEBERBAUER, der von „einem hohen, schlanken *Cereus*, ähnlich dem von ULE bei Tarapote entdeckten *C. trigonodendron*" spricht (1911, S. 277).

Nach der Beschreibung von K. SCHUMANN [Engl. bot. Jb. **40**, 413 (1908)] und der von BRITTON und ROSE wiedergegebenen Abbildung (Bd. IV, Abb. 239, S. 267) muß *C. trigonodendron* aber lange weiße Wollhaare aus den Areolen hervorbringen. Da diese jedoch unserer Pflanze fehlen, handelt es sich wohl um eine andere Art, die vielleicht mit dem von CARDENAS beschriebenen *Cereus vargasianus* identisch ist oder diesem zumindest nahe steht. Typisch für diese Art sollen die wellig verbogenen Rippen sein. Es wurden zwar eine Reihe von Pflanzen mit diesem Merkmal beobachtet, doch zeigen zahlreiche Exemplare auch gerade verlaufende Rippen. Aus dieser Beobachtung wäre — sofern nicht überhaupt zwei verschiedene Arten in diesem Talabschnitt wachsen — auf eine gewisse Variabilität von *C. vargasianus* zu schließen. Da im Jahre 1954 keine Kakteen gesammelt werden konnten, muß die Klärung dieser Frage einer künftigen Durchforschung des Gebietes, aus welchem wohl noch manche interessante Neufunde zu erwarten sind, überlassen bleiben.

die reich verzweigten Büsche von *Epiphyllum phyllanthus* [(?), HERRERA 1941, Nr. 1475] und *Rhipsalis cassytha* (HERRERA 1941, Nr. 1477) herab.

Erstmalig begegnen wir auf dem Ostabfall der Ostcordillere in der zwischen Nebel- und tropischem Regenwald eingeschobenen niederschlagsärmeren Region großen Säulencereen, wie sie für die Vegetation der Trockengebiete der Westanden und der interandinen Trockentäler typisch sind.

Da aber die Ostanden hinsichtlich ihrer Kakteenvegetation bisher nur wenig durchforscht sind, läßt sich hierüber nichts Abschließendes sagen. Es ist anzunehmen, daß die Kakteen in diesem Gebiet eine wesentlich weitere Verbreitung haben, als bisher bekannt und sie sich überall dort finden, wo regengrüne Savannenwälder zur Ausbildung gelangen.

Mittelperu

Das Tal des Rio Santa zwischen Huaraz und dem Cañon de Pato

Im Sinne der auf S. 30 gegebenen Definition der interandinen Täler gehört das Santa-Tal eigentlich nicht zu diesen, denn der Rio Santa durchschneidet nicht die interandine Hochfläche, sondern verläuft in der Senke, welche von den beiden Westcordillerenzügen, der Cord. blanca und Cord. negra begrenzt wird und ergießt sich in den Pazifischen Ozean. Da aber die über 4000 m hohen Berge der Cord. negra die feuchten, vom Pazifik herüberstreichenden Luftmassen abfangen und die Cord. blanca mit ihren fast bis 7000 m hohen Gipfeln im Osten die gleiche Wirkung für die vom Amazonas herkommenden feuchten Winde ausübt, erhält das Santa-Tal in seinem Mittellauf relativ geringe Niederschläge, so daß die Vegetation stark xerophytische Züge aufweist. Es ist eines der wenigen Täler, in welchem von der Quelle bis fast zur Mündung Kakteen zu finden sind.

Das dem Punabezirk angehörige Quellgebiet zwischen 4000 und 3600 m wird von Kugelkakteen aus den Gattungen *Oroya* und *Matucana* (s. auch S. 180) besiedelt. Schon bei 3500 m erscheinen die ersten Säulencereen, die 3—5 m hohen Kandelaber von *Trichocereus santaensis* (K 58), eine *T. cuzcoensis* nahestehende Art (Abb. 66 links). Sie wächst zusammen mit *Cylindropuntia exaltata*, *Fourcroya occidentalis*, *Puya macrura*, *Tillandsia latifolia*, *Calceolaria-*, *Eupatorium*-Arten und *Cortaderia rudiuscula*, einer bis 2 m hohen, schilfartigen Graminee, die normalerweise als Flußbegleiter zwischen Felsblöcken gedeiht, nicht selten aber auf den Talhängen emporsteigt und sich überall dort ansiedelt, wo Sickerwasser austritt.

Bei 3200 m gesellt sich zu den oben aufgeführten Arten *Borzicactus* (*Clistanthocereus*) *fieldianus* (s. auch S. 287), der bald strau-

Abb. 66. *Links: Trichocereus santaensis* Rauh et Backbg. *Rechts: Borzicactus* (*Clistanthocereus* Backbg.) *fieldianus* Br. et R. Mittleres Santatal bei 3000 m

chig wächst und dichte Gebüsche bildet, bald baumförmigen Wuchs annimmt (Abb. 66 rechts). Er wird talabwärts häufiger, steigt in den Quebradas der Cord. blanca bis 3800 m empor (Abb. 66 rechts) und ist konstanter Begleiter einer Gebüschformation von *Schinus molle, Dodonaea viscosa, Colletia spinosa, Spartium junceum* (eingebürgert), *Flourensia macrophylla, Caesalpinia tinctoria, C. pardoana, Indigofera weberbaueri, Jatropha macrantha, Yungia spectabilis, Salvia oppositiflora* u. a.

Die größte Trockenheit weist das Tal vor dem Durchbruch durch die Cord. negra zwischen Caras und Huaylas auf. Die Vegetation ist charakterisiert durch das Vorherrschen „grauer“ *Tillandsien* und Kakteengattungen, deren Standorte normalerweise in der Kakteenstufe der Andenwestseite liegen (*Espostoa melanostele, Mila, Melocactus*) und die durch das untere Santa-Tal vor der Ausbildung des heutigen Cañons von Westen her in den mittleren Talabschnitt eingewandert sind.

Auf einem Kalktrockenhang der nach Südosten exponierten Talseite bei 1900 m (zwischen Caras und Huaylas) wurden folgende Pflanzen notiert: *Espostoa melanostele* (häufig), *Loxanthocereus granditesselatus* (K 64), *Opuntia macbridei, Mila pugionifera* (K 65), *M. albisetacea* (K 65 a), *Matucana yanganucensis* var. *suberecta* (K 66), sehr viele *Bromelien,* u. a. *Tillandsia tectorum, T. virescens, T. latifolia, T. saxicola, Deuterocohnia longipetala, Puya macrura,* sowie *Fourcroya occidentalis,* eine sukkulente, strauchige *Euphorbia* (*E. weberbaueri* ?), *Flourensia macrophylla* (vorherrschender Strauch), *Jatropha macrantha, Dodonaea viscosa, Trixis cacalioides, Yungia spectabilis,* xerophytische Farne (*Pellaea ternifolia, P. nivea, Cheilanthes scariosa, Notochlaena fraseri, N. sulphurea*) und *Selaginella peruviana.*

Auf den stellenweise recht breiten Flußterrassen stocken lichte Haine von *Acacia macracantha* (oder *A. tortusa* ?), deren Äste dicht von *Tillandsia usneoides* eingehüllt sind. *Espostoa melanostele, Melocactus peruvianus, Trichocereus santaensis* und *Armatocereus spec.* bilden einen undurchdringlichen Unterwuchs.

Zwischen 1900 und 1800 m macht sich ein deutlicher Expositionsunterschied zwischen den beiden Flanken des sich verengenden Tales bemerkbar. Auf den Hängen der rechten Talseite breiten sich Bestände von *Bromelien, Puya-, Pitcairnea*-Arten und Trichter-*tillandsien* aus, während die der linken Talseite von einer reinen Sukkulentenvegetation, *Espostoa melanostele, Mila, Euphorbia* (sehr häufig), *Aloë vera, Jatropha macracantha* und *Deuterocohnia longipetala* eingenommen werden.

Mehr und mehr vertieft sich nördlich Huaylas der Taleinschnitt, und in einer gewaltigen, einst ungangbaren Schlucht, dem Cañon de Pato, durchbricht der Rio Santa die Cordillera negra. Heute führt eine in die senkrecht abstürzenden Felswände eingehauene Straße hindurch. Stellenweise ist der Cañon so eng, daß die Wände nur noch im Zenitstand von einem Sonnenstrahl getroffen werden. Abgesehen von einigen Bromelien und Farnen tragen diese denn auch keinerlei Vegetation.

Westlich des Cañons weitet sich das Tal vorübergehend zu dem Kessel von Huallanca (1300 m), der von gewaltigen, grandios trostlosen Trockenhängen begrenzt wird. Die dürftige Vegetation wird allein vertreten durch *Deuterocohnia longipetala* (häufig), *Haageocereus zehnderi* (K 67), *Melocactus*, *Neoraimondia* und *Espostoa melanostele*.

In Huallanca hört die Straße auf, und die Weiterfahrt durch das erneut sich verengende und scharf nach Westen umbiegende, wildromantische Santa-Tal muß mit der Bahn durchgeführt werden. Je tiefere Regionen man erreicht, desto wüstenhafter wird die Landschaft und desto spärlicher die Vegetation; schließlich sind nur noch *Neoraimondia* (Untergrenze 400 m) und *Haageocereen* zu beobachten; unter den letzteren treten prächtig gefärbte Formen auf, die leider nicht gesammelt werden konnten. Unterhalb 400 m bis zum Austritt des Flusses aus dem Gebirge herrscht völlige Vegetationslosigkeit, die erst in der vorgelagerten Küstenwüste von ausgedehnten *Tillandsia*-Fluren (*T. latifolia*) abgelöst wird.

Nordperu

Das Tal des Rio Huancabamba,

dessen Quellgebiet auf den Südabhängen der Cord. Guamani liegt, verläuft zunächst in südlicher Richtung, die Senke zwischen dem westlichen und östlichen Zug der nördlichen Westcordillere benutzend. Zwischen San Felipe und Pomahuaca durchbricht der Fluß in einer engen Schlucht den östlichen Cordillerenast und wendet sich dann nach Südosten, um nach seiner Vereinigung mit dem Rio Chotano als Rio Chamaya nahe Bellavista in den Marañon zu münden. Nach Weberbauer gehört das eigentliche Huancabamba-Tal zu den trockensten Gebieten des nördlichen Peru, und die Niederschlagsarmut findet denn auch ihren Ausdruck in einer an Xerophyten reichen Vegetation. Diese steigen aber im Huancabamba-Tal wesentlich höher als in den westandinen Quertälern der gleichen geographischen Breite. So treten die Kakteen im interandinen Gebiet noch bei 2400 m als vegetationsbestimmende Elemente in Erscheinung, während die Obergrenze der Kakteenstufe auf der Andenwestseite bereits bei 500 m liegt.

Das Huancabamba-Tal ist auf 2 Wegen zu erreichen; der eine führt über Canchaque und über einen 4000 m hohen Paß durch Nebelwald und Jalca in den oberen Talabschnitt zu dem Ort Huancabamba selbst; der zweite hingegen benutzt das Tal des Rio Olmos und überquert die Westcordillere an der Abra Porculla bereits bei 2144 m Höhe.

Wir geben zunächst eine Schilderung der Vegetationsverhältnisse der Umgebung von Huancabamba, jenes Gebietes, aus welchem uns A. v. HUMBOLDT die ersten Kenntnisse peruanischer Kakteen vermittelt und von wo er die prachtvolle *Espostoa lanata* nach Europa gebracht hat.

Während auf der pazifischen Andenseite die Straße durch ausgesetzte Steilwände hinauf zur Jalca führt, sind die den breiten Talkessel von Huancabamba begrenzenden Hänge flach und sanft geneigt.

An die Jalca schließt sich basalwärts ein niederer Buschwald an, dessen Charakterpflanze ein kugelbuschbildender, bis 1,5 m hoher Kompositenstrauch (*Diplostephium*, Nr. 316a, 1956.) ist. In seiner Gesellschaft finden sich *Polylepis*, *Weinmannia*, *Embothrium*, *Melastomaceen*, *Ericaceen*, *Lupinus*, *Clusia* u. a., alles Gehölzgattungen, wie sie auch für die Obergrenze der Ceja de la montaña auf den Ostandenabhängen typisch sind. Eingestreut sind kleine Wiesenmoore mit Gruppen des strauchigen *Hypericum laricifolium*, einem Bewohner feuchter und sumpfiger Standorte.

Bei 3000 m geht die Gebüschformation in Kulturland über, das mit seinen grünen Wiesen und Getreidefeldern an mitteleuropäische Vegetationsbilder erinnert. Von unbeschreiblicher Schönheit ist der Blick von der Höhe hinunter in den Talkessel von Huancabamba, einer leicht hügeligen, vom Rio Huancabamba durchflossenen Landschaft, aus der sich der langgestreckte, intensiv rot gefärbte Rücken des Cerro colorado beherrschend heraushebt, auf dem A. v. HUMBOLDT *Espostoa lanata* und *Cereus aurivillus* (= *Seticereus icosagonoides*) sammelte (Abb. 67 oben).

Schon bei 2200 m erscheinen auf den niedrigen, trockenen Cerros, sowie auf den steileren Talhängen die Kakteen in geschlossenen Beständen, ohne jegliche baumförmige Begleitvegetation. Die Gehölze, vertreten durch *Acacia macracantha* und *Prosopis juliflora* sind zunächst allein auf die Talsohle beschränkt. Vorherrschend unter den Kakteen ist *Espostoa lanata* (s. auch S. 521), die vielerorts mit ihren 3—4 m hohen Kandelabern steil aufstrebender, weißfilziger Säulen die Landschaft völlig beherrscht (Abb. 67 unten) und hier eine eigne Gesellschaft bildet. Eindrucksvoll sind die Massenbestände bei Aguapampa, wenige Kilometer südlich Huancabamba, nahe der Siedlung Sondorillo. *Espostoa* ist hier vergesellschaftet mit *Opuntia macbridei* (Abb. 67 unten), *O. pestifer*, *Seticereus chlorocarpus*, einer kandelaberartig verzweigten und im

Abb. 67. *Oben: Seticereus icosagonus* (H. B. K.) Backbg., blühfähige Sprosse mit Borstenschopf. *Unten: Espostoa lanata* (H. B. K.) Br. et R. in Gesellschaft von *Opuntia macbridei* Br. et R., Huancabambatal bei Huancabamba, 2200 m

Wuchs an den mexikanischen *Myrtillocactus geometrizans* erinnernden Art (Abb. 158), *Armatocereus laetus, Selaginella peruviana,* mehreren sukkulenten *Peperomien, P. dolabriformis* (stellenweise sehr häufig), *P. nivalis, P. spec.* (P 298, 1956; bis 1 m hoch werdend und P 302, 1956), *Pilea serpyllacea, Croton* und anderen niederen Sträuchern.

Zu den dekorativsten Erscheinungen aber gehören die Cristata-Formen von *Espostoa lanata*, die an keinem Ort Perus so gehäuft angetroffen wurden, wie gerade in der Umgebung von Huancabamba. Bemerkenswert ist, daß selten nur ein Trieb einer Pflanze

Abb. 68. *Espostoa lanata* (H. B. K.) Br. et R., verbänderte und gegabelte Triebe. Auf dem rechten Bild sind links *Seticereus roezlii* Backbg. und in der Mitte *Armatocereus laetus* Backbg. zu sehen

cristat ist, sondern meist sämtliche Säulen zur Verbänderung neigen. Es wurden Pflanzen gefunden, die bis zu 10 solcher Cristaten von einer Breite bis zu 60 cm aufwiesen (Abb. 68). Da die Cristabildung vorwiegend an blühfähigen Trieben erfolgt, setzt sich das Cephalium im „Kamm“ fort und bringt auch Blüten hervor, die nach unseren Beobachtungen aber völlig normale Ausbildung zeigen. Es ist zu vermuten, daß die Verbänderungen die Folge einer Infektion, vielleicht einer Viruskrankheit sind, denn sie zeigen alle stark nekrotisches Gewebe und sterben nach wenigen Jahren ab. Die an der Basis der cristaten Triebe aus ruhenden Areolen sich entwickelnden Seitentriebe 2. Ordnung schreiten indessen kurz vor der Cephalienbildung erneut zur Cristabildung. Einer unserer begleitenden Führer machte uns auf eine Pflanze aufmerksam, von der BACKEBERG vor mehr als 20 Jahren sämtliche Verbänderungen heruntergeschlagen hatte; alle seit dieser Zeit wieder ausgetriebenen Seitenäste hatten sich erneut cristat entwickelt.

Aber auch sonst ist das Huancabamba-Tal reich an seltenen Kakteen von lokaler Verbreitung. An erster Stelle ist *Thrixanthocereus bloßfeldiorum* zu nennen, ein weiterer Vertreter aus der Sippe der *Cephalocerei*. Er bevorzugt steile Hänge, kommt bei Huancabamba (Sondorillo) nur in einzelnen Exemplaren vor, erscheint jedoch in größeren Beständen im mittleren Huancabamba-Tal nach dessen Durchbruch durch die Westcordillere (Abb. 69 unten). Er ist eine der auffälligsten peruanischen Kakteen, denn er bildet völlig unverzweigte, bis 4 m lange Säulen, die nach Erlangung der Blühreife zur Bildung eines bis 2 m langen Borstencephaliums schreiten. Die Früchte sind bis 5 cm große, sich mit Längsrissen öffnende Beeren, die Samen von eigenartigem Bau ausstreuen (Abb. 225 VIII). Jugendstadien von *Thrixanthocereus* sind leicht an ihrem auffälligen, basalen Borstenkranz (s. Abb. 225 I) von anderen *Cereen* zu unterscheiden. Diese basale Borstenbildung kehrt nur noch bei dem ostbrasilianischen *Micranthocereus* wieder, woraus gewisse Rückschlüsse auf gemeinsame Herkunft und das einstige Großareal der *Cephalocerei* gezogen werden könnten.

Eine weitere interessante Gattung ist *Seticereus*, dadurch gekennzeichnet, daß die blühbaren Areolen verlängerte Borsten bilden, wodurch die Scheitel blühreifer Pflanzen ein schopfartiges Aussehen (Abb. 67 oben) annehmen. Am ausgeprägtesten ist die Borstenbildung bei *S. icosagonoides* (= *C. aurivillus*), einer prachtvoll gelb bestachelten Art mit halbniederliegenden Säulen und leuchtend orange-roten Blüten (Abb. 67 oben). Sie tritt meist zusammen mit dem mehr rot bestachelten *S. humboldtii* (= *C. plagiostoma*) auf. Der gleichen Gattung ordnet BACKEBERG auch die größeren, im Huancabamba-Tal häufigen Kandelabercereen, *S. chlorocarpus* und *S. roezlii* zu. Wenngleich bei diesen die Borstenbildung auch recht unscheinbar ist, so ist sie dennoch an blühfähigen Trieben nachzuweisen (Abb. 158). BACKEBERG weist ausdrücklich darauf hin, daß es sich dabei nicht um eine Umbildung von derberen Stacheln in dünnere, borstenförmige, sondern um eine zusätzliche Borstenbildung handelt.

Noch eine Besonderheit aus der Umgebung von Huancabamba ist zu nennen, der im Wuchs an den mexikanischen *C. flagelliformis* erinnernde niederliegend-kriechende *Cleistocactus serpens* (Abb. 156 links), wohl der nördlichste Vertreter seiner Gattung.

All den im vorstehenden aufgeführten Arten begegnen wir wieder, wenn wir als Zugang zum Rio Huancabamba das Olmos-Tal benutzen. Nach Überschreiten der 2144 m hohen Paßhöhe und nach Durchquerung eines stark gestörten Bergwaldes (s. S. 106) betritt man wider Erwarten eine halbwüstenartige Landschaft, deren stark verwitterte, durch Eisenhydroxyd lebhaft rot gefärbte Hänge eine schüttere Kakteenvegetation tragen. Schon wenig unterhalb der Paßhöhe, bei 2100 m, erscheinen die ersten Kandelaber von *Seticereus chlorocarpus* und die niederliegenden Säulengruppen von *S. icosagonoides* und *S. humboldtii.* Wenig tiefer gesellt sich *Espostoa* hinzu, die bis etwa 1000 m das Vegetationsbild beherrscht. Es handelt sich um eine im Wuchs von der bei Huancabamba wachsenden *E. lanata* auffallend verschiedene Art. Die Kandelaber erreichen maximal eine Höhe von 2 m; die einzelnen Triebe sind nicht steil aufgerichtet, sondern breit ausladend (Abb. 69 oben), die Blüten wesentlich größer als die von *E. lanata* und die äußeren Petalen von lebhaft grüner Färbung. Alle diese Merkmale berechtigen zur Aufstellung einer, auf Grund ihres ausladenden Wuchses als *E. laticornua* zu bezeichnenden Art. Gleich *E. lanata* ist auch diese sehr formenreich, worauf im speziellen Teil ausführlich einzugehen ist.

Von der recht spärlichen Begleitflora sind *Selaginella peruviana, Puya spec., Croton spec., Dodonaea viscosa, Satureja vaccinoides, Jatropha urens* und *Cantua quercifolia* zu nennen. Bei 1900 m tritt eine sukkulente, strauchige *Euphorbia* (*E. weberbaueri*) auf, die zwischen 1800 und 1600 m eine eigene Gesellschaft bildet und in so dichten Beständen die Hänge überzieht, daß diese von der Ferne grünen Wiesen gleichen. Zwischen deren Büschen versteckt kriechen die niederliegenden Triebe des neuen *Cleistocactus crassiserpens* (K 126, 1954), der sich von der Huancabamba-Pflanze durch dickere Triebe und eine feinere Bestachelung unterscheidet (Abb. 156 Mitte).

Bei 1500 m wird die Talsohle erreicht, ohne daß sich der physiognomische und floristische Charakter der Vegetation ändert. Noch immer macht die Landschaft einen wüstenhaften Eindruck. Lediglich die Flußterrassen zeigen einen üppigeren Bewuchs von *Acacia macracantha, Schinus molle, Prosopis juliflora* und *Salix humboldtiana.* Auch auf den Talhängen erscheinen jetzt einzelne Bäume,

Abb. 69. *Oben: Espostoa laticornua* var. *typica*. Rauh et Backbg. *Unten: Thrixanthocereus bloßfeldiorum* (Werd.) Backbg. im mittleren Huancabambatal bei 1200 m

Bombax discolor, Capparis angulata, Loxopterygium huasango und *Cercidium praecox*. Doch ist die Vegetation auch weiterhin noch offen, und Espostoa *laticornua, Seticereus chlorocarpus, S. roezlii* und *Opuntia macbridei* sind die vegetationsbestimmenden Pflanzen. Bei km 81 (1100 m) gesellt sich *Thrixanthocereus bloßfeldiorum* hinzu, der, wie erwähnt, in diesem Talabschnitt wesentlich häufiger ist als bei Huancabamba. An neuen Kakteen vermerken wir den durch seine blaugraue Farbe auffälligen, 3—6 m hohe Kandelaber bildenden *Armatocereus rauhii* (Abb. 70 links; K 127, 1954), der sich von allen bisher bekannten *Armatocereen* durch die nahezu völlige Stachellosigkeit seiner Areolen und den Besitz karminroter Blüten unterscheidet.

Erst bei km 120 (900 m) ändert sich das Vegetationsbild. Das Tal verliert seinen wüstenhaften Charakter. Die Kakteenformation geht in eine solche regengrüner Gehölze über, zu deren auffälligsten Elementen die im September in Vollblüte stehende *Bougainvillea peruviana* und *Chorisia integrifolia* mit ihren tonnenförmig angeschwollenen, stachelbewehrten, wasserspeichernden Stämmen (Abb. 70 rechts) gehören. Dieser regengrüne Wald weist stellenweise einen dichten Unterwuchs von Kakteen auf, vor allem von einem nicht näher bestimmbaren *Cereus* (vielleicht *C. chotaensis*[1]) und *Monvillea jaenensis* (K 74, 78), einer Charakterart des sich mit Unterbrechungen bis Jaén erstreckenden Trockenwaldes, die mit ihren bis 6 m langen Säulen die Baumkronen überragt (Abb. 71 links).

Im Mündungsgebiet des Rio Chotano in den Huancabamba weitet sich das Tal zu einem Trockenkessel aus, in welchem, von *Bombax discolor, Chorisia integrifolia* und *Acacia macracantha* abgesehen, die Gehölze weitgehend zurücktreten und die Vegetation allein wieder von Kakteen *Espostoa laticornua, S. roezlii* [*S. chotaensis* (?)], *Armatocereus rauhii, Opuntia macbridei, Thrixanthocereus bloßfeldiorum* bestimmt wird. Östlich Pucarra wird das Tal wieder enger und damit auch feuchter; es setzt erneut regengrüner Trockenwald ein, der sich bis in die Gegend von Chamaya (500 m) erstreckt. Mehr und mehr gesellen sich jetzt immergrüne Gehölze bei; eines der interessantesten ist der Sandbüchsenbaum, *Hura crepitans*, eine baumförmige *Euphorbiaceeae* von *Ficus*-artigem Habitus mit kapselähnlichen Spaltfrüchten

[1] Da keine Blüten gefunden wurden, ist eine einwandfreie Bestimmung nicht möglich. Vermutlich handelt es sich um den von JOHNSON als neu bezeichneten, jedoch nicht näher beschriebenen *Cereus*, der als Titelfoto des Cact. and Succ. J. Amer. Bd. 24, H. 5 (1952), wiedergegeben ist (s. auch S. 328).

Abb. 70. *Links: Armatocereus rauhii* Backbg. im mittleren Huancabambatal, 1000 m. *Rechts: Chorisia integrifolia* Ulbr. im Trockenwald bei Jaén, 800 m

Abb. 71. *Links: Monvillea jaenensis* Rauh et Backbg. *Rechts: Rauhocereus riosaniensis* Backbg. im Trockenwald bei Jaén, 700 m

und einem stachelbewehrten, sukkulenten Stamm, aus dem beim Anschlagen ein leicht giftiger Milchsaft austritt. Bemerkenswert ist auch das massenhafte Vorkommen epiphytischer, „grauer" Tillandsien und zahlreicher Orchideen, von denen die stattlichste unter ihnen *Cyrtopodium punctatum* ist. Von der Bodenflora sind eine Reihe interessanter *Peperomien* zu erwähnen, sowie eine auffällige, mächtige Zwiebeln bildende *Amaryllidaceae*, die von

Abb. 72. *Cereus spec.* im Huancabambatal bei Chamaya

H. TRAUB als *Rauhia peruviana* (Sammel-Nummer P 329, 1956) beschrieben worden ist[1].

Zu den schon oben erwähnten Kakteen treten der bereits aus dem Saña-Tal bekannte und im Huancabamba-Tal oft ausgedehnte Dickichte bildende *Rauhocereus riosaniensis* (Abb. 71 rechts), *Cleistocactus tenuiserpens* (K 76), eine niederliegende Art mit sehr dünnen, flagellenartig auf dem Boden kriechenden Sprossen (Abb. 156 rechts) und der epiphytische seltene *Hylocereus microcladus* (K 138, 1954). Dessen Verbreitungsgebiet reicht von Nordost-Columbien bis Nordperu; mit seinen 4kantigen und mit dichtstehenden Areolen besetzten Trieben gleicht er eher einem *Rhipsalis* als einem *Hylocereus*.

[1] Die Diagnose findet sich bei H. TRAUB: Gen. *Rauhia* and *R. peruviana*, gen. et spec. nov. Herbertia 1957. Plant Life **13**, H. 1, 73—75 (1957).

Erstmalig begegnen wir in Peru auch Vertretern aus der Gattung *Peireskia*. Es handelt sich um 2—4 m hohe Sträucher mit teilweise schlingenden Ästen und kleinen Blüten von weißer oder rötlicher Farbe. Bisher sind nur 2 Arten bekannt, *P. humboldtii* und *P. vargasii*, von der zwei neue Varietäten aufgefunden wurden.

Von besonderem arealkundlichen Interesse ist das massenhafte Vorkommen des neuen *Melocactus bellavistensis* (K 79a), eines Vertreters der Gattung, die wir in Peru als rein westandin und als typisch für die niederschlagslose Kakteenstufe kennengelernt haben. Im Norden überschreitet nun *Melocactus* die Westanden, wird zu einem Bewohner feuchterer Gebiete und einem Bestandteil regengrüner Wälder. Mit diesen dringt er bis an den Marañon vor, wo er noch in großer Anzahl auftritt[1]. *M. bellavistensis* ist eine der leicht kenntlichsten und zugleich größten peruanischen Arten; seine saftig-grünen Körper erreichen eine Länge bis zu 50 cm und die zylindrischen Cephalien eine solche bis zu 30 cm (Abb. 73 unten).

Der regengrüne, kakteenreiche Trockenwald erstreckt sich nun mit einzelnen Unterbrechungen (so bei Chamaya) bis in den von niederen Hügelketten umrahmten Talkessel von Jaén, wobei ostwärts immergrüne Gehölze an Artenzahl zunehmen. Trotz hoher Luftfeuchtigkeit und relativ hoher Niederschläge ist aber gegen den Marañon, der sich bei Bellavista nur wenige Meter tief in die alten Schwemmterrassen eingesägt hat, eine auffallende Verarmung der Vegetation zu beobachten. Beiderseits des Flusses verschwindet der Wald nahezu vollständig und macht einem Kakteen-reichen *Croton*-Gebüsch Platz (Abb. 73 oben), das nicht nur Flußterrassen, sondern auch die niederen Hügelketten in der Umgebung von Jaén besiedelt[2]. Genauer studiert wurden die Vegetationsverhältnisse auf der Schwemmterrasse gegenüber Bellavista auf dem östlichen Marañon-Ufer. Quadratkilometergroße Flächen werden hier von nahezu undurchdringlichem Kakteenbusch eingenommen (Abb. 73 oben), in welchem *Espostoa laticornua*,

[1] Leider können über die östliche Verbreitungsgrenze dieser interessanten und auffälligen Art keine Aussagen gemacht werden.

[2] Vermutlich handelt es sich bei dem Kakteen-reichen *Croton*-Gebüsch um eine Sekundärformation, die sich an Stelle des abgeholzten Waldes ausgebreitet hat, denn gerade das Talbecken von Jaén ist intensiver Kultur unterworfen. Die Kakteenbestände am östlichen Marañon-Ufer hingegen machen einen durchaus natürlichen Eindruck.

Abb. 73. *Oben:* Kakteenbusch am Ostufer des Marañon mit *Seticereus roezlii, Espostoa lanata, Croton* und *Peireskia. Unten: Melocactus bellavistensis* Rauh et Backbg. im Trockenwald bei Jaén

E. lanata (seltener), *Seticereus chlorocarpus* (?) und *S. roezlii* vorherrschen. Im Unterwuchs finden sich *Opuntia macbridei, Melo-*

cactus bellavistensis (häufig), *Croton* (2 Arten), *Selaginella peruviana* (dichte Teppiche bildend) und eine Reihe von Dornsträuchern: *Peireskia, Acacia riparia* (?), *Cercidium praecox, Mimosa pectinata* (?), *Leucaena trichodes.* Diese Vegetation begleitet in gleicher Zusammensetzung den Marañon bis an die neue Brücke (zwischen Chamaya und Bagua). Hier erscheint nochmals *Thrixanthocereus bloßfeldiorum,* dessen Areal sich also mit kleinen Unterbrechungen von Huancabamba bis an den Marañon erstreckt. Mit ihm vergesellschaftet sind *Seticereus roezlii, Monvillea jaenensis, Melocactus bellavistensis Armatocereus rauhii, A. laetus.*

Das Marañon-Tal südlich Chamaya konnte leider nicht besucht werden, so daß über die dortige Kakteenvegetation keine Aussagen gemacht werden können. Nach den Angaben von WEBERBAUER und den von ihm beigefügten Abbildungen scheint wenigstens bis Balsas (etwa 7° s. Br.) die Vegetation in ihren Grundzügen mit jener des mittleren Huancabamba-Tales weitgehend übereinzustimmen. „En general la vegetación se dispone conforme a la que presentan los valles interandinos del Mantaro y del Apurimac en sus partes inferiores. Se distinguen tres pisos cuyos límites descienden de sur a norte. El fondo del valle y la parte inferior de sus paredes se caracterizan por la formación xerofítica parecida a sabana con Cactáceas columnares, arbolitos pluviifolios, etc." (1945, S. 432). Zum „piso inferior" sagt WEBERBAUER: „En las paredes del valle, el límite superior de la formación xerofítica parecida a saban abaja desde 2300 m en el sur, hasta 1500 m en el norte. Además de las Cactáceas columnares (*Cereus* y *Cephalocereus*)[1] representan esta familia también tipos mas pequeños, como *Opuntia* y *Melocactus.* Los árboles son bajos en su totalidad. Entre ellos el mas frecuente es el pluviifolio *Bombax discolor* („pati"). También tienen la forma de árbol: otra especie de *Bombax, Caesalpinia corymbosa, Cercidium praecox, Pithecolobium weberbaueri, Piptadenia colubrina, P. weberbaueri, Leucaena trichodes* y *Jacaranda acutifolia,* todos pluviifolios" (S. 432). Von der begleitenden Strauchvegetation werden aufgeführt: *Iresine weberbaueri, Krameria triandra, Cardiospermum corindum, Stenolobium rosaefolium, Jatropha-* und *Cnidoscolus-*Arten. Die monokotylen Xerophyten sind vertreten durch *Fourcroya, Puya, Pitcairnea, Deuterocohnia longipetala* und grauen *Tillandsien.* Da die meisten der aufgeführten Pflanzen für die

[1] Gemeint ist wohl *Espostoa lanata.*

Vegetation des Huancabamba-Tales typisch sind, ist anzunehmen, daß auch die Kakteenvegetation beider Täler übereinstimmende Züge aufweist.

Auch für den interandinen Abschnitt des Huallaga-Tales gibt Weberbauer eine Kakteen-reiche Xerophytenvegetation an. Zwischen 2800—2000 m ist "el representante principal de las Cactáceas columnares un *Cephalocereus*". Es handelt sich wohl um die von Johnson in den Handel gebrachte *Espostoa huanucensis* (nom. nud.)[1].

Abschließend zur Vegetation der nördlichen interandinen Trockentäler, speziell des Huancabamba-Tales und seiner Nebentäler stellen wir fest, daß die Kakteenstufe die oberen Lagen von 2200—1300 (1000) m einnimmt und talabwärts in Kakteen-reichen Savannenwald übergeht. Es liegen also die umgekehrten Verhältnisse vor wie auf der Andenwestseite. Diese Umkehr der Vegetationszonierung kann damit erklärt werden, daß die höheren Lagen relativ wenig Niederschläge erhalten, da sie im Regenschatten der Westcordillere liegen, während die niederen Lagen des von West nach Ost verlaufenden Flußtales bereits dem Einflußbereich der regenreichen Ostcordillere unterstehen.

f) Zur Kakteenvegetation der hochandinen Region

Die hochandine Region, insbesondere das sich zwischen West- und Ostcordillere erstreckende Hochland, wird in Peru auch als Puna bezeichnet, wobei nach Weberbauer das Wort zwar nicht immer die gleiche Bedeutung hat, aber „im zentralen und südlichen Teil des Landes häufig zur Bezeichnung derjenigen Höhenregionen dient, die keine Kulturpflanzen mehr gedeihen läßt. Südwärts reicht die Punazone bis über den Titicacasee hinaus, nach Norden verläuft die Grenze um 3800—4000 m, nur an den Westhängen des südlichen Peru etwas höher, bis 4300 m" (1911, S. 192). Es erscheint jedoch ratsam, den Begriff „Puna" nicht als landschaftlichen, sondern als pflanzengeographischen Begriff zu verwenden und mit diesem allein die Grasformation (Hochsteppe) zu belegen, welche riesige Flächen der interandinen Hochebene bedeckt, an beiden Cordillerenketten, sowohl auf der pazifischen als auch atlantischen Seite bis unterhalb die 4000 m-Grenze herabreicht und nach oben von der Formation der Schutt- und Felspflanzen begrenzt

[1] Ob diese Art zu Recht besteht oder nur eine Varietät der *Espostoa lanata* ist, bedarf der Nachprüfung am Standort.

wird. Die interandine Hochfläche gliedert sich in die drei folgenden, großräumigen Pflanzenformationen:

α) Die auf das südwestliche Hochland von Peru beschränkte Tola-Heide; ihre Nordgrenze verläuft in der Gegend von Puquio, etwa bei 15° s. Br.

β) Die Puna; sie nimmt den größten Raum der interandinen Hochfläche ein und erstreckt sich vom 8.° s. Br. durch ganz Peru hindurch bis zum Titicacabecken (das Gebiet der Tola aussparend) und setzt sich im Altiplano Boliviens fort.

γ) Die Jalca; sie erstreckt sich vom 8.° s. Br. nordwärts und geht kontinuierlich in die Paramos von Ecuador über.

Es wurde schon an verschiedenen Stellen darauf hingewiesen, daß auch die interandine Hochfläche eine Reihe interessanter Kakteengattungen beherbergt; sie scheinen, soweit bisher bekannt, allein der niederschlagsreichen Jalca zu fehlen, während Puna und Tolaheide relativ reich an bemerkenswerten Arten sind, die teilweise sogar auffällig im Vegetationsbild in Erscheinung treten. Es handelt sich vorwiegend um Kugelformen oder polsterbildende Arten, während die kurzsäuligen Formen in Peru allein durch die Gattung *Oreocereus* vertreten werden.

α) Die Kakteen der Tolaheide

Die Tolaheide ist eine der einheitlichsten, zugleich aber auch eintönigsten und artenärmsten Pflanzenformationen des südwestlichen Peru zwischen 3400 und 4000 m. Auf weite Strecken hin, vor allem auf wasserdurchlässigen Vulkanaschen (am Fuße der Vulkane Sarasassa bei der Lagune Parinocochas, Coropuna und Ampato) beherrschen die 50—70 cm hohen, zur Regenzeit grünen, während des Winters sich gelbbraun verfärbenden Sträucher von *Lepidophyllum quadrangulare* das Vegetationsbild (Abb. 3 unten). Mit ihren dichtstehenden, der Sproßachse anliegenden, schuppenförmigen Blättern und ihrem harzigen Geruch erinnert diese Pflanze eher an eine Zwergzypresse als an einen Kompositenstrauch. Da die Tola infolge ihres reichen Harzgehaltes auch in frischem Zustand gut brennt, liefert sie dem Hochlandindianer bei der herrschenden Holzknappheit der interandinen Region wertvolles Brennmaterial.

Die Begleitflora der Tolaheide ist im Verhältnis zu deren Verbreitungsgebiet arm an Arten. Auffallend ist das auf weite Strecken hin nahezu völlige Fehlen von Kräutern und Stauden;

nur während der Regenzeit erwachen wenige Annuelle zu kurzem Leben; auch die Horstgräser, *Festuca-*, *Calamagrostis-* und *Stipa-*Arten, sind nur in geringer Anzahl vertreten; lediglich Sträucher, von der gleichen Höhe wie die Tola, spielen als Begleitpflanzen eine größere Rolle. Es sind zu nennen: *Lepidophyllum rigidum*, die sich von *L. quadrangulare* durch den Besitz abstehender Nadelblätter unterscheidet und welche noch bis in die Felsregion aufsteigt; *Tetraglochin strictum*, ein kleiner Rosaceenstrauch mit Fiederblättern, deren Fiedern während der Trockenzeit abgeworfen werden, während die Rhachis als Dorn erhalten bleibt; *Chuquiragua rotundifolia* und andere Arten mit ledrigen, harten, in eine Dornspitze auslaufenden Blättern und verdornten Vorblättern; *Senecio idiopappus* mit filzig behaarten (vorwiegend auf felsigem Gelände), *S. graveolens* mit sukkulenten Blättern, sowie *Adesmia*-Arten[1] mit Infloreszenzdornen und *Fabiana* mit kleinen Schuppenblättern. Es sind alles Zwergsträucher von stark xeromorphem Bau. Ihre meist kleinen, mit derber Cuticula bzw. mit einem dichten Haarfilz versehenen Blätter und der Besitz von Dornen läßt darauf schließen, daß den Pflanzen der Tola relativ wenig Wasser zur Verfügung steht und die Niederschläge in dem von ihr bestandenen Gebiet wesentlich geringer sind als in der Puna, die eine reiche Begleitflora an Annuellen und Stauden aufweist.

An der unteren Verbreitungsgrenze von *Lepidophyllum* verliert die Tolaheide ihren typischen Charakter, indem sich Elemente tieferer Regionen, wie *Diplostephium tacorense* beimischen. Nicht selten, wie beispielsweise im Tal des Rio Chala stoßen Tolaheide und Kakteenfelswüste unmittelbar aneinander. Mit zunehmender Höhe und felsiger werdendem Gelände lockert sich die Tolaheide auf und geht in die Felsfluren über, in denen im Verbreitungsgebiet der Tola die mächtigen Polster der bis fast 5000 m aufsteigenden „Yarita" (*Azorella yarita*, Abb. 74 unten) der Vegetation eine eigne Note verleihen.

Eine Sonderstellung innerhalb der Tolaheide nehmen die Trockenbetten ein, Erosionsrinnen, welche nur kurze Zeit des Jahres Wasser führen. Sie werden von kleinen Bäumen (*Polylepis*) und Sträuchern (*Mutisia* und *Ribes*-Arten) gesäumt, welche in der Regel die Tola an Größe überragen. Größere Bestände von *Polylepis* wurden im Tolagebiet zwischen Puquio und Coracora

[1] Das Verbreitungsgebiet von *Adesmia* stimmt weitgehend mit dem der Gattung *Lepidophyllum* überein.

angetroffen, wo dieser Baum nicht allein an die Bachbetten gebunden ist, sondern auch niedere Tuffhügel besiedelt.

Verstärkt wird der bereits erwähnte xerophytische Charakter der Tolavegetation durch die Anwesenheit von Kakteen. Zu ihren typischen Begleitern gehört *Oreocereus hendriksenianus* (Abb. 51), wobei sich das Areal der Gattung etwa mit dem der Tola deckt, denn auch diese greift von Peru in östlicher Richtung bis nach Argentinien hinüber. Zu den Charakterpflanzen der Tolaheide gehören weiterhin *Tephrocacteen* aus der „*Pentlandii*"-Gruppe, in Peru vertreten durch *T. ignescens*, eine kompakte halbkugelpolsterbildende Art[1] mit fuchsroter bis bernsteingelber, auf den spitzennahen Teil der Sproßglieder beschränkter Bestachelung. Zur Blütezeit bieten die stark aufgewölbten Polster mit ihren zahlreichen feuerroten Blüten einen prachtvollen Anblick. Der gleichen Gruppe gehören auch *Tephrocactus zehnderi* (K 121) und *T. fulvicomus* (K 122) an, zwei neue Arten von mehr nördlicher Verbreitung, die in der Tolaheide in der Umgebung der Lagune Parinocochas recht häufig sind und hier den mehr südlichen *T. ignescens* vertreten. Im gleichen Gebiet wächst auch *Matucana breviflora* (K 123), eine neue Art mit auffallend kurzen Blüten, die vorwiegend felsige Tuffbänke besiedelt, wo sie zusammen mit *Acantholobivia incuiensis* (K 124) auftritt, einem weiteren Vertreter aus der von BACKEBERG (Cataceae, Jahrb. DKG, 1942) aufgestellten Gattung, die bisher nur mit der einen Art, *A. tegelcriana* Backbg., bekannt war. *Acantholobivia* unterscheidet sich von *Lobivia* durch die sich nur wenig öffnenden, selbstfertilen Blüten, die an Areolen der Röhre neben Wollhaaren auch noch Stachelborsten erzeugen, die an der reifen Frucht zu langen Stacheln auswachsen, eine Erscheinung, die bei *Lobivia* niemals zu beobachten ist.

Die fü: die Puna typischen polsterbildenden Tephrocacteen aus der „*flo cosus*"-Gruppe sind in der Tolaheide relativ selten und vorwiegend durch *T. lagopus* (Abb. 74 oben) vertreten.

Von den großen Säulencereen erreicht nur *Corryocactus* die Tolaheide und zwar nur dort, wo die Kakteenfelswüste unmittelbar an jene grenzt (Lagune Parinocochas). Er zieht sich hier aber stets auf die aus den ebenen Aschen- und Sandflächen herausragenden Tuffhügel zurück, auf denen Lepidophyllum zurücktritt und von

[1] Über das Zustandekommen der Polster wurde bereits an früherer Stelle berichtet (RAUH 1939).

Abb. 74. *Oben: Tephrocactus lagopus* (K. Schum.) Backbg. in der Tolaheide bei Chuquibamba, 4000 m. *Unten:* Tolaheide mit *Azorella yarita* Haum. und *Pycnophyllum spec.* oberhalb Puquio, 4000 m

Adesmia, Proustia pungens, Tetraglochin, Chuquiragua, Coreopsis, Senecio idiopappus, Fabiana, Balbisia und *Calceolaria*-Arten vertreten wird.

Im großen und ganzen aber ist die Tolaheide im Vergleich zu ihrer Flächenausdehnung arm an Kakteen.

β) Die Kakteen der Puna

Die Puna ist nicht nur die charakteristische, sondern zugleich auch die größte und demzufolge die auf weite Strecken hin das Landschaftsbild beherrschende Pflanzenformation der Hochanden. Ihr Hauptverbreitungsgebiet ist die interandine Hochfläche; im Bereich der Gipfelfluren lockert sie sich zwischen 4300 und 4600 m auf und geht in die Formation der Schutt- und Felspflanzen über.

In klimatologischer Hinsicht unterliegt die Puna einem rhythmischen Wechsel zwischen niederschlagsarmen, kalten Wintern, in denen wochenlang Tau und Reif die einzige Form des Niederschlages sind, und niederschlagsreichen, relativ warmen Sommern. Die Vegetation zeigt demzufolge eine viel ausgeprägtere Rhythmik als jene der Tolaheide, die am deutlichsten bei den vorherrschenden Pflanzen, den Gramineen, zum Ausdruck kommt. Während der Regenzeit sind diese lebhaft grün und treiben neue Blätter, während der winterlichen Trockenzeit hingegen verfärben sich diese nach Gelb und Braun, wodurch die Pflanzen ein herbstliches Aussehen annehmen; gleichzeitig sistiert das Wachstum. Die Hauptblütezeit der oft reichen Begleitflora fällt, von Kompositen abgesehen, in das Ende der Regenzeit.

Im Gegensatz zur Tolaheide bietet die Puna ein wesentlich mannigfaltigeres und bunteres Bild ihrer Zusammensetzung. Es sind deshalb eine Reihe von Unterformationen zu unterscheiden. Wenn es auch nicht im Rahmen der vorliegenden Arbeit liegt, eine detaillierte Gliederung der Puna zu geben — dies soll an anderer Stelle erfolgen — so ist es doch erforderlich, einen groben Überblick über die wichtigsten Unterformationen vorauszuschicken.

Die Horst- oder Büschelgraspuna

ist gekennzeichnet durch das Vorherrschen hochwüchsiger, 0,5 bis 1 m hoher Horst- und Büschelgräser mit steifen, aufrechten, meist in eine stechende Spitze auslaufenden Blättern (Abb. 3 oben). Alle diese Horstgräser, unter denen die Gattungen *Festuca, Calamagrostis* und *Stipa* vorherrschen, werden von den Sierraindianern als „ichu“ bezeichnet, weshalb für die Horstgraspuna auch der Ausdruck „Ichu-Steppe“ gebräuchlich ist. Die Horstgräser stocken auf schwarzem, feinerdigem, humösem, leicht saurem Boden

(p_H 5,5—5; Abb. 75 links), der sich zur Regenzeit wie ein Schwamm voll Wasser saugt, dessen oberflächliche Schichten im Winter aber stark austrocknen. Schließen die Büschelgräser dicht zusammen, so fehlt — abgesehen von Moosen und Flechten — jegliche Begleitflora; zeigt aber die Horstgraspuna lückenhaften Pflanzenwuchs (Abb. 3 oben), so siedeln sich zwischen den Gräsern Spaliersträucher (*Baccharis serpyllifolia, Ephedra americana*) und Rosettenstauden mit tiefgreifendem Wurzelsystem an. Von allen Unterformationen nimmt die Horstgraspuna in Peru den größten Raum ein.

Die Kurzgraspuna

ist charakterisiert durch das Vorherrschen niederer, maximal bis 20 cm hoch werdender Gräser (vorwiegend *Calamagrostis vicunarum* und niedrige Festuca-Arten), die einen lückenhaften Bewuchs bilden; große Horstgräser fehlen entweder vollständig oder sind seltener, häufig hingegen Erdflechten aus den Gattungen *Thamniola, Stereocaulon, Parmelia* und *Lecanora,* sowie Polsterpflanzen aus den Familien der *Compositae, Valerianaceae, Geraniaceae, Caryophyllaceae* u. a.

Die Kurzgraspuna, die oft stellenweise große Strecken einnimmt, besiedelt arme und stark austrocknende Böden. Ihre typische Ausbildung zeigt sie auf windgeblasenen Hügeln; physiognomisch erinnert sie an die *Elyneten* der Alpen.

Die Polster- und Rosettenpflanzenpuna

(von WEBERBAUER als Puna-Matte bezeichnet) besiedelt ebenes oder leicht hügeliges Gelände, dessen Verwitterungsboden von größeren und kleineren Felsbrocken durchsetzt ist. Büschelgräser fehlen entweder vollständig oder spielen eine untergeordnete Rolle. Vorherrschend sind Rosettenstauden mit sitzenden Blüten bzw. Infloreszenzen, sowie Polsterpflanzen und Spaliersträucher. Einige dieser Pflanzen treten auch als Begleiter der Horstgraspuna auf. Ihre Hauptverbreitung hat diese Unterformation an der Obergrenze der Puna.

Die Kakteenpuna

ist als besondere Ausbildungsform der Polster- und Rosettenpflanzenpuna zu betrachten. Mit dieser hat sie gemeinsam, daß neben Büschelgräsern zahlreiche Rosettenstauden auftreten; sie unterscheidet sich von dieser aber durch das Vorherrschen von Kakteen von oft polsterförmigem Wuchs. Die Kakteenpuna besiedelt vorwiegend ebene Flächen oder leicht geneigte Hügel.

Die Schopfrosettenpflanzenpuna

hat in Peru heute nur noch lokale Verbreitung, dürfte ehemals aber ein größeres Areal eingenommen haben. Sie ist dadurch gekennzeichnet, daß zu den Horstgräsern stammbildende Schopfrosetten-

Abb. 75. *Links:* Punaboden-Profil. *Rechts: Puya raimondii*-Puna in der Quebrada Queshque (Cord. blanca), 4000 m

pflanzen aus der Gattung *Puya* treten. Die imponierendste unter diesen ist ohne Zweifel *P. raimondii,* eine hapaxanthe Rosettenpflanze, die im Verlauf vieler Jahre einen 2—3 m hohen Stamm bildet, der an der Spitze einen Schopf starr aufgerichteter, dornenbewehrter Blätter trägt und dessen Vegetationspunkt zur Bildung einer 3—5 m hohen Infloreszenz aufgebraucht wird (Abb. 75 rechts). Nach Ausstreuung der winzigen Samen geht die Pflanze zugrunde. Aus ihrem heute sehr zerissenen Vorkommen in Peru ist zu schließen, daß *P. raimondii* einst größere Teile des Landes besiedelt haben muß, heute im Rückgang begriffen ist. Nennenswerte Bestände finden sich nur bei Lampa am Titicaca-See, in der Cordillera blanca (Quebrada Queshque) und Cordillera negra (bei

Aija). Die Schopfrosettenpflanzenpuna besiedelt stets steinige, trockene Hügel mit nur geringer Feinerdeauflagerung.

Die Zwergstrauchpuna

ist durch das Vorherrschen niedriger, bis 30 cm hoher Zwergsträucher wie *Tetraglochin strictum, Senecio spinosus, Baccharis*-Arten charakterisiert. Besonders der erstere kann, ohne jede Begleitflora, große Strecken ärmsten und steinigsten Bodens überziehen.

Als selbständige Formationen eingeschachtelt in die Punaregion sind die Sumpf- und Wasserpflanzenvereine [Moore (*Distichia*- und *Plantago*-Moore), die Vegetation der stehenden und fließenden Gewässer] sowie die hochandinen (*Polylepis*-*Buddleia*-) Wälder, wie sie sich heute nur noch in Resten in schwer erreichbaren Tälern (Quebradas) am Fuße der Gletschermassive finden.

Von besonderem Interesse im Rahmen der vorliegenden Arbeit ist die Kakteenpuna. Wenngleich diese auch nur kleine Flächen einnimmt, so tritt sie dennoch im Vegetationsbild recht auffällig in Erscheinung, vor allem durch das Vorherrschen der polsterbildenden, in dichte Haarkleider eingehüllten Wollkakteen aus der Gattung *Tephrocactus*. Wo diese erscheinen, treten sie immer gesellig auf. Obwohl große Mengen von Samen mit wohl entwickelten Embryonen heranreifen, scheint die Vermehrung vorwiegend auf vegetativem Wege durch losgelöste Sproßglieder zu erfolgen. Aus Samen hervorgegangene Jungpflanzen wurden nur selten gefunden. Ein einzelnes Polster, insbesondere von *T. floccosus*, kann einen Durchmesser bis zu 4 m, bei einer Höhe bis 60 (bis 80) cm erreichen (Abb. 76 oben). Im Polsterinnern stehen die Sprosse dicht gedrängt und verfilzen sich gegenseitig mit ihren Stacheln und Wollhaaren. Wie bereits an anderer Stelle ausgeführt (RAUH 1939), ist auch bei den Kakteen die Polsterbildung das Ergebnis einer gesetzmäßigen, akroton-geförderten Verzweigung der einzelnen Glieder. An Sämlingspflanzen ist die Bewurzelung anfangs allorhiz; es entsteht eine kräftige, fast rübenförmige Primärwurzel, von der lange, flach unter der Erdoberfläche streichende Seitenwurzeln abzweigen. Mit zunehmender Vergrößerung des Polsters werden auch sproßbürtige Wurzeln erzeugt, die auf der Unterseite der dem Boden aufliegenden Glieder entstehen, während die zentralen Sprosse des Polsters in der Regel wurzellos bleiben.

Abb. 76. *Oben:* Kakteenpuna mit *Tephrocactus floccosus* (S. D.) Backbg. im Yaulital (Zentralperu), 4200 m. *Unten: Tephrocactus floccosus* in der Kultur

Im Gegensatz zu vielen anderen Polsterpflanzen findet nur eine geringe Humusansammlung im Polsterinnern statt. Die alten

Triebe verlieren zwar ihren Wollfilz, bleiben aber sonst erhalten und schrumpfen lediglich etwas ein.

In der ökologischen Literatur wird häufig die Ansicht vertreten, daß starke Behaarung — die Sproßglieder von *Tephrocactus udonis*, des Filzschuhkaktus, sind beispielsweise in einen so dichten Wollmantel eingehüllt, daß von der Sproßachse nichts zu sehen ist — einen Schutz gegen Trockenheit und insbesondere aber starke Kälte darstellt. Wenn diese Ansicht auch bis zu einem gewissen Grade zutrifft, so darf sie keineswegs den Anspruch auf Allgemeingültigkeit erheben[1], denn in Gesellschaft von *T. floccosus* findet sich im Tal von Yauli (Zentralperu) und auf den Mantaro-Terrassen bei Oroya der völlig haarlose *T. atroviridis*[2] (Abb. 77 oben), dessen Triebe bar jeden Transpirations- und Kälteschutzes sind und der unter den gleichen extremen klimatischen Verhältnissen lebt (starke Lufttrockenheit und hohe Kältegrade bis —15°) wie der behaarte *T. floccosus*.

Von den grünen, haarlosen Arten der Gattung war bisher allein *T. atroviridis* bekannt; unsere Sammeltätigkeit in den Hochcordilleren erbrachte noch weitere Arten (*T. yanganucensis*, *T. hirschii*, *T. punta-callan*), die sich von *T. atroviridis* durch den Besitz roter Blüten und die Bildung nur kleiner Flachpolster unterscheiden.

Auch von den behaarten Formen, von denen bislang aus Peru nur *T. floccosus*, *T. lagopus*, *T. udonis* und *T. verticosus* Eingang in die Literatur gefunden haben, konnten interessante Neufunde getätigt werden, vor allem Arten mit bisher nicht bekannten gelben und braunen Haarfärbungen. Da in manchen Gebieten oft mehrere dieser Arten mit dem weißen *T. floccosus* nebeneinander wachsen, ist anzunehmen, daß diese miteinander bastardieren, so daß die Formen mit gelblichweißer und hellbrauner Behaarung als Bastarde aufzufassen wären.

Die meisten der neuen Arten bilden kompakte Halbkugelpolster, ausgenommen *T. rauhii*, der in einzelnen Säulengruppen auftritt, die einem kleinen *Oreocereus* nicht unähnlich sind (Abb. 77 unten).

Die hochandinen *Tephrocacteen* geben bei der Kultur im Tiefland (bereits im Heimatland) ihren gestaucht-polsterförmigen Wuchs auf; die einzelnen, oft kugeligen Sproßglieder verlängern

---

[1] Siehe auch Hirsch, G. (1957).

[2] Er ist mit *T. floccosus* hinsichtlich der Behaarung durch zahlreiche Übergangsformen verbunden, die wohl als Bastarde zu betrachten sind.

Abb. 77. *Oben: Tephrocactus atroviridis* Backbg. im Yaulital (Zentralperu) 4200 m. *Unten: Tephrocactus rauhii* Backbg. auf der Punahochfläche am Fuße des 6400 m hohen Nevado Ausangate (Südperu), 3800 m

sich und nehmen das Aussehen einer behaarten *Cylindropuntia* (z.B. *C. vestita*) an (Abb. 76 unten), während die Arten der Kakteenfelswüste mit ihren kugeligen Sproßgliedern ihren typischen Wuchs auch in der Kultur mehr oder weniger beibehalten. Backeberg sondert deshalb mit Recht die hochandinen *Tephrocacteen* von denen der niederen Lagen, faßt jene in der Gruppe der „*Elongati*“, diese in der der „*Sphaerici*“ zusammen.

Die polsterbildenden *Tephrocacteen* sind für weite Gebiete der Punahochfläche, vom Titicaca-See bis zur Cordillera blanca bezeichnend, wenngleich sie auch auf große Strecken hin fehlen; sie finden sich ferner in den von Punagräsern bewachsenen Hochtälern der meisten Hochcordilleren und fehlen nur den Gebirgsmassiven der südlichen Ostcordillere (Cord. Veronica und Nevado Salcantay). Vermutlich wirken sich hier hohe Luftfeuchtigkeit und ergiebige Niederschläge ungünstig auf ihr Wachstum aus.

Wenngleich auch die polsterbildenden *Tephrocacteen* in der Puna durchaus vorherrschen, so sind auch noch andere Wuchstypen vertreten, Kugelkakteen aus den Gattungen *Oroya* und *Matucana*. Die erste ist eine endemische Gattung, deren Entwicklungszentrum im mittleren Peru zu suchen ist und deren Verbreitungsgebiet sich von Andahuaylas mit Unterbrechungen bis zur nördlichen Cordillera blanca erstreckt. Sie überschreitet weder die westliche Cordillerenkette — die westlichsten Standorte befinden sich auf dem Kamm der Cordillera negra — noch die östliche und ist demzufolge eine ausgesprochen interandine Hochgebirgsgattung mit kurzröhrigen Blüten. Die Früchte öffnen sich ähnlich wie bei *Islaya* an der Basis, so daß die Samen in den Scheitel der Pflanze fallen.

Lange Jahre hindurch war nur die von Weberbauer nach Europa eingeführte und seither in Kultur sich befindliche *Oroya peruviana* aus dem Dptm. Oroya bekannt, die bis heute mit Sicherheit noch nicht wieder gefunden worden ist, da eine genaue Standortsangabe fehlt[1]. 1931 fand Backeberg *O. neoperuviana*, die zwischen dem Ort Oroya und der Paßhöhe von Tarma zwischen 3900 und 4000 m auf stark verkarsteten und mit einer dünnen Schicht eisenhydroxydhaltiger Verwitterungserde bedeckten Jurakalken Massenbestände (Abb. 78) bildet. Sie ist vergesellschaftet mit *Stipa ichu*, *Selaginella peruviana* (häufig), *Baccharis serpyllifolia*, *Coreopsis* und *Lecanora*. *O. neoperuviana* bildet maximal bis

[1] Ich glaube jedoch annehmen zu dürfen, in unserer Sammelnummer K 3 (1956) etwa 20 km südlich Oroya eine Pflanze gefunden zu haben, die der Beschreibung von K. Schumann am nächsten kommt. Leider ist ein Vergleich mit der im Botanischen Museum Berlin-Dahlem aufbewahrten Originalpflanze nicht möglich, da diese im Verlauf der Kriegswirren verlorengegangen ist.

20 cm hohe und bis 15 cm im Durchmesser dicke Körper (Abb. 78) mit einer im Vergleich zu *O. peruviana* sehr dichten und in der Farbe veränderlichen Bestachelung, die vom reinen Weiß bis zum leuchtenden Schwarz-rot variiert, wie überhaupt alle bisher bekannten *Oroya*-Arten hinsichtlich der Stachelfarbe recht variabel sind. Zur Zeit der größten Trockenheit sind die Pflanzen von Kränzen leuchtend karminroter Blüten geschmückt.

Abb. 78. *Oroya neoperuviana* Backbg. in der Horstgraspuna bei Oroya, 3800 m

Von der Paßhöhe führt der Weg hinunter nach dem inmitten prächtiger Eucalyptushaine, 2400 m hoch in einem niederschlagsarmen Talkessel gelegenen Ort Tarma. Die umgebenden Hänge tragen demzufolge zwischen 2400 und 3300 m eine schüttere, xerophytische, von Kakteen durchsetzte Gebüschvegetation. Von den letzteren sind zu nennen *Trichocereus tarmensis* (K 8), dessen Säulen in dicke Mäntel von *Tillandsia virescens* eingehüllt sind; *Erdisia squarrosa*, deren niederliegende, einer rübenförmigen Wurzel entspringende Triebe zwischen dem Gebüsch umherkriechen, *Opuntia tunicata*, sowie mexikanische Platyopuntien.

Die Strauchvegetation wird vertreten von *Ephedra americana*, *Berberis flexuosa*, *Krameria triandra* (häufig), *Dalea weberbaueri*, *Dodonaea viscosa*, *Colletia spinosa*, *Dunalia lycioides*, *Ambrosia peruviana, Flourensia spec., Chuquiragua spinosa, Mutisia viciaefolia*; zahlreich sind auch xerophytische Pteridophyten: *Cheilanthes lentigera, Pellaea nivea, P. ternifolia, Notochlaena tementosa* und *Selaginella peruviana*.

Die krautige Begleitflora ist zur Trockenzeit bis auf die Blattsukkulenten *Peperomia nivalis, Pilea serpyllacea* (?) und einige zwiebeltragende *Stenomesson*-Arten restlos verdorrt. Graue, „wurzellose" Tillandsien, *T. tectorum, T. cauligera* überziehen die Felswände; *T. virescens* und *T. usneoides* hüllen Zweige und Äste der Sträucher völlig ein und deuten auf eine hohe, nächtliche Luftfeuchtigkeit hin.

20 km südlich Oroya fanden wir auf dürftig bewachsenen, steinigen Terrassen eine weitere neue *Oroya, O. subocculta* (K 72, 1954; K 2, 1956), die sich von *O. neoperuviana* durch die flachgedrückten Körper mit stark vertieftem Scheitel, sowie eine dichtere, stark verflochtene Bestachelung unterscheidet. Gleich jener läßt auch *O. subocculta* hinsichtlich der Farbe ihrer Stacheln eine große Variationsbreite erkennen. Die Vegetation des Standortes ist sehr lückenhaft; als Begleitpflanzen von *Oroya* wurden notiert: *O. laxiareolata* (K 4), eine weitere seltene, zwischen zusammengetragenen Felsblöcken wachsende Art, *Tephrocactus floccosus*, in allen Übergängen zu *T. atroviridis, Festuca spec., Mühlenbergia peruviana* (häufig), *Baccharis serpyllifolia, Paronychia rigida, Trifolium peruvianum* und eine rosettenbildende *Oxalidaceae* mit rübenförmigen Wurzeln.

Als südlichster *Oroya*-Standort kann nach unseren bisherigen Kenntnissen die Punahochfläche zwischen Andahuaylas und Ayacucho (bei km 116 der Carretera central) gelten. Hier wächst eine *O. neoperuviana* nahestehende Pflanze, die sich von dieser durch den Besitz kleinerer Blüten und höckerig unterteilter Rippen der flachgedrückten Körper unterscheidet und deshalb als *O. neoperuviana* var. *depressa* (K 72, 1954) bezeichnet worden ist. Bemerkenswert ist das vom Hauptareal abgesprengte und weit nach Süden vorgeschobene Vorkommen. Ob zwischen diesem und dem etwa 300 km nördlich gelegenen Mantaro-Standort sich noch weitere nachweisen lassen, muß einer künftigen Durchforschung des Gebietes vorbehalten bleiben.

Alle zentralperuanischen Arten gehören dem Formenkreis der rotblühenden *O. peruviana* an, wobei spätere Untersuchungen, insbesondere Kulturversuche, zeigen müssen, ob die im vorstehenden aufgeführten *O. neoperuviana*, *O. laxiareorata*, *O. subocculta* wirklich als Arten oder vielleicht nur als Varietäten bzw. Formen der *O. peruviana* aufzufassen sind.

Einem anderen Formenkreis ist die *Oroya* des nördlichen Teilareals (nördliche Cordillera blanca und Cord. negra zwischen dem Paß Conococha und Caras) zuzuordnen. Es handelt sich um die gelb blühende *O. borchersii* (K 96, 104, 1954; K 56, 1956), die schon 1932 von PH. BORCHERS auf der Cordilleren-Kundfahrt des Deutsch-Österreichischen Alpenvereins in allerdings nichtblühendem Zustand gesammelt wurde, so daß die Zugehörigkeit der Pflanze zur Gattung *Oroya* bislang unklar blieb. BOEDEKER (1933) beschrieb sie als *Echinocactus borchersii*. 1954 konnten wir die Pflanze am gleichen Standort in voller Blüte sammeln und damit ihre Zugehörigkeit zur Gattung klären. *O. borchersii* tritt gleich *O. neoperuviana* in Massenbeständen auf, zusammen mit *Tephrocacteen* als Bestandteil einer offenen Horstgraspuna; in der nördlichen Cord. blanca (Quebrada Queshque) aber ist *O. borchersii* eine Begleitpflanze von *Puya raimondii*. Auch diese *Oroya* ist hinsichtlich der Stachelfarbe variabel und tritt in einer bernsteingelb- (Typ) und fuchsrot (var. *fusca*) bestachelten Varietät auf.

Oberhalb Ticapampa bei der Hacianda Catac (Dptm. Ancash) ist *O. borchersii* vergesellschaftet mit einer der schönsten *Matucanen* Perus, mit *M. yanganucensis* (K 55, 1956; K 99, 100, 101, 1954), deren Verbreitungsgebiet sich von der Quebrada Queshque bis zur Quebrada Santa Cruz erstreckt. Sie fehlt auch nicht der Cord. negra, wenngleich sie hier wesentlich seltener ist; an der Punta Callan überschreitet sie den Cordillerenkamm und steigt auf seiner westlichen Abdachung im Tal des Rio Casma bis etwa 3400 m herab. *M. yanganucensis* ist eine hinsichtlich der Bestachelung und der Blütenfarbe außerordentlich formenreiche Art und zugleich ein Vertreter jener Arten, die infolge Verzweigung ihrer Körper zur Polsterbildung neigen.

Mit den vorstehend aufgeführten Gattungen ist der (nach unseren bisherigen Kenntnissen) Reichtum der hochandinen Region an Kakteen bereits erschöpft. Gelegentlich steigen *Opuntia subulata* und *O. exaltata* bis in die Puna empor, doch fällt ihr Hauptverbreitungsgebiet in die andine Kulturregion.

Abschließend stellen wir fest, daß *Tephrocactus* die für die Punaformation markanteste und zugleich artenreichste Gattung unter den Kakteen ist.

Nördlich Cajamarca fehlen, wenigstens soweit bisher bekannt, die Kakteen der hochandinen Region, der Jalca völlig; das Klima ist wohl zu feucht, um Kakteenwuchs zu ermöglichen; die gleiche Feststellung gilt auch für die kalt-feuchten Paramos von Ecuador.

Zusammenfassung

Aus der speziellen Darstellung der Kakteenverbreitung in Peru ergeben sich nun die folgenden allgemeinen Gesichtspunkte:

1. Verbreitungszentren der Kakteen sind all jene Gebiete, die entweder geringe Niederschläge oder zumindest eine längere Trokkenzeit aufweisen, also die Andenwestseite, die interandinen Trokkentäler und die Punahochfläche. In Regionen mit höheren oder ± gleichmäßig über das ganze Jahr verteilten Niederschlägen (Jalca) fehlt diese Pflanzengruppe vollständig.

2. Auf der Andenwestseite (nördlich bis zum 7.° s. Br.) bilden die Kakteen in niederen Lagen eine eigene Formation, deren vertikale Ausdehnung bei gleichzeitigem Absinken der unteren und oberen Verbreitungsgrenzen von Süd nach Nord eingeengt wird. Nördlich des 7.° s. Br. sind die Kakteen auf der Andenwestseite Bestandteile eines lichten, regengrünen Savannenwaldes, während sie in den interandinen Trockenregionen die höheren Lagen beherrschen. In der Zone der Sommerregen sind die Kakteen nurmehr Begleitpflanzen einer an Stauden und Annuellen reichen Gebüschformation.

3. In allen Gebieten läßt sich eine klare vertikale Aufeinanderfolge einzelner Gattungen beobachten, wobei diese eine meist nach unten und oben scharf abgegrenzte Höhenlage einnehmen. Nur wenige Gattungen besitzen zwei getrennte vertikale Areale, ein unteres der niederschlagslosen Zone und ein dem Bereich der Sommerregen angehöriges.

4. Hinsichtlich der Größe der Kakteen und der Höhenlage ihres Verbreitungsgebietes läßt sich keine unmittelbare Beziehung feststellen. Die großen Säulencereen finden sich sowohl in niederen als auch in höheren Lagen, wie umgekehrt auch Kugelformen oder polsterbildende in tiefere Lagen herabsteigen. Nur die extrem polsterbildenden Arten aus der Gattung *Tephrocactus* sind allein auf die Hochlagen beschränkt. In tieferen Lagen geben diese ihren Polsterwuchs auf und die sonst kurzgliedrigen Sprosse verlängern sich säulenförmig.

5. Die Hauptblütezeit der peruanischen Kakteen fällt in die Monate extremster Trockenheit, wobei die Hochgebirgskakteen während dieser Zeit strengen Nachtfrösten ausgesetzt sind.

Literaturnachweis zu Teil I

BACKEBERG, C.: Stachelige Wildnis. Radebeul: Neumann 1951. — BACKEBERG, C., u. E. WERDERMANN: Neue Kakteen. Frankfurt a. d. Oder 1931. — BERGER, A.: Die Entwicklungslinien der Kakteen. Jena 1926. — BLOSSFELDT, H.: Beobachtungen über die Kakteenflora an den Quellen des Amazonasstromes. Kakteenkunde 1937. — BONPLAND, A., v. HUMBOLDT, A. u. KNUTH, C. S.: Nova genera et species plantarum. 7 Bde. Paris 1815 bis 1825. — BORCHERS, PH.: Die weiße Kordillere. Berlin 1935. — BOWMAN, J.: The Andes of Southern Peru. Americ. Geogr. New York 1916. — Los Andes del Sur del Peru. Arequipa (Peru) 1938. — BRITTON, N. L., and ROSE, J. N.: The Cactaceae. Carnegie Inst. of Washington; 4 Bde; 1919—1923. — BRUNS, F.: Mitteilungen zur Kenntnis der Vegetation des peruanischen Küstengebietes. Mitt. Inst. allg. Bot., Hamburg **8** (1929). — FERREYRA, R.: Comunidades vegetales de algunas Lomas costaneras del Perú. Estacion experimental agricola de „La Molina". Boletin Nr. 53, Lima 1953. — GOODSPEED, T. H., and H. STORK: The University of California Botanical Garden expeditions to the Andes (1935—1952). With observations on the Phytogeography of Peru. Berkeley u. Los Angeles: University of California Press 1955. — HANN, J.: Zum Klima des Hochlandes von Peru und Bolivien. Peterm. geogr. Mitt. **5** (1903). — Zur Meteorologie von Peru. S. B. Akad. Wiss. 118, Wien 1909. — HEIM, A.: Wunderland Peru. Bern 1948. — HERRERA, F. L.: Sinopsis de la Flora del Cuzco, Tomo I. Lima 1941. — HETTNER, A.: Regenverteilung, Pflanzendecke und Besiedlung der tropischen Anden. Richthofen-Festschrift, Berlin 1893. — HIRSCH, G.: Zur Klimatologie und Transpiration an Vegetationsgrenzen. Beitr. Biol. Pflanzen **33**, H. 3 (1957). — HUMBOLDT, A. v.: Ansichten der Natur. 2 Bde. Tübingen 1808. — KINZL, H.: Die Kordillere von Huayhuash (Peru). Z. D. OE. A. V., Stuttgart 1937. — KINZL, H., u. E. SCHNEIDER: Cordillera Blanca (Peru). Innsbruck 1950. — MEYEN, F. J.: Reise um die Erde. Berlin 1834 u. 1835. — MIDDENDORF, E. W.: Peru. 3 Bde. Berlin 1893/94. — PEPPLER, A.: Beiträge zur Meteorologie von Peru und Ecuador zwischen 11° und 2°. s. B. Veröff. Ges. Erdk., Leipzig 1913. — RAIMONDI, A.: El Peru. 4 Bde. Lima 1874—1879. — RAUH, W.: Über polsterförmigen Wuchs. Nova Acta Leopoldina, N. F. **7** (1939). — Botanische Mitteilungen aus den Anden (I—III). Abh. der Akademie der Wissenschaften und der Literatur, Math.-nat. Kl., H. 3, Mainz 1955. — Les Broméliacées des Andes du Pérou. „Cactus" 1956, H. 48 u. 49. — Peru, Landschaften und Menschen. Umschau 1596, H. 1. — Peruanische Vegetationsbilder, I u. II. Umschau H. 5 u. 6, 1956. — Über cephaloide Blütenregionen bei Kakteen mit besonderer Berücksichtigung der Blütenkurztriebe von *Neoraimondia* Br. et R. Beitr. Biol. Pflanzen H. 1, 1957. — SCHUMANN, K.: Gesamtbeschreibung der Kakteen. Berlin 1897. — SIEVERS, W.: Reise in Peru und Ecuador. Wiss. Veröff. Ges. Erdk. VIII. Leipzig 1914. — Die Cordillerenstaaten. I. Einleitung. Bolivien und Peru. Berlin u. Leipzig 1913. — Süd- und Mittelamerika. Berlin u. Leipzig 1914. — STEINMANN, G.: Geologie von Peru. Heidelberg 1929. — TROLL, C.: Die Lokalwinde der Tropengebirge und ihr Einfluß auf Niederschlag und Vegetation. (Studien zur Vegetations- und Landschaftskunde der Tropen III) in: Bonner Geographische Abhandlungen, hrsg. von C. TROLL u. F. BARTZ, H. 9, Bonn 1952. — Peru. In Handbuch der Geographischen Wissenschaft, hrsg. von F. KLUTE. Bd. Südamerika. Potsdam: Athenaion-Verlag 1930. — TSCHUDI, J. J. v.: Peru. Reiseskizzen aus den Jahren 1838—1842. 2 Bde. St. Gallen 1846. — ULE, E.: Ules Expedition in das peruanische Gebiet des Amazonasstromes. Notizbl. des königl. Botan. Gartens und Museums zu Berlin. Bd. IV. Leipzig 1903. — VARGAS, C.: Diez años al servicio de la Botanica en la Universidad del Cuzco. Cuzco (Peru) 1946. — La flora xerofita del Apurimac medio. De Lilloa, Bd. XX. Tucuman 1949. — VAUPEL, F.: Cactaceae andinae. Engl. bot. Jb. **50**, Beiblatt 111 (1913). — WAGNER, A.: Hangwind—Ausgleichsströmung—Berg- und Talwind. Meteorol. Z. **49** (1932). — Neue Theorie des Berg- und Talwindes. Meteorol. Z. **49** (1932). — Theorie und Beobachtungen der periodischen Gebirgswinde. Beitr. Geophysik **52** (1938). — WEBERBAUER, A.: Grundzüge von Klima und Pflanzenverteilung in den peruanischen Anden. Peterm. geogr. Mitt. **5** (1906). — Weitere Mitteilungen über Vegetation und Klima der Hochanden Perus. Engl. bot. Jb. **39** (1907). — Die Pflanzenwelt der peruanischen Anden, in: Die Vegetation der Erde, hrsg. von A. ENGLER u. O. DRUDE. Bd. XII. Leipzig 1911. — Pflanzengeographische Studien im südlichen Peru. Engl. bot. Jb. **48**, Beiblatt 107 (1912). — Die Vegetationskarte der peruanischen Anden zwischen 5° und 17° S. Peterm. geogr. Mitt. 1922. — Die Pflanzendecke Nordperus im Departemento Tumbez. Peterm. geogr. Mitt. 1929. — Untersuchungen über die Temperaturverhältnisse des Bodens im hochandinen Gebiet Perus und ihre Bedeutung für das Pflanzenleben. Engl. bot. Jb. **63** (1930). — Phytogeography of the Peruvian Andes, in J. F. MACBRIDE: Flora of Peru, Teil I. Chicago: Field Museum 1936. — El Mundo vegetal de los Andes Peruanos. Lima 1945. — WEDDELL, H. A.: Voyage dans le nord de la Bolivie et dans les parties voisines du Pérou. Paris u. London 1853. — Chloris andina. Essai d'une flore de la region alpine des Cordillères de l'Amérique du Sud. Paris 1855—1857. — WERDERMANN, E.: Brasilien und seine Säulenkakteen. Neudamm 1943. — Neue und kritische Kakteen aus den Sammelergebnissen der Reise von HARRY BLOSSFELDT durch Südamerika 1936/37. Kakteenkunde 1937.

II. Systematisch-beschreibender Teil

Übersicht über die in Peru beheimateten Kakteen

(In Zusammenarbeit mit C. BACKEBERG, Hamburg)

Es wurde bereits im I. Teil der vorliegenden Studie darauf hingewiesen, daß wir auf den im Jahre 1954 und 1956 durchgeführten Studienreisen in Peru unter anderem eine Anzahl neuer, in der Literatur bisher nicht beschriebener Kakteen sammeln und von einigen, bisher nur unvollständig bekannten Arten und Gattungen die systematische Zugehörigkeit klären konnten. Ziel und Zweck der folgenden Ausführungen ist es, Diagnosen[1] der Neufunde auf Grund eigener Standortsbeobachtungen zu geben und durch Bilder der am natürlichen Standort gewachsenen Pflanzen zu belegen. Dies erscheint mir um so notwendiger, als bekannt ist, daß viele Kakteen unter normalen Kulturbedingungen ihren ursprünglichen Habitus, insbesondere Bestachelung und Behaarung so weitgehend verändern, daß die kultivierte und am natürlichen Standort gewachsene Pflanze erheblich voneinander abweichen, und eine nach einer Kulturpflanze gegebene Diagnose eine sichere Bestimmung nicht immer zuläßt. Da auf Grund eigener Beobachtungen immer wieder festgestellt wurde, daß Jugend- und Altersform der gleichen Art, sogar oft der gleichen Pflanze, hinsichtlich der Bestachelung und der Stachelfarbe sich nicht unwesentlich voneinander unterscheiden, sind zur Aufstellung der Diagnosen stets nur blühfähige Pflanzen herangezogen worden.

Bei der Durchsicht der vorliegenden Literatur hat sich gezeigt, daß die Beschreibungen der bisher bekannten Arten oft recht lückenhaft und unvollständig sind. Es erscheint daher ratsam, auch schon bekannte Arten aufzuführen, so daß die folgende Darstellung als Vorarbeit zu einer monographischen Bearbeitung der Kakteenvegetation Perus gewertet werden kann. Nicht berücksichtigt sind die in Kakteen-Katalogen aufgeführten Neuheiten, da Katalognamen, solange die Pflanzen nicht in einer wissenschaftlichen Zeitschrift beschrieben sind, keinerlei Anspruch auf wissenschaftliche

[1] Kurze lateinische Diagnosen sind bereits von C. BACKEBERG in seinem Diagnosenverzeichnis „Descriptiones cactearum novarum“ Verlag G. Fischer, Jena 1956, gegeben worden.

Gültigkeit haben, zumal auch Standortsangaben fehlen oder ungenau sind. Auch zweifelhafte Gattungen und Arten sind, soweit sie nicht selbst am Standort beobachtet wurden, weggelassen.

Es würde den Rahmen der vorliegenden Arbeit überschreiten, sich im einzelnen mit den verschiedenen Kakteen-Systemen (BRITTON u. ROSE, BERGER, KRAINZ u. BUXBAUM, BACKEBERG) auseinander zu setzen. Das mag von berufenerer Stelle aus geschehen.

Auch sonst bleiben noch eine Reihe von Fragen offen, vor allem was die systematische Gruppierung bisher umstrittener Gattungen betrifft, deren Klärung an Hand des gesammelten Materials späteren Publikationen vorbehalten bleiben muß.

Dank gebührt Herrn Dr. G. BUCHLOH für die Abfassung und Überarbeitung der lateinischen Diagnosen, sowie Frl. M. KOOP und Herrn Dr. R. SCHINDLER für die Hilfe bei der Ausführung der Zeichnungen.

Die Typ-Pflanzen der Sammelreise 1954 befinden sich im Jardin botanique „Les Cèdres" von Mr. JULIEN MARNIER-LAPOSTOLLE, St. Jean Cap Ferrat, die von 1956 im gleichen Garten, sowie im Botanischen Garten der Universität Heidelberg; abgestorbene Pflanzen im Herbar des Botanischen Institutes Heidelberg.

A. *Pereskioideae* K. Schum.

Pereskia (Plum.) Mill.

Das Areal der Gattung *Pereskia* (= *Peireskia*) erstreckt sich mit Unterbrechungen von Mexiko, Westindien, Mittelamerika bis nach Südamerika. Der Schwerpunkt ihrer Verbreitung und Entwicklung liegt in Südamerika. In Peru ist *Pereskia* aus dem Gebiet des Marañon bei Jaén-Bellavista (Nordperu) bekannt geworden, wo ihre Vertreter als Bestandteil regengrüner Wälder auftreten (s. S. 165). Bisher sind zwei Arten aufgefunden worden, *P. humboldtii* Br. et R. und *P. vargasii* Johnson. Da aber das Gebiet des Departements Jaén, sowie des Mittellaufs des Marañon und seiner Nebenflüsse botanisch als schlecht durchforscht gelten kann, sind aus dieser Gegend vielleicht noch weitere Funde zu erwarten.

Die peruanischen Arten zeigen ein ausgesprochen strauchiges Wachstum mit basiton geförderter Verzweigung. An der Basis älterer, stark verholzter Triebe entwickeln sich 2—4 m lange, nicht selten windende Schößlinge, die in ihrem oberen Drittel Kurztriebe von flexuoser Beschaffenheit hervorbringen. Sie sind wohl als eine eigene Entwicklungsgruppe zu betrachten, die sich von den übrigen Arten in folgenden Punkten unterscheiden:

durch die sehr kleinen, maximal einen ∅ von 1,5 cm erreichenden Blüten,

durch die kelchartige Ausbildung der äußeren Perigonblätter (s. Abb. 79—80)

und durch die kleinen, schwarzroten, 0,5—0,7 cm im ∅ großen Früchte, die wenige, schwarze Samen enthalten.

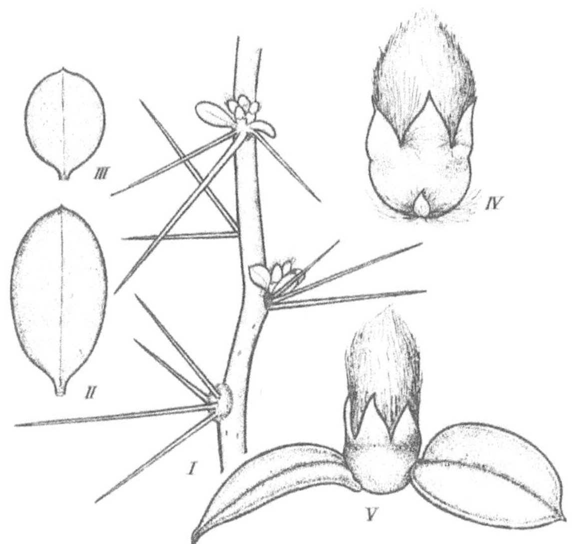

Abb. 79. *Pereskia humboldtii* Br. et R.; I Zweig mit Blütenknospen; II Blatt eines Langtriebes; III Tragblatt eines Blütenkurztriebes; IV—V Blütenknospen; in V sind 2 Blätter der Blütenachse laubig entwickelt. (I—III etwa nat. Gr.)

Pereskia humboldtii (H. B. K.) Br. et R.[1] (Abb. 79). (*Peireskia horrida* D C.; *Cactus horridus* H. B. K)

Die Pflanze wurde von Humboldt bei Jaén de Bracamoros am Marañon auf trockenen Hügeln entdeckt und als *Cactus horridus* beschrieben; Johnson (1952) fand sie zwischen Pucara und Jaén in den Trockenwäldern des Talbodens in 740 m Höhe; in der gleichen Gegend wurde *P. humboldtii* auch von uns angetroffen. Da sowohl die Beschreibung von Johnson von jener von Humboldt, Bonnland und Knuth, als auch unsere von der von Johnson abweicht, ist anzunehmen, daß *P. humboldtii* hinsichtlich ihrer Wuchsform und Ausbildung der Areolenstacheln variabel ist. Ich lasse deshalb die Diagnose der von uns gefundenen Pflanze folgen:

Bis 3 m hoher, grünrindiger, sparrig verzweigter Strauch [nach H. B. K.: strauch- oder baumförmig, bis 6 m hoch; nach Johnson: Baum oder Strauch, 2—6 m hoch] mit zierlichen, oft zickzackförmig hin und her gebogenen Seitenästen letzter Ordnung; Blätter derb, kahl, 2—2,5 cm lang, oval, kurz bespitzt, kurz gestielt (Abb. 79, II); Areolen dick, rundlich bis länglich, mit hellbraunem Wollfilz und einzelnen, längeren Haaren [nach

[1] Britton und Rose, Bd. IV, S. 251.

Johnson: Areolen rund, kleiner als 3 mm im ∅]; Stacheln[1] 2—4, meist 3, ungleich lang, der mittlere bis 5 cm (Abb. 79, I), an der Basis oberseits abgeflacht, in der Jugend gelb, im Alter grau [nach H. B. K. und Johnson: Stacheln meist einzeln, selten zu 2—3, der längste höchstens bis 3 cm lang]; Blüten in den oberen Blattachseln der Seitenäste letzter Ordnung, kurz gestielt, zu 3—5 in Knäueln, meist jeweils nur eine Blüte offen; Blütenachsenröhre sehr kurz, 2 mm lang, an der Basis Schuppenblätter tragend, davon 1 oder 2 meist laubig entwickelt und bis 7 mm lang (Abb. 79, III, V); äußere Blütenhüllblätter 5, kurz-dreieckig, grün, fleischig, kelchartig; innere 5, orangerot, länglich-oval; geöffnete Blüte 0,5—1 cm im ∅ [nach H. B. K. bis 2 cm; nach Johnson bis 1 cm]; reife Frucht dunkelrot, rundlich, bis 6 mm im ∅, vom abgetrockneten Perigon gekrönt.

Fundort: Trockenwald bei Chamaya, Tal des Rio Huancabamba, 700 m; Sammelnummer: K 77, 1956.

Pereskia vargasii Johns. (Cact. and Succ. Journ., Vol. XXIV, 4, 1952, S. 114)

var. *longispina* Rauh et Backbg. nov. var. (Abb. 80)

Bis 2 m hoher, sparrig verzweigter Strauch, mit schößlingsartigen Langtrieben und dünnen, zickzackförmig hin und her gebogenen, kurz behaarten Seitenästen letzter Ordnung; Blätter kurz gestielt, mit eiförmiger, bis 2 cm langer und 1,5 cm breiter, zugespitzter, kurz behaarter, hellgrüner Spreite (Abb. 80, I); Areolen klein, rundlich, bis 3 mm im ∅, mit weißem Wollfilz, an jungen Trieben mit 1,5 cm langen, silbrigen Haaren; Stacheln meist 3 (—5), bernsteingelb, der längste bis 5 cm lang, an der Basis stark abgeflacht; Blüten achselständig zu 1—3, davon meist nur eine entwickelt, geöffnet (nur vormittags) bis 0,7 cm im ∅; Blütenachsenröhre breitrundlich, 2—3 mm im ∅[2], mit Schuppenblättern besetzt, diese im Gegensatz zu *P. humboldtii* selten laubig entwickelt; äußere Blütenhüllblätter kelchartig, dreieckig-zugespitzt, fleischig, grün, mit langen weißen Haaren in ihren Achseln (Abb. 80, III—IV); innere 5—6, oval-lanzettlich, mit scharf abgesetzter Spitze (Abb. 80, III), unterseits leicht rötlich, oberseits weiß mit grünem Mittelstreifen; Staubblätter viel kürzer als das Perigon, mit gelben Antheren; Griffel kurz, mit 4 Narbenstrahlen; reife Früchte weinrot, bis 6 mm im ∅, vom abgetrockneten Perigon gekrönt; Samen 1,5 mm lang, schwarz-glänzend.

---

[1] Wenn in den folgenden Diagnosen der Ausdruck „Stacheln" gebraucht wird, so nur deswegen, weil er in der Kakteenliteratur allgemein verwendet wird. Im morphologischen Sinne handelt es sich natürlich um Dornen, d.h. um umgewandelte Blätter der Areolenkurztriebe.

[2] Bei der Angabe von Johnson: „ovary small, 2—3 cm" (!) dürfte es sich wohl um einen Druckfehler handeln; gemeint sind wohl „mm".

Fundort: Ostufer des Marañon bei Bellavista, 500 m Höhe; Sammelnummer: K 80, 1956.

Frutex usque 2 m altus squarrose ramosus caulibus surculiformibus et ramis lateralibus ultimi ordinis tenuibus brevi-pilosis ultro-citroque flexis; folia breviter petiolata lamina oviformi usque 2 cm longa, 1,5 cm lata acuminata brevi-pilosa laete viridi; areolae parvae, rotundulae usque 3 mm in ∅ tomento laneo albo, in caulibus iunioribus pilis argenteis 1,5 cm longis; aculei plerumque 3 (—5) electri colore, longissimus usque 5 cm metiens basi

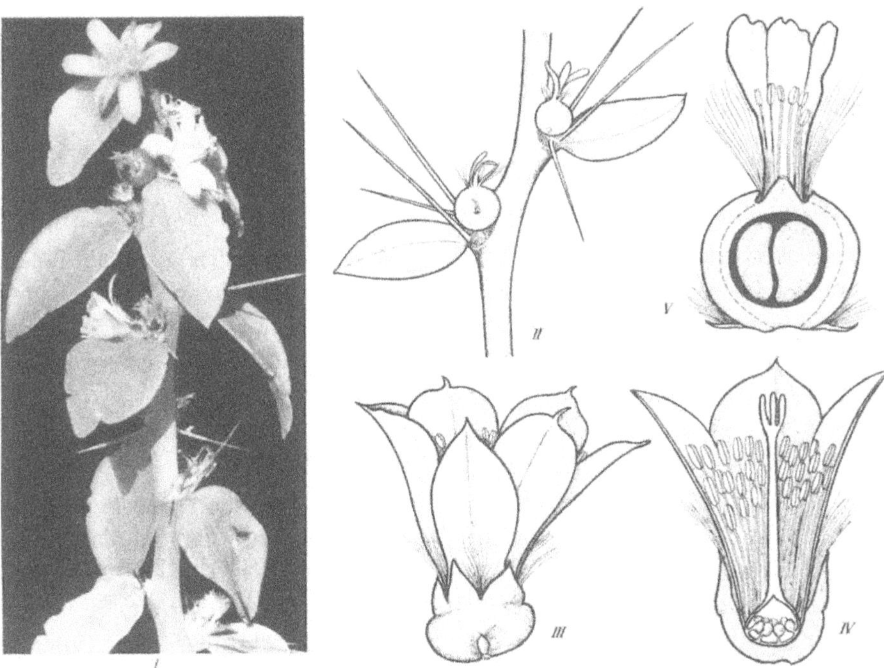

Abb. 80. *Pereskia vargasii* Johns. var. *longispina* Rauh et Backbg. I Habitus; II fruchtender Zweig; III Einzelblüte; IV dieselbe durchschnitten; V junge Frucht längs

valde applanatus; flores axillares 1—3, plerumque tantum unus eorum evolutus, apertus (tantum ante meridiem) usque 0,7 cm in ∅; tubus floralis late cylindricus, 2—3 mm in ∅ squamis bracteaneis obtectus, quae sunt raro foliaceae (ea re a *P. humboldtii* differunt); folia involucralia exteriora sepaloidea, trigona, acuminata, carnosa, viridia, in axillis eorum pili longi albi; interiora 5 ovali-lanceolata acumine conspicue separato subter rubescentia, supra alba, linea mediana viridi; stamina multo breviora quam phylla perigonii; antheris luteis; stylus brevis radiis stigmatis 4; fructus maturi rubri vini colore, usque 6 mm in ∅ perigonio desiccato coronati; semina 1,5 mm longa, atro-nitentia

Die var. *longispina* unterscheidet sich vom Typus durch die viel längeren Stacheln, die nach Johnson nur eine Länge von maximal 2 cm haben und durch die viel kleineren Blüten, deren Größe beim Typus mit 1—1,5 cm im ∅ angegeben wird.

P. vargasii, die von JOHNSON als selten angegeben wird, wurde von uns als häufiger Begleiter der Kakteenwälder des östlichen Marañon-Ufers angetroffen. Sie wächst hier in Gesellschaft von *Espostoa laticornua, E. lanata, Seticereus chlorocarpus, S. roezlii, Melocactus bellavistensis* und zahlreichen Sträuchern. Im Gegensatz zu *P. humboldtii*, einem typischen Begleiter des regengrünen Waldes, scheint *P. vargasii* trocknere Standorte zu bevorzugen. Beide Arten sind jedoch nahe miteinander verwandt; eingehendere Untersuchungen müssen zeigen, ob *P. vargasii* nicht nur als Varietät von *P. humboldtii* aufzufassen ist.

B. *Opuntioideae* K. Schum.

Cylindropuntia (Engl.) Knuth

Von den südamerikanischen *Cylindropuntien*[1] mit einfachen, scheidenlosen Stacheln von kräftigem, aufrechtem Wuchs werden von BRITTON und ROSE für Peru 4 Arten angegeben: *C. exaltata, C. subulata, C. cylindrica* und *C. pachypus*. Die interessanteste ist ohne Zweifel

C. pachypus (K. Schum.) Backbg. (Abb. 28),

die von allen peruanischen Opuntien das kleinste Areal besitzt und in ihrer Verbreitung ausschließlich auf das Eulalia-Tal, einem Seitental des Rio Rimac, und das Tal des Rio Chillon beschränkt ist. Schon dem Rimactal fehlt diese interessante Art. Es ist zu vermuten, daß *C. pachypus*, die in ihrem Habitus stark von den übrigen Cylindropuntien abweicht, heute im Rückgang begriffen ist und ehemals eine weitere Verbreitung besaß. Jedenfalls ist sie heute an dem von K. SCHUMANN (Monatsschrift „Kakteenkunde" 14, 1904) auf Grund der Angaben von WEBERBAUER zitiertem Typ-Standort Santa Clara bei Lima nicht anzutreffen. Auch ROSE suchte sie 1914 dort vergebens. Es ist zu vermuten, daß SCHUMANN Santa Clara mit Santa Eulalia verwechselt hat. Auf Grund eigener Beobachtungen halte ich den ersteren Ort für eine irrtümliche Angabe, denn Santa Clara liegt noch im Bereich der feuchten Garuanebel, während *C. pachypus* als extremer Xerophyt in ihrer Verbreitung an die regenlose Andenregion (basale Kakteenstufe) gebunden ist.

---

[1] Diese werden von BACKEBERG in der Gattung *Austrocylindropuntia* Backbg. zusammengefaßt.

C. pachypus ist von cereenähnlichem Wuchs, erreicht eine Höhe bis zu 1 m; Triebe meist einzeln, selten kandelaberartig verzweigt, mit rhombischen, in Parastichen angeordneten Blattpolstern bedeckt; die sehr kleinen Oberblätter bleiben nur kurze Zeit erhalten; Stacheln bis zu 30 aus jeder Areole, bis 2 cm lang, alle schräg abwärts gerichtet (Abb. 28); die auffälligen, scharlachroten Blüten stehen terminal an bis 7 cm langen „Kurztrieben", welche sich im oberen Drittel des Primärsprosses entwickeln (Abb. 28, rechts). Der eigentliche Blütenachsenbecher, welcher die sehr kleine Fruchtknotenhöhle umschließt, ist nur ca. 1 cm lang und setzt sich anfangs vom Kurztrieb nur wenig ab. Der dem Achsenbecher zugehörige Anteil ist äußerlich nur daran kenntlich, daß die Areolen keine verlängerten Stacheln hervorbringen; erst zur Zeit der Samenreife setzt sich dieser schärfer vom „Kurztrieb" ab. Nach unseren Beobachtungen werden zwar Samen mit voll ausdifferenzierten Embryonen ausgebildet, doch erfolgt eine Vermehrung vorwiegend auf vegetativem Wege. Die einzelnen Blüten„kurztriebe" fallen bei der geringsten Berührung zu Boden und erzeugen, in Übereinstimmung auch mit anderen Opuntien, aus den Areolen Wurzeln, während eine Kurztriebareole langtriebartig auswächst und den neuen Sproß liefert.

C. pachypus ist in der Kultur empfindlich und verlangt viel Bodenwärme und Licht.

Cylindropuntia exaltata (Berg.) Backbg. (Abb. 27)
nimmt in Südamerika von allen Arten das größte Areal ein, das sich von Ecuador über Peru und Bolivien bis nach Nord-Chile erstreckt. Ihre weite Verbreitung dürfte jedoch zum größten Teil auf menschlichen Einfluß beruhen, denn *C. exaltata* ist ein typischer Begleiter der Ackerbauzone der mittleren Andenhöhen von 2500—4000 m und wird hier häufig zur Umfriedung von Äckern angepflanzt. Nach BRITTON und ROSE scheint sie wild nur in den Tälern Zentralperus vorzukommen. Von der sehr ähnlichen *C. subulata* Knuth, die auch in Peru angepflanzt wird, unterscheidet sich *C. exaltata* durch den viel kräftigeren Wuchs (bis 6 m hohe Bäume), durch den Besitz kleinerer Blätter und die kräftigen, gelbbraunen Dornen[1]. Wie bei *C. pachypus* erfolgt die Vermehrung vorwiegend auf vegetativem Wege.

Cylindropuntia cylindrica (D. C.) Knuth [*Opuntia cylindrica* (Lam.) D.C.]
wird von BRITTON u. ROSE als 3—4 m hoch angegeben, „with slightly elevated tubercles; areoles filled with wool, bearing some long hairs and at first 2 or 3, afterwards mor short spines" (Bd. I, S. 77).

Obwohl von LAMARCK Peru, von anderen Autoren Chile als Heimatland von *C. cylindrica* angegeben wird, gelang es ROSE nicht, diese Pflanze wild in den beiden Ländern anzutreffen, wohl aber in Ecuador.

Schon im Jahre 1931 stellte nun BACKEBERG bei Huancabamba (Nordperu) eine Opuntie fest, die zwar in der Tracht der *C. cylindrica* ähnlich ist, aber viel niedriger bleibt und maximal nur 1,5 m hoch wird. Die gleiche Pflanze wurde von uns 1954 in größeren Beständen im Hochland des südlichen Ecuador angetroffen

[1] AKERS (Cactus and. Succ. Journ., Vol. XVII, 12, 1946) hat die Unterschiede zwischen beiden Arten klar gegenübergestellt.

(Abb. 81). Da sie von der von BRITTON u. ROSE beschriebenen *C. cylindrica* aber stark abweicht, muß sie als eigene, jener jedoch nahestehenden Art aufgefaßt werden.

Cylindropuntia intermedia Rauh et Backbg. nov. spec. (Abb. 81)

Bis 1,5 m hohe, von der Basis her reich verzweigte Büsche bildend (Abb. 81); Triebe bis 7 cm dick, mit stark hervortretenden scharf umgrenzten, in Parastichen angeordneten Blattpolstern; Blätter kurz, 1—1,5 cm lang, hinfällig (Abb. 81, rechts); Areolen

Abb. 81. *Cylindropuntia intermedia* Rauh et Backbg. auf der Punahochfläche bei Cuenca (Südecuador), 3000 m; rechts Einzeltrieb einer kultivierten Pflanze

weiß-filzig, ohne Haare; Stacheln 2—6, gelblichweiß, ungleich lang, die längsten bis 3 cm; Blüten klein, 2—2,5 cm im ∅, mit blaß-scharlachroten, kurzen Perigonblättern; Früchte rundlich, am Scheitel vertieft.

Nordperu (bei Huancabamba, nach BACKEBERG); Hochland von Südecuador zwischen 3000 und 3500 m; Sammelnummer: K 111 (1954).

Frutices ad 1,5 m altos, a basi dense ramosos formans; rami ad 7 cm crassi, erecto-curvati, podariis in seriebus spiraliter ordinatis, distincte prominentibus, foliis brevibus 1—1,5 cm longis; areolae albotomentosae, epilosae, aculeis 2—6 flavido-albis, imparibus, quorum longissimi sunt 3 cm longi; flores parvi, 2—2,5 cm in diametro, phyllis perigonii brevibus pallido-coccineis; fructus rotundi apice excavati.

Cylindropuntia tephrocactoides Rauh et Backbg. nov. spec.

Lockere Kolonien bildend; Triebe meist einzelnstehend und wenig verzweigt, bis 7 cm dick; Blattpolster schwach sechsseitig, nicht so scharf gegeneinander abgesetzt wie bei *C. intermedia*; Blätter ca. 1 cm lang, rundlich, glänzend, etwas gebogen; Areolen rundlich, mit 2—8 ungleich langen, gelblich-hornfarbenen Stacheln, die längsten bis 3 cm lang; Blüten und Früchte unbekannt.

Fundort: Südperu, zwischen La Raya und Sicuani (Deptm. Cuzco) bei 3500 m, in *Barnadesia*-Gebüsch wachsend; Sammelnummer K 57 (1954).

Laxas colonias formans, caules solitarii, ad 40 cm alti et 7 cm crassi, simplices, podariis indistincte hexagonis inter se obsolete terminatis ut in *C. intermedia*; folia 1 cm longa, rotunda, nitida, leniter curvata; areolae orbiculatae, 2—8 aculeis imparibus, flavo-corneo colore; aculei longissimi ad 3 cm metientes; flores et fructus ignoti.

C. tephrocactoides ist ein interessanter Neufund, da es sich bei dieser offenbar um eine Zwischenstufe zwischen den *Cylindropuntien* und den kurzsäuligen *Tephrocacteen* handelt.

Die nord- und mittelamerikanischen *Cylindropuntien*, die von Backeberg in der Sippe der *Boreocylindropuntiae* zusammengefaßt werden, unterscheiden sich von den südamerikanischen durch die Ausbildung von Scheidenstacheln. Nach Berger (1926) ist diese Eigenschaft als ein Entwicklungsfortschritt gegenüber den südamerikanischen Arten aufzufassen.

Von diesen hat die in Mexiko beheimatete

Cylindropuntia tunicata (Lk. et Otto) Knuth

auch in Peru weitere Verbreitung. Sie findet sich nicht nur in der Kakteenstufe der Westanden, sondern auch in den interandinen Trockentälern. Da *C. tunicata* auch in Ecuador angetroffen wird, muß angenommen werden, daß die Pflanze schon vor langer Zeit auf den alten indianischen Verkehrswegen von Mexiko nach Südamerika eingeschleppt worden ist.

Cylindropuntia pallida (Rose) Knuth [=*C. rosea* (DC.) Backbg.]

die oft mit *C. tunicata* verwechselt wird, sich von dieser hingegen durch die rosafarbigen Blüten und im Alter durch eine ausgesprochene Stammbildung unterscheidet, wurde erstmalig in Peru, und zwar im Urubamba-Tal auf Trockenhängen nahe des Ortes Urubamba beobachtet (Abb. 65, rechts). Sie ist gleich der vorigen in Mexiko beheimatet.

Zu den kurzsäuligen Opuntien, den *Sphaeropuntiinae*, gehört die lange Zeit umstrittene Gattung

Tephrocactus Lem.,

von der in jüngerer Zeit so viele Neufunde bekannt geworden sind, daß sie als die dominierende *Opuntioideen*-Gattung im südamerikanischen Andenbereich gelten kann. Ihr Verbreitungsgebiet erstreckt sich vom zentralen Peru nach Bolivien und von hier über

Chile bis zum südlichen Argentinien (Abb. 82), die feuchten Waldgebiete aussparend. Ihre Vertreter sind dadurch charakterisiert, daß die kugeligen bis kurzzylindrischen Sproßglieder zu lockeren Haufen oder kompakten Polstern von oft riesigen Dimensionen (Abb. 76, oben) zusammentreten.

Abb. 82. Verbreitungsgebiet (schraffiert) der Gattung *Tephrocactus*

Sowohl in ökologischer als auch in morphologischer Hinsicht sind — wenigstens in Peru — zwei scharf unterscheidbare Gruppen zu unterscheiden: die erste, von BACKEBERG als „*Globulares*" bezeichnet, gehört dem niederschlagsarmen Westandenbereich an, also der Kakteenfelswüste. Die Sproßglieder sind rund bis flachgedrückt, seltener kurzzylindrisch (*T. crassicylindrus*) und behalten diese Form auch in der Kultur annähernd bei. Sie bilden niemals kompakte Polster, sondern nur lockere Kolonien (Abb. 22, oben; Abb. 53, unten).

Die Vertreter der 2. Gruppe, die „*Elongati*", gehören der hochandinen Sommerregenzone zwischen 3000 und 4500 m an; sie sind Begleitpflanzen der Puna und der Tolaheide. Ihre kurzsäuligen, seltener kugeligen Sprosse treten fast immer zu kompakten Halbkugelpolstern zusammen; nur selten bilden die Pflanzen lockere Kolonien einzelstehender Triebe (*T. rauhii*). Bei der Kultur in niederen Lagen geben die Pflanzen ihren polsterförmigen Wuchs auf, indem die einzelnen Triebe sich stark säulenförmig verlängern (Abb. 76, unten). Die in großer Menge erzeugten Samen keimen unter normalen Kulturbedingungen sehr schlecht.

Globulares (*Tephrocacteen* der Kakteenfelswüste)

Tephrocactus kuehnrichianus (Werd. et Backbg.) Backbg. (Abb. 22) ist auch unter dem Namen „Kartoffelopuntie“ bekannt, da die aus 4—8 cm großen, runden, graugrünen Sproßgliedern gebildeten lockeren Kolonien von der Ferne einem Sack ausgeschütteter Kartoffeln gleichen (Abb. 22).

Areolen eingesenkt, in weiten Parastichen (Abb. 83, links), jung weißwollig, mit honigfarbenen Glochidien; Stacheln 5—12, ungleich lang, die längsten bis 3,5 cm, grau mit dunklerer Spitze; an den basalen Areolen Bestachelung fehlend; Blüten lebhaft gelb, geöffnet bis 3 cm im ⌀; Blütenachse breit-kegelförmig, mit bestachelten Areolen; Perigonblätter ±2 cm lang, 1 cm breit; Staubblätter zusammenneigend; Griffel dick; Narben weißlich.

Abb. 83. Links: *Tephrocactus kuehnrichianus* (Werd. et Backbg.) Backbg.; Mitte: *T. sphaericus* (Foerst.) Backbg.; rechts: *T. dimorphus* (Foerst.) Backbg.

Häufig in den Andenquertälern des zentralen Peru, von 800—1500 m.

Backeberg unterscheidet noch eine var. *applanatus*, die sich vom Typus durch abgeplattet-kugelige, kleinere Sproßglieder unterscheiden soll. Ich halte diese Form nur für eine Standortsmodifikation.

Die Verzweigung von *T. kuehnrichianus* erfolgt in der Weise, daß sich aus spitzennahen Areolen 1—2 neue Glieder entwickeln, während der Vegetationspunkt des alten Gliedes sein Wachstum einstellt und dieses allmählich zusammenschrumpft.

Tephrocactus sphaericus (Foerst.) Backbg. (Abb. 57; Abb. 83, Mitte)

Pflanze lockere Kolonien bildend, mit kugeligen, zuweilen länglichen, bis 6 cm im ⌀ großen Sproßgliedern; Einzelpflanze bis 30 cm hoch, reich verzweigt, mit kräftiger, rübenförmiger Wurzel; Areolen groß, in Parastichen, mit bräunlicher Wolle; Stacheln bis zu 15, 0,3—4 cm lang, derb, gerade oder hakig gebogen, sich oft mit denen der Nachbarareolen verflechtend und den Sproß völlig in ein Stachelkleid hüllend, anfangs lebhaft braunrot bis fast schwarz, im Alter grau; Blüten (Abb. 84, I) geöffnet bis 3,5 cm im ⌀;

Blütenachse bis 1,5 cm lang und 1,5 cm breit, dicht mit bestachelten Areolen besetzt; äußere Perigonblätter kurz, unterseits zinnoberrot, die inneren bis 2,5 cm lang, 1,5 cm breit, an der Spitze ausgerandet, leuchtendgelb, mit rötlichem Mittelnerv; Staubblätter nur halb so lang wie die Perigonblätter; Filamente, Griffel und Narben gelblich; Früchte breit-rund, mit tiefem Nabel.

Bestandsbildend westlich Arequipa in den Cerros de Caldera auf Sand- und Aschenfeldern, zwischen 2400 und 2900 m.

BACKEBERG unterscheidet noch die var. *unguispinus*, die sich vom Typus durch die krallenförmig gebogenen Stacheln unterscheiden soll

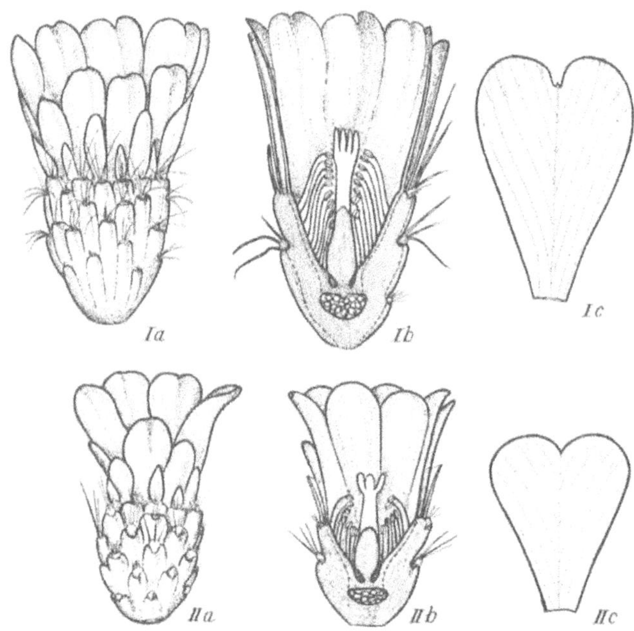

Abb. 84. I *Tephrocactus sphaericus* (Foerst.) Backbg.; II *T. dimorphus* (Foerst.) Backbg. *a* Blüte; *b* diese durchschnitten; *c* inneres Perigonblatt (etwa nat. Gr.)

Tephrocactus dimorphus (Foerst.) Backbg. (Syn. *Opuntia campestris* Br. et R.; Abb. 83, rechts; Abb. 84, II)

Diese der vorigen nahestehende und bei Arequipa zusammen mit ihr vergesellschaftete Art bildet ebenfalls lockere Sproßkolonien, deren Glieder leicht abbrechen und von Mensch und Tier verschleppt werden.

Sproßglieder kleiner als bei *T. sphaericus*, meist länglich-rund (3—5 cm lang), oft von rötlicher Farbe; Areolen groß, hervortretend, weißwollig, mit zahlreichen gelblichen Glochidien; Stacheln 5—10, ungleich lang, die längsten bis 3,5 cm, in der Jugend braunrot, im Alter grau, starr abstehend mit stechender Spitze; Blüten einzeln an der Spitze der Sproßglieder, geöffnet 2—2,5 cm im ⌀; Achsenbecher 1,8 cm lang und 1,5 cm dick, mit eingesenkten Areolen, die wenige, bis 1 cm lange, schwärzliche Stacheln tragen (Abb. 84, IIa); äußere Perigonblätter 1 cm lang, intensiv zinnoberrot, innere 1,5 cm lang, 1 cm breit, an der Spitze ausgerandet, in der Farbe von gelb über orange- zu zinnoberrot variierend[1]; Staubblätter viel kürzer als das Perigon, mit orangeroten Filamenten und weißlichen Staubbeuteln; Griffel rötlich, länger als die Staubblätter; Narbenstrahlen 6, weißlich (Abb. 84, II).

Britton u. Rose geben als Typ-Standort die Eisenbahnstation Pampa de Arrieros (4000 m) oberhalb Arequipa an. Nach unseren Beobachtungen aber erstreckt sich in der Umgebung von Arequipa das vertikale Verbreitungsgebiet von *T. dimorphus* von der Kakteenstufe bis in die Tolaheide. Besonders häufig erscheint die Pflanze als Begleiter der *Franseria fruticosa*-Ges. der mittleren Andenlagen von 2400—2800 m.

Tephrocactus mirus Rauh et Backbg. nov. spec. (Abb. 85)

Pflanze lockere Kolonien bildend; Sproßglieder anfangs kugelig, im Alter etwas verlängert (Abb. 85), 2—4 cm im ∅; Areolen an

Abb. 85. *Tephrocactus mirus* Rauh et Backbg.; rechts einzelnes Sproßglied mit Blütenknospe

jungen Gliedern sehr dichtstehend, an älteren auseinanderrückend, gelbfilzig, im Alter grau; Stacheln zahlreich (bis 18), ungleich lang, die längsten bis 2,5 cm, in eine stechende Spitze auslaufend, jung schokoladenbraun, im Alter grau; Blüten gelb, geöffnet 2,5 cm im ∅; Blütenachse ca. 1,5 cm breit, dicht mit bestachelten Wollareolen besetzt (Abb. 84, rechts).

Fundort: Nazca-Tal, bei 1200 m. Sammelnummer: K 37 (1954) und K 111 (1956).

Planta colonias laxas formans; articuli caulium iuventute globosi, senectute elongati, 2—4 cm ∅; areolae in articulis iuvenilibus confertissimae, in senescentibus laxe congregatae, iuventute flavotomentosae senectute canescentes, aculeis numerosis (usque ad 18), imparibus (longissimi usque 2,5 cm

[1] Britton u. Rose geben die Farbe als „rosy white to light yellow" an.

metientes), in acumina pungentia excurrentibus, iuvenilibus brunneis, senescentibus canis; flores lutei, aperti 2,5 cm ⌀; tubus floralis ca. 1,5 cm latus, dense areolis aculeiferis lanatisque armatus.

T. mirus, eine *T. kuehnrichianus* nahestehende Art, unterscheidet sich von diesem durch die dichter stehenden Areolen, die lebhaft schokoladenfarbige Bestachelung und die mehr südliche Verbreitung. Im Nazca-Tal tritt er in der Kakteenstufe als Begleitpflanze der *Orthopterygium*-Ges. auf.

Tephrocactus crassicylindricus Rauh et Backbg. nov. spec. (Abb. 53, unten; Abb. 86)

Pflanze lockere, bis 1,5 m im ⌀ große und mit dicker, rübenförmiger Hauptwurzel versehene Polster bildend (Abb. 53, unten); Sproßglieder sich unter akrotoner Förderung verzweigend, zylindrisch bis walzenförmig, 10—15 cm lang und bis 6 cm dick, von graugrüner Farbe; Blattpolster langgezogen, an jungen Gliedern schwach erhaben (Abb. 86, II); Areolen groß, rundlich, weißwollig, mit 0,5 cm langen, gelblichen Glochidien; basale Areolen stachellos; Stacheln 3—7, sehr derb, in eine stechende Spitze auslaufend, ungleich bis 6 cm lang, an Neutrieben mit längeren, hinfälligen Borstenhaaren untermischt, schräg abwärts oder aufwärts gekrümmt (Abb. 86 II), im Neutrieb an der Basis hellgraurötlich bereift, an der Spitze rotviolettbraun, im Alter grau; Blätter klein, unscheinbar, hinfällig; Blüten groß, 3,5—5 cm lang, geöffnet bis 5 cm im ⌀; Achsenbecher 2 cm lang, 2 cm dick, breit-verkehrt-kegelförmig, dicht mit Areolen besetzt (Abb. 86 IIIa), diese mit rotbraunen, bis 1,5 cm langen Borstenstacheln; äußere Perigonblätter grünlichgelb, mit rötlicher Spitze; innere lebhaft gelb, 2 cm lang, 1,5 cm breit, an der Spitze ausgefranst gezähnt, sich postfloral orangerot verfärbend; Staubblätter halb so lang wie das Perigon; Filamente gelb; Griffel gelblich, dick, mit 10 gelblichen Narbenstrahlen; Früchte am Scheitel stark vertieft, bestachelt.

Fundort: Tal des Rio Majes (Südperu), von 900—1200 m, auf Gehängeschutt; Sammelnummer: K 152 (1956).

Planta laxos pulvinos usque 1,5 m ⌀ metientes a radice crassa rapiformi nutritos formans; articuli longe cylindrici, 10—15 cm longi, usque 6 cm crassi, viridi-cani; caules apice ramosi; podaria longe porrecta, in articulis iuvenilibus exigue prominentia; areolae magnae, rotundae, albido-lanatae, glochidiis flavidis 0,5 cm longis, areolae basales inermes aculei 3—7, 2—3 aculei tenuiores oblique reclinati, albescentes, usque 2 cm longi, ceteri arrecti, solidissimi et pungentes, ad 6 cm longi, iuventute basi cano-rubenti-pruinosi, apice rufo-violaceo-badii, senectute cani, in caulibus novellis setis longioribus infirmis permixti; folia parva, exigua, infirma; flores maximi, ad 3,5—5 cm longi, aperti usque 5 cm ⌀; tubus floralis 2 cm longus, 2 cm crassus, late-obconicus, areolis setis badiis armatis dense ornatus;

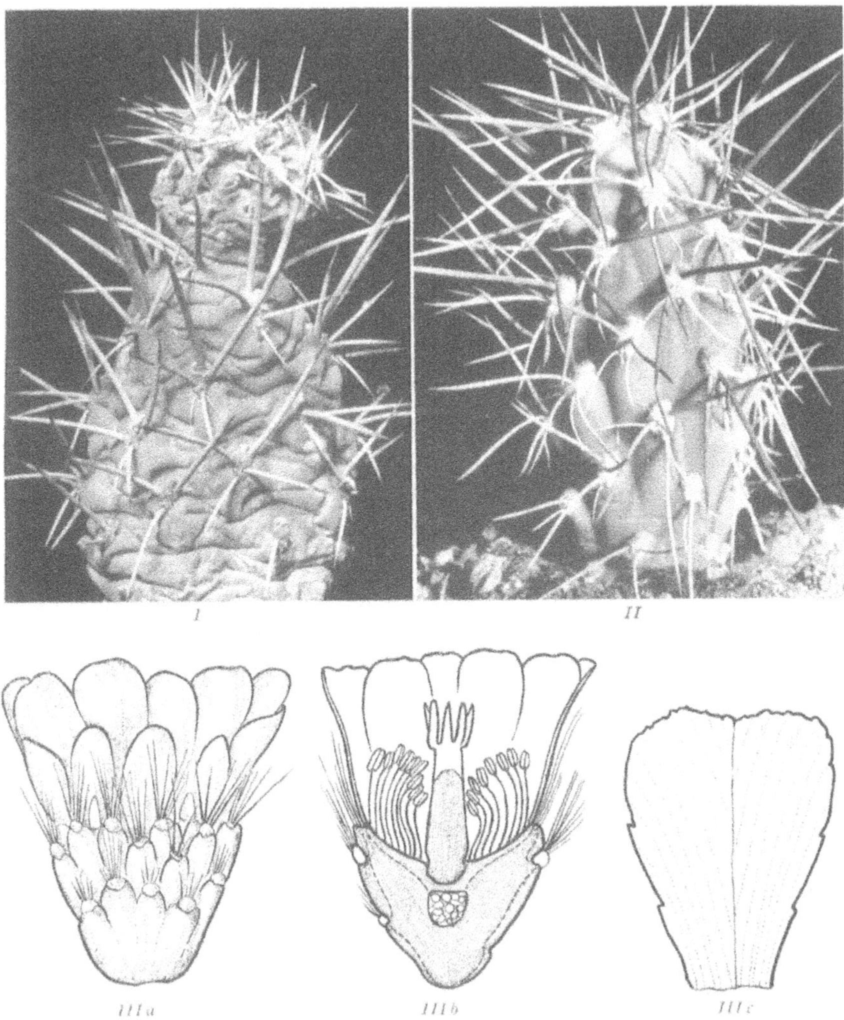

Abb. 86. *Tephrocactus crassicylindricus* Rauh et Backbg. I alter; II junger Trieb (etwa 1/2 Gr.); III *a* Blüte; III *b* dieselbe längs durchschnitten; III *c* inneres Perigonblatt (*a*—*b* etwa nat. Gr., *c* etwas vergr.)

phylla perigonii exteriora virescenti-flava apice rubescentia; phylla perigonii interiora flava, 2 cm longa, 1,5 cm lata, apicibus ciliato-dendata, postfloraliter in colorem aurantiacum mutantia; stamina dimidium petalorum metentia, filamenta lutea, stylus flavescens, crassus, 10 crassis flavescentibus stigmatis radiis; fructus in vertice excavatissimi, aculeati.

T. crassicylindricus ist einer der auffälligsten peruanischen *Tephrocacteen* der Kakteenfelswüste und erinnert mit seinen zylindrischen Sproßgliedern an die in Argentinien beheimateten Arten[1]; er besiedelt lockeren Gehängeschutt und bildet hier große, lockere Polster. In tieferen Lagen (900—1000) ist er vergesellschaftet mit *Islaya grandis, Haageocereus pluriflorus, Neoschroetera divaricata*; in höheren Lagen mit *Armatocereus rio-majensis, Neoraimondia arequipensis* und *Browningia candelaris*.

Elongati Backbg.

(*Tephrocacteen* der hochandinen Region)

1. Behaarte Arten: *Floccosi* Br. et R.

Die stark behaarten *Tephrocacteen*, auch als „Wollkakteen" bezeichnet, gehören zu den charakteristischen Erscheinungen der interandinen Hochfläche (Puna), wo sie zuweilen in Massenbeständen auftreten und mit ihren oft riesige Ausmaße erreichenden Polstern das Vegetationsbild beherrschen (Abb. 76). Sie finden sich ferner in den Hochtälern fast sämtlicher Cordillerenzüge, ausgenommen den der Westcordillere angehörigen Gebirgsstöcken wie Cord. Veronica und Cord. Salcantay. Ihr Verbreitungsgebiet erstreckt sich von der Cord. blanca und Cord. negra (Zentralperu) bis nach Bolivien.

Während BRITTON u. ROSE aus dieser Gruppe nur die beiden Arten, *T. floccosus* und *T. lagopus* kennen, BACKEBERG und KNUTH (Kaktus ABC) noch zwei weitere Arten, *T. udonis* und *T. verticosus*, aufführen, haben unsere Neufunde, besonders die des Jahres 1954 gezeigt, daß es im peruanischen Hochland wesentlich mehr behaarte Arten gibt, als bisher beschrieben, vor allem solche in bisher unbekannten Farbtönungen der Wollhaare, die vom reinen Weiß bis zu Goldbraun variieren[2]. Da in manchen Gebieten, so in der Cord. Raura, mehrere verschieden gefärbte Arten nebeneinander und durcheinander wachsen, ist anzunehmen, daß diese miteinander bastardieren, wodurch die gelblichweißen und hellbraunen Haar-

---

[1] Diese Art wird von BACKEBERG (1958) zu den *Elongati*, Unterreihe *Crassicylindrici* gestellt.

[2] Diese verschiedenartigsten Farbtönungen lassen sich nur mit Hilfe von Farbaufnahmen demonstrieren [s. BACKEBERG (1958), Abb. 1]. Bemerkenswert ist, daß die Haarfarben, wenn auch in abgeschwächter Form, auch in der Kultur beibehalten bleiben. Die Haare des Neutriebes sind zwar anfänglich weiß, nehmen dann aber recht bald Färbung an.

färbungen zu erklären sind. Diese Naturhybriden erschweren eine Klassifizierung außerordentlich, zumal auch jede Art eine große Variationsbreite hinsichtlich der Körperform und Länge, der Behaarung und der Blütenfarbe zeigt. Dennoch läßt das gesammelte Material eine Reihe von Arten und Varietäten erkennen, die hinsichtlich der Behaarung, der Form der Sproßglieder und der Blütenfarbe deutlich gegeneinander abgrenzbar sind. Sie sollen im folgenden beschrieben werden. Eine endgültige Gruppierung wird von BACKEBERG in seiner in Vorbereitung befindlichen *Tephrocactus*-Monographie durchgeführt.

Tephrocactus floccosus Backbg. (= *Opuntia floccosa* S. D.) (Abb. 76) ist die am weitesten verbreitete Art zwischen 3600 und 4500 m; ihre 5—10 m langen, zylindrischen, sich unter akrotoner Förderung verzweigenden Sprosse treten zu kompakten, bis zu 4 m im ∅ großen Flachkugelpolstern zusammen. Die Einzeltriebe selbst sind in dichte Mäntel lockerer, sich miteinander verflechtender, silberweißer Haare eingehüllt; Areolenstacheln 1—3, bis 3 cm lang, hornfarben; Blüten schwefelgelb, bis 3 cm im ∅; Früchte bis 3 cm im ∅, reif weißlichgelb, am vertieften Scheitel mit Haarareolen.

Die Pflanze ändert ab:

var. *aurescens* Rauh et Backbg. nov. var.
unterscheidet sich vom Typus durch gelbliche Behaarung; tritt bei Oroya und Ayacucho (4100 m, Zentralperu) zusammen mit dem Typus auf.

var. *crassior* Backbg.
besitzt gegenüber dem Typus kräftigere Sproßglieder und bildet lockere Polster.

Puna bei Oroya (Zentralperu), 4200 m; Sammelnummer: K 26 (1954).

Auch diese Varietät tritt in einer rein weiß- und gelbbehaarten Form auf.

var. *ovoides* Rauh et Backbg. nov. var. (Abb. 87)
unterscheidet sich vom Typus durch die eiförmigen, 5—10 cm langen, bis 3 cm dicken, lockerer oder dichter weißbehaarten Glieder; Haare etwas gekräuselt, 2—3 cm lang; Areolenstacheln 3—5, der längste bis 3 cm lang, an der Basis blaßgelb, an der Spitze bräunlich; Blüte unbekannt; Früchte ±1 cm lang, blaßgelb, am Scheitel schwach vertieft.

Südperu, zwischen Lucanas und Puquio, Tolaheide, 4100 m, Sammelnummer: K 117 (1956).

Differt a typo articulis elongato-oviformibus, ad 5—10 cm longis, ad 3 cm crassis laxius vel densius albo-pilosis, aculei ca. 3—5, longissimus usque 3 cm longus, basi pallido-flavus, apice brunnescens; pili parum cirrati; flores ignoti; fructus ±1 cm longi, pallido-flavi, in vertice modice excavati.

Tephrocactus lagopus (K. Schum.) Backbg. (Abb. 74, oben; Abb. 88, I)

Pflanze kompakte Polster bildend, mit zylindrischen, bis 10 cm langen und 3—3,5 cm dicken in ein dichtes Haarkleid eingehüllten Gliedern; Haare weiß bis gelblich, straff abstehend (daher der Name „Hasenpfote"); Stacheln

Abb. 87. *Tephrocactus floccosus* (S. D.) Backbg. var. *ovoides* Rauh et Backbg., links Einzeltrieb

1—2, gelblich, bis 3 cm lang; Blüten (Abb. 88, IIIa—b) orange bis rot, geöffnet bis 3 cm im ⌀; Staubblätter anfangs zusammenneigend; Früchte breitrundlich (Abb. 88, IIIc), bis länglich, 3—4 cm lang, mit flachem Nabel, hellgelb.

Fundorte des Typus: Sacsayhuaman bei Cuzco, 3300 m, Südperu (K 70, 1954); Puna bei Ayacucho, Südperu, 4100 m (K 71/Ib, 1954); Cordillera Raura, 4600 m, Zentralperu (K 83b, K 83f, K 83i, 1954); Ticlio-Paß oberhalb Lima, Zentralperu, 4600 m (K 12, 1956); Lagune Caprichosa, 4400 m, Zentralperu (K 11, 1956); Tolaheide bei Chuquibamba, 4000 m, Südperu (K 154a, 1956).

Ändert ab:

var. *pachycladus* Rauh et Backbg. nov. var. (Abb. 88, II; IVa—c) lockere bis kompakte, stark aufgewölbte Polster bildend, mit bis 15 cm langen und 6 cm dicken Trieben; Haare sehr lang (8—10 cm),

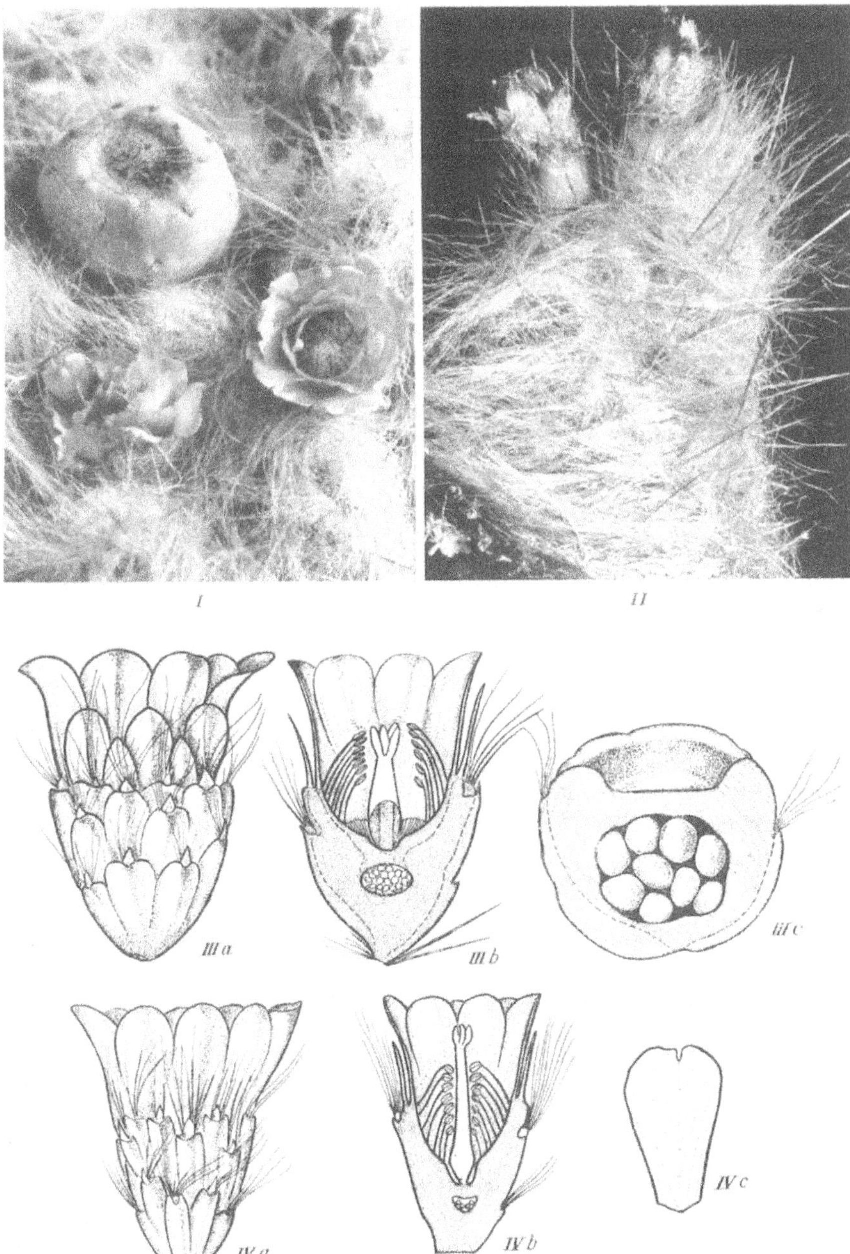

Abb. 88. I *Tephrocactus lagopus* (K. Schum.) Backbg. (Typ) blühend und fruchtend; III*a*—*c* Blüte und inneres Perigonblatt; II Einzeltrieb von *T. lagopus* var. *pachycladus* Rauh et Backbg.; IV*a*—*c* Blüte und inneres Perigonblatt (etwa nat. Gr.)

straff abstehend, im Scheitel gelblich, im Alter vergrauend; Areolenstacheln bis zu 7, davon 1—2 bis 6 cm lang, bernsteinfarbig; Blüten kleiner als beim Typus, geöffnet 2 cm im ⌀; äußere Perigonglätter klein, grünlich, die inneren 1,5 cm lang, 1 cm breit, mit zurückgebogenem Stachelspitzchen, orangerot, postfloral karminrot; Filamente orangegelb, Staubbeutel gelb; Griffel schlank, weiß; Narben gelblich.

Fundort: Lucanas-Puquio (Südperu), Puna bei 4400 m; Sammelnummer: K 116 (1956).

Laxos vel densos pulvinos tumescentes formans, caulibus usque ad 15 cm longis et 6 cm crassis; pili longissimi (8—10 cm), rigide divaricati, in vertice flavescentes, senectute canescentes; aculei usque ad 7, quorum 1—2 usque 6 cm longi, colore electri; flores ca. 3 cm longi, aperti 2 cm ⌀; petala exteriora parva, subviridia, interiora 1,5 cm longa, 1 cm lata, acuminibus revolutis, aurantiaca, postfloraliter coccinea; filamenta lutea; antherae flavae; stylus gracilis, albus, radiis stigmatis flavescentibus; fructus ignoti.

var. *aureo-penicillatus* Rauh et Backbg. nov. var.

Pflanze dichte, große, kompakte Polster bildend; Sproßglieder keulenförmig (Abb. 89, links), bis 8 cm lang und 4 cm im ⌀; Areolen lockerstehend, die schwach aufgewölbten, länglichen Blattpolster daher sichtbar; Blätter kurzzylindrisch, dicklich, hinfällig; Areolen rundlich, eingesenkt; Stacheln 2—4, der mittlere sehr kräftig, aufgerichtet, bernsteinfarben; Haare der mittleren und spitzennahen Areolen eines Sproßgliedes gebüschelt, straff pinselförmig aufgerichtet, 2—3 cm lang, honigfarben bis bernsteingelb; Blüten orangegelb; Früchte groß, bis 4 cm im ⌀, hellgelb, häufig weinrot überlaufen, mit kleinen Haarareolen.

Fundort: Ticlio-Paß, 4500 m, zusammen mit *T. floccosus* und *T. lagopus* (Bastard?); Sammelnummer: K 12a (1956).

Planta densos et magnos pulvinos formans; caules claviformes, usque ad 8 cm longi et 4 cm lati; areolae laxe insertae, rotundulae, immersae, itaque podaria leniter convexa oblonga visibilia; folia brevi-cylindrica, crassula, infirma; aculei 2—4, medius firmissimus, erectus, colore electri; pili mediarum et acropetalium areolarum uniuscuiusque articuli penicillati, rigide erecti, 2—3 cm longi, colore melis sive electri; flores lutei; fructus maximi, ad 4 cm ⌀, pallido-flavi, saepe coccineo colore perfusi, parvis areolis pilosis.

Die Pflanze weicht hinsichtlich der Behaarung stark vom Typus ab.

var. *aureus* Rauh et Backbg. nov. var.

Pflanze dichte Polster bildend; Glieder zylindrisch, klein, in einen dichten Mantel seidig glänzender, abstehender oder leicht miteinander verwobener, hellbrauner bis honiggelber Haare eingehüllt; Stacheln gelb; Blüten unbekannt; Früchte gelblich, durch das Hervortreten der Schuppenblätter stark gehöckert, bis 3,5 cm im ⌀; „Frucht"wand sehr dünn.

Fundort: Cordillera Raura (Zentralperu), 4600 m; Sammelnummer: K 83c (1954), Punahochfläche bei Ayacucho, 4100 m; Sammelnummer: K 70I/1c (1954).

Abb. 89. Links: *Tephrocactus lagopus* var. *aureopenicillatus* Rauh et Backbg.; rechts: *T. udonis* (Wgt.) Backbg. in der Kultur

Planta densos pulvinos formans; caules cylindrici, parvi, pilis sericeis rigidis sive laxe cohaerentibus pallido-brunneis sive helvis involuti; aculei lutei; flores ignoti; fructus sufflavi, squamis bracteaneis valde tuberculati sive gibbosi, usque 3,5 cm ⌀.

Häufig ist diese Varietät in einem Seitental der Cord. Raura und bildet hier, in Gemeinschaft von *T. floccosus*, *T. lagopus*, *T. cylindrolanatus* und *T. pseudo-udonis*, größere Bestände. Da anzunehmen ist, daß die einzelnen Arten miteinander bastardieren, wird hinsichtlich der Haarfarbe die gesamte Farbskala vom reinen Weiß bis zum intensiven Braun durchlaufen. Die dicht beieinander wachsenden Polster bieten somit ein farbenprächtiges Bild, das nur ein Farbphoto wiederzugeben vermag.

Tephrocactus udonis (Wgt.) Backbg. (Abb. 89, rechts)

Große, stark aufgewölbte, kompakte Polster bildend, mit 10—15 cm langen und 2 cm dicken, dicht gepreßt stehenden Trieben, die in einem so dichten Mantel weißer, kräuseliger, bis 5 cm langer, miteinander verflochtener Haare eingehüllt sind, daß vom Trieb selbst nichts zu sehen ist; Areolen mit 2—4 ungleich langen Stacheln, die längsten bis 2,5 cm lang, steil aufgerichtet und völlig im Wollfilz verborgen.

Typ-Standort: Cordillera negra, Punahochfläche bei 4300 m; nicht häufig; Sammelnummer: K 62 (1956).

Abb. 90. *Tephrocactus pseudo-udonis* Rauh et Backbg.

Tephrocactus pseudo-udonis Rauh et Backbg. nov. spec. (Abb. 90)

Unterscheidet sich von *T. udonis* durch dickere Säulen und eine straffere, abstehende Behaarung; Pflanze lockere Polster bildend; Triebe bis 15 cm lang, mit dichter, weißer, im Scheitel leicht gelblicher Behaarung; Areolenstacheln nur wenig in Erscheinung tretend, blaßgelb; Blüten und Früchte unbekannt.

Fundort: Cordillera Raura (Zentralperu), Punahochfläche bei 4500 m; Sammelnummer: K 83d (1954).

Differt a *T. udonis* crassioribus caulibus et ornatu rigidiore divaricato pilorum; planta pulvinos laxos formans; caules usque ad 15 cm longi, denso albo, in vertice pallido-flavo ornatu pilorum; aculei areolarum parum apparentes, pallido-flavi; flores et fructus ignoti.

Tephrocactus cylindrolanatus Rauh et Backbg. nov. spec.

Pflanze große, kompakte Polster bildend, mit sehr gedrungenen, kleinen, zylindrischen Gliedern; Behaarung ziemlich dicht; Haare bis 3 cm lang, grauweiß; Areolen mit hervortretenden dünneren Stacheln.

Fundort: Cordillera Raura (Zentralperu), Punahochfläche bei 4600 m, zusammen mit *T. pseudo-udonis*; Sammelnummer: K 83 e (1954).

Planta densos pulvinos articulis coarctatis et cylindricis formans; ornatus pilorum densiusculus; pili usque ad 3 cm longi, cano-albidi; areolae aculeis prominentibus tenuibus. Ab omnibus speciebus antecedentibus differt articulis minimis.

Diese Art unterscheidet sich von allen vorstehenden durch die sehr kleinen Sproßglieder.

Tephrocactus verticosus (Wgt.) Backbg. (Abb. 91, I)

Pflanze kompakte, stark gewölbte Polster bildend; Glieder 8—10 cm lang und 2—3 cm (mit Haarfilz bis 5 cm) dick; Haare bis 4 cm lang, schwach gekräuselt, sich gegenseitig miteinander verflechtend, die Triebe in ein dichtes Haarkleid einhüllend; Areolenstacheln bis zu 4, ungleich lang, die längsten bis 3 cm, mit ihrer rötlichen Spitze aus dem Wollkleid herausragend; Blüten karminrot.

Fundort: Cordillera negra, Punahochfläche zwischen 4300 und 4500 m; Sammelnummer: K 63 (1956).

Tephrocactus crispicrinitus Rauh et Backbg. nov. spec. (Abb. 91, II—IV).

Flache bis stärker aufgewölbte, kompakte Polster bildend; Glieder kurz, 3—4 cm lang und bis 2 cm dick, in einen dichten Mantel stark gekräuselter, blaßgelber bis reinweißer Haare eingehüllt; Areolenstacheln 1—3, bis 2,5 cm lang, starr aufgerichtet, gelblichbraun, häufig über dem Scheitel zusammenneigend; Blüten bis 3 cm lang, geöffnet nur 1—1,5 cm im ∅, da die Perigonblätter zusammenneigen (Abb. 91, IV). Achsenbecher 1,5 cm lang und 1,5 cm breit, dicht mit schwach erhabenen, kurzen Blattpolstern besetzt; Schuppenblätter 2 mm lang, spitz eiförmig, in ihren Achseln wenige, bis 1,5 cm lange, gekräuselte Haare; Perigonblätter 1,3 cm lang, 0,6 cm breit, zinnoberrot; Staubblätter zahlreich, mit kurzen, gelblichen Filamenten; Griffel schlank, mit 6 gelblichen Narbenstrahlen.

Fundort: Cordillera negra (Paß von Conococha bis Punta Caillan, 4200—4400 m); Sammelnummer: K 96a/b (1954).

Die Pflanze ist hinsichtlich ihrer Bestachelung und Behaarung variabel.

Planos vel tumescentes densosque pulvinos formans; articuli breves, 3—4 cm longi et usque 2 cm crassi, denso ornatu pilorum valde crispulorum sufflavorum vel candidorum involuti; aculei areolarum 1—3, usque 2,5 cm

Abb. 91. I *Tephrocactus verticosus* (Wgt.) Backbg., Einzeltrieb; II—III *T. crispicrinitus* Rauh et Backbg.

longi, rigide erecti, flavo-badii, saepe supra verticem conniventes; flores usque 3 cm longi, aperti foliis conniventibus, tantum 1—1,5 cm in diametro tubus floralis ovatus, 1,5 cm longus et 1,5 cm latus, podariis parum prominentibus brevibusque dense ornatus; squamae bracteaneae 2 mm longae, ovato-acuminatae in axillis earum paucibus pilis crispulis usque 1,5 cm longis; phylla perigonii 1,3 cm longa, 0,6 cm lata, miniacea; stamina numerosa filamentis brevibus sufflavis; stylus gracilis radiis stigmatis sufflavis sex; planta variabilis quod attinet ad ornatum aculearum et pilorum.

var. *cylindraceus* Rauh et Backbg. nov. var.

unterscheidet sich vom Typus durch die Bildung lockerer Polster mit 10—15 cm langen, bis 3 cm dicken Säulen; Areolenstacheln 1—4, aufrecht, bis 2 cm lang, rotbraun.

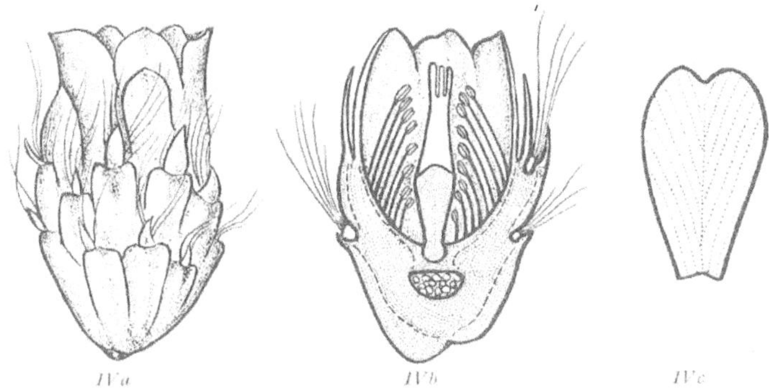

Abb. 91. *Tephrocactus crispicrinitus* Rauh et Backbg. IV Blüte und inneres Perigonblatt

Fundort: Cord. blanca (Quebrada Queshque), 4000 m; Sammelnummer: K 102 (1954).

A typo differt pulvinis laxis, ex caulibus ad 10—15 cm longis et ad 3 cm crassis compositis; aculei areolarum 1—4, erecti, ad 2 cm longi, badii; flores et fructus ignoti.

T. crispicrinitus steht wohl *T. verticosus* sehr nahe, unterscheidet sich von diesem aber durch die viel größeren Polster, die dichtere und stark gekräuselte Behaarung und die zinnoberroten Blüten.

Tephrocactus rauhii Backbg. nov. spec. (Abb. 77, unten)

unterscheidet sich von allen behaarten Tephrocacteen durch die Größe seiner Triebe und seiner Wuchsform. Die bis 25 cm (!) langen und bis 8 cm dicken Säulen treten niemals zu kompakten Polstern zusammen, sondern bilden lockere Gruppen. Die dichte, wie bei *T. lagopus* straff abstehende Behaarung ist von reinweißer oder grauweißer Farbe; Areolenstacheln blaßgelb, kaum aus dem Haarkleid hervortretend; Blüten und Früchte unbekannt.

Typ-Standort: Nevado Ausangate (Südperu) bei der Hacienda Lauramarca; Sammelnummer: K 57/I (1954). Wohl auch in der Cord. Huaytapallana bei Huancayo.

Ab omnibus *Tephrocactis* piliferis differt magnitudine caulis habitusque; caules usque 25 cm longi et 8 cm crassi, numquam pulvinos densos, sed turmas laxas formantes; ornatus pilorum densus et rigidus ut in *T. lagopodi*, candidus vel cano-albus; aculei areolarum pallido-flavi, vix ex vestimento pilorum prominentes; flores et fructus ignoti.

T. rauhii ist einer der größten, behaarten Arten, der im Habitus an einen kleinen *Oreocereus* erinnert. Er tritt auf der Punahochfläche am Fuße des Nevado Ausangate truppweise auf und bietet mit seinen weißen Säulen inmitten der Punagräser einen prachtvollen Anblick (Abb. 77, unten).

BACKEBERG betrachtet *T. rauhii* als Bindeglied zwischen den *Cylindropuntien* und den *Tephrocacteen*. Bisher ist kein behaarter *Tephrocactus* von derartigen Ausmaßen bekannt geworden.

2. Unbehaarte Arten: *Oblongi* Backbg.

Die einzige, bisher aus den Hochanden Perus bekannte Art dieser Gruppe war der von BACKEBERG bei Oroya entdeckte

T. atroviridis (Werd. et Backbg.) Backbg. (Abb. 77, oben; Abb. 92, 93)

Pflanze kompakte, bis 1,5 m im ⌀ große und bis 80 cm hohe Polster bildend; Glieder zylindrisch, 5—10 cm lang, ±3 cm dick, von tief-dunkelgrüner Farbe; Blattpolster im Neutrieb erhaben, schwach 6eckig (Abb. 93, links); Oberblätter halbwalzenförmig, zugespitzt, hinfällig; Areolen klein, eingesenkt, weißfilzig, ohne Wollhaare, mit 2—5, bis 3 cm langen, sehr derben, horngelben, schräg aufwärts gerichteten Stacheln; Blüten bis 3,5 cm lang, geöffnet bis 4 cm im ⌀; Achsenbecher fast kugelig, 1,5 cm lang, 1,8 cm breit, mit kurzen, breiten Blattpolstern; Schuppenblätter spitzdreieckig, 2—3 mm lang, in ihren Achseln wenige, bis 1,5 cm lange Borstenstacheln; äußere Perigonblätter breit-dreieckig, 0,5 cm lang, in eine feine Stachelspitze auslaufend; innere gelb, 2 cm lang, 1,2 cm breit; Griffel 1,5 cm lang, 2—3 mm dick, mit 6—7, bis 3 mm langen Narbenstrahlen; Fruchtknotenhöhle elliptisch; Früchte flachgedrückt, bis 4 cm im ⌀, am Scheitel vertieft.

Typ-Standort: Tal von Yauli und Mantaro-Terrassen bei Oroya, 3700—4200 m.

T. atroviridis besitzt ein kleines, nur auf die Umgebung von Oroya (Zentralperu) beschränktes Verbreitungsgebiet und tritt hier nicht selten zusammen mit *T. floccosus* (Abb. 93, III) auf.

Die Art selbst ist hinsichtlich der Ausbildung der Sproßglieder und Bestachelung recht variabel und ändert ab:

var. *longicylindricus* Rauh et Backbg. nov. var. (Abb. 94, links)

Polster stark aufgewölbt, bis 1 m hoch und 1,5 m im ⌀; Sproßglieder bis 30 cm lang und 5—6 cm dick, wenig verzweigt, zwischen den „Jahrestrieben" etwas eingeschnürt (Abb. 94, links); Areolen klein, weißfilzig, mit wenigen, bis 2 cm langen Wollhaaren; Stacheln

3—5, sehr derb, selten bis 3 cm lang, meist kürzer, aufwärts gerichtet, blaß bernsteingelb; Blüten gelb; Früchte bis 3 cm im ⌀, am Scheitel eingetieft, mit einzelnen Wollhaaren an den Areolen.

Fundort: Mantaro-Terrassen bei Oroya, 3700 m; Sammelnummer: K 1c (1956).

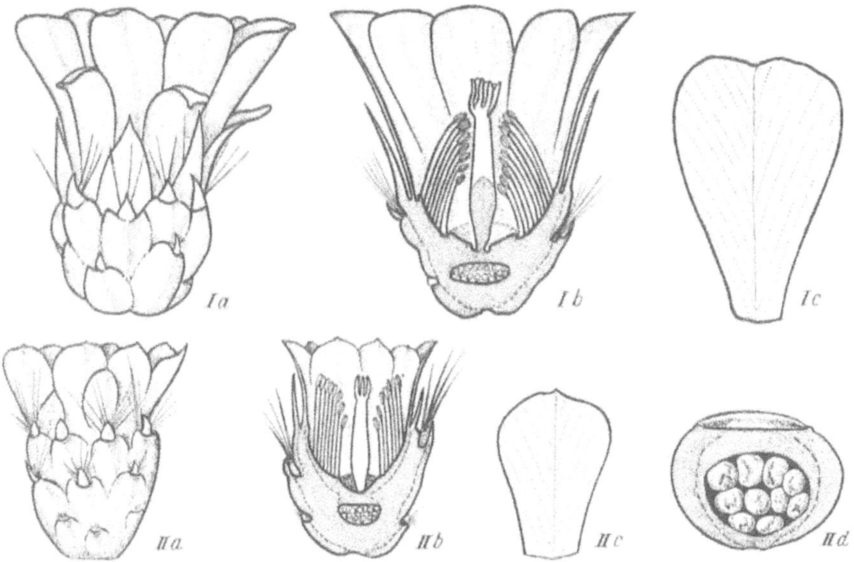

Abb. 92. I *Tephrocactus atroviridis* (Werd. et Backbg.) Backbg. (Typ); II *T. atroviridis* var. *parviflorus* Rauh et Backbg. Blüte, inneres Perigonblatt und Frucht (etwa nat. Gr.)

Pulvini valde tumescentes ad 1 m alti et 1,5 m ⌀; caules usque 30 cm longi et 5—6 cm crassi parum ramosi; areolae parvae albo-tomantosae; aculei areolarum 3—5, solidissimi, colore electri, ad 3 cm longi, plerumque breviores, erecti, inter eos singuli pili lanei; flores flavi, fructus parvi, vertice excavati, pilis laneis in areolis.

var. *parviflorus* Rauh et Backbg. nov. var. (Abb. 92, II)

Wenig aufgewölbte, fast flache, kompakte Polster bildend, mit kurzen, reich verzweigten Gliedern; Areolenstacheln sehr kurz; Blüten 2,5 cm lang, geöffnet nur 2 cm im ⌀; äußere Perigonblätter gelb, mit rötlichem Rand; Narben grünlich! Früchte am Scheitel wenig vertieft.

Fundort: Mantaro-Terrassen bei Oroya, 3700 m; Sammelnummer: K 1e (1956).

Pulvinos densos et leniter tumescentes formans, caulibus brevibus valde ramosis; aculei areolarum brevissimi; flores aperti tantum 2 cm ⌀; phylla perigonii exteriora flava margine rubescente; stigmata virescentia; fructus vertice parum excavati.

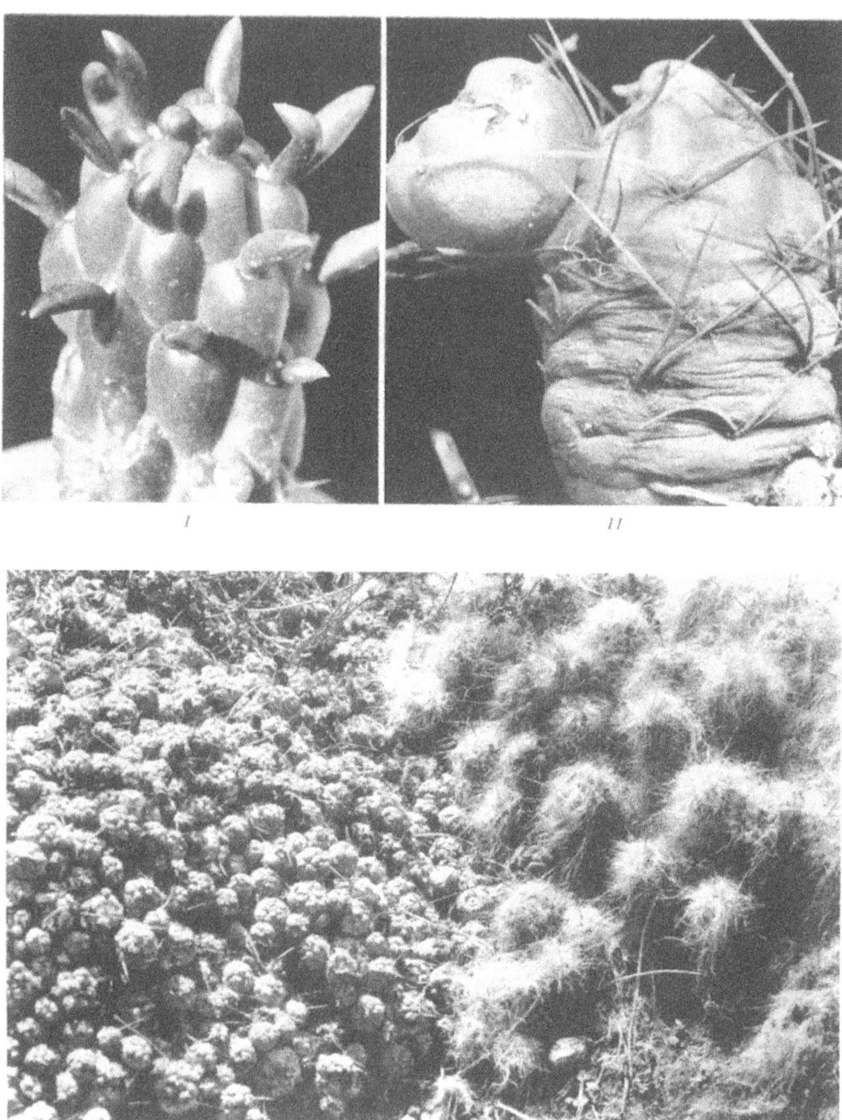

Abb. 93. *Tephrocactus atroviridis*; I Sproßglied in der Kultur; II des natürlichen Standortes, mit Frucht; III *T. atroviridis* zusammen mit *T. floccosus* auf der Punahochfläche bei Yauli, 4200 m

var. *paucispinus* Rauh et Backbg. nov. var. (Abb. 94, rechts)

Polsterbildend; Glieder bis 5 cm lang, bis 2,5 cm dick; Areolen nur mit 1—2 (selten 3—4), bis 2,5 cm langen Stacheln; Blüten

3 cm lang, bis 2,5 cm im ∅; Achsenbecher kurzzylindrisch; in den Achseln der oberen Schuppenblätter dünne Borstenstacheln; Perigonblätter 1,5 cm lang, 1 cm breit, gelb; Griffel schlank, mit 6 Narbenstrahlen; Früchte am Scheitel kaum vertieft (Abb. 94, rechts).

Fundort: Mantaro-Terrassen bei Oroya, 3700 m; Sammelnummer: K 1 d (1956).

Abb. 94. Links: *Tephrocactus atroviridis* var. *longicylindricus* Rauh et Backbg.; rechts: *T. atroviridis* var. *paucispinus* Rauh et Backbg.

Pulvinos formans; caules ad 5 cm longi et ad 2,5 cm crassi; areolae tantum aculeis 1—2 (rarius 3—4) ad 2,5 cm longis armatae; flores 3 cm longi, usque 2,5 cm ∅; tubus floralis brevi-cylindricus; in axillis squamarum superiorum tenues aculei setacei; phylla perigonii 1,5 cm longa, 1 cm lata, flava; stylus gracilis radiis stigmatis sex; fructus in vertice vix excavati.

Da *T. atroviridis*, wie schon erwähnt und aus Abb. 93, unten, zu entnehmen ist, häufig mit *T. floccosus* vergesellschaftet auftritt, ist anzunehmen, daß beide miteinander bastardieren. In der Natur lassen sich nämlich, hinsichtlich der Behaarung sämtliche Übergangsformen vom völlig kahlen „*atroviridis*" bis zum dicht behaarten „*floccosus*" feststellen. Einige dieser Formen sind in Abb. 95 wiedergegeben.

Obwohl *T. atroviridis* gleich *T. floccosus* reichlich blüht und fruchtet, wurden nur selten Sämlingspflanzen gefunden. Die

Abb. 95. Verschieden stark behaarte Formen (Bastarde?) von *T. atroviridis* (links oben: Sammelnummer 1 a, 1956; rechts oben: Sammelnummer 1 f, 1956; unten: Sammelnummer 1 g, 1956)

meisten Früchte fallen nicht ab, sondern werden von den sich entwickelnden Seitentrieben überwachsen und verrotten im Polsterinnern, ohne daß die Samen keimen.

T. atroviridis war bislang die einzige bekannte unbehaarte Art aus den Hochanden Zentralperus. Im Jahre 1954 fanden wir auf unseren Fahrten durch die Cord. blanca und Cord. negra weitere Arten, die sich von jenem durch die Bildung sehr kleiner, nur wenig verzweigter und schwach aufgewölbter Polster unterscheiden.

Tephrocactus yanganucensis Rauh et Backbg. nov. spec.

Polster 20—30 cm im ⌀, flach gewölbt; Glieder dicht beisammenstehend, bis 5 cm lang und 2,5 cm dick, von bläulichgrüner Farbe; Blattpolster rundlich-länglich; Blätter ±1 cm lang, schmallanzettlich, zugespitzt; Areolen hellfilzig, mit 1—4 ungleich bis 2,2 cm langen, rötlichen, schräg aufwärts gerichteten Stacheln; Blüten lebhaft karminrot, bis 3 cm im ⌀.

Fundort: Cordillera blanca (Quebrada Yanganuco), 3000 m; Sammelnummer: K 99 (1954).

Pulvini 20—30 cm ⌀ leniter tumescentes; caules dense consociati, usque 5 cm longi et 2,5 cm crassi, glaucescentes; podaria rotundo-oblonga; folia ±1 cm longa, anguste lanceolata, acuminata; areolae albido-tomentosae, aculeis 1—4 inaequalibus ad 2,2 cm longis, rubescentibus, oblique erectis armatae; flores laete coccinei usque 3 cm ⌀.

Nahe verwandt mit dieser ist

Tephrocactus hirschii Rauh et Backbg. nov. spec.[1] (Abb. 96, links)

Flache, bis 20 cm im ⌀ große Polster bildend; Sproßglieder kugelig bis kurz-walzenförmig, 2—3 cm dick, von hellgrüner Farbe; Blattpolster klein, länglich, wenig erhaben; Blätter kurz, 0,5 cm, zugespitzt; Areolen klein, weißfilzig; Stacheln 1—3, bis 11 mm lang, bräunlich, aufwärts gekrümmt; Blüten karminrot, bis 3 cm im ⌀.

Fundort: Cordillera blanca (Quebrada Queshque), 4000 m; *Puya raimondii*-Ges.; Sammelnummer: K 103 (1954).

Pulvinos planos ad 20 cm ⌀ metientes formans; caules globulosi vel brevi-cylindrici 2—3 cm in diametro, laete virides; podaria pusilla oblonga, parum prominentia; areolae minimae tomento albo; aculei areolarum 1—3, subfusci, usque 11 mm longi erecto-curvati; flores coccinei usque 3 cm ⌀.

Tephrocactus punta-caillan Rauh et Backbg. nov. spec. (Abb. 96, rechts)

Kleine lockere Polster oder Kolonien bildend; Sproßglieder 5—10 cm lang, im Neutrieb glänzend grün, 2 cm dick; Blattpolster länglich, schmal, nur in Scheitelnähe erhaben; Blätter bis 1 cm

[1] Nach Dr. G. Hirsch benannt.

lang, halbstielrund, oberseits abgeflacht, zugespitzt; Areolen sehr klein, 1—2 mm im ⌀, weißfilzig; Stacheln 2—6, seitlich abstehend oder aufrecht, dünn, elastisch, kastanienbraun; Blüten wohl karminrot.

Fundort: Cordillera negra, Felsköpfe an der Punta Caillan, 4300 m; Sammelnummer: K 105 (1954).

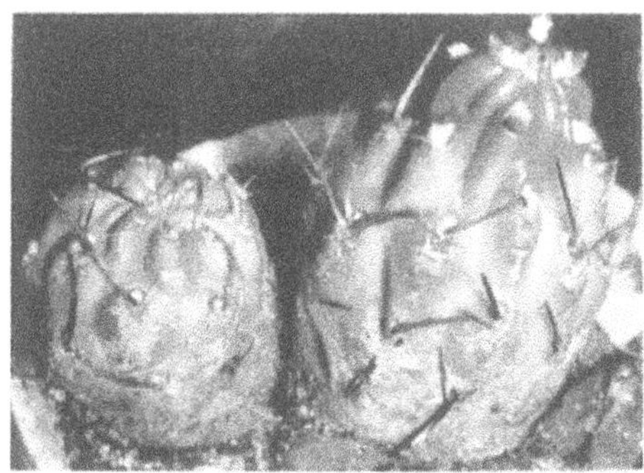

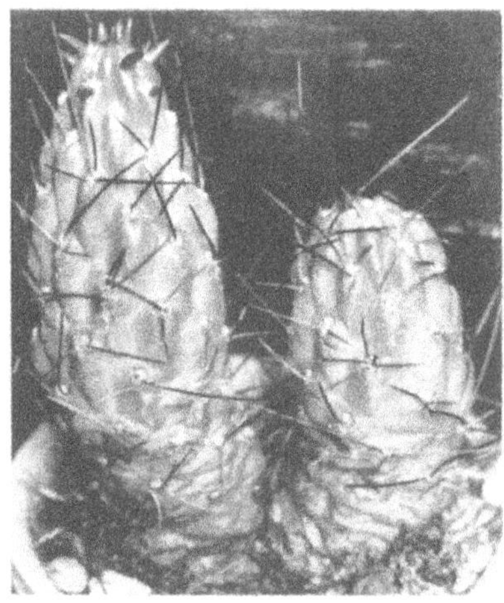

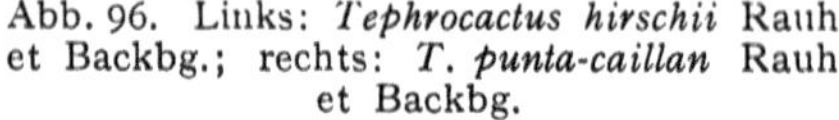

Abb. 96. Links: *Tephrocactus hirschii* Rauh et Backbg.; rechts: *T. punta-caillan* Rauh et Backbg.

Pulvinos laxos vel colonias laxas formans caulibus 5—10 cm longis et 2 cm ⌀, quorum caules iuveniles nitenti-virides; areolae minimae, ± 1 mm in diametro; aculei 2—6, a latere transverse vel erecto-patentes, tenues, flexibiles, badii; flores forsan coccinei (?).

Im gleichen Gebiet fand 1953 der französische Jäger E. BLANC eine weitere, neue Art:

Tephrocactus blancii Backbg.

Dichte, bis 20 cm im ⌀ große, flach aufgewölbte, unregelmäßige Polster bildend; Glieder rundlich, dunkelgrün bis bräunlich, 2,5—3 cm dick; Areolen groß, bis 7 mm im ⌀, mit hellem Wollfilz; Stacheln 1—6, ungleich lang, nach allen Seiten spreizend, bis 2,5 cm lang, dunkelfarbig, mit helleren Spitzen; Blüten und Früchte unbekannt.

Fundort: Cordillera negra, bei 4000 m.

Arten der *Pentlandiani*-Reihe

Diese *Tephrocacteen*-Gruppe ist in ihrer Verbreitung auf die Hochanden des südlichen Peru, sowie Boliviens und Argentiniens beschränkt. Die peruanischen Arten sind alle polsterbildend, besitzen längliche Sproßglieder, deren Areolen nur im oberen Drittel der Sproßachse ± verlängerte Stacheln tragen.

Die in Südperu verbreiteste Art ist

Tephrocactus ignescens (Vpl.) Backbg. (Abb. 97),

der in der Umgebung von Arequipa am Fuße der Vulkane in der Tolaheide und zwischen Punagräsern bis 80 cm hohe und bis 1 m im ⌀ große, kompakte Polster bildet (Abb. 97, I).

Abb. 97. *Tephrocactus ignescens* (Vpl.) Backbg. I in der Tolaheide am Fuße des Vulkanes Chachani bei Arequipa, 3800 m; II Einzeltriebe; III*a*—*c* Blüte und Perigonblatt (etwa $^3/_4$ nat. Gr.)

Glieder länglich, 8—10 cm lang, nur an der Spitze mit bestachelten Areolen (Abb. 97, II); Stacheln 6—15, fast gleichlang (6—8 cm), aufrecht, honigfarben bis rostrot; Blüten etwa 4 cm lang, mit 2,5 cm langem, 1,8 cm dickem, länglich-zylindrischem Achsenbecher (Abb. 97, IIIa—b), nur dessen obere Areolen mit 1,5 cm langen Stacheln; Perigonblätter bis 1,6 cm lang, an der Spitze seicht gebuchtet, leuchtend orange- bis purpurrot; Griffel mit den 6 Narbenstrahlen 2,5 cm lang, 3 mm dick; Filamente weißlich, mit gelben Staubbeuteln; Früchte rot, 4 (—7) cm lang, 2 cm dick, im Scheitel stark vertieft, mit Stachelareolen.

Dieser nahestehend ist

Tephrocactus fulvicomus Rauh et Backbg. nov. spec. (Abb. 98)

Polsterbildend; Polster etwa 30 cm im ⌀ und bis zu 20 cm hoch, mit kurzer, rübenförmiger Primärwurzel; Sproßglieder kugelig bis länglich, bis 5 cm lang und 2,5 cm dick, an der Spitze meist karminrot gefärbt (Sonneneinwirkung); Blattpolster wenig hervortretend; Areolen klein, mit gelblichweißen Glochidien; Areolenstacheln 3—7, ungleich lang, der längste aufgerichtet und bis 5 cm lang, lederbraun; Blüten bis 4 cm lang (Abb. 98, IIa—b), geöffnet bis 4 cm im ⌀; Achsenbecher 2,5 cm lang, 2,5 cm dick, mit höckerig hervortretenden Blattpolstern; obere Areolen mit 3—5, derben, bis 2 cm langen Stacheln; äußere Perigonblätter kurz, rötlich, innere goldgelb, 1,5 cm lang, 1,5 cm breit, an der Spitze seicht eingebuchtet; Filamente sehr kurz, rötlichgelb; Griffel dick (5 mm), bis 2 cm lang, mit 8 dicken, kurzen Narbenstrahlen (Abb. 98, IIc); Fruchtknotenhöhle groß, bis 0,7 cm breit und 0,5 cm hoch.

Fundort: Auf Vulkanaschen der Tolaheide bei Incuio am Fuße des Vulkans Sarasassa, 3500 m; Sammelnummer: K 122 (1956).

Pulvinos formans; pulvini ca. 30 cm ⌀ et ad 20 cm alti radice primaria brevi rapiformi; caules globosi vel oblongi, usque 5 cm longi et 2,5 cm crassi, apice insolationis causa puniceo colorati; podaria parum prominentia, areolae minimae glochidiis albo-sufflavis; aculei areolarum 3—7, impares, quorum longissimus erectus, ad 5 cm longus, corio-fuscus; flores usque 4 cm longi, aperti ad 4 cm in diametro; tubus floralis 2,5 cm longus, 2,5 cm crassus podariis tuberculate prominentibus; areolae superiores aculeis 3—5 rigidissimis, ad 2 cm longis; phylla perigonii exteriora brevia, rubescentia, interiora aurea 1,5 cm longa, 1,5 cm lata, apice leniter emarginata; filamenta brevissima rubescenti-flava; stylus percrassus (5 mm), usque 2 cm longus radiis stigmatis 8 percrassis brevibusque; cavum ovarii magnum, usque 0,7 cm latum, 0,5 cm altum.

Die Pflanze ist, in Gesellschaft von *T. zehnderi*, ein häufiger Begleiter von *Lepidophyllum quadrangulare*. Sie blüht reichlicher und früher als die folgende.

Tephrocactus zehnderi[1] Rauh et Backbg. nov. spec. (Abb. 99)

Polsterbildend; Polster 20—50 cm im ⌀ und bis 30 cm hoch, mit kräftiger, rübenförmiger Hauptwurzel; Sproßglieder bis 10 cm lang und bis 3 cm dick, von graugrüner Farbe; Blattpolster an jungen Gliedern mamillenförmig aufgewölbt, an der Spitze große,

[1] Nach meinem Begleiter J. ZEHNDER, Schweiz, benannt.

ovale, weiß-wollig behaarte Areolen tragend, diese bis 11 mm lang und 8 mm breit; Stacheln 3—8, ungleich lang, die längeren bis

Abb. 98. *Tephrocactus fulvicomus* Rauh et Backbg. I Habitus; II*a*—*b* Blüte; II*c* Narbenkopf vergr.; II*d* inneres Perigonblatt (etwa nat. Gr.)

3 cm, sehr derb und schwach gebogen, rötlichbraun, im Alter grau; Blüten (Abb. 99, I) bis 3 cm lang, geöffnet bis 4 cm im ∅; Blütenachse schlank-verkehrt-kegelförmig, bis 2 cm lang, mit wenigen hervortretenden Blattpolstern; obere Areolen mit 2—4, bis 1,5 cm

langen, braunen Stacheln; äußere Perigonblätter rötlich, die inneren gelb, bis 2 cm lang und 1 cm breit; Filamente kurz, gelb, mit weißlichgelben Staubbeuteln; Griffel 1,8 cm lang, 3 mm dick, mit

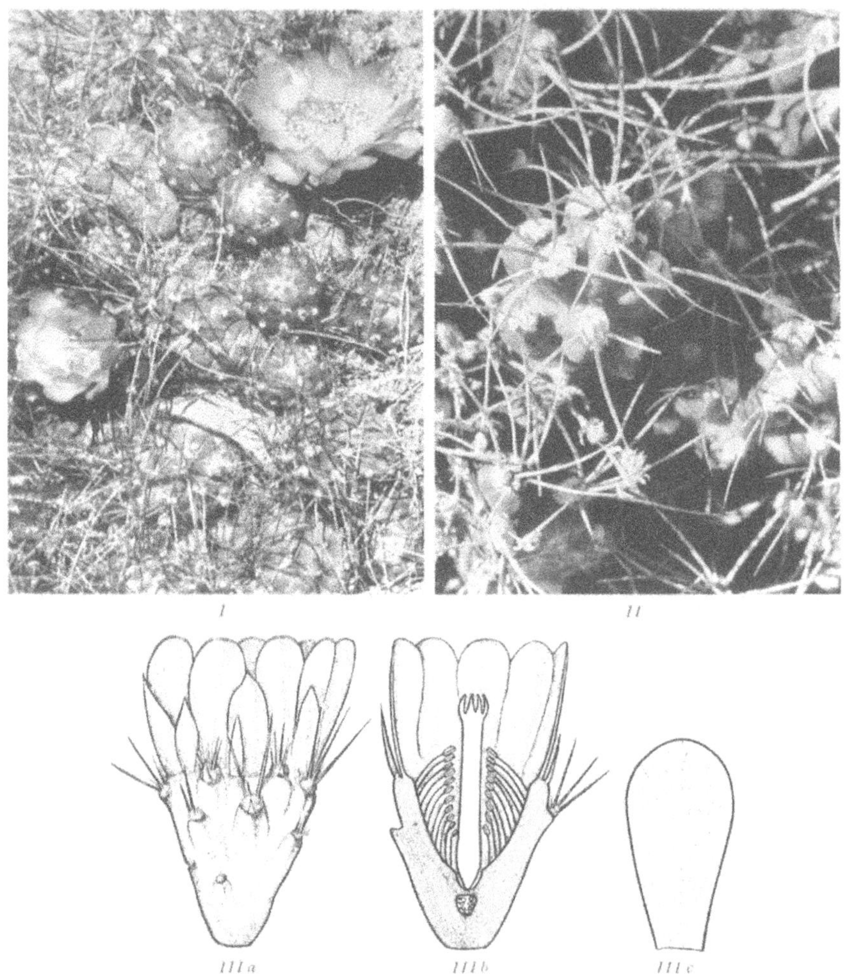

Abb. 99. *Tephrocactus zehnderi* Rauh et Backbg. I Habitus; II Ausschnitt aus dem nebenstehend abgebildeten Polster; III*a*—*b* Blüte; III*c* inneres Perigonblatt (etwa nat. Gr.)

8 kurzen, weißlichen Narbenstrahlen; Fruchtknotenhöhle sehr klein; Früchte gelblich, rundlich, ca. 2 cm hoch, 1,5 cm breit, mit stark eingetieftem Scheitel; unterhalb desselben bestachelte Areolen tragend.

F u n d o r t: Auf Vulkanaschen der Tolaheide bei Incuio, am Fuße des Vulkans Sarasassa, 3500 m; Sammelnummer: K 121 (1956).

Pulvinos formans, pulvinus 20—50 cm ∅ et usque 30 cm altus, radice primaria valida rapiformi; caules ad 10 cm longi et ad 3 cm crassi, canovirides; podaria in caulibus iuvenilibus mamilliformia, apice areolas maximas ovales albido-laneo-pilosas ferentes, ad 11 mm longas et 8 mm latas; aculei 3—8, impares, quorum longiores usque 3 cm metientes, rigidissimi et leniter curvati, fulvi, senectute canescentes; flores ad 3 cm longi, aperti ad 4 cm ∅; tubus floralis obconicus, ad 2 cm longus, podariis paucis valde prominentibus ornatus; areolae superiores aculeis 2—4, usque 2,5 cm longis, fuscis; phylla perigonii exteriora rubescentia, interiora flava, antheris albidoflavis; stylus 1,8 cm longus, 3 mm crassus, radiis stigmatis 8 brevibus albidis; fructus sufflavi, ca. 2 cm longi, 1,5 cm lati, in vertice valde excavati, infra eum areolas aculeatas ferentes.

Tephrocactus bicolor Rauh nov. spec. [Syn.: *T. fulvicomus* var. *bicolor* Rauh et Backbg. (Descr. Cact. nov., 1956); Abb. 100 I und IIIa—e].

Pflanze nicht polsterbildend; Sproßglieder in lockeren Gruppen beieinanderstehend, kugelig, ca. 3 cm lang und 2 cm dick, tief dunkelgrün, oft rötlich überlaufen; Blattpolster an jungen Gliedern rhombisch, stark aufgewölbt; Areolen 3 mm im ∅, mit gelblichen Glochidien; Stacheln bis zu 6 (—8), ungleich lang, die längsten ±3 cm, starr aufgerichtet, mit hellerer Spitze, im Alter grau; Blüten (Abb. 100, IIIa—b) 3 cm lang, geöffnet 2,5 cm im ∅; Blütenachse kurz-verkehrt-eiförmig, 1,5 cm lang, 1,8 cm dick; ihre Blattpolster zahlreich, wenig erhaben; Areolen mit 1—5 (meist 3) derben, braunen, bis 1,5 cm langen Stacheln; äußere Perigonblätter karminrot, die inneren hellgelb, 1,5 cm lang, kurz bespitzt und gezähnelt; Staubblätter kurz; Griffel kurz, dick, mit 8 karminroten Narben; Fruchtknotenhöhle 0,5 cm breit und 0,2 cm hoch; Früchte 2 cm breit, 1 cm hoch, am Scheitel mit tiefem Nabel (Abb. 100, IIId); Samen wenig zahlreich, rund (Abb. 100, IIIe).

Fundort: Zwischen Nazca und Lucanas (Südperu), 3500 m, im Gebüsch von *Senecio idiopappus*; Sammelnummer: K 114 (1956).

Caules non pulvinos, sed laxas turmas formantes, globosi, ca. 3 cm longi et 2 cm crassi valde atrovirides, saepe rufo colore perfusi; podaria in caulibus iuvenilibus rhomboidea, valde turgida; areolae 3 mm ∅ glochidiis flavescentibus; aculei areolarum usque 6 vel 8, impares, longissimi rigide erecti, ad 3 cm longi, apice laetiore, senectute canescentes; flores 3 cm longi, aperti 2,5 cm ∅; tubus floralis obovatus, 1,5 cm longus, 1,8 cm crassus, cuius podaria numerosa parum prominentia; areolae aculeis 1—5 (plerumque 3) rigidis, brunneis, ad 1,5 cm longis; phylla perigonii exteriora punicea, interiora flava, 1,5 cm longa, mucronata et denticulata; stamina brevia; stylus brevis, crassus, stigmatibus 8 puniceis; cavum ovarii 0,5 cm latum et 0,2 cm altum; fructus 2 cm lati, 1 cm alti, in vertice profunde umbilicati; semina parum numerosa, rotunda.

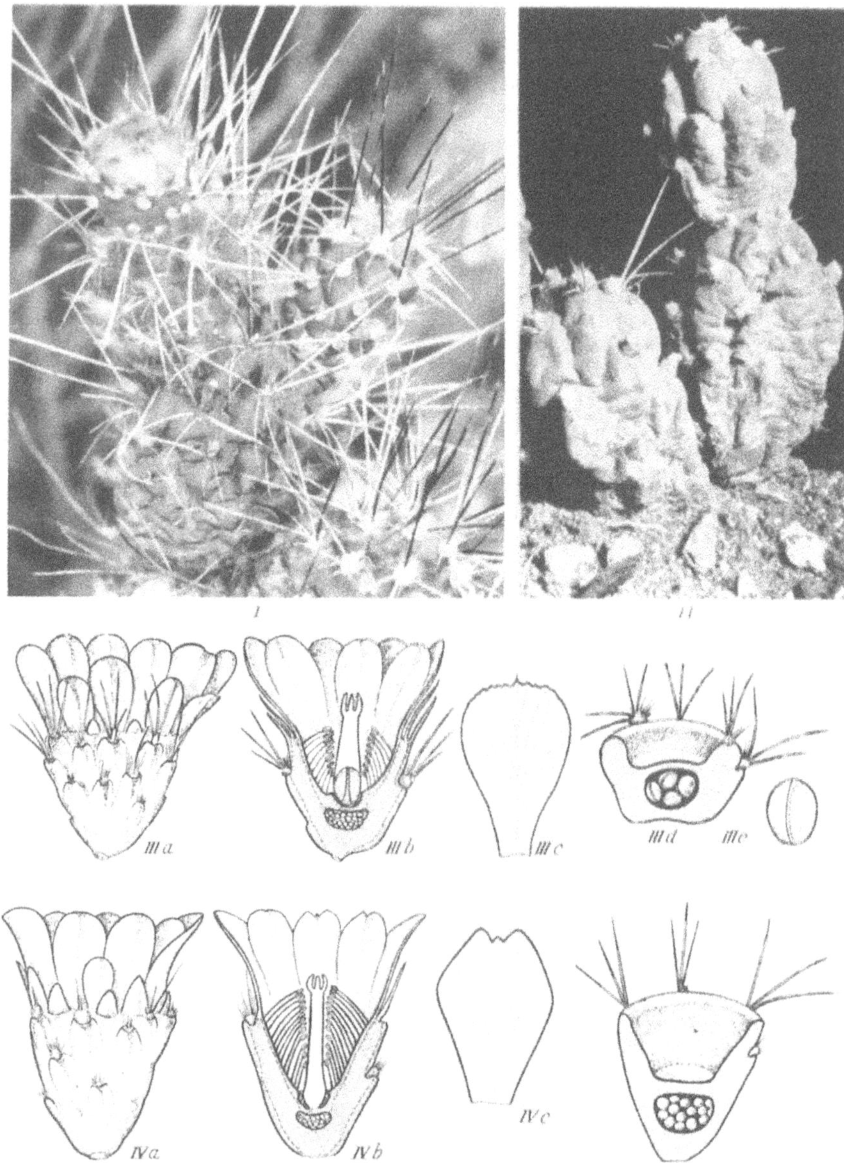

Abb. 100. I, III *Tephrocactus bicolor* Rauh et Backbg.; I Habitus; III*a*—*b* Blüte; III*c* inneres Perigonblatt; III*d* Frucht längs; III*e* Samen; II, IV *T. corotilla* var. *aurantiaciflorus* Rauh et Backbg.; II Habitus; IV*a*—*b* Blüte; IV*c* inneres Perigonblatt; IV*d* Frucht längs (etwa nat. Gr.)

Die Pflanze weicht in vielen Merkmalen so erheblich von *T. fulvicomus* ab, daß ich sie, entgegen der Auffassung BACKEBERGS, als eigne Art betrachte.

Tephrocactus corotilla var. *aurantiaciflorus* Rauh et Backbg. nov. var. (Abb. 100, II, IV)

Pflanze kleine, sehr lockere Polster bildend; Glieder länglich, bis 4 cm lang und bis 2 cm dick; Blattpolster nur wenig erhaben; Areolen klein, mit 0,3 cm langen Glochidien; die meisten Areolen stachellos, nur wenige mit einzelnen, bis 3 cm langen Stacheln; Blüten 3,5 cm lang (Abb. 100, II), geöffnet 3,5 cm im ⌀; Blütenachsenbecher verkehrt-eiförmig, 2 cm lang, 2 cm dick, mit wenigen, schwach erhabenen Blattpolstern; Areolen mit gelblichen Glochidien, die oberen mit 1—2 dünnen, bis 1,5 cm langen Stacheln; Perigonblätter 1,5 cm lang, an der Spitze ausgebuchtet, orange-rot; Filamente gelblich; Griffel 2 cm lang, dünn, rötlichgelb; Narbenstrahlen 8; Früchte bis 2 cm lang, 2 cm dick, an der Spitze mit bestachelten Areolen und tief genabelt; Samen klein (Abb. 100, IVd).

Fundort: Vulkane Misti und Chachani, 3500 m; Gestrüppformation; Sammelnummer: K 147 (1956).

Planta pulvinos pusillos laxissimos formans; caules oblongi, usque 4 cm longi et usque 2 cm crassi; podaria parum prominentia; areolae pusillae glochidiis 0,3 cm longis, plurimae areolae inermes, perpaucae aculeis singulis usque 3 cm longis; flores 3,5 cm longi, aperti 3,5 cm ⌀; tubus floralis obovatus, 2 cm longus, 2 cm crassus, podariis paucis parum prominentibus ornatus; areolae glochidiis sufflavis, quarum superiores aculeis 1—2, tenuibus, ad 1,5 cm longis armatae; phylla perigonii 1,5 cm longa, apice emarginata, aurantiaca; filamenta sufflava; stylus 2 cm longus, gracilis, rubescentiflavus; radii stigmatis 8; fructus usque 2 cm longi, 2 cm crassi, apice areolis aculeatis armati et immerse umbilicati; semina pusilla.

Diese Varietät unterscheidet sich vom Typus durch die orangeroten Blüten; bei jenem sollen sie nach BACKEBERG von weißer Farbe sein und rötlich abblühen. Sie hat hinsichtlich der Bestachelung eine auffallende Ähnlichkeit mit *T. mistiensis* Backbg. (s. Abb. 354 bei BACKEBERG, 1958).

Außer den im vorstehenden beschriebenen Arten werden von BRITTON und ROSE, sowie von BACKEBERG noch die folgenden für Peru angegeben:

Tephrocactus ignotus Backbg. (=*O. ignota* Br. et R.)
Pampa de Arrieros, oberhalb Arequipa, Südperu.

Tephrocactus mistiensis Backbg.
Oberhalb Arequipa, am Fuße des Vulkanes Misti, bei 3500 m.

Tephrocactus noodtiae Backbg. et Jacobsen (BACKEBERG 1956)
Am Titicaca-See, bei 3900 m (Südperu).

Opuntia (Tournef.) Mill.

BRITTON u. ROSE unterscheiden einen nördlichen (nordamerikanischen) und einen südlichen (südamerikanischen) *Platyopuntien*-Ast. Die Trennungslinie zwischen beiden verläuft in Mittelperu quer durch den Kontinent. Bei den *Opuntien* mit südlicher Verbreitung handelt es sich um meist zwergige Formen aus der Reihe der „*Airampoae*"; erst in Südbolivien erscheinen wieder größere Formen aus der Reihe der „*Sulphureae*". Bei den in den Trockengebieten Südperus (Ayacucho) in Massenbeständen auftretenden *Platyopuntien* handelt es sich um verwilderte mexikanische Arten, die zum Zwecke der Koschenillelaus-Zucht angepflanzt worden sind und sich seither stark ausgebreitet haben (s. auch S. 146).

Zu den peruanischen kleinblütigen Arten gehört

Opuntia macbridei Br. et R.,

die zuerst von MACBRIDE und FEATHERSTONE bei Huanuco gefunden wurde, die aber in den Trockentälern des nördlichen Peru (Olmos-Jaén, Huancabamba-Tal) und des südlichen Ecuador eine weite Verbreitung hat. Normalerweise bildet *O. macbridei* aufrechte, bis 1,5 m hohe Büsche, die nicht selten, so in der Umgebung von Huancabamba, zu unpassierbaren Dickichten zusammentreten. Im mittleren Huancabamba-Tal (1000 m) fanden wir in Gesellschaft von *Espostoa laticornua, Seticereus roezlii* und *Armatocereus rauhii* eine im Wuchs völlig abweichende Form (var. *orbicularis* Rauh et Backbg.); die aus den runden Gliedern bestehenden Triebe wachsen nicht aufrecht, sondern laufen, wie aus Abb. 101 hervorgeht, auf dem Boden dahin, weite Strecken des Substrates bedeckend. Mit dem Typus stimmt die Varietät in der Bildung der kleinen, roten Blüten überein.

Von den schmaltriebigen Platyopuntien aus der Verwandtschaft der *Divaricatae* S.-D. sind in Peru die beiden folgenden Arten beheimatet:

Opuntia pascoensis Br. et R.

Pflanze mit aufrechten oder schräg aufsteigenden, bis 30 cm langen, rundlichen oder schwach abgeplatteten, leicht abbrechbaren Gliedern; Blätter klein; Areolen braun-wollig, mit 4—8 bis 2 cm langen, gelblichen Stacheln; Glochidien zahlreich, gelb.

Zentralperu (Rimac-Tal), 1500—2400 m; Sammelnummer: K 13 (1954).

Die Pflanze hat wahrscheinlich weitere Verbreitung, denn die Sproßglieder brechen leicht ab und können auf diese Weise verschleppt werden.

Opuntia pestifer Br. et R. (= *Cactus nanus* Knuth)

ist eine niedrig bleibende, kriechende, selten bis 20 cm hoch werdende Art, mit zylindrischen, akroton verzweigten und leicht ablösbaren Gliedern. Obwohl die Pflanze eine weite Verbreitung hat — ihr Areal erstreckt sich von Südecuador bis nach Südperu (Apurimac-Tal), überschreitet hier die Westkordillere und dringt im Urubamba-Tal weit nach Osten vor — und stets Massenbestände bildet, sind bisher niemals Blüten und Früchte beobachtet worden. Die Pflanze scheint sich ausschließlich vegetativ zu vermehren; sie

Abb. 101. *Opuntia macbridei* Br. et R. var. *orbicularis* Rauh et Backbg.

wächst verborgen zwischen Gras und Gestrüpp; ihre Glieder brechen bei der geringsten Berührung ab, heften sich an Tier und Mensch und werden auf diese Weise verbreitet. Die spitzen Stacheln vermögen sogar das Schuhwerk zu durchbohren. Humboldt bezeichnet die Pflanze als ausgesprochen „lästig".

Sammelnummer: K 64 und K 67 (1954); Apurimac-Tal und Urubamba-Tal bei Quillabamba.

Die Reihe der *Airampoae* Backbg. ist in Peru durch

Opuntia soehrensii Br. et R.

vertreten. Sie bildet lockere Haufen niederliegender, wurzelnder, abgeflachter, bis 10 cm langer und 3 cm breiter Glieder von oft rötlicher Farbe; basale Areolen mit sehr kurzen Stacheln; spitzenständige mit 5—10, bis 7 cm langen, rötlichbraunen, starr aufgerichteten Stacheln; Blüten hellgelb, bis 3 cm lang.

Von Rose wurde die Pflanze unterhalb der Pampa de Arrieros bei Arequipa, von uns bei Chuquibamba (3600 m; Sammelnummer: K 154, 1956) gefunden.

Nach Britton und Rose erstreckt sich das Verbreitungsgebiet vom südlichen Peru bis nach Bolivien und Nordargentinien.

C. *Ceroideae* K. Schum.

Hylocereeae Backbg.

Von dieser Kakteengruppe, deren Schwerpunkt der Verbreitung in den feucht-warmen Tropengebieten Mittel- und Südamerikas liegt und die mit einigen Arten selbst in den Tropen der alten Welt (Afrika) angetroffen werden, haben in Peru nur die beiden, ausschließlich auf die regengrünen Wälder Nordperus beschränkten Gattungen *Rhipsalis* und *Hylocereus* weitere Verbreitung. Von den übrigen Gattungen werden in der Literatur nur noch *Epiphyllum* und *Wittia* aufgeführt. Die erstere soll nach HERRERA (1941) mit *E. phyllanthus* Haw. im Urubamba-Tal bei Quillabamba vertreten sein[1]; die letztere wird von K. SCHUMANN (Monatsschr. f. Kakteenk. 13, 1903) mit *W. amazonica* K. Schum. für Nordostperu zwischen Laeticia und Tarapote angegeben (s. auch BRITTON u. ROSE, Bd. IV, S. 206).

Rhipsalis Gaertner

Rhipsalis micrantha (H.B.K.) D.C. (Abb. 102, I)

ist eine vorwiegend an Felswänden wachsende Art, die reich verzweigte, bis 1 m lange, hängende Büsche bildet. Die hellgelblichgrünen, schmallinealischen, flachen oder 3-4kantigen Triebe verzweigen sich unter akrotoner Förderung; ihre kleinen, nicht eingesenkten Areolen tragen zuweilen 1—2 kleine Borsten; Blüten klein, weiß; Früchte 8—10 mm groß, weiß bis rötlich oder gelblich.

Die Pflanze wurde von HUMBOLDT in Südecuador gefunden; ihr Verbreitungsgebiet erstreckt sich bis in das Tal von Olmos und des Rio Saña (1000 m); Sammelnummer: P 2127a, P 2229a (1954).

Rhipsalis cassutha Gaertn. (= *Rh. cassytha*).

Diese von Florida bis nach Südamerika, sowie auf Ceylon und im tropischen Afrika verbreitete Art findet sich auch in Peru als Epiphyt, vorwiegend an Felswänden mäßig feuchter Gebiete. HERRERA (1941, Nr. 1477) gibt sie für das mittlere Urubamba-Tal bei Quillabamba, zwischen 900 und 1500 m, an.

Dieser nahestehend ist wohl

Rhipsalis heptagona Rauh et Backbg. nov. spec. (Abb. 102, II)

Pflanze sparrig verzweigt, mit herunterhängenden, 4—5 mm dicken, leicht gerippten Sprossen, diese bis 25 cm lang, unter akrotoner Förderung 3—4 Seitenäste erzeugend; Rippen bis zu 7, schwach erhaben, ihre Kanten oft chloroplastenärmer und deshalb als weiße Streifen bis zur nächsten, etwa 1 cm entfernten Areole herablaufend; Sproßepidermis mit zahlreichen Spaltöffnungen,

[1] Die Pflanze wurde von uns zwar am gleichen Standort in nicht blühendem Zustand an steilen Felswänden beobachtet, konnte aber nicht gesammelt werden.

diese dadurch grau-weiß punktiert erscheinend; Areolen sehr klein, wenig vertieft; Schuppenblätter breit-dreieckig, unscheinbar, in ihren Achseln neben kurzen Wollhaaren 1—2, etwas verbreiterte, ca. 1 mm lange Stacheln tragend; Blüten klein, wie bei *R. cassutha* einzeln stehend, gelblich-weiß; Früchte rot, ca. 5 mm im ∅.

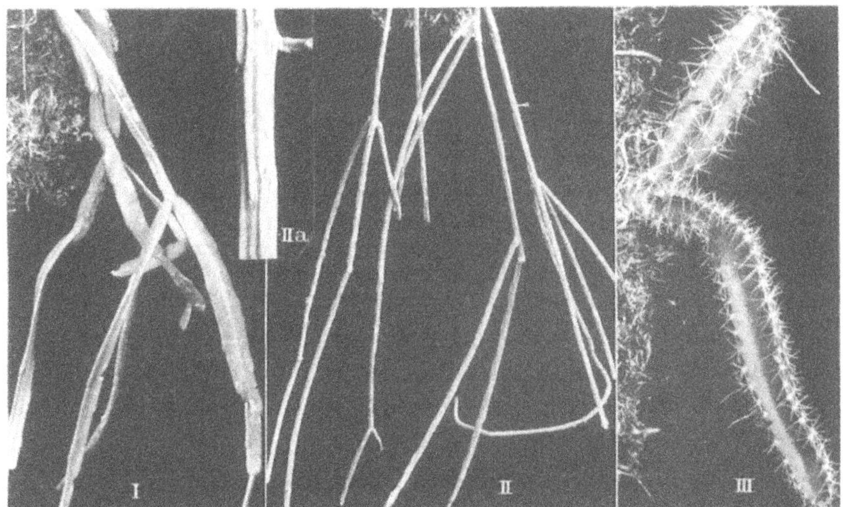

Abb. 102. I *Rhipsalis micrantha* (H.B.K.) J. C.; II *R. heptagona* Rauh et Backbg.; II*a* Einzeltrieb, vergr.; III *Hylocereus microcladus* Backbg.

Fundort: Regengrüner Wald bei Jaén, 600 m (Nordperu) als Epiphyt auf Bäumen; Sammelnummer: K 79 (1956).

Planta squarrose ramosa, caulibus pendulis usque 25 cm longis, 4—5 mm latis, parum costatis, praecipue in regione apicali 3—4 ramos laterales producentibus; costae usque 7, paullum prominentes; anguli earum corporum chlorophyllosorum inopiores, itaque ut lineae albae usque ad areolam proximam ca. 1 cm distantem decurrentes; epidermis caulium stomatibus numerosis obtecta, itaque aspectum cano-albo-punctatum praebens; areolae minimae, parum immissae; squamae bracteaneae late trigonae, exiguae, in axillis iuxta pilos laneos breves 1—2 aculeos parum dilatatos ca. 1 mm longos ferentes; flores minimae ut in *R. cassutha*, singulariter inserti, flavescenti-albi; fructus rubri, ca. 5 mm ∅.

Hylocereus Br. et R.

Der verbreitetste der peruanischen *Hylocereen* ist

Hylocereus venezuelensis Br. et R.,

dessen Areal sich von Venezuela bis nach Nordperu ausdehnt. Er bildet große, reich verzweigte, meist in Baumkronen sitzende Büsche (Abb. 44, links), deren flagellenartige, hechtgraue, bis 4 m lange Triebe bogenförmig dem Boden zuwachsen und die an ihrer Spitze Luftwurzeln erzeugen, die nicht selten in die Erde eindringen. Mit Hilfe der kurz-pfriemlichen, gekrümmten Stacheln vermag die Pflanze auch im Gebüsch emporzuklettern.

Im Tal des Rio Olmos erreicht *H. venezuelensis* die Südgrenze seines Verbreitungsgebietes, ebenso wie *Pilosocereus tweedyanus*, mit dem er häufig vergesellschaftet auftritt.

Hylocereus microcladus Backbg. (Fedde Rep., 1942; Abb. 102, III)

Pflanze von *Rhipsalis*-artigem Habitus, mit dünnen, frischgrünen, 4kantigen, bis 10 cm langen und 1(—2) cm dicken Trieben. Die dichtstehenden Areolen sind mit feinen, kurzen, hellen Borstenhaaren besetzt.

Diese Art wurde von BACKEBERG für Nordost-Kolumbien beschrieben, wo sie oft massenhaft auf Baumstämmen auftreten soll; wir fanden sie erstmalig in Peru und zwar in den Trockenwäldern von Jaén (atlantische Seite der Westkordillere), bei 800 m (Sammelnummer: K 138, 1954). Damit scheint sich ihr Areal von Kolumbien bis nach Nordperu zu erstrecken.

Hylocereus peruvianus Backbg.

wurde schon 1931 von BACKEBERG in *Bombax*-Wäldern des nördlichen Peru entdeckt; als bisher südlichster Standort wurde von uns das Tal des Rio Saña (800 m) festgestellt, wo die Pflanze mit ihren lebhaft grünen, 2—3 m langen, 2—3kantigen und kurzstacheligen Trieben große Büsche bildet (Abb. 39, unten); Blüten und Früchte wurden von uns nicht beobachtet.

Besonders bemerkenswert ist das Vorkommen aller peruanischen *Hylocereen* im niederschlagsärmeren Trockenwald, während die meisten Vertreter der Gattung sonst Bewohner des feuchten Regenwaldes sind.

Cereeae Br. et R.

Mila Br. et R.

Die Vertreter der Gattung *Mila* sind eine merkwürdige Gruppe *Echinocereus*-artiger Kakteen, deren kleine Säulen zu lockeren Gruppen zusammenstehen. Sie besitzen auffällige, gelbe Blüten mit leicht behaarter Blütenröhre und kleine, an Stachelbeeren erinnernde Früchte.

Die Hauptblütezeit scheint in die Sommermonate zu fallen; so trafen wir 1954 während der Monate Februar und März, sowohl im Rimac- als auch im Cañete-Tal alle Pflanzen in voller Blüte an; die während der Wintermonate (Juli—Oktober 1956) aufgefundenen Pflanzen hingegen mußten in blütenlosem Zustand gesammelt werden. Da die im folgenden als neu zu beschreibenden Arten sich in ihren vegetativen Merkmalen aber so auffällig voneinander unterscheiden und hinsichtlich des Wuchses und der Bestachelung von den bisher bekannten Arten abweichen, glauben wir es verantworten zu können, eine Diagnose ohne Blüten zu geben. Deren Beschreibung wird zu gegebener Zeit nachgeholt.

Nach BACKEBERG handelt es sich bei der Gattung *Mila* um eine recht isoliert stehende Kakteensippe, die keine direkten verwandtschaftlichen Beziehungen zu anderen Sippen erkennen läßt[1]. Ihr Verbreitungsgebiet ist auf die westandine Kakteenfelswüste Zentralperus beschränkt und erstreckt sich vom Santa-Tal im Norden bis zum Pisco-Tal im Süden in einer Höhenlage von 600—3500 m (Abb. 103).

Abb. 103. Einfach schraffiert Verbreitungsgebiet der Gattung *Mila* Br. et R., doppelt schraffiert das der Gattung *Corryocactus* Br. et R.

Mila caespitosa Br. et R.

Pflanze lockere Polster und Kolonien bildend; Glieder 5—10 (—15) cm lang und 2—3 cm dick, ± 10rippig; Areolen sehr dichtstehend, im Scheitel braunfilzig, 2—4 mm voneinander entfernt; Stacheln anfangs gelblich mit braunen Spitzen, im Alter bräunlich; Randstacheln ± 20, ca. 1 cm lang, Zentralstacheln mehrere, bis 3 cm lang; Blüten bis 1,5 cm lang und 2—3 cm im ⌀; äußere Perigonblätter rötlich, innere hellgelb; Früchte 5—10 mm groß, grün, kleinen Stachelbeeren ähnlich.

Rimac-Tal bei Lima (Zentralperu); Sammelnummer: K 7 (1954).

Rose sammelte die Pflanze bei Santa Clara am Eingang des Rimac-Tales, also noch im Bereich der Nebelzone. "This plant is common near the mouth of the narrow valleys between the low hills bordering on the Rimac-valley. It does not extend the main valley which is here devoid of all vegetation" (Britton u. Rose, Bd. 3, S. 211). Der von Britton und Rose angeführte Standort ist an sich überraschend, denn nach unseren Beobachtungen sind die Vertreter der Gattung *Mila* typische Begleiter der niederschlagsarmen Kakteenfelswüste zwischen 1000 und 2500 m. Nur die von Akers als neu beschriebene

Mila albo-areolata Akers[2],

die in ihrem Habitus stark von den übrigen Arten abweicht, soll gleichfalls der Loma-Formation angehören (Typ-Fundort: Quilmana-Hügel bei Imperial, Eingang zum Tal des Rio Cañete).

[1] Buxbaum (1957) ordnet *Mila* bei den *Rebutiineae* (C V c) ein.
[2] Diagnose und Abb. in „Fuaux Herbarium Bulletin", Nov. 1953, S. 2—3.

Pflanze lockere Polster bildend, mit 4—8 cm langen und 2—2,5 cm dicken, 10—12rippigen Sprossen; Areolen 6—7 mm voneinander entfernt, weißwollig, mit ca. 35, bis 7 mm langen und 3—5, bis 2 cm langen, gelben, schwarz bespitzten Zentralstacheln; Blüten gelb, ca. 2,5 cm im ∅; Früchte 12—15 mm im ∅, gelblich-grün.

Schon 1914 beobachtete ROSE bei Matucana im Rimac-Tal 2 weitere *Mila*-Arten, die sich deutlich von *M. caespitosa* unterscheiden, aber von ihm nicht beschrieben worden sind. BACKEBERG hat diese beiden Arten unter den Namen *M. kubeana* und *M. nealeana* veröffentlicht.

Mila kubeana Werd. et Backbg.[1]

Niedere, lockere Kolonien bildende Pflanze, mit 11rippigen, bis 15 cm langen Trieben; Areolen dicht-weißgelb-filzig; Randstacheln 9—12, borstenförmig, biegsam, weiß, bis 1 cm lang; Mittelstacheln bis 4, hellbraun, mit dunklerer Spitze, sich nur wenig von den Randstacheln unterscheidend.

Typ-Standort (nach BACKEBERG) bei Matucana (Rimac-Tal), 2500 m.

Mila nealeana Backbg.[2] (Abb. 23, Abb. 104)

In der Wuchsform der vorigen gleichend; Triebe bis 3 cm dick, 11—13-rippig; Rippen höckerig unterteilt; Areolen ca. 2 mm im ∅ im Neutrieb weißfilzig, später lederbraun; Randstacheln zahlreich, bis 30, dünn, fast borstenförmig, weiß mit bräunlicher Spitze; Zentralstacheln 1—6, davon einer verlängert (bis 2 cm lang), im Neutrieb hellbräunlich mit dunklerer Spitze; Blüten zu mehreren unterhalb des Scheitels, bis 3,5 cm lang und 2,5 cm im ∅, gelb; Achsenröhre dünn, 4 mm im ∅, grün, mit kleinen Schuppenblättern besetzt, in deren Achseln kurze Wollhaare stehen, äußere Perigonblätter grünlich, die inneren leuchtend gelb, ca. 2 cm lang, in eine Stachelspitze auslaufend; die in 2 Kreisen angeordneten Staubblätter viel kürzer als die Perigonblätter; Griffel mit den Narben kürzer als die Filamente; Fruchtknotenhöhle ca. 5 mm im ∅ (Abb. 104, II); Nabelstränge kurz, wenig verzweigt; Nektarkammer kurz, eng, nahezu vollständig vom Griffel ausgefüllt; Früchte grün, ca. 15 mm im ∅.

Als Typstandort wird von BACKEBERG das Rimac-Tal mit seinen Seitentälern angegeben; wir haben die Pflanze auch im Cañete-Tal bei 1200 m festgestellt.

Die leuchtend gelben Blüten öffnen sich am frühen Morgen, um sich bereits am Nachmittag wieder zu schließen.

M. nealeana ändert hinsichtlich der Bestachelung ab:

var. *tenuior* Rauh et Backbg. nov. var. (Abb. 105)

Pflanze kleiner und zarter als der Typus, nur wenig verzweigte, mit einer rübenförmigen Hauptwurzel versehene Polster bildend (Abb. 105, II); Glieder kurz, bis 5 cm lang und bis 3 cm dick, von dunkelgrüner Farbe; Areolen rundlich, mit gelblicher Wolle; Randstacheln zahlreich, dünn, im Jungtrieb gelblich, mit dunkler Spitze; Zentralstacheln 1—2, bis 2,5 cm lang.

[1] BACKEBERG u. WERDERMANN: Neue Kakteen, 1931, S. 83.
[2] BACKEBERG: Blätt. f. Kakteenforschung, 1934/11.

Fundort: Rimac-Tal (Zentralperu), bei 2000 m; Sammelnummer: K 16a (1956).

Planta tenerior et magis pusillus quam typus, pulvinos parum ramosos radice primaria rapiformi formans; caules breves usque 5 cm longi et ad 3 cm crassi, atrovirides; areolae orbiculatae lana flavescente; aculei marginales numerosi, tenues, in caulibus iuvenilibus flavescentes, apice obscuro; aculei centrales 1—2, usque 2,5 cm longi.

Abb. 104. *Mila nealeana* Backbg. I blühender Sproß (in der Kultur); II Fruchtknotenhöhle vergr.

Mila breviseta Rauh et Backbg. nov. spec. (Abb. 106, I)

Pflanze kleine Kolonien bildend; Triebe kurz, oft gekrümmt, ±13rippig, ca. 2 cm dick; Mamillen nur wenig erhaben; Areolen gelbfilzig, ca. 2 mm ∅, mit zahlreichen, borstenförmigen, weißen, im Scheitel zuweilen braunen Stacheln; Mittelstacheln von den Randstacheln nicht unterscheidbar; Blüten und Früchte unbekannt.

Fundort: Eulalia-Tal (Zentralperu), Kakteenfelswüste bei 1200 m; Sammelnummer: K 31 (1956).

Planta colonias pusillas formans; caules breves, $\pm$ 13costati, ca. 2 cm crassi; mamillae parum prominentes; areolae flavo-tomentosae, ca. 2 cm in diametro, aculeis numerosis setiformibus albis, in vertice saepe brunneis armatae; aculei centrales ab aculeis marginalibus vix discernendi sunt; flores et fructus ignoti.

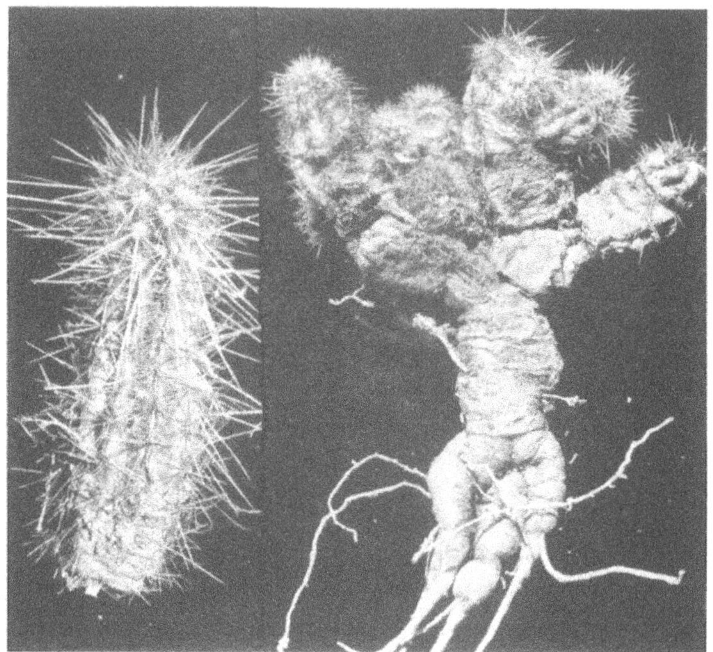

Abb. 105. *Mila nealeana* Backbg. var. *tenuior* Rauh et Backbg., I Habitus; II Einzelpflanze

Mila fortalezensis Rauh et Backbg. nov. spec. (Abb. 106, II)

Pflanze nur spärlich verzweigte Kolonien bildend; einer rübenförmigen, bis 10 cm langen Wurzel entspringen wenige (Abb. 106, II), 5—8 cm lange, oft kugelförmige, 11—13rippige Glieder; Areolen rundlich-gelblich, mit feinen, dünnen 0,7 cm langen Randstacheln und 6—8 ungleich langen Zentralstacheln; davon der obere, aufwärtsgerichtete meist schwarz, die basalen weißlich, mit schwarzer Basis, bis 2,5 cm lang; Blüten unbekannt; Früchte klein, nur bis 0,8 cm im ∅, grünlich.

Fundort: Tal des Rio Fortaleza; basale Kakteenstufe bei 900 m, auf stark verwittertem Granitgrus, in Gesellschaft von *Tillandsia tectorum*, *Haageocereen* und *Melocacteen*; Sammelnummer: K 50 (1956).

Planta colonias parum ramosas formans; e radice usque 10 cm longa rapiformi pauci caules oriuntur, qui sunt tantum 5—8 cm longi saepe globosi, 11—13 costati; areolae sufflavae rotundulae, aculeis marginalibus tenuibus et 6—8 aculeis centralibus imparibus, quorum superior erectus plerumque atratus, basales albescentes basi atrata, usque 2,5 cm longi; flores ignoti; fructus minimi, virescentes, ad 0,8 cm ∅.

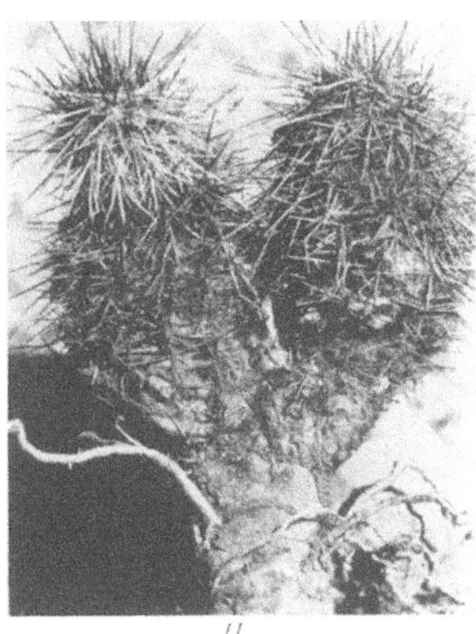

I II

Abb. 106. I *Mila breviseta* Rauh et Backbg. (2fach nat. Gr.); II *M. fortalezensis* Rauh et Backbg. (3/4 nat. Gr.)

Mila ceroides Rauh et Backbg. nov. spec. (Abb. 107, I)

Pflanze lockere Kolonien bildend, mit bis 30 cm langen und 4—5 cm dicken, niederliegenden oder schräg aufsteigenden, ± 14rippigen Trieben; Areolen etwa 3 mm voneinander entfernt, gelbbraunwollig; Randstacheln 18—30, 0,5—1 cm lang, borstenförmig, bräunlich sich mit denen der Nachbarareolen verflechtend; Mittelstacheln 3—4, bis 2 cm lang, kreuzförmig angeordnet, von intensiv lederbrauner Farbe; Blüte und Frucht unbekannt.

Fundort: Tal des Rio Fortaleza, 3500 m; Sammelnummer K 57 (1956).

Planta colonias laxas formans; caulibus procumbentibus vel oblique ascendentibus usque 30 cm longis et 4—5 cm crassis, ± 14costatis; areolae ca. 3 mm inter se distantes, flavo-brunneo-lanatae; aculei marginales 18—30, 0,5—1 cm, brunnescentes, cum iis areolarum proximarum se implectentes, aculei centrales 3—4, usque 2 cm longi cruciate inserti, corii colore; flores et fructus ignoti.

M. ceroides unterscheidet sich von allen bisher bekannten Arten durch die auffallend verlängerten und sehr dicken Triebe. Zusammen mit *M. sublanata* kann sie als eine der am höchsten aufsteigenden *Mila*-Arten gelten.

Mila sublanata Rauh et Backbg. nov. spec. (Abb. 107, II)

Pflanze lockere Kolonien bildend; Sprosse 10—15 cm lang und nur 1,5—2 cm dick; Areolen dicht stehend, gelblich-weiß-filzig, mit zahlreichen (30—40), radial nach allen Seiten abstehenden und sich mit denen der Nachbarareolen verflechtenden, anfänglich rein weißen, später vergrauenden Randstacheln; verlängerte Zentral-

I

II

Abb. 107. I *Mila cereoides* Rauh et Backbg.; II *M. sublanata* Rauh et Backbg. (2fach nat. Gr.)

stacheln meist 1, dieser bis 2 cm lang, im Scheitel fast schwarz, später hellbraun; Blüten und Frucht unbekannt.

Fundort: Tal des Rio Fortaleza, 3500 m; Sammelnummer: K 57b (1956).

Planta colonias laxas formans; caules usque 10—15 cm longi et 1,5—2 cm crassi; areolae orbiculatae, sufflavo-albae, aculeis marginalibus numerosis primo albis, postea canescentibus, aculeo centrali uno, qui in vertice est fere ater; flores et fructus ignoti.

Mila sublanata var. *pallidior* Rauh et Backbg. nov. var.

Unterscheidet sich vom Typus durch die reinweißen, sehr zahlreichen Randstacheln und das häufige Fehlen deutlich unterscheidbarer Zentralstacheln; alle Stacheln auch im Alter weiß bleibend.

Fundort: Tal des Rio Fortaleza (3500 m); Sammelnummer: K 57a (1956).

A typo differt aculeis marginalibus candidis numerosissimis et absentia aculeorum centralium distincte discernendorum; aculei omnes vel ipsa in senectute candidi.

Mila pugionifera Rauh et Backbg. nov. spec. (Abb. 108)

Pflanze lockere Kolonien bildend, mit kräftiger, rübenförmiger Hauptwurzel; Triebe lebhaft dunkelgrün, 5—20 cm lang, bis 4 cm

Abb. 108. *Mila pugionifera* Rauh et Backbg. I Habitus; II Blüte; III dieselbe durchschnitten

dick, ±11rippig; Areolen dichtstehend, auf höckerig aufgewölbten Mamillen; Randstacheln 10—20, ±0,5 cm lang, stechend; Zentralstacheln meist 3—4(—6), bis 2 cm lang, oft kreuzweise gestellt, 3 davon abwärts gekrümmt, der 4. meist schräg aufwärts gerichtet, im Neutrieb von honigbrauner bis schwarzer Farbe, im Alter vergrauend; Blüten unterhalb des Scheitels, trichterig, ca. 3 cm lang und 2,5 cm im ⌀ (Abb. 108, II); Blütenröhre grünlich, 1,3 cm lang, nur wenige, kurz dreieckige Schuppenblätter tragend, in deren Achseln kleine, unscheinbare Wollhaare; äußere Perigonblätter grünlich-gelb, an der Spitze zurückgeschlagen und in eine scharfe Stachelspitze auslaufend, am Rande fein drüsig, die inneren blaßgelb, aufgerichtet, zungenförmig, 2,3 cm lang, 6 mm breit, fein bespitzt; Fruchtknoten kugelig, etwa 4 mm im ⌀; Plazentarstränge kurz, wenig verzweigt; Nektarkammer 4 mm lang, eng, nahezu vollständig vom dicken Griffel ausgefüllt und durch die einwärts gebogenen Filamentbasen des inneren Staubblattkreises verschlossen (Abb. 108, III); Staubblätter viel kürzer als das Perigon; Griffel mit den 7—8 Narbenstrahlen etwa so lang wie die Staubblätter.

Fundort: Tal des Rio Santa, bei 1800—2000 m Höhe, Trockenbuschvegetation; Sammelnummer: K 65 (1956).

Planta colonias laxas radice primaria valida rapiformi formans; caules atrovirides, 5—20 cm longi, usque 4 cm crassi ± 11costati; areolae confertae, in mamillis tuberculatis sedentes; aculei marginales 10—20, ± 1 cm longi, pungentes; aculei centrales plerumque 3—4, usque 2 cm longi, saepe cruciate inserti, quorum 3 reclinati, quartus plerumque erectus, caulibus iuvenilibus helvo usque atrato colore, in senectute canescentes; flores infra verticem, infundibuliformes, ca. 3 mm longi, 2,5 cm in ⌀; tubus floralis virescens, 1,3 cm longus, paucas squamas bracteaneas breviter trigonas ferens, in axillis earum pili lanei parvi inconspicui; phylla perigonii exteriora virescenti-flava, apice revoluti, in acumen acutum excurrentes, margine glandulosa; interiora pallide flava, erecta linguiformia, 2,3 cm longa, 6 mm lata, mucronulata; ovarium globosum, ca. 4 mm ⌀; funiculi placentales breves, parum ramosi; nectarium 4 mm longum, angustum, stylo crasso fere omnino expletum et basibus filamentorum circuli interioris staminum inclinatis clausum; stamina multo breviora quam perigonium; stylus et 7—8 radii stigmatium fere tam longus quam stamina.

Diese Art unterscheidet sich von den übrigen *Mila*-Arten durch die sehr derbe und stechende Bestachelung, sowie die schwache Behaarung der Blütenröhre.

Mit dieser vergesellschaftet tritt die folgende Art auf, die sich von der vorigen durch eine sehr feine, fast haarförmige, weißliche Bestachelung unterscheidet.

Mila albisetacea Rauh et Backbg. nov. spec. (Abb. 109, I)

Lockere Kolonien bildend, mit 10—15 cm langen und bis 3 cm dicken, graugrünen, 9—10rippigen Trieben; Areolen erhaben, dichtstehend, mit zahlreichen, fast haarförmigen, im Scheitel nicht selten gewundenen, reinweißen bis 2 cm langen Randstacheln; Zentralstacheln 3—5, sehr dünn, an jungen Areolen kaum in Erscheinung tretend, im Alter bis 3 cm lang, anfangs gelblich-weiß, später grau, meist schräg abwärts gerichtet; Blüten und Früchte unbekannt.

Fundort: Tal des Rio Santa, 1800—2000 m, Trockenbuschformation; Sammelnummer: K 65a (1956).

Colonias laxas formans caulibus 10—15 cm longis et usque ad 3 cm crassis cano-viridibus, 9—10costatis; areolae prominentes, confertissimae, aculeis numerosis marginalibus setaceis candidis ad 2 cm longis, in vertice haud raro torquatis; aculei centrales 3—5 tenerrimi, in areolis iuvenilibus vix apparentes, in senectute usque 3 cm longi, primo sufflavo-albidi, postea cani, plerumque deflexi; flores et fructus ignoti.

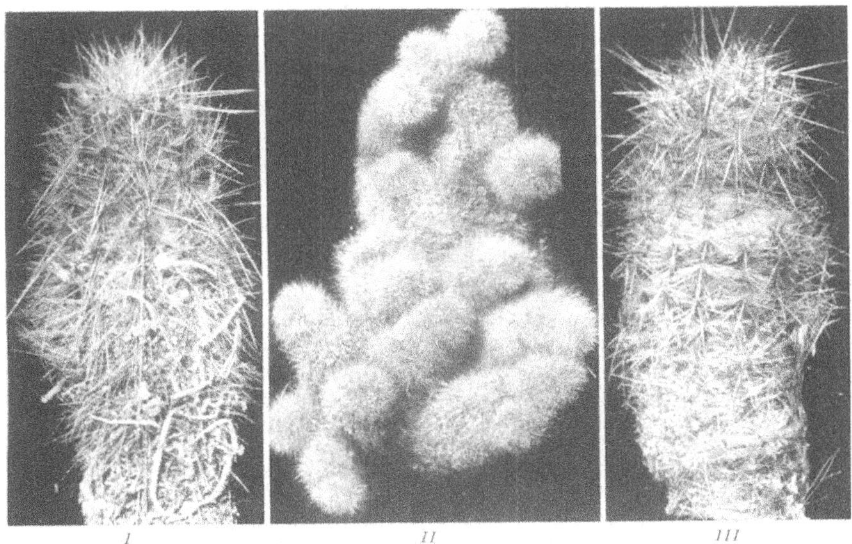

I II III

Abb. 109. I *Mila albisetacea* Rauh et Backbg., Einzelsproß; II *M. densiseta* Rauh et Backbg., ganze Pflanze; III *M. lurinensis* Rauh et Backbg., Einzelsproß

Mila densiseta Rauh et Backbg. nov. spec. (Abb. 109, II)

Pflanze lockere Polster oder Kolonien bildend. Von einer kräftigen Hauptwurzel zweigen wenige, bis 25 cm lange und 4 cm dicke, 12—15rippige, niederliegende, aber nicht wurzelnde Triebe ab, die auf ihrer Oberseite zahlreiche, kurze, schräg aufsteigende Seitensprosse hervorbringen; Areolen dichtstehend und mit ihren Stacheln den Körper nahezu vollständig einhüllend; Randstacheln zahlreich, sehr dünn, fast borstenförmig, 0,7—2 cm lang, im Alter weiß, im Scheitel leicht gelblich (in der Kultur weißbleibend); Zentralstacheln sich kaum von jenen unterscheidend, nur wenig länger und dicker; Blüten und Früchte unbekannt.

Fundort: Tal des Rio Pisco (südliches Zentralperu) bei 2000 m; *Haageocereus acranthus*-Ges.; Sammelnummer: K 160 (1956).

Planta pulvinos laxos vel colonias formans; e radice primaria valida pauci ad 25 cm longi et usque ad 4 cm lati, 12—15costati procumbentes, sed non radicantes caules oriuntur, qui e latere superiore numerosos ramos oblique adscendentes producunt; areolae longe aculeatae tam dense confertae sunt, ut caulem fere omnino involvant; aculei marginales numerosi, gracillimi, fere setacei, 1—2 cm longi, in senectute albidi, in vertice sufflavi (in cultura constanter albidi); aculei centralis se non ab illis differentes, nisi maiore longitudine et crassitudine; flores et fructus ignoti.

Mila lurinensis Rauh et Backbg. nov. spec. (Abb. 109, III)

Pflanze kleine und lockere Polster bildend; Sproßglieder bis 10 cm lang und bis 3 cm dick, von graugrüner Farbe; Areolen sehr klein, anfangs gelblich, später grau-filzig; Randstacheln sehr zahlreich, bis zu 40, weißlich, bis 0,5 cm lang, dazwischen derbere, im Neutrieb schwarzbraune Stacheln; Zentralstacheln meist 2—3, bis 2,5 cm lang, an der Basis weißlich, im oberen Drittel intensiv schwarzbraun.

Fundort: Lurin-Tal (Zentralperu), auf trocknen Terrassen bei 1000 m; Sammelnummer: K 180 (1956).

Planta pusillos et laxos pulvinos formans; caules usque 10 cm longi et usque 3 cm crassi, cano-virides; areolae minimae, primo sufflavae postea canae; aculei marginales numerosissimi, usque ad 40, albescentes, usque 0,5 cm longi, inter quos aculei rigidiores, brunneo-atri in caule iuvenili; aculei centrales plerumque 2—3, usque 2,5 cm longi, basi albescentes, in triente superiore valde brunneo-atro colorati.

Corryocerei Backbg.

Größere, oft reich verzweigte Pflanzen von ceroidem Habitus; Blütenröhre und Fruchtknoten mit bestachelten Areolen; Blüten radiär.

BACKEBERG unterscheidet einen tagblütigen *(Heliocorryocerei)* und einen nachtblütigen *(Nyctocorryocerei)* Ast. Zu den ersteren gehören nach diesem die Gattungen *Corryocactus*, *Erdisia* und *Neoraimondia*. Ob die letztere trotz der oben aufgeführten Merkmale hier einzuordnen ist, erscheint mir zweifelhaft, denn *Neoraimondia* ist ein sehr spezialisierter Typ, bei dem eine Differenzierung in vegetative Lang- und florale Kurztriebe von cephaloidem Charakter (s. S. 259) eingetreten ist, eine Erscheinung, wie sie sonst bei keiner anderen peruanischen Gattung wieder angetroffen wird. Auch scheinen nach unseren Beobachtungen die Blüten von *Neoraimondia* sich schon nachts zu öffnen; sie sind nur in den frühen Morgenstunden voll entfaltet, um sich gegen Mittag bereits zu schließen.

Zwischen *Erdisia* und *Corryocactus* aber bestehen auf Grund des Blütenbaues so enge verwandtschaftliche Beziehungen, daß beide zu einer Gattung vereinigt werden könnten. Die Unterschiede zwischen beiden bestehen im wesentlichen in der Größe, sowie in der Stellung der Blüten und Früchte. Bei *Corryocactus* sind beide meist sehr groß und über weite Strecken der oft recht mächtigen Säulen verteilt, während sie bei *Erdisia* viel kleiner und auf die Nähe des Scheitels lokalisiert sind. Die Größenverhältnisse der Vegetationskörper allein wären an sich kein zwingender Grund zur Aufstellung der beiden Gattungen, denn auch innerhalb der Gattung *Erdisia* gibt es Arten von beachtlichen Ausmaßen *(E. melanotricha, E. maxima)*. Auch die Bildung hypogäischer Ausläufer, wie sie z. B. bei *Erdisia meyenii* (Abb. 58, unten) angetroffen werden, ist kein so verbreitetes Merkmal, das zu einer Abtrennung beider Gattungen herangezogen werden könnte. Es erscheint indessen ratsam, die beiden, von BRITTON und ROSE aufgestellten Gattungen auch weiterhin beizubehalten.

Im Gegensatz zu BACKEBERG hält BUXBAUM (1957) *Corryocactus* und *Erdisia* als nicht nahe miteinander verwandt; er ordnet die erstere in die Gruppe der *Archicereidineae* (C I) ein, während er *Erdisia* in die Gruppe C VI ? stellt.

Corryocactus Br. et R.

ist eine ausgesprochen südperuanische Gattung, deren Verbreitungsgebiet sich von der Gegend von Puquio bis nach Mollendo und Arequipa erstreckt (Abb. 103). Neuerdings (1956)[1] hat BACKEBERG eine neue Art, *C. krausii*, erstmalig aus Chile bei Mamina beschrieben. Die von BRITTON und ROSE als *C. melanotrichus* (=*Cereus melanotrichus* K. Schum.) aufgeführte und bei La Paz (Bolivien) in 3300 m Höhe wachsende Art stellt BACKEBERG zu *Erdisia*. Ob die von uns im Trockenbecken von Ayacucho im Jahre 1954 gesammelten Arten, *C. ayacuchoensis* (K 73, 1954) und *C. heteracanthus* (K 76, 1954) der Gattung *Corryocactus* einzuordnen sind, kann erst nach Beobachtung der Blüten entschieden werden.

In ökologischer Hinsicht sind 2 Gruppen von *Corryocacteen* zu unterscheiden: die eine, vertreten durch *C. brachypetalus*, besiedelt die niederen, der Lomazone angehörigen Küstenfelsen und Sandhügel von Atico bis Mollendo (vielleicht noch weiter südlich reichend) in Höhenlagen von 50—600 m, während die Vertreter der 2. Gruppe, *C. brevistylus* und *C. puquiensis*, der höher gelegenen Sommerregenzone von 2400—3300 m angehören. Die erstere ist eine

[1] BACKEBERG: Descriptiones Cactacearum novarum, S. 12.

relativ kleinblütige Art, die letzteren sind großblütig. In den Zwischenhöhenlagen fehlen die der Gattung mit Sicherheit zugehörigen Arten vollständig.

Corryocactus brachypetalus Br. et R. (=*Cereus brachypetalus* Vpl.) (Abb. 14, rechts; Abb. 110)

Sein Verbreitungsgebiet erstreckt sich von Atico bis Mollendo und in vertikaler Richtung von der Meeresküste bis ca. 600 m.

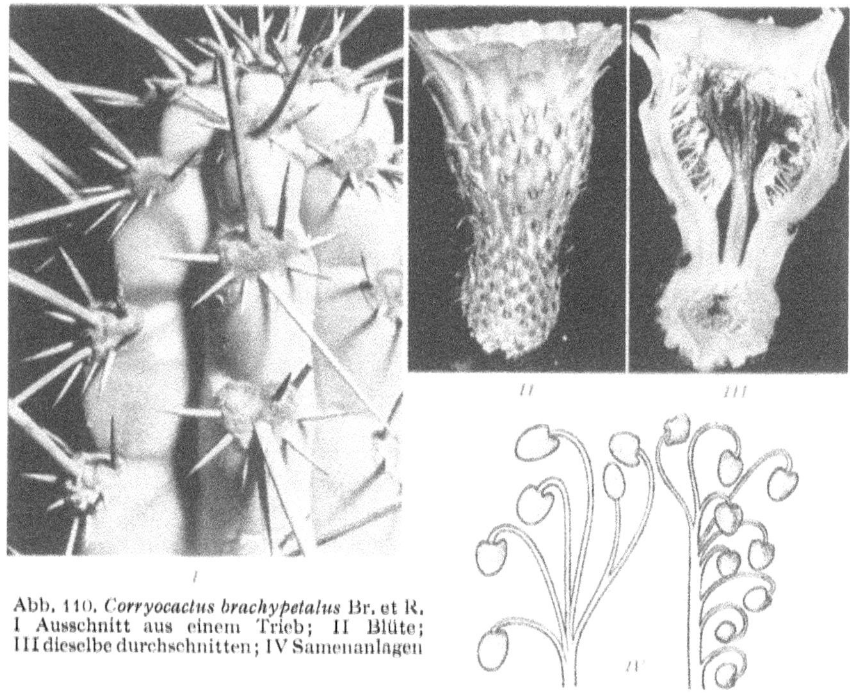

Abb. 110. *Corryocactus brachypetalus* Br. et R. I Ausschnitt aus einem Trieb; II Blüte; III dieselbe durchschnitten; IV Samenanlagen

C. brachypetalus bildet 1,5—2 m (nach Britton u. Rose bis 4 m) hohe Gruppen aufstrebender und von der Basis her verzweigter, bis 15 cm dicker und 7—8rippiger, dunkelgrüner Säulen (Abb. 14, rechts); Rippen etwa 1 cm hoch, 1 cm breit, mit wenig vertieften Areolen; diese breit-oval bis verkehrtdreieckig, schwarz-wollig, mit 8—10 (—20) ca. 1 cm langen, grauen, an der Spitze schwarzen Randstacheln, davon der abwärts gerichtete mediane oft verlängert (bis 6 cm lang); Zentralstachel 1, bis 15 cm lang (Abb. 110, I), im Neutrieb an der Basis schwarzrot; Blüten im oberen Drittel der Säulen, bis 5 cm lang, geöffnet bis 3 cm im ⌀; Fruchtknoten kugelig, 1,5 cm im ⌀, mit kleinen, in Parastichen angeordneten Schuppenblättern; in ihren Achseln kleine Areolen mit schwarzen, mehrzelligen, knotig gegliederten Wollhaaren und schwarzroten Stacheln, die an der reifen Frucht zu 0,5 bis 1 cm langen, schwarzroten Stacheln auswachsen; Blütenröhre über dem Fruchtknoten verengt und sich dann trichterig erweiternd (Abb. 110, II—III), dunkelkarminrot-grünlich; äußere Perigonblätter unterseits orangerot, die inneren leuchtend orangerot, ca. 1,6 cm lang, 0,7 cm breit, in eine feine Stachelspitze auslaufend; Griffel 1,5 cm lang, 2—3 mm dick, hohl, mit 3 breiten Narbenlappen, diese jederseits mit 10, bis 8 mm langen Narbenstrahlen; Staubblätter sehr zahlreich, mit kurzen, dünnen Filamenten; die inneren, kürzeren Staubblätter in 3—4 dichtstehenden Kreisen, mit ihren an der Basis einwärts gekrümmten Filamenten dem Griffel anliegend und die enge, bis 1 cm lange Nektarkammer verschließend; äußere (=Perigon-) Staubblätter in 2 Kreisen, mit einwärts gebogenen Filamenten; zwischen inneren und äußeren Staubblättern 6—7, verschieden hoch von der Blütenröhre abzweigende Staubblattkreise (Abb. 110, III); Früchte kugelig, 6—7 cm im ⌀, gelbgrün, mit Stachelareolen, sehr saftig. Sammelnummer: K 134 (1956) (s. auch Abbildung bei BRITTON und ROSE, Fig. 100, Bd. II, S. 67).

Als Vertreter der die andine Region bewohnenden Arten beschreiben BRITTON und ROSE

Corryocactus brevistylus Br. et R. (=*Cereus brevistylus* K. Schum.)

und geben als Typ-Standort den kleinen Ort Yura oberhalb Arequipa zwischen 2000 und 3300 m an. "This species is one of the three or four common cacti found on the hills and in the valleys both above and below Arequipa, and, while not the largest, is often the most abundant and conspicuous" (Bd. II, S. 67).

Nach BRITTON und ROSE erreicht die Pflanze eine Höhe von 2—3 m und bildet große, mächtige, von der Basis her verzweigte Büsche. Gemäß der beigefügten Abbildung (Bd. II, Fig. 99, S. 67) sind die *sehr dicken*, 6 bis 7rippigen Säulen an der Spitze abgestutzt; Areolen groß, rund, dicht wollig; Randstacheln bis zu 15, ungleich lang; Zentralstachel bis 24 cm lang; Blüten stark trichterförmig, bis 9 cm lang und 10 cm breit, mit hellgelben länglichen Petalen; Blütenröhre über dem Fruchtknoten verengt; Staubblätter zahlreich, gelb; Griffel kurz, dick, weiß, mit zahlreichen, dünnen Narbenstrahlen; Früchte kugelig, saftig mit zahlreichen Stachelareolen.

Wenn die bei BRITTON u. ROSE abgebildete Pflanze (Bd. II, Abb. 99, S. 67) als Typus anzusehen ist, dann ist *C. brevistylus* entgegen den oben zitierten Angaben in der Umgebung von Arequipa durchaus nicht häufig, sondern scheint nur lokale Verbreitung bei Yura zu haben. Hier beobachtete BACKEBERG (schriftl. Mitteilung) ähnlich dicke Pflanzen, wie sie BRITTON u. ROSE abbilden. Wesentlich häufiger, und zwar nicht nur in der Umgebung von Arequipa, sondern auch im Tal des Rio Majes und von hier nördlich bis Puquio vordringend und teilweise Massenbestände bildend, ist die von uns als *C. puquiensis* bezeichnete Art. Sie bildet bis 5 m (!) hohe, reich verzweigte Büsche, deren maximal bis 20 cm dicke Säulen an der Spitze nicht abgerundet (wie bei *C. brevistylus*), sondern im Gegenteil konisch verjüngt sind. Die in Abb. 111 wiedergegebene Pflanze

Abb. 111. *Corryocactus puquiensis* Rauh et Backbg. I Habitus; II Spitze eines jungen Triebes; III blühend; IV Einzelblüte; V dieselbe durchschnitten

bringt deutlich die zur Typpflanze von BRITTON u. ROSE im Wuchs bestehenden Unterschiede zum Ausdruck; auch die Blüten sind wesentlich kleiner.

Corryocactus puquiensis Rauh et Backbg. nov. spec. (Abb. 111)

Bis 5 m hohe, vorwiegend von der Basis her verzweigte Büsche bildend (Abb. 111, I); Triebe 10—20 cm dick, an der Spitze konisch verjüngt, von lebhaft grüner Farbe; Rippen meist 8, weniger stark hervortretend als bei der vorigen, im Scheitel stark höckerig (Abb. 111, II); Areolen klein, rund, graufilzig; Randstacheln bis zu 15, 0,5—3 cm lang; Zentralstachel meist 1, bis 20 cm lang, grau, häufig gedreht; Blüten bis 7 cm lang, geöffnet bis 6 cm im ∅; Blütenröhre stark trichterförmig erweitert (Abb. 111, V), über dem länglichen, bis 2 cm langen Fruchtknoten nicht auffällig verengt, dicht mit kleinen Schuppenblättern besetzt; in deren Achseln kleine braun-schwarz-filzige Areolen; zwischen den Wollhaaren einzelne Stacheln und längere, häufig gewundene, gelbbraune Borstenhaare; Perigonblätter leuchtend gelb, ca. 2 cm lang und 1 cm breit, kurz bespitzt; Fruchtknotenhöhle rundlich, 1 cm im ∅; Griffel kurz, 1,5 cm lang, hohl, mit 20, bis 1 cm langen Narbenstrahlen; Andröceum wie bei *C. brachypetalus*; Früchte kugelig, gelbgrün, 8—10 cm im ∅, dicht mit kurzen Stacheln besetzt.

Fundort: Oberhalb Puquio bei 3500 m; Tal des Rio Majes, oberhalb 3000 m bestandsbildend; Umgebung von Arequipa; Sammelnummer: K 48 (1954).

Haec species differt a *C. brevistylo* caulibus praecipue longioribus (ad 5 m), gracillioribus apice non rotundatis, sed conice angustatis, qui non solum e basi ramificantur; costae 7—8, minus prominentes quam in specie antecedente, in vertice valde tuberculatae; areolae pusillae rotundae; aculei marginales usque ad 15, aculeus centralis plerumque unus, usque ad 20 cm longus, canus, saepe torquatus; flores usque 7 cm longi, aperti usque 6 cm in ∅; tubus floris valde infundibuliformis, supra ovarium oblongum et usque 2 cm metiens non valde angustatus, dense squamis pusillis obtectus; inter pilos laneos brunneo-atros aculei breviores et longiores; stylus 1,5 cm longus et 0,5 cm crassus, concavus; radii stigmatis 20, ad 1 cm longi; phylla perigonii flava, 2 cm longa et 1 cm lata, breviter acuminata; cavum ovarii subrotundum, 1 cm ∅; fructus orbiculati, ad 10 cm in ∅, succosissimi, flavovirentes, dense aculeis brevibus obtecti.

Im folgenden seien noch zwei weitere Arten beschrieben, deren systematische Stellung infolge des Fehlens von Blüten bisher nicht mit Sicherheit geklärt werden konnte, von denen jedoch angenommen wird, daß sie der Gattung *Corryocactus* einzuordnen sind.

Corryocactus (?) ayacuchoensis Rauh et Backbg. nov. spec.

Pflanze buschig, unregelmäßig verzweigt; Säulen bis 1 m hoch, bis 10 cm dick, meist 6rippig, in der Jugend mit vertieften Areolen; Randstacheln 9—10, ungleich lang, derb; Mittelstacheln meist 3, derb, bis 3,5 cm lang, von intensiv rotbrauner Farbe, 2 davon meist schräg abwärts weisend, 1 schräg aufwärts gerichtet; Blüte und Frucht unbekannt.

Fundort: Trockenbecken bei Ayacucho (Südperu) bei 2700 m; Sammelnummer: K 73 (1954).

Planta fruticosa, irregulariter ramosa; caules ad 1 m alti, ad 10 cm crassi, 6 costati, iuventute areolis immersis; aculei marginales 9—10, impares, rigidi; aculei centrales plerumque 3, rigidi, usque 3,5 cm longi, saturato colore rufo-badio, quorum 2 plerumque oblique reclinati, unus oblique erectus; flores et fructus ignoti.

Ändert hinsichtlich der Stachelfarbe ab:

var. *leucacanthus* Rauh et Backbg. nov. var. (Abb. 112, oben)

Im Wuchs der vorigen sehr ähnlich; Säulen 80—100 cm lang, bis 8 cm dick; Rippen meist 6, breit, abgerundet; Areolen vertieft, mit 6 (—10), hell-bernsteinfarbigen, meist abwärts gerichteten, 1—2 cm langen Randstacheln; Zentralstacheln 1—3, hellfarbig, bis 5 cm lang, im Alter schräg abwärts gerichtet; Blüte und Frucht unbekannt.

Fundort: Trockenbecken von Ayacucho (Südperu), bei 2700 m, zusammen mit dem Typus; Sammelnummer: K 74 (1954).

Habitu speciei antecedenti persimilis; caulis 80—100 cm longus, usque 8 cm crassus; costae 6, latae, rotundatae; areolae immersae, aculeis 6 (—10) marginalibus colore electri plerumque reclinatis, 1—2 cm longis; aculei centrales 1—3 laeto colore, usque 5 cm longi, senectute oblique reclinati; flores et fructus ignoti.

Corryocactus (?) heteracanthus Backbg. nov. spec. (Abb. 112, unten)

Pflanze mit bis 2 m hohen, von der Basis her verzweigten 10—20 cm dicken, 8(—9)rippigen, lebhaft grünen Säulen; Rippen abgerundet, 1—2 cm breit; Areolen kaum vertieft, weißfilzig, mit 8—10 kurzen, stechenden Randstacheln; Zentralstacheln 2(—3), bis 5 cm lang; einer davon meist schräg aufwärts, ein zweiter schräg abwärts gerichtet; oberhalb der Areolen eine seichte V-förmige Einkerbung; Blüten und Früchte unbekannt.

Fundort: Trockenbecken von Ayacucho, 2700 m. Sammelnummer: K 76 (1954).

Abb. 112. Oben: *Corryocactus* (?) *ayacuchoensis* var. *leucacanthus* Rauh et Backbg.; unten: *C.* (?) *heteracanthus* Rauh et Backbg.

Planta caulibus columniformibus laete viridibus ad 2 m altis et 10—20 cm crassis, 8—(9)costatis, e basi ramosis; costae rotundatae, 1—2 cm latae;

areolae vix immersae, albo-lanatae, aculeis marginalibus 8—10 brevibus pungentibus; aculei centrales 2(—3), usque 5 cm longi, quorum alter plerumque oblique errectus, alter oblique reclinatus; supra unamquemque areolam sulcus leniter V-formis; flores et fructus ignoti.

Ob diese Pflanze zur Gattung *Corryocactus* gehört, scheint zweifelhaft; die V-förmige Einkerbung oberhalb der Areolen, die den *Corryocactus*-Arten fehlt, deutet eher auf eine Verwandtschaft mit *Cleistocactus* hin, doch sind derart starksäulige *Cleistocacteen* aus Peru bislang nicht bekannt geworden; eine endgültige Klassifizierung kann deshalb erst nach Untersuchung der Blüten vorgenommen werden.

Erdisia Br. et R.

Es wurde schon einleitend zu *Corryocactus* darauf hingewiesen, daß zwischen diesem und *Erdisia* hinsichtlich des Blütenbaues nur geringfügige und quantitative Unterschiede bestehen. Auch bei *Erdisia* besitzen die Blüten eine vom Fruchtknoten abgesetzte und sich trichterig erweiternde Achsenröhre, die dicht mit Schuppenblättern besetzt ist, in deren Achseln kleine, wollfilzige Areolen stehen, die Stacheln und Borsten hervorbringen (Abb. 115, II). Die Ausbildung des Andröceums bei *Erdisia* stimmt völlig mit dem von *Corryocactus* überein: von den sehr zahlreichen Staubblättern sind die inneren, in mehreren Kreisen angeordneten sehr kurz und liegen dem Griffel an, während die längeren, äußeren Staubblätter bogenförmig einwärts gekrümmte Filamente besitzen (Abb. 116, IV); Griffel hohl, mit langen Narbenstrahlen; Früchte kleiner als bei *Corryocactus*, bestachelt.

BACKEBERG, der allerdings den Blütenbau nicht untersucht hat, sieht den einzigen Unterschied zwischen beiden Gattungen in der Stellung der Blüten, die bei *Erdisia* stets in Scheitelnähe auftreten sollen. Mir sind allerdings auch Arten bekannt geworden, bei denen die Blüten in rückwärtigen Triebabschnitten auftreten (Abb. 114, II).

Das Areal der Gattung erstreckt sich, soweit bisher bekannt, von Zentralperu (Paß von Conococha, Deptm. Ancash) mit Unterbrechungen bis nach Südperu, Westbolivien und Nordchile. Es reicht also wesentlich weiter nach Norden als das von *Corryocactus*. Die Hauptstandorte liegen oberhalb 2000 m und zwar bevorzugt in den interandinen Tälern (Tal von Tarma, Vilcanota-Tal, Urubamba-Tal); nur die Standorte von *E. meyenii* bei Arequipa befinden sich auf der Andenwestseite.

Eine der interessantesten Arten ist

Erdisia meyenii Br. et R. (= *Cereus aureus* Meyen; Abb. 58, unten; Abb. 113, I),

deren truppweises Auftreten auf der Bildung verlängerter (bis 1 m langer), unterirdischer, ausläuferartiger Triebe beruht (Abb. 58, unten)[1]. Diese wachsen meist unverzweigt unter dem Boden dahin, sproßbürtige Wurzeln erzeugend. Unter kräftiger Erstarkung treten sie dann als 10—50 m lange, unverzweigte 3—5 cm dicke und 5—8rippige Säulen über die Erde, deren rote Färbung zur Trockenzeit auf intensiver Sonneneinwirkung beruhen dürfte. Areolen rund, leicht eingesenkt, mit 8—10 ungleich (0,5—1 cm)

Abb. 113. I *Erdisia meyenii*, blühende Pflanze; II—IV *E. squarrosa* (Vpl.) Br. et R.

langen, grauen Randstacheln und 1—2, bis 5 cm langen, grauen, schwarz bespitzten Zentralstacheln; Blüten in Scheitelnähe, bis 4 cm lang; Schuppenblätter des Fruchtknotens grünlich, in ihren Achseln kleine Wollareolen mit Stacheln und Borstenhaaren; innere Perigonblätter lebhaft orangerot; Staubbeutel, Filamente, Narben und Griffel blaßgelb; Früchte kugelig, 2 cm im ⌀, grünlich bis rot, mit Stachelareolen.

Verbreitung: Arequipa, Cerros de Caldera auf Sand und Asche bei 2500 m, und am Fuße des Vulkanes Misti bei dem Dorf Chiguata (2700 m); Meyen hat die Pflanze auch in der Cordillere von Tacna bei 600 m (zit. bei K. Schumann) gesammelt.

In der Umgebung von Arequipa ist *E. meyenii* ein nicht seltener Begleiter der *Franseria fruticosa*-Ges., zusammen mit *Corryocactus* und *Weberbauerocereus*.

Flagellenartige, jedoch oberirdisch wachsende und dem Boden aufliegende, aber nicht wurzelnde, bis 2 m lange Triebe bildet auch

[1] Hypogäische Ausläufer werden auch für die in Chile beheimatete *E. spiniflora* (Philippi) Br. et R. angegeben.

Erdisia squarrosa Br. et R. (= *Cereus squarrosus* Vpl.; Abb. 113, II—III).

Die bis 3 cm dicken, oft rot überlaufenen 8rippigen Säulen entspringen dem Kopf einer rübenförmigen Wurzel (Abb. 113, Mitte); Areolen scharf abgesetzt, rundlich, mit 6—8, ungleich (0,5—2 cm) langen, im Neutrieb dunkelbraunen, später grauen Randstacheln; Zentralstacheln 1—4, der längste bis 3 cm lang, meist waagerecht abstehend; Blüten in Scheitelnähe und unterhalb desselben, bis 3 cm lang, geöffnet bis 2 cm im ⌀; Fruchtknoten nicht von der Röhre abgesetzt (Abb. 113, II—IV), dicht mit schmal-lanzettlichen Schuppenblättern besetzt, in deren Achseln feine, gegliederte Wollhaare und derbere Borstenstacheln stehen; innere Perigonblätter dunkelweinrot[1], bis 2 cm lang, 0,8 cm breit, mit kurzer Stachelspitze; Griffel länger als die Staubblätter; Narbenstrahlen 10, bis 3 mm lang; Früchte länglich, bis 2 cm im ⌀, vom abgetrockneten Perigon gekrönt und mit hinfälligen Stachelareolen besetzt. Sammelnummer: K 9 (1956).

Als Typ-Standort wird von VAUPEL (1913) das Trockental von Tarma (Deptm. Junin) angeführt, wo von uns die oben beschriebene und in Abb. 113 wiedergegebene Pflanze gesammelt wurde. ROSE gibt sie für das Urubamba-Tal, zwischen 2400 und 3000 m an (s. BRITTON u. ROSE, Bd. II, Abb. 154, S. 105). Ob es sich hierbei um die gleiche Pflanze handelt, bedarf allerdings noch der Nachprüfung. 1954 wurde von uns unter der Sammelnummer K 61 im Urubamba-Tal bei 3000 m eine *Erdisia* in nicht blühendem Zustand mit niederliegenden, dünnen Trieben gesammelt, die mit *E. squarrosa* im Wuchs übereinstimmt. Sie wurde später von Frau Dr. NOODT wieder gefunden und von BACKEBERG und JACOBSEN (1956) als *E. aureispina* beschrieben. Da deren Standort (Ollantaitambo) mit dem von BRITTON und ROSE zitierten übereinstimmt und BRITTON und ROSE gelbliche Stacheln angeben (*E. squarrosa* hingegen besitzt dunkel-rotbraune), ist anzunehmen, daß es sich bei der von ihnen in Abb. 154, Bd. II wiedergegebenen Pflanze um *E. aureispina* handelt, die im Gegensatz zu *E. squarrosa* rote Blüten besitzt. Über die Blütenfarbe machen BRITTON und ROSE leider keine Angaben.

Erdisia maxima Backbg. (Fedde's Rep., Bd. LI, 1942, S. 62; Abb. 114, I)

Pflanze von strauchigem Wuchs, bis 2 m hoch werdend; Triebe bis 3 cm dick, mit 6—8, ziemlich schmalen Rippen; Areolen leicht eingesenkt, klein, 3 mm im ⌀, ca. 3 cm voneinander entfernt, im Neutrieb weißfilzig, später bräunlich; Randstacheln ±10, bis 2 cm lang, anfangs durchsichtig-glasig, später gelblich; Zentralstachel meist 1, bis 3 cm lang; Blüten wenig unter-

[1] Die Pflanze hat in der Kultur in abweichender Färbung geblüht: äußere Perigonblätter unterseits an der Basis gelblichgrün, mit weinroter Spitze, oberseits blaßgelb, innere hellgelb, unterseits mit roter Spitze. VAUPEL spricht in seiner Beschreibung von „trüborange". Vielleicht ist die Pflanze hinsichtlich der Blütenfarbe variabel.

halb des Scheitels, 4,5—5 cm lang, 5 cm im ⌀; Röhre zylindrisch, mit zahlreichen Stachelareolen; Früchte rundlich, grünlich, bestachelt.

Fundort: Zentralperu bei Mariscal Caceres.

Nach BACKEBERG ist *E. maxima* eine der größten Arten von aufrecht-strauchigem Wuchs.

Erdisia erecta Backbg. (Fedde's Rep., Bd. LI, 1942, S. 62; Abb. 114, II) bildet meist aufrechte, dünne, 6rippige, 2—3 m dicke Säulen; Areolen rund; Randstacheln meist 10, ±1 cm lang; Zentralstachel 1, bis 3 cm lang;

Abb. 114. I *Erdisia maxima* Backbg.; II *E. erecta* Backbg.; III Trieb von *E. apiciflora* (Vpl.) Backbg. (I phot. der im Jardin Exotique kultivierten Backebergschen Typ-Pflanze)

Blüten klein, ca. 2 cm lang, karminrot; unterhalb des Scheitels stehend; Früchte 2 cm im ⌀, grün, mit Stachelareolen.

Fundort: Vilcanota-Tal südlich Cuzco, Gebüschformation bei 3000 m; Sammelnummer: K 59 (1954).

Erdisia apiciflora Backbg. (=*Cereus apiciflorus* Vpl., Abb. 114, III)

Im Trockengebiet von Ayacucho wurde unter der Nummer K 78 (1954) eine Pflanze gesammelt, die dem von VAUPEL als *Cereus apiciflorus* beschriebenen entspricht, obwohl als Typ-Standort der weiter nördlich gelegene Rio Puccha, Deptm. Ancachs[1] angegeben wird. Daraus wäre zu schließen, daß einzelne *Erdisia*-Arten eine ziemlich weite Verbreitung haben.

[1] Muß wohl heißen: Rio Pushca, Deptm. Ancash (Cordillera blanca).

Sprosse niederliegend oder aufsteigend, 2—2,5 cm dick; Rippen 6; Areolen etwa 2 cm voneinander entfernt, mit ±10, bis 1 cm langen Randstacheln; Zentralstachel meist 1, bis 3 cm lang; Blüten zahlreich, in Scheitelnähe, etwa 4 cm lang, scharlachrot, mit kurzer Achsenröhre, die mit zahlreichen Schuppenblättern besetzt ist, in deren Achseln braune Wollhaare und längere Stacheln stehen.

Fundort: Trockengebiet von Ayacucho (Südperu), 2700 m.

VAUPEL weist bereits auf die Ähnlichkeit im Blütenbau mit *Erdisia meyenii* hin, so daß schon BRITTON u. ROSE die Zugehörigkeit der Pflanze zur Gattung *Erdisia* vermuteten.

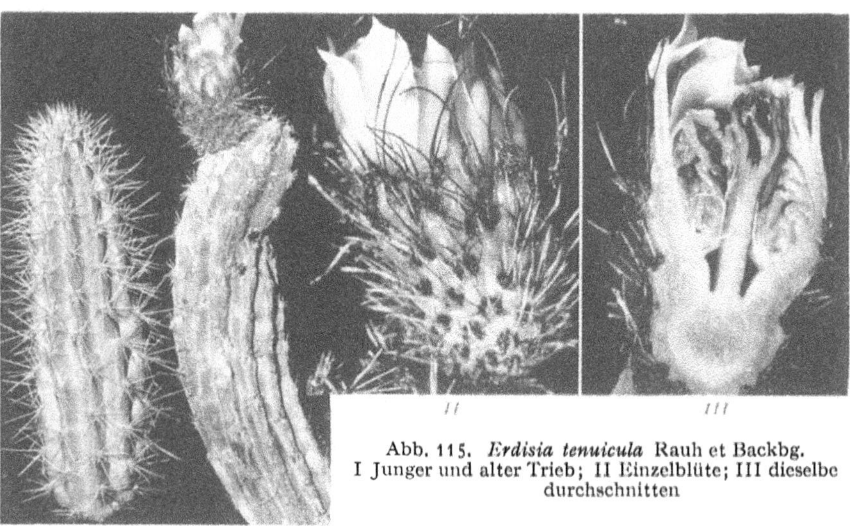

Abb. 115. *Erdisia tenuicula* Rauh et Backbg. I Junger und alter Trieb; II Einzelblüte; III dieselbe durchschnitten

Erdisia tenuicula Rauh et Backbg. nov. spec. (Abb. 115)

Säulen niederliegend, bis 50 cm lang, 2—3 cm dick, mit ±10 flachen Rippen; Areolen sehr klein, etwas abgesetzt, mit 10—15 dünnen, bis 0,5 cm langen, bräunlichgelben Randstacheln; Zentralstacheln 3—5, sich in der Größe und Dicke nicht von den Randstacheln unterscheidend; Blüten in Scheitelnähe, 2,5—3 cm lang, geöffnet ca. 1,5—2 cm im ⌀, zuweilen etwas zygomorph; Fruchtknoten rundlich, 0,7 cm lang, von der schwach trichterförmigen Achsenröhre abgesetzt, locker mit kleinen Schuppenblättern besetzt, in deren Achseln schwarze Wollhaare und bis zu 15 braune, bis 1 cm lange Stachelborsten; in den Achseln der oberen Schuppenblätter erreichen diese eine Länge bis zu 2 cm und überragen die ca. 1 cm langen, kurz stachelspitzigen, unterseits himbeerroten, oberseits orange-farbigen Perigonblätter; Staubblätter zahlreich, die inneren in 3—4 Reihen, mit ihren einwärts gebogenen, gelblichen Filamenten sich dem dicken, hohlen, gelblichen Griffel anlegend und die sehr kurze Nektarkammer verschließend; Narbenstrahlen 5 mm lang, die Staubblätter überragend (Abb. 115, III).

Typ-Standort: Paß von Conococha (Rio Fortaleza, atlantische Seite, bei 4000 m), Lupinen-Stufe; Sammelnummer: K 54 (1956).

Caules columniformes decumbentes, ad 50 cm longi, 2—3 cm crassi, ± 10costati; costae planae; areolae minimae, parum prominulae, aculeis marginalibus tenuibus 10—15, ad 0,5 cm longis, brunnescenti-flavis; aculei centrales 3—5, ab aculeis marginalibus longitudine et crassitudine non differentes; flores prope verticem, 2,5—3 cm longi, aperti ca. 1,5—2 cm in ⌀ interdum zygomorphi; ovarium rotundulum, 0,7 cm longum, a tubo florali fere infundibuliformi separatum, pilis laneis atris et usque 15 brunneis ad 1 cm longis setis vestitum, qui in axillis squamarum bracteanearum superiorum usque 2 cm metiuntur; phylla perigonii usque 1 cm longa, breviter acuminata, subter fructus rubi idaei colore, supra flavo-aurantia; stamina flavescentia; stylus flavescens radiis 5 mm longis stigmatis.

E. tenuicula zeigt im Blütenbau große Übereinstimmungen mit *E. squarrosa*; sie unterscheidet sich von dieser aber durch die feinere Bestachelung und das Fehlen auffälliger Mittelstacheln. Diese Art kann von allen bisher bekannten *Erdisien* als die am höchsten aufsteigende gelten.

Erdisia quadrangularis Rauh et Backbg. nov. spec. (Abb. 116)

Pflanze reich verzweigte, dichte, im Gebüsch aufsteigende Kolonien bildend (Abb. 116, I); Säulen bis 1,5 m lang, bis 5 cm dick, meist 4-, seltener 5rippig, lebhaft grün; Rippen ca. 1,5 cm hoch; Areolen eingesenkt, rund, 0,7 cm im ⌀, mit weißlicher Wolle; Randstacheln 4—8(—12), meist 6, sehr derb, stechend, hellgelb, 1—2 cm lang; Zentralstacheln 1—2(—3), 2,5—5 cm lang, sehr derb, stechend, hellgelb, schräg aufwärts und abwärts gerichtet, an der Basis häufig etwas kantig; Blüten vorwiegend in Scheitelnähe, ca. 4 cm lang, geöffnet bis 3 cm im ⌀ (Abb. 116, III—IV); Fruchtknoten länglich, 1,5 cm lang, mit zahlreichen kleinen Schuppenblättern, in deren Achseln kurze Wollhaare und 2—5, bis 1,5 cm lange, schwarze und häufig tordierte Borsten; äußere Perigonblätter grünlich, ca. 1 cm lang, die inneren unterseits orangefarbig, oberseits leuchtend zinnoberrot, 1,5 cm lang und 0,6 cm breit, derb, kurz bespitzt; Staubblätter zahlreich mit dünnen, leuchtend roten Filamenten und gelben Antheren, die inneren sehr kurz, in 3 (—4) Reihen, aufrecht, dem sehr dicken, kurzen, hohlen, roten Griffel anliegend (Abb. 116, IV); Nektarkammer nahezu fehlend; Narbe

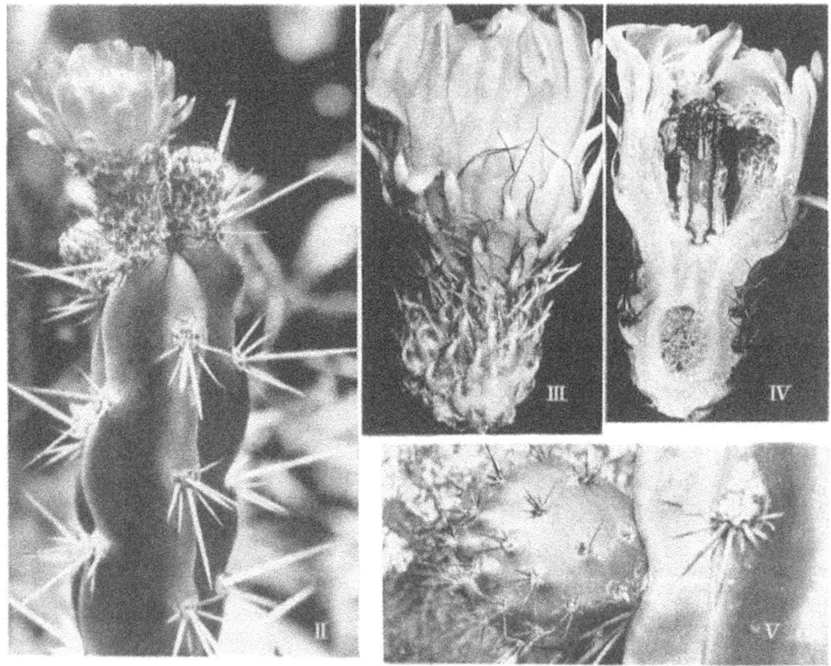

Abb. 116. *Erdisia quadrangularis* Rauh et Backbg. I Vegetationsbild; II blühender Trieb; III—IV Einzelblüte; V Frucht

2lappig mit jederseits 5—6 gelblichen, 0,7 cm langen Narbenstrahlen; Früchte 3—4 cm im ⌀, eiförmig, rötlich-grün, mit entfernt stehenden, kurz-schwarzstacheligen Areolen, Fruchtmus grün; Samen schwarz-glänzend.

Typ-Standort: Tal von Puquio (Südperu) bei 3300 m; Gebüsch-Formation, zusammen mit *Corryocactus puquiensis* und *Trichocereus puquiensis*; Sammelnummer: K 120 (1956).

Planta ramosissimas et densas in virgultis adscendentes colonias formans; caules columniformes ad 1,5 m longi, ad 5 cm crassi, plerumque 4-, rarius 5costati, laete virides; costae ca. 1,5 cm prominentes; areolae parum immersae, rotundae, 0,7 cm in diametro lana albida; aculei marginales 4—8 (—12), plerumque 6, rigidissimi, pungentes, flavi, 1—2 cm longi; aculei centrales 1—2 (—3), 2,5—5 cm longi, rigidissimi, pungentes, flavi, alii oblique erecti, alii reclinati, saepe basi parum angulati; flores praecipue prope verticem inserti, ca. 4 cm longi, aperti usque 3 cm ⌀; ovarium oblongum, 1,5 cm longum, squamis bracteaneis numerosis pusillis; in axillis earum pili lanei breves et 2—5 setae ad 1,5 cm longae, atrae et saepe torquatae; phylla perigonii exteriora viridia, ca. 1 cm longa, interiora subtus aurantiaca, supra laete miniacea, 1,5 cm longa et 0,6 cm lata, rigidissima; filamenta kermesinarosea; antherae flavescentes; stylus ruber, radii stigmatis 10—12, flavescentes; fructus 3—4 cm ⌀ oviformes, rubescenti-virides areolis aculeatis distantibus; pulpa viridis; semina atro-nitentia.

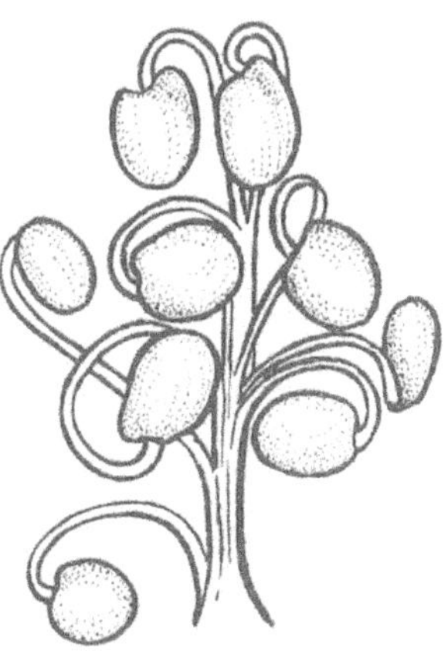

Abb. 116. *Erdisia quadrangularis* Rauh et Backbg. VI Samenanlagen

E. quadrangularis ist eine der bemerkenswertesten peruanischen Arten, die in ihrem Habitus stark an *Corryocactus* erinnert. Von allen anderen Arten weicht sie in folgenden Merkmalen ab: in den 4kantigen Sprossen, in der sehr derben Bestachelung und in der fehlenden Ausbildung einer differenzierten Nektarkammer; ihre Zugehörigkeit zu *Erdisia* steht jedoch außer Zweifel.

Erdisia aureispina Backbg. et Jacobs. (Backeberg, Descriptiones Cactacearum novarum 1956, S. 12)

Pflanze sparrig verzweigt mit niederliegenden oder aufsteigenden, nicht selten von steilen Felswänden herabhängenden dünnen, ca. 2 cm dicken, 6—8rippigen Sprossen; Areolen klein, 3 mm im ⌀, braunfilzig, mit 14—20 gelben, stechenden, 2,5—3,3 cm langen Stacheln; Blüten wohl karminrot.

Fundort: Tal des Rio Urubamba bei Ollantaitambo (Südperu), 3000—3800 m.

Die Pflanze wurde von uns schon 1954 in nicht blühendem Zustand gefunden. Siehe auch die Bemerkung auf S. 250.

Neoraimondia Br. et R.

Die Vertreter der Gattung *Neoraimondia* gehören mit ihren mächtigen, bis 10 m hohen, von der Basis her verzweigten Säulengruppen zu den „Riesen" unter den peruanischen Kakteen. Ihr Areal (Abb. 117) deckt sich genau mit den heutigen politischen Grenzen Perus und erstreckt sich auf der Anden**westseite** vom äußersten Norden des Landes bis zum äußersten Süden. *Neoraimondia* ist eine Charakterpflanze der extrem trockenen Kakteenfelswüste, wo sie stellenweise bestandsbildend auftritt; ihr vertikales Verbreitungsgebiet steigt von Nord nach Süd an. Während im Norden des Landes die obere Verbreitungsgrenze bereits bei 500 m liegt, findet sich *Neoraimondia* im Süden noch bis 2500 m; in Zentralperu nimmt sie Höhenlagen zwischen 800 und 1500 m ein.

Abb. 117. Verbreitungsgebiet der Gattung *Neoraimondia*

BRITTON und ROSE (Bd. II, S. 182) betrachteten *Neoraimondia* als monotypische Gattung und führen als Typus *N. macrostibas* mit **weißen** Blüten auf[1], die von K. SCHUMANN 1903 (Monatsschr. Kakteenk. 13) als *Pilocereus macrostibas* beschrieben worden ist. Aber schon in seinem Werk „Reise um die Erde" (1834/35) erwähnt MEYEN einen bis 10 m hohen, 8rippigen, **weiß**blütigen *Cereus arequipensis* Meyen, der mit dem *Piloc. macrostibas* von SCHUMANN übereinstimmt, so daß also der Typus *Neoraimondia arequipensis* (Meyen) Backbg. (syn.: *Pilocereus macrostibas* K. Schum.; *Neoraimondia macrostibas* Br. et R.) heißen muß, worauf BACKEBERG schon 1937 (Blätt. f. Kakteenf.) hingewiesen hat.

[1] Bei der in Bd. II, Abb. 257 wiedergegebenen Pflanze von Chosica handelt es sich um die **rosa**blütige *N. rosiflora* Backbg.

N. arequipensis (Abb. 118, oben links) ist eine Art von südlicher Verbreitung; ihre Nordgrenze scheint sie zwischen dem Nazca- und Pisco-Tal zu erreichen, denn 1954 beobachteten wir hier noch weißblütige *Neoraimondien* von ca. 7 m Höhe.

Dieser Riesenart im Süden entspricht eine zweite, ebenso große im Norden des Landes, die von Backeberg 1942 (Fedde's Rep. 62) als *N. gigantea* (Abb. 45, links) beschrieben worden ist. Sie wird ebenfalls bis 10 m hoch, unterscheidet sich aber von der südlichen durch eine geringere Anzahl der Rippen (nur 4—5) und purpurrote Blüten. Ihre Südgrenze scheint in der Gegend des Tales von Casma zu liegen.

In Zentralperu findet sich noch eine dritte, von Backeberg als *N. rosiflora* (Fedde's Rep. 62, 1942) beschriebene Art, die sich gegenüber den beiden übrigen durch einen auffallend niedrigen Wuchs auszeichnet (Abb. 118, oben rechts); die 4—6rippigen Säulen erreichen nur eine Höhe von maximal 3 m, meist aber bleiben sie niedriger. Die Blüten sind rosafarbig.

Die nördlichen Arten zeichnen sich gegenüber den südlichen stets durch eine geringere Anzahl von Rippen aus; die Säulen der ersteren besitzen 4—5 (selten 6), die der südlichen Arten bis zu 8 Rippen.

Neoraimondia ist in morphologischer Hinsicht eine der interessantesten peruanischen Kakteengattungen, deren Sproßsystem eine Differenzierung in vegetative Lang- und fertile, seitenständige Kurztriebe aufweist[1].

Der zunächst unverzweigte und mit einer kräftigen Pfahlwurzel im Boden verankerte Primärsproß trägt in Orthostichen angeordnete Areolen, die anfangs wild und lang bestachelt sind und von denen die basalen zu langtriebigen Seitenästen auswachsen, worauf der buschige Wuchs beruht. Mit fortschreitender Erstarkung der Pflanze läßt die Stachelbildung an den Areolen nach; diese vergrößern sich (Abb. 118, unten links) und wachsen zu zapfenartigen, an älteren Pflanzen bis 20 cm langen Kurztrieben aus, an denen allein die Blüten stehen (Abb. 118, unten rechts). Die Kurztriebe selbst, auf deren Bau und Entwicklung an anderer Stelle ausführlich eingegangen ist[1], tragen in ± 5 Orthostichen angeordnete, dicht

[1] Siehe Rauh, W.: Über cephaloide Blütenregionen bei Kakteen mit besonderer Berücksichtigung der Blütenkurztriebe von *Neoraimondia* Br. et R., Beitr. z. Biologie der Pflanzen, Bd. 34, H. 1, 1957.

Abb. 118. Oben links: *Neoraimondia arequipensis* (Mey.) Backbg. bei Mollendo (nat. Gr.: 10 m; phot. C. BACKEBERG); oben rechts: *N. rosiflora* Backbg. im Rimac-Tal (nat. Gr.: 2 m); unten: Kurztriebentwicklung, links: *N. gigantea* var. *saniensis* Rauh et Backbg.; rechts: *N. rosiflora* Backbg.

stehende Areolen zweiter Ordnung, die eigentlichen Blühareolen, die nur selten Stacheln, sondern vielmehr dichte Büschel brauner Wollhaare hervorbringen und die in ihrer Gesamtheit die Kurztriebachse in einen dicken Wollmantel einhüllen (Abb. 118, unten rechts).

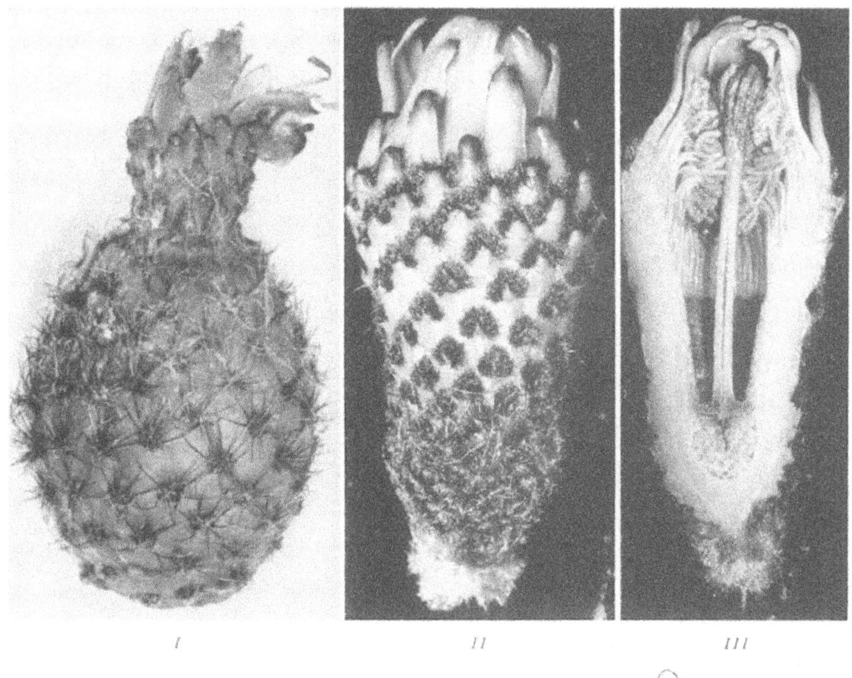

Abb. 119. *Neoraimondia rosiflora* Backbg. I Frucht; II Blüte (nat. Gr. 3,5 cm); III diese durchschnitten; IV Samenanlagen

Da die Kurztriebe an ihrer Spitze ständig fortwachsen, die Blühareolen aber sehr dicht stehen, wird deren Wollfilz im Alter zu papierdünnen Lagen zusammengepreßt, der später abzublättern beginnt.

Obwohl jede Kurztriebareole zur Blütenbildung befähigt ist, entwickeln sich nur wenige, meist 1—2, weiter zu Blüten, die wenig unterhalb des Kurztriebscheitels stehen und sich, infolge einer stielartigen Verlängerung der Fruchtknotenbasis, aus dem Wollfilz herausschieben.

Die Blüten (Abb. 119) besitzen eine engröhrige, dickfleischige Achsenröhre, die in Parastichen angeordnete Schuppenblätter trägt, in deren Achseln kleine Areolen mit kürzeren oder längeren, braunen bis schwarzen, mit Stacheln untermischte Wollhaare stehen; Perigonblätter schmal-länglich, in den entfalteten Blüten zurückgeschlagen (Abb. 118, rechts unten). Staubblätter verschieden hoch ansitzend, ungleich lang; Nektarkammer weit, offen; Griffel hohl, dünn, mit langen Narbenstrahlen, die Staubblätter nicht überragend; Fruchtknotenhöhle halbkugelig bis länglich; Samenanlagen

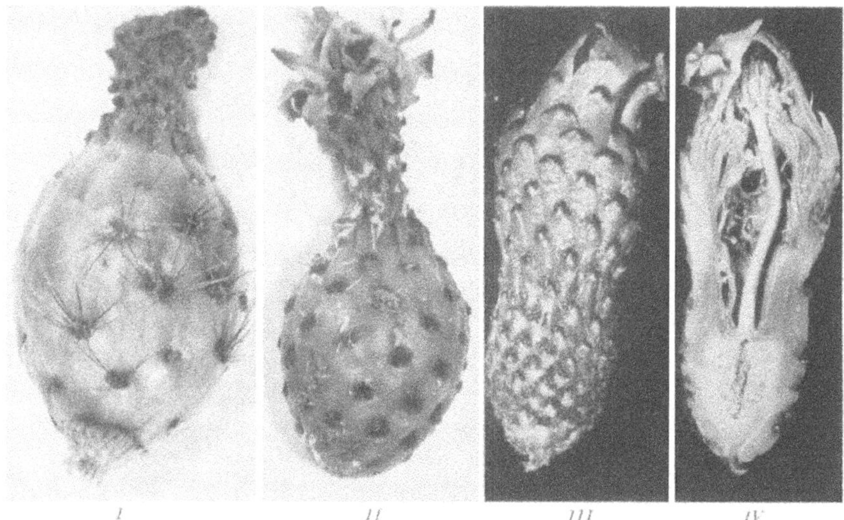

Abb. 120. I *Neoraimondia gigantea* Backbg. (Typ!), Frucht; II—IV *N. gigantea* var. *saniensis* Rauh et Backbg. Frucht und Blüte (nat. Gr. 5,5 cm)

auf wenig verzweigten Nabelsträngen, die von einer kurzen Plazenta abzweigen (Abb. 119a); Früchte eßbar, kugelig, mit Woll- oder Stachelareolen, die sich bei der Reife ablösen; mit weinrotem Fruchtmus.

Von *Corryocactus* und *Erdisia* unterscheiden sich die Blüten von *Neoraimondia* vor allem in der Ausbildung einer sehr großen, offnen, nicht durch die Filamentbasen der inneren Staubblätter verschlossenen Nektarkammer.

Von den bisher bekannten Arten wurden die folgenden neuen Varietäten gefunden:

Neoraimondia gigantea var. *saniensis* Rauh et Backbg. nov. var. (Abb. 38; Abb. 118, unten links; Abb. 120, II—IV)

Unterscheidet sich vom Typus durch die geringere Größe. Die Kandelaber erreichen im Durchschnitt nur eine Höhe von 3—4 m und sind, da die sehr dicken Triebe anfangs bogenförmig aufsteigen, viel weiter ausladend als die des Typus (vgl. Abb. 45 links und Abb. 38); Blüten[1] bis 5,5 cm lang. Achsenröhre über dem Fruchtknoten leicht eingeengt (Abb. 120, II—IV); Schuppenblätter klein, meist nur im Bereich des Fruchtknotens mit braunschwarzen kurzen Wollhaaren in ihren Achseln; Schuppenblätter im Bereich der Röhre breit, dickfleischig, blaßweinrot, mit tief dunkelroter Spitze nur mit wenigen Wollhaaren und Stacheln in ihren Achseln; Fruchtknotenhöhle länglich, 1 cm lang, 0,8 cm im ⌀; Nektarkammer 1,5 cm lang; Früchte rot, 4—5 cm lang, weniger stark bestachelt als beim Typus (vgl. Abb. 120, I mit Abb. 120, II).

Bestandsbildend in der Kakteenfelswüste des Rio Saña-Tales, von 200—500 m.

A typo differt altitudine minore; caules circiter tantum 3—4 m alti et multo latiores quam in typo, quia caules percrassi primum arcuatim adscendunt; flores ad 5,5 cm longi; tubus floralis supra ovarium leniter constrictum; squamae bracteaneae pusillae, plerumque in regione ovarii in axillis earum pilis laneis brunneo-atris; squamae bracteaneae tubi floris proprii latae, valde carnosae, pallidorubri vini colore, apice profunde rubro, plerumque sine pilis laneis in axillis; phylla perigonii laete punicea (haud atropunicea ut in typo); fructus rubri, oblongi, minus aculeati quam in typo.

Neoraimondia arequipensis var. *rhodantha* Rauh et Backbg. nov. var. (Abb. 121, II—III)

Pflanze 4—5 m hoch (Typus bis 10 m hoch; s. Abb. 118, rechts oben); Säulen meist 7rippig, frischgrün, 30—40 cm dick, im Scheitel mit dicken, lederbraunen Areolen; Blüten (Abb. 121, II) 4,5—5 cm lang, geöffnet ca. 4 cm im ⌀; Blütenachse so dicht von grauschwarzen Wollhaaren eingehüllt, daß die kleinen Schuppenblätter kaum zu sehen sind[2] (Abb. 121, II); Perigonblätter länglichspatelig, unterseits blaßweinrot mit dunklerem Mittelstreifen, oberseits blaßrot; Filamente und Staubbeutel gelblichweiß; Griffel und Narben kürzer als die Staubblätter; Früchte (unreif) länglich, bis 4 cm lang und 2,5 cm dick, mit dichtstehenden Wollareolen besetzt; zwischen den Wollhaaren kurze Stachelborsten.

Fundort: Westlich der Stadt Arequipa auf den Cerros de Caldera, in Gesellschaft von *Browningia, Weberbauerocereus, Arequipa,*

[1] Blüten vom Typus standen mir leider zur Untersuchung nicht zur Verfügung.

[2] Leider standen zum Vergleich keine Blüten des Typus zur Verfügung.

Haageocereus platinospinus und *Tephrocactus dimorphus*, 2600 m; Sammelnummer: K 145 (1956).

Planta 4—5 m alta (in typo usque 10 m alta), caules columniformes, plerumque 7 costati, laete virides, 30—40 cm crassi, in vertice areolis crassis, corii brunnei colore; flores 4,5—5 cm longi, aperti ca. 4 cm in diametro; tubus floralis dense pilis laneis cano-atris vestitus, ut foliae squamosae omnino involutae sint; phylla perigonii oblongo-spathulata, subter pallido-rubri vini colore, linea mediana obscuriore, supra pallide rubra; filamenta flavido-alba, antherae eodem colore; stylus et stigmata breviora quam stamina; fructus (immaturi) oblongi usque 4 cm longi et 2,5 cm crassi, areolis laneis dense ornati, inter quas sunt setae breves.

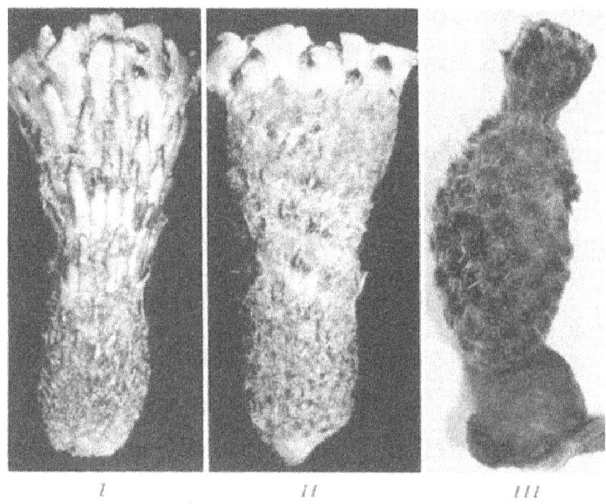

I II III

Abb. 121. I *Neoraimondia arequipensis* var. *riomajensis* Rauh et Backbg.; II—III Blüte und Frucht von *N. arequipensis* var. *rhodantha* Rauh et Backbg.

Neoraimondia arequipensis var. *riomajensis* Rauh et Backbg. nov. var. (Abb. 54; Abb. 121, I)

Pflanze 3—5, selten bis 7 m hoch; Säulen 30—40 cm dick; ± parallel aufsteigend, 4—5 (—6)rippig; Blüten bis 5,5 cm lang, geöffnet bis 4 cm im ⌀; Röhre über dem länglichen Fruchtknoten etwas eingeengt; Behaarung der Blütenröhre nicht so dicht wie bei der var. *rhodantha*; Basen der Schuppenblätter stark verlängert (Abb. 121, I); Perigonblätter ± 2 cm lang, leuchtend hellkarminrot; Früchte bis 6 cm lang, mit lockerstehenden Woll- und Stachelareolen.

Fundort: Tal des Rio Majes (Südperu), auf trocknen Terrassen zwischen 800 und 1200 m bestandsbildend; Sammelnummer: K 145a (1956).

Planta 3—5, rarius usque 7 m alta; caules columniformes 30—40 cm crassi, paribus intervallis adscendentes, 4—5(—6) costati; flores usque 5,5 cm longi, aperti usque 4 cm ⌀; tubus floralis supra ovarium oblongum paullum constrictum; vestimentum pilorum tubi floralis haud tam densum quam in var. *rodantha*, quia squamae bracteaneae sunt valde elongatae; phylla perigonii ± 2 cm longa, laete punicea; fructus usque 6 cm longi, areolis laneis solute distantibus et aculeiferis.

Neoraimondia arequipensis var. *aticensis* Rauh et Backbg. nov. var. (Abb. 13, unten; Abb. 14, links)

Eine von den übrigen Arten erheblich abweichende Wuchsform zeigt die var. *aticensis*, die von BACKEBERG (1956) zwar als eigene Art aufgefaßt, von mir aber nur als Varietät betrachtet wird. Während bei den übrigen Arten die einzelnen Säulen ± steil aufsteigen und parallel angeordnet sind, divergieren sie bei der var. *aticensis* und verjüngen sich zur Spitze hin auffallend (Abb. 13, unten). Viel länger als bei den übrigen Arten tritt der Primärsproß in Erscheinung (Abb. 14, links).

Auch in ökologischer Hinsicht nimmt die var. *aticensis*, die nur ein sehr kleines Areal südlich des Ortes Atico besitzt, eine Sonderstellung ein. Sie bewohnt die unmittelbare Küstenregion, steigt bis nahe an das Meer hinab, so daß die Kandelaber zum Teil noch von den Brandungswellen erfaßt werden und erreicht ihre obere Verbreitungsgrenze bereits bei 100 m.

Säulen 3—8 m hoch, an der Basis bis 80 cm dick, sich gegen die Spitze zu verjüngend, 6—8rippig; Stacheln an der Basis der Triebe bis 20 cm lang; Blütenkurztriebe ± 5 cm lang; Blüten und Früchte unbekannt.

Standort: Küstengebiet südlich Atico (Südperu) in Gesellschaft von *Corryocactus brachypetalus*, *Islaya mollendensis*, *Haageocereen*, *Loxanthocereen* und einigen typischen Loma-Pflanzen (*Oxalis*, *Nolana*, *Alstroemeria* u. a.).

Caules columniformes 3—8 m alti, basi usque 80 cm crassi, apicem versus angustati, 6—8 costati; aculei basi caulium usque 20 cm longi; rami florales ± 5 cm longi; flores et fructus ignoti.

Die *Nyctocorryocerei* Backbg.,

zu denen BACKEBERG *Armatocereus* Backbg. und *Brachycereus* Br. et R. rechnet, sind in Peru allein durch *Armatocereus* vertreten, während *Brachycereus* auf den Galapagos-Inseln beheimatet ist. Es handelt sich um nachtblütige Cereen mit engen, bestachelten Blütenröhren und großen, bestachelten Früchten.

Armatocereus Backbg.

Die Gattung wurde 1938 von BACKEBERG aufgestellt[1] und war lange Zeit umstritten. Konnte dieser damals schon vier hierher gehörige Arten nennen: den ecuadorianischen *A. godingianus*, *A. cartwrightianus*, *A. laetus* und *A. matucanensis*, so haben unsere Reisen eine Reihe von Neufunden erbracht, welche die außerordentliche Einheitlichkeit des Genus belegen. Alle Vertreter der Gattung sind große, oft stammbildende Cereen mit reich verzweigten, deutlich gegliederten Trieben. Die scharf von einander abgesetzten Glieder dürften wohl jeweils einer Wachstumsperiode entsprechen. Die Blüten sind auffallend groß, öffnen sich mit Eintritt der Dunkelheit (18 Uhr), um sich bei Tagesanbruch (6 Uhr, spätestens 10 Uhr) zu schließen. Fruchtknoten und Blütenröhre tragen in den Achseln der Schuppenblätter Areolen mit kurzen Stacheln, die sich an den Früchten noch weiter entwickeln und vor der Samenreife in ihrer Gesamtheit ablösen. Blütenröhre engtrichterig, mit langer, enger Nektarkammer, welche durch die inneren, häufig einem kurzen Diaphragma entspringenden Staubblätter verschlossen wird; Staubblätter zahlreich, mit langen Antheren, Fruchtknotenhöhle groß; Früchte groß, bestachelt, vom abgetrockneten Blütenrest gekrönt; Samenanlagen auf langen, später stark verschleimenden, verzweigten, sich um diese herumlegenden Nabelsträngen (Abb. 122, II); Samen groß, schwarz, mit grubig-netzig strukturierter Schale; Keimpflanzen mit auffallend großen, fleischigen Kotyledonen (Abb. 122, I).

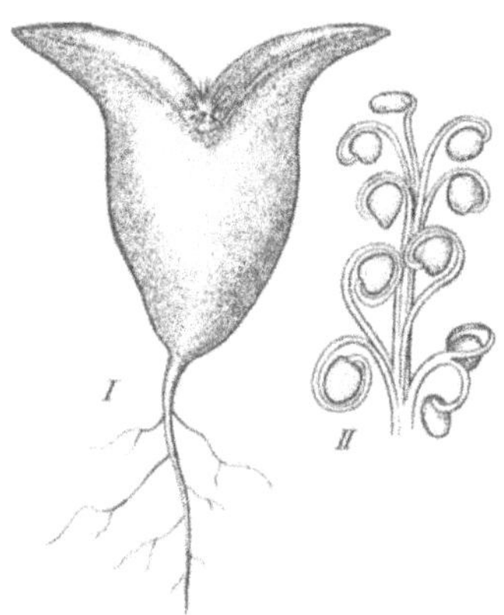

Abb. 122. I *Armatocereus rauhii* Keimpflanze; II Samenanlagen von *A. matucanensis* Backbg.

Das Areal der Gattung erstreckt sich durch fast ganz Peru hindurch, vom Tal des Rio Majes im Süden nordwärts bis nach Südecuador. *Armatocereus* ist nicht allein auf die Andenwestseite be-

[1] Bei BRITTON und ROSE finden sich die von BACKEBERG zur Gattung *Armatocereus* gestellten Arten noch in dem Sammelgenus *Lemaireocereus* Br. et R., in welchem eine Reihe damals systematisch noch ungeklärter Cereengattungen zusammengefaßt wurden. BUXBAUM (1957) ordnet *Armatocereus* bei den *Archicereidineae* (CI) ein.

schränkt, sondern überschreitet im Norden die westliche Cordillerenkette und dringt im Tal des Huancabamba bis nahe an den Marañon vor; eine eigentliche Schwerpunktsbildung innerhalb des Gesamtareales läßt sich jedoch nicht feststellen.

Die Vertreter der Gattung galten bislang als Begleiter einer mesophytischen Vegetation, welche Gebiete besiedelt, die einen Jahresniederschlag von wenigstens 300 mm erhalten. So sind die nördlichen Arten Bestandteile eines regengrünen *Bombax*-Waldes, während die zentral- und südperuanischen Arten die höheren Lagen oberhalb 2000 m besiedeln. In dem neuen *A. procerus* wurde jetzt eine extrem xerophytische Art gefunden, welche die niederschlagsarme Kakteenfelswüste besiedelt und in vielen Tälern Zentralperus die untere Kakteenstufe einleitet (s. auch Teil I). Die Gattung hat also nicht nur eine große horizontale[1], sondern auch eine beachtliche vertikale Ausdehnung.

Bislang waren die folgenden 4 Arten bekannt:

A. godingianus Backbg. (= *Lemaireocereus godingianus* Br. et R.) eine 3—10 m hohe, reich verzweigte und einen kurzen Stamm bildende Art, mit großen, weißen Blüten.

Nach Britton u. Rose (Bd. II, S. 91/92 u. Abb. 134) ist die Art weit verbreitet um Huigra in Ecuador zwischen 1200 und 2000 m und ist vergesellschaftet mit *Fourcroya*, *Opuntia*-Arten, *Bauhinia*, *Zanthoxylum*, *Passiflora* und *Ipomaea*.

A. cartwrightianus Backbg. (= *Lemaireocereus cartwrightianus* Br. et R.) eine 3—10 m hohe, stammbildende Art (Abb. 16), mit engröhrigen, bis 9 cm langen, weißen Blüten; Röhre etwa 1 cm im ⌀, mit locker stehenden, kleinen, stark aufgewölbten, weißlichgelb filzigen, spärlich bestachelten Areolen (Abb. 123, I—III); äußere Perigonblätter unterseits rötlich, innere weiß, sehr schmal (2 mm), ca. 2 cm lang, am Rande etwas ausgefranst; Staubblätter zahlreich; Nektarkammer 4 cm lang, eng, braun-schwarz, stark gewulstet; Griffel dünn, sehr lang, mit 8 Narbenstrahlen; Fruchtknotenhöhle länglich, 0,7 cm lang; Früchte rundlich-länglich, bis 9 cm lang, rötlich-grün, locker mit spärlich bestachelten Areolen besetzt.

Das Verbreitungsgebiet erstreckt sich von Guayaquil (Ecuador) bis in das Tal von Canchaque (Nordperu). *A. cartwrightianus* ist eine Pflanze der Ebene, die auf flachen Strandterrassen in Nordperu bis an das Meer herantritt (Abb. 16), aber auch als Begleiter des regengrünen *Ceibo*-Waldes auftritt. Die südliche Verbreitungsgrenze fällt etwa mit der des *Ceibo* zusammen.

---

[1] Siehe Verbreitungskarte in: Rauh, W., Neue Kakteen aus Peru; Kakteen und andere Sukkulenten, Jahrg. 8, 1957, H. 6, S. 82.

Armatocereus laetus Backbg. (=*Lemaireocereus laetus* Br. et R.; *C. laetus* H. B. K.; Abb. 123, IV; Abb. 124)

wurde bereits von HUMBOLDT bei Sondorillo im Tal des Huancabamba (damals zu Ecuador, heute zu Peru gehörig) gesammelt. Wir fanden die Pflanze nicht nur am gleichen Standort, sondern

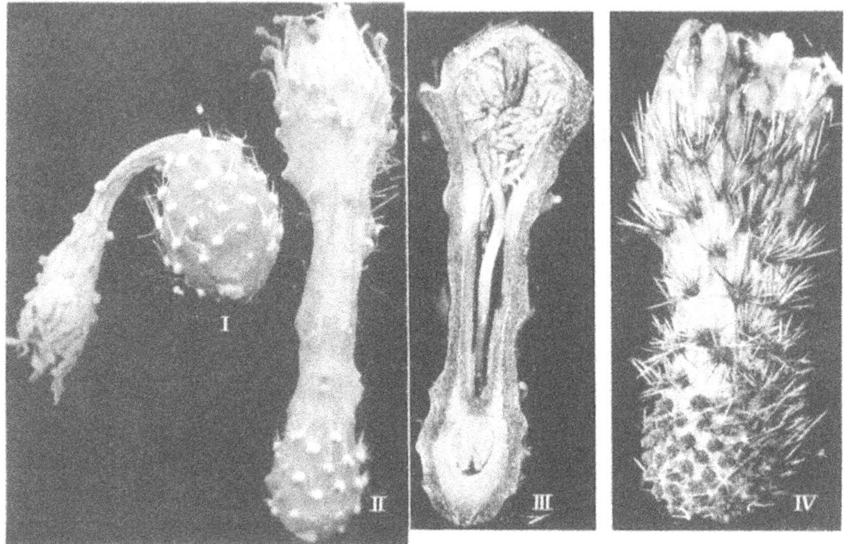

Abb. 123. I—III *Armatocereus cartwrightianus* (Br. et R.) Backbg. I Junge Frucht; II Blüte (abgeblüht); III dieselbe durchschnitten; IV *A. laetus* (H.B.K.) Backbg., Blüte (etwa 1/2 nat. Gr.)

auch in der Umgebung von Huancabamba und im Tal des Huancabamba abwärts bis nahe seiner Mündung in den Marañon. Da die von BRITTON und ROSE abgebildeten Pflanzen nicht mit den von HUMBOLDT und uns gesammelten übereinstimmen[1], sei die Diagnose nochmals auf Grund eigner Beobachtungen gegeben:

Pflanze nahe der Basis verzweigt, große Gruppen bildend, ohne hervortretenden Stamm (Abb. 124), 3—6 m hoch, mit gegliederten Säulen; Glieder je nach Wachstumsbedingungen verschieden lang (10—80 cm), bis 15 cm

[1] Die bei BRITTON u. ROSE in Fig. 145 (Bd. II, S. 99) wiedergegebene Pflanze stammt aus dem Catamayo-Tal (Südecuador); bei der in Fig. 146 abgebildeten Pflanze dürfte es sich um den wesentlich niedrigeren *A. matucanensis* Backbg. aus dem Rimac-Tal (Zentralperu) handeln. BRITTON u. ROSE bemerken zu ihrer Diagnose bereits selbst: "We have referred here the plant from Catamayo, as it is the only wild one we know in this region which could possibly have been described as *Cactus laetus*. It is such a conspicuous plant that we do not believe HUMBOLDT would have passed it by without some reference." (Bd. II, S. 99.)

dick, (4—)6—8rippig, bleichgraugrün (aber nicht blaugrau); Areolen 2—3 cm voneinander entfernt, mit 10—15 kurzen (0,5—1,5 cm langen) Randstacheln und 1—2, meist 2 cm, selten bis 8 cm langen, an der Basis grauweiß bereiften,

Abb. 124. *Armatocereus laetus* (H.B.K.) Backbg. rechts: Habitus; links: blühender Trieb

an der Spitze schwarzbraunen Mittelstacheln; Blüten (Abb. 123, IV) bis 10 cm lang bis 5 cm im ⌀, mit schwarzbraun bestachelter, etwa 2 cm dicker Röhre; äußere Perigonblätter unterseits schmutzig-weinrot, die inneren cremefarbig-weiß; Früchte bis 10 cm, länglich, grün, dicht, kurz, braun bestachelt.

Typ Fundort: Umgebung von Huancabamba, auf trocknen Cerros und in feuchteren Quebradas; Sammelnummer: K 69 (1956).

Armatocereus matucanensis Backbg. (Abb. 26, oben; Abb. 125)

ist eine niedrig bleibende, nur 2—3 m hoch werdende, breit ausladende Art (Abb. 26, oben) mit dicken, 6(—8)rippigen, graugrünen Gliedern; Areolen 3—5 cm voneinander entfernt, braunwollig, mit 8—11, bis 1,5 cm langen Randstacheln und 1(—2) bis 10 cm langen, grauen, abwärts gerichteten

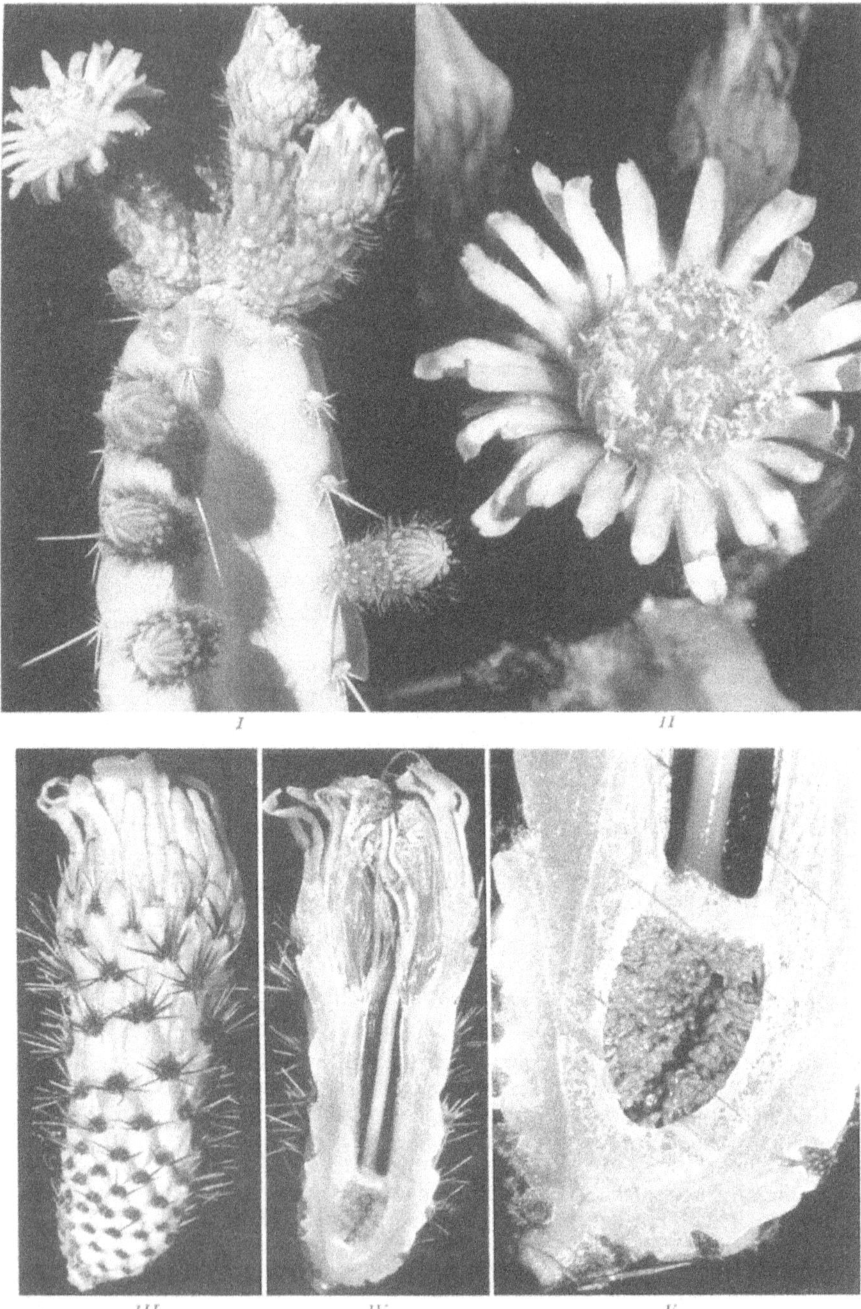

Abb. 125. *Armatocereus matucanensis* Backbg. I Blühender Sproß; II Einzelblüte von oben; III in Seitenansicht (abgeblüht); IV dieselbe durchschnitten; V Fruchtknoten vergrößert

Zentralstacheln; Blüten in Scheitelnähe und darunter, bis 10 cm lang, geöffnet bis 6 cm im ⌀; Blütenröhre dickfleischig, bis 2,5 cm dick, dunkelgrün, dicht mit Schuppenblättern besetzt, die in steil aufsteigenden Parastichen angeordnet sind; ihre Basen als langgezogene Blattpolster in Erscheinung tretend, der freie Abschnitt sehr kurz; in dessen Achsel zahlreiche, bis 1 cm lange, schwarzbraune Stacheln; äußere Perigonblätter unterseits bräunlichgrün, kleiig beschuppt; innere reinweiß, 3 mm breit und 3 cm lang; Nektarkammer eng, 3 cm lang; innere Staubblätter einem Diaphragma aufsitzend (Abb. 125, IV); Filamente weiß; Staubbeutel hellgelb; Narbenstrahlen ±16, hellgelb, 1,5 cm lang; Fruchtknotenhöhle lang-halbkugelig, 1 cm lang; Früchte länglich, bis 10 cm groß, dicht bestachelt.

Typ-Standort: Rimac-Tal, unter- und oberhalb Matucana häufig, von 2200—2600 m aufsteigend.

A. matucanensis scheint in Zentralperu eine weitere Verbreitung zu haben, denn er wurde nördlich bis zum Tal des Rio Fortaleza und südlich bis zum Pisco-Tal in der gleichen Höhenlage festgestellt. Die Pflanze aus dem Fortaleza-Tal weicht in einigen Merkmalen von der von Matucana ab: die Triebe sind dicker; die Rippen etwas höher; die Zentralstacheln an Jungtrieben sehr derb und an der Spitze braunschwarz. Da im Blütenbau jedoch völlige Übereinstimmungen bestehen, reichen die Unterschiede nicht zur Aufstellung einer besonderen Varietät aus.

In Übereinstimmung mit *Neoraimondia* ist festzustellen, daß die niedrigbleibenden Arten in ihrer Verbreitung auf Zentralperu beschränkt sind, während die hochwüchsigen mehr südliche und nördliche Verbreitung haben.

Außer den bereits bekannten wurden noch die folgenden neuen Arten gefunden:

Armatocereus procerus Rauh et Backbg. nov. spec.[1] (Abb. 34, oben; Abb. 47, links; Abb. 126)

Pflanze 3—7 m hoch; Primärsproß an der Basis bis 30 cm dick, stark verholzt, gegliedert, entweder völlig unverzweigt oder wenige, steil aufstrebende, ± parallel angeordnete, gegliederte Seitentriebe erzeugend (Abb. 34, oben; Abb. 47, links); Glieder 10—50 cm lang, im Neutrieb bis 10 cm dick, 8—10rippig (im Alter oft mehrrippig), graugrün, im Alter sich lebhaft braun verfärbend; Rippen schmal, 1 cm hoch, ca. 3 cm voneinander entfernt, später sich verflachend und nur noch wenig in Erscheinung tretend; Areolen rund,

[1] Siehe auch: Kakteen und andere Sukkulenten, Jahrgang 8, 1957, H. 6, S. 82—87. Dort findet sich auch die lateinische Diagnose. Mit dieser Art dürfte vielleicht *Armatocereus armatus* Ritter (nom. nud.; FR 131) identisch sein.

an Neutrieben 0,5 cm im ∅, mit gelblich-weißer Wolle; Randstacheln 15—20, weißlich, mit bräunlicher Spitze, die meisten 1,5—2 cm, einzelne bis 4 cm lang; Zentralstacheln bis zu 4, allseitig abstehend, bis 12 cm lang, mit 2 mm dicker, honiggelber Basis und lederbrauner Spitze; Areolen alter Triebe oft zapfenartig verlängert, länglich-oval, bis 2 cm im ∅, mit ± 50, 2—12 cm langen,

Abb. 126. *Armatocereus procerus* Rauh et Backbg. Links: Blüte; rechts: Frucht

sehr derben, nach allen Seiten hin abstehenden Stacheln, welche den Trieben ein wild bestacheltes Aussehen verleihen (s. Abbildungen in Kakteen u. andere Sukkulenten, Jahrg. 8, 1957, Fig. 3—4). Eine besondere Eigentümlichkeit der alten Areolen ist, daß sie alljährlich neue Stacheln hervorbringen können, so daß sich deren Zahl ständig erhöht. An älteren Trieben sterben die Areolen häufig ab, wodurch die nackt werdenden, braunen Triebe das Aussehen der Seitenäste von *Browningia candelaris* annehmen; Blütenröhre bis 10 cm lang und bis 2 cm dick, locker mit bestachelten Areolen besetzt; Blüte geöffnet bis 5 cm im ∅, äußere Perigonblätter zurückgeschlagen, oberseits weiß (Abb. 126), die inneren rein weiß, 3 mm breit, bis

2 cm lang; Staubblätter zahlreich, mit blaßgelben Staubbeuteln und weißlichen Filamenten; Griffel 2 mm dick, mit 15, bis 1 cm langen, gelben, die Staubblätter überragenden Narbenstrahlen; Nektarkammer 3,5 cm lang; Fruchtknotenhöhle länglich, 2 cm lang, 0,6 cm breit; Früchte rundlich, bis 7 cm im ∅, vom abgetrockneten Blütenrest gekrönt, dicht mit lang bestachelten Areolen besetzt; Areolenstacheln ±50, bis 4 cm lang, silbrig-weiß, die Frucht völlig einhüllend (Abb. 126).

Zentralperu, vom Rio Casma bis zum Rio Nazca, von 700—1200 (—1500) m; Sammelnummer: K 32 (1954), K 49 (1956).

A. procerus ist in Peru die am tiefsten herabsteigende Art, leicht kenntlich an den steil aufsteigenden, sich im Alter braun verfärbenden Säulen und die wilde und derbe Bestachelung; auch die Früchte sind im Vergleich zu denen anderer Arten sehr dicht bestachelt. *A. procerus* leitet in vielen zentralperuanischen Tälern die untere Kakteenstufe ein, erscheint zusammen mit *Haageocereen* bereits bei 700 m, erreicht das Maximum seiner Häufigkeit zwischen 800 und 1000 m, bildet in dieser Höhenlage vielfach regelrechte Wälder (vor allem im Tal des Rio Fortaleza, s. Abb. 34, oben), wird dann mit zunehmender Höhe seltener und verschwindet oberhalb 1500 m vollständig; er ist demzufolge als eine extrem xerophytische Art zu betrachten. Recht eigenartig ist sein horizontales Verbreitungsgebiet. Er besitzt ein geschlossenes, vom Rio Casma bis zum Rio Chillon sich erstreckendes Areal, fehlt den Tälern von Lima an südwärts und tritt erst wieder im Tal des Rio Pisco und im Nazca-Tal auf. Worauf die Verbreitungslücke im Rimac-Tal und südlich davon zurückzuführen ist, konnte nicht geklärt werden.

Armatocereus rauhii Backbg. nov. spec.[1] (Abb. 70, links; Abb. 127)

Pflanze 4—6 m hoch, mit kurzem, an der Basis bis 40 cm dickem, sich in 0,5—1 m Höhe verzweigendem Stamm; Seitentriebe gegliedert, steil aufgerichtet, spärlich verzweigt (Abb. 70, links); Glieder 20—100 cm lang, von blaugrauer Farbe, bis 20 cm dick, 10rippig; Rippen ca. 1 cm breit, 2—3 cm hoch; Areolen 2 cm voneinander entfernt, verkehrt-stumpf-dreieckig, ca. 3 mm breit, weißfilzig; Areolenstacheln 7—10, der Mitte der Areole aufsitzend, 2—3 mm lang, aufgerichtet, schwarz (Abb. 127, II); nur selten 1—3 cm langer Zentralstachel entwickelt; Blüten vorwiegend an älteren Glie-

[1] Lateinische Diagnose in: Kakteen und andere Sukkulenten, Jahrgang 8, H. 7, S. 97. Mit dieser Art identisch ist vielleicht der von RITTER gesammelte *A. marañonensis* Krainz et Ritter (nom. nud.; FR 273).

Abb. 127. *Armatocereus rauhii* Backbg. I Fruchtender Trieb; II Sproßscheitel in Aufsicht; III Blüte (verblüht); III a dieselbe durchschnitten; IV Frucht; V Narbenkopf

dern (Abb. 127, I), ähnlich denen von *A. cartwrightianus*; Blütenröhre bis 9 cm lang, 1,2—1,5 cm dick, dunkelgrün, mit sehr kleinen Schuppenblättern und weißfilzigen, mamillenartig aufgewölbten, schwarzrot bestachelten Areolen (Abb. 127, III); Blüten geöffnet ca. 4 cm im ⌀; äußere Perigonblätter unterseits bräunlichgrün, oberseits lebhaft karminrot, die inneren karminrot, 3 mm breit, ca. 1,5 cm lang; Fruchtknotenhöhle 0,7 cm lang und 0,6 cm breit; Nektarkammer 4 cm lang, 0,5 cm ⌀; Griffel kürzer als die Staubblätter; Narben tief 2lappig, jeder Lappen in 5, bis 0,5 cm lange Strahlen zerteilt (Abb. 127, V); Frucht kugelig, bis 5 cm im ⌀, dunkelgrün, mit karminroten Flecken unter den Areolen (Abb. 127, IV), diese mit 10—18, bis 2 cm langen, dunkelrotschwarzen Stacheln; Frucht„mus" stark wäßrig.

Fundort: Nordperu, Huancabamba-Tal (atlantische Seite), zwischen 1100 und 900 m; Sammelnummer: K 127 (1954).

A. rauhii ist neben *A. procerus* eine der dekorativsten Erscheinungen unter den *Armatocereen*, auffallend vor allem durch die intensiv blaugrau-grüne Farbe der Säulen, die dazu kontrastierenden, kleinen, weißen Areolen mit ihren kurzen Stacheln, wie sie bei keiner anderen Art in ähnlicher Ausbildung wieder angetroffen werden und die karminroten Blüten. Alle bisher bekannten Arten besitzen weiße Blüten.

Die Pflanze scheint nur lokale Verbreitung zu haben; sie wurde allein im Tal des Rio Huancabamba und zwar auf der atlantischen Seite der Westcordillere zwischen km 100 und der Vereinigung des Rio Huancabamba mit dem Rio Marañon gefunden, sie wächst auf den flachen, stark blockigen und trocknen Terrassen des Huancabamba (Abb. 70, links) in Gesellschaft von *Opuntia macbridei*, *Espostoa laticornua*, *Seticereus chlorocarpus*, *S. roezlii*, *Thrixanthocereus blossfeldiorum*, kleinen Bäumen wie *Bombax discolor*, *Acacia macracantha*, *Cercidium praecox*, *Loxopterygium huasango*, *Croton* u. a. Die Offenheit und Dürftigkeit der Vegetation deutet darauf hin, daß die Niederschläge in diesem Bereich des Huancabamba-Tales relativ gering sind.

Armatocereus riomajensis Rauh et Backbg. nov. spec. (Abb. 128)[1]

Pflanze bis 2 m hoch, mit gegliederten, wenig verzweigten Säulen (Abb. 128, I); Glieder bis 60 cm lang, von blaß-graugrüner Farbe (wie bei *A. laetus*), 7(—9)rippig, bis 10 cm dick; Rippen schmal, abgerundet, bis 2 cm hoch; Areolen nicht abgesetzt, 0,5 cm im ⌀,

[1] latein. Diagnose in: Kakteen u. a. Sukkulenten, Jhrg. 8, H. 10, S. 146, 1957.

mit gelblichbrauner Wolle; Randstacheln 10—15, bis 1 cm lang, hellgrau bereift, mit bräunlicher Spitze; Zentralstacheln meist 2, der obere bis 12 cm lang, schräg auf- oder abwärts weisend bzw. waagerecht abstehend, der zur Areolenbasis hinweisende untere, nur bis 5 cm lang, stets stark abwärts gekrümmt (Abb. 128, II); Blüten weiß, mit 8—10 cm langer bestachelter Röhre; Früchte bis

Abb. 128. *Armatocereus riomajensis* Rauh et Backbg. I Vegetationsbild; II Einzeltrieb; III Frucht (nat. Gr. 15 cm), links daneben ein Streichholz als Größenmaßstab

15 cm lang und 5 cm dick, derb bestachelt; Areolenstacheln zahlreich (Abb. 128, III), gegen die Spitze der Frucht bis 4 cm lang, grauviolett mit heller Spitze.

Fundort: Tal des Rio Majes (Südperu); von 1000—3000 m; bestandsbildend zwischen 2000 und 3000 m; Sammelnummer: K 152a (1956).

A. riomajensis ist die am weitesten nach Südperu vordringende Art der Gattung; er wurde bisher allein im Tal des Rio Majes gefunden und bildet hier zwischen 2000 und 3000 m eine eigene Gesellschaft (s. S. 126).

Armatocereus churinensis Rauh et Backbg. nov. spec. (Abb. 129)[1]

Pflanze bis 2 m hoch, spärlich und unregelmäßig verzweigt (Abb. 129); Glieder bis 50 cm lang, bis 10 cm dick, 5—6rippig,

[1] latein. Diagnose in: Kakteen u. a. Sukkulenten, Jhrg. 8, H. 11, S. 166, 1957.

von graugrüner Farbe; Rippen schmal, bis 3 cm hoch; Areolen 0,5 cm im ∅, graufilzig; Randstacheln 9—12 und 1,5—3 cm lang, grau; Zentralstacheln 1—2 (—3), bis 1,5 cm lang, an der Basis gedreht, grau mit dunkler Spitze, waagerecht abstehend oder schräg abwärts gekrümmt; Blüten weiß; Früchte länglich, bis 10 cm lang, dunkelgrün, dicht mit Areolen besetzt; Areolenstacheln zahlreich, dünn, bis 2,5 cm lang, von gelbbrauner Farbe (Abb. 129).

Abb. 129. *Armatocereus churinensis* Links: Vegetationsbild; rechts: Frucht (nat. Gr. 8 cm)

Fundort: Churin-Tal (Zentralperu), oberhalb 2000 m häufiger; Sammelnummer: K 97 (1956).

Im Churin-Tal, einem ausgeprägten westandinen Trockental, wachsen die beiden Arten, *A. procerus* und *A. churinensis*; der erstere besiedelt die niederen Lagen zwischen 600 und 1200 m. In seiner Begleitung finden sich *Melocacteen*, *Haageocereen*, *Neoraimondia rosiflora* und *Tephrocactus kuehnrichianus*; *A. churinensis* hingegen nimmt die höheren Lagen zwischen 2000 und 2500 m ein und findet sich in Gesellschaft von *Espostoa melanostele* und *Haageocereus acranthus*. Er steht wohl dem *A. matucanensis* sehr nahe, unterscheidet sich von diesem aber durch die auffallend geringe Verzweigung seiner Triebe; durch den lockeren Wuchs und die dichter bestachelten Früchte.

Armatocereus arboreus Rauh et Backbg. nov. spec. (Abb. 48)[1]

Pflanze baumförmig wachsend, mit 1—1,5 m hohem, bis 50 cm dickem Stamm und reich verzweigter, breitausladender Krone, insgesamt eine Höhe bis zu 7 m erreichend; Glieder bis 60 cm lang, bis 15 cm dick, 5—6rippig, graugrün; Randstacheln kurz; Zentralstacheln 1—3, bis 15 cm lang; Blüten weiß; Früchte länglich, bis 10 cm lang, wenig dicht bestachelt.

Fundort: Pisco-Tal (Zentralperu), bei 2500 m (1954).

A. arboreus ist neben *A. cartwrightianus* eine der imposantesten Erscheinungen unter den *Armatocereen*, auffallend durch die mächtige Stammbildung und die breite Krone steil aufstrebender Seitenäste. Obwohl diese Art dem in Zentralperu verbreiteten *A. matucanensis* recht nahesteht, unterscheidet sie sich von dieser durch den baumförmigen Wuchs; *A. matucanensis* wird maximal nur bis 2,5 m hoch und läßt die auffällige Stammbildung vermissen. Vielleicht handelt es sich um eine polyploide Form des letzteren.

A. arboreus gehört gleich den meisten anderen Arten dem unter dem Einfluß der Sommerregen stehenden Vegetationsbezirk der Andenwestseite an; er findet sich hier in Gesellschaft von Gehölzen wie *Carica candicans* (Abb. 48), *Jatropha-*, *Croton-*, *Lippia-* und *Lantana*-Arten.

Armatocereus oligogonus Rauh et Backbg. nov. spec. (Abb. 130)

Pflanze 2—3 m hoch, spärlich und sparrig verzweigt, zuweilen mit dünnem, kurzem Stamm; Glieder meist verlängert, bis 60 cm lang, vorherrschend 4-, selten 5—6 rippig (Abb. 130), von graugrüner Farbe; Rippen wenig erhaben; Randstacheln 8—12, 1—1,5 cm lang, grau mit dunkler Spitze; Zentralstacheln 1—2, bis 10 cm lang[2]; Blüten bis 10 cm lang, weiß; Früchte länglich-rund, bis 10cm lang, mit weißfilzigen, bestachelten Areolen; Stacheln zahlreich, derb, gelblichbraun.

Fundort: Tal von Olmos; Trockenbusch 300—500 m; Sammelnummer: K 139a (1954).

2—3 m altus; rami erecti, articulis elongatis, ad 60 cm longis, plumbeoviridibus; costae plerumque 4—5 (—6), angustae; aculeis ca. 8, plerumque 1—2 longissimis, ad 8—10 cm longis; flores albi; fructus oblongi, spinosissimi, aculeis fulvosis.

---

[1] latein. Diagnose in: Kakteen u. a. Sukkulenten, Jhrg. 8, H. 11, S. 164, 1957.

[2] Es sind Formen zu beobachten, bei denen die Zentralstacheln kurz bleiben, nur bis 3 cm lang werden.

Diese Art, die vielleicht identisch ist mit der Ritter-Nummer FR 296, dürfte wohl bisher verkannt und für *A. laetus* gehalten worden sein. Auch wir sammelten sie 1954 als *A. laetus*. Erst nachdem wir diesen 1956 am Typ-Standort sahen und feststellten, daß zwischen ihm und der Olmos-Pflanze erhebliche Unterschiede, sowohl im Wuchs, als auch in der Anzahl der Rippen und der

Abb. 130. *Armatocereus oligogonus* Rauh et Backbg. Links: Habitus; Mitte: fruchtender Trieb; rechts: Frucht

Bestachelung, vor allem der Früchte, bestehen, erschien es notwendig, die Olmos-Pflanze als eigne Art zu führen.

Im Tal des Rio Santa, zwischen Caras und Huaylas, wurde in 2300 m Höhe ein *Armatocereus* gefunden, der mit *A. oligogonus* wohl identisch sein dürfte; er stimmt mit diesem in der geringen Anzahl der Rippen und der Farbe der Triebe überein, weist aber insgesamt eine etwas stärkere Verzweigung auf; allenfalls dürfte die Santa-Pflanze nur als Form von *A. oligogonus* aufzufassen sein.

Gymnanthocerei Backbg.

Die hierhergehörigen Cereengattungen *Jasminocereus* Br. et R., *Stetsonia* Br. et R., *Browningia* Br. et R., *Azureocereus* Akers et Johnson besitzen als gemeinsame Merkmale die Nachtblütigkeit und die Bildung ± stark hervortretender Schuppenblätter an Blütenröhre und Früchten; Haarbildungen in ihren Achseln fehlen.

Bei *Browningia, Gymnocereus* (Abb. 131) und *Azureocereus* sind die Schuppen auffallend groß; bei der argentinischen *Stetsonia* finden sich nur kleinere und diese bevorzugt in der Fruchtknotenregion.

Azureocereus Akers et Johnson

Es wurde schon in Teil I geschildert (S. 140ff.), daß die Vegetation der südlichen, interandinen Trockentäler, insbesondere das

Abb. 131. Links: Frucht von *Browningia candelaris* Br. et R.; rechts: von *Gymnocereus microspermus* Backbg.

Flußsystem des Apurimac, durch das Vorherrschen riesiger Cereen charakterisiert ist, unter denen Vertreter aus der Gattung *Azureocereus* vorherrschen. Das Genus wurde 1949 (Cactus and Succ. Journ. Bd. XXI/5, 1949) von Akers und Johnson begründet. Backeberg waren diese großen interperuanischen Kakteen schon von seinen Reisen her bekannt. Ohne Kenntnis der Blüten und Früchte und allein auf Grund der starken Höckerung der Rippen, wie sie auch bei dem rotblütigen (Tagblüher) *Clistanthocereus fieldianus* zu beobachten ist (s. S. 287), die engröhrige, kurzsaumige Blüten mit behaarter Röhre besitzen, ordnete er diese Pflanzen der Gattung *Clistanthocereus* zu. Die Beobachtungen von Akers und Johnson haben indessen ergeben, daß diese großen Cereen

Nachtblüher sind, weiße Blüten und eine kahle, Schuppenblätter tragende Röhre besitzen. Auch die reifen, vom abgetrockneten Blütenrest gekrönten Früchte sind mit auffälligen, am Rande gezähnten Schuppen besetzt (s. AKERS u. JOHNSON, l. c., Fig. 90). Auf Grund dieser Merkmale können die Pflanzen nicht zu *Clistanthocereus* gestellt werden, so daß die Gattung *Azureocereus* zu

Abb. 132. *Azureocereus nobilis* Akers u. Johnson. Links: Ausschnitt aus einem jugendlichen, rechts: aus einem blühfähigen Trieb

Recht besteht. Bereits AKERS und JOHNSON stellen sie in die Verwandtschaft von *Browningia*, *Gymnocereus* (= *Gymnanthocereus*) und *Stetsonia*.

Der Typus der Gattung ist nach AKERS und JOHNSON

Azureocereus nobilis Akers[1] (Abb. 132),

einer der schönsten und dekorativsten Cereen des südlichen Peru.

Da die Angaben von AKERS und JOHNSON in mancherlei Hinsicht der Ergänzung bedürfen, sei eine nochmalige Beschreibung gegeben:

Pflanze bis 8 m [nach AKERS und JOHNSON nur bis 5 m] hoch, mit ± 30 cm dickem Stamm, der sich in 0,5 —1 m Höhe über dem Erdboden verzweigt und mehrere, steil aufstrebende, ± parallel angeordnete, spärlich verzweigte, bis 20 cm dicke, 12—15rippige, intensiv blaugrüne (kein Epidermis-Wachs-Überzug!) Triebe erzeugt; Rippen in stark aufgewölbte und durch

[1] Da dieser aber schon 1937 von BACKEBERG als *Clistanthocereus hertlingianus* publiziert worden ist, muß er *Azureocereus hertlingianus* heißen.

eine Querfurche voneinander getrennte, breit-elliptische, an Jungtrieben kantige Mammillen aufgelöst (Abb. 132, rechts); Areolen sehr groß, elliptisch, an alten Trieben bis 1,5 cm im ∅, mit kurzen, dunkelgrauen Wollhaaren; Bestachelung wie bei *Browningia* an jungen und blühfähigen Trieben verschieden (s. Abb. 132)[1]; Areolen junger Triebe mit 5—10 (meist 8) bis 1 cm langen, derben, spitzen, hellgelben, an der Spitze braunen Randstacheln und 2—5 sehr derben, bis 8 cm langen, häufig kantigen und abwärts gerichteten Zentralstacheln (Abb. 132, links); die Areolen der blühfähigen Sprosse lassen die derben Zentralstacheln vermissen und tragen bis zu 30 dünne, 1—3 cm lange Stacheln (Abb. 132, rechts); Blüten vorwiegend in Scheitelnähe mit kurz-zylindrischer, häufig leicht gekrümmter, von Schuppenblättern bedeckter Röhre; Perigonblätter weiß, spatelförmig, an der Spitze gezähnt; Staubblätter sehr zahlreich, verschieden lang; Griffel mit 1 cm langen Narben; Früchte eiförmig bis 2,5 cm im ∅, vom abgetrockneten Blütenrest gekrönt und von Schuppen bedeckt, im reifen Zustand trocken; Samen zahlreich, schwarz, mit punktierter Schale.

Typ-Fundort: Mantaro-Tal, südlich des Mejorada-Durchbruchs; Trockenbuschformation; Sammelnummer: K 79 (1954).

Azureocereus viridis Rauh et Backbg. nov. spec. (Abb. 60)

Pflanze bis 10 m hoch, kandelaberartig verzweigt, mit deutlich hervortretendem, bis 1,5 m hohem und bis 40 cm dickem Stamm; Äste ± parallel aufsteigend, 12—14rippig, von lebhaft dunkelgrüner Farbe (nicht blaugrün wie bei voriger); Rippen viel weniger stark höckerig als bei voriger; Areolen bis 1 cm im ∅, mit ±20, bis 2 cm langen Stacheln; verlängerte Zentralstacheln nur an unverzweigten Jungpflanzen in Erscheinung tretend; Blüten und Früchte wenig unterhalb des Scheitels (Abb. 60); Blüte weiß, von ähnlichem Bau wie bei voriger; Früchte kugelig, bis 4 cm im ∅, dicht mit breit-dreieckigen, zugespitzten Schuppenblättern besetzt, vom abgetrockneten Perigon gekrönt.

Typ-Fundort: Apurimac-Tal bei Limatambo (Hacienda Marcahuasi, von 2000—2800 m); Sammelnummer: K 69 (1954).

Plantae ca. 10 m altae, candelabriformiter ramosae, caule ad 1,5 m alto, ca. 40 cm crasso, conspicue prominulo; rami ± paribus intervallis adscendentes, 12—14-costati, vehementer atrovirides (haud caesio-pruinati ut in *A. nobili*); costae etiam in caulibus senilibus minus tuberculatae quam in speciebus antecedentibus; areolae ad 1 cm ∅, aculeis numerosis (±20) usque 2 cm longis; aculei centrales oblongi, solum in plantis iuvenilibus simplicibus prominentes; flores et fructus parum infra verticem; fructus globosi, ca. 4 cm ∅, dense squamis bracteaneis late trigonis apiculatis ornati, perigoniis desiccatis coronati.

A. viridis ist neben *Neoraimondia* einer der größten peruanischen Kakteen, der im mittleren Apurimac-Tal sowie im Tal des Rio Pampas und Pachachacca größere Bestände bildet. Er unter-

[1] Hierauf wird von AKERS nicht hingewiesen.

scheidet sich von *A. nobilis* in den folgenden Punkten: in der Farbe seiner Triebe, der viel geringeren Höckerung der Rippen und der Größe der Früchte.

Die Verbreitungsgebiete beider Arten scheinen scharf gegeneinander abgegrenzt zu sein: *A. nobilis* hat mehr nördliche, *A. viridis* mehr südliche Verbreitung. Es wurde niemals beobachtet, daß beide Arten zusammen im gleichen Gebiet auftraten.

Im Trockengebiet von Ayacucho wurde eine wesentlich kleinere Pflanze, allerdings ohne Blüten und Früchte gefunden, die auf Grund ihres Habitus, ihrer stark gehöckerten Rippen sowie ihrer Bestachelung bis zur endgültigen Klärung ihrer systematischen Zugehörigkeit in die Gattung *Azureocereus* gestellt und als

Azureocereus (?) deflexispinus Backbg. (Abb. 133)

bezeichnet werden soll.

Abb. 133. *Azureocereus* (?) *deflexispinus* Backbg.

Pflanze bis 1,5 m hoch, mit 10 cm dicken, 7rippigen, im Neutrieb leicht bläulichen Trieben; Rippen höckerig gegliedert, durch eine seichte Querfurche abgegrenzt; Areolen rundlich, mit 6—7, 1—2 cm langen Randstacheln; Zentralstacheln meist 2, bis 4 cm lang; einer davon aufwärts gerichtet, der zweite abwärts zum Körper hin gekrümmt, hellgelb, im Alter grau werdend.

Fundort: Trockenhänge bei Ayacucho, 2700 m; Sammelnummer: K 77 (1954).

Planta ca. 1,5 m alta, caulibus 10 cm crassis, 7-costatis, in caule horno caesiis; costae gibboso-nodulosae, quarum quaeque sulco transversali leniter separata; areolae rotundulae aculeis marginalibus 6—7, 1—2 cm longis; aculei centrales plerumque 2, ca. 4 cm longi, quorum alter oblique erectus, alter oblique deflexus, laete flavescens, senectute canescens.

Browningia Br. et R.,

eine monotypische Gattung mit der einzigen Art *B. candelaris* (Meyen) Br. et R., ist in ihrer Verbreitung auf das südliche Peru (nördliche Verbreitungsgrenze Tal von Nazca) und nördliche Chile beschränkt. Sie bewohnt trockne, felsige Gebiete zwischen 2000

Abb. 134. *Browningia candelaris.* Links: „Krone" einer alten Pflanze; rechts: fruchtende Triebe

und 3000 m und tritt stets nur in Einzelexemplaren, niemals in größeren Beständen auf.

Browningia, eine der interessantesten peruanischen Kakteen, gehört zu jenen Arten, die in morphologischer Hinsicht eine Jugend- und Folgeform aufweisen. Beide unterscheiden sich vor allem in der Areolenbestachelung. Angedeutet sind diese Verhältnisse bereits bei *Azureocereus* (Abb. 132), viel ausgeprägter aber bei *Browningia.* In der Jugend bildet sie völlig unverzweigte, 2—3 m hohe Säulen mit lang und wild bestachelten Areolen (Abb. 49). Schickt sich die Pflanze an zu verzweigen, so hört die Stachelbildung auf; die Areolen bringen nurmehr feine Borstenhaare hervor (Abb. 134). Die bald darauf austreibenden Seitenäste sind in annähernd gleicher Höhe inseriert und bilden einen Scheinwirtel. Sie erreichen sowohl an Dicke als auch an Länge recht bald den Primärsproß, der jetzt sein weiteres Längenwachstum einzustellen beginnt, und verzweigen sich weiter unter hypotoner Förderung (Abb. 134, links). Der Stamm selbst weist ein kräftiges sekundäres Dickenwachstum auf und erreicht einen ∅ bis zu 50 cm bei einer Dicke des Holzkörpers bis zu 40 cm. Die anfangs grüne Sproßepidermis nimmt im Alter eine lebhafte braune Färbung an; auch das Rindengewebe weist infolge des Gehalts an Flavonoiden eine intensiv gelbe Färbung auf. Über das Alter von *Browningia* lassen sich keine Angaben machen, da Jahresringbildungen im Holzkörper nicht festzustellen sind. Nach Aussagen Einheimischer erreichen die Pflanzen aber ein solches von mehr als 50 Jahren.

Browningia ist die einzige bekannte, peruanische Kaktee, die sich vegetativ nicht vermehren läßt, denn abgeschlagene Seitenäste bewurzeln sich nicht, eine Erscheinung, die bereits den Hochlandindianern bekannt ist. Durchgeführte Pfropfungs- und Bewurzelungsversuche sind bisher fehlgeschlagen.

In Übereinstimmung mit *Azureocereus* stehen die nachts sich öffnenden weißen Blüten bevorzugt in der Scheitelregion der Triebe (Abb. 134, rechts). Sie werden bis zu 12 cm lang und ihre Röhre ist mit dünnen, sich dachziegelig deckenden Schuppenblättern besetzt, die auch an den reifen Früchten erhalten bleiben (Abb. 131, links). Diese erreichen eine Größe bis zu 7 cm, riechen reif sehr aromatisch nach Obstestern und sind von einem weißen, süßlichen Fruchtschleim erfüllt, der relativ wenige, große Samen enthält. Der Fruchtschleim wird von Ameisen aufgesucht, die auch die Samen anfressen. Hierin mag vielleicht der Grund erblickt werden, daß, obwohl die Samen in der Kultur gut keimen, in der Natur kaum Sämlingspflanzen angetroffen werden. Es macht den Eindruck, als ob *Browningia*, die eine phylogenetisch alte Gattung zu sein scheint, heute im Rückgang, wenn nicht gar im Aussterben begriffen ist. In einigen Tälern, so im Tal des Rio Chala, einem der trockensten Täler des südlichen Peru, waren sämtliche Exemplare, wohl infolge allzu großer Niederschlagsarmut, abgestorben. Aus dieser Beobachtung wäre zu schließen, daß *Browningia*, obwohl ihre Hauptverbreitungsgebiete in halbwüstenartigen Regionen liegen, zu gutem Gedeihen dennoch eine bestimmte Niederschlagsmenge benötigt.

Gymnocereus Backbg. (= *Gymnanthocereus* Backbg.)[1]

bisher als monotypische Gattung mit der einzigen Art

G. microspermus Backbg. (= *Cereus microspermus* Werd. et Backbg.)

[1] Abbildung einer blühenden Pflanze bei BACKEBERG: Blätt. f. Kakteenforschung, 1938, — 1.

bekannt, bildet ebenfalls 4—6 m hohe Kandelaber, von allerdings nicht so gesetzmäßiger Verzweigung wie *Browningia* (Abb. 44, rechts). Der 1—2 m hohe, im Alter fast glatte und stachellose (Gegensatz zu *Browningia*) Stamm geht in eine Krone steil aufstrebender, reich verzweigter, hellgraugrüner Triebe über. Die Epidermis ist matt und durch das Vorhandensein zahlreicher Spaltöffnungen feingrubig punktiert; Rippen bis zu 20; Areolen schmutziggelb, an Neuaustrieben mit 12—30 sehr dünnen, nadelförmigen, hell- bis gelbbraunen Stacheln, die im Scheitel einen aufgerichteten Schopf bilden, an älteren Areolen aber bald abfallen (Abb. 135, links); Blüten wie bei den übrigen Gattungen der Sippe zu mehreren in Scheitelnähe, weiß, sich nachts öffnend, mit stark beschuppter Röhre; Früchte lebhaft grün, eiförmig (nach BACKEBERG rund), vom abgetrockneten Blütenrest gekrönt (Abb. 131, rechts); freier Abschnitt der Schuppenblätter an der Frucht vertrocknend, schwarz werdend und später abfallend; Fruchtschleim weiß; Samen zahlreich, ziemlich klein, schwarz glänzend.

G. microspermus, wohl nahe verwandt mit *Browningia candelaris*, bildet das ökologische Gegenstück zu dieser und besitzt nördliche Verbreitung. BACKEBERG gibt als Typ-Standort das Tal von Canchaque (atlantische Seite) an. Viel häufiger wurde die Pflanze von uns im Tal von Olmos gefunden, wo sie in feuchten, gebüschreichen Quebradas zwischen 1400 und 1600 m zuweilen größere Bestände bildet. Die Feuchtigkeitsansprüche von *G. microspermus* sind wesentlich höher als die von *Browningia*; er ist eine ausgesprochene Schattenpflanze, die Südhänge meidet und bereits der niederschlagsreichen Bergwaldzone der pazifischen Andenseite angehört. Die Säulen sind demzufolge meist dicht von epiphytischen Bromelien bewachsen (Abb. 44). Wahrscheinlich besitzt *G. microspermus* eine viel weitere Verbreitung als bisher bekannt[1].

1956 konnten wir nun rund 1000 km südlich der bisherigen *Gymnocereus*-Standorte im Tal des Rio Paurcatambo bei Cerro de Pasco (Zentralperu) im Nebelwald der atlantischen Abdachung der Westcordillere in 2500 m Höhe in nahezu unzugänglichen Steilwänden eine weitere Art feststellen, die sich in der Bestachelung und der Anzahl der Rippen auffällig von *G. microspermus* unterscheidet, deshalb als eigne Art aufzufassen ist und als

Gymnocereus amstutziae[2] Rauh et Backbg. nov. spec. (Abb. 135, rechts)

bezeichnet werden soll.

[1] So erwähnt F. RITTER unter der Nummer FR 291 einen bis 10 m hohen *Gymnocereus* vom Marañon. Da aber genaue Standortsangaben und Diagnose fehlen, läßt sich nicht entscheiden, ob es sich bei dieser Pflanze um *G. microspermus* oder *G. amstutziae* handelt.

[2] Nach der Botanikerin E. AMSTUTZ genannt, die einige Jahre in Oroya botanisch gearbeitet und mich auf dieser Fahrt begleitet hat.

Pflanze baumförmig wachsend[1], bis 5 m hoch, mit einem 1—2 m hohen, bis 40 cm dicken Stamm und einer lockeren, reich verzweigten Krone; Äste bogenförmig aufsteigend, bis 10 cm dick anfangs 10—11, später mehrrippig, im Neutrieb graugrün, später

Abb. 135. Links: *Gymnocereus microspermus* Backbg., Spitze eines älteren Triebes; rechts: *G. amstutziae* Rauh et Backbg. (linker Sproß stärker vergr. als der rechte)

grau; Rippen viel schmaler als bei *G. microspermus*, nicht abgerundet (vgl. Abb. 135, links und rechts); Areolen sehr dichtstehend, ca. 4 mm voneinander entfernt, rund, mit bräunlicher Wolle, 4—5 mm im ⌀; Randstacheln bis zu 10, 1 cm lang; Zentralstacheln ± 6, nicht stechend, fast haarförmig und zerbrechlich, bis 4,5 cm lang, abwärts gekrümmt (Abb. 135, rechts), im Scheitel nicht zu einem Borstenschopf zusammentretend, bräunlich, im Alter grau; Blüten und Früchte unbekannt.

Typ-Fundort: Tal des Rio Paurcatambo, km 72, feuchter Nebelwald, in steilen Felswänden in Gesellschaft einer nicht bestimmbaren *Erdisia* (?); Sammelnummer: K 5 (1956).

[1] Infolge der Exponiertheit des Standortes war es nicht möglich, ein Habitusphoto herzustellen.

Planta arborescens usque 5 m alta trunco 1—2 m alto, usque 40 cm crasso capite laxo ramosissimo; rami arcuatim adscendentes usque 10 cm crassi, primo 10—11-costati, postea pluricostati, in caule novello cano-virides, postea canescentes; costae multo angustiores quam in *G. microspermo*, non rotundatae; areolae confertissimae, ca. 4 mm inter se distantes, orbiculares, lana brunnescente, 4—5 mm in diam.; aculei marginales usque ad 10,1 cm longi; aculei centrales ±6, obtusi, capilliformes fragilesque, usque 4,5 cm longi reclinati, in vertice nullum penicillum setaceum formantes, fuscescentes, senectute cani; flores et fructus ignoti.

Loxanthocerei Backbg.

Bei den Vertretern dieser Sippe handelt es sich um tagblütige Cereen mit säulenförmigen, kurz-cereoiden oder kugeligen Körpern; Blüten ± zygomorph, mit oft gekrümmter Röhre; Blütenröhre und Früchte meist behaart.

Zu dieser Sippe werden die Gattungen: *Clistanthocereus, Borzicactus, Loxanthocereus, Seticereus, Cleistocactus, Oreocereus, Morawetzia, Arequipa* und *Matucana* gerechnet.

Borzicactus Ricc.

Über die mit *Loxanthocereus* nahe verwandte Gattung *Borzicactus* herrscht noch keine restlose Klarheit. Bei BRITTON u. ROSE (Bd. II, 1920) und bei BACKEBERG u. KNUTH (1935) werden in dieser noch eine Reihe von Arten zusammengefaßt, die auf Grund neuerer systematischer und arealkundlicher Erkenntnisse herauszunehmen sind. So werden von den bei BACKEBERG u. KNUTH (1935, S. 192 bis 194) aufgeführten Arten von BACKEBERG selbst heute nur noch *Borzicactus morleyanus, B. sepium* und *B. websterianus* in der Gattung belassen.

Nach BACKEBERG ist *Borzicactus* in seiner Verbreitung allein auf Ecuador beschränkt und soll bereits bei Cuenca (Südecuador) seine Südgrenze erreichen. Hierzu muß allerdings bemerkt werden, daß eingehende arealkundliche Untersuchungen nicht vorliegen, da von den meisten Kakteensammlern dem inneren Blütenbau bisher viel zu wenig Beobachtung geschenkt wurde. 1956 fanden wir im Pisco-Tal (südliches Zentralperu) eine Pflanze, die zunächst für einen *Loxanthocereus* (*L. piscoensis*, s. Diagnosenverzeichnis von BACKEBERG 1956, S. 16; Sammelnummer: K 161) gehalten wurde, die aber auf Grund eingehender Blütenanalysen in die Gattung *Borzicactus* zu stellen ist, denn die Blüten besitzen eine fast gerade Röhre, und die Nektarkammer wird durch einen Ring staminodialer Wollhaare verschlossen (Abb. 137, III), beides Merkmale, die für *Borzicactus* sprechen. Dieser Fund würde bedeuten, daß das Gattungsareal sich von Nordecuador bis Zentralperu ausdehnen würde.

Für die in Zentralperu (Dptm. Ancash) beheimateten *Borzicactus fieldianus* und *B. tesselatus* stellt BACKEBERG auf Grund des von *Borzicactus* abweichenden Blütenbaues — die Blüten sind auffallend kurz, geradröhrig und zeigen eine fast radiäre Ausbildung des Perigons — das umstrittene Genus *Clistanthocereus* auf[1].

Da mir zur Untersuchung leider keine frischen bzw. konservierten Blüten typischer *Borzicacteen*[2] zur Verfügung standen, sondern nur solche von *Clistanthocereus fieldianus* und von *Loxanthocereen*, kann ich mir kein Urteil über die Existenzberechtigung von *Clistanthocereus* erlauben. Die von BRITTON u. ROSE (Bd. IV, S. 278) gemachten Angaben über den Blütenbau von *Clistanthocereus (Borzicactus) fieldianus* sind allerdings recht dürftig, so daß sie auf Grund eigner Untersuchungen ergänzt werden sollen. Berufenere Kakteensystematiker mögen dann entscheiden, ob *Clistanthocereus* als eignes Genus anzuerkennen ist oder nicht.

Borzicactus fieldianus Br. et R. (= *Clistanthocereus* Backbg.) (Abb. 66, rechts; Abb. 136)

Pflanze entweder unregelmäßig verzweigt und dichte Gebüsche aufsteigender, bis 1,5 m hoher Säulen oder kleinere, bis 3 m hohe [nach BRITTON u. ROSE bis 6 m hohe] kandelaberartige „Bäume" (Abb. 66, rechts) bildend; Säulen bis 8 cm dick, 6rippig, tief dunkelgrün, fast schwarz; Rippen durch die stark aufgewölbten, bis 2 cm langen und kantigen Mamillen stark gehöckert (Abb. 136); Areolen dem oberen Drittel der Mamillen eingesenkt, rundlich bis länglich, weiß-filzig; oberhalb derselben eine kurze Längsfurche (Abb. 136, II); Randstacheln 6—11, grau, sehr derb, mit bräunlicher, stechender Spitze, an blühfähigen Areolen nur auf deren Basis lokalisiert; Zentralstacheln 1—3, sehr derb, stechend, bis 4 cm lang, häufig im Dreieck angeordnet (Abb. 136, I); Blüten vorwiegend in Scheitelnähe, auf dem Knospenstadium stark wollig-filzig; Blütenröhre kurz, bis 5 cm lang, gerade,

---

[1] BACKEBERG unterscheidet in seinem neuen Werk „Cactaceae" die einzelnen Gattungen wie folgt:

Blüten nicht schiefsaumig gerade-derb-zylindrisch mit Wallring: *Clistanthocereus*

Blüten ± schiefsaumig, ± gekrümmte Röhren oder kurzer Saum;

ohne Haarring im Innern der Blüte, Röhren sehr schlank: *Loxanthocereus*

mit Haarring im Inneren der Blüte: *Borzicactus*.

[2] Wir haben zwar 1954 *Borzicactus sepium* in voller Blüte nördlich Quito angetroffen, konnten damals aber nur Blüten herbarisieren, die sich für eine Analyse schlecht eignen.

AKERS (Cactus and Succ. Journal of America, Bd. XX, H. 9, 1948) bildet in Abb. 96 eine Blüte von *Borzicactus tesselatus* ab, zeigt aber keinen Längsschnitt.

fast gleich dick (±2 cm), mit breiter Basis der Areole aufsitzend (Abb. 136, II–IV), mit lockerstehenden, in 6 Parastichen angeordneten Schuppen-

Abb. 136. *Borzicactus* (*Clistanthocereus* Backbg.) *fieldianus* Br. et R. I Ausschnitt aus einem vegetativen Trieb; II blühender Trieb (Blüte bereits geschlossen); III Blütenröhre vergr.; IV Längsschnitt durch die Blüte (Griffel entfernt); V Blütenbasis vergr., *H* staminodialer Haarring

blättern besetzt; deren freier Abschnitt kurz dreieckig, zugespitzt, ihre mit der Röhre vereinigten Basen lang herablaufend; in den Achseln der Schuppenblätter dichte Büschel langer, gekräuselter, mehrreihiger, weißer und brauner Haare; an der Röhrenbasis sind diese oft als verbreiterte Borsten ausgebildet; Perigonblätter linealisch, ca. 3 mm breit, bis 1,5 cm lang, zugespitzt, zinnober- bis karminrot; Staubblätter zahlreich, in dichtstehenden Kreisen, mit langen, dünnen Filamenten, deren Basen bogenförmig von der Röhre abzweigen. Sowohl in der Ausbildung des Perigons als auch Andröceums, vor allem der geschlossenen Blüte, läßt sich eine leichte Zygomorphie feststellen (Abb. 136, III); Griffel dick, etwas gewunden, mit 10 kurzen Narbenstrahlen die Staubblätter nicht überragend; Fruchtknotenhöhle flach-halbkugelig, breiter als hoch; Nektarkammer sehr kurz (0,5 cm), durch die inneren, in Doppelreihe angeordneten und einem breiten Diaphragma entspringenden Staubblätter, sowie einem Kranz dichtstehender, längerer Wollhaare[1] verschlossen; Früchte breitrund, bis 4 cm im ⌀, beschuppt und behaart und vom abgetrockneten Blütenrest gekrönt.

Sammelnummer: K 86, 103a (1954); K 59 (1956).

Die Pflanze wurde zuerst von MACBRIDE und FEATHERSTONE im mittleren Santa-Tal auf Trockenhängen oberhalb Huaras in 2600 m Höhe gefunden; wir stellten fest, daß sie im gesamten mittleren Santa-Tal zwischen Recuay und Caras verbreitet ist, hier einen wesentlichen Bestandteil der dortigen Trockenbuschvegetation bildet und in den Quebradas bis 3000 m aufsteigt.

1954 beschreiben AKERS und BUINING (Succulenta 1954, H. 6, S. 81—83) eine weitere, dem vorigen sehr nahestehende Art, *B. tesselatus*, aus dem Tal des Rio Chillon, die von uns 1954 am gleichen Fundort angetroffen wurde.

Pflanze reich verzweigt, 1,5—1,8 m hoch, mit licht-grünen Sprossen; diese 5—6rippig, mit großen, scharf-sechseckig begrenzten Mamillen; Areolen klein, etwa der Mitte der Mamille aufsitzend; oberhalb derselben eine kurze Längsfurche; Randstacheln ca. 10, kurz; Zentralstachel meist 1, derb [Abbildung bei AKERS u. BUINING]; Blüten wenig unterhalb des Scheitels, zylindrisch, rot, wenig (slightly) zygomorph; Schuppenblätter der Röhre lang, fleischig, scharf zugespitzt; in ihren Achseln lange, schwarzbraune, weiß bespitzte Haare; Staubblätter [nach der von AKERS und BUINING

---

[1] Diese Haarbildungen werden in der Literatur allgemein als Staminodialhaare, d.h. als modifizierte Staubblätter, als Staminodien, bezeichnet, die in der Regel am apikalen Ende der Nektarkammer bzw. an der Basis des inneren Staubblattkreises auftreten. Sie sind schon länger für *Borzicactus*, *Demnoza* und *Acanthocalycium* bekannt, neuerdings konnte ich sie für die Blüten einiger *Haageocereen*, *Neobinghamia* und einer *Weberbauereocereus*-Art nachweisen. Ob diese Haarbildungen nun in allen Fällen als Staminodien aufzufassen sind, wie dies BUXBAUM für *Demnoza* und *Acanthocalycium* tut (1953), bedarf noch der entwicklungsgeschichtlichen Nachprüfung. In manchen Fällen wird der Eindruck erweckt, als seien die Haare Emergenzen der Filamentbasen. Auf keinen Fall aber handelt es sich, wie F. RITTER meint, um die Reste von Filamenten, die von den Schnäbeln der die Nektarkammer aufsuchenden Kolibris zerrissen worden sind. Er hätte sich hiervon leicht durch ein mikroskopisches Präparat davon überzeugen können.

beigegebenen Abbildung] das Perigon überragend; an der Basis der inneren Filamente ein Kranz dichtstehender, langer „Staminodialhaare"; Frucht gelb, beschuppt und behaart, vom abgetrockneten Blütenrest gekrönt; Samen schwarz.

Typ-Standort: Tal des Rio Huaura, zwischen Churin und Oyon, bei 3000 m.

Hinsichtlich des Blütenbaues stimmt *B. tesselatus* weitgehend mit *B. (Clistanthocereus) fieldianus* überein. Im Aufbau der Sprosse, der Art der Mamillenbildung und der Bestachelung weist die Pflanze aber auch große Ähnlichkeit mit den von uns im Tal des Rio Fortaleza und Rio Santa gefundenen *Loxanthocereus granditesselatus* und *L. sulcifer* (s. S. 294) auf. Beide aber weichen im Wuchs und im Blütenbau von *B. tesselatus* ab; sie zeichnen sich nicht durch einen aufrechten, sondern niederliegend-kriechenden Wuchs aus, und das Perigon zeigt eine stark zygomorphe Ausbildung; der bei *B. tesselatus* sehr auffällige staminodiale Haarring ist bei diesen *Loxanthocereen* entweder fehlend oder auf wenige, nur bei starker Vergrößerung sichtbare Haare reduziert. Dieses Merkmal und die starke Zygomorphie der Blüten haben uns veranlaßt, beide Pflanzen der Gattung *Loxanthocereus* zuzuordnen (s. auch S. 287).

Die beiden peruanischen *Borzicactus*-Arten, *B. fieldianus* und *B. tesselatus,* weichen sowohl im Habitus als auch im Blütenbau auffallend von den ecuadorianischen ab, mit denen sie allein den die Nektarkammer verschließenden Haarring gemeinsam haben. Sollen beide in der Gattung *Borzicactus* verbleiben, so müssen sie als eine eigne Entwicklungsgruppe betrachtet werden, der die beiden *Loxanthocereen, L. granditesselatus* und *L. sulcifer* nahestehen dürften.

Die Abgrenzung *Borzicactus—Loxanthocereus* wird sowohl von BACKEBERG als auch von AKERS (1948, Cactus and Succ. Journ., Bd. XX, H. 9, S. 128) auf Grund der Ausbildung des die Nektarkammer verschließenden staminodialen Haarringes vorgenommen[1]. Auch der Form der Blütenröhre wird Bedeutung beigemessen. So lautet der von AKERS gegebene Schlüssel:

I. Tube „S" shaped.

1. Perianth segments remaining nearly closed to form a tubular flower with a greatly exserted style: *Cleistocactus.*

[1] Ob dieser wirklich als systematisches Merkmal zu werten ist, scheint mir auf Grund eigener Blütenuntersuchungen zweifelhaft, denn gemäß Anmerkung 1, S. 289, habe ich bei einigen Vertretern bestimmter Gattungen Haarringe gefunden, bei anderen der gleichen Gattung hingegen nicht.

2. Perianth segments opening wide, style but slightly exserted and the stamens in a fascicle in the upper side of the throat: *Loxanthocereus*.

II. Tube straight, heavy cylindric.

Tube with a ring cottony hairs in the throat above the nectary: *Borzicactus*.

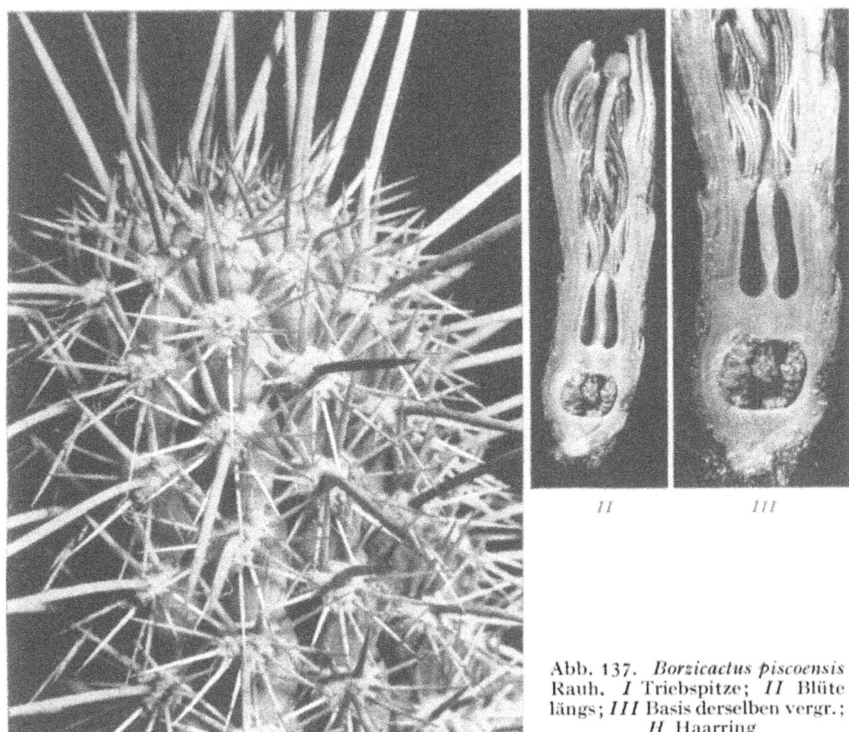

Abb. 137. *Borzicactus piscoensis* Rauh. *I* Triebspitze; *II* Blüte längs; *III* Basis derselben vergr.; *H* Haarring

Dazu wäre noch ergänzend zu sagen, daß bei *Loxanthocereus* der sehr lange und häufig mit grünen Narben versehene Griffel aus dem Perigon herausragt.

Borzicactus piscoensis Rauh nov. spec.[1] (Abb. 137)

Säulen bis 1 m lang, niederliegend, am Ende bogenförmig aufsteigend, an der Basis verzweigt, graugrün, bis 8 cm dick, 10—12-rippig; Mamillen im Scheitel stark aufgewölbt, ±2 cm lang, 1 cm breit, durch eine Querfurche voneinander abgesetzt; Areolen groß, 0,8 cm im ∅, mit gelblichbraunem Wollfilz und einzelnen borstenförmigen Haaren (Abb. 137, I); Randstacheln ca. 15, sehr derb, zugespitzt, 1—1,5 cm lang, im Neutrieb schmutzig-gelblichbraun

[1] Bei Backeberg (1956, S. 16) als *Loxanthocereus piscoensis* beschrieben.

bereift, im Alter grau; Zentralstacheln meist 1 (—4), sehr derb, bis 5 cm lang, im Alter abwärts gekrümmt.

Blüten (kurz vor der Entfaltung) bis 5 cm lang, mit fast gerader Röhre (Abb. 137, II), diese dicht mit breit-lanzettlichen, scharf zugespitzten Schuppenblättern besetzt, in deren Achseln lange, weiße und braune mehrreihige Haare; Perigonblätter schmal, an der Basis orange-, an der Spitze zinnoberrot; Filamente karminrot, mit karminvioletten Staubbeuteln; Griffel länger als die Staubblätter, mit grünlichen Narben; Fruchtknotenhöhle 0,5 cm im ⌀, halbkugelig; Nektarkammer bis 1,2 cm lang, durch die inneren, einem kurzen Diaphragma entspringenden Staubblätter und einen Ring kurzer Wollhaare verschlossen (Abb. 137, III); Früchte unbekannt.

Fundort: Tal des Rio Pisco und Cañete, bei 2000 m (Südperu); Sammelnummer: K 161 (1956).

Caules columniformes 1 m longi, decumbentes, apice arcuatim adscendentes, basi ramosi, cano-virides, ca. 8 cm crassi, 10—12-costati; mamillae in vertice valde prominentes, ± 2 cm longae, 1 cm latae, sulco transversali inter se separatae; areolae magnae, 0,8 cm ⌀ tomento laneo flavescenti-brunneo et singulis pilis setiformibus; aculei marginales ca. 15, rigidissimi, acuminati, 1—1,5 cm longi, in caule horno sordido-flavescenti-brunneo-pruinati, senectute canescentes; aculeus centralis plerumque unus (—4), rigidissimus, ca. 5 cm longus, senectute reclinatus; flores (ante efflorationem) ca. 5 cm longi; tubo floralis leniter curvato dense lato-lanceolatis squamis acute acuminatis ornato; in axillis earum longi pili albi et brunnei pluriseriati; phylla perigonii angusta basi aurantiaca, apice miniacea; filamenta punicea antheris puniceo-violaceis; stylus longior quam stamina, stigmatibus virescentibus; cavum ovarii 0,5 cm ⌀, semiglobosum; nectarium ca. 1,2 cm longum circulo interiore staminum et circulo pilorum laneorum parum evoluto clausum; fructus ignoti.

Loxanthocereus Backbg.

Pflanzen von niederliegendem oder aufrechtem Wuchs; Mamillen ± deutlich aufgewölbt und häufig durch eine V-förmige Einkerbung voneinander getrennt; Areolenstacheln meist zahlreich; Blüten mit schlanker, häufig S-förmig gekrümmter Röhre und weit sich öffnendem, zygomorphem Perigon; Röhre ± dicht mit Schuppenblättern besetzt, in deren Achseln lange Wollhaare stehen; Staubblätter zahlreich; Griffel meist das Perigon und die Staubblätter überragend; Nektarkammer langgestreckt, durch die Filamente des inneren Staubblattkreises verschlossen; Haarring fehlend oder auf wenige Haare reduziert; Früchte relativ klein und beschuppt.

Typus der Gattung: *Loxanthocereus acanthurus* (Vpl.) Backbg.

Die von AKERS und BUINING (Succulenta 4, 1950) aufgestellte Gattung *Maritinocereus*[1] (mit dem Typus *M. gracilis*) ist meines Erachtens einzuziehen, da sowohl hinsichtlich des vegetativen als auch des Blütenbaues keinerlei Unterschiede zu *Loxanthocereus* festzustellen sind. Daß eine Art in ihrer Verbreitung auf die Küstennähe beschränkt ist, ist kein zwingender Grund zur Aufstellung einer neuen Gattung; auch der von BACKEBERG beschriebene *L. sextonianus* sowie der von uns aufgefundene *L. aticensis* wachsen gleichfalls in unmittelbarer Küstennähe.

Loxanthocereus ist eine typische westandine Gattung, deren horizontales Verbreitungsgebiet fast ganz Peru durchzieht, etwa von Piura an südwärts bis Mollendo und von der Küstenwüste bis ca. 3300 m aufsteigt. Ihre Vertreter gehören also sowohl der Küstenwüste, der Lomazone, der Kakteenfelswüste als auch der Zone der Sommerregen an.

Die beiden folgenden Arten, *L. sulcifer* und *L. granditesselatus*, sind, obwohl sie hinsichtlich des vegetativen Aufbaues (der Ausbildung der Mamillen, der Wenigrippigkeit der Triebe, der derben Bestachelung) dem *Borzicactus fieldianus* recht nahestehen, auf Grund folgender Merkmale in die Gattung *Loxanthocereus* gestellt worden: Die Blüten besitzen eine lange, relativ dünne, ± S-förmig gekrümmte Röhre und ein sich weit öffnendes, zygomorphes Perigon; Haarring entweder völlig fehlend oder auf wenige, meist der Nektarkammer entspringende Haare reduziert. Vielleicht sind diese beiden Arten als Bindeglieder zwischen der Gattung *Borzicactus* und *Loxanthocereus* zu betrachten.

Loxanthocereus granditesselatus Rauh et Backbg. nov spec. (Abb. 138)

Die Pflanze erinnert in ihrem vegetativen Aufbau stark an *Borzicactus tesselatus* Akers et Buining, unterscheidet sich von ihm aber durch die Wuchsform, die lebhaft graugrüne Körperfarbe, die viel längeren, schlankeren, stark zygomorphen Blüten (Abb. 138) und die Reduktion des staminodialen Haarringes.

Säulen bis 2 m lang, niederliegend, an ihrem apikalen Ende aufgerichtet, 5 cm dick, 6rippig, von graugrüner Farbe; Rippen durch die scharf kantigen, bis 2 cm langen Mamillen stark gefeldert; Areolen rund, mit bräunlichem Wollfilz, dem oberen

[1] Soll wohl heißen: „*Maritimocereus*".

Drittel der Mamille eingesenkt; oberhalb derselben eine schmale Längsfurche (Abb. 138); Randstacheln 8—10, derb, bis 1 cm lang, bräunlich, mit purpurbrauner Spitze; Zentralstacheln 1—2, sehr derb, bis 5 cm lang, im Neutrieb purpurbraun; Blüten vorwiegend in Scheitelnähe, mit gerader bis leicht gekrümmter, dünner, bis 8 cm langer Röhre, diese dicht mit länglich-lanzettlichen, in eine

Abb. 138. *Loxanthocereus granditesselatus* Rauh et Backbg.

scharfe Stachelspitze auslaufenden Schuppenblättern besetzt; in deren Achseln dichte Büschel langer, weißer, oft kraus gewundener Haare; Perigonblätter bis 3 cm lang, 3 cm breit, zugespitzt, rot; Fruchtknotenhöhle halbmondförmig, 0,8 cm breit, 3 mm hoch; Nektarkammer ± 1 cm lang, vom inneren Staubblattkreis verschlossen; Haarring nur in Form einzelner Haare vorhanden; Früchte kugelig, grün, mit sehr breiten, plötzlich in eine lange Spitze sich verschmälernden Schuppen besetzt (Abb. 138), behaart; Fruchtschleim stark wäßrig.

Fundort: Tal des Rio Santa, zwischen Caras und Huaylas, 1800—2000 m; Trockenbuschvegetation; Sammelnummer: K 64 (1956).

Planta *Borzicactum tesselatum* modo ramificationis adaequat et eo consociata est, sed differt ab ea specie habitu, laete cano-viridi colore caulium, floribus multo longioribus, valde zygomorphis et diminutione circuli lanei staminodialis; caules columniformes ca. 2 m longi, decumbentes, apice erecti, 5 cm crassi, 6-costati cano-viridi colore; costae mamillis scabre angulatis ca. 2 cm longis valde tesselatae; areolae rotundae tomento laneo fuscescente, mamillae in triente superiore immissae, supra eas sulcus transversalis angustus; aculei marginales 8—10, rigidi, ca. 1 cm longi, brunnescentes, apice purpureo-brunnei; aculei centrales 1—2, rigidissimi, ca. 5 cm longi, in caule horno purpureo-brunnei; flores plerumque prope verticem, tubo modice curvato, tenui, ca. 8 cm longo, qui est dense squamis bracteaneis oblongo-lanceolatis in acumen acutum excurrentibus ornatus, in axillis earum densi penicilli pilorum longorum albidorum saepe crispato-torquatorum; phylla perigonii ca. 3 cm longa, 3 cm lata, acuminata rubra; cavum ovarii semilunatum, 0,8 cm latum, 3 mm altum; nectarium ± 1 cm longum; circulus laneus tantum pilis singulis compositus; fructus globosi, virides, squamis latissimis subito in acumen longum se angustantibus ornati, pilosi; mucus fructuum valde aquosus.

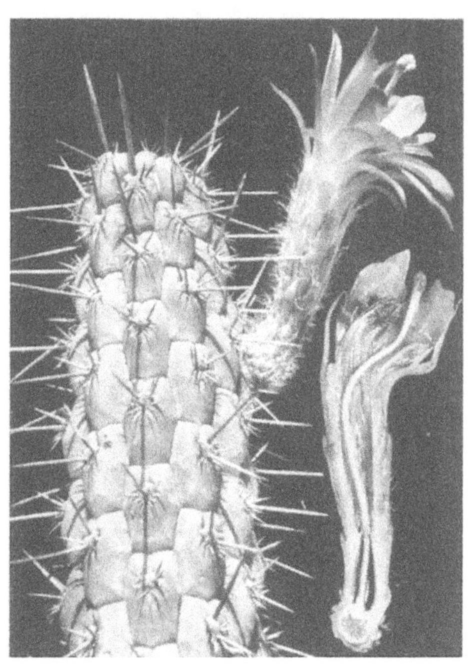
Abb. 139. *Loxanthocereus sulcifer* Rauh et Backbg.

Loxanthocereus sulcifer Rauh et Backbg. nov. spec. (Abb. 35, unten; Abb. 139)

Triebe 1—2 m lang, niederliegend, am Ende bogenförmig aufsteigend (Abb. 35, unten), bis 8 cm dick, 8—9rippig; Mamillen weniger kantig als bei der vorigen, häufig sogar abgerundet, ca. 2 cm lang, 1 cm breit; oberhalb der runden, ockerfarbigen Areolen eine tiefe Längsfurche (Abb. 139); Randstacheln 8—10, bis 0,5 cm lang, im Neutrieb hell- bis dunkelbraun, im Alter grau; Zentralstacheln 1(—4), 2,5—4 cm lang; Blüten zygomorph, wenig unterhalb des Scheitels, mit leicht gekrümmter, bis 8 cm langer Röhre, geöffnet bis 4 cm im ∅; Blütenröhre dicht mit lang-lanzettlichen Schuppenblättern besetzt, weniger dicht behaart als bei der vorigen; Perigonblätter breit-zungenförmig, 3 cm lang, 0,5 cm breit, in eine kurze Spitze verschmälert, lebhaft karminrot; Filamente im oberen Drittel karminrot mit gelben Staubbeuteln; Griffel 7 cm lang, dünn, blaß-rötlich, mit grünlichen Narben, die Perigonblätter überragend; an der Basis des inneren Staubblattkreises vereinzelte Wollhaare; Früchte (unreif) ca. 1 cm (wohl größer werdend), stark beschuppt und behaart, vom abgetrockneten Blütenrest gekrönt.

Abb. 140. *Loxanthocereus acanthurus* (Vpl.) Backbg.

Typ-Fundort: Tal des Rio Fortaleza, zwischen 2400—3000 m; *Armatocereus*-Ges.; Sammelnummer: K 52 (1956).

Caules 1—2 m longi, decumbentes, apice arcuatim adscendentes, ca. 8 cm crassi, 8—9-costati; mamillae minus angulosae quam in specie antecedente, saepe etiam rotundae, ca. 2 cm longae, 1 cm latae; supra areolas rotundas ochraceas sulcus profundus longitudinalis; aculei marginales 8—10, ca. 0,5 cm longi, in caule horno laeto-vel atrobrunnei, senectute canescentes; aculei centrales 1(—4), 2,5—4 cm longi; flores zygomorphi, paullo infra verticem inserti, tubo leniter arcuato usque 8 cm longo, aperti usque 4 cm ⌀; tubus floralis dense squamis bracteaneis longe lanceolatis ornatus, minus dense pilosus quam in specie antecedente; phylla perigonii late lingulata 3 cm longa, 0,5 cm lata, in acumen breve angustata, laete punicea; filamenta in triente superiore punicea antheris luteis; stylus 7 cm longus gracilis pallide rufescens, stigmatibus virescentibus, petala superans; ad basim circuli interioris staminum singuli pili lanei; fructus (immaturi) ca. 1 cm (forsan ad magnitudinem maiorem crescentes), valde squamosi et pilosi, residuo floris desiccati coronati.

Von den typischen *Loxanthocereen* waren bisher die folgenden Arten bekannt:

Loxanthocereus acanthurus Backbg. (= *Cereus acanthurus* Vpl.; *Borzicactus acanthurus* Br. et R., Abb. 140),

eine zentralperuanische Art mit niederliegenden, 10—50 cm langen, bis 5 cm dicken, 15—18rippigen Säulen; Mamillen durch eine V-förmige Einkerbung scharf gegeneinander abgegrenzt; Areolen dichtstehend, mit zahlreichen, dünnen, bis 1 cm langen, im Neutrieb ockerfarbigen Randstacheln; Blüten bis 5 cm lang, stark zygomorph, karminrot (Abb. 140).

Typ-Fundort: Rimac-Tal (Zentralperu) bei Matucana.

BACKEBERG (Cactus and Succulent Journal of America, Bd. 19, 1951) unterscheidet noch die

var. *ferox* Backbg.,

die sich vom Typus durch das Vorhandensein eines kräftigen, hornfarbigen, bis 2 cm langen Mittelstachels unterscheidet.

Fundort: Rimac-Tal, Zentralperu, 1200 m; Sammelnummer: K 14 (1954).

Abb. 141. *Loxanthocereus faustianus* Backbg.

Aus dem gleichen Gebiet beschreiben BACKEBERG und WERDERMANN

Loxanthocereus eriotrichus (Werd. et Backbg.) Backbg.[1],

der sich von dem vorigen vor allem in der Ausbildung verlängerter Wollhaare in den Areolen unterscheidet, die im Scheitel einen silbrig-glänzenden Wollschopf bilden; Triebe 20—40 cm lang, halbniederliegend, 15—16rippig; Areolenstacheln bis 20, ca. 0,5—0,8 cm lang, hellgrau bis gelblichweiß; Blüten ähnlich denen von *L. acanthurus*.

Rimac-Tal (Zentralperu), oberhalb Matucana, 2500 m (Abbildung bei BACKEBERG u. KNUTH, S. 193).

Loxanthocereus faustianus Backbg. (syn.: *Borzicactus faustianus* Backbg.; Kakteenkunde, 1943, S. 33; Abb. 141)[2]

Säulen bis 40 cm lang, niederliegend bis aufsteigend, bis 5 cm im ⌀, ±16rippig; Rippen 0,7 cm breit, 0,5 cm hoch; Mamillen durch eine Querfurche abgegrenzt; Areolen dichtstehend, elliptisch, 3 mm im ⌀, mit 30—40 fast borstenförmigen, bis 1 cm langen, im Neutrieb bräunlichgelben Stacheln;

[1] BACKEBERG u. WERDERMANN: Neue Kakteen, S. 80, 1931.

[2] Die Diagnose bezieht sich auf die von mir gesammelte Pflanze und weicht in einigen Punkten von der von BACKEBERG (Fedde Rep. 65, 1942; Kaktus ABC, 1935, S. 193) gegebenen ab.

Zentralstacheln 1—4 (—6), bis 3 cm lang, im Neutrieb lederbraun, meist schräg aufwärts gerichtet (Abb. 141, links); Blüten unterhalb des Scheitels, etwa 7 cm lang, geöffnet 2,5 cm im ∅, mit leicht S-förmig gebogener Röhre; diese an der Basis 0,5 cm dick, sich spitzenwärts trichterförmig erweiternd (Abb. 141, Mitte), mit lockerstehenden Schuppenblättern besetzt; diese 1,5—1,8 cm lang und 2 cm breit, in ihren Achseln mit wenigen, weißen Wollhaaren; Fruchtknotenhöhle langgestreckt, 0,6 cm lang, 3 mm breit; Nektarkammer eng, 0,8 cm lang; Griffel bis 7 cm lang, an der Basis weiß, im oberen Abschnitt lebhaft karminrot; Narbenstrahlen 8—9, grün; Filamente sehr dünn, an der Basis weiß, gegen die Spitze karminrot; Staubbeutel gelb; die inneren Staubblätter zu einer den Griffel umgebenden Röhre vereinigt, die äußeren verschieden hoch von der Röhre abzweigend; Perigonblätter zungenförmig, 2 cm lang, 5 mm breit, scharf zugespitzt, lebhaft zinnoberrot; Früchte klein, kugelig.

Zentralperu: Rimac- und Eulalia-Tal, 1000—1500 m; Sammelnummer: K 35 (1956).

Loxanthocereus jajoianus Backbg. (syn.: *Borzicactus jajoianus* Backbg.; Kaktus ABC, 1935, S. 192; Kakteenkunde 1943, S. 37; Abb. 142, links)

Gruppenbildend; Säulen bis 60 cm lang, 6 cm dick, 12rippig; Rippen 1 cm breit, 5 mm hoch; Mamillen durch eine V-förmige Einkerbung voneinander getrennt; Areolen langgestreckt, bis 6 mm lang, mit ca. 20, bis 0,6 cm langen Randstacheln und 1—4, bis 6 cm langen Mittelstacheln (Abb. 142, links); Blüten bis 6 cm lang, orangefarbig.

Südperu: Urubamba-Tal, 2600 m.

L. jajoianus scheint einer der wenigen *Loxanthocereen* von interandiner Verbreitung zu sein, denn die Gattung hat, wie einleitend erwähnt, rein westandine Verbreitung[1].

Loxanthocereus sextonianus Backbg. (syn.: *Erdisia sextoniana* Backbg.; Kaktus ABC, 1935, S. 174 u. 411; Kakteenkunde, 1943, S. 37; Abb. 142, rechts)

Da die von BACKEBERG gegebene Diagnose (Kaktus ABC, S. 411) sehr knapp ist, soll sie auf Grund der im Jardin Exotique Monaco, stehenden Backebergschen Originalpflanze (Nr. 3428) in einigen Punkten ergänzt werden:

Triebe (in der Kultur) bis 1,5 m lang, in der Heimat wohl niederliegend, gegliedert, 2,5—3 cm im ∅, mit ±13 sehr schmalen, zwischen den dichtstehenden Areolen eingeschnürten, dunkelgrünen Rippen; Areolen sehr klein (2 mm im ∅), graufilzig, mit 20—30 sehr dünnen, 0,5 cm langen, strahlenden, an der Basis gelblichen, an der Spitze dunkelbraunen, im Scheitel rotbraunen Randstacheln und 1—2, bis 2 cm langen, schräg abwärts gerichteten gräulichen, im Scheitel dunkelbraunen Zentralstacheln. Blüten unterhalb des Scheitels (Abb. 142, rechts), ca. 5—6 cm lang,

[1] Da über den Bau der Blüten nähere Angaben fehlen, ist nicht sicher, ob diese Art zu *Loxanthocereus* zu stellen ist.

mit dünner, leicht gekrümmter, stark wollig behaarter Röhre; Perigonblätter zinnoberrot.

Typ-Standort: oberhalb Mollendo, in Küstennähe.

Abb. 142. Links: *Loxanthocereus jajoianus* Backbg.; rechts: *L. sextonianus* Backbg. (beide Aufnahmen nach den im Jardin Exotique, Monaco, Backebergschen kultivierten Typpflanzen)

Loxanthocereus keller-badensis Backbg. et Krainz[1]

Pflanze bis 65 cm hoch, vom Grunde her verzweigt; Triebe 5,5 cm im ∅, mit ca. 15, bis 9 mm breiten Rippen; Areolen dichtstehend, 3 mm lang, anfangs gelbfilzig, später weiß; Randstacheln 25—30, im Neutrieb hellbraungelb, später weißlich, bis 0,8 cm lang; Zentralstacheln 1—3, bis 1,6 cm lang, waagerecht abstehend, im Neutrieb gelb, im Alter schwärzlich; Blüten

[1] Diagnose und Abbildung in: Sukkulentenkunde, II, Jahrb. der Schweiz. Kakt. Ges., 1948, S. 22

mit 8 cm langer, S-förmig gekrümmter Röhre und bläulich-rotem Perigon; Früchte rund, ca. 1,2 cm im ∅, grün.

Fundort: Eulalia-Tal (Zentralperu), zusammen mit *Opuntia pachypus*.

Diese Art steht dem *L. faustianus* sehr nahe, soll sich von diesem aber durch die viel feinere und weniger dichte, hellgelbe Bestachelung sowie durch die mehr bläulich-roten Blüten unterscheiden.

Loxanthocereus gracilis (Akers et Buining) Backbg. nov. comb. (= *Maritimocereus* Akers et Buining; Succulenta 4, 1950, S. 49—52); Abb. 143, links

Triebe niederliegend, zahlreich, einer holzigen Wurzel entspringend, ca. 5 cm dick, mit 11 olivgrünen, gehöckerten Rippen; Areolen ca. 2 cm voneinander entfernt, mit 8 steifen, ca. 1 cm langen, gelblichen Randstacheln; Zentralstacheln 1—3, ca. 2 cm lang, gelb, steif; Blüten zahlreich, zygomorph (s. Abbildung bei AKERS u. BUINING), mit behaarter, S-förmig gekrümmter Röhre; innere Perigonblätter rot, breit, aufgerichtet, die äußeren zurückgeschlagen; Griffel mit 8, ca. 6 mm langen grünen Narben; Früchte rundlich, gehöckert, mit Schuppenblättern und Haaren.

Fundort: Küstennähe bei Chavina nördlich Chala.

Nach AKERS soll sich *Maritimocereus* in folgenden Merkmalen von dem nahe verwandten *Loxanthocereus* unterscheiden: in der großen Anzahl der Blüten, die während des ganzen Sommers auftreten, in der derben Bestachelung und der geringen Anzahl der Rippen. Meines Erachtens reichen die aufgeführten Unterschiede zur Aufstellung einer neuen Gattung nicht aus. Ich hatte Gelegenheit, die Pflanze in der Kultur bei Herrn W. ANDREAE, Bensheim, zu untersuchen (Abb. 143, links) und konnte keine grundlegenden Unterschiede zu *Loxanthocereus* feststellen.

Nahe verwandt mit diesen ist wohl

Loxanthocereus aticensis Rauh et Backbg. (Abb. 143, rechts)

eine ebenfalls die Küstennähe bewohnende Art, die sich von der vorigen aber durch den Besitz einer größeren Anzahl von Rand- und längeren Zentralstacheln unterscheidet.

Säulen bis 50 cm lang, zum Teil niederliegend, unregelmäßig verzweigt, bis 5 cm dick, 12rippig; Mamillen aufgewölbt, scharf abgesetzt (Abb. 143, rechts), 6eckig, ca. 1 cm lang, 1 cm breit; Areolen klein, rund, der Mitte der Mamillen aufsitzend; Randstacheln etwa 15, bis 1,5 cm lang, im Neutrieb graubraun; Zentralstacheln 1—2 (—4), bis 3,5 cm lang, ziemlich dünn, graubraun, bereift, mit dunkelvioletter Spitze; Blüten nur als Knospen beobachtet, mit stark behaarter Röhre und roten Petalen; Früchte unbekannt.

Fundort: Küstenlomas bei Atico (Südperu); *Neoraimondia*-Gesellschaft; Sammelnummer: K 156 (1956).

Caules columniformes usque 50 cm longi, partim decumbentes, irregulariter ramosi, usque 5 cm crassi, 12 costati; mamillae valde prominulae, inter se conspicue terminatae, 6angulatae, ca. 1 cm longae, 1 cm latae; areolae pusillae, rotundae, in media mamillarum sessiles; aculei marginales ca. 15 usque 1,5 cm longi, in caule horno cano-brunnei; aculei centrales 1—2 (—4) usque 3,5 cm longi, modice graciles, cano-brunneo-pruinati apice atro-

Abb. 143. Links: *Loxanthocereus* (*Maritimocereus*) *gracilis* (Akers et Buining) Backbg. (phot. W. Andreae); rechts: *L. aticensis* Rauh et Backbg.

violaceo; flores solum in statu ante efflorationem visi, tubo floralis piloso et petalibus rubris; fructus ignoti.

Loxanthocereus camanaensis Rauh et Backbg. nov. spec. (Abb. 144)

Pflanze niederliegend; Säulen bis 20 cm lang, 4 cm dick, 13rippig; Mamillen höckerig aufgewölbt, scharf gegeneinander abgegrenzt, ca. 1 cm lang und 0,6 cm breit; Areolen rund, mit 6—10, bis 0,5 cm langen, grauen, im Scheitel bräunlichen Randstacheln; Zentralstacheln 1—3, bis 3 cm lang, ziemlich derb, im Neutrieb von graubrauner Farbe; Blüten in Scheitelnähe, stark zygomorph (Abb. 144); Blütenröhre 6—8 cm lang, dünn, mit lockerstehenden, schmalen Schuppenblättern besetzt; in deren Achseln Büschel langer, weißer und bräunlicher Haare (Abb. 144,II); innere Perigonblätter orangerot, zart, zungenförmig, 2,5 cm lang, 0,6 cm breit, in eine feine Spitze verschmälert und an der Spitze fein gezähnt; Fruchtknotenhöhle halbkugelig, 4 mm im ⌀; Griffel bis 6 cm lang, zinnoberrot, die Perigonblätter überragend; Narben grün; Filamente gebündelt, zur Blütenoberseite hinweisend, karminrot; Staubbeutel gelb; Früchte unbekannt.

Fundort: Loma-Wüste oberhalb Camana (Südperu) bei 300 m; Sammelnummer: K 141 (1956).

Planta decumbens; caules columniformes usque 20 cm longi, 5 cm crassi 13 costati; mamillae gibboso-prominentes, inter se conspicue terminatae, ca. 1 cm longae et 0,6 cm latae; areolae rotundae aculeis marginalibus 6—10, usque 0,5 cm longis canis, in vertice fuscescentibus; aculei centrales 1—3, usque 3 cm longi modice rigidi, in caule horno cano-brunnei; flores prope verticem inserti, valde zygomorphi; tubus floralis 6—8 cm longus, gracillimus, squamis bracteaneis laxe insertis angustissimis ornatus, in axillis earum penicilli densi pilorum longorum albidorum et brunnescentium; phylla perigonii aurantiaca, tenuia, lingulata, 2,5 cm longa, 0,6 cm lata, tenuiter angustato-cuspidata, apice denticulata; cavum ovarii semiglobosum, 4 mm in ⌀; stylus usque 6 cm longus, miniaceus petala superans; stigmata virescentia; filamenta fasciculata, tubi floralis dorsum versus erecta, punicea; antherae luteae; fructus ignoti.

Loxanthocereus cañetensis Rauh et Backbg. nov. spec. (Abb. 145)

Säulen bis 80 cm lang, niederliegend, bis 8 cm dick, 21 rippig; Mamillen höckerig aufgewölbt, durch eine Querfurche gegeneinander abgesetzt; Areolen der Mitte der Mamille aufsitzend, sehr klein, mit zahlreichen (20—30), dünnen, fast borstenförmigen, 0,5 cm langen, im Neutrieb bräunlichen, im Alter grauen Randstacheln; Zentralstacheln 1 (—3), bis 1,5 cm lang, oft fehlend (Abb. 145). Blüten vorwiegend in Scheitelnähe, stark zygomorph, mit 6—8 cm langer, locker behaarter, gekrümmter Röhre (Abb. 145); innere Perigonblätter 1,5—2 cm lang, schmal, zugespitzt, zinnoberrot; Griffel karminrot, mit grünen Narben; Filamente karminrot, mit gelben Staubbeuteln; Früchte (unreif) 1,5 cm lang, 1 cm dick, dunkelweinrot, behaart, von der abgetrockneten Blütenröhre gekrönt.

Abb. 144. *Loxanthocereus camanaensis* Rauh et Backbg. I Blühender Trieb; II Blüte und Knospe; III Blüte längs

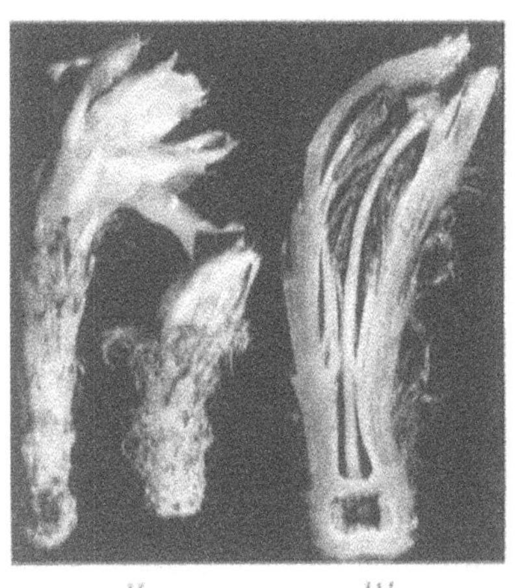

Abb. 145. *Loxanthocereus cañetensis* Rauh et Backbg.

Fundort: *Cyanophyceen*-Wüste bei Imperial (Eingang zum Tal des Rio Cañete, Zentralperu), 200 m; Sammelnummer: K 166 (1956).

Caules columniformes usque 80 cm longi, decumbentes usque 8 cm crassi, 21 costati; mamillae gibboso-prominentes, sulco transversali inter se separatae; areolae in media mamillae sedentes, minimae, aculeis marginalibus numerosis (20—30) tenuissimis fere setaceis 0,5 cm longis, in caule horno fuscescentibus, senectute canescentibus; aculeus centralis 1(—3), usque 1,5 cm longus, saepe absens; flores praecipue prope verticem valde zygomorphi tubo 6—8 cm longo laxe piloso curvato; phylla perigonii usque 2 cm longa angusta cuspidata miniacea; stylus puniceus stigmatibus viridibus; filamenta punicea antheris luteis; fructus (immaturi) 1,5 cm longi 1 cm crassi, atrorubri vini colore, pilosi, tubo florali desiccato coronati.

Loxanthocereus clavispinus Rauh et Backbg. nov. spec. (Abb. 146, links)

Pflanze aufrecht wachsend, 20—50 cm hoch, von der Basis her verzweigt, mit dicker, fast rübenförmiger Wurzel; Sprosse 8—10 cm dick, 14rippig; Rippen 0,5 cm breit; Areolen dichtstehend; Randstacheln zahlreich (20—30), sehr derb, bis 1,5 cm lang, bräunlich; Zentralstacheln 2—3, sehr derb, fast nagelförmig, bis 3 cm lang, im Neutrieb an der Basis hellgrau bereift, mit schokoladenbrauner Spitze (Abb. 146, links); Blüten rot, mit 7—8 cm langer, stark gekrümmter und stark behaarter Röhre; Früchte unbekannt.

Fundort: Tal von Nazca (Südperu); Kakteenfelswüste, bei 600 m, zusammen mit *Haageocereen*; Sammelnummer: K 106 (1956).

Planta erecta 20—50 cm alta a basi ramosa radice crassa fere rapiformi; caules 8—10 cm crassi 14 costati; costae 0,5 cm latae; areolae confertissimae; aculei marginales numerosi (20—30) rigidissimi 1,5 cm longi brunnescentes; aculei centrales 2—3 rigidissimi fere claviformes usque 3 cm longi, in caule horno basi laete cano-pruinati, apice brunneo; flores rubri tubo 7—8 cm longo valde curvato et pilosissimo; fructus ignoti.

Loxanthocereus erigens Rauh et Backbg. nov. spec. (Abb. 146, rechts)

Pflanze bis 1 m hoch, aufrecht wachsend, von der Basis her verzweigt; Säulen bis 10 cm dick, 14rippig; Rippen ca. 1 cm breit; Areolen dichtstehend, 0,4 cm im ∅, im Scheitel mit gelblichbraunem Wollfilz; Randstacheln zahlreich, sehr dünn, fast borstenförmig, im Neutrieb gelblichbraun, im Alter grau; Zentralstacheln 1—3, bis 2,5 cm lang, im Neutrieb lederbraun, im Alter grau (Abb. 146, rechts); Blüten zinnoberrot, in Scheitelnähe, vorwiegend auf einer Seite des Triebes (Abb. 146, rechts), mit gekrümmter, bis 8 cm langer, wollig behaarter Röhre; Blütenknospen dicht-weißwoll-filzig; Früchte (unreif) 1—2 cm im ∅, weinrot, behaart.

Fundort: Cañete-Tal (Zentralperu); Kakteenfelswüste bei 1100 m; Sammelnummer: K 164 (1956).

Planta usque 1 m alta erecta a basi ramosa; caules columniformes usque 10 cm crassi, 14 costati; costae ca. 1 cm latae; areolae confertae, 0,4 cm in ∅, in vertice tomento laneo flavescenti-brunneo; aculei marginales numerosi gracillimi fere setiformes, in caule horno flavescenti-brunnei, senectute canescentes; aculei centrales 1—3, usque 2,5 cm longi, in caule horno corii brunnei colore, senectute canescentes; flores miniacei, prope verticem praecipue unilaterales, tubo curvato usque 8 cm longo lanato-piloso; fructus (immaturi) usque 2 cm in ∅ rubri vini colore, pilosi.

Abb. 146. Links: *Loxanthocereus clavispinus* Rauh et Backbg.; rechts: *L. erigens* Rauh et Backbg.

Loxanthocereus erectispinus Rauh et Backbg. nov. spec. (Abb. 147)

Säulen bis 60 cm lang, niederliegend und bogig aufsteigend, bis 3 cm dick, 16rippig; Areolen sehr klein, im Neutrieb gelblichbraun, im Alter grau; Randstacheln zahlreich, sehr dünn, bis 1,5 cm lang; Zentralstacheln 2—4, bis 3 cm lang, dünn, schräg aufwärts gerichtet, im Neutrieb gelbbraun, im Alter grau; Blüten zinnoberrot (nur auf dem Knospenstadium beobachtet), im oberen Drittel der Säulen; Röhre dicht-weiß-wollig; Wollfilz der nicht zur Entfaltung gelangten Blütenknospen erhalten bleibend; Früchte unbekannt.

Fundort: Tal des Rio Huaura (Churin-Tal) bei 2000 m, an der Obergrenze der *Espostoa*-Ges.; Sammelnummer: K 98 (1956).

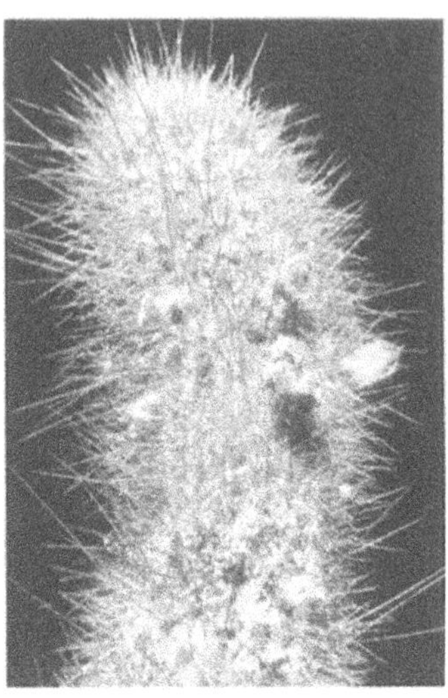

Abb. 147. *Loxanthocereus erectispinus* Rauh et Backbg.

Caules columniformes usque 60 cm longi, decumbentes et arcuatim adscendentes, usque 3 cm crassi, 16costati; areolae minimae, in caule horno flavescenti-brunneae, senectute canae; aculei marginales numerosi gracillimi, usque 1,5 cm longi; aculei centrales 2—4, usque 3 cm longi, gracillimi, oblique erecti, in caule horno flavo-brunnei, senectute canescentes; flores miniacei, tantum ante efflorationem visi, in triente superiore caulium; tubus floralis dense pilis laneis albis involutus; fructus ignoti.

Diese Art unterscheidet sich von allen anderen *Loxanthocereen* durch die auffallend dichte und fast borstenförmige Bestachelung.

Loxanthocereus ferrugineus Rauh et Backbg. nov. spec. (Abb. 148)

Pflanze aufrecht wachsend, von der Basis her verzweigt, 60—80 cm hoch, mit 4—5 cm dicken, 20 rippigen Trieben;

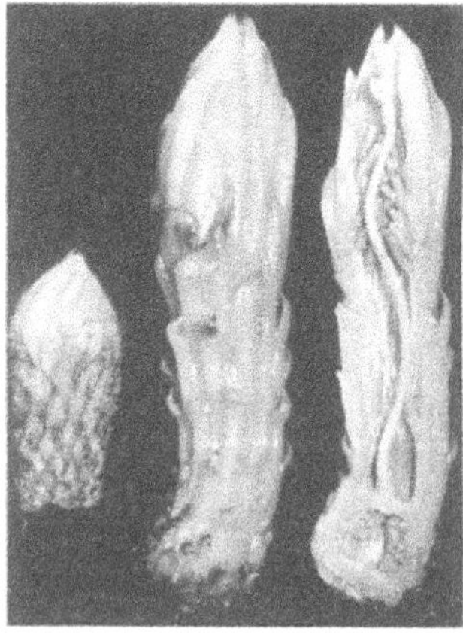

Abb. 148. *Loxanthocereus ferrugineus* Rauh et Backbg.

Areolen 0,4 cm im ⌀, rundlich-oval, braun-wollig; Randstacheln braun, zahlreich, dünn, spitz, sich mit denen der Nachbarareolen etwas verflechtend; Zentralstacheln 1—4, davon einer bis 2 cm lang, im Scheitel aufgerichtet, später horizontal abstehend oder schräg abwärts gerichtet, sehr derb, im Neutrieb graubraun, im Alter grau; Blüten scheitelfern, bis 9 cm lang, zinnoberrot, mit dünner, leicht gebogener, wollig behaarter Röhre; diese dicht mit länglichen, fleischigen Schuppenblättern besetzt, deren freier Abschnitt in eine scharfe Spitze ausläuft; innere Perigonblätter schmal zungenförmig, 2 cm lang, 0,3 cm breit, haarförmig bespitzt. Fruchtknotenhöhle breit-kugelig, 4 mm im ⌀; Nektarkammer kurz, unvollständig durch die Filamente des inneren, einem schmalen Diaphragma entspringenden Staubblattkreises verschlossen; Griffel länger als die Staub- und Perigonblätter, rötlich, mit 5 kurzen, grünen Narbenstrahlen, in der Knospenlage gewunden; Früchte bis 4 cm im ⌀, blaßweinrot, beschuppt und locker behaart, vom abgetrockneten Blütenrest gekrönt.

Fundort: Tal des Rio Nazca, Kakteenstufe bei 1000 m; Sammelnummer: K 109 (1956).

Planta erecta, a basi ramosa, 60—80 cm alta, caulibus usque 4—5 cm crassis 20 costatis; areolae 0,4 cm in ⌀ rotundulo-ovales, brunneo-lanatae; aculei marginales numerosi brunnei, tenues, acuti, cum iis areolarum proximarum parum se intricantes; aculei centrales 1—4, quorum unus usque 2 cm longus, in vertice erecti, postea aut transverse patentes aut oblique reflexi, rigidissimi, in caule horno cano-brunnei, senectute canescentes; flores a vertice remoti, usque 9 cm longi, miniacei, tubo tenui leniter curvato lanato-piloso et dense squamis bracteaneis oblongis carnosis ornato, quarum pars libera in acumen acre excurrit; phylla perigonii interiora anguste lingulata, 2 cm longa, 0,3 cm lata, capilliformi-cuspidata; cavum ovarii late globosum; 4 mm in ⌀; stylus longior quam stamina petalaque, rufescens, radiis stigmatis viridibus brevibus 5, in aestivatione torquatus; fructus usque 4 cm in ⌀ pallido-rubri vini colore, squamati et laxe pilosi, residuo floris desiccato coronati.

Diese Art unterscheidet sich von dem nahestehenden *L. clavispinus* (S. 304) durch die feinere Bestachelung.

Loxanthocereus gracilispinus Rauh et Backbg. nov. spec. (Abb. 149)

Säulen niederliegend bis halbaufsteigend, von der Basis her verzweigt, bis 60 cm lang, 5—8 cm dick, ±18rippig; Rippen sehr schmal, 0,5 cm breit; Mamillen ca. 1 cm lang, durch eine leichte V-förmige Einkerbung voneinander getrennt; Areolen sehr klein, länglich, ca. 2 mm lang, mit zahlreichen, zarten, bräunlichen, 0,5 cm langen Randstacheln; in Scheitelnähe sind diese mit feinen, weißen Wollhaaren untermischt, die im Scheitel einen aufgerichteten Schopf bilden (Abb. 149); Zentralstacheln meist 1, bis 2 cm lang, im Neutrieb dunkelbraun, im Alter grau.

Blüten dicken Wollareolen entspringend, mit leicht S-förmig gebogener Röhre, 7—10 cm lang, ca. 0,5 cm dick, sich gegen die Spitze leicht trichterförmig erweiternd, geöffnet ca. 2,5 cm im ⌀;

Abb. 149. *Loxanthocereus gracilispinus* Rauh et Backbg.

Achsenröhre dunkelbraunrot, locker mit Schuppenblättern besetzt, in deren Achseln lange, weiße Wollhaare[1]; innere Perigonblätter leuchtend zinnoberrot, an der Basis orangefarbig, zurückgekrümmt, zungenförmig, 1,5 cm lang, 3 mm breit, zugespitzt; Filamente gebündelt; im oberen Teil karminrot, an der Basis blaß; Staubbeutel gelb; Griffel karminrot; Narben grün, nur die Länge der kürzeren Staubblätter erreichend; Fruchtknotenhöhle langgestreckt, 5 mm lang, 2 mm breit; Nektarkammer 1,5 cm lang, sehr eng, durch den inneren Staubblattkreis verschlossen; Früchte nur unreif beobachtet.

[1] In der Kultur ist deren Anzahl stark reduziert.

Fundort: Loma-Wüste bei Pachacamac, 100 m, zusammen mit *Haageocereus olowinskianus* var. *repandus* (K 177) und *Loxanthocereus multifloccosus*; Sammelnummer: K 175 (1956).

Caules columniformes decumbentes vel semierecti, a basi ramosi, usque 60 cm longi, 5—8 cm crassi ± 18 costati; costae angustissimae 0,5 cm latae; mamillae ca. 1 cm longae, sulco leniter V-formi inter se seperatae; areolae minimae, oblongae, ca. 2 mm longae, aculeis marginalibus numerosis tenuibus brunnescentibus 0,5 cm longis, qui prope verticem sunt permixti pilis laneis gracilibus albis, qui in vertice penicillum laneum formant; aculei centrales plerumque unus, usque 2 cm longus, in caule horno obscuro-brunneus, senectute canescens; flores areolis laneis crassis exorientes tubo leniter sigmoideo-curvato, 7—10 cm longi, ca. 0,5 cm crassi, apicem versus fere infundibuliformiter dilatati, aperti ca 2,5 cm in ⌀; tubus floralis obscuro-rubiginosus, squamis bracteaneis laxe ornatus, in axillis earum pili lanei longi; phylla perigoni iinteriora laete miniacea, basi aurantiaca, reflexa, lingulata, 1,5 cm longa, 3 mm lata, acuminata; filamenta fasciculata, in parte superiore punicea, basi pallida; antherae luteae; stylus puniceus; stigmata viridia solum tam longa quam stamina breviora; cavum ovarii elongatum, 5 mm longum, 2 mm latum; nectarium 1,5 cm longum angustissimum, circulo interiore staminum clausum; fructus tantum immaturi visi.

L. gracilispinus scheint dem von BACKEBERG bei Matucana (2500 m) entdeckten *L. eriotrichus* sehr nahe zu stehen, der ebenfalls einen Wollscheitel aufweist, unterscheidet sich von diesem aber durch die viel dichtere Bestachelung und die kleineren Areolen. Auch in ökologischer Hinsicht sind beide Arten verschieden. *L. eriotrichus* gehört der basalen Sommerregenzone an; *L. gracilispinus* hingegen ist ein Bewohner der Nebelwüste.

Loxanthocereus multifloccosus Rauh et Backbg. nov, spec. (Abb. 150)

Pflanze niederliegend; Säulen bis 40 cm lang, von der Basis her verzweigt, 5—8 cm dick, 17—18rippig; Rippen sehr schmal (0,3 cm); Mamillen nur wenig erhaben, durch eine V-förmige Einkerbung voneinander getrennt; Areolen rund, 2 mm im ⌀, weißlich, mit zahlreichen, bis 1 cm langen, im Neutrieb schneeweißen Randstacheln, die sich mit denen der Nachbarareolen verflechten; Wollhaare und terminaler Wollschopf fehlend; Zentralstachel meist 1, bis 2 cm lang, an der Basis grau bereift, an der Spitze glasig, grau-braun-violett, im Alter grau; Blühareolen vorwiegend auf der Sproßunterseite, sehr zahlreich, dicht wollfilzig; nur wenige sich weiter zu Blüten entwickelnd; diese ähnlich der vorigen Art, aber mit fast gerader, wollig behaarter Röhre und mit nahezu radiärem, zinnoberrotem Perigon; innere Perigonblätter 2 cm lang, 0,5 cm breit, zugespitzt; Griffel und Narben die Staubblätter nicht überragend; Fruchtknotenhöhle fast kugelig, 4 mm im ⌀; Nektarkammer 8 mm lang; Früchte unbekannt.

Fundort: Pachacamac nördlich Lima, Loma-Wüste, 100 m, zusammen mit der vorigen Art; Sammelnummer: K 175a.

Caules columniformes decumbentes, usque 40 cm longi, a basi ramosi, 5—8 cm crassi, 17—18 costati; costae angustissimae (0,3 cm); mamillae parum prominentes sulco V-formi separatae; areolae rotundae, 2 mm in ⌀

Abb. 150. *Loxanthocereus multifloccosus* Rauh et Backbg. Rechts: blühender Trieb; links: niederliegender Sproß von der Unterseite mit nicht zur Entwicklung gelangten Blühareolen

albidae, aculeis marginalibus numerosis, usque 1 cm longis, in caule horno candidis, cum iis areolarum proximarum intricantibus; pili lanei et penicillus laneus terminalis desunt; aculeus centralis plerumque unus, usque 2 cm longus, basi cano-pruinatus, apice vitreo-cano-brunneo-violaceus, senectute canescens; areolae floriparae praecipue subter caulem numerosissimae dense laneo-tomentosae, quarum tantum paucae flores gerunt; flores iis specierum antecedentium similes, sed tubo recto lanato-piloso et perigonio fere radiali miniaceo; phylla perigonii 2 cm longa, 0,5 cm lata acuminata, nec stylus nec stigmata stamina superantes; cavum ovarii subglobosum, 4 mm ⌀; nectarium 8 mm longum; fructus ignoti.

L. multifloccosus ist einer der interessantesten Neufunde unter den *Loxanthocereen*. Er kann nicht als Varietät des vorigen betrachtet werden, denn er unterscheidet sich von diesem durch die rein weiße Bestachelung und das Fehlen des scheitelständigen

Haarschopfes. Bemerkenswert ist, daß jede Areole, von der Basis bis zur Spitze eines Triebes, und zwar vorwiegend auf dessen Unterseite zu einer Blütenareole umgestimmt wird, die sich durch eine starke Haarbildung auszeichnet, wie dies bei *Loxanthocereus* ganz allgemein der Fall ist. Die meisten der Blühareolen verharren

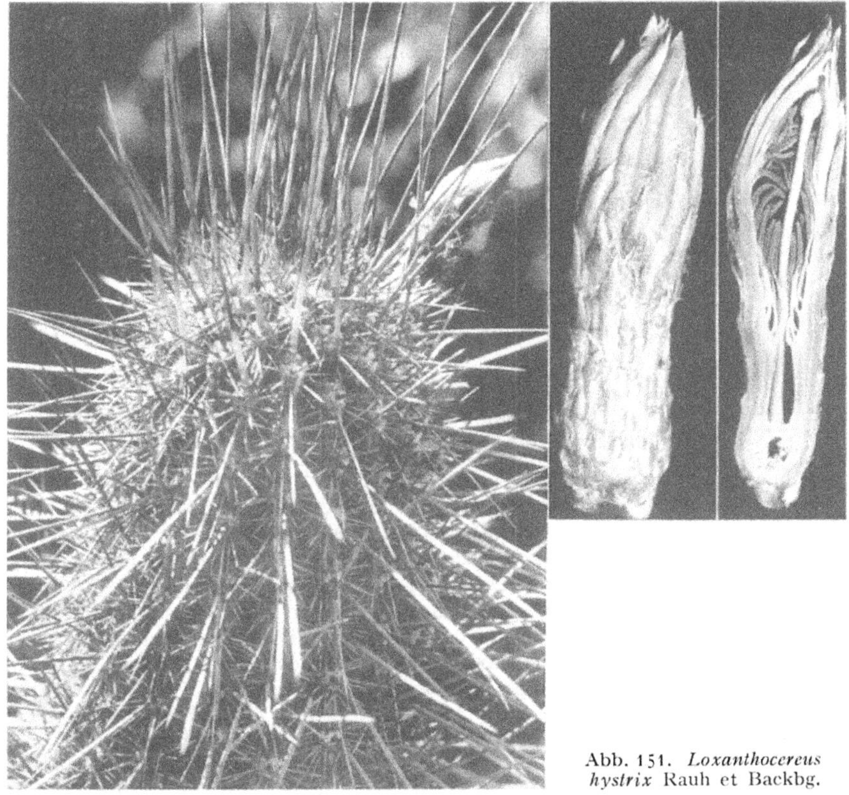

Abb. 151. *Loxanthocereus hystrix* Rauh et Backbg.

jedoch auf dem Knospenstadium; nur wenige entwickeln sich weiter zu Blüten.

L. multifloccosus scheint nur lokale Verbreitung zu besitzen; er wurde allein in der Nebelwüste von Pachacamac gefunden, wo er allerdings in zahlreichen Exemplaren auf zusammengetragenen Steinhaufen wächst.

Loxanthocereus hystrix Rauh et Backbg. nov. spec. (Abb. 151)

Säulen bis 1,5 m lang, niederliegend und bogig aufsteigend; aufrechtwachsende Abschnitte bis 80 cm lang, bis 10 cm dick,

15—16rippig; Rippen ca. 1 cm breit; Areolen dem apikalen Ende der graugrünen Mamillen aufsitzend, 0,5 cm im ⌀, gelbbraunfilzig; Randstacheln zahlreich, derb, radial nach allen Seiten abstehend, 1—2,5 cm lang, an der Basis hellgrau, grauviolett bereift, gegen die Spitze braunviolett werdend; Zentralstacheln bis zu 8, der mittlere von ihnen bis 10 cm lang, sehr derb, häufig gedreht, von gleicher Farbe wie die Randstacheln, im Scheitel zu einem starr aufgerichteten „Schopf" zusammentretend.

Blüten nur als 5 cm lange Knospen beobachtet (im entfalteten Zustand wahrscheinlich länger), mit leicht gebogener, langwollig behaarter Röhre; Schuppenblätter schmal lanzettlich, ihr freier Abschnitt in eine bräunliche Stachelspitze auslaufend; innere Perigonblätter lanzettlich, dicklich, bis 2 cm lang, 0,3 cm breit; Griffel dünn, länger als die Staubblätter; Fruchtknotenhöhle halbkugelig, 0,4 cm im ⌀; Nektarkammer eng, 1 cm lang; Früchte unbekannt.

Fundort: Tolaheide Nazca und Lucanas, bei 3300 m in Felsspalten; Sammelnummer: K 112 (vielleicht identisch mit Ritter-Nr. FR 181, Lucanas, 3000 m).

Caules columniformes usque 1,5 m longi, decumbentes et arcuatim adscendentes; partes erectae usque 80 cm longae, usque 10 cm crassae, 15—16-costatae; costae ca. 1 cm latae; areolae in parte apicali podariorum canovirescentium sessiles, 0,5 cm ⌀ luteo-brunneae; aculei marginales numerosi, rigidi, in omnes partes divaricati, 1—2,5 cm longi, basi laete cani vel canoviolaceo-pruinati, apicem versus brunneo-violescentes; aculei centrales usque ad 8, medius eorum usque 10 cm longus, rigidissimus, saepe torquatus, simili colore atque aculei marginales, in vertice penicillum rigide erectum formantes; flores tantum visi in statu ante efflorationem, 5 cm longi (post efflorationem forsan longiores) tubo modice curvato longe lanato-piloso; squamae bracteaneae anguste lanceolatae, quarum pars libera in mucronem brunnescentem transiens; phylla perigonii interiora lanceolata, crassiuscula, usque 2 cm longa, 0,3 cm lata, stylus gracilis, longior quam stamina; cavum ovarii semiglobosum, 0,4 cm ⌀; nectarium angustum 1 cm longum; fructus ignoti.

Ändert ab:

var. *brunnescens* Rauh nov. var.

Sprosse dicker; bis 19rippig; Rippen zwischen den Areolen eingeschnürt; Areolen länglich, gelbbraun; Randstacheln dünner und kürzer, nur bis 1 cm lang, untermischt mit derberen, bis 1,5 cm langen, lederbraunen, nicht bereiften Stacheln; Zentralstacheln meist 1, stumpf lederbraun, nicht bereift, nicht gedreht, im Alter grau, maximal bis 5 cm lang.

Fundort: Zwischen Nazca und Lucanas, 3000 m.

Caules crassiores, usque 19costati; costae inter areolas constrictae; areolae oblongae flavo-brunneae; aculei marginales tenuiores et breviores, tantum usque 1 cm longi, aculeis rigidioribus usque 1,5 cm longis, coriobrunneis haud pruinosis permixti; aculeus centralis plerumque unus, opace corio-brunneus haud pruinosus, haud torquatus, senectute canescens, usque ad 5 cm longus.

L. hystrix ist einer der höchststeigendsten und größten *Loxanthocereen*, der mit *L. ferrugineus* nahe verwandt sein dürfte. Er zeichnet

Abb. 152. Links: *Loxanthocereus peculiaris* Rauh et Backbg.; rechts: *L. cantaensis* Rauh et Backbg.

sich nicht nur durch seine Größe der Säulen, sondern auch durch die sehr wilde Bestachelung aus. Von allen bisher bekannten Arten besitzt *L. hystrix* die längsten Zentralstacheln.

Loxanthocereus peculiaris Rauh et Backbg. nov. spec. (Abb. 152, links)

Säulen 60—80 cm lang, zum Teil niederliegend, 17—18rippig, bis 5 cm dick; Rippen schmal, 0,7 cm breit; Mamillen 1 cm lang, durch eine V-förmige Einkerbung voneinander getrennt; Areolen sehr klein, 3 mm im ∅, gelbfilzig; Randstacheln zahlreich, borstig, etwa 5 mm lang, im Neutrieb mit gelbbrauner Basis und dunkelbrauner Spitze, ± gescheitelt, sich mit denen der Nachbarareolen verflechtend, dazwischen einzelne derbere, bis 1 cm lange Stacheln; Zentralstacheln 1—4, meist 1—2, im Durchschnitt 2 cm, die längsten bis 3,5 cm lang, im Neutrieb mit grau bereifter Basis und lederbrauner Spitze, im Alter grau, schräg abwärts oder aufwärts gerichtet; Blüten in Scheitelnähe, schlank, trichterig, mit 6 cm langer, fast gerader, behaarter Röhre und nahezu radiärem Perigon; Blütenröhre 0,5 cm dick, zinnoberrot, mit entfernt stehenden Schuppenblättern; innere Perigonblätter karmin-zinnoberrot, schmal zungenförmig; Staubblätter mit karminroten Filamenten und gelben Staubbeuteln, viel kürzer als die Perigonblätter; Griffel dünn, karminrot, mit den grünen Narben die Perigonblätter überragend; Blüten sich am Spätnachmittag öffnend.

Fundort: Pisco-Tal, 1700 m. — *Haageocereus acranthus*-Ges.; Sammelnummer: K 163.

Caules 60—80 cm longi, partim decumbentes, 17—18 costati, usque 5 cm crassi; costae angustae, 0,7 cm latae; mamillae 1 cm longae, sulco V-formi inter se separatae; areolae minimae 3 mm in ∅, flavo-tomentosae; aculei marginales numerosi setacei, ca. 5 mm longi, in caule horno basi flavo-brunnea et apice atrobrunneo, ± verticiformiter partiti, cum iis areolarum proximarum implexi, inter eos singuli rigidiores aculei usque 1 cm longi; aculei centrales 1—4, plerumque 1—2 ca. 2 cm longi, longissimi usque 3,5 cm metientes, in caule horno basi cano-pruinata et corio-brunneo apice, senectute canescentes, oblique reclinati vel erecti; flores prope verticem graciles infundibuliformes tubo usque 6 cm longo, recto, piloso et perigonio fere radiali; tubus floralis 0,5 cm crassus, miniaceus, squamis bracteaneis distantibus; phylla perigonii interiora puniceo-miniacea anguste linguiformia; stamina filamentis puniceis et antheris flavis multo breviora quam petala; stylus gracilis puniceus, stigmatibus viridibus petala superans; flores in tempore postmeridiano serotino se aperientes.

Loxanthocereus cantaensis Rauh et Backbg. nov. spec. (Abb. 152, rechts)

Säulen bis 60 cm lang, aufrecht oder halb niederliegend, bis 5 cm dick, mit rübenförmiger Primärwurzel, 18rippig; Areolen sehr klein, im Neutrieb lederbraun, der Mitte der im Scheitel stark aufgewölbten, stumpf 6eckigen Mamillen aufsitzend; Randstacheln zahlreich, dünn, borstenförmig, 0,5 cm lang, lederbraun; Zentralstachel meist 1, bis 2,5 cm lang, im Neutrieb dunkelbraun, im Alter grau, bis 2,5 cm lang; Blüten unterhalb des Scheitels, auffallend groß, bis 8 cm lang, geöffnet 3 cm im ∅, mit leicht S-förmig gebogener, 0,8 cm dicker, schwach behaarter Röhre; Perigon fast radiär; Schuppenblätter der Blütenröhre lockerstehend, schmal linealisch, etwas fleischig; innere Perigonblätter breit-zungenförmig, scharf zugespitzt, lebhaft karminrot; Staubblätter gebündelt, ungleich lang, kürzer als das Perigon, mit karminroten Filamenten; Griffel karminrot, mit grünen, die Länge der Perigonblätter erreichenden Narben; Fruchtknotenhöhle halbkugelig, 0,4 cm im ⌀; Nektarkammer kurz dreieckig; Früchte unbekannt.

Fundort: Canta-Tal (Tal des Rio Chillon nördlich Lima), Felsspalten bei 2400 m, zusammen mit *Matucana haynii*; Sammelnummer: K 169 (1956).

Caules usque 60 cm longi erecti vel fere decumbentes, usque 5 cm crassi, radice primaria rapiformi, 18costati; areolae minimae, in caule horno corio-brunneae, in media mamillarum obtuse sexangulatarum, quae sunt in vertice valde prominentes, sedentes; aculei marginales numerosi, tenues, setiformes, 0,5 cm longi, corio-brunnei; aculeus centralis plerumque unus, usque 2,5 cm longus, in caule horno atrobrunneus, senectute canescens; flores infra verticem inserti, conspicue magni, usque 8 cm longi, aperti 3 cm in ⌀, tubo florali leniter sigmoideo, 0,8 cm crasso parum piloso; perigonium fere radiale, squamae solutissime distributae, anguste lineares, paullulum carnosae; phylla perigonii interiora late linguiformia, acute acuminata, laete punicea; stamina fasciculata inaequalia breviora quam petala, filamentis puniceis; stylus puniceus stigmatibus viridibus eadem longitudine; cavum ovarii semiglobosum, 0,4 cm ⌀; nectarium breve triangulatum; fructus ignoti.

Loxanthocereus pullatus Rauh et Backbg. nov. spec.

Pflanze niederliegend, mit 5 cm dicken, bis 50 cm langen, gegliederten, 18rippigen Säulen; Areolen rundlich bis länglich, weißlich, mit zahlreichen borstenförmigen, bis 1 cm langen, bräunlichen Randstacheln, die sich mit denen der Nachbarareolen verflechten, untermischt mit weißlichen Wollhaaren, welche im Scheitel einen lockeren Wollschopf bilden; Zentralstacheln 1—4, bis 2,5 cm lang, im Neutrieb bräunlich, im Alter grau; Blüten 4—5 cm lang, mit S-förmig gebogener Röhre, zygomorph; Blütenröhre 0,8 cm dick, mit lanzettlichen Schuppenblättern, deren freier Abschnitt in eine scharfe Stachelspitze ausläuft; in ihren Achseln dichte Büschel weißer und bräunlicher Wollhaare; innere Perigonblätter breitzungenförmig, 1,5 cm lang, 0,5 cm breit, zugespitzt, zinnoberrot; Filamente weißlich, mit gelben Staubbeuteln; Griffel karminrot mit grünen Narben; Fruchtknotenhöhle halbkugelig, 3 mm im ⌀; Nektarkammer 8 mm lang, 3 mm im ⌀, durch die Filamente des inneren Staubblattkreises verschlossen; Früchte unbekannt.

Fundort: Blaualgenwüste an der Carretera Panamericana nördlich Lima, bei km 80, auf stark verwittertem Gestein der Küstencordillere; Sammelnummer: K 46 (1956).

Planta decumbens caulibus 5 cm crassis articulatis, 18costatis; areolae rotundulae vel oblongae, albidae, aculeis marginalibus numerosis setiformibus usque 1 cm longis fuscescentibus, cum iis areolarum proximarum implexis, qui sunt pilis laneis albidis permixti, qui in vertice penicillum laneum laxum formant; aculei centrales 1—4, usque 2,5 cm longi, in caule horno fuscescentes, senectute canescentes; flores 4—5 cm longi tubo sigmoideo, zygomorphi; tubus floralis 0,8 cm crassus squamis bracteaneis lanceolatis ornatus, quarum pars libera in acumen acutum excurrit; in axillis earum densi penicilli pilorum laneorum alborum et fuscescentium; phylla perigonii interiora late linguiformia, 1,5 cm longa, 0,5 cm lata acuminata,

Abb. 153. Links: *Loxanthocereus pullatus* var. *brevispinus* Rauh et Backbg.; rechts: *Loxanthocereus* (?) *brevispinus* Rauh et Backbg.

miniacea; filamenta albescentia antheris flavis; stylus puniceus stigmatibus viridibus; cavum ovarii semiglobosum, 3 mm in ⌀; nectarium 8 mm longum, 3 mm in ⌀, filamentis circuli interioris staminum clausum; fructus ignoti.

Ändert ab:

var. *brevispinus* Rauh et Backbg. nov. var. (Abb. 153, links)

Unterscheidet sich vom Typus durch die geringere Anzahl von Randstacheln und das Fehlen eines Mittelstachels, der nur selten zur Ausbildung kommt; Scheitelhaare weniger zahlreich als bei voriger.

Sammelnummer: K 46a (1956); zusammen mit voriger.

Differt a typo numero minore aculeorum marginalium et absentia aculei centralis, qui est raro formatus; pili verticis minus numerosi quam in specimine antecedente.

Arten zweifelhafter Stellung

Im folgenden seien noch einige Neufunde aufgeführt, von denen, da Blüten nicht beobachtet wurden, nicht sicher ist, ob sie der Gattung *Loxanthocereus* oder *Haageocereus* angehören. Es ist außerordentlich schwierig, die Vertreter dieser beiden Gattungen im vegetativen Zustand voneinander zu unterscheiden. Das an sich typische Merkmal vieler *Loxanthocereen*, die V-förmige Einkerbung oberhalb der Mamillen, scheint nicht allein auf diese Gattung beschränkt zu sein. Eine endgültige Gruppierung kann erst nach Beobachtung der Blüten vorgenommen werden.

Loxanthocereus (?) brevispinus Rauh et Backbg. nov. spec. (Abb. 153, rechts)

Säulen aufrecht wachsend, bis 30 cm hoch (vielleicht höher werdend), bis 6 cm im ∅, 14rippig; Rippen ca. 1 cm breit, graugrün, infolge der kurzen Bestachelung deutlich in Erscheinung tretend; Mamillen nur schwach erhaben, durch eine seichte V-förmige Einkerbung voneinander getrennt; Areolen länglich, 3 mm im ∅, gelbbraun; Randstacheln bis 25, sehr kurz, 3—4 mm lang, sich mit denen der Nachbarareolen nicht verflechtend, radial nach allen Seiten abstehend, im Neutrieb ledergelb, mit fast schwarzer Spitze, im Alter an der Basis grau bereift; Zentralstacheln 1—3, sehr derb, 1,5—2 cm lang, meist schräg aufwärts gerichtet, im Neutrieb graubraun-violett, im Alter an der Basis hellgrau mit bräunlicher Spitze; Blüten und Früchte unbekannt.

Fundort: Pisco-Tal, 1500—1800 m; Sammelnummer: K 163a (1956).

Caules erecte crescentes, usque 30 cm alti (forsan altiores fientes), usque 6 cm in ∅, 14-costati; costae cano-virides, propter aculeationem brevem valde conspicuae, ca. 1 cm latae; mamillae parum prominentes, sulco leni V-formi separatae; areolae oblongae, 3 mm in ∅, flavo-brunneae; aculei marginales usque 25, brevissimi, 3—4 mm longi, cum illis areolarum proximarum se non implectentes, in omnes partes divaricati, in caule horno corii flavi colore, apice fere atro, senectute basi cano-pruinati; aculei centrales 1—3, rigidissimi, 1,5—2 cm longi, plerumque oblique erecti, in caule horno cano-fusco-violacei, senectute basi pallido-cani, apice brunneo; flores et fructus ignoti.

Loxanthocereus (?) eulaliensis Rauh et Backbg. nov. spec. (Abb. 154, links)

Säulen bis 30 cm lang, halbniederliegend, bis 5 cm dick, 19rippig; Rippen ca. 0,8 cm breit, dunkelgrün; Areolen rund, 3 mm im ∅, gelblich; Randstacheln zahlreich, bis 30, borstenförmig, im Neutrieb gelblich, später braun; Zentralstacheln 1(—4), gelbbraun, bis 2 cm lang, dünn; Blüten und Früchte unbekannt.

Fundort: Eulalia-Tal (Zentralperu) zwischen 800—1000 m; Sammelnummer: K 39 (1956).

Caules columniformes usque 30 cm longi, semidecumbentes, usque 5 cm crassi, 19costati; costae ca. 0,8 cm latae, atrovirides; areolae rotundae, 3 mm in ∅, flavescentes, aculei marginales numerosi, usque 30, setiformes,

Abb. 154. Links: *Loxanthocereus* (?) *eulaliensis* Rauh et Backbg.; rechts: *Loxanthocereus* (?) *pachycladus* Rauh et Backbg.

in caule horno flavescentes, postea brunnescentes; aculei centrales 1(—4), flavescenti-brunnei, usque 2 cm longi, graciles; flores et fructus ignoti.

Loxanthocereus (?) *pachycladus* Rauh et Backbg. nov. spec. (Abb. 154, rechts)

Säulen bis 2,5 m lang, teilweise niederliegend, mit aufgerichteten Triebenden, bis 10 cm dick, 10—12rippig, von dunkelgrüner Farbe; Rippen ca. 1 cm breit, zwischen den Areolen eingeschnürt; Mamillen langgestreckt, durch eine tiefe V-förmige Einkerbung voneinander getrennt; Areolen groß, rund, 0,5 cm im ∅, gelbbraun, dem apikalen Ende der Mamille aufsitzend; Randstacheln 8—12, regelmäßig um die Areole verteilt, sehr derb, bis 1,5 cm lang, schräg aufwärts gerichtet, im Neutrieb gelbbraun mit dunklerer Basis, im Alter grau bereift und mit brauner Spitze; Zentralstachel 1, sehr derb, bis 7 cm lang, schräg aufwärts gerichtet oder waagerecht abstehend, im Neutrieb ledergelb, auffällig dunkler gezont, im Alter grau; Blüten und Früchte unbekannt.

Fundort: Tal des Rio Cañete (Zentralperu) bei 1400 m; Sammelnummer: K 167 (1956).

Caules columniformes usque 2,5 m longi, partim decumbentes apicibus adscendentibus, usque 10 cm crassi, 10—12 costati, atroviridi colore; costae ca. 1 cm latae, inter areolas constrictae; mamillae longe productae sulco profundo V-formi inter se separatae; areolae magnae, rotundae, 0,5 cm in ⌀ flavo-brunneae, in apicali parte mamillae sedentes; aculei marginales 8—12, circum areolam regulariter distributi, rigidissimi, usque 1,5 cm longi, oblique erecti, in caule horno flavobrunnei, basi obscuriore, senectute canopruinati et apice brunneo; aculeus centralis unus, rigidissimus, usque 7 cm longus, oblique erectus vel transverse patens, in caule horno corii lutei colore, conspicue obscurius zonatus, senectute canescens; flores et fructus ignoti.

Abb. 155. *Loxanthocereus riomajensis* Rauh et Backbg.

Diese Pflanze steht dem *Borzicactus piscoensis* sehr nahe, sowohl im Wuchs als auch im Habitus und ist vielleicht nur eine Varietät von diesem; sie unterscheidet sich von jenem durch die längeren Mamillen, die geringere Anzahl der Randstacheln und das Fehlen der Borstenhaare in den Areolen (vgl. Abb. 137 mit Abb. 154, rechts).

Loxanthocereus (?) riomajensis Rauh et Backbg. nov. spec. (Abb. 155)

Säulen bis 50 cm lang, halbniederliegend, 3—5 cm dick, wenig verzweigt, 17rippig; Rippen sehr schmal und so dicht bestachelt, daß der Körper nahezu verschwindet; Randstacheln zahlreich, sehr derb, bis 1 cm lang, im Neutrieb rötlich, grau bereift, mit schwarzvioletter Spitze; Zentralstachel sehr kurz, nur bis 1,5 cm lang, schräg abwärts gerichtet, von der gleichen Farbe wie die Randstacheln.

Fundort: Tal des Rio Majes bei 1500 m, zusammen mit *Browningia candelaris* und *Haageocereus pluriflorus*; Sammelnummer: K 153 (1956).

Caules columniformes usque 50 cm longi, semidecumbentes, 3—5 cm crassi, parum ramosi, 17costati; costae angustissimae et tam dense aculeatae, ut caulis paene invisibilis sit; aculei marginales numerosi, rigidissimi, usque 1 cm longi, in caule horno rubescentes, cano-pruinati apice atroviolaceo; aculeus centralis brevissimus, tantum usque ad 1,5 cm longus, oblique deflexus eodem colore atque aculei marginales.

L. riomajensis ist infolge der dichten und derben Bestachelung ein recht eigenartiger Typ; leider sind die Importpflanzen abgestorben. Das Herbarmaterial befindet sich im Botanischen Institut der Universität Heidelberg.

Cleistocactus Lem.

Die Vertreter dieser Gattung sind meist schlanktriebige Säulencereen mit engröhrigen, stark beschuppten, zylindrischen, sich nur wenig öffnenden Blüten.

Die Hauptverbreitung der Gattung liegt im südöstlichen Amerika, in Paraguay, Argentinien und Bolivien. Lange Zeit war sie in Peru völlig unbekannt, bis BACKEBERG in Südperu den weißblütigen *Cl. morawetzianus* fand, der eine Verbindung zum bolivianischen Areal herstellt. Nach F. RITTER soll es in Südperu auch rotblühende *Cleistocacteen* geben, bei denen es sich wohl um andere Arten handeln dürfte.

Auf unserer zweiten Reise nach Peru wurde nun in Nordperu, im Tal von Huancabamba bei Sondorillo, der bereits von HUMBOLDT entdeckte *Cl. serpens* Web. [= *Cereus serpens* (H. B. K.) D. C.] wieder gefunden, außerdem zwei neue Arten, allerdings im nicht blühenden Zustand. Dem Habitus nach muß es sich jedoch um *Cleistocacteen* handeln, die vielleicht einen eignen Entwicklungsschwarm darstellen, worauf auch das weiter nördliche und vom Hauptareal abgespaltene Verbreitungsgebiet hinweist. Eine endgültige Klärung der Frage kann erst nach Untersuchung der Blüten vorgenommen werden.

Cleistocactus morawetzianus Backbg. (Abb. 61, oben)

Die von uns im Apurimac-Tal bei der Hacienda Carahuasi aufgefundene Pflanze stimmt mit der von BACKEBERG gegebenen Diagnose[1] weitgehend überein. Sie bildet bis 2 m hohe, reich verzweigte Büsche, mit aufrecht wachsenden, im Scheitel leicht filzig behaarten Trieben; Stacheln goldgelb bis braun, mit schwach hervortretendem Zentralstachel; Blüten nach BACKEBERG weiß[2]; Früchte klein, rund, vom abgetrockneten Blütenrest gekrönt, mit sehr kleinen Schuppen. Sammelnummer: K 66 (1954).

[1] BACKEBERG: Jahrb. Deutsche Kakteen-Gesellschaft in der Dtschen Gesellschaft für Gartenkultur. Bd. 1, 1935/36, S. 77.

[2] Siehe Abb. bei BACKEBERG: Die Sippe der *Loxanthocerei*; Jahrb. D.K.G., 1937, S. 18.

C. morawetzianus scheint im südlichen Peru eine weitere Verbreitung zu haben und ist eine nicht seltene Begleitpflanze der regengrünen *Bombax-(B. ruizii)*Wälder des mittleren Apurimac-Tales; sein Verbreitungsgebiet schließt in vertikaler Richtung an das von *Azureocereus viridis* an.

Im Trockengebiet von Ayacucho wurde bei 2700 m noch die neue Varietät

pycnacanthus Rauh et Backbg. nov. var.

gefunden, die sich vom Typus durch die geringere Zahl der Rippen (8) und die derberen Stacheln, insbesondere die längeren Zentralstacheln unterscheidet. Sammelnummer: K 75 (1954).

A typo differt numero minore costarum (8) et aculeis rigidioribus, praecipue aculeis centralibus longioribus.

Cleistocactus serpens (H.B.K.) Backbg.[1] (Abb. 156, links)

wurde schon von HUMBOLDT bei Huancabamba (Sondorillo) gesammelt und von BACKEBERG und uns wieder gefunden.

Cl. serpens bildet dicke Wurzelknollen (s. Abb. bei BACKEBERG: Neue Kakteen, S. 43) und dünne, niederliegende, oft 1—2 m lange, nicht selten auf der Unterseite wurzelnde Triebe; Rippen 10—11, mit langgestreckten, im Scheitel stark höckerigen, scharf 8kantigen Mamillen; Areolen deren adaxialen Abschnitt aufsitzend, klein, bräunlichgrau, 1 mm im ⌀, mit 10—15, im Neutrieb rötlichbraunen, im Alter grauen, 0,5—1 cm langen, dünnen Randstacheln; Mittelstachel 1(—2), bis 3 cm lang, schräg abwärts gerichtet, dünn; Blüten (nach den Angaben bei BRITTON u. ROSE) bis 5 cm lang, fleischfarbig; Röhre mit wenigen Schuppenblättern; innere Perigonblätter 8—12, lanzettlich, in 2—3 Reihen stehend; Staubblätter kürzer als die Perigonblätter.

Cl. serpens besiedelt die Steilhänge des rechten Huancabamba-Ufers bei Sondorillo in Gesellschaft von *Thrixanthocereus bloßfeldiorum.*

Cleistocactus crassiserpens Rauh et Backbg. nov. spec. (Abb. 156, Mitte)

Niederliegend; Triebe 1—2 m lang, 3—4 cm dick, dunkelgrün; Rippen ca. 12, mit 6eckigen, ca. 1 cm langen, im Scheitel stark aufgewölbten Mamillen; Areolen klein, länglich, 2 mm im ⌀, mit ca. 20, 0,5—0,7 cm langen, gelblichen Randstacheln, die sich mit denen der Nachbarareolen ± verflechten; Zentralstacheln kaum unterscheidbar, nur im apikalen Teil der Areole 1—2 längere Stacheln; Blüten und Früchte unbekannt.

[1] BRITTON u. ROSE, Bd. II, S. 163. — BACKEBERG u. WERDERMANN: Neue Kakteen, 1931, Abb. S. 43.

Fundort: Atlantische Seite der Wasserscheide Abra porculla (Olmos-Jaén), 1800 m, zwischen Büschen von *Euphorbia weberbaueri*; Sammelnummer: K 126 (1954).

Abb. 156. Links: *Cleistocactus serpens* (H.B.K.) Backbg.; Mitte: *C. crassiserpens* Rauh et Backbg.; rechts: *C. tenuiserpens* Rauh et Backbg.

Caules decumbentes, 1—2 m longi, atrovirides; costae ca. 12, mamillis hexagonis, ca. 1 cm longis in vertice valde tumescentibus ornatae; areolae pusillae, oblongae, 2 mm in ⌀, aculeis ca. 20, 0,5—0,7 cm longis, flavescentibus, cum illis areolarum proximarum implexis; aculei centrales vix discernendi; solum in parte apicali areolae aculei 1—2 longiores; flores et fructus ignoti.

Diese vorstehende Art, deren Verbreitungsgebiet südlicher liegt als das von *Cl. serpens*, unterscheidet sich von diesem durch die wesentlich dickeren Triebe, die viel dichtere Bestachelung und das Fehlen hervortretender Zentralstacheln.

Cleistocactus tenuiserpens Rauh et Backbg. nov. spec. (Abb. 156, rechts)

Triebe niederliegend, bis 2 m lang, 1 cm dick[1], reich verzweigt, auf der Unterseite häufig wurzelnd, dunkelgrün; Rippen undeutlich 9—10; Mamillen älterer Triebe nicht scharf gegeneinander abgegrenzt, im Scheitel warzenförmig erhaben; Areolen braunschwarz, kaum 1 mm groß, mit 8—10, bis 3—5 mm langen, im Neutrieb rötlichbraunen, später weißlichen, dünnen, im Scheitel schopfartig angeordneten Randstacheln; Zentralstacheln meist kürzer als diese; Blüten in Scheitelnähe, nur als Knospen beobachtet, diese stark braun-wollig behaart.

Fundort: Huancabamba-Tal bei Chamaya, zwischen 700 und 800 m, Trockenwald; Sammelnummer: K 76 (1956).

Caules decumbentes, usque 2 m longi, 1 cm crassi, ramosissimi, subtus saepe radicantes, atrovirides, indistincte 9—10 costati; mamillae indistincte inter se separatae, in vertice verruciformes; areolae brunneo-atrae, vix 1 mm magnae aculeis marginalibus 8—10 usque 3—5 mm longis, in caule horno rubescenti-brunneis, postea albescentibus tenuibusque, in vertice penicillum formantibus; aculeus centralis plerumque brevior quam aculei marginales; flores prope verticem tantum ante efflorationem visi, dense brunneo-lanoso-pilosi.

Leider entwickelten sich die Blütenknospen auf dem Transport nicht weiter, so daß über Größe und Farbe der Blüten keine Aussagen gemacht werden können. *Cl. tenuiserpens* ist bemerkenswert durch seine sehr dünnen, auf dem Boden kriechenden und wurzelnden Sprosse.

Seticereus Backbg.

Die Gattung wurde 1937 von Backeberg[2] aufgestellt und umfaßt niedrige, kolonienbildende oder baumförmig wachsende, kandelaberartig verzweigte *Cereen*, deren blühbare Areolen eine ± auffällige Borstenbildung erkennen lassen; sie ist sehr auffällig bei den niederliegenden Arten (Abb. 67, oben), weniger ausgeprägt bei den baumförmigen. Nach Backeberg handelt es sich dabei nicht um eine Umwandlung von derben Stacheln in feine Borsten, sondern um eine zusätzliche Borstenbildung blühfähiger Exemplare. Insgesamt traten die Borsten häufig zu einem nur auf eine Seite der Triebe lokalisierten Schopf zusammen.

[1] Die Angabe bei Backeberg (1956) „8—10 cm crassis" muß natürlich heißen: „8—10 mm."

[2] Cactaceae, Jahrb. Dtsche Kakteengesellschaft 1937.

Die Blüten sind wie auch bei den übrigen *Loxanthocerei* zygomorph und besitzen eine wenig abgeflachte, nur schwach behaarte Röhre.

Das Areal der Gattung scheint, soweit bisher bekannt, allein auf das nördliche Peru, auf das Tal des Rio Huancabamba und seiner Nebenflüsse beschränkt zu sein.

a) Niedrige, kolonienbildende Arten

Typus der Gattung ist

Seticereus icosagonus (H.B.K.) Backbg. (syn. *Borzicactus icosagonus* Br. et R.; *Cereus icosagonus* H.B.K.; *C. aurivillus* Vpl.). (Abb. 67, oben; Abb. 157)

Triebe niederliegend, bis 60 cm lang, von der Basis her verzweigt, bis 5 cm dick, 16—18rippig, von hellgrüner Farbe; Mamillen rhombisch, im Scheitel stark aufgewölbt; Areclen dichtstehend, länglich, bis 3 mm im ⌀, weißlich; Randstacheln zahlreich, bis 1 cm lang, zuweilen ± gescheitelt, sich mit denen der Nachbarareolen verflechtend, bernstein- bis honiggelb; Zentralstacheln 1, derb, aber nicht länger als die Randstacheln; Borstenschopf sehr auffällig (Abb. 67, oben); Borsten bis 3 cm lang; Blüten in Scheitelnähe, zygomorph, mit gebogener, bis 5,5 cm langer Röhre, geöffnet 2 cm im ⌀ (Abb. 157); Blütenröhre dicht mit Schuppenblättern besetzt, in deren Achseln weiße bis bräunliche Haare stehen; Perigonblätter zungenförmig, in der Farbe von karmin- über zinnoberrot zu gelborange variierend; Staubblätter kürzer als die Perigonblätter, mit gelblichen Filamenten; Griffel und Narben die Staubblätter weit überragend; Nektarkammer sehr kurz, 2 mm lang, durch die Filamentbasen des inneren, einem Diaphragma entspringenden Staubblattkreises verschlossen (Abb. 157, II); Fruchtknotenhöhle verkehrt 3eckig; Nabelstränge kurz, wenig verzweigt.

Typ-Fundort: Huancabamba (Cerro colorado und bei Sondorillo), ferner auf der atlantischen und pazifischen Seite der Westcordillere zwischen Olmos und Jaén (2000—1800 m); Sammelnummer: K 123b (1954).

Backeberg (Kakteenkunde 1943, S. 31) unterscheidet noch die var. *aurantiaciflorus* Backbg. mit gelblichen Blüten.

Seticereus humboldtii (H.B.K.) Backbg. (syn.: *Cereus humboldtii* H.B.K.; *Borzicactus humboldtii* Br. et R.; *Binghamia humboldtii* Backbg.; *Cereus plagiostoma* Vpl.; Abb. 157, III—IV)

Im Wuchs und Habitus ähnlich dem vorigen; Mamillen aber durch eine Querfurche scharf gegeneinander abgegrenzt dunkelgrün; Stacheln rotbraun bis fuchsrot; Blüten karminrot mit *violetten* Filamenten.

Verbreitung: Wie voriger, meist zusammen mit diesem auftretend.

Seticereus oehmianus Backbg. (Abb. in „Kakteen und andere Sukkulenten", H. 11, 1937, S. 186; Diagnose in: „Kakteenkunde", 1943, S. 31)

Triebe von der Basis her verzweigt oder aufsteigend; Randstacheln zahlreich, hellbraun, mit 1—2, bis 6 cm langen Zentralstacheln; Blüten zinnoberrot.

Typ-Fundort: Huancabamba-Tal.

var. *ferrugineus* Backbg.

unterscheidet sich vom Typus durch dunkelbraune Randstacheln und kürzere Zentralstacheln, diese nur bis 1 cm lang.

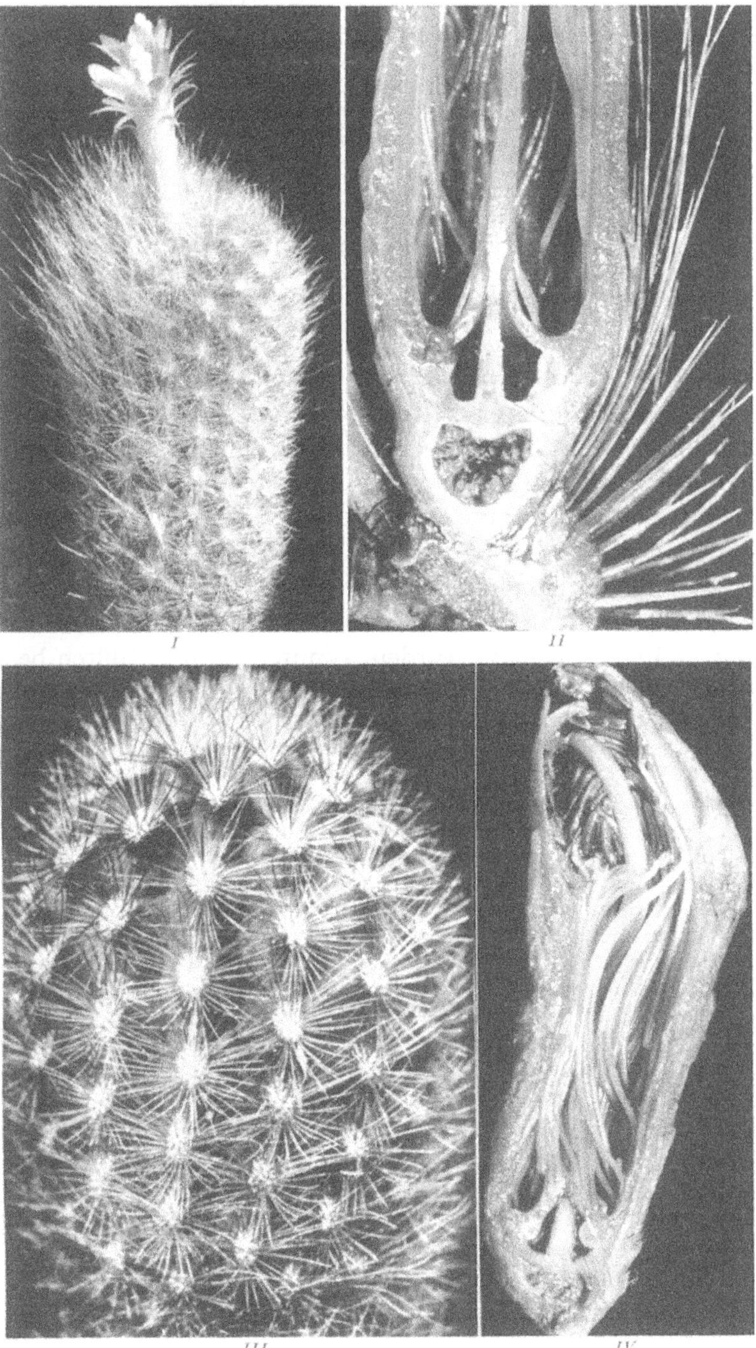

Abb. 157. I—II *Seticereus icosagonus* (H.B.K.) Backbg. I Blühender Trieb; II Längsschnitt durch eine Blüte; III—IV *S. humboldtii* Backbg.

b) Kronenbildende Arten

Seticereus chlorocarpus (H.B.K.) Backbg.[1] (syn. *Cactus chlorocarpus* H.B.K.; Abb. 158, oben)

Pflanze strauchig bis baumförmig wachsend, von der Basis her verzweigt, bis 2,5 m (nach BACKEBERG bis 3,5 m) hoch werdend; Triebe bis 10 cm im ⌀, von mattgrüner, grau punktierter Farbe; Rippen 10—11, schmal, 7—10 mm hoch; Areolen dichtstehend, ca. 1 cm voneinander entfernt, etwas eingesenkt, 2—4 mm im ⌀, weißfilzig; Randstacheln 8—10, bis 1 cm lang, radial abstehend, im Neutrieb braun mit dunkler Spitze, im Alter grauweiß, untermischt mit einzelnen dünnen Borsten; Zentralstacheln 1—4, im Scheitel steif aufgerichtet, der mittlere später schräg abstehend, die oberen aufgerichtet, bis 3 cm lang, im Neutrieb braun, grau bereift, im Alter grau, dunkel bespitzt; Blütenareolen mit zahlreichen, bis 1 cm langen weißen Borsten; Blüten in Scheitelnähe; Farbe unbekannt; Früchte grün, behaart und beschuppt. Sammelnummer: K 124, 135 (1954).

Diese Art wurde erstmalig von HUMBOLDT bei Huancabamba gesammelt. Wir fanden sie auch im Tal von Olmos-Jaén und zwar sowohl auf der atlantischen Seite — hier bis zum Marañon vordringend — als auch auf der pazifischen bei 800 m. Recht häufig ist *S. chlorocarpus* auf dem Ostabfall der Westcordillere, wo sie bei 2000 m, zusammen mit *S. roezlii* und *Espostoa laticornua*, eine eigne Gesellschaft bildet. Obwohl die Pflanzen zu verschiedenen Jahreszeiten aufgesucht wurden, konnten niemals Blüten beobachtet werden; sie zeigen infolge starken Bewuchses mit epiphytischen Tillandsien und Flechten überhaupt einen kümmerlichen Wuchs, und es ist schwer, unbeschädigte, fehlerfreie Triebe zu sammeln.

Seticereus roezlii (Haage jr.) Backbg. (Abb. 158, unten; Abb. 158a)

Pflanze im Wuchs ähnlich dem vorigen; Triebe bis 10 cm dick, meist 8rippig; Rippen ca. 2 cm breit, stark aufgewölbt; Mamillen scharf kantig, durch eine tiefe und breite, nicht bis zur Rippenbasis durchgehende V-förmige Einkerbung voneinander getrennt; Areolen länglich, ca. 5 mm im ⌀, etwas eingesenkt, mit 10—18 sehr starren, bis 1 cm langen, regelmäßig um die Areole gestellten, im Neutrieb braunen, im Alter an der Basis grauen, an der Spitze braunen Randstacheln; Zentralstachel meist 1, sehr derb, bis 3 cm lang, im Neutrieb mit honiggelber Basis und brauner Spitze; im Alter grau, braun bespitzt; Areolen der blühfähigen Triebe außer den Randstacheln noch mit zahlreichen, bis 2 cm langen, weißen Borsten (Abb. 158, unten rechts); Blüten weiß; Früchte grün.

Tal des Rio Huancabamba bis zum Marañon, von 2400—900 m; Sammelnummer: K 131 (1954)[2].

1954 wurde oberhalb Chamaya, am Zusammenfluß des Rio Chota mit dem Huancabamba noch eine weitere Art gefunden,

[1] BACKEBERG u. WERDERMANN, Neue Kakteen, 1931, S. 77.

[2] BACKEBERG, der im Kaktus ABC (S. 190) diese Pflanze noch zu *Cleistocactus* stellt, gibt als Heimat Bolivien an. Diese Angabe dürfte wohl auf einem Irrtum beruhen, denn die Gattung *Seticereus* scheint in ihrer Verbreitung allein auf das Flußsystem des Huancabamba beschränkt zu sein.

Abb. 158. Oben: *Seticereus chlorocarpus* (H.B.K.) Backbg., links: Habitus, rechts: Einzl)-trieb (vom Typus durch die derbere Bestachelung abweichend); unten: *S. roezlii* (Haage ejr. Backbg., links: vegetativer, rechts: fertiler Trieb

die im Habitus aber sowohl von *S. chlorocarpus* als auch von *S. roezlii* durch den auffallend lockeren Wuchs und die etagierte

Verzweigung abweicht (Abb. 72). Die Triebe sind nur 4—6rippig und weisen eine sehr kurze Areolenbestachelung auf. Da damals kein Material gesammelt und keine Blüten beobachtet werden konnten, ist nicht zu entscheiden, ob es sich bei dieser Pflanze um den orangeblütigen *Cereus chotaensis* Vpl.[1] oder um die von JOHNSON am gleichen Standort aufgefundene, aber bisher nicht beschriebene, neue Art handelt. Die in Abb. 72 wiedergegebenen Pflanzen stimmen auffallend mit dem von JOHNSON abgebildeten (Cactus and Succ. Journ. of America, Bd. XXIV/5, 1952, Titelphoto) überein. Nach ihm handelt es sich um einen Nachtblüher mit kurzröhrigen, weißen Blüten. Leider gibt er keine Beschreibung der vegetativen Organe, so daß ein Vergleich mit unserer Pflanze nicht möglich ist.

Abb. 158a. *Seticereus roezlii* (Haage jr.) Backbg. Blühender Trieb in der Kultur (phot. C. BACKEBERG)

Oreocereus Ricc.

ist eine ausgesprochen hochandine Gattung, welche die 3000 m-Grenze nicht unterschreitet und deren Areal sich etwa mit dem der Tola *(Lepidophyllum quadrangulare)* deckt. Der Schwerpunkt der Verbreitung scheint in Bolivien zu liegen. Von hier dringt die Gattung mit *O. trollii* bis nach Nordargentinien und mit *O. hendriksenianus* bis nach Südperu vor, wo im Tal von Nazca-Puquio die nordwestliche Verbreitungsgrenze erreicht wird.

[1] Siehe BRITTON u. ROSE, Bd. II, S. 163.

V VI

Abb. 159. *Oreocereus hendriksenianus* Backbg. I Blühender Trieb; II—III Blüte längs; IV Fruchtknoten quer; V var. *densilanatus* Rauh et Backbg.; VI var. *horridispinus* Rauh et Backbg.

In Peru ist die Gattung mit der einzigen Art

O. hendriksenianus Backbg. (Abb. 51; Abb. 159)

vertreten, einer große Kolonien bildenden Pflanze. Die in einen dichten, weißen Haarfilz eingehüllten Säulen erreichen eine Länge bis zu 1,4 m und verzweigen sich von der Basis her. Hinsichtlich der Bestachelung und der Farbe der Scheitelwolle ist die Pflanze sehr variabel, wobei es sich nicht um verschiedene Arten, sondern allenfalls um Varietäten ,wenn nicht nur Formen handelt[1]; denn alle diese wachsen am gleichen Standort neben- und durcheinander.

Der Typus besitzt nach BACKEBERG, der die Pflanze erstmalig auf der Pampa de Arrieros oberhalb von Arequipa fand, einen braun- bis schwarzbraun-wolligen Scheitel; bei anderen Formen ist die Scheitelwolle rein weiß; es gibt weiterhin solche mit kurzen und sehr langen, bernsteingelben Zentralstacheln (var. *spinosissimus*); ferner Formen mit lockerer und sehr dichter Behaarung (var. *densilanatus*; s. Abb. 51).

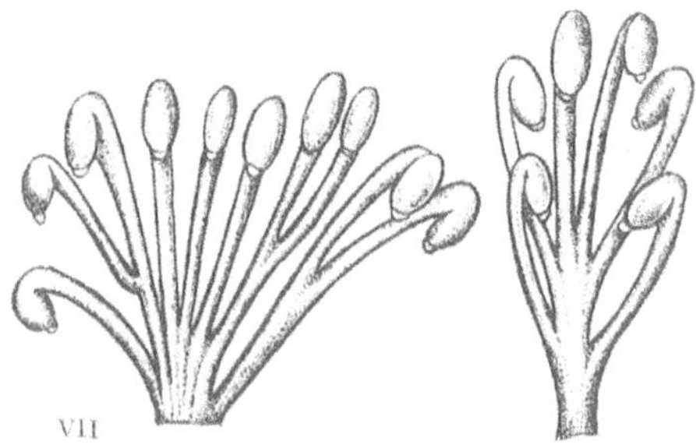

Abb. 159. *Oreocereus hendriksenianus* Backbg. VII Samenanlagen

Die zygomorphen, sich tagsüber entfaltenden Blüten stehen in Scheitelnähe. Sie besitzen eine etwas abgeflachte, bis 8 cm lange, dicke, vielfach leicht gekrümmte Röhre, die dicht mit Schuppenblättern besetzt ist, in deren Achseln Büschel langer, brauner, mehrreihiger Haare stehen; Perigonblätter lebhaft karminrot, breit zungenförmig, bis 2,5 cm lang und 0,7 cm breit; Staubblätter kürzer als das Perigon, mit violetten Filamenten und ebensolchen Staubbeuteln; Pollenkörner grau; innere Staubblätter einem breitem Diaphragma entspringend, welcher die kurze Nektarkammer verschließt; Griffel mit verbreiteter Basis ansitzend, violett, das Perigon weit überragend und mit 8 grünen Narbenstrahlen; Fruchtknotenhöhle halbkugelig; Samenanlagen sehr klein, auf dicken, kurzen, wenig verzweigten Plazentarsträngen; Früchte kugelig, bis 5 cm im ⌀, rötlichgelb, behaart, im reifen Zustand hohl; Samen schwarz-glänzend.

Südperu; Tolaheide von 3400—4200 m, vom Misti bis zum Tal von Puquio, sowohl auf der pazifischen als auch atlantischen Seite der Westcordillere[2].

Ändert ab:

var. *densilanatus* Rauh et Backbg. nov. var. (Abb. 159, V)

[1] Alle diese Formen sind von KRAINZ und RITTER im WINTER-Katalog (ohne Diagnose) als neue Arten aufgeführt, so FR 123b als *O. horridispinus* Ritter et Krainz; FR 177a—b als *O. ritteri* Krainz et Rupf; FR 124 als *O. tacnaensis*.

[2] Nach RITTER soll *Oreocereus* bis nach Mittelperu (?) vorkommen. Genaue Standortsangaben werden nicht gegeben.

Unterscheidet sich vom Typus durch die sehr dichte, oft rein weiße Behaarung und die kürzeren Zentralstacheln.

Sammelnummer: K 38 (1954).

Differt a typo vestimento pilorum densissimo saepe candido et aculeis centralibus brevioribus.

var. *spinosissimus* Rauh et Backbg. nov. var. (Abb. 159, VI)

Unterscheidet sich vom Typus durch die sehr lockere, oft gelbliche Behaarung und die sehr langen [bis 10(—15) cm], leuchtendgelben Zentralstacheln.

Sammelnummer: K 38a (1954).

Differt a typo vestimento pilorum laxissimo saepe flavescente et aculeis centralibus lucido-flavescentibus longissimis usque 10(—15) cm metientibus.

Morawetzia Backbg.

erstmalig von Backeberg 1936 (Jahrb. DKG., Bd. 1, 1936, S. 73) beschrieben, ist eine der merkwürdigsten peruanischen Gattungen, die zwar *Oreocereus* sehr nahe steht, sich von diesem aber durch den Besitz eines echten terminalen Cephaliums[1] unterscheidet. Wohl besteht ein gewisser Parallelismus in der Cephalienbildung zu den ostbrasilianischen Gattungen *Arrojadoa* und *Stephanocereus*, doch handelt es sich hier nur um eine äußere Ähnlichkeit; die beiden zuletzt genannten bilden aus Borsten bestehende Pseudocephalien, die nach der Fruchtreife durchwachsen werden. Nach Beobachtungen an langjährig kultivierten Pflanzen scheint dies bei *Morawetzia* niemals der Fall zu sein. Da nach A. Berger „das Cephalium die höchste Entwicklungsstufe" einer Gattung darstellt, sieht sich Backeberg veranlaßt, *Morawetzia* als höchstentwickelte *Loxanthocerei*-Gattung aufzufassen. Merkwürdig ist nur, daß die Cephalienbildung innerhalb der Sippe auf eine einzige Gattung beschränkt geblieben ist. Backeberg erklärt diese Erscheinung — ohne jedoch Beweise dafür anführen zu können — mit einer Klimaverschlechterung. Zentralperu soll nach ihm in früheren erdgeschichtlichen Perioden ein Klima besessen haben, in welchem bessere Lebensbedingungen und damit günstigere Entwicklungsmöglichkeiten gegeben waren. Als einzigen Beweis dafür führt Backeberg an, daß sich hier „manche Gattungen nördlicher Herkunft mit ausgesprochen südamerikanischen Arten überschneiden".

[1] Marshall and Bock: Cactaceae, Abbey Garden Press, 1941.

MARSHALL[1] spricht der Gattung *Morawetzia* die Existenzberechtigung ab und betrachtet diese als eine spezialisierte Form von *Oreocereus*, die sich von diesem allein in der terminalen Stellung der Blüten unterscheiden soll. POINDEXTER[2] hingegen, der die Entwicklung der Pflanzen in der Kultur beobachtet hat, tritt für die Backebergsche Auffassung ein.

Abb. 160. *Morawetzia doelziana* Backbg. I Blühender Trieb in der Kultur; II am natürlichen Standort gewachsener Sproß; III var. *calva* Rauh et Backbg.

Morawetzia doelziana Backbg. (Abb. 160, I—II)

Pflanze kolonienbildend (Abb. 64, unten), mit schlanken, bis 8 cm dicken und von der Basis her verzweigten, bis 1 m langen Trieben; Rippen 10—11, zwischen den Areolen etwas eingeschnürt; Areolen rundlich, grau-filzig; Areolenstacheln ca. 20, davon 4 über Kreuz stehende, bis 4 cm lange, gelb- bis dunkelbraune, im Alter graue Zentralstacheln, gegen das Triebende zwischen den Areolenstacheln zahlreiche lange weiße Wollhaare; blühfähige Triebe zum Scheitel hin keulenförmig verbreitert; Cephalium aus langen, weißen Wollhaaren bestehend, die mit Borstenstacheln untermischt sind; Blüten zu mehreren, etwa 7 cm lang, schwach zygomorph; Blütenröhre schlank, nicht zusammengedrückt, dicht mit spitzen Schuppenblättern besetzt, in deren Achseln lange, weiße Wollhaare stehen; Perigonblätter leuchtend karminrot, schmal, zugespitzt; Filamente karminrot, die inneren die sehr kleine Nektarkammer verschließend und die Griffelbasis umgebend; Griffel und Narben gelblichweiß, die gelben Staubbeutel etwas überragend;

[1] Siehe Fußnote 1, S. 331.

[2] POINDEXTER, J.: Is the genus *Morawetzia* Backbg. valid? Cactus and Succ. Journ. of America, Bd. XXII/3, 1950.

Früchte gelbgrün, verkehrt-eiförmig, an der Spitze genabelt, längs gerieft und beschuppt, reif hohl, sich an der Basis öffnend; Samen nur den oberen Abschnitten der Plazentarleisten aufsitzend.

Fundort: Trockengebüsch bei La Mejorada im Mantaro-Tal, 2000 m (südliches Zentralperu); Sammelnummer: K 80 (1954).

Morawetzia doelziana var. *calva* Rauh et Backbg. nov. var. (Abbildung 160, III)

Im Wuchs ähnlich dem Typus, unterscheidet sich von diesem aber durch das Fehlen der Haare in den Areolen; Bestachelung derber und kräftiger als beim Typus; Zentralstacheln meist 2, seltener 4, sehr kräftig; auch im Cephalium tritt die Wollbildung zugunsten der Stacheln stark zurück.

Trockengebüsch an der Mantaro-Brücke bei Alcomachay nahe Huanta, 2000 m (südliches Zentralperu), zusammen mit *Azureocereus nobilis*; Sammelnummer: K 80a (1954).

Habitu typo similis, ab eo differt areolis epilosis; ornatus aculeorum rigidior et validior quam in typo; aculei centrales plerumque 2, rarius 4, rigidissimi; et in cephalio formatio lanae valde recedit in favorem aculeorum.

Die folgenden beiden Gattungen *Arequipa* und *Matucana* werden von Backeberg in der Sippe der *Brachyloxanthocerei* zusammengefaßt. Es handelt sich um eine Gruppe schiefblütiger Kakteen von kugeligem bis kurz-cereoidem Wuchs, die im Alter zuweilen verlängerte, dann aber meist niederliegende, Säulen bilden können.

Arequipa Br. et R.

Diese von Britton u. Rose aufgestellte Gattung wird von A. Berger als kaktoider Zweig der *Trichocerei* aufgefaßt. Er betrachtet die Gattung also als zu den Kugelkakteen gehörig, worauf auch die älteren Namen: *Echinocactus* und *Echinopsis* hinweisen. Auf Grund des zygomorphen Blütenbaues und der Blütenfarbe (rot) reiht Backeberg die Gattung der Sippe der *Loxanthocerei* ein, denn Standortsbeobachtungen haben gezeigt, daß die Pflanzen im Alter nicht selten cereoiden Wuchs annehmen.

Arequipa ist eine für die südperuanischen Halbwüstengebiete typische Gattung. Ihr Verbreitungsgebiet ist relativ klein und erstreckt sich von Arequipa bis nach Nordchile; es handelt sich somit um die südlichsten Vertreter der Sippe der *Loxanthocerei*.

Arequipa rettigii (Quehl) Oehme (syn.: *A. leucotricha* Br. et R.; *Echinocactus leucotrichus* Phil.; *Echinocactus rettigii* Quehl; *Echinopsis hempeliana* Guercke)[1]; Abb. 161

[1] H. Oehme: Die Arten der Gattung *Arequipa* Br. et R. Cactaceae, Jahrb. D.K.G., 1940.

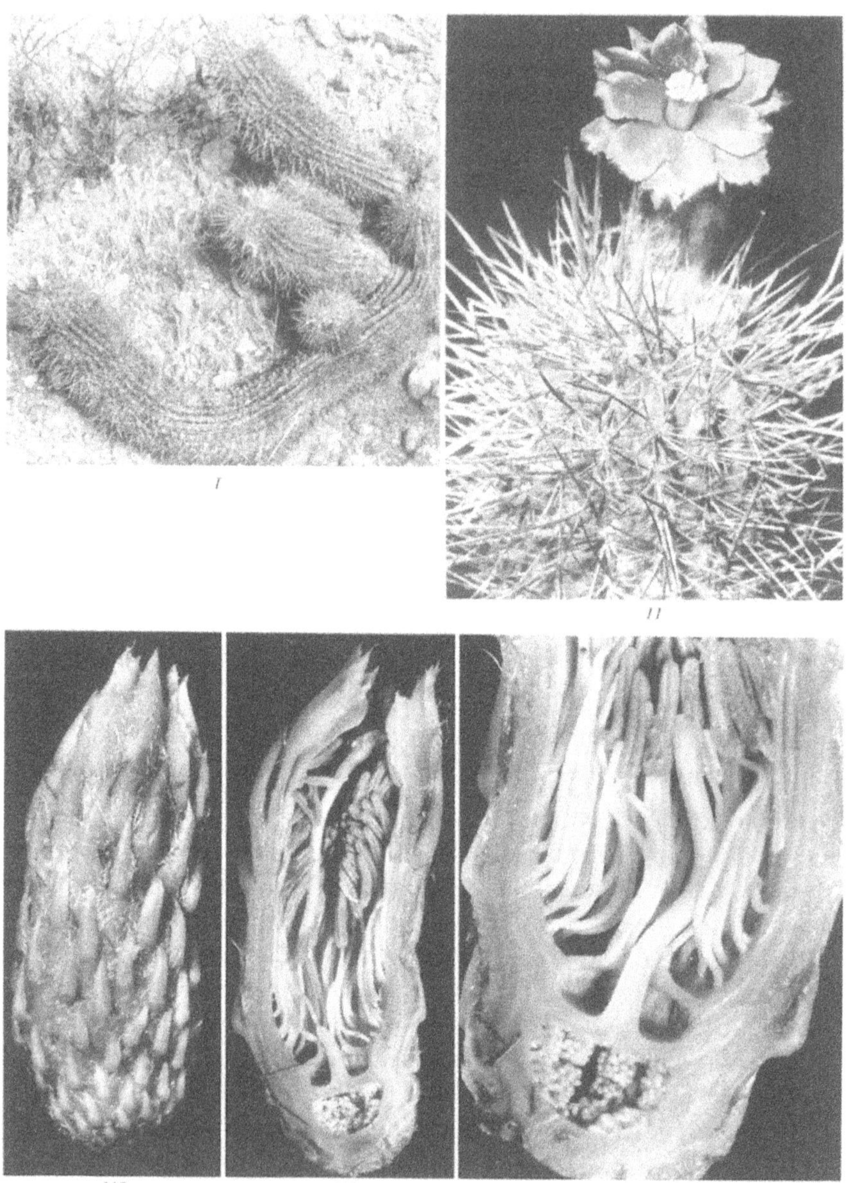

Abb. 161. *Arequipa rettigii* (Quehl) Oehme. I Vegetationsbild; II blühender Trieb; III ältere Blütenknospe; IV—V Blüten (vor der Entfaltung) längs

Triebe anfangs kugelig, später verlängert, bis 60 cm lang, zum Teil niederliegend, von der Basis her verzweigt (Abb. 161, I), 16—20rippig, von graugrüner Farbe; Areolen rund, 3—5 mm im ⌀, hellgelb-filzig; Randstacheln zahlreich, dünn, 1—1,5 cm lang, sich mit denen der Nachbarareolen häufig verflechtend, im Neutrieb bräunlich mit dunkler Spitze; Zentralstacheln 3—5, bis 5 cm lang, an der Basis grau-bräunlich bereift, an der Spitze dunkler, im Alter fast schwarz, meist aufwärts gebogen; Blüten zygomorph, bis 7 cm lang; Röhre schlank, dicht mit kleinen Schuppenblättern besetzt (Abb. 161, III), in deren Achseln lange, weiße Haare stehen; Perigonblätter leuchtend karminrot, bis 2,5 cm lang, gegen die Spitze verbreitert und in eine Stachelspitze auslaufend; Fruchtknotenhöhle halbkugelig, 4 mm im ∅; Nektarkammer kurz, breit, durch die karminroten Filamente des inneren Staubblattkreises verschlossen (Abb. 161, IV—V); Nabelstränge sehr kurz, nur an der Basis verzweigt (Abb. 161, VI); reife Früchte bis 2,5 cm lang, gelblich, vom abgetrockneten Blütenrest gekrönt, sich an der Basis öffnend und die mattschwarzen Samen in den Scheitel der Pflanze ausstreuend.

Fundort: Umgebung von Arequipa auf trocknen, steinigen Cerros, in Gesellschaft von *Browningia candelaris*, *Weberbauerocereus*, *Neoraimondia arequipensis* var. *rhodantha*, *Haageocereus platinospinus*, *Tephrocactus sphaericus* und *T. dimorphus*; Sammelnummer: K 142 (1956).

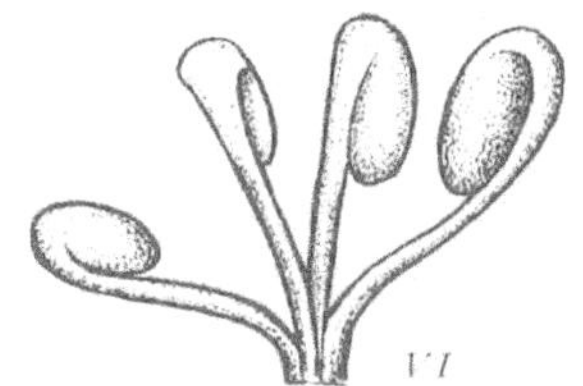

Abb. 161. *Arequipa rettigii* (Quehl) Oehme. VI Samenanlagen

Arequipa erectocylindrica Rauh et Backbg. nov. spec. (Abb. 162)

In der Umgebung von Arequipa, am Fuße des Vulkanes Chachani wurde als Begleitpflanze der *Franseria fruticosa*-Ges. eine weitere Art angetroffen, die sich von der vorigen durch einen aufrechten Wuchs und sehr derbe Bestachelung unterscheidet.

Säulen aufrecht oder schräg aufsteigend, bis 50 cm lang, 10—15 cm dick, 17—18rippig; Rippen schmal, ca. 0,5 cm hoch; Areolen sehr dichtstehend, rund, 0,3 cm im ∅, grau, im Neutrieb grauweiß-filzig; Randstacheln zahlreich und verschieden gestaltet; ca. 14 reinweiße, 0,8—1 cm lange, fast borstenförmige, auf die Areolenbasis lokalisierte und bis zu 12 derbe, 1—2,5 cm lange, graubraun-violette, dunkelbespitzte Randstacheln; Zentralstacheln 2, 3 oder 4; der längste auf der adaxialen Areolenseite, schräg aufwärts gerichtet, säbelförmig gebogen, bis 4,5 cm lang; der mittlere fast gerade, waagerecht abstehend oder leicht aufwärts gebogen, bis 3 cm lang; sind 3 Zentralstacheln vorhanden, so fallen diese meist in eine Ebene; sind 4 vorhanden, so stehen diese über Kreuz; alle Zentralstacheln von graubraun-violetter Farbe; Blüte bis 7 cm lang, karminrot, mit kurzem Saum; Früchte zitronengelb.

Fundort: Am Fuße des Vulkanes Chachani, oberhalb Arequipa, bei 2400 m; Sammelnummer: K 142a (1956).

Caules columniformes erecti vel oblique adscendentes, usque 50 cm longi, 10—15 cm crassi, 17—18costati; costae angustae ca. 0,5 cm altae; areolae confertissimae, rotundae, 0,3 cm in diametro, canae, in caule horno cano-albido-tomentosae; aculei marginales numerosi et diversiformes, quorum ca. 14 candidi, 0,8—1 cm longi, fere setiformes, basi solum areolarum inserti, ceteri usque ad 12, rigidi, 1—2,5 cm longi cano-brunneo-violacei obscure acuminati; aculei centrales vel 2, vel 3, vel 4, longissimus in latere adaxiali areolae insertus, oblique erectus, acinaciformiter curvatus, usque

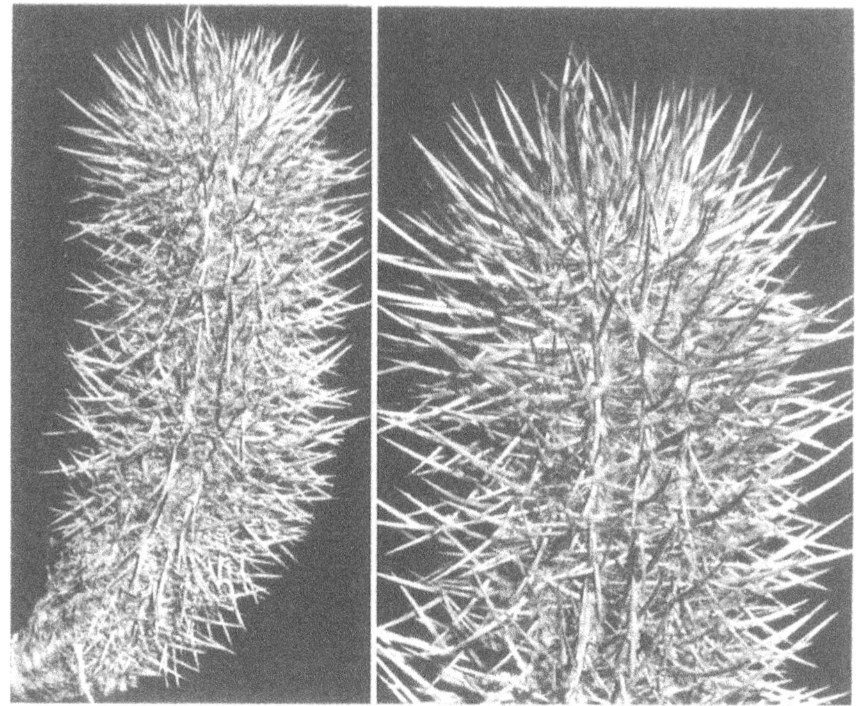

Abb. 162. *Arequipa erectocylindrica* Rauh et Backbg. Rechts: Trieb vergrößert

4,5 cm longus, medius fere rectus, transverse patens vel leniter erecto-curvatus, usque 3 cm longus; si adsunt aculei centrales 3, in eadem serie inserti sunt, si adsunt aculei centrales 4, cruciformiter sunt inserti; omnes aculei centrales cano-brunneo-violaceo colore; flos ut in specie antecedente, usque 7 cm longus, puniceus limbo brevi; fructus iis speciei antecedentis similes, colore luteo citri.

Die von BACKEBERG beschriebene *A. weingartiana* Backbg.[1] (syn.: *Arequipiopsis weingartiana* Kreuzgr. et Buin) tritt im chilenisch-peruanischen Grenzgebiet auf.

Der bei VAUPEL (Engl. Botan. Jahrb., Bd. 50, Beibl. 111, 1913) aufgeführte nordperuanische (Deptm. Cajamarca bei San Pablo) *Echinocactus aurantiacus* und von WERDERMANN (Sukkulentenkunde 1939, S. 77) zu *Arequipa* gestellt [*A. aurantiaca*

[1] Kaktusár, 1936, S. 61; Feddes Rep., 1941, S. 199.

(Vpl.) Werd.], wird von BACKEBERG (1958) dem neuen Genus *Submatucana* Backbg. eingeordnet, ebenso *Arequipa myriacantha* (Vpl.) Br. et R. (Bd. III, S. 101), die von WEBERBAUER oberhalb Balsas am Marañon gefunden worden ist.

Matucana Br. et R.

Die von BRITTON und ROSE (Cactaceae, Bd. III, 1923, S. 102) begründete Gattung trägt ihren Namen nach dem zentralperuanischen, im Rimac-Tal gelegenen Ort Matucana. Lange Zeit war nur die am Typ-Standort wachsende *Matucana haynii* bekannt; auf der deutsch-österreichischen Alpenvereinsexpedition wurde 1932 in der Cordillera negra eine weitere Art gefunden, die erst kürzlich von BACKEBERG (Cactus and Succ. Journ., Bd. II/14, 1956) als *M. herziogiana* Backbg. beschrieben worden ist; 1953 entdeckte der französische Jäger E. BLANC in der Cordillera negra eine weitere, sehr dekorative Art, *M. blancii* Backbg. (Cact. and Succ. Journ., Dez. 1956, Vol. II/4), die von uns 1954 auch in der Cordillera blanca gesehen wurde. Durch die Sammeltätigkeit von F. RITTER und uns wurden weitere Arten gefunden und damit die Kenntnis um die Gattung *Matucana* wesentlich erweitert. Unter anderem stellten wir fest, daß sie ein wesentlich größeres Areal besitzt als bisher angenommen und nicht allein auf Zentralperu beschränkt ist, sondern weit nach Süden und Norden vordringt (Abb. 165). Wir konnten weiterhin die Wuchsformen klären mit dem Ergebnis, daß es nicht nur cactoide, sondern auch cereoide und sogar polsterbildende Arten gibt. Eine unserer bedeutendsten Beobachtungen aber ist die, daß wir bei einigen Arten Wollhaare in den Achseln der Schuppenblätter der Blütenröhre feststellen konnten, wodurch die Auffassung BACKEBERGS, der *Matucana* auf Grund des kurzsäuligen Wuchses und der bisher als unbehaart angesehenen Blütenröhre als eine reduzierte *Loxanthocerei*-Gruppe ansieht, eine Stütze findet.

Die allgemeinen Gattungsmerkmale sind die folgenden: Körper kugelig bis cereoid, einzeln wachsend oder zu polsterförmigen Kolonien zusammentretend. Blüten in Scheitelnähe, zygomorph, mit langer, meist kahler, häufig gebogener Röhre, karminrot (Abb. 163); Griffel die Blüten oft überragend; Nektarkammer sehr kurz, durch die Filamentbasen des inneren Staubblattkreises verschlossen (Abb. 164, I); Samenanlagen auf verzweigten Samensträngen; Früchte klein, vom abgetrockneten Blütenrest gekrönt, sich mit

Abb. 163. *Matucana haynii* Br. et R. Blühende Pflanze (in der Kultur) in Vorder- und Seitenansicht (phot. W. Andreae)

Längsrissen öffnend (Spaltbeeren, Abb. 164, III); Samen klein, matt, grauschwarz, in den Scheitel der Pflanze fallend.

Typus der Gattung ist

Matucana haynii Br. et R. (Abb. 26, unten; Abb. 163—164)

Körper kugelig bis kurzsäulig, bis 10 cm dick und 60 cm lang werdend, meist aufrecht oder aufsteigend, stets unverzweigt, 25 — 30rippig; Areolen

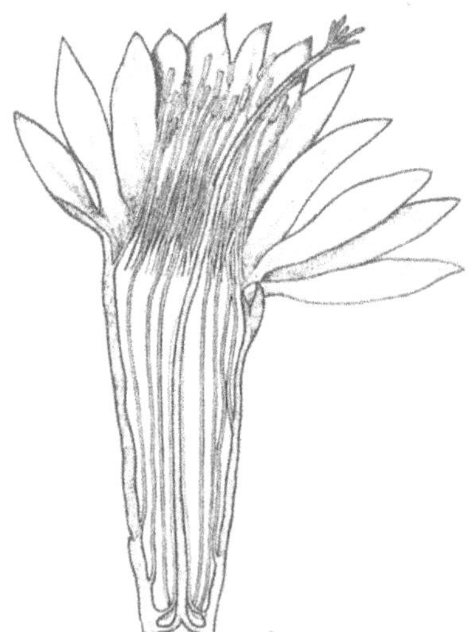

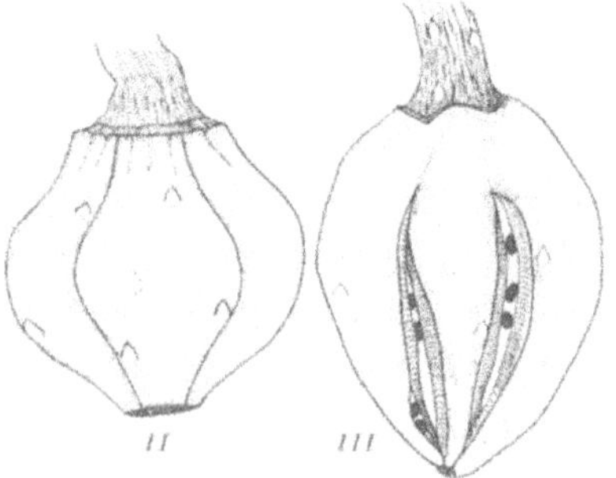

Abb. 164. *Matucana haynii*. I Blüte (Perigon ausgebreitet); II unreife, III reife, aufgesprungene Frucht

dichtstehend, die der einzelnen Rippen gegeneinander versetzt, oval, weißfilzig, mit ± 30, bis 2 cm langen, nadelförmigen, brüchigen, weißen Randstacheln, sich mit denen der Nachbarareolen verflechtend; deutlich verlängerte Zentralstacheln erst an blühfähigen Pflanzen in Erscheinung tretend, meist in 3-Zahl, aufgerichtet, 4—5 cm lang, an der Spitze dunkelbraun bis schwarz; Blüten in Scheitelnähe, zygomorph, mit leicht gekrümmter Röhre, bis 7 cm lang, geöffnet bis 3,5 cm im ⌀; Blütenröhre locker mit Schuppenblättern besetzt, kahl; Perigonblätter lebhaft karminrot, die äußeren zurückgeschlagen, die inneren ± aufrecht, bis 3,5 cm lang und 0,6 cm breit, zugespitzt; Filamente gebündelt, zur Oberseite der Blüte hinweisend, lebhaft karminrot mit violetten Staubbeuteln; innerer Staubblattkreis einfach; die Filamente einem Achsenwulst entspringend und die kurze Nektarkammer verschließend. Äußerer (= Perigon-) Staubblattkreis in Doppelreihe, kürzer als die Perigonblätter; zwischen äußerem und innerem Staubblattkreis finden sich nur wenige Staubblätter; Griffel karminrot mit grünen Narben, fast die Länge der Perigonblätter erreichend. Früchte keulig, sich mit 4—6 Längsrissen öffnend.

Fundort: Oberhalb Matucana, in Felswänden der steilen Talhänge wachsend, von 2400 bis 3200 m; Sammelnummer: K 21 (1954), K 18 (1956).

Abb. 165. Verbreitungskarte der Gattung *Matucana*

Matucana haynii var. *erectipetala* Rauh et Backbg. nov. var. (Abb. 166, I)

Am gleichen Standort wurde noch eine neue Varietät von *M. haynii* gefunden, die sich vom Typus durch die feinere und reichere Bestachelung sowie oft auffallend kurzen Blüten unterscheidet.

Röhre nur bis 5 cm lang; Perigonblätter kurz, nur bis 1,5 cm lang, breit zungenförmig, nicht zurückgeschlagen, sondern ± aufrecht (Abb. 166), dunkelkarminrot; Griffel mit den Narben kürzer als die Filamente.

Fundort: Oberhalb Matucana bei 2500 m, zusammen mit *M. haynii*; Sammelnummer: K 81 a (1956).

In eodem loco varietas nova *Matucanae haynii* inveniebatur, quae a typo differt aculeatione graciliore et densiore et floribus conspicue brevibus; tubus

Abb. 166. I *Matucana haynii* var. *erectipetala* Rauh et Backbg.; II *M. breviflora* Rauh et Backbg.; III—IV Blüte; V dieselbe durchschnitten; VI Fruchtknoten und Nektarkammer vergr.

floralis tantum usque 5 cm longus; phylla perigonii brevia, tantum usque 1,5 cm longa late lingulata, non reflexa sed ± erecta, atropunicea; stylus cum stigmatibus brevior quam filamenta.

Matucana breviflora Rauh et Backbg. nov. spec. (Abb. 166, II—VI)

Pflanzen einzeln wachsend, selten verzweigt, aber niemals polsterbildend; Körper ± kugelig, bis zu 15 cm im ∅, in ein dichtes Stachelkleid eingehüllt (Abb. 166, II); Randstacheln zahlreich, derb, bis 2 cm lang, ± gescheitelt, sich mit denen der Nachbarareolen verflechtend; Zentralstacheln 3—4, sehr derb, aufgerichtet starr, aber elastisch, 4—7 cm lang, in der Farbe sehr variabel. Es wurden folgende Stachelfarben notiert:

a) blaugrau; b) Basis hellbraun, Spitze dunkelbraun; c) tief tintenschwarz.

Bei allen Formen sind die Zentralstacheln im Alter platingrau bereift; Blüten kurz, die im Scheitel zusammenneigenden Stacheln wenig überragend, mit ca. 3,5 cm langer, 0,6 cm dicker, im Bereich des Fruchtknotens grüner, sonst rötlicher Röhre; diese locker mit schmal-dreieckigen, in eine feine Stachelspitze auslaufenden Schuppenblättern besetzt; in den Achseln der basalen kurze Wollhaare, die den freien Abschnitt der Schuppenblätter nicht überragen; äußere Perigonblätter zurückgeschlagen, die inneren aufgerichtet, lebhaft karminrot, an der Basis orangerot, am Rande fast violett, 1,8 cm lang, 0,7 cm breit, kurz bespitzt; Filamente gebündelt, an der Spitze karminrot, an der Basis blaß, mit gelblichen Staubbeuteln, die inneren diaphragmaartig die sehr kurze (2 mm lange) Nektarkammer verschließend; Griffel dünn, an der Spitze blaßkarminrot, so lang wie die inneren Perigonblätter mit 5 gelblichen Narbenstrahlen; Fruchtknotenhöhle sehr klein, 2—3 mm im ∅.

Fundort: Tolaheide, 30 km westlich Incuio (Südperu), nahe der Lagune Parinocochas am Fuße des Vulkans Sarasassa, 3600 m; Sammelnummer: K 123 (1956).

Plantae singulae crescentes numquam pulvinos formantes; caules ± globulosi, usque ad 15 cm in ∅, tam dense vestimento aculeorum involuti, ut neque color caulis neque costae visibilia sint; aculei marginales numerosi, rigidi, usque 2 cm longi, ± verticiformiter partiti, cum illis areolarum proximarum implexi; aculei centrales 3—4, rigidissimi, sed elastici, erecti 4—7 cm longi colore variabili; colores aculeorum hi notati sunt:

a) caeruleo-canus; b) basis laete brunnea, apex atrobrunneus; c) profunde ater.

In omnibus formis aculei centrales senectute griseo-pruinati; flores breves, aculeos vix superantes, tubo ca. 3,5 cm longo, 0,6 cm crasso in regione ovarii viridi ceterum rubescente, squamis bracteaneis anguste trigonis in mucronem gracilem excurrentibus laxe obtecto; in axillis squamarum basalium pili lanei breves partem liberam squamarum non superantes; phylla perigonii exteriora reclinata, interiora erecta laete punicea basi aurantiaca margine subviolacea, 1,8 cm longa, 0,7 cm lata breviter acuminata; filamenta fasciculata apice punicea basi pallida antheris flavescentibus, interiora nectarium brevissimum (2 mm longum) modo diaphragmatis claudentia; stylus gracilis apice pallide puniceus tam longus quam phylla perigonii interiora; cavum ovarii minimum, 2—3 mm im ⌀.

M. breviflora besitzt, im Vergleich zu anderen Arten, recht kleine Blüten; hinsichtlich der Stachelfarbe weist sie eine große Variabilität auf, worin sie auch mit anderen übereinstimmt.

Abb. 167. *Matucana hystrix* Rauh et Backbg. Links: blühende, rechts: jüngere Pflanze

In die engere Verwandtschaft von *M. breviflora* dürfte wohl auch die folgende Art gehören, die sich von dieser aber durch die noch wildere Bestachelung und die wesentlich größeren Blüten unterscheidet.

Matucana hystrix Rauh et Backbg. nov. spec. (Abb. 167)

Körper kugelig bis kurz walzlich, bis 30 cm lang und bis 10 cm dick, schon auf frühen Entwicklungsstadien blühfähig werdend; Rippen ca. 23, von den Stacheln vollständig eingehüllt; Randstacheln zahlreich, ± gescheitelt, derb, bis 1,5 cm lang, sich mit denen der Nachbarareolen verflechtend; Zentralstacheln 1—4, bis 5 cm lang, viel derber als bei *M. breviflora*, starr, nicht biegsam, aufwärts und abwärts gerichtet (Abb. 167), im Alter einheitlich grau, in der Jugend in der Farbe stark variierend:

a) Zentralstacheln rotbraun-violett bis schokoladenfarbig, an der Basis kaum verdickt.

b) Zentralstacheln tintenschwarz, derber, an der Basis verdickt.

c) Zentralstacheln purpurviolett, oft heller gezont, an der Basis etwas verdickt; Pflanze dem *Pyrrhocactus umadeave* sehr ähnlich.

Blüten bei allen 3 Formen, soweit beobachtet, übereinstimmend: bis 7 cm lang, zygomorph, mit schwach gebogener, 1 cm dicker, karminroter Röhre, geöffnet ca. 2,5 cm im ∅; Schuppenblätter locker stehend, ihr freier Abschnitt breit-dreieckig, zugespitzt; innere Perigonblätter tief-dunkelkarminrot, 2—3 cm lang, 0,9 cm breit, zugespitzt, an der Spitze eingekerbt; Filamente und Griffel leuchtend karminrot; Staubbeutel gelb; äußere (= Perigon-)Staubblätter in Doppelreihe, fast die Länge der Perigonblätter erreichend; innere Staubblätter einem die sehr kurze (2 mm lange) Nektarkammer verschließenden Diaphragma entspringend; Narben grünlich; Frucht klein, ca. 1 cm lang, grünlich-rot, sich mit Längsrissen öffnend.

Fundort: Felsspalten und Felsköpfe zwischen Nazca und Lucanas (Südperu) bei 3400 m, auf der pazifischen Andenseite, an der oberen Verbreitungsgrenze von *Browningia candelaris* und der Untergrenze der *Diplostephium*-reichen Tolaheide; Sammelnummer: K 113 (1956).

Caulis globosus vel breve cylindricus, usque 30 cm longus et usque 10 cm crassus, etiam in statu minimo floriparus; costae ca. 23, aculeis omnino involutae; aculei marginales numerosi ± verticiformiter partiti, rigidi, usque 1,5 cm longi, cum illis areolarum proximarum implexi; aculei centrales 1—4, usque 5 cm longi, multo rigidiores quam illi *M. breviflorae*, rigidi, inflexibiles, erecti et reclinati, senectute omnino cani valde colorem mutabiles:

a) aculei centrales rubiginoso-violacei vel brunnei, basi vix incrassati;

b) aculei centrales atri, rigidiores, basi incrassati;

c) aculei centrales purpureo-violacei, saepe laetius zonati, basi parum incrassati; planta *Pyrrhocacto umadeave* simillima.

Flores in omnibus varietatibus 3, quoad visi aequales: usque 7 cm longi zygomorphi, tubo leniter curvato, 1 cm crasso puniceo, aperti ca. 2,5 cm in ∅, squamae bracteaneae spiraliter insertae, quarum pars libera late trigona, acuminata; phylla perigonii profunde atropunicea, 2—3 cm longa, 0,9 cm lata, acuminata, apicem versus sulcata; filamenta lutescenti-punicea, stylus eodem colore; antherae luteae; stamina exteriora ex diaphragmate orientia, quod nectarium brevissimum (2 mm longum) claudet; stigmata virescentia; fructus pusillus, ca. 1 cm longus, virescenti-ruber, fissuris verticalibus se aperiens.

Dem südlichen Verbreitungsgebiet, d. h. der Region der Tolaheide, gehört auch die folgende Art an:

Matucana multicolor Rauh et Backbg. nov. spec. (Abb. 168)

Körper 30(—40) cm lang und bis 15 cm dick, meist aber viel kürzer und dann breit und flach, nicht selten zur Polsterbildung neigend (Abb. 168, I); Rippen ca. 14, bis 1,6 cm voneinander entfernt, sichtbar, da die Bestachelung weniger dicht ist als bei den beiden vorstehenden Arten; Randstacheln zahlreich, weiß bis grau, ± gescheitelt, derb, bis 2 cm lang, sich mit denen der Nachbarareolen verflechtend; Zentralstacheln 2—4, bis 7 cm lang, weniger derb als bei den vorigen, in der Farbe sehr variabel.

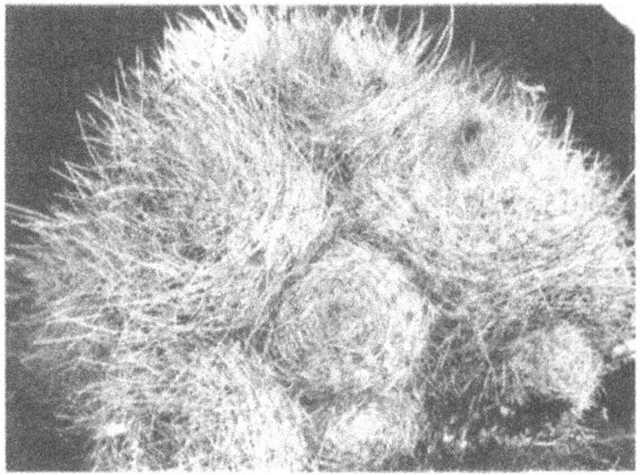

I

II

Abb. 168. *Matucana multicolor* Rauh et Backbg. I Ältere, verzweigte, II blühende Pflanze in der Kultur (stark verkl.)

Es wurden folgende, neben- und durcheinander wachsende Farbvarianten beobachtet:

a) Zentralstacheln sehr derb, bis 6 cm lang, an der Basis blaßhonigfarben, an der Spitze braunrot, im Scheitel zusammenneigend (häufigste Form).

b) Alle Stacheln fast rein weiß, nur an der Spitze im Scheitel leicht bräunlich; Zentralstacheln weniger derb, nur bis 3 cm lang.

c) Zentralstacheln im Scheitel und im oberen Drittel fast schwarzviolett, bis 7 cm lang, derb; Randstacheln gräulich.

d) Randstacheln weiß; Zentralstacheln im Scheitel honig- bis bernsteinfarben, nur bis 4 cm lang.

Blüten 5—7 cm lang, geöffnet 3,5 cm im ⌀, mit enger, fast gerader, an der Basis grüner, sonst blaß-schmutzig-roter Röhre; Schuppenblätter locker stehend; äußere Perigonblätter zurückgeschlagen, karminrot, fast violett, die inneren ± aufrecht, lebhaft zinnober- bis karminrot, ca. 2,5 cm lang, 0,7 cm breit, zugespitzt;

Staubblätter gebündelt, mit violetten Filamenten und gelben Antheren; Griffel violett, kürzer als die längsten Staubblätter, mit gelben Narben; Fruchtknotenhöhle sehr klein, 2 mm im ∅; Nektarkammer sehr kurz, 3 mm lang; Früchte 1—1,5 cm lang, rötlich.

Fundort: Oberhalb Lucanas (Südperu), atlantische Seite der Westcordillere, bei 4100 m auf blockigen Schutthalden zusammen mit *Oreocereus hendriksenianus*; Sammelnummer: K 115 (1956).

Caules 30(—40) cm longi et usque 15 cm crassi, plerumque multo breviores et tum late-deplanati, haud raro pulvinos formantes; costae ca. 14, usque 1,5 cm inter se distantes, visibiles quia minus dense aculeatae sunt quam ambae species antecedentes; aculei marginales numerosi, albo-grisei, ± verticiformiter partiti, rigidi, usque 2 cm longi, cum illis areolarum proximarum se implectentes; aculei centrales usque 7 cm longi, minus rigidi quam in speciebus antecedentibus, colore valde variabili; hi modi una et promiscue crescentes sunt visi:

a) aculei centrales rigidissimi, usque 6 cm longi, basi pallido-helvi, apice rufescentes, in vertice conniventes (forma creberrima);

b) aculei omnes fere candidi, apice solum in vertice brunnescentes; aculei centrales minus rigidi, tantum usque 3 cm longi;

c) aculei centrales in vertice et in triente superiore fere atroviolacei, usque 7 cm longi, rigidissimi; aculei marginales canescentes;

d) aculei marginales albi, aculei centrales in vertice colore melis sive electri, tantum usque 4 cm longi.

Flores 5—7 cm longi, aperti 3,5 cm in ∅, tubo angusto fere recto basi viridi ceterum pallide sordido-rubro; squamae bracteaneae laxe insertae; phylla perigonii exteriora reflexa punicea fere violacea, interiora ± erecta, laete miniacea vel punicea, ca. 2,5 cm longa, 0,7 cm lata acuminata; stamina fasciculata filamentis violaceis et antheris flavis; stylus violaceus brevior quam stamina longissima stigmatibus flavis; cavum ovarii minimum, 2 mm in ∅; nectarium brevissimum, 3 mm longum.

Die 3 vorstehenden, am weitesten nach Süden vordringenden Arten zeichnen sich alle durch eine sehr dichte und wilde Bestachelung aus.

Matucana cereoides Rauh et Backbg. nov. spec. (Abb. 169, I)

Körper kurz-cereoid, im Alter bis 50 cm lange und 10 cm dicke, unverzweigte[1], 24rippige Säulen bildend; Areolen sehr dichtstehend, weißlich; Randstacheln zahlreich, schneeweiß, borstenförmig, dünn, bis 2,5 cm lang, ± gescheitelt, sich mit denen der Nachbarareolen verflechtend; Zentralstacheln 0—4, bis 5 cm lang, dünn, aufwärts gebogen, entweder reinweiß, oder an der Basis weiß und im oberen Drittel hellbräunlich bis schwärzlich; Blüten 6,5 (—8) cm lang, mit fast gerader, 1 cm dicker Röhre und zygomorphem, karminrotem Perigon; Schuppenblätter der Röhre in weiten Parastichen, die

[1] Es wurden jedenfalls keine verzweigten Exemplare gefunden.

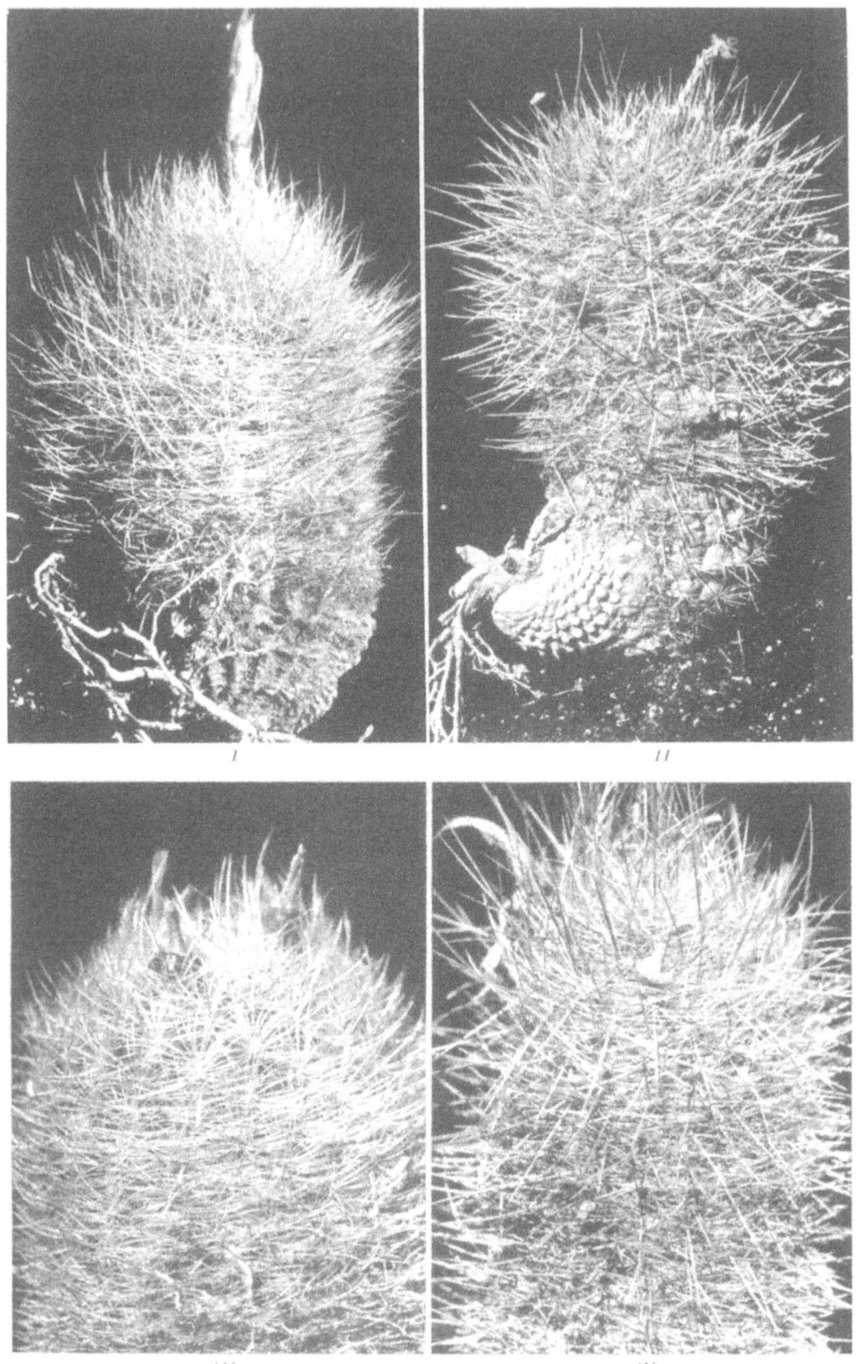

Abb. 169. I *Matucana ceroides* Rauh et Backbg.; II *M. elongata* Rauh et Backbg. jüngere Exemplare; III *M. variabilis* var. *variabilis* Rauh et Backbg.; IV var. *fuscata* Rauh et Backbg.

basalen in ihren Achseln wenige, kurze Wollhaare tragend; innere Perigonblätter bis 2,5 cm lang, 0,6 cm breit, zugespitzt; Staubblätter fast die Länge des Perigons erreichend, mit karminroten Filamenten und gelben Staubbeuteln, die inneren einem die sehr kleine Nektarkammer verschließenden Achsenauswuchs (Diaphragma) entspringend; Griffel karminrot mit den grünlichen Narben länger als die Staub-, aber kürzer als die Perigonblätter.

Fundort: Tal des Rio Pisco bei 2000 m, an steilen, fast unzugänglichen Felswänden; Sammelnummer: K 159 (1956).

Planta brevi-cereoidea, senectute caules usque 50 cm longos et 10 cm crassos simplices, 24 costatos formans; areolae confertissimae, albidae; aculei marginales numerosi, nivei, setacei, tenues, usque 2,5 cm longi, ± verticiformiter partiti, cum illis areolarum proximarum se implectentes; aculei centrales 0—4, usque 5 cm longi, tenues, erecte curvati, aut omnino candidi aut basi candidi et in triente superiore laete brunnescentes vel atrati; flores 6,5(—8) cm longi, tubo fere recto 1 cm crasso et perigonio zygomorpho puniceo; squamae bracteaneae tubi floralis solute et spiraliter ordinatae, basales in axillis pilos paucos breves laneos ferentes; phylla perigonii usque 2,5 cm longa, 0,6 cm lata acuminata; stamina fere eadem longitudine atque petala filamentis puniceis et antheris flavis, quarum interiores, in diaphragmate sessiles, nectarium minimum claudent; stylus puniceus, stigmata virescentia longiora quam stamina sed breviora quam petala.

M. ceroides steht der *M. haynii* im Wuchs und in der Art der Bestachelung sehr nahe, unterscheidet sich von dieser aber durch die viel längeren Zentralstacheln, die nicht nur an Alters-, sondern bereits an Jugendformen auftreten, und die kleineren Blüten, deren basale Schuppenblätter in den Achseln kurze Wollhaare tragen.

Zu den Arten mit ceroid verlängerten Trieben gehört auch

Matucana elongata Rauh et Backbg. nov. spec. (Abb. 169, II)

Körper kugelig bis kurz-ceroid, bis 60 cm lang und 15 cm dick, niederliegend bis aufsteigend, an der Spitze nicht selten verzweigt (Unterschied zu der ähnlichen *M. haynii*); Areolen dichtstehend, auf warzig-höckerigen Mamillen; Randstacheln zahlreich, weiß, hart und zerbrechlich, bis 2 cm lang, sich mit denen der Nachbarareolen verflechtend; Zentralstacheln 1—3, bis 5 cm lang, schräg aufwärts gerichtet, im Neutrieb bräunlich, mit dunkelbrauner Spitze, im Alter weißlichgrau; Blüten bis 5 cm lang, karminrot; Filamente und Griffel karminrot; Staubbeutel gelb; Narben grün; Früchte kugelig, rotbraun, sich mit Längsrissen öffnend.

Fundort: Tal des Rio Fortaleza (nördl. Zentralperu), Felsköpfe bei 4150 m, unterhalb des Passes Conococha, zusammen mit *Erdisia tenuicola*; Sammelnummer: K 53 (1956).

Planta globosa vel brevi-cereoidea, usque 60 cm longa et 15 cm crassa, decumbens vel adscendens, apice haud raro ramosa (quare praecipue a simili *M. haynii* discerni potest); areolae dense in mamillis verrucoso-gibbosis insertae; aculei marginales numerosi, albi, duri et fragiles, usque 2 cm longi, cum illis areolarum proximarum se implectentes; aculei centrales 1—3, usque 5 cm longi, oblique erecti, in caule horno brunnescentes, apice obscuro-brunneo, senectute albescenti-cani; flores usque 5 cm longi, punicei; filamenta et stylus punicea; antherae flavae, stigmata viridia; fructus globosi, rubiginosi, fissuris verticalibus se aperientes.

M. elongata, eine der höchststeigenden Arten, steht der *M. haynii* sehr nahe, unterscheidet sich von dieser aber durch die apikale Verzweigung, wie sie sonst nur bei polsterbildenden Arten zu beobachten ist, die viel derbere Bestachelung und die wesentlich kleineren Blüten.

In die engere Verwandtschaft von *M. haynii* gehört wohl auch

Matucana variabilis Rauh et Backbg. nov. spec.

Sie tritt im Tal des Rio Huaura (Churin-Tal) am gleichen Standort in 2 Formen auf, die sich hinsichtlich ihrer Größe und Bestachelung auffallend voneinander unterscheiden. Da beide im blühenden, resp. fruchtenden Zustand gefunden wurden, ist nicht anzunehmen, daß sie verschiedenen Altersstadien ein und derselben Art entsprechen. Sie werden zunächst als Varietäten einer Art betrachtet; Kulturversuche müssen zeigen, ob es sich möglicherweise um verschiedene Arten handelt.

a) var. *variabilis* (Abb. 169, III)

Körper schon auf Jugendstadien zylindrisch, im Alter bis 15 cm lang (vielleicht auch länger werdend), bis 8 cm dick, 23rippig; Areolen sehr klein, ca. 1 cm voneinander entfernt; Randstacheln weiß, glasig, bis 1,5 cm lang, sich mit denen der Nachbarareolen verflechtend; Zentralstacheln 1—3, nur wenig länger als die Randstacheln, weiß, mit bräunlicher Spitze; Blüten (abgetrocknet) ca. 4 cm lang, karminrot; Früchte länglich, ca. 1 cm lang.

b) var. *fuscata* (Abb. 169, IV)

Körper anfangs flachgedrückt-kugelig, später lang-zylindrisch (bis 40 cm lang), 10 cm dick, 20—23rippig; Bestachelung viel dichter als bei der var. *variabilis*; Körper deshalb nicht sichbar; Randstacheln zahlreich, derb, 1—1,5 cm lang, im Scheitel weißlichgelb, im Alter schwarzgrau; Zentralstacheln 2—3, bis 4 cm lang, im Scheitel starr aufwärts gebogen, braunrot, im Alter schwarzgrau;

Blüten bis 5 cm lang, mit dicker, fast gerader Röhre; Perigonblätter, Filamente und Griffel lachsrot; Früchte 1,5 cm lang.

Fundort: Tal des Rio Huaura, ca. 10 km oberhalb Churin; Gebüschformation, an steil abfallenden Talwänden, 2500—3000 m; Sammelnummer: K 84 (1954); K 95 (1956).

Planta in valle fluminis Huaura (vallis Churin) eodem loco in formis duabus inveniebatur, quae praecipue magnitudine et aculatione differunt; quoniam formae utraeque et in statu florifero et in fructifero inveniebantur, negandum est eas formas status evolutionis varii eiusdem speciei esse; primo ut varietates unius speciei intelleguntur; in cultura apparebit num fortasse species duae sint.

a) var. *variabilis*

Caules iam in statu iuvenili cylindrici, senectute usque 15 cm longi (forsan longiores fientes), usque 8 cm crassi, 23 costati, areolae minimae, ca. 1 cm inter se distantes; aculei centrales albi, vitrei, usque 1,5 cm longi, cum illis areolarum proximarum se implectentes; aculei centrales 1—3, paullo longiores quam marginales, albi, apice brunnescente; flores (desiccati) ca. 4 cm longi, rubri; fructus oblongi, ca. 1 cm longi.

b) var. *fuscata*

Caules primo complanato-globosi, postea longe cylindrici (usque 40 cm longi), 10 cm crassi, 20—23 costati; aculeatio multo densior quam in var. *variabilis*, itaque corpus invisibile; aculei marginales numerosi, rigidi, 1—1,5 cm longi, in vertice albido-flavi, senectute atro-cani; aculei centrales 2—3, usque 4 cm longi, in vertice rigide erecto-curvati, rubiginosi, senectute atro-cani; flores usque 5 cm longi, tubo crasso fere recto; phylla perigonii, filamenta et stylus colore salmonis; fructus 1,5 cm longi.

Eine sehr formenreiche Art ist

Matucana yanganucensis Rauh et Backbg. nov. spec. (Abb. 170, I—Ia),

die im oberen Santa-Tal, vor allem in der Umgebung der Hacienda Catac zwischen 3000 und 3300 m gebietsweise, zusammen mit *Oroya borchersii*, auf der Punahochfläche bestandsbildend auftritt. Diese Art, die wir 1954 zuerst in der Quebrada Yanganuco oberhalb Yungay fanden, scheint im gesamten Vorland der zentralen Cordillera blanca und der Cordillera negra verbreitet zu sein.

Körper kugelig, ± 10 cm im ∅, einzeln oder polsterbildend; Rippen ±27; Mamillen warzig, Areolen deshalb scharf gegeneinander abgesetzt; Randstacheln zahlreich, nicht auffällig gescheitelt (Abb. 170, I), derb, 1—1,2 cm lang, weißlich, im Neutrieb gelbbraun, Zentralstächeln 1—2, gelbbraun, bis 2,5 cm lang; Blüten bis 6 cm lang, geöffnet 2—2,5 cm im ∅; Röhre nur wenig gekrümmt, 0,5 cm dick, locker mit auffallend langen Schuppenblättern besetzt; Perigonblätter intensiv rotviolett, lanzettlich, zugespitzt, 2 bis

2,5 cm lang; Filamente im oberen Teil lebhaft violett, kürzer als die Perigonblätter, mit violetten Staubbeuteln; Griffel kürzer als die Staubblätter, violett, mit gelblichen Narben; Nektarkammer 0,5 cm lang.

Fundort: Quebrada Yanganuco, Hacienda Catac (Cordillera blanca); Sammelnummer: K 98, K 101 a (1954), K 55 b (1956).

Caules globosi, ± 10 cm in ⌀, singuli vel pulviniformes; costae ± 27; mamillae verrucosae, itaque areolae inter se separatae; aculei marginales numerosi, inconspicue verticiformiter partiti, rigidi, 1—1,2 cm longi, albidi, in caule horno flavescenti-brunnei; aculei centrales 1—2, flavescenti-brunnei, usque 2,5 cm longi; flores usque 6 cm longi, aperti 2—2,5 cm in ⌀; tubus floralis vix curvatus, 0,5 cm crassus, squamis bracteaneis conspicue longis laxe obtectus; phylla perigonii vehementer rubro-violacea, lanceolata, acuminata, 2—2,5 cm longa; filamenta in parte superiore vehementer violacea, breviora quam phylla perigonii, antheris violaceis; stylus brevior quam stamina, stigmatibus flavescentibus; nectarium 0,5 cm longum.

In der Umgebung der Hacienda Catac konnten nun eine Reihe neben- und durcheinander wachsender Formen festgestellt werden, die z. T. große Polster bilden. Sie weichen voneinander sowohl hinsichtlich der Farbe ihrer Stacheln als auch der Blütenfarbe und -form ab. Im folgenden seien nur diejenigen beschrieben, die einwandfrei voneinander unterscheidbar sind und die als Varietäten von *M. yanganucensis* aufgefaßt werden können[1].

var. *albispina* (Abb. 170, II—IIa)

Körper kugelig, bis 20 cm im ⌀, bis 15 cm hoch, meist einzeln wachsend; Rippen ca. 30; Randstacheln weiß, zahlreich, ± gescheitelt, bis 2 cm lang, sich meist mit denen der Nachbarareolen verflechtend; Zentralstacheln 2—3, bis 2,5 cm lang, sich nur wenig von den Randstacheln unterscheidend, reinweiß, an der Spitze leicht gelblich; Blüten zahlreich, mit stark zygomorphem Perigon; Röhre stark gebogen, 5 cm lang; Blüten geöffnet 2,5 cm im ⌀; Perigonblätter blaßkarminrot; Filamente gebüschelt, kürzer als das Perigon, blaßkarminviolett, mit gelben Staubbeuteln; Griffel karminrotviolett mit rotvioletten Narben; Sammelnummer: K 55 (1956).

Caules globosi, usque 20 cm in ⌀, usque 15 cm alti, plerumque singulariter crescentes; costae ca. 30; aculei marginales numerosi, ± verticiformiter partiti, usque 2 cm longi, plerumque cum illis areolarum proximarum se implectentes; aculei centrales 2—3, usque 2,5 cm longi, vix ab aculeis

[1] Die Unterschiede zwischen den einzelnen Varietäten kommen in den Schwarzweiß-Aufnahmen nicht so deutlich zum Ausdruck wie in Farbaufnahmen, die vorliegen und jederzeit eingesehen werden können.

Abb. 170. *Matucana yanganucensis* Rauh et Backbg. I Typ (Ausschnitt aus dem Körper); I*a* blühend; II—II*a* var. *albispina* Rauh et Backbg.; III—III*a* var. *longistyla* Rauh et Backbg.

marginalibus differentes, candidi, apice flavescentes; flores numerosi perigonio valde zygomorpho; tubus floralis valde curvatus, 5 cm longus; flores aperti 2,5 cm in ∅; phylla perigonii pallide punicea; filamenta fasciculata, breviora quam petala, pallide punicea antheris flavis; stylus puniceo-violaceus stigmatibus rubro-violaceis.

Ändert in der Blütenfarbe und Bestachelung ab:

Bestachelung reinweiß, aber weniger dicht als bei voriger; Randstacheln weniger gescheitelt, sich kaum mit denen der Nachbarareolen verflechtend; Zentralstacheln derber, gelblich, an der Spitze rötlichbraun; Blüten 4—5 cm lang, geöffnet 2,5 cm im ∅; Röhre wenig gebogen, blaßzinnoberrot, an der Basis gelblich; Perigonblätter zinnober- bis lachsrot; Filamente violett; Staubbeutel gelb; Griffel die Länge der Perigonblätter erreichend, violett, mit blaßvioletten Narben.

Sammelnummer: K 55a (1956).

Aculeatio candida, sed minus densa; aculei marginales minus conspicue verticiformiter partiti, se cum illis areolarum proximarum minus dense implectentes; aculei centrales rigidiores, flavescentes, apice rubiginosi; flores 4—5 cm longi, 2,5 cm in ∅, tubus floralis minus valde curvatus pallide miniaceus, basi flavescens; phylla perigonii miniacea vel salmonis colore; filamenta violacea; antherae luteae; stylus longitudine petalorum, violaceus stigmatibus pallide violaceis.

var. *longistyla* (Abb. 170, III—IIIa)

Körper kugelig, 10—15 cm im ∅, 23rippig, dunkelgrün; Mamillen langgestreckt, erhaben; Areolen länglich; Randstacheln ± gescheitelt, 0,8—1,2 cm lang, weißlich, an der Basis schwarzbraun, im Neutrieb gelbbraun, sich mit denen der Nachbarareolen verflechtend; Zentralstacheln 2—3, bis 1,5 cm lang, intensiv braun, mit schwärzlicher Spitze; Blüten sehr zahlreich und dicht gedrängt in Scheitelnähe stehend, geöffnet 2 cm im ∅, nur 4,5 cm lang, schwach zygomorph; Röhre schwach gebogen, blaßrot, an der Basis gelblich; Schuppenblätter lockerstehend; Perigonblätter zinnober- bis blaßkarminrot, 1,6—2 cm lang, 0,6 cm breit, zugespitzt; Staubblätter mit violetten Filamenten und gelben Staubbeuteln, fast die Länge der Perigonblätter erreichend; Griffel violett, mit violetten Narben, die Perigonblätter weit überragend; Nektarkammer 0,5 cm lang.

Sammelnummer: K 55c (1956).

Caules globosi, 10—15 cm in ∅, 23 costati, atrovirides; mamillae longe productae, verrucose prominulae; areolae oblongae; aculei marginales ± verticiformiter partiti, 0,8—1,2 cm longi, albidi, basi atrobrunnei, in caule horno luteo-brunnei, se cum illis areolarum proximarum implectentes; aculei centrales 2—3, usque 1,5 cm longi, vehementer brunnei, apice nigrescente; flores numerosissimi et prope verticem confertissimi, aperti 2 cm in ⌀, tantum 4,5 cm longi, leniter zygomorphi; tubus floralis pallide ruber, basi flavescens; squamae bracteaneae laxe insertae; phylla perigonii miniacea vel pallide punicea, 1,6—2 cm longa, 0,6 cm lata, acuminata; stamina filamentis violaceis et antheris flavis, fere longitudine petalorum; stylus violaceus stigmatibus violaceis, petala longe superans; nectarium 0,5 cm longum.

var. *salmonea* (Abb. 171, I)

Körper breit-kugelig, ±30rippig, dunkelgrün; Mamillen stark aufgewölbt; Randstacheln zahlreich, aufwärts gebogen, im Neutrieb etwas bräunlich, im Alter silbergrau bis schwarz werdend, bis 2 cm lang; Zentralstacheln kaum unterscheidbar, schräg aufwärts gerichtet, bis 2,5 cm lang; Blüten 5 cm lang, mit stark gekrümmter, an der Basis gelblichweißer Röhre; Schuppenblätter in weiten Spiralen stehend; Perigonblätter hell-lachsfarbig, bis 1,7 cm lang, 0,6 cm breit, zugespitzt; Filamente im apikalen Abschnitt blaßrot, an der Basis gelblich, mit karminvioletten Staubbeuteln, die Länge der Perigonblätter nicht erreichend; Griffel blaßkarminrot, mit violetten Narben, so lang wie die längsten Staubblätter.

Sammelnummer: K 55d (1956).

Caules globosi, ± 30 costati, atrovirides; mamillae valde turgidae; aculei marginales numerosi, arrecti, in caule novello brunnescentes, senectute argenteo-cani vel nigrescentes, usque 2 cm longi; aculei centrales vix discernendi, oblique erecti, usque 2,5 cm longi; flores 5 cm longi, tubo valde curvato, basi flavescenti-albo; squamae bracteaneae in spiris amplis ordinatae; phylla perigonii salmonis colore, usque 1,7 cm longa, 0,6 cm lata, acuminata; filamenta in parte apicali pallide rubra, basi flavescentia, antheris puniceo-violaceis, longitudinem petalorum non adaequantia; stylus pallide puniceus stigmatibus violaceis, tam longa quam stamina longissima.

var. *parviflora* nov. var. (Abb. 171, II)

Körper kugelig bis flachgedrückt, bis 15 cm im ⌀; Randstacheln ± gescheitelt, sich mit denen der Nachbarareolen verflechtend, im Neutrieb gelblichbraun, im Alter weißlich; Zentralstacheln meist 2, derb, bis 2,5 cm lang, gelblichbraun, mit dunkler Spitze; Blüten sehr klein, kaum 4 cm lang, wenig zygomorph, geöffnet nur 1,5 cm im ⌀; Perigonblätter 1—1,3 cm lang, lanzettlich, zugespitzt, lebhaft karminrot; Filamente rosa, mit gelben Staubbeuteln; Griffel rosafarbig.

Sammelnummer: K 55e (1956).

Caules globosi vel complanati, usque 15 cm in ⌀; aculei marginales ± verticiformiter partiti, cum illis areolarum proximarum se implectentes; in caule novello flavescenti-brunnei, senectute albescentes; aculei centrales plerumque 2, rigidi, usque 2,5 cm longi, flavescenti-brunnei, apice obscuro; flores minimi, vix 4 cm longi, parum zygomorphi, aperti tantum 1,5 cm in ⌀;

Abb. 171. I *Matucana yanganucensis* var. *salmonea* Rauh et Backbg.; II var. *parviflora* Rauh et Backbg.; III var. *fuscispina* Rauh et Backbg.; IV var. *suberecta* Rauh et Backbg.

phylla perigonii 1—1,3 cm longa, lanceolata, acuminata, laete punicea; filamenta rosea antheris luteis; stylus roseus.

var. *fuscispina* (Abb. 171, III)

Körper langgestreckt, meist unverzweigt, ca. 10 cm im ⌀, ±25rippig; Mamillen höckerig; Randstacheln zahlreich, mit denen der Nachbarareolen verflochten, im Scheitel von brauner Farbe, im Alter grau; Zentralstacheln schräg aufwärts gebogen, bräunlich, spitz, bis 3 cm lang; Blüten sehr groß, bis 6 cm lang, mit fast gerader, karminroter, an der Basis hellerer Röhre; Schuppenblätter wenige, mit lang-dreieckigem, freiem Abschnitt; Perigonblätter intensiv karminrot, bis 2 cm lang, zugespitzt; Filamente karminrot, mit gelben Staubbeuteln, kürzer als die Perigonblätter; Griffel karminrot, mit gelblichen Narben, so lang wie die längsten Staubblätter.

Fundort: Cordillera negra, oberhalb Huaras, trockne Felshänge, 3400—3600 m; Sammelnummer: K 61 (1956).

Caules longe producti, plerumque simplices, ca. 10 cm in ⌀, ± 25costati; mamillae gibbosae; aculei marginales numerosi, cum illis areolarum proximarum implexi, in vertice brunneo colore, senectute cani; aculei centrales oblique erecto-curvati, brunnescentes, acuti, usque 3 cm longi; flores maximi, usque 6 cm longi, tubo fere recto, puniceo, basi laetiore; squamae bracteaneae paucae parte superiore longe trigona; phylla perigonii vehementer punicea, usque 2 cm longa acuminata; filamenta punicea antheris luteis, breviora quam petala; stylus puniceus stigmatibus flavescentibus tam longus quam stamina longissima.

var. *suberecta* (Abb. 171, IV)

Körper anfangs kugelig, später verlängert, bis 20 cm lang und 10 cm im ⌀, undeutlich rippig; Areolen den stark aufgewölbten Mamillen aufsitzend, mit zahlreichen dichtstehenden, radial nach allen Seiten strahlenden, borstenförmigen, weißlichen, an der Spitze bräunlichen, bis 2 cm langen Randstacheln; Zentralstacheln 3—4, weißlich, an der Spitze bräunlich, kaum von Randstacheln zu unterscheiden; Blüten bis 5 cm lang, mit enger Röhre, karminrot; Früchte 1,5 cm lang, rötlichgrün.

Fundort: Santa-Tal (Cordillera blanca) bei Huaylas, 2500 m, Trockenbuschvegetation; Sammelnummer: K 66 (1956).

Caules primo globosi, postea elongati, usque 20 cm longi et 10 cm in ⌀, inconspicue costati; areolae mamillae gibbosae adsessiles, aculeis marginalibus numerosis, confertissimis radialiter in omnes partes divaricatis setaceis albidis apice brunnescentibus, usque 2 cm longis; aculei centrales 3—4, albidi, apice brunnescentes, ab aculeis marginalibus vix discernendi; flores usque 5 cm longi, tubo angusto, punicei; fructus 1,5 cm longi rubescenti-virides.

Diese Varietät weicht von den übrigen stark in der Bestachelung, insbesondere der Anordnung der borstenförmigen Randstacheln ab, so daß es vielleicht gerechtfertigt wäre, sie zu einer Art zu erheben; sie dürfte der *M. herzogiana* nahestehen.

1954 fanden wir in der Quebrada Santa Cruz (nördliche Cordillera blanca) noch eine silberweiß behaarte *Matucana*, die bereits 1953 von E. BLANC in der Cordillera negra gesammelt und von BACKEBERG[1] als

Matucana blancii Backbg.

beschrieben worden ist.

Pflanze lockere Gruppen und Polster abgeflachter Triebe bildend; Körper selten einzeln und dann dick walzenförmig, bis 30 cm hoch und 20 cm im ⌀; Randstacheln zahlreich, sehr dichtstehend, borstenförmig, silberweiß; Zentralstacheln kaum unterscheidbar; Blüten bis 6 cm lang, karminrot (auch lachsfarbig beobachtet), mit karminroten Filamenten und gelben Staubbeuteln.

Fundort: Cordillera blanca, Quebrada Santa Cruz, 3500 m; von E. BLANC in der Cordillera negra gesammelt; Sammelnummer K 100 (1954).

BACKEBERG unterscheidet noch die

var. *nigriarmata* Backbg.,

die sich vom Typus durch die längeren, gekrümmten und an der Spitze schwarzen Stacheln unterscheidet.

1932 wurde von Mitgliedern der Deutsch-Österreichischen Alpenvereins-Expedition in der Cordillera negra eine weitere Art entdeckt, die BACKEBERG als

Matucana herzogiana Backbg.[2]

beschrieben hat.

Körper einzeln, länglich, bis 10 cm hoch und 6—7 cm im ⌀; Rippen in längliche, stark aufgewölbte Mamillen aufgelöst; Randstacheln borstenförmig, dünn, gelblichweiß, radial um die Areole stehend, angedrückt und etwas gekrümmt; Zentralstacheln fehlend; wenn vorhanden, dann kaum von den Randstacheln unterscheidbar.

Die var. *perplexa* Backbg.

unterscheidet sich vom Typus durch die zahlreichen, borstenförmigen Stacheln, welche den Körper vollständig einhüllen.

Fundort: Cordillera negra (Zentralperu).

Außer den im vorstehenden aufgeführten Arten sind von F. RITTER noch *Matucana*-Arten gefunden worden, die im Winter-

[1] Cactus and Succ. Journ. of America, Vol. II/4, 1956, S. 70/71.

[2] Siehe Abb. in: Cactus and Succ. Journ. of America, Vol. II/4, 1956, S. 71.

Katalog als *M. ritteri* (FR 299) und *M. currundayi* (FR 199) aufgeführt, aber nicht beschrieben werden.

Intensive und systematische Sammeltätigkeit der letzten Jahre in Zentralperu hat also zu dem Ergebnis geführt, daß die bei BRITTON und ROSE als monotypisch aufgeführte Gattung wesentlich artenreicher ist, als man überhaupt ahnte und ihr Artenreichtum mit den vorstehend aufgeführten Funden keineswegs erschöpft sein dürfte. Wieviele Quadratkilometer der weiten Flächen Zentralperus harren noch der Erforschung!

Die große Variabilität einzelner Arten, die sich nicht allein in der Stachel- sondern auch der Blütenfarbe kundtut, läßt den Schluß zu, daß *Matucana* eine phylogenetisch relativ junge Gattung ist. Es lassen sich 2 Entwicklungsgruppen unterscheiden, eine zentralperuanische, der Puna, und eine südperuanische, der Tolaheide angehörige. Die Vertreter beider unterscheiden sich hinsichtlich ihrer Bestachelung; die der ersteren Gruppe besitzen feine, relativ kurze; die der letzteren derbe und lange Stacheln, wie man sie sonst von *Matucana* her nicht gewohnt ist. Nach unseren bisherigen Beobachtungen verändern sich die ersteren in der Kultur ziemlich stark, während die südlichen Arten ihre Bestachelung unter den gleichen Bedingungen beibehalten.

Vermutlich ist noch eine dritte, nördliche, inter- bzw. ostandine Entwicklungsgruppe zu unterscheiden, die BACKEBERG in dem neuen Genus *Submatucana* Backbg. zusammenfaßt, dem er die in ihrer systematischen Stellung ungeklärten und bislang in die Gattung *Arequipa* gestellten Arten, *A. aurantiaca* (Vpl.) Werderm. und *A. myriacantha* (Vpl.) Br. et R. zuordnet (s. auch S. 397). Es handelt sich um Kugelkakteen mit zygomorphen Blüten und behaarten Röhren. Das Nektarium soll (wenigstens bei *A. aurantiaca*) durch einen Ring staminodialer Haare verschlossen sein[1] und die Früchte sich mit Längsrissen öffnen. Es bedarf weiterer Beobachtungen am Standort, um die Aufstellung dieser neuen Gattung zu rechtfertigen.

Trichocerei Berg.

Säulenkakteen mit auffälligen, trichterigen, radiären Nachtblüten und $\pm$ behaarten Röhren und Früchten.

[1] Auf Grund dieses Merkmales stellten KIMNACH und HUTCHINSON (Cactus and Succ. Journ. of America, Bd. XXIX/2, 1957) diese Pflanze in die Gattung *Borzicactus*.

Trichocereus (Berg.) Ricc.

Aufrechtwachsende oder niederliegende, ± reich verzweigte Säulencereen von weiter Verbreitung.

Das Areal der Gattung, dessen Entwicklungszentrum wohl im östlichen Südamerika (Argentinien) liegt, reicht im Osten von Nordargentinien bis nach Bolivien und im westlichen Küstenbereich von Ecuador bis nach Mittelchile. Was die vertikale Verbreitung betrifft, so findet sich *Trichocereus* — wenigstens in Peru — einmal als Bestandteil der Loma-Wüste, also im Bereich der Garua-Nebel, zum anderen in mittleren Höhenlagen von 2400—3500 m, im Bereich der Sommerregenzone. Der niederschlagslosen Kakteenfelswüste fehlt die Gattung in Peru vollständig. Im Gegensatz zu anderen *Trichocerei*, z. B. *Haageocereus*, gehört *Trichocereus* selbst nicht zu den extrem xerophytischen Gattungen.

Aus Peru sind durch BRITTON, ROSE und BACKEBERG bereits seit längerer Zeit eine Reihe von Arten bekannt geworden. Es handelt sich um die folgenden:

Trichocereus peruvianus Br. et R. (BRITTON u. ROSE, Bd. II, S. 136); Abb. 25; Abb. 172, I

Pflanze 2—4 m hoch, von der Basis her verzweigt; Triebe aufrecht oder aufsteigend, häufig von steilen Felswänden, langen Tauen gleich, herunterhängend (Abb. 25) und dann eine Länge bis zu 7 m erreichend, 10—20 cm dick, 6—8rippig, blau bereift; Rippen breit, abgerundet; oberhalb der großen, braunwolligen Areolen eine V-förmige Einkerbung; Randstacheln 6—8, bis 1 cm lang, an der Basis honiggelb, mit dunkler Spitze; Zentralstachel meist 1, bis 4 cm lang, an der Basis nicht verdickt; Blüten sehr groß, weiß[1].

Typ-Fundort: In der Umgebung von Matucana, Rimac-Tal (Zentralperu).

Diese Art ist typisch für viele Andenquertäler Zentralperus in Höhenlagen von 2400—3300 m.

Trichocereus cuzcoensis Br. et R. (BRITTON u. ROSE, Bd. II, S. 136); Abb. 65, links

Pflanze 2—6 m hoch, mit zahlreichen, von der Basis her verzweigten, aufstrebenden, hellgrünen, 6—8rippigen, bis 20 cm dicken Trieben; Rippen niedrig, abgerundet; Areolen dichtstehend; Randstacheln kurz, derb, bis zu 12; Zentralstachel bis 7 cm lang, an der Basis keulig verdickt; Blüten weiß, 12—14 cm lang, bis zum nächsten Morgen geöffnet.

Typ-Fundort: Umgebung von Cuzco, 3000 m.

T. cuzcoensis ist durch das gesamte mittlere Vilcanota-Tal hindurch verbreitet und wird nicht selten zur Umfriedung von Gehöften und Feldern angepflanzt (Abb. 65, links), ähnlich wie *T. pachanoi* im nördlichen Peru und südlichen Ecuador.

[1] Abb. bei BACKEBERG: Neue Kakteen, 1931, S. 52.

Trichocereus uyupampensis Backbg. (BACKEBERG, Kaktus ABC, 1935, S. 205 u. S. 412).

Kletternde Art (n. BACKEBERG); Triebe bis 2 m lang und 3,5 cm dick, 9rippig; Areolen rund, gelbbraun-filzig, mit 8—10 feinen, an der Basis verdickten Stacheln; Blüten bis 16 cm lang; äußere Perigonblätter rötlich, innere weiß.

Typ-Fundort: Uyupampa (Südperu) bei 3000 m.

Trichocereus cephalomacrostibas Backbg. (BACKEBERG: Kaktus ABC, 1935, S. 201; Blätt. f. Kakteenforschung, 51/4, 1937)

Pflanze bis 2 m hoch; Triebe anfangs frisch-, später graugrün, bis 12 cm dick, 10rippig; Rippen abgerundet, 1 cm hoch, 1 cm breit; Areolen anfangs gelblichweiß, sich in der Spitzenregion fast berührend, später auseinanderrückend, bis 12 cm lang, graufilzig; Stacheln in 3 Reihen, bis 12 cm lang; Zentralstachel sehr derb, bis 7 cm lang[1]; Blüten groß, weiß; Früchte länglich-kugelig, rötlich-gelb-orange.

Typ-Fundort: Südwestperuanisches Hochland (genaue Standortsangabe fehlt).

Auf Grund der von BACKEBERG gegebenen Abbildung scheint diese Art der Gattung *Weberbauerocereus* sehr nahe zu stehen.

Neue Arten

Trichocereus chalaensis Rauh et Backbg. nov. spec. (Abb. 11; Abb. 172, II—IIa)

Pflanze bis 4 m hoch, von der Basis her verzweigt, mit steil aufstrebenden, 8rippigen, bis 15 cm dicken, grünen (nicht bereiften) Trieben; Rippen flach, 2 cm breit; oberhalb der Areolen eine flache V-förmige Einkerbung; Areolen rund, mit 6—10, bis 1 cm langen Randstacheln und 2—3, 5(—7) cm langen, waagerecht abstehenden, an der Basis nicht verdickten Zentralstacheln; diese im Neutrieb rotbraun, mit dunkler, fast schwarzer Spitze, im Alter grau; Blüten in Scheitelnähe, bis 17 cm lang, geöffnet bis 10 cm im ∅; Blütenröhre bis 2 cm dick, dicht mit grünen Schuppenblättern besetzt, die in ihren Achseln lange, schwarze Haare tragen; äußere Perigonblätter unterseits an der Spitze hellweinrot mit grünem Mittelstreifen, innere reinweiß, bis 6 cm lang und 2 cm breit, zugespitzt; Filamente der zahlreichen Staubblätter grünlich; Staubbeutel gelb; Griffel kürzer als die Staubblätter, mit 15, bis 1 cm langen, weißen Narbenstrahlen; Blüten noch am Morgen des nächsten Tages bis gegen 10 Uhr geöffnet; Früchte unbekannt; Blütenknospen mit stark gekrümmter Röhre und schwach zygomorphem Perigon (Abb. 172, IIa).

Fundort: Steile, felsige Lomahänge, 8 km südlich Chala, 200 m, in Gesellschaft von *Croton*, *Nolana*, *Oxalis* und anderen Lomapflanzen; Sammelnummer: K 128 (1956).

[1] Abb. bei BACKEBERG: Blätter für Kakteenforschung, 1934, 51/4.

Planta usque 4 m alta, a basi ramosa, ramis ardue erectis, 8 costatis usque 15 cm crassis, viridibus; costae planae 2 cm latae; supra areolas sulcus planus V-formis; areolae rotundae aculeis marginalibus 6—10 usque 1 cm longis et 2—3 aculeis centralibus transverse patentibus 5 (—7) cm longis, basi non incrassata; ii in caule novello rubiginosi, apice obscuro fere atro, senectute cani; flores prope verticem, usque 17 cm longi, dense squamis bracteaneis viridibus obtecti in axillis longos pilos atros ferentibus; gemmae florales tubo valde curvato et perigonio leniter zygomorpho; phylla perigonii exteriora subter apice laete rubri vini colore, linea mediana viridi,

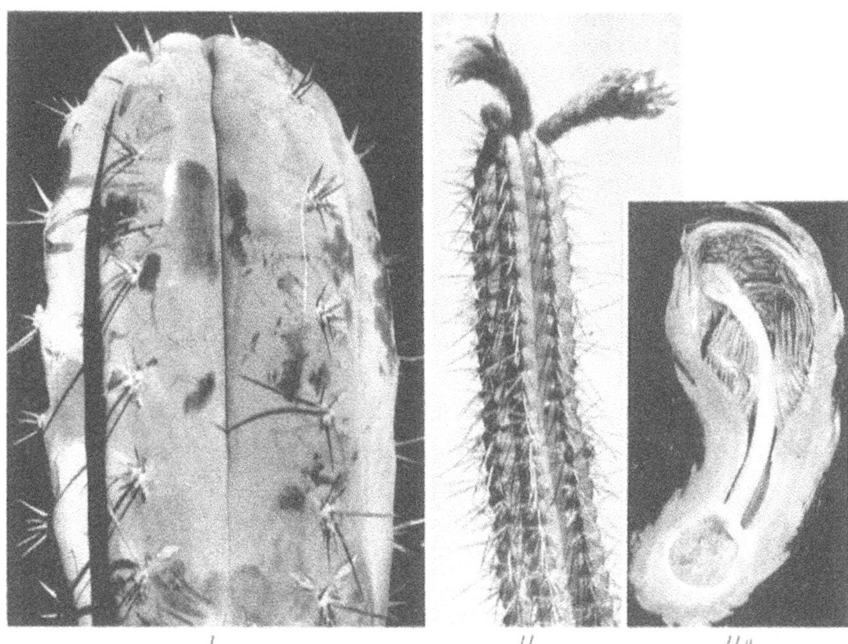

Abb. 172. I *Trichocereus peruvianus* Br. et R., junger Trieb; II—II*a* *T. chalaensis* Rauh et Backbg., blühender Sproß; II*a* ältere Knospe längs durchschnitten

interiora candida, usque 6 cm longa, 2 cm lata, acuminata; filamenta staminum numerosorum virescentia; antherae luteae, stylus brevior quam stamina, radiis stigmatis 15 usque 1 cm longis albis; flores mane etiam diei posteri ad horam decimam aperti; fructus ignoti.

T. chalaensis ist von allen bisher bekannten Arten die am weitesten herabsteigende und ein Begleiter der Lomas.

Trichocereus puquiensis Rauh et Backbg. nov. spec. (Abb. 173, I)

Pflanze 3—4 m hoch, von der Basis her verzweigt; Säulen blaugrün, 8—10rippig, bis 15 cm dick; Rippen schmal, ca. 1,5 cm hoch; Areolen 1 cm im ∅, gelbbraun-filzig, mit ca. 10, bis 2 cm langen, im Neutrieb braunen Randstacheln; Zentralstacheln meist 2, davon der obere schräg aufwärts gerichtet oder waagerecht abstehend, bis

10 cm lang, der basale schräg abwärts gerichtet, 5—8 cm lang, im Neutrieb kastanienbraun, im Alter grau; Blüten bis 15 cm lang, Röhre auch auf dem Knospenstadium gerade, bis 2 cm dick, dicht mit Schuppenblättern besetzt, ihr freier Abschnitt breit dreieckig, in eine dunkle Spitze auslaufend, in ihren Achseln braunschwarze Wollhaare; äußere Perigonblätter unterseits an der Basis braunrot, oberseits grünlich, die inneren weiß; Filamente, Griffel und Narben grünlich; Narbenstrahlen 19, ca. 5 mm lang; Fruchtknotenhöhle fast quadratisch, 0,7 cm im ∅; Nektarkammer 1,5 cm lang, sehr eng, fast völlig vom dicken Griffel ausgefüllt; Früchte unbekannt.

Fundort: Hänge oberhalb Puquio, zusammen mit *Erdisia quadrangularis*; Sammelnummer: K 119 (1956).

Planta 3—4 m alta, a basi ramosa; caules columniformes glauci, 8—10-costati usque 15 cm crassi; costae angustae, ca. 1,5 cm altae; areolae 1 cm in ∅, luteo-brunnescenti-tomentosae, aculeis marginalibus ca. 10, usque 2 cm longis, in caulibus hornis brunneis; aculei centrales plerumque 2, quorum superior oblique erectus vel transverse patens, usque 10 cm longus, basalis oblique deflexus 5—8 cm longus, in caule horno badius, senectute canus; flores usque 15 cm longi, tubus floralis etiam in statu ante efflorationem rectus, usque 2 cm crassus, squamis bracteaneis dense obtectus, quarum pars libera late trigona, in apicem obscurum excurrens, in axillis earum pili lanei brunneo-atri; phylla perigonii exteriora subtus basi rubiginosa, supra virescentia, interiora alba; filamenta, stylus et stigmata virescentia; radii stigmatis 19, ca. 5 mm longi; cavum ovarii fere quadrangulare, 0,7 cm in ∅; nectarium 1,5 cm longum, angustissimum, stylo crasso fere omnino expletum; fructus ignoti.

T. puquiensis steht *T. cuzcoensis* nahe, unterscheidet sich von diesem aber durch die größere Zahl der Rippen und die viel längeren, an der Basis nicht verdickten Zentralstacheln.

Trichocereus santaensis Rauh et Backbg. nov. spec. (Abb. 66, links)

Pflanze 3—5 m hoch; Säulen von der Basis her verzweigt, bis 15 cm dick, graugrün, leicht bereift, 7rippig; Rippen sehr breit, flach; oberhalb der 5 mm im ∅ großen, weiß-filzigen Areolen eine V-förmige Einkerbung; Randstacheln 2—3, kurz, 2—3 cm lang, bräunlich; Zentralstachel meist 1, bis 4 cm lang; Blüten nur auf dem Knospenstadium beobachtet, mit dicker, gerader, schwarz behaarter Röhre; Perigonblätter wahrscheinlich weiß; Früchte unbekannt.

Fundort: Talhänge des Rio Santa (Zentralperu) bei der Puente Bedoya, 2800—3000 m; Sammelnummer: K 58 (1956).

Planta 3—5 m alta; caules columniformes a basi ramosi, usque 15 cm crassi, cano-virides, subpruinati, 7 costati; costae latissimae, planae; supra areolas 5 mm in ∅ metientes, albo-tomentosas sulcus V-formis; aculei marginales 2—3, breves, 2—3 longi, brunnescentes; aculeus centralis plerumque unus, usque 4 cm longus; flores solum in statu ante efflorationem visi, tubo crasso, recto atro-lanato; phylla perigonii forsan alba; fructus ignoti.

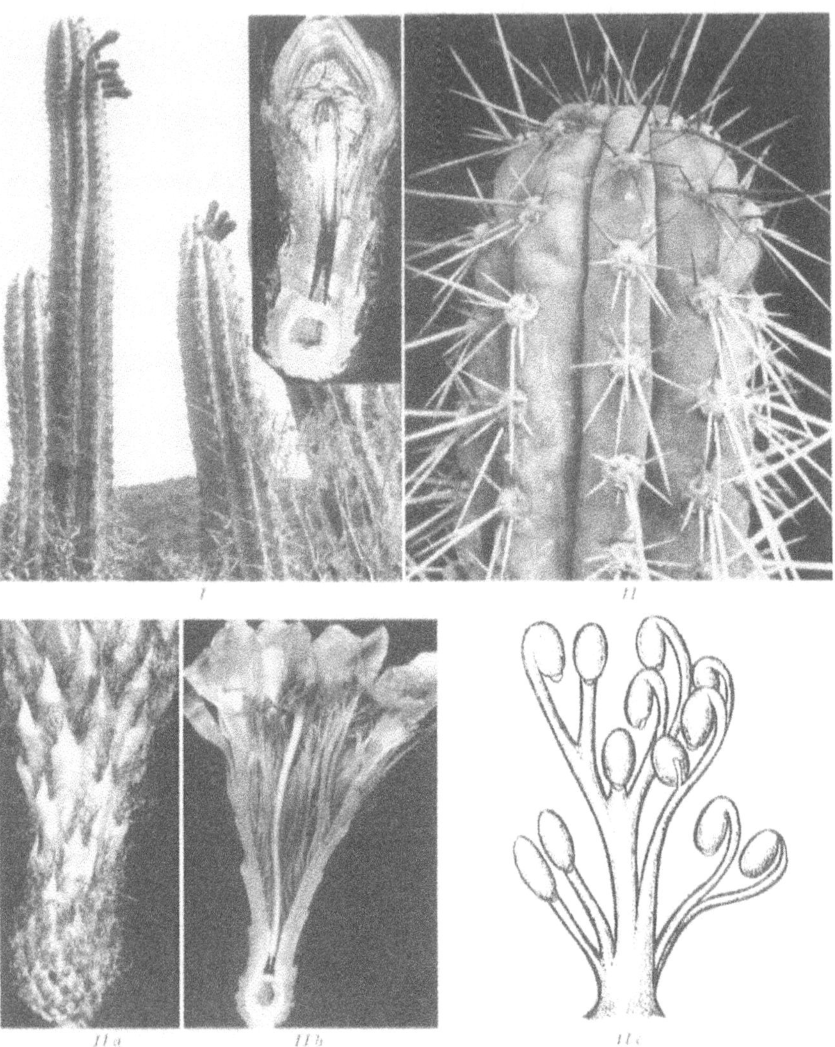

Abb. 173. I *Trichocereus puquiensis* Rauh et Backbg.; II *T. schoenii* Rauh et Backbg., II Sproß; *IIa* Blütenröhre; *IIb* Blüte längs; *IIc* Samenanlagen

Trichocereus schoenii[1] Rauh et Backbg. nov. spec. (Abb. 173, II)

Pflanze 2—3 (—4) m hoch, unregelmäßig von der Basis her verzweigt; Triebe graugrün, 10—15 cm dick, 7rippig; Rippen ca. 1,5 cm

[1] Nach E. SCHÖN, Arequipa (Peru) genannt, der uns auf unseren Reisen große Unterstützung zuteil werden ließ.

breit und 1 cm hoch; abgerundete Areolen gelbgrau-filzig, sehr groß, 1 cm im ⌀, 2 cm voneinander entfernt, oberhalb derselben eine flache V-förmige Einkerbung; Randstacheln 6—8, ungleich lang, die der adaxialen Areolenseite 1—1,5 cm, die der abaxialen Seite bis 5 cm lang, im Neutrieb lederbraun, im Alter grau, mit lederbrauner Spitze; Zentralstacheln 1—2, waagerecht abstehend oder schräg abwärts gerichtet, derb, bis 7 cm lang, mit unverdickter Basis; Blüten bevorzugt in Scheitelnähe, bis 16 cm lang, entfaltet bis 10 cm im ⌀; Röhre gerade, 2 cm dick; dicht mit Schuppenblättern besetzt, diese mit scharf abgesetztem, spitz dreieckigem freiem Abschnitt; in ihren Achseln dichte Büschel langer, schwarzbrauner Wollhaare; innere Perigonblätter weiß, zungenförmig, bis 7 cm lang und 2,5 cm breit, fein bespitzt; Fruchtknotenhöhle fast kugelig, 1 cm im ⌀; Nektarkammer 1,5 cm lang, sehr eng, von dem 3 mm dicken Griffel nahezu ausgefüllt; Staubblätter dichtstehend; die inneren, kürzeren in 12 Reihen, die äußeren, von diesen deutlich geschieden, kürzer als die Perigonblätter; Griffel länger als die Staubblätter, mit 17, sehr dünnen, ca. 2 cm langen Narbenstrahlen.

Fundort: Talkessel von Chuquibamba (Tal des Rio Majes, Südperu), von 3500—3900 m sehr häufig; Sammelnummer: K 185 (1956), leg. E. Schön, Arequipa.

Planta 2—3 (—4) m alta, a basi irregulariter ramosa; caules cano-virides, 10—15 cm crassi, 7 costati; costae ca. 1,5 cm latae et 1 cm altae; areolae luteo-cano-tomentosae, maximae, 1 cm in ⌀, 2 cm inter se distantes, supra eas sulcus brevis V-formis; aculei marginales 6—8, impares, illi lateris adaxialis areolae 1—1,5 cm longi, illi lateris abaxialis usque 5 cm metientes, in caule novello brunnei corii colore, senectute cani apice brunnei corii colore; aculei centrales 1—2, transverse patentes vel oblique deflexi, rigidi, usque 7 cm longi, basi non incrassata; flores praecipue prope verticem inserti, usque 16 cm longi, aperti usque 10 cm in ⌀; tubus floralis rectus usque 2 cm crassus, dense squamis bracteaneis obtectus, illae parte conspicue separata acuminato-trigona, in axillis densos penicillos pilorum atro-laneorum ferentes; phylla perigonii interiora alba linguiformia, usque 7 cm longa et 2,5 cm lata, subtiliter mucronata; cavum ovarii fere globosum, 1 cm in ⌀; nectarium 1,5 cm longum, angustissimum stylo fere 3 mm crasso expletum; stamina confertissimae, inferiora breviora in seriebus duabus, exteriora ab iis distincte separata, breviora quam petala; stylus et stigmata longiores quam stamina; radii stigmatis 17, tenuissimi, ca. 2 cm longi; fructus ignoti.

Auch diese Art steht *T. cuzcoensis* nahe, unterscheidet sich von diesem aber durch die sehr großen Areolen, die geringere Anzahl von Randstacheln, die an der Basis nicht verdickten Zentralstacheln und die viel größeren Blüten.

Trichocereus tarmaensis Rauh et Backbg. nov. spec. (Abb. 174)

Pflanze bis 2 m hoch, von der Basis her verzweigt; Säulen dunkelgrün, bis 10 cm dick, 8rippig; Rippen bis 2 cm breit, abgerundet, oberhalb der runden, 0,8 cm im ⌀ großen, grau behaarten Areolen mit seichter V-förmiger Einkerbung; Randstacheln 2—5, ungleich lang (1—3 cm), im Neutrieb hornfarbig, später grau;

Abb. 174. *Trichocereus tarmaensis*. Links: Vegetationsbild (die Säulen sind von *Tillandsia virescens* überwachsen); rechts: Einzeltrieb

Zentralstachel meist 1, bis 10 cm lang, waagerecht abstehend; an älteren Trieben kann dessen Ausbildung unterbleiben; in diesem Falle sind die 3 abaxialen Randstacheln kräftig entwickelt und abwärts gebogen; Blüten weiß, mit lang-wollig behaarter Röhre; Früchte ca. 3 cm im ⌀; Samen klein, glänzend.

Fundort: Trockenhänge oberhalb Tarma, 2800—3000 m, zusammen mit *Erdisia squarrosa* und *Cylindropuntia tunicata*. Die Pflanzen sind häufig in dichte Mäntel von *Tillandsia virescens* eingehüllt; Sammelnummer: K 8 (1956).

Planta usque 2 m alta, a basi ramosa; caules columniformes, atrovirides, usque 10 cm crassi, 8costati; costae usque 2 cm latae, rotundatae, supra rotundas areolas 0,8 cm in ∅ metientes cano-pilosas sulcus lenis V-formis; aculei marginales 2—5, impares (1—3 cm), in caule horno corii colore, postea cani; aculeus centralis plerumque unus, usque 10 cm longus, transverse patens; ille in caulibus senioribus abesse potest, tum aculei marginales 3 abaxiales validi et reflexi sunt; flores albi, tubo longe lanato-piloso; fructus ca. 3 cm in ∅; semina parva, nitida.

Kürzlich hat BACKEBERG[1] einen weiteren, peruanischen *Trichocereus*, *T. tuhuayacensis* Ochoa, beschrieben, der sich gegenüber allen bisher bekannten peruanischen, weißblütigen Arten durch rosafarbige Blüten auszeichnet. Im Wuchs steht dieser dem *T. tarmaensis* sehr nahe, unterscheidet sich von diesem aber durch den Besitz von 3—4 Mittelstacheln (bei *T. tarmaensis* nur 1) und durch die rosafarbigen Blüten.

Fundort: bei Huancayo (Zentralperu) 3400 m.

Rauhocereus Backbg. nov. gen. (Abb. 71, rechts; Abb. 175)

Bis 4 m hoher, strauchig wachsender, von der Basis verzweigter Säulencereus; seltener stammbildend; Säulen aufrecht, spärlich verzweigt, bis 8 cm dick, 5—6rippig, mit großen, auffallend kantigen Mamillen; Stacheln wenige, sehr derb, im Neutrieb an der Basis lebhaft karminrot, an der Spitze dunkelrot, im Alter grau; Blüten in Scheitelnähe bis 10 cm lang, mit flach ausgebreitetem, weißem Perigon; Röhre dick, dicht beschuppt, braunwollig behaart; Früchte eiförmig, anfangs grün, später himbeerrot, mit rotem Fruchtschleim; Samen klein, schwarz glänzend, mit grubig punktierter Schale.

Nordperu: Huancabamba-Tal zwischen Chamaya und Jaén, 700 m, und Tal des Rio Saña, bei 1000 m.

Cereus columniformis usque 4 m altus, frutescens, a basi ramosus, rarius caulescens; caules columniformes erecti, sparsim ramosi, usque 8 cm crassi, 5—6costati, mamillis magnis conspicue angulosis; aculei perpauci, rigidissimi, in caule novello basi laete punicei, apice atrorubi, senectute cani; flores prope verticem inserti, usque 10 cm longi, perigonio albo plane extenso; tubus floralis crassus dense squamatus, brunneo-laneo-pilosus; fructus oviformes, primo virides, postea rubro colore fructus rubi idaei; semina parva, nigro-nitida, testa cavato-punctata.

Die von BACKEBERG neu aufgestellte und von uns erstmalig 1954 im Saña-Tal gefundene Gattung gehört auf Grund ihres Blütenbaues zu den nachtblütigen Trichocerei, wenngleich auch die weißen, auffälligen Blüten noch bis gegen 10 Uhr des nächsten Tages geöffnet sind. Besonders bemerkenswert sind die großen, kantigen, scharf gegeneinander abgegrenzten Mamillen und die sehr derben, im Neutrieb lebhaft karminroten Stacheln.

[1] BACKEBERG, C.: Ein rosablühender *Trichocereus* aus Peru. Kakteen u. andere Sukkulenten, 1957, Heft 7, S. 106—107.

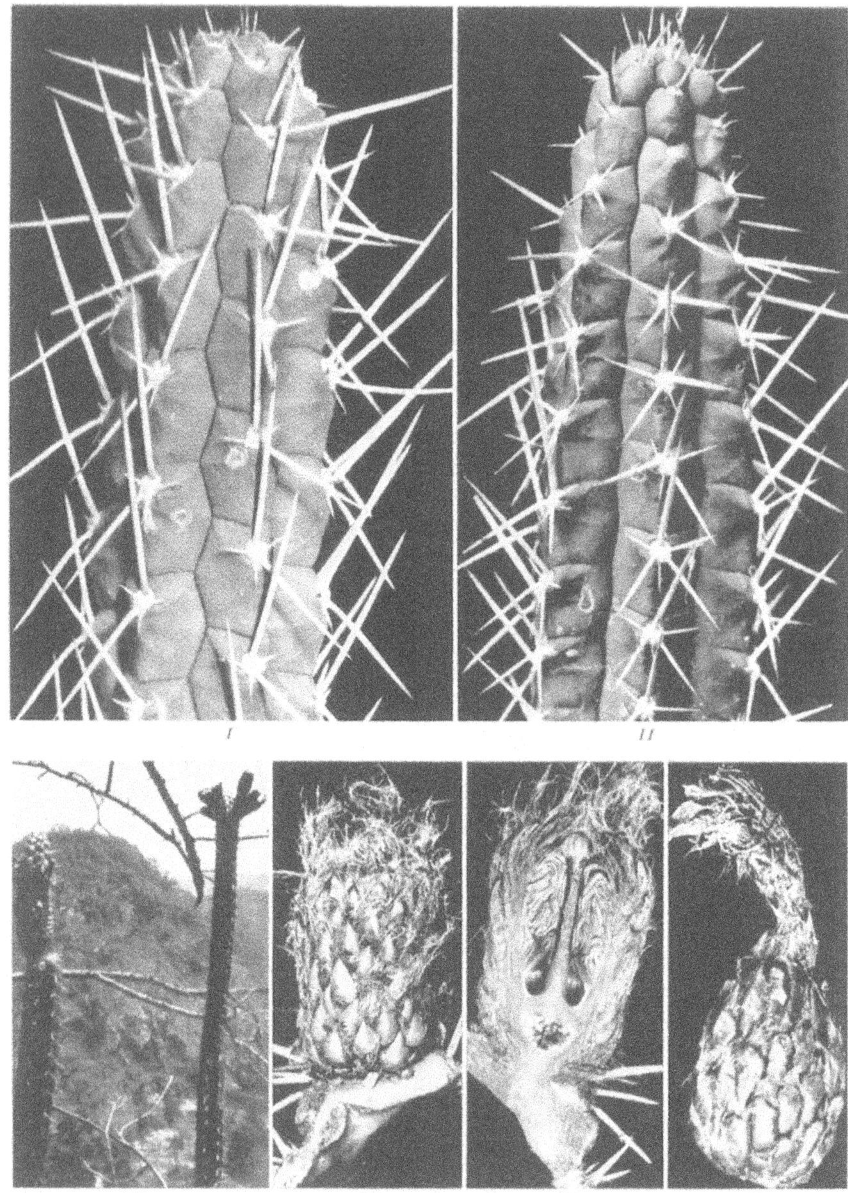

Abb. 175. *Rauhocereus riosaniensis* Backbg. I var. *jaenensis*; II var. *riosaniensis*; II*a* blühender Trieb; III—V Blütenknospe und Frucht der var. *jaenensis*

Soweit bisher bekannt, ist die Gattung monotypisch, aber durch zwei hinsichtlich der Bestachelung verschiedene Varietäten vertreten.

Rauhocereus riosaniensis Backbg. nov. spec. (Abb. 175)

Pflanze strauchig wachsend, bis 4 m hoch; Triebe meist von der Basis her verzweigt, 8—15 cm dick, 5—6rippig; Rippen breit, abgerundet, in 1,5 cm lange, scharf kantige und durch eine tiefe, breit-V-förmige Furche gegeneinander abgegrenzte Mamillen aufgelöst; Areolen deren apikalem Ende aufsitzend, rund, 4—5 mm im ∅, weißgelb-filzig; Randstacheln wenige (bis 4), kurz (1,5 cm lang), derb, stechend; Zentralstacheln 2—4, sehr derb, bis 5 cm lang, im Neutrieb mit blaßgelber Basis und dunkelroter Spitze, im Alter hellgrau; Blüten in Scheitelnähe, bis 10 (—15) cm lang und bis 5 cm im ∅; Röhre bis 3 cm dick, zylindrisch, sich spitzenwärts leicht trichterig erweiternd und dicht mit Schuppenblättern besetzt; diese mit breitem Unterblatt und spitz dreieckigem, bis 3 mm langem Oberblatt, in dessen Achsel dichte Büschel langer Wollhaare; Fruchtknotenhöhe flach-halbkugelig, 2 mm hoch, 4 mm im ∅; Griffel sehr dick, länger als die Staubblätter, mit 11 dicken Narbenstrahlen; Nektarkammer weit, 0,5 cm lang; innere Perigonblätter weiß, bis 2,5 cm lang, 3 mm breit, scharf zugespitzt; am Rande fein papillös; Früchte eiförmig, 3,5 cm lang, 2,5 cm im ∅, dicht beschuppt und behaart, anfangs grün, später himbeerrot; Fruchtschleim lebhaft zinnober- bis blutrot; Samen klein, schwarz glänzend, warzig punktiert.

var. *jaenensis* (Abb. 175, I)

Randstacheln 3—4, bis 1,5 cm lang, sehr derb und stechend; Zentralstacheln meist 2, sehr derb, an der Basis bis 2 mm dick, bis 2 cm lang, der obere schräg aufwärts, der basale schräg abwärts gerichtet, oft der Sproßachse anliegend, Pflanze zuweilen stammbildend, mit 20—30 cm dickem Stamm.

Fundort: Trockenwald des Rio Huancabamba zwischen Chamaya und Jaén, 700 m; Sammelnummer: K 75 (1956).

var. *riosaniensis* (Abb. 175, II)

Triebe 5—6rippig; Mamillen weniger kantig als bei voriger und weniger erhaben; Randstacheln 1—4, bis 1,5 cm lang; Zentralstacheln meist 4, schräg über Kreuz stehend, viel dünner als bei der vorigen, bis 5 cm lang.

Fundort: Bombax-Wald im Tal des Rio Saña, 1000 m; Sammelnummer: K 141 (1954).

Planta frutescens, usque 4 m alta, a basi ramosa, 5—6costata; costae latae, rotundatae, in acutangulas mamillas 1,5 cm longas et sulco profundo leniter V-formi separatas dissolutae; areolae in parte apicali sessiles, rotundae, 4—5 mm in ∅, albo-luteo-tomentosae; aculei marginales pauci (usque 4), breves (1,5 cm longi), rigidi, pungentes; aculei centrales 2—4, rigidissimi, usque 5 cm longi, in caule novello basi pallido-lutea et apice atrorubro, senectute canescentes; flores prope verticem, usque 10(—15) cm longi et 5 cm in ∅; tubus floralis usque 1,5 cm crassus, cylindricus, squamis bracteaneis dense obtectus; illae basi lata et parte superiore acuminato-trigona, usque 3 mm longa, in cuius axilla densi penicilli pilorum laneorum longorum; cavum ovarii plano-semiglobosum, 2 mm altum, 4 mm in ∅; stylus percrassus, longior quam stamina, radiis stigmatis 11 crassis; nectarium latum, 0,5 cm longum; phylla perigonii interiora alba, usque 2,5 cm longa, 3 mm lata, acute acuminata, marginibus subtiliter papillosa; fructus oviformes, 3,5 cm longi, 2,5 cm in ∅, dense squamosi et pilosi, primo virides, postea fructus rubi idaei colore; pulpa vehementer miniacea vel sanguinea; semina parva, atronitida, verrucoso-punctata.

var. *jaenensis*

Aculei marginales 3—4, usque 1,5 cm longi, rigidissimi et pungentes; aculei centrales plerumque 2, rigidissimi, basi usque 2 mm crassi, usque 2 cm longi, quorum superior oblique erectus, basalis oblique deflexus, saepe ad caulem appressus; planta non modo frutescens, sed etiam interdum caulescens, caule 20—30 cm crasso.

var. *riosaniensis*

Caules 5—6costati; mamillae minus angulosae quam in varietate antecedente et minus prominulae; aculei marginales 1—4, usque 1,5 cm longi; aculei centrales plerumque 4, oblique cruciate inserti, multo tenuiores quam in varietate antecedente, usque 5 cm longi.

Haageocereus Backbg.

Die von BACKEBERG aufgestellte Gattung hat rein peruanische Verbreitung. Ihr Areal beschränkt sich ausschließlich auf die Andenwestseite, von der ecuadorianischen bis nahe an die chilenische Grenze, von Meereshöhe bis 2400 m. Das Häufigkeitszentrum liegt jedoch in mittleren Höhenlagen, in der niederschlagsarmen Kakteenfelswüste, in Nordperu von 100—500 m, in Zentralperu von 700—1500 m und in Südperu bis 2000 m. Während die meisten Arten hinsichtlich ihrer vertikalen Verbreitung eine bestimmte Höhenlage einnehmen, gibt es solche (insbesondere die Arten aus der „*acranthus*"-Gruppe) mit großem vertikalem Verbreitungsgebiet, das sich von der Felswüste bis in die Sommerregenzone erstreckt. Eine besondere Eigenschaft vieler *Haageocereen* ist ihre Polymorphie und große Variabilität, weshalb die Gattung eine der „kritischen" Gattungen unter den Kakteen ist. Mit Sicherheit lassen sich die Pflanzen nur am Standort und nach frischen Importstücken einordnen, da diese in der Kultur ihr Aussehen, insbesondere ihre typische Bestachelung, wohl unter dem Einfluß eines geringeren Lichtgenusses, erheblich verändern. Auch am natürlichen Standort zeigen viele Arten eine große Variabilität; so sind Neuaustriebe älterer Sprosse in der Bestachelung und Farbe oft so auffallend von diesen verschieden, daß man beide, ohne Standortsbeobachtungen, für verschiedene Arten halten würde.

Die *Haageocereen* sind nachtblütige, aufrecht wachsende oder niederliegende, von der Basis her verzweigte Säulencereen, von verschiedener Trieblänge und Dicke, mit dichtstehenden Areolen und meist zierlicher Bestachelung. Bei einigen Arten sind die Areolenstacheln mit feinen Borstenhaaren untermischt, die im Scheitel zu einem Borstenschopf zusammentreten.

Blüten vorwiegend in Scheitelnähe, sich bei manchen Arten bereits am späten Nachmittag öffnend und erst gegen 10 Uhr am nächsten Morgen schließend, radiär, eng- oder weittrichterig; Blütenröhre gerade oder leicht gebogen, rund oder etwas abgeflacht, $\pm$ dicht mit Schuppenblättern besetzt, in ihren Achseln mit Wollhaaren; Perigonblätter verschiedenfarbig, weiß, karminrot oder grünlich; Staubblätter meist kürzer als die Perigonblätter, verschieden lang; innere Staubblätter in Doppelreihe, die meist lange und weite Nektarkammer verschließend; äußere (= Perigon-) Staubblätter in einfacher Reihe; zwischen beiden mehrere, auf verschiedener Höhe der Röhre abzweigende Staubblattkreise. An der Basis des inneren Staubblattkreises zuweilen ein Ring staminodialer Wollhaare; Fruchtknotenhöhle kugelig bis länglich, mit zahlreichen Samenanlagen, diese auf reich verzweigten Samensträngen; Früchte kugelig bis länglich, meist von rötlicher Farbe, vom abgetrockneten Blütenrest gekrönt, locker mit Schuppenblättern und Wollhaaren besetzt, von den verschleimenden Samensträngen erfüllt; Samen relativ klein, schwarz-glänzend.

Bei zahlreichen Arten zeichnen sich die blühbaren Areolen durch starke Haarbildungen aus, die auch nach der Fruchtreife erhalten bleiben; häufig treten diese in etagenförmig übereinanderstehenden „Wollringen" in Erscheinung (z. B. bei *Haageocereus zonatus*) und kennzeichnen damit die einzelnen, aufeinanderfolgenden Blühperioden.

Hinsichtlich der Ausbildung der Blüten sind 2 Gruppen zu unterscheiden, worauf bereits AKERS[1] hinweist; bei der einen sind die Blüten engtrichterig (s. Abb. 176, rechts) und besitzen relativ

[1] AKERS, J.: Cactus and Succ. Journ. of America, Bd. XIX, 1947, S. 68 und Bd. XX, 1948, S. 128.

kleine, flach ausgebreitete Perigonblätter; die Vertreter der zweiten hingegen haben weittrichterige Blüten mit stark zurückgeschlagenen, großen, äußeren Perigonblättern (Abb. 176, links). AKERS, der sich mehrere Jahre in Peru mit der Gattung *Haageocereus* beschäftigt und eine Reihe neuer Arten beschrieben hat, sah sich veranlaßt, auf Grund der verschiedenen Blütenform das neue Genus *Peru-*

Abb. 176. Links: *Haageocereus acranthus* Backbg.; rechts: *H. (Peruvocereus) aureispinus* Rauh et Backbg.

vocereus aufzustellen. Er faßt die Unterschiede zwischen beiden Gattungen wie folgt zusammen[1]:

Peruvocereus Akers

Plants upright, columnar, with bristles or hairs near the apex or down the stems. Flowers diurnal, small, rotate, with the outer segments much recurved. Flowers white to bright colored.

Haageocereus (= *Binghamia* Br. et R. p. p.) Backbg.

Plants arching to decumbent and without bristles or hairs. Flowers nocturnal, medium large, salver form with the outer segments recurved. The known species have white or nearly white flowers.

Zu *Haageocereus* rechnet AKERS allein *H. acranthus, H. olowinskianus, H. decumbens* und *H. australis.*

Daß die Abspaltung der Gattung *Peruvocereus* von *Haageocereus* anfechtbar ist, hat BACKEBERG verschiedentlich zu begrün-

[1] Cactus and Succ. Journ. of America, Bd. XX, 1948, S. 128.

den versucht[1], so daß es sich erübrigt, hierzu nochmals Stellung zu nehmen. Zu den Feststellungen von AKERS kann auf Grund eigner Beobachtungen noch ergänzend mitgeteilt werden, daß gerade *H. acranthus* und *H. olowinskianus*, welche AKERS der Backebergschen Gattung *Haageocereus* zuordnet, sich durch meist aufrechten Wuchs auszeichnen. Von *H. olowinskianus* konnten wir auf unserer letzten Reise die neue Varietät *rubriflorior* (K 177a) mit roten und engtrichterigen[2] Blüten sammeln, die sich bereits am späten Nachmittag (in der Kultur schon um 15 Uhr) öffnen. Nach AKERS müßte dieser demzufolge der Gattung *Peruvocereus* zugeordnet werden.

Wenn AKERS von „flowers diurnal" bei *Peruvocereus* spricht, so ist diese Angabe irreführend. Wohl öffnen sich die Blüten bei einigen Arten bereits am späten Nachmittag (sie werden dann auch von Kolibris aufgesucht), um sich erst in den Vormittagsstunden des nächsten Tages zu schließen; der Hochstand der Blüte fällt aber in jedem Fall in die Nacht, so daß keineswegs von Tagblütigkeit gesprochen werden kann. Auch für *H. acranthus* und *H. decumbens* wurde festgestellt, daß deren Blüten sich schon einige Stunden vor Sonnenuntergang entfalten und erst gegen 10 Uhr am nächsten Morgen schließen. Ein ausgesprochener Unterschied in der Blühzeit und Blühdauer zwischen beiden Gruppen, welcher die Aufstellung einer neuen Gattung rechtfertigen würde, besteht also nicht.

Nachdem nun die Existenzberechtigung der Gattung *Peruvocereus* recht zweifelhaft geworden war[3], versuchte CULLMANN, der seit einer Reihe von Jahren die von BACKEBERG auf seinen Perureisen gesammelten *Haageocereen* kultiviert und auch regelmäßig zur Blüte bringt, die Gattung *Peruvocereus* dadurch zu retten, daß er glaubte, einen wesentlichen Unterschied im Bau der Blütenröhre zwischen *Haageocereus* und *Peruvocereus* gefunden zu haben. Nach ihm[4] sollen die Blüten der Gattung *Haageocereus* angehörigen Arten

[1] Sukkulentenkunde, Jahrb. Schweizer Kakteen-Gesellschaft, II, 1948, S. 56—48.

Some Results of twenty years of Cactus research. Cactus and Succ. Journ. of America, 1950—51, S. 45—46.

[2] Der von BACKEBERG beschriebene Typus besitzt weittrichterige, weiße Blüten, s. Abb. in Sukkulentenkunde und Jahrb. d. Schweizer Kakteen-Gesellschaft II, 1948, S 47

[3] Auch BUXBAUM stellt in seinem System (1957) *Peruvocereus* zu *Haageocereus*

[4] Schriftliche und mündliche Mitteilung (noch unveröffentlicht).

eine im Querschnitt r u n d e, die der Gattung *Peruvocereus* hingegen eine abgeflachte Röhre besitzen. Dies wäre allerdings kein organisatorischer, sondern lediglich ein quantitativer Unterschied, dem wohl keine systematische Bedeutung beizumessen ist, zumal CULLMANN seine Untersuchungen nur an wenigen Arten durchführen konnte. Eigne Beobachtungen an umfangreichem Material haben ergeben, daß die Blüten beider „Gattungen" auf Jugendstadien abgeflachte Röhren besitzen, diese Abflachung im Verlauf der Weiterentwicklung teilweise ausgeglichen wird, teilweise aber erhalten bleibt und abgeflachte Blütenröhren sowohl bei *Haageocereus* als auch „*Peruvocereus*" angetroffen werden.

Hinsichtlich des Blütenbaues bestehen, abgesehen von der Ausbildung des Perigons, zwischen den beiden „Gattungen" keine grundsätzlichen Unterschiede. Sowohl die engröhrigen als auch die weittrichterigen Blüten zeigen die gleiche Ausbildung des Androeceums; sie besitzen einen inneren, aus einer Doppelreihe von Staubblättern bestehenden, den Griffel umgebenden und einen äußeren, einfachen, unterhalb der Perigonblätter abzweigenden Staubblattkreis; zwischen beiden finden sich noch 3—5, auf verschiedener Höhe von der Perigonröhre abzweigende Staubblattkreise. Bei den weittrichterigen Blüten sind die Samenstränge meist kurz und dick, die Samenanlagen stehen demzufolge dichter beieinander; bei den engtrichterigen hingegen sind diese dünner und länger. Aber auch diesem rein quantitativen Unterschied dürfte keine systematische Bedeutung beizumessen sein. Blütenmorphologische Untersuchungen ergeben somit keine Anhaltspunkte, welche die Aufstellung zweier Gattungen rechtfertigen.

Auf eine blütenmorphologische Besonderheit sei noch hingewiesen, die bisher weder von AKERS noch von BACKEBERG und CULLMANN erwähnt wird, nämlich das Auftreten staminodialer Haare, die für mehrere Arten, sowohl mit weit- als auch engtrichterigen Blüten, festgestellt wurden. Diese finden sich an der Basis der Filamente des inneren Staubblattkreises. Ob es sich hierbei lediglich um Auswüchse der Filamentbasen oder um in der Entwicklung gehemmte Staubblätter handelt, konnte bisher nicht geklärt werden. Diese Haare sind reich verzweigt und bestehen aus mehreren Zellreihen. Wie unsinnig die Behauptung RITTERs (Winter-Katalog) ist, die Haarringe seien von Kolibrischnäbeln zerfetzte Filamente, geht allein aus der Beobachtung hervor, daß sie bereits an 2—3 cm großen, noch völlig geschlossenen Blütenknospen in gleicher Ausbildung in Erscheinung treten.

Auch in ökologischer Hinsicht läßt sich eine scharfe Trennung der beiden Gruppen nicht durchführen. Zwar gehören die meisten Arten mit weittrichterigen Blüten, insbesondere die niederliegenden (mit Ausnahme von *H. platinospinus*), der feuchten Nebelwüste und der Lomaformation an; doch finden wir aus dieser Gruppe auch Vertreter in der niederschlagsarmen Felswüste; hier sind vor allem *H. acranthus* und der neue *H. pluriflorus* zu nennen.

Alles in allem erweist sich die Gattung *Haageocereus* als recht einheitlich, wenngleich auch als recht formenreich und polymorph. Es scheint sich um eine phylogenetisch recht junge, in ihrer Entwicklung noch nicht abgeschlossene und noch in Artneubildung begriffene Gattung zu handeln, wodurch die Diagnostizierung der einzelnen Arten außerordentlich erschwert wird.

Zusammenfassend ist festzustellen, daß *Peruvocereus* als eignes Genus nicht existenzberechtigt ist, sondern allenfalls als Untergattung von *Haageocereus* aufzufassen wäre.

Typus der Gattung ist: *Haageocereus pseudomelanostele* Backbg. (= *Cereus melanostele* Werd. et Backbg.).

Die Neufunde von AKERS in Zentralperu und unsere an der gesamten Westküste Perus haben die Kenntnis um die Gattung wesentlich erweitert. Der besseren Übersicht halber schlägt BACKEBERG[1] vor, die gesamte Gruppe der *Haageocereen* auf Grund vegetativer Merkmale in Reihen aufzuteilen. Im folgenden schließe ich mich der Auffassung BACKEBERGs an und gebe zunächst einen Überblick (in etwas abgewandelter Form) der von BACKEBERG aufgestellten Reihen, wie sie in seinem neuen Werk „Cactaceae" erscheinen werden:

A. Arten mit vorwiegend weittrichterigen Blüten

Reihe: *Acranthi* Backbg.

Pflanzen mit stärkeren, kräftigen, meist aufrechten oder bogig aufsteigenden Trieben; Rippen breit, mit großen, stark filzigen Areolen und kräftigen Randstacheln; diese zuweilen untermischt mit feineren Borstenstacheln und meist sehr derben Zentralstacheln.

Reihe: *Decumbentes* Backbg.

Pflanzen niederliegend, bzw. Triebe nur an der Spitze aufsteigend, kurz; Areolen dichtstehend, mit locker angeordneten Randstacheln und kräftigen, an der Basis verdickten Mittelstacheln.

Reihe: *Repentes* Backbg.

Wuchs wie bei vorigem; Triebe aber bis 2 m und länger werdend; Randstacheln dichtstehend; Zentralstacheln nicht sehr kräftig und an der Basis nicht verdickt.

---

[1] Ich danke C. BACKEBERG dafür, daß er mir Einblick in sein Manuskript gewährt hat.

B. Arten mit engtrichterigen Blüten

Reihe: *Versicolores* Backbg.

Pflanzen schlanktriebig, meist dichte Büsche bildend; Triebe aufrecht, seltener niederliegend; Stacheln oft lebhaft gefärbt; Randstacheln dichtstehend, zwischen diesen keine Borstenhaare; Zentralstacheln zuweilen sehr kräftig.

Reihe: *Asetosi* Backbg.

Pflanzen kräftiger als vorige, aufrecht wachsend, von der Basis her verzweigt, aber nicht so vieltriebige Büsche bildend wie die Vertreter der Reihe der *Versicolores*; Randstacheln zahlreich, dünn, lebhaft gefärbt (gelb oder rötlich); Zentralstacheln meist kräftig.

Reihe: *Setosi* Backbg.

Im Wuchs ähnlich den vorigen, aber Randstacheln der Areolen untermischt mit Borstenhaaren, die im Scheitel einen ± auffallenden Schopf bilden.

Reihe: *Acranthi* Backbg.

Haageocereus acranthus Backbg. (syn. *Cereus acranthus* Vpl.[1]; *Binghamia acrantha* Br. et R.[2]; Abb. 176, links; Abb. 177 I—Ia)

Pflanze 1—2 m hoch[3], von der Basis her verzweigt, gruppenbildend; Triebe 8—10 cm dick, mit 12—14 breiten, niedrigen, im Scheitel stark höckerigen Rippen; Mamillen durch eine seichte V-förmige Einkerbung gegeneinander abgegrenzt; Areolen dichtstehend, rund, bis 1 cm im ∅, im Scheitel gelb-, später braun-filzig; Randstacheln 20—30, sehr derb, 0,5 bis 1 cm lang, im Neutrieb gelblich, mit dunkler Spitze, im Alter grau; Zentralstachel meist 1—2, sehr derb, 3—4 cm lang, waagerecht abstehend oder schräg abwärts gerichtet (Abb. 177, I); Blüten unterhalb des Scheitels, meist in Einzahl, weittrichterig (Abb. 176, links), entfaltet bis 8 cm lang und 5 cm im ∅; Achsenröhre an der Basis 1,5 cm dick, sich spitzenwärts trichterig erweiternd, locker mit fleischigen Schuppenblättern besetzt, ihr freier Abschnitt in eine feine Stachelspitze auslaufend, in deren Achseln wenige, kurze Wollhaare; äußere Perigonblätter zurückgerollt, unterseits braunrot, oberseits grünlich, innere weiß, zurückgeschlagen, 2,5 cm lang, 0,8 cm breit, fein bespitzt (Abb. 176, links); Fruchtknotenhöhle breit-halbkugelig, 0,7 cm breit, 0,3 cm hoch; Nabelstränge kurz, reich verzweigt; Nektarkammer 1 cm lang, 0,6 cm weit, im Querschnitt abgeflacht; innere Staubblätter in Doppelreihe; an der Basis der Filamente des innersten Kreises ein die Nektarkammer verschließender Haarring (Abb. 177, Ia, Abb. 177a); Filamente grünlich mit gelben Staubbeuteln, kürzer als die Perigonblätter; Griffel mit den grünlichen Narben die Staubblätter weit überragend, aber etwas kürzer als die Perigonblätter; Früchte groß, rot.

Typ-Standort: Rimac-Tal (Zentralperu) bei Sta. Clara, 400—600 m.

H. acranthus (Abb. 176, links; Abb. 177, I u. Ia) ist eine der weit verbreitetsten Arten des zentralen Peru. Sein Areal erstreckt

[1] Englers Botan. Jahrb. 50, Beibl. 111, 1913.

[2] Cactaceae, Bd. II, S. 168.

[3] VAUPEL und BRITTON u. ROSE geben bis 3 m Höhe an. Diese Angaben dürften übertrieben sein. Die größten von mir aufgefundenen Exemplare hatten eine Höhe von knapp 2 m.

Abb. 177. I *Haageocereus acranthus* Backbg. (Typ), I*a* Blüte längs, *H* staminodialer Haarring; II *H. acranthus* var. *metachrous* Rauh et Backbg.; II*a* Blütenknospe; II*b* dieselbe längs durchschnitten; II*c* entfaltete Blüte längs

sich vom Tal des Rio Fortaleza im Norden bis zum Tal des Rio Pisco im Süden und von 400—2400 m Höhe. Ihre größte Häufigkeit hat die Pflanze an der Untergrenze der Sommerregenzone, wo sie gebietsweise tonangebend unter den Kakteen ist; der eigentlichen Küstenwüste fehlt sie jedoch.

H. acranthus ist sehr variabel; so wurden eine Reihe von Formen gesammelt die durchaus als Varietäten anzusprechen sind; eine der interessantesten ist die

var. *metachrous* Rauh et Backbg. nov. var. (Abb. 177, II)

Pflanze im Wuchs ähnlich *H. acranthus*, sich vom Typus aber durch die leder- bis kaffeebraunen Stacheln unterscheidend; Säulen bis 1,50 m hoch, von der Basis her verzweigt, bis 10 cm dick, 16rippig, graugrün; Rippen schmaler als beim Typus, zwischen den Areolen etwas eingezogen; diese braun-wollig, bis 0,7—1 cm im ∅, mit zahlreichen (30—40), 1—1,5 cm langen, derberen und borstenförmigen, in eine feine Spitze auslaufenden, braunvioletten Randstacheln; Zentralstacheln 2—4, davon 1—2 sehr kräftig, bis 2 cm lang, an der Basis ledergelb, an der Spitze braunviolett; Blüten unterhalb des Scheitels, meist in Einzahl, bis 8,5 cm lang, mit 1,5 cm dicker Röhre; diese rötlichgrün, locker mit fleischigen Schuppenblättern besetzt, in deren Achseln wenige, kurze Haare; äußere Perigonblätter unterseits braunkarminrot, innere weiß bis zart-rosakarmin, sich postfloral lebhaft karminrot verfärbend; Fruchtknotenhöhle fast kugelig, 0,8 cm im ∅, Nektarkammer 1,5 cm lang, 0,5 cm im ∅, auf dem Querschnitt abgeflacht, vom inneren Staubblattkreis verschlossen, an dessen Basis nur vereinzelte staminodiale Haare; Filamente weiß mit gelbem Staubbeutel, kürzer als die Perigonblätter; Griffel und Narben rötlich-gelb, länger als diese.

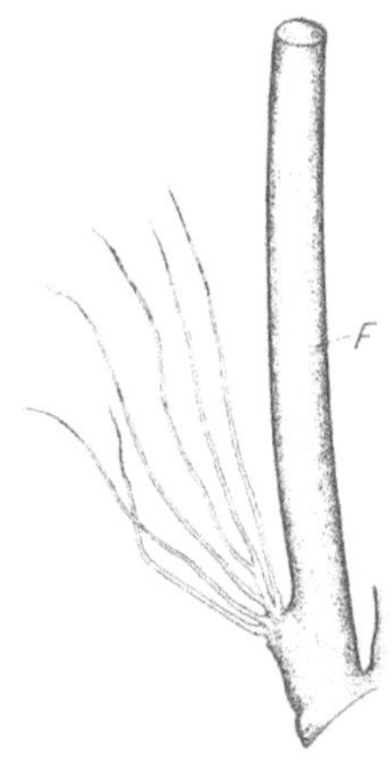

Abb. 177a. Filamentbasis des inneren Staubblattkreises von *Haageocereus acranthus*

Fundort: Pisco-Tal bei 2000 m, häufig auf stark blockigen Flußterrassen; Sammelnummer: K 162 (1956).

Planta habitu typo similis, sed aculeis corii vel coffeae colore differens; caules columniformes usque 1,50 m alti, a basi ramosi, usque 10 cm crassi, 16 costati, cano-virides; costae angustiores quam in typo, inter areolas parum constrictae; illae brunneo-laneae, usque 0,7—1 cm in ∅, aculeis marginalibus 30—40, 1—1,5 cm longis, rigidioribus setiformibusque in acumen gracile excurrentibus brunneo-violaceis; aculei centrales 2—4, quorum 1—2 solidissimi, usque 2 cm longi, basi corii lutei colore, apice brunneo-violacei; flores infra verticem, plerumque singuli, usque 8,5 cm longi, tubo floralis rotundo usque 1,5 cm crasso; ille rubescenti-viridis, squamis bracteaneis carnosis laxe obtectus, in axillis earum pauci pili atri; phylla perigonii exteriora subtus brunneo-punicea, interiora alba vel pallide roseo-punicea, postfloraliter in colorem laete puniceum mutantia; cavum ovarii fere globosum, 0,8 cm in ⌀; nectarium 1,5 cm longum, 0,5 cm in ⌀, in sectione transversali applanatum, circulo staminum interiore clausum; basi filamentorum tantum singuli pili lanei, filamenta alba; antherae luteae, breviores quam petala; stylus et stigmata rufescenti-lutei, longiores quam petala.

Eine besondere Eigentümlichkeit dieser Varietät ist die postflorale Verfärbung der Perigonblätter, Filamente und des Griffels, die sonst bei keiner anderen Art wieder beobachtet wurde.

var. *crassispinus* Rauh et Backbg. nov. var.

Im Wuchs dem Typus gleichend, nur niedriger und reicher verzweigt; Zentralstacheln stark verlängert, bis 4 cm lang, sehr dick, an der Basis gelblich, an der Spitze dunkel.

Fundort: Tal des Rio Cañete und Rio Pisco, zwischen 800 und 1000 m; Sammelnummer: K 31 (1954).

Planta habitu typum adaequans, sed humilior et ramosior; aculei centrales valde porrecti, usque 4 cm longi, crassissimi, basi flavescentes, apice obscuri.

var. *fortalezensis* Rauh et Backbg. nov. var. (Abb. 178, I)

Weicht vom Typus durch die niederliegenden, seltener aufsteigenden, bis 1,5 m hohen und bis 10 cm dicken Triebe ab (Abb. 35, oben); Rippen 14—15, schmal, gehöckert; Mamillen durch eine tiefe V-förmige Einkerbung gegeneinander abgegrenzt; Areolen dichtstehend, hellbraun-wollig; Randstacheln zahlreich, sehr dünn, lederbraun, bis 1 cm lang, sich mit denen der Nachbarareolen teilweise verflechtend; Zentralstacheln 1—2, kräftig, im Neutrieb lederbraun, im Alter grau; Blüten unterhalb des Scheitels; Blühareolen mit langen, seidigen Wollhaaren, die auch nach der Blüte erhalten bleiben.

Fundort: Tal des Rio Fortaleza, zwischen 800 und 1400 m; Sammelnummer: K 51a (1956).

A typo differt caulibus praecipue decumbentibus rarius erectis, usque 1,5 m altis, 10 cm crassis; costae 14—15 angustae, gibbosae; mamillae sulco profundo V-formi inter se separatae; areolae confertissimae fusco-lanatae; aculei marginales numerosi, tenuissimi, corii fusci colore, senectute cani; flores infra verticem; areolae floriparae pilis laneis longis bombycinisque, qui etiam postfloraliter manent; areolae gemmarum florum desiccatarum vel non effloratarum persistentes.

Haageocereus zonatus Rauh et Backbg. nov. spec. (Abb. 33)

Pflanze bis 1,5 m hoch, buschig verzweigt; Säulen aufrecht, nur im Alter niederliegend, 8—10 cm dick, konisch zugespitzt, mit vertieftem oder fast ebenem Scheitel, 14rippig; Rippen 1 cm breit und 0,8 cm hoch, zwischen den Areolen eingeschnürt; Areolen dichtstehend, rund, 0,8—1 cm im ⌀, oberhalb derselben eine seichte V-förmige Einkerbung; Randstacheln 30—40, regelmäßig radial angeordnet, derb, bis 0,5 cm lang; Zentralstacheln 1—2, bis 2,5 cm lang, derb, in eine feine stechende Spitze auslaufend, waagerecht abstehend oder schräg abwärts gerichtet; Blütenareolen mit langer, weißer Wolle, diese an älteren Trieben erhalten bleibend und in etagenförmigen Zonen angeordnet (Abb. 33); Blüten bis 7 cm lang, mit weittrichteriger, dicht weiß-wolliger Blütenröhre; Perigonblätter weiß, bis 2,5 cm lang und 0,5 cm breit; Früchte länglich, bis 3 cm lang, 2,5 cm im ⌀.

Fundort: Churin-Tal (nördliches Zentralperu), 2000 m, Trockenhänge; Sammelnummer: K 86b (1954), K 96 (1956).

Planta usque 1,5 m alta, a basi ramosa; caules erecti, solum in senectute decumbentes, 8—10 cm crassi, conice acuminati, vertice immisso vel fere plano, 14 costati; costae 1 cm latae et 0,8 cm altae, inter areolas constrictae; areolae confertissimae, rotundae, 0,8—1 cm in ⌀, supra eas sulcus leniter V-formis; aculei marginales 30—40, regulariter in modo radiali ordinati, solidi, usque 0,5 cm longi; aculei centrales 1—2, usque 2,5 cm longi, solidi, in acumen gracile pungens excurrentes, transverse patentes vel oblique reclinati; areolae floriparae lana alba longa, quae in caulibus senioribus perpetue permanet et in zonis tabulatiformibus ordinata est; flores in illis zonis laneis inserti sunt, usque 7 cm longi, tubo floralis late infundibuliformi dense albo-lanato; phylla perigonii alba, usque 2,5 cm longa et 0,5 cm lata; fructus oblongi, usque 3 cm longi, 2,5 cm in ⌀.

Die Pflanze ist hinsichtlich der Bestachelung variabel; Randstacheln oft in geringer Zahl vorhanden; Zentralstacheln verkürzt.

H. zonatus ist infolge der Wollzonenbildung eine der interessantesten Arten; jeder Wollring, der einer Blühperiode entspricht, besteht in der Regel aus zwei übereinanderstehenden Reihen von Blühareolen. Obwohl jede von ihnen zur Blütenbildung befähigt ist, entwickeln sich nur wenige weiter zu Blüten; die Wolle aber bleibt auch an älteren Triebabschnitten erhalten.

Wenngleich auch die Wollringe nicht selten die gesamte Sproßachse umgreifen, so ist die Wollbildung auf der Sonnenseite im Vergleich zur Schattenseite gefördert.

H. zonatus steht *H. acranthus* var. *fortalezensis* sehr nahe, unterscheidet sich von diesem aber durch den aufrechten Wuchs, die viel

Abb. 178. I *Haageocereus acranthus* var. *fortalezensis* Rauh et Backbg.; II *H. deflexispinus* Rauh et Backbg.; III *H. pseudoacranthus* Rauh et Backbg.; IV *H. lachayensis* Rauh et Backbg.

derbere Bestachelung und vor allem durch die ausgeprägte Ringbildung der Blühareolen, die bei jenem immer nur vereinzelt auftreten (vgl. Abb. 33 mit Abb. 178, I).

Haageocereus deflexispinus Rauh et Backbg. nov. spec. (Abb. 178, *II*)

Pflanze 1—1,5 m hoch; Triebe von der Basis her verzweigt, 10—12 cm dick, 12rippig; Rippen breit, flach, dunkelgrün, zwischen den Areolen leicht eingeschnürt; Areolen sehr groß, 0,8—1 cm im ⌀, im Scheitel grau-filzig, im Alter schwarz werdend; Randstacheln zahlreich (30—40), sehr derb, zugespitzt, bis 1 cm lang, im Neutrieb bernsteingelb, im Alter grau; Zentralstachel meist 1, bis 8 cm lang, dünn, aber sehr starr, jung bernsteingelb, im Alter grau, auffallend steil schräg abwärts gerichtet und fast der Sproßachse anliegend; Blütenareolen mit dichten, weißen Wollhaaren, diese aber kürzer als bei *H. zonatus* und nicht in Zonen angeordnet; Blüten und Früchte unbekannt.

Fundort: Tal des Rio Huaura (Churin-Tal, nördliches Zentralperu); Kakteenfelswüste bei 1200 m; Sammelnummer: K 103 (1956).

Planta 1—1,5 m alta; caules a basi ramosi, 10—12 cm crassi, 12 costati; costae latae, planae, atrovirides, inter areolas leniter constrictae; areolae maximae, 0,8—1 cm in ⌀, in vertice cano-tomentosae, senectute nigrescentes; aculei marginales numerosi (30—40), solidissimi, acuminati, usque 1 cm longi, in caule horno colore luteo electri, senectute cani; aculeus centralis plerumque unus, usque 8 cm longus, gracilis sed tamen rigidissimus, iuventute colore luteo electri, senectute canus, conspicue oblique ardueque reclinatus, caulem fere appressus; areolae floriparae pilis densis laneis albis, qui sunt breviores quam in *H. zonatus* neque zonatim ordinati; flores et fructus ignoti.

Haageocereus pseudoacranthus Rauh et Backbg. nov. spec. (Abb. 178, III)

Pflanze aufrecht, bis 1(—1,5) m hoch, von der Basis her verzweigt; Triebe 8—10 cm dick, 12—13rippig; Rippen 0,8 cm breit, abgerundet, lebhaft grün, zwischen den Areolen eingeschnürt; Mamillen ca. 1,5 cm lang, durch eine V-förmige Einkerbung voneinander getrennt; Areolen deren apikalem Abschnitt aufsitzend, länglich bis rund, 0,5 cm im ⌀, im Scheitel hellbraun-filzig, im Alter grau; Stacheln deutlich in 3 Kreisen: basaler Kreis (= Randstacheln), mit ca. 20, sehr dünnen, stechenden, zum Teil borstenförmigen, dem adaxialen Areolenabschnitt fehlenden, bis 1 cm langen Stacheln; 2. Kreis aus 4—8 sehr derben, bis 2,5 cm langen Stacheln bestehend; Zentralstacheln (= 3. Kreis) 1—2, bis 5 cm lang, waagerecht abstehend oder schräg aufwärts gerichtet; alle

Stacheln im Neutrieb blaß-bernsteingelb, später hell-lederbraun und im Alter grau bereift mit dunkelbrauner Spitze; Blüten und Früchte unbekannt.

Fundort: Tal des Rio Churin (Zentralperu), Kakteenfelswüste bei 1000 m; Sammelnummer: K 182 (1956).

Planta erecta, usque 1 (—1,5) m alta, a basi ramosa; caules 8—10 cm crassi, 12—13-costati; costae 0,8 cm latae, rotundatae, laete virides, inter areolas constrictae; mamillae ca. 1,5 cm longae, sulco V-formi inter se separatae; areolae in parte apicali mamillae sedentes, oblongae vel rotundae, 0,5 cm in ∅, in vertice laete brunnescenti-tomentosae, senectute canae; aculei distincte in circulis 3 ordinati; circulus basalis = aculei marginales ca. 20, gracillimi et pungentes, usque 1 cm longi, partim setiformes, in parte adaxiali absentes; circulus secundus ex aculeis 4—8 solidissimis, usque 2,5 cm longis compositus; denique aculei centrales 1—2, usque 5 cm longi, transverse patentes vel oblique erecti; omnes aculei in caule novello pallido-luteo colore electri, postea laeto-brunnei corii colore, senectute cano-pruinati apice obscuro-brunneo; flores et fructus ignoti.

Abb. 178 a. *Haageocereus achaetus* Rauh et Backbg.

Haageocereus achaetus Rauh et Backbg. nov. spec. (Abb. 178a)

Pflanze bis 1,2 m hoch, wenig verzweigt; Triebe 15—20 cm (!) dick, 13rippig; Areolen sehr groß, bis 1 cm im ∅, jung ockerbraun, im Alter grau; durch eine seichte V-förmige Einkerbung voneinander getrennt; Randstacheln zahlreich, bis 1,5 cm lang, einzelne länger, ockergelb, später grau; Zentralstacheln meist 1, bis 5 cm lang, sehr derb, im Scheitel ockerbraun, heller gezont, im Alter grau und schräg abwärts gerichtet; Blüten (abgetrocknet) ca. 5 cm lang, mit stark wolliger Röhre, weiß; Früchte unbekannt.

Fundort: Churin-Tal, Flußterrassen bei 1200 m, selten; Sammelnummer: K 92 (1956).

Planta usque 1,2 m alta, paullum ramosa; caules usque 15—20 cm crassi, 13costati; areolae maximae, usque 1 cm in ∅ ochraceae, senectute canae; aculei marginales numerosi, usque 1,5 cm longi, singuli longiores, ochracei postea cani; aculeus centralis plerumque unus, usque 5 cm longus, rigidissimus, in vertice ochraceus, laetius zonatus, senectute canus et oblique deflexus; flores (desiccati) ca. 5 cm longi, tubo lanosissimo, forsan albi; fructus ignoti.

H. achaetus unterscheidet sich von allen anderen Arten der „*acranthus*"-Gruppe durch die spärliche Verzweigung und die sehr dicken Sprosse, die einen ∅ von 15—20 cm erreichen können.

Haageocereus lachayensis Rauh et Backbg. nov. spec. (Abb. 178, IV)

Pflanze aufrecht wachsend, bis 60 cm hoch (wohl größer werdend), von der Basis her verzweigt; Triebe 6—8 cm im ∅, 12rippig, lebhaft grün; Rippen 0,5 cm breit, flach; Mamillen kurz, durch eine V-förmige Einkerbung getrennt; Areolen rundlich-länglich, 3 mm im ∅, anfangs weiß-filzig, später grau; Randstacheln zahlreich (bis zu 50), dünn, borstenförmig, zum Teil ± gescheitelt, bis 1 cm lang, sich mit denen der Nachbarareolen verflechtend; Zentralstacheln 1—2, schräg aufwärts und abwärts gerichtet, bis 3 cm lang, im Neutrieb kastanienbraun, mit hellgelber Basis, im Alter grau; Blüten und Früchte unbekannt.

Fundort: Lomas de Lachay, Provinz Chanchay (Zentralperu), 500 m; Sammelnummer: K 5 (1954).

Planta erecta, usque 60 cm alta (forsan altior fiens), a basi ramosa; caules 6—8 cm in ∅, 12costati, laete virides; costae 0,5 cm latae, planae; mamillae breves, sulco V-formi inter se separatae; areolae rotundulo-oblongae, 3 mm in ∅, primo albo-tomentosae, postea canae; aculei marginales numerosi (usque ad 50), graciles, setiformes, partim ± verticiformiter partiti, usque 1 cm longi, cum illis areolarum proximarum se implectentes; aculei centrales 1—2, oblique erecti et reclinati, usque 3 cm longi, in caule novello badii, basi laeto-flavescente, senectute cani; flores et fructus ignoti.

H. lachayensis, obwohl nicht blühend beobachtet, ist eine sehr auffallende Art, die mit Sicherheit zu den „*Acranthi*" gehört und sich von den übrigen durch die zahlreichen und sehr dünnen Randstacheln unterscheidet. Gleich den beiden folgenden Arten gehört er zu den küstennahen, die Lomahügel bewohnenden *Haageocereen*.

Haageocereus clavispinus Rauh et Backbg. nov. spec. (Abb. 13, oben; Abb. 179, I)

Pflanze größere Büsche bildend; Triebe aufsteigend bis aufrecht, 80—100 cm hoch, bis 10 cm dick, 13rippig; Areolen dichtstehend, länglich, 0,8 cm im ∅, grau-filzig, mit auffallend derber Bestachelung; Randstacheln 30—40, bis 1 cm lang, in eine feine, stechende Spitze auslaufend, grau, an der Basis bräunlich, untermischt mit dünneren, fast borstenförmigen; Zentralstacheln 1—2, davon 1 sehr derb und dick, bis 5 cm lang, waagerecht abstehend oder schräg abwärts gerichtet; Blüten unterhalb des Scheitels, bis 6,5 cm lang, weittrichterig, mit dicker, fleischiger, abgeflachter Röhre; diese locker mit fleischigen Schuppenblättern besetzt, ihr freier Abschnitt breit dreieckig, stachelspitzig; Wollhaare lang, gekräuselt;

Abb. 179. I *Haageocereus clavispinus* Rauh et Backbg.; II *H. olowinskianus* Backbg.

äußere Perigonblätter unterseits rötlich, innere weiß, 2,5—3 cm lang, 0,5 cm breit, bespitzt; Fruchtknotenhöhle länglich, 1,3 cm im ∅; Früchte länglich, 2,5 cm lang, 2 cm im ∅ (unreif), dunkelgrün.

Fundort: Lomas de Ataconga, östlich Lima, 200 m; Sammelnummer: K 44 (1956).

Planta frutices maiores caulium erectorum formans; caules 80—100 cm alti, usque 10 cm crassi, 13 costati; areolae confertissimae, oblongae, 0,8 cm in ∅, cano-tomentosae, aculeatione conspicue solida; aculei marginales 30—40, usque 1 cm longi in acumen gracile pungens excurrens, cani, basi brunnescentes, aculeis tenuioribus permixti; aculei centrales 1—2, quorum unus solidissimus et crassus, usque 5 cm longus, transverse patens vel oblique reclinatus; flores infra verticem, usque 6,5 cm longi, late infundibuliformes tubo crasso, carnoso applanato, qui est squamis bracteaneis carnosis laxe obtectus; pars libera earum late trigona, apice mucronato; pili lanei longi, crispati; phylla perigonii exteriora subtus rubescentia, interiora alba, 2,5—3 cm longa, 3 cm lata, acuminata; cavum ovarii oblongum, 1,3 cm in ⌀; fructus oblongi, 2,5 cm longi, 2 cm in ⌀, obscuro-virides.

Zu den Begleitern der Loma-Formation gehört auch der von BACKEBERG[1] beschriebene

Haageocereus olowinskianus Backbg. (Abb. 179, II)

Pflanze 80—100 cm hoch, von der Basis her verzweigt, aufrecht wachsend; Triebe 8—10 cm dick, 12—13rippig; Rippen ca. 1,5 cm breit, zwischen den Areolen etwas eingeschnürt; Areolen dichtstehend, länglich, 11 mm im ⌀, gelbfilzig, mit 30—40, ca. 1 cm langen, dünnen, im Neutrieb braunvioletten Randstacheln und 1—2 (—3) sehr derben, bis 5 cm langen, schräg abwärts und aufwärts gerichteten, im Neutrieb braunvioletten (nach BACKEBERG fuchsrotbraunen), später grauen Zentralstacheln; Blüten ca. 8 cm lang, weiß, weittrichterig (s. Abb. Sukkulentenkunde II, 1948, S. 47).

Fundort: 50 km südlich Lima, auf stark verwitterten Küstenbergen, nahe dem Meere; Sammelnummer: K 104.

H. olowinskianus besitzt nur ein sehr kleines Verbreitungsgebiet südlich Lima. Obwohl die Pflanze hier Massenbestände bildet, wurden weder Blüten noch Früchte gefunden, woraus geschlossen werden kann, daß *H .olowinskianus* eine nicht sehr blühfreudige Art zu sein scheint[2]. Infolge der hohen Luftfeuchtigkeit sind die Triebe oft dicht mit epiphytischen Flechten bewachsen und zeigen dann ein gehemmtes Wachstum.

Nördlich des Typstandortes, in den Lomahügeln von Pachacamac, wurden weitere *Haageocereen* angetroffen, die in die engere Verwandtschaft von *H. olowinskianus* gehören und als Varietäten von diesem betrachtet werden. Sie unterscheiden sich vom Typus sowohl hinsichtlich der Bestachelung als auch der Blütenfarbe.

Haageocereus olowinskianus var. *repandus* Rauh et Backbg. nov. spec. (Abb. 180, I—II)

Pflanze bis 1 m hoch, von der Basis her verzweigt, buschbildend; Säulen bis 10 cm dick, 12—16rippig; Rippen ca. 1 cm breit, zwischen den Areolen leicht eingeschnürt; Mamillen durch eine V-förmige Einkerbung voneinander getrennt; Randstacheln zahlreich, ±40, bis 1 cm lang, dünn, fast borstig, im Neutrieb fuchsbraun, im Alter grau; Zentralstacheln 1—3, an älteren Trieben (Abb. 180, I) kurz (2 cm lang), an jüngeren häufig bis 5 cm lang

[1] Blätter für Kakteenforschung, 1937, 52/5; eine blühende Pflanze ist abgebildet in „Sukkulentenkunde" II, Jahrb. der Schweizer Kakteen-Gesellschaft, S. 47, 1948.

[2] CULLMANN, der *H. olowinskianus* seit einer Reihe von Jahren in Kultur hat, bestätigt diese Beobachtung; er ist eine der wenigen Arten, die in der Kultur bisher nicht zur Blüte gelangt sind.

Abb. 180. *Haageocereus olowinskianus* var. *repandus* Rauh et Backbg. I Älterer Trieb; II Jugendform; I*a* Längsschnitt durch eine Blüte; III—V subvar. *erythranthus* Rauh et Backbg.

(Abb. 180, II), meist abwärts gekrümmt, im Neutrieb an der Basis gelbbraun, an der Spitze schwarzbraun, im Alter grau; Blüten unterhalb des Scheitels, bis 8 cm lang und 4 cm im ∅, weittrichterig;

Röhre 1 cm dick, etwas abgeflacht, grünlich-braunrot, locker mit Schuppenblättern besetzt; in deren Achseln kurze, gekräuselte Wollhaare; äußere Perigonblätter braunrot, innere weiß; Fruchtknotenhöhle rundlich, 0,5 cm im ⌀; Nektarkammer 1,5 cm lang, 1 cm im ⌀; Griffel mit den grünlichen Narben länger als die Staub-, aber kürzer als die Perigonblätter; Filamente weiß; Früchte nicht beobachtet.

Fundort: Lomahügel bei Pachacamac; Sammelnummer: K 177 (1956).

Planta usque 1 m alta, a basi ramosa; caules columniformes usque 10 cm crassi, 12—16costati; costae ca. 1 cm latae, inter areolas leniter constrictae; mamillae breves, sulco V-formi inter se separatae; aculei marginales numerosi, ca. 40, usque 1 cm longi, fere setacei, in caule novello rufi, senectute cani; aculei centrales 1—3, in plantis senioribus brevissimi (2 cm longi), in plantis iunioribus usque 5 cm longi, plerumque reclinati, in caule novello basi flavescenti-brunnei, apice atro-brunnei, senectute cani; flores infra verticem, gemmae florales lana densa, in statu efflorationis usque 8 cm longi et 4 cm in ⌀, late infundibuliformes; tubus floralis usque 1 cm crassus, parum complanatus, virescenti-rubiginosus, squamis bracteaneis laxe obtectus, in axillis earum pili lanei breves crispati; phylla perigonii exteriora rubiginosa, interiora alba; cavum ovarii rotundulum, 0,5 cm in ⌀; nectarium 1,5 cm longum, 1 cm in ⌀; stylus incl. stigmata longior quam stamina, sed brevior quam petala; filamenta alba, stigmata virescentia; fructus haud visi.

Ändert ab in der Blütenfarbe:

subvar. *erythranthus* Rauh et Backbg. (Abb. 180, III—IV)

Blüten bis 7 cm lang, 3,5 cm im ⌀; Röhre 1 cm dick, leicht abgeflacht, rötlich; Schuppenblätter entfernt stehend; in ihren Achseln wenige, kurze Wollhaare; äußere Perigonblätter braunrot, heller gesäumt, innere schmutzig-zinnober- bis karminrot, 2,5 cm lang, zugespitzt, nicht zurückgeschlagen; Nektarkammer eng, sich spitzenwärts verengend; Filamente blaßviolett, mit gelben Staubbeuteln, kürzer als die Perigonblätter; Griffel blaßviolett, mit grünlichen Narben, die Perigonblätter nur wenig überragend.

Sammelnummer: K 177/I (1956).

Die Pflanze hat in der Kultur bereits geblüht; die Blüten öffnen sich gegen 17 Uhr, um sich am nächsten Morgen zu schließen.

Flores usque 7 cm longi, 3,5 cm in ⌀, angusto-infundibuliformes; tubus floralis 1 cm crassus, leniter applanatus, rubescens; squamae bracteaneae laxissime insertae pilis laneis paucis brevissimis; phylla perigonii exteriora rubiginosa, laetius limbata, interiora sordido-miniaceo-punicea, 2,5 cm longa, acuminata, haud reclinata; nectarium angustum conice acuminatum; filamenta pallide violacea, antheris luteis, breviora quam petala; stylus pallide violaceus stigmatibus virescentibus, petala parum superans.

var. *subintertextus* Rauh et Backbg. nov. var. (Abb. 181, I—II)

Säulen viel schlanker als bei der var. *repandus*, nur bis 6 cm dick, 13—14rippig; Rippen 0,5 cm breit; Areolen sehr dichtstehend; Randstacheln fast borstenförmig, sich mit denen der Nachbarareolen verflechtend, bis 1,5 cm lang, fuchsrot, dazwischen bis 2 cm lange, weiße Borstenhaare, die besonders im Scheitel in Erscheinung treten; Zentralstacheln 1—3, im Neutrieb fuchsrot bis dunkelbraun, im Alter grau, nur bis 3 cm lang; Blüten bis 5 cm lang, 3,5 cm im ⌀, mit 1,5 cm dicken, olivgrünbrauner Röhre; diese locker mit Schuppenblättern besetzt; in deren Achseln sehr kurze Haare, äußere Perigonblätter unterseits an der Spitze rötlichbraun, an der Basis grün, die inneren grünlichweiß; Filamente kürzer als die Perigonblätter, weiß, Griffel weiß, länger als die Perigonblätter, mit gelblichgrünen Narben.

Fundort: Lomahügel bei Pachacamac; Sammelnummer: K 177b (1956).

Caules columniformes multo graciliores quam in var. *repando*, tantum usque 6 cm crassi, 13—14 costati; costae 0,5 cm latae; areolae confertissimae; aculei marginales gracillimi, fere setiformes, cum illis areolarum proximarum se implectentes, usque 1,5 cm longi, rufi, inter eos pili setacei usque 2 cm longi, albi, conspicue in vertice prominentes; aculei centrales 1—3, in caule novello rufi vel obscuro-brunnei, senectute cani, solum usque 3 cm longi; flores usque 5 cm longi, 3,5 cm in ⌀, tubo floralis 1,5 cm crasso, olivaceo-brunneo, squamis bracteaneis laxe obtecto, in axillis earum pili brevissimi; phylla perigonii exteriora subter apice rufescenti-brunnea, basi viridia, interiora virescenti-alba; filamenta breviora quam petala, alba; stylus albus, longior quam petala, stigmatibus flavescenti-viridibus.

Ändert ab in der Blütenfarbe:

subvar. *rubiflorior* Rauh et Backbg. (Abb. 181, III)

Im Wuchs und der Bestachelung dem vorigen gleichend; Blüten bis 7 cm lang, mit dünner, intensiv roter Röhre, diese locker mit Schuppenblätter besetzt; Perigonblätter lebhaft zinnober-karminrot; Filamente und Griffel karminrot; Narben grün.

Fundort: Lomahügel von Pachacamac; Sammelnummer: K 177a (1956).

Habitu varietatem antecedentem adaequans; aculei marginales item pilis setaceis permixti; flores usque 7 cm longi, tubo gracili saturate rubro, qui est squamis bracteaneis laxe obtectus; phylla perigonii laete miniaceo-punicea; filamenta et stylus punicea, stigmata viridia.

Alle diese im vorstehenden beschriebenen Formen und Varietäten von *H. olowinskianus* wachsen auf den Loma-Hügeln von Pachacamac durch- und nebeneinander, in Gesellschaft von

Abb. 181. I—II *Haageocereus olowinskianus* var. *subintertextus* Rauh et Backbg.; III subvar. *rubiflorior* Rauh et Backbg.; IV—V *H. pluriflorus* Rauh et Backbg.; IV blühende Pflanze; IVa Blüte längs durchschnitten; V Einzeltrieb

Loxanthocereus multifloccosus, L. gracilispinus und Lomapflanzen, wie *Anthericum eccremorhizum, Solanum pinnatifidum, Alstroemeria* spec., *Oxalis* spec. u. a.

Die var. *subintertextus* unterscheidet sich von der var. *repandus* vor allem in der Ausbildung längerer Borstenhaare zwischen den Randstacheln, die auffällig in der Scheitelregion der Triebe in Erscheinung treten. Jede Varietät tritt in einer weiß- und rotblütigen Form auf, wobei die weißen Blüten dem weittrichterigen, die rotfarbigen hingegen dem mehr engtrichterigen Typus (Abb. 180, III—IV) angehören. Somit können innerhalb einer Art beide Blütentypen zur Ausbildung kommen, ein weiterer Beweis dafür, daß eine Abtrennung der „Gattung *Peruvocereus*" von *Haageocereus* nicht berechtigt ist.

Durch das Auffinden der rotblühenden *olowinskianus*-Formen sind erstmalig rotblühende *Haageocereen* für den Küstenbereich nachgewiesen worden, denn diese waren bisher allein aus der niederschlagsarmen Felswüste bekannt.

Haageocereus pluriflorus Rauh et Backbg. nov. spec. (Abb. 53, oben; Abb. 181, IV—V)

Pflanze kolonienbildend; Triebe aufrecht oder bogig aufsteigend, bis 80 cm hoch und bis 10 cm dick, hellgraugrün, 11rippig; Rippen ca. 1 cm breit, 0,5 cm hoch, zwischen den Areolen leicht eingeschnürt; Mamillen ca. 1,5 cm lang, durch eine seichte Querfurche voneinander getrennt; Areolen rund, 0,5 cm im ∅, grau-filzig; Randstacheln bis 15, regelmäßig um die Areole gestellt, sehr derb, bis 0,8 cm lang, hellgrau, mit brauner Spitze; Zentralstachel meist 1, bis 6 cm lang, waagerecht abstehend oder schräg abwärts gerichtet, im Scheitel braunviolett, fast schwarz, mit gelber Basis, im Alter hellgrau, braun bespitzt; Blüten zahlreich[1] (Abb. 181, IV), in Scheitelnähe, 8—10 cm lang, geöffnet bis 5 cm im ∅, weittrichterig; Röhre 1,2 cm dick, im Querschnitt rund, locker mit Schuppenblättern besetzt; ihr freier Abschnitt sehr kurz, breit dreieckig, plötzlich in eine Stachelspitze zusammengezogen; in ihren Achseln wenige, kurze Haare; äußere Perigonblätter unterseits olivgrün bis braunrot, heller gesäumt, bis 3 cm lang und 5 mm breit, abstehend, die inneren cremefarbig-weiß, mit grünem Mittelstreifen, 3 cm lang, 0,9 cm breit, fein bespitzt und leicht gezähnt, aufgerichtet; Filamente weiß, mit gelben Staubbeuteln, viel kürzer als die Perigonblätter; Griffel weiß, dick, mit 9 gelblichgrünen Narbenstrahlen; Fruchtknotenhöhle halbkugelig, 0,7 cm im ∅; Plazentarstränge sehr kurz, dick, verzweigt; Nektarkammer

[1] An einer Pflanze wurden mehr als 100 Blüten bzw. Knospen gezählt.

1,3 cm lang, 0,6 cm im ⌀; an der Basis der Filamente des inneren Staubblattkreises einzelne staminodiale Haare; Früchte unbekannt[1].

Fundort: Tal des Rio Majes (Südperu), bei der Hacienda Ongoro auf Verwitterungsschutt, zusammen mit *Islaya grandis* und *Tephrocactus crassicylindricus*, von 800—1200 m; Sammelnummer: K 151 (1956).

Planta colonias formans, usque 80 cm alta; caules erecti vel arcuatim adscendentes, usque 10 cm crassi, canescenti-virides, 11 costati; costae ca. 1 cm latae, 0,5 cm altae, inter areolas constrictae; mamillae ca. 1,5 cm longae, sulco leni transversali inter se separatae; areolae rotundae, 0,5 cm in ⌀, cano-tomentosae; aculei marginales usque 15, regulariter circa areolam inserti, solidissimi, usque 0,8 cm longi, canescentes, apice brunneo; aculeus centralis plerumque unus, usque 6 cm longus, transverse patens vel oblique reclinatus, in vertice brunneo-violaceus, fere ater, basi flava, senectute canescens, apice brunneo; flores numerosissimi, prope verticem orientes, 8—10 cm longi, aperti usque 5 cm in ⌀, late infundibuliformes; tubus floralis 1,2 cm crassus, in sectione transversali rotundus, squamis bracteaneis laxe obtectus, quarum pars libera brevissima late trigona, subito in acumen mucronatum constricta, in axillis earum pili singuli brevissimi; phylla perigonii exteriora subter olivacea vel rubiginosa, laetius limbata, usque 3 cm longa et 5 mm lata, patentia; phylla perigonii interiora eburneo-alba linea mediana viridi, 3 cm longa, 0,9 cm lata, mucronulata et denticulata, erecta; filamenta alba antheris luteis, multo breviora quam petala, stylus albus, crassus, radiis stigmatis 9 flavescenti-viridibus; cavum ovarii semiglobosum, 0,7 cm in ⌀; funiculi placentales brevissimi, crassi, ramosi; nectarium 1,3 cm longum, 0,6 cm in ⌀; circulus interior staminum inconspicue duplex, filamentorum basi singuli pili staminodiales; fructus ignoti.

H. pluriflorus ist einer der interessantesten Neufunde unter den peruanischen *Haageocereen*, der nicht allein durch seine Reichblütigkeit auffällt, wie sie bei keiner anderen Art wieder angetroffen wird, sondern auch im Habitus und im Blütenbau von den übrigen Arten der „*Acranthi*" etwas abweicht. Während bei diesen die inneren Petalen flach ausgebreitet sind, sind sie bei *H. pluriflorus* aufgerichtet, worin Übereinstimmung mit den Arten aus der *Decumbentes*-Reihe besteht; von diesen unterscheidet sich *H. pluriflorus* jedoch in der Art der Bestachelung.

Reihe: *Decumbentes* Backbg.

Die hierher gehörigen Arten zeichnen sich durch niederliegenden Wuchs aus; nur die Spitzen der auf dem Boden kriechenden und nicht selten auf ihrer Unterseite wurzelnden Triebe richten sich auf. Mit Ausnahme von *H. platinospinus* sind die *Decumbentes*

[1] Nach Auskünften von E. SCHÖN, Arequipa, der die Pflanzen später wieder aufgesucht hat, war trotz der Reichblütigkeit nicht eine Frucht zur Entwicklung gekommen.

ausgesprochene Küstenbewohner und gehören ausschließlich der feuchten Nebelwüste an. Ihre nördliche Verbreitungsgrenze fällt mit der Nordgrenze der Garuanebel zusammen. Ob zwischen Wuchsform und Luftfeuchtigkeit direkte Beziehungen bestehen, bedarf noch der experimentellen Nachprüfung.

Haageocereus platinospinus (Werd. et Backbg.) Backbg. (Abb. 58, oben)

Pflanze niederliegend mit bogenförmig aufsteigenden, ca. 8 cm dicken, 13—16rippigen, graugrünen Trieben; Rippen zwischen den Areolen stark eingeschnürt; Areolen klein, im Neutrieb bräunlichgrau; Randstacheln 10—13, derb, kurz, im Neutrieb bräunlichgrau, im Alter weißgrau; Zentralstacheln 1—2 (—4), pfriemlich, bis 7 cm lang, schräg abwärts gerichtet, platingrau bereift; Blüten wenig unterhalb des Scheitels, ca. 7 cm lang, mit bräunlichroter Röhre; Schuppenblätter lockerstehend, mit wenigen kurzen Wollhaaren; äußere Perigonblätter unterseits braunrot, innere weiß.

Typ-Fundort: Cerros de Caldera bei Arequipa (Südperu), 2400 bis 2200 m, zusammen mit *Browningia, Neoraimondia, Tephrocactus sphaericus*; Sammelnummer: K 52 (1954).

Im Tal des Rio Chala wurde in extrem trockner Felswüste bei 2400 m, zusammen mit *Browningia candelaris*, eine besonders langstachelige Form gefunden, die wohl identisch ist mit RITTERs *H. ferox* n. n. (FR Nr. 188). Bei dieser handelt es sich jedoch nicht um eine Art, sondern nur um eine besonders lang bestachelte Form von *H. platinospinus* (Sammelnummer: K 126, 1956).

Haageocereus decumbens (Vpl.) Backbg. (Abb. 10, unten)

Pflanze niederliegend; Triebe nicht aufgerichtet, bis 50 cm lang, oft gegliedert und auf der Unterseite wurzelnd, 15—20rippig, von der Basis her verzweigt, mit rübenförmiger Hauptwurzel; Randstacheln zahlreich, dünn, bis 0,5 cm lang, im Neutrieb rötlich; Zentralstacheln 1—2, derb, bis 5 cm lang, im Neutrieb an der Basis dunkelrot, an der Spitze fast schwarz, im Alter grau; Blüten in Scheitelnähe, bis 8 cm lang, weittrichterig, geöffnet bis 5 cm im ⌀; Röhre dünn (0,5 cm im ⌀), leicht abgeflacht, locker mit Schuppenblättern besetzt; diese mit kurz-dreieckigem freiem Abschnitt und kurzen Wollhaaren in ihren Achseln; äußere Perigonblätter unterseits schokoladenfarbig, mit rötlicher Spitze; die inneren weiß bis schwach rosa, aufgerichtet, 2,5 cm lang, 9 mm breit, fein bespitzt, am Rande gewellt und gezähnelt; Filamente weiß bis leicht grünlich, kürzer als die Perigonblätter; Griffel mit Narben wenig kürzer als die längsten Staubblätter; Fruchtknotenhöhle halbkugelig, 0,4 cm im ⌀; Nektarkammer 1,5 cm lang, eng, durch den inneren Staubblattkreis nur unvollständig verschlossen; Früchte länglich, 2,5 cm lang, 1,5 cm dick, dunkelbraunrot.

Blüten bis gegen 10 Uhr des nächsten Morgens geöffnet; Sammelnummer: K 129 (1956), K 43 (1954).

Häufig und meist bestandsbildend in der Küstenwüste, von Chala an südwärts bis Mollendo, zwischendurch auf weite Strecken hin fehlend, meist in Gesellschaft von *Islaya* und Lomapflanzen wie *Nolana-*, *Oxalis-*Arten, *Heliotropium ferreyrae*, *Zephyranthes albicans (Amaryllidaceae)* u. a.

BACKEBERG (Kaktus-ABC, S. 208) unterscheidet noch die var. *spiniosor*, die sich vom Typus durch stark verlängerte Zentralstacheln (bis 10 cm lang) unterscheidet.

Haageocereus australis Backbg.[1]

Pflanze niederliegend; Säulen bis 1 m lang, gegliedert; Glieder ca. 25 cm lang, bis 6 cm im ⌀, ± 14rippig; Areolen dichtstehend, im Neutrieb gelblich-filzig; Randstacheln 20—30, ± gescheitelt, bis 8 mm lang, dünn, zugespitzt, glashell; Zentralstacheln 8—10, davon meist 2 verlängert und bis 5 cm lang, mit verdickter Basis, im Alter schräg abwärts gerichtet; Blüten bis 7 cm lang, 3,5 cm im ⌀, weiß, mit beschuppter und behaarter Röhre; Früchte ca. 4 cm groß, rosafarbig.

Typ-Standort: Küstenwüste bei Tacna; die Pflanze scheint von Atico an südwärts verbreitet zu sein und ist auf die Küstennähe beschränkt; Sammelnummer: K 131a (1956).

Von dieser Art konnte eine interessante Varietät gefunden werden, die sich vom Typus durch die sehr derbe, säbelförmige Bestachelung unterscheidet:

var. *acinacispinus* Rauh et Backbg. nov. var. (Abb. 182, I)

Pflanze niederliegend, von der Basis her verzweigt, mit rübenförmiger Wurzel; Triebe 30—50 cm lang, 4—5 cm dick, ± 19rippig; Areolen dichtstehend; Randstacheln 20—30, bis 0,5 cm lang, sehr dünn, rötlichviolett; Zentralstacheln 2—3, davon der mittlere stark säbelförmig aufwärts gebogen, ± kantig, im Neutrieb rötlichviolett, mit schwärzlicher Spitze, im Alter hellgrau bereift; Blüten einzeln, in Scheitelnähe, weittrichterig, bis 10 cm lang, geöffnet bis 6 cm im ⌀, stark duftend, sich gegen 17 Uhr öffnend; Röhre dünn (1 cm im ⌀), rund, schokoladenbraun; Schuppenblätter lockerstehend, in den Achseln der basalen, den Fruchtknoten berindenden, finden sich außer Wollhaaren noch 3—5, bis 0,8 cm lange Stachelborsten, in den Achseln der oberen nur Büschel kurzer, weißer Wollhaare; äußere Perigonblätter waagerecht abstehend, unterseits schokoladenbraun, 2,5 cm lang, zugespitzt, die mittleren dunkelbraunrot, weiß gesäumt, breit-zungenförmig, an der Spitze leicht gekerbt, die inneren aufgerichtet, weiß, kürzer als die mittleren, 2,5 cm lang, 1 cm breit, am Rande kraus gewellt; Staubblätter mit dünnen, grünlichen Filamenten, kürzer als die Perigonblätter; Griffel und Narben wenig kürzer als die Staubblätter; Fruchtknotenhöhle langgestreckt, 1,2 cm lang; Nektarkammer sehr eng, 2 cm lang; Plazentarstränge wenig verzweigt, Früchte bis 4 cm groß, rot.

[1] Jahrb. der DKG., Bd. 1, 1935/36.

Abb. 182. I *Haageocereus australis* var. *acinacispinus* Rauh et Backbg., *a* vegetativer; *b* blühender Trieb; *c* Blüte von oben; *d* dieselbe längs durchschnitten; II *H. litoralis* Rauh et Backbg.; III *H. ambiguus* Rauh et Backbg.

Fundort: Küstenlomas bei Atico Südperu; km 697 an der Carretera Panamericana), zusammen mit *H. australis* und *Islaya*; Sammelnummer: K 131 (1956).

Planta decumbens, a basi ramosa radice rapiformi; caules columniformes 30—50 cm longi, 4—5 cm crassi, ± 19 costati; areolae confertae; aculei marginales 20—30, usque 0,5 cm longi, gracillimi, rufescenti-violacei; aculei centrales 2—3, quorum medianus valde acinaciformiter erecto-curvatus, ± angulatus, in caule horno rufescenti-violaceus, apice nigrescente, senectute canescenti-pruinosus; flores singuli, prope apicem inserti, late infundibuliformes, usque 10 cm longi, aperti usque 6 cm in ⌀, fragrantes, tempore postmeridiano horam quintam versus se aperientes; tubus floralis gracilis (1 cm in ⌀), rotundus, badius, squamae bracteaneae laxe insertae; in axillis basalium squamarum iuxta pilos laneos setae 3—5 usque 0,8 cm longae; in axillis superiorum penicilli pilorum laneorum brevium alborum; phylla perigonii exteriora transverse patentia, subter badia, 2,5 cm longa, acuminata; phylla perigonii mediana atrorubiginosa, albo-limbata, late linguiformia, apice crenulata, interiora erecta, alba, breviora quam mediana, 2,5 cm longa, 1 cm lata, margine crispato-undulata; stamina filamentis gracillimis virescentibus, breviora quam petala; stylus et stigmata paullo breviora quam stamina; cavum ovarii longe porrectum, 1,2 cm longum; nectarium angustissimum, 2 cm longum; funiculi placentales parum ramosi, breves; fructus usque 4 cm magni, rubri.

Haageocereus litoralis Rauh et Backbg. nov. spec. (Abb. 182, II)

Pflanze niederliegend; Triebe bis 80 cm lang, bis 8 cm dick, 16rippig; Rippen ca. 1 cm breit, flach, lebhaft grün; Areolen dichtstehend, gelblich, 0,4 cm im ⌀; Randstacheln ± 30, radial nach allen Seiten hin abstehend, bis 1 cm lang, im Neutrieb mit gelblicher Basis und dunkelbrauner Spitze; Zentralstacheln bis 5, davon 1—2 kräftiger, bis 2 cm lang, selten länger; Blüten unterhalb des Scheitels, aus Wollareolen erscheinend, mit lebhafter grüner, dicht beschuppter und behaarter Röhre, weittrichterig; äußere Perigonblätter grünlich, innere weiß; Früchte unbekannt.

Fundort: Küstenlomas bei Atico, fast bis an das Meer herabsteigend; Sammelnummer: K 157 (1956).

Planta decumbens, caules usque 80 cm longi, usque 8 cm crassi, 16-costati; costae ca. 1 cm latae, planae, laete virides; areolae confertae, flavescentes, 0,4 cm in ⌀; aculei marginales ± 30, radialiter in omnes partes divaricati, usque 1 cm longi, in caule novello basi flavescente et apice atrobrunneo; aculei centrales usque 5, quorum 1—2 validiores, usque 2 cm longi, raro longiores; flores infra verticem ex areolis laneis orientes, tubo floralis laete viridi, dense squamato pilosoque, late infundibuliformi; phylla perigonii exteriora virescentia, interiora alba; fructus ignoti.

Im folgenden seien noch einige, in der Literatur bisher nicht beschriebene Neufunde aufgeführt, die, obwohl keine Blüten beobachtet wurden, wohl der Gattung *Haageocereus* und zwar der

Reihe der Decumbentes angehören. Es handelt sich um Pflanzen, welche in die engere Verwandtschaft von *H. australis* gehören.

Haageocereus ambiguus Rauh et Backbg. nov. spec. (Abb. 182, III)

Pflanze niederliegend, von der Basis her verzweigt; Triebe bis 80 cm lang, gegliedert, 4 cm dick, ± 16rippig; Randstacheln zahlreich, bis 1 cm lang, im Neutrieb bräunlichviolett, im Alter grauviolett; Zentralstacheln 1—3, dünn, bis 5 cm lang, vorwiegend aufwärts gerichtet, im Neutrieb dunkelviolett, mit bereifter Basis, im Alter grau bereift.

Fundort: Küstenlomas bei Atico; Sammelnummer: K 132 (1956).

Planta decumbens, a basi ramosa; caules usque 80 cm longi, articulati, 4 cm crassi, ± 16costati; aculei marginales numerosi, usque 1 cm longi, in caule novello brunnescenti-violacei, senectute cano-violacei; aculei centrales 1—3, tenues, usque 5 cm longi, praecipue erecti, in caule novello atroviolacei, basi pruinata, senectute cano-pruinati.

Steht *H. australis* sehr nahe.

Ändert ab: var. *reductus* Rauh et Backbg. nov. var.

Wuchsform wie bei voriger; Triebe bis 80 cm lang, gegliedert, 4 cm dick, ± 18rippig; Rippen schmaler als beim Typus; Randstacheln zahlreich, dünn, 0,5—0,7 cm lang, im Neutrieb lederbraun; Zentralstacheln meist 1, nur bis 2,5 cm lang, im Neutrieb lederbraun, mit violetter Spitze, im Alter grau bereift.

Fundort: Küstenlomas bei Atico; Sammelnummer: K 133 (1956.)

Habitus ut in typo; caules columniformes usque 80 cm longi, articulati, 4 cm crassi, ± 18costati; costae angustiores quam in typo; aculei marginales numerosi, tenues, 0,5—0,7 cm longi, in caule novello brunnei corii colore; aculeus centralis plerumque unus, tantum usque 2,5 cm longus, in caule novello brunnei corii colore apice violaceo, senectute cano-pruinati.

Haageocereus mamillatus Rauh et Backbg. nov. spec. (Abb. 183, I)

Pflanze niederliegend; Säulen 30—50 cm lang, 3 cm dick, 16rippig; Mamillen aufgewölbt und durch eine V-förmige Einkerbung gegeneinander abgesetzt; Areolen länglich, klein, mit zahlreichen (20—30) dünnen, bis 0,5 cm langen, im Neutrieb bräunlichen Randstacheln; Zentralstacheln 1—2, meist schräg abwärts gerichtet, bis 3(—5) cm lang, jung bräunlich, im Alter grau, mit dunkler Spitze; Blütenareolen mit dichter Wolle; Blüten nur als

Abb. 183. I *Haageocereus mamillatus* Rauh et Backbg.; II var. *brevior* Rauh et Backbg.; III *H. repens* Rauh et Backbg.; III*a* ältere Blütenknospe längs durchschnitten; IV Blüte in Aufsicht

Knospen beobachtet; Röhre dicht behaart und beschuppt; äußere Perigonblätter olivgrün, innere wohl weiß.

Fundort: Loma-Wüste zwischen Camana und Arequipa (Südperu), 400 m, bei km 165; Sammelnummer: K 139 (1956).

Planta decumbens; caules columniformes 20—50 cm longi, 3 cm crassi, 16costati; mamillae prominentes et sulco inter se separatae; areolae oblongae, parvae, aculeis marginalibus numerosis 20—30, tenuibus usque 0,5 cm longis, in caule novello brunnescentibus; aculei centrales 1—2, plerumque oblique deflexi, usque 3(—5) cm longi, iuventute brunnenscentes, senectute cani, apice obscuro; areolae floriparae lana densa solum in statu ante efflorationem visae; tubus floralis dense pilosus et squamosus, phylla perigonii exteriora olivacea, interiora forsan alba.

Ändert ab: var. *brevior* Rauh et Backbg. nov. var. (Abb. 183, II)

Unterscheidet sich vom Typus durch die kurzsäuligen, niederliegenden Triebe; diese nur bis 20 cm lang, 4—5 cm dick, 18rippig; Mamillen anfänglich aufgewölbt, sich später verflachend; Areolen länglich, mit zahlreichen, sehr dünnen, bis 0,5 cm langen, grauweißen Randstacheln; Zentralstacheln 2—3, bis 4 cm lang, im Neutrieb hellbraun, dunkel bespitzt, im Alter bereift; blühbare Areolen mit weißer Wolle; Blüten und Früchte unbekannt.

Fundort: Gipswüste zwischen Ocoña und Camana (Südperu), 500 m; Sammelnummer: K 137 (1956).

A typo differt caulibus breviter columniformibus decumbentibus, qui usque 20 cm sunt longi, 4—5 cm crassi, 18costati; mamillae primo turgidae, postea applanatae; areolae oblongae aculeis marginalibus gracillimis numerosis usque 0,5 cm longis, canescenti-albis; aculei centrales 2—3, usque 4 cm longi, in caule novello laete brunnescentes obscuro-acuminati, senectute pruinosi; areolae floriparae dense albo-lanatae; flores et fructus ignoti.

Reihe: ***Repentes*** Backbg.

Die Reihe der „*Repentes*" ist allein mit *H. repens* vertreten, eine Art von mehr nördlicher Verbreitung. Ihr Standort fällt in das Gebiet der Nordgrenze der Garuanebel.

H. repens unterscheidet sich sowohl im Wuchs als auch im Bau der Blüten recht auffällig von den Vertretern der weiter im Süden verbreiteten „*Decumbentes*". Die niederliegenden, wurzelnden Säulen erreichen eine Länge von 2 m und mehr; ihre Triebspitzen sind aufgerichtet; die Blüten zeigen im Bau weitaus größere Übereinstimmungen mit den Vertretern der „*Acranthi*" als mit denen der *Decumbentes*; die inneren Petalen sind nicht aufgerichtet, sondern flach ausgebreitet; in der Bestachelung aber weicht *H. repens* von jenen ab.

Haageocereus repens Rauh et Backbg. nov. spec.[1] (Abb. 10, oben; Abb. 183, III)

Pflanze niederliegend, halb vom Sand verweht (Abb. 10, oben); Spitzen der bis 2 m langen und auf der Unterseite wurzelnden, 5—8 cm dicken, 19rippigen Triebe meist leicht aufgerichtet; Rippen sehr schmal, zwischen den Mamillen eingeschnürt; Areolen klein, 2—3 mm im ∅, im Scheitel ockergelb, später grau; Randstacheln zahlreich (± 40), dünn, fast borstenförmig, bis 1 cm lang, im Neutrieb bernsteingelb, im Alter grau, radial nach allen Seiten hin abstehend; Zentralstacheln 1—2 (—4), die längsten bis 2 cm lang, jung bernsteingelb, meist schräg abwärts gerichtet; Blüten unterhalb des Scheitels, 6—7 cm lang, geöffnet 3,5 cm im ∅; Röhre kurz, bis 1,5 cm dick, sich spitzenwärts trichterig erweiternd; Schuppenblätter in lockeren Parastichen, mit schmal-dreieckigem, freiem Abschnitt, in ihren Achseln lange, schwarzbraune Haare tragend; äußere Perigonblätter unterseits schmutzig-schokoladenfarbig-purpurn, oberseits grünlich, die inneren rein weiß, flach ausgebreitet, bis 2,5 cm lang, 5 mm breit, fein bespitzt; Fruchtknotenhöhle länglich (0,6 cm lang); Nektarkammer bis 1,3 cm lang, weit (0,6 cm im ∅), nur unvollständig durch die inneren, in Doppelreihe angeordneten, an der Basis grünlichen Filamente verschlossen; Staubblätter viel kürzer als die Perigonblätter; Griffel dick, die Staubblätter nur wenig überragend (Abb. 183, IIIa); Früchte unbekannt.

Fundort: Sandwüste, 20 km südlich Trujillo (Nordperu), bei km 535 (Carretera Panamericana); Sammelnummer: K 106a (1954); K 88 (1956).

Planta decumbens, dimidium arena contecta; apices caulium usque 2 m longorum et in latere inferiore radicantium, 5—8 cm crassorum, 9costatorum paullum erecti; costae angustissimae, inter mamillas constrictae, areolae parvae, 2—3 mm in ∅, in vertice ochraceae, postea canae; aculei marginales numerosi, ca. 40, tenues, fere setiformes, usque 1 cm longi, in caule novello colore luteo electri, senectute cano, radialiter in omnes partes divaricati; aculei centrales 1—2 (—4), longissimi usque 2 cm longi, iuventute colore

[1] Die Pflanze wurde 1954 in nichtblühendem Zustand gesammelt und unter dem Namen *Loxanthocereus casmaensis* in „Cactus", Jahrg. 12, H. 54, 1957 ohne Diagnose abgebildet (Abb. 49). Da 1956 die Zugehörigkeit zu *Haageocereus* geklärt werden konnte, ist dieser Name zu streichen. JOHNSON (Cactus and Succ. Journal of America, Bd. XXIV, 14, 1952) erwähnt in einem Reisebericht aus der Gegend von Trujillo "a fine new *Haageocereus*. It formed colonies up to 10 feet across and grew procumobent" (S. 122). Es dürfte sich wohl um *H. repens* handeln. Eine Beschreibung von JOHNSON ist bisher nicht erfolgt.

luteo electri, plerumque oblique deflexi; flores infra verticem, 6—7 cm longi, aperti 3—5 cm in ⌀; tubus floralis brevis, usque 1,5 cm crassus, apicem versus infundibuliformiter se amplificans; squamae bracteaneae laxe spiraliter ordinatae, parte libera angusta vel trigona, in axillis pilos longos atrobrunneos ferentes; phylla perigonii exteriora subter sordido-badio-purpurea, supra virescentia; interiora candida, plane explicata, usque 2,5 cm longa, 5 mm lata, mucronulata; cavum ovarii oblongum (0,6 cm longum); nectarium usque 1,3 cm longum, amplissimus (0,6 cm in ⌀), tantum incomplete filamentis interioribus biserialibus basi virescentibus clausum; stamina multo breviora quam petala; stylus percrassus, stamina tantum paullum superans; fructus ignoti.

H. repens ist einer der bemerkenswertesten peruanischen *Haageocereen*, der im lockeren, beweglichen Wüstensand ohne jede Begleitflora wächst und hier große Gruppen bildet. Die Triebe sind oft völlig vom Sand überdeckt und zuweilen dicht mit Strauchflechten bewachsen.

Reihe: ***Versicolores*** Backbg.

Haageocereus versicolor (Werd. et Backbg.) Backbg. (Abb. 48, rechts; Abb. 184, I)

Pflanze gruppenbildend; Säulen bis 1,5 m hoch, schlank (bis 8 cm dick), aufrecht, im Alter häufig liegend, dann aber meist absterbend; Rippen ± 22, niedrig; Areolen klein, mit 20—30 feinen, gelblichen oder rotbraunen Randstacheln; Mittelstacheln fehlend oder vorhanden, dann bis 4 cm lang, häufig abwärts gekrümmt; Blütenareolen in Scheitelnähe mit dichter Wolle. Da diese nach Abfallen der Früchte erhalten bleibt, weisen die blühfähigen Triebe eine ± deutliche Zonierung auf, wodurch die aufeinanderfolgenden Blühperioden gekennzeichnet werden; Blüten mit schlanker, behaarter Röhre, engtrichterig[1], ca. 10 cm lang, weiß; Früchte rundlich, gelb, 3 cm im ⌀.

Typ-Fundort: Nordperu bei Morropon.

H. versicolor ist eine durch ihre bunte Bestachelung recht auffallende, ausgesprochen nordperuanische Art, die auf trocknen, steinigen Böden meist als Begleitpflanze lichter *Bombax*- und *Loxopterygium*-Gebüsche von 100—500 m auftritt. Er ist hinsichtlich der Bestachelung und Stachelfarbe recht variabel; so führt Backeberg die folgenden Varietäten auf:

var. *lasiacanthus* (Werd. et Backbg.) Backbg.

Vom Typus durch das Fehlen der Mittelstacheln abweichend; Randstacheln mehr borstig. Nordperu (bei Carrasquillo).

[1] Siehe Abb. bei Backeberg: Blätter für Kakteenforschung, 1936/52 — 3; eine ausführliche Beschreibung der Blüte gibt Cullmann, W. in: Kakteen und andere Sukkulenten, Jahrb. der DKG., 1954/1, S. 54.

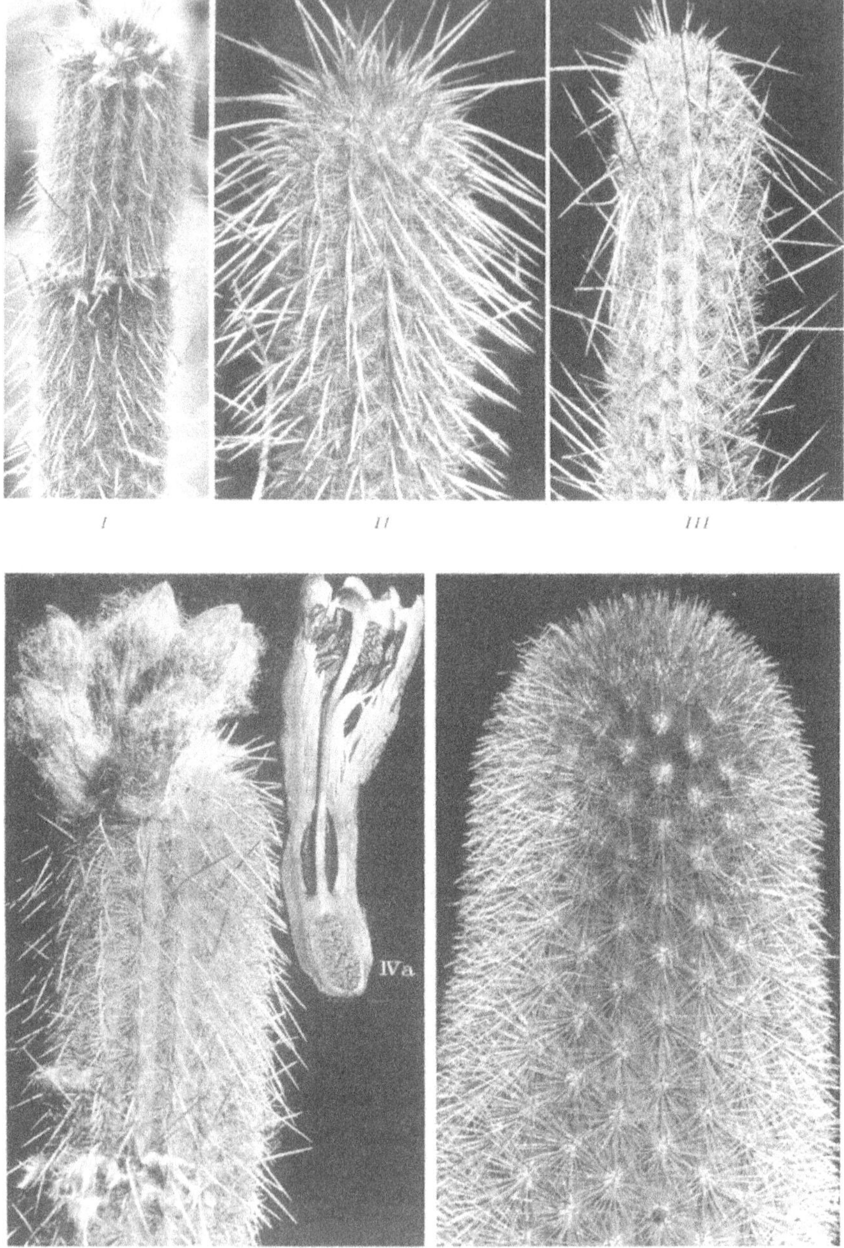

Abb. 184. I *Haageocereus versicolor* Backbg. (Typ); II *var. catacanthus* Rauh et Backbg.; III var. *xanthacanthus* Backbg., IV *H. pseudoversicolor* Rauh et Backbg.; IV*a* Blüte längs durchschnitten; V *H. icosagonoides* Rauh et Backbg.

var. *aureispinus* Backbg.

Stacheln alle goldgelb bis gelblich; Mittelstacheln oft fehlend. Nordperu.

var. *fuscus* Backbg. (syn. *H. talarensis* Backbg. nom. nud.; *H. versicolor* var. *atroferrugineus* Backbg. nom. nud.)

Stacheln alle tief fuchsbraun; Randstacheln fein und dichtstehend; Zentralstacheln zuweilen fehlend.

Trockne Cerros bei Talara.

var. *catacanthus* Rauh et Backbg. nov. var. (Abb. 184, II)

unterscheidet sich vom Typus durch die sehr derben, schräg abwärts gebogenen, hellbraunen Zentralstacheln; Randstacheln sehr fein, dunkelfuchsrot.

Fundort: Tal von Canchaque, 100 m; Trockengebüsch; Sammelnummer: K 71 a (1956).

A typo differt aculeis centralibus rigidissimis oblique deflexis fuscescentibus; aculei marginales gracillimi, atrorufi.

Die Triebe der beiden folgende Varietäten zeichnen sich durch eine geringere Zahl von Rippen aus:

var. *xanthacanthus* Backbg. (Abb. 184, III)

Wuchs aufrecht; Triebe bis 1 m hoch, mit 11—12 sehr flachen und deutlich quergekerbten Rippen; Randstacheln 25—30, sehr fein; Mittelstacheln derb, strohgelb, 2,5—4 cm lang.

Nordperu, im Tal von Canchaque; Sammelnummer K 143 (1954).

var. *humifusus* (Werd. et Backbg.) Backbg.

Ältere Triebe meist niederliegend; aus diesen sich aufrechte Sprosse entwickelnd; Rippen ca. 12, flach; Areolen klein, mit 10—15 sehr dünnen, blaßbraunen Randstacheln; Zentralstacheln dünn, 2—3 cm lang, blaßbraun.

Nordperu, Tal von Canchaque bei 1500 m.

Haageocereus pseudoversicolor Rauh et Backbg. nov. spec. (Abb. 37, links; Abb. 184, IV)

Im Wuchs und in der Bestachelung ähnlich *H. versicolor*; aber weniger große Büsche bildend und Triebe viel dicker; diese aufrecht wachsend, 8—10 cm dick, bis 1,2 m hoch; Rippen 18, schmal; Randstacheln zahlreich, dünn, gelbbraun, bis 1 cm lang; Zentralstachel 1 (—2), bis 3 cm lang, an der Basis gelblich, mit dunkelbrauner Spitze, im Alter grau und abwärts gekrümmt; Blütenareolen mit Wollfilz, dieser erhaltenbleibend, aber nicht in so regelmäßigen Ringen wie bei *H. versicolor*; Blüten in Scheitelnähe zu mehreren, meist nur auf der Sonnenseite der Sproßachse, 5,5 cm lang, mit leicht gebogener und runder 0,5 cm dicker Röhre; Schuppenblätter lockerstehend, mit scharf abgesetztem, in eine Stachelspitze auslaufenden freien Abschnitt, in den Achseln mit langen, gekräuselten Wollhaaren; äußere Perigonblätter unterseits schmutzig-dunkelweinrot, innere weiß, 1,5 cm lang, 0,6 cm breit, gegen die Spitze verbreitert, gebuchtet und mit Stachelspitze; Fruchtknotenhöhle langgestreckt, 1 cm lang, 0,4 cm im ⌀; Nektarkammer kurz (1,2 cm lang), sich spitzenwärts verjüngend und durch den inneren, in Doppelreihe angeordneten Staubblattkreis verschlossen; Griffel dick, länger als die Staubblätter; Früchte länglich, 2—3 cm im ⌀, grünlichrot.

Fundort: Kakteenwüste des Rio Saña-Tales (Nordperu), 100 bis 200 m, zusammen mit *Neoraimondia gigantea* var. *saniensis*; Sammelnummer: K 85 (1956).

Habitu et armatura aculeorum *H. versicolori* simillimus sed frutices minores formans, caules multo crassiores, erecte crescentes, 8—10 cm crassi, usque 1,2 m alti; costae 18, angustae; aculei marginales numerosi, tenues, flavo-brunnei, usque 1 cm longi; aculeus centralis unus (—2), usque 3 cm longus, basi flavescens, apice atrobrunneo, senectute canus et deflexo-curvatus; areolae floriparae tomento laneo persistente, qui non est ordinatus in circulis tam regularibus quam in *H. versicolori*; flores prope verticem plurimi, plerumque in latere caulis quod est ad solem versum, 5,5 cm longi, tubo leniter curvato et rotundo 0,5 cm crasso; squamae bracteaneae laxe insertae, parte libera conspicue separata in acumen acutum excurrente, in axillis pilis laneis longis crispatis; phylla perigonii exteriora subter sordido-atrorubri vini colore, interiora alba, 1,5 cm longa, 0,6 cm lata, apicem versus dilatata, sinuata et aculeata; cavum ovarii longe porrectum 1 cm longum, 0,4 cm in ⌀; nectarium breve (1,2 cm longum), apicem versus se angustans et circulo interiore biseriali staminum clausum; stylus crassus, longior quam stamina; fructus oblongi, 2—3 cm in ⌀, virescenti-rubri.

Im gleichen Tal, nur etwas höher (bei 500 m) wächst ein weiterer interessanter *Haageocereus*, der auf Grund seiner Bestachelung *Seticereus icosagonus* außerordentlich ähnlich ist und deshalb als

Haageocereus icosagonoides Rauh et Backbg. nov. spec. (Abb. 37, rechts; Abb. 184, V)

bezeichnet werden soll.

Pflanze wie *H. versicolor* größere Gruppen bildend; Triebe bis 1,5 m hoch, von der Basis reich verzweigt, aufrecht wachsend; ältere Säulen sich umlegend (Abb. 37, rechts), ca. 5—8 cm dick, im Neutrieb frischgrün, 20rippig; Rippen schmal, 0,5 cm breit, 0,3 cm hoch, fast völlig von den sich verflechtenden Areolenstacheln eingehüllt; Mamillen durch eine Querfurche gegeneinander abgegrenzt; Areolen dichtstehend, länglich, 0,3 cm im ⌀, gelbbraunfilzig; Randstacheln zahlreich (30—40), radial nach allen Seiten abstehend, dünn, z. T. fast borstenförmig, im Neutrieb gelbbraun, mit rötlichbrauner Spitze, lange Zeit ihre Farbe beibehaltend, nur an der Triebbasis schwarz werdend; hervortretende Zentralstacheln fehlend; Blütenareolen vorwiegend auf der Sonnenseite mit dichter, weißer Wolle, die wie bei *H. versicolor* in Form etagenförmig angeordneter Ringe erhalten bleibt (Abb. 37, rechts); Blüten (abgetrocknet) bis 6 cm lang, mit beschuppter und behaarter Röhre, weiß; Früchte unbekannt.

Fundort: Tal des Rio Saña (Nordperu), Kakteenfelswüste, in Gesellschaft von *Espostoa melanostele*, *Melocactus*, *Loxopterygium huasango*, *Jatropha* spec., *Cercidium praecox*, auf trocknen, steinigen Hängen; Sammelnummer: K 86 (1956).

Planta ut *H. versicolor* turmas maiores formans; caules usque 1,5 m alti, a basi ramosissimi, erecti; caules seniores se decumbentes, ca. 5—8 cm crassi, in caule novello laeto-virides, 20 costati; costae angustissimae, 0,5 cm latae, 0,3 cm altae, fere omnino aculeis areolarum se implectentibus involutae; mamillae sulco transversali inter se separatae; areolae confertae, oblongae, 0,3 cm in ⌀, flavescenti-brunneo-tomentosae; aculei marginales numerosi (30—40) radialiter in omnes partes divaricati, tenues, partim fere setiformes, in caule novello flavescenti-brunnei, apice rubiginoso, colorem diu conservantes, non nisi in basi caulium nigrescentes; omnino sine aculeo centrali prominente; flores prope verticem; areolae floriparae lana densa alba, quae, ut in *H. versicolori*, in circulis tabulatiformibus persistit; flores (desiccati) usque 6 cm longi, tubo squamato et piloso, forsan albi; fructus ignoti.

Reihe: ***Asetosi*** Backbg.

Haageocereus laredensis Backbg.

Pflanze gruppenbildend; Triebe aufrecht, 1—1,2 m hoch, schlank, bis 7 cm dick, glänzend grün; Rippen ca. 18—19, schmal; Randstacheln zahlreich, 40—50, bernsteingelb, nadelig dünn, bis 12 mm lang; Mittelstacheln kaum von den Randstacheln unterscheidbar, honiggelb; Blüten unterhalb des Scheitels[1], ca. 7 cm lang, engtrichterig; Röhre dünn, olivgrünbraun, beschuppt und locker behaart, sich kurz vor Sonnenaufgang öffnend und nach CULLMANN erst gegen Mittag des nächsten Tages schließend; äußere Perigonblätter unterseits bräunlichgrün, innere rein weiß; Staubblätter und Griffel kürzer als die Perigonblätter.

Typ-Fundort: Kakteenfelswüste bei Laredo, 600 m, nördlich Trujillo.

var. *longispinus* Rauh et Backbg. nov. var.

unterscheidet sich vom Typus durch die honiggelben, bis 6 cm langen Zentralstacheln.

Fundort: Kakteenfelswüste im Tal des Rio Fortaleza, bei 500 m; Sammelnummer: K 93 (1954).

Typo differt aculeis centralibus helvis usque 6 cm longis.

H. laredensis steht *H. pacalaensis* sehr nahe, unterscheidet sich von diesem aber durch die schlankeren Triebe und dichtere Bestachelung.

---

[1] Blühende Pflanze abgebildet bei CULLMANN in: Kakteen und andere Sukkulenten, Jahrb. DKG. 15, 1954, S. 55.

Haageocereus pacalaensis Backbg.[1]
soll nach BACKEBERG der kräftigste aller Haageocereen sein; Triebe bis 1,70 m hoch[2], von der Basis her verzweigt, bis 10 cm dick; Rippen ca. 19, niedrig, 1 cm breit; Areolen klein, bräunlich-filzig; Randstacheln ca. 40, blaßgelb, bis 14 mm lang; Mittelstacheln 1(—3), derb, bis 5 cm lang, schräg abwärts gerichtet, leuchtend goldgelb; Blüten weiß; Früchte grün, kugelig.

Nordperu bei Malabrigo.

Haageocereus viridiflorus Backbg. (syn. *Peruvocereus viridiflorus* Akers[3])

Pflanze gruppenbildend; Triebe von der Basis her verzweigt, bis 1 m hoch, ca. 7 cm im ⌀; Rippen 19—20, niedrig; Areolen klein, oval, weißfilzig; Randstacheln ± 60, bis 0,5 cm lang, stechend, gelb; Zentralstachel, wenn vorhanden, bis 2,5 cm lang, stechend, abwärts gebogen; alle Stacheln anfangs gelb, später grau; Blüten engtrichterig; Röhre 6,5 cm lang, grün; Schuppenblätter klein, in ihren Achseln zahlreiche, kurze, silbrige Haare; äußere Perigonblätter zurückgeschlagen, gelbgrün, mit roter Spitze; innere spatelförmig, bespitzt, grün bis grünlichweiß, mit dunkelgrünem Mittelstreifen; Filamente grün, kürzer als die Perigonblätter; Griffel grün, mit 10—18 grünlichgelben Narben; Früchte kugelig, 4 cm im ⌀, rot, mit grüner Basis.

Typ-Standort: Canta-Tal (Rio Chillon, Zentralperu), 10 km oberhalb Sta. Rosa de Quiver, 1000 m.

Nach AKERS blüht die Pflanze spärlich und besitzt zuweilen rein grüne Blüten "which are the greenest of all cactus flowers seen by the author" (S. 144).

H. viridiflorus wächst auf steinigen Flußterrassen bei 1000 m in Gesellschaft von *Jatropha*, *Neoraimondia rosiflcra*, *Espostoa melanostele*, *Haageocereus acranthus* und *Mila*-Arten.

Haageocereus aureispinus Rauh et Backbg. nov. spec. (Abb. 176, rechts; Abb. 185, I, III und IV)

Pflanze bis 80 cm hoch, von der Basis her verzweigt, 6—8 cm dick, 18—20rippig, frischgrün; Areolen dichtstehend, rundlich-länglich, 0,3 cm im ⌀, weißlichgelb-filzig; Randstacheln zahlreich (30—40), dünn, bis 1 cm lang, leuchtendgelb, radial nach allen Seiten abstehend, ohne Borstenhaare; Zentralstacheln 1 (—2), im Neutrieb aufgerichtet, später schräg abwärts gekrümmt, bis 4 cm lang, im Neutrieb lebhaft gelb, mit dunkler Spitze, im Alter sich gleich den Randstacheln über rötlichviolett nach tiefschwarzviolett verfärbend, grau bereift; Blüten in Scheitelnähe, engtrichterig, 6—7 cm lang, geöffnet bis 3 cm im ⌀; Röhre fast rund, 1 cm im ⌀, ziemlich dicht mit Schuppenblättern besetzt; diese mit kurz-dreieckigem, freiem Abschnitt, in ihren Achseln kurze, weiße Haare;

[1] BACKEBERG: Blätter für Kakteenforschung, 1936/52 — 4.
[2] Für *Haageocereus setosus* gibt AKERS eine Größe bis 3 m an.
[3] AKERS, J.: Cactus and Succ. Journ. of America. Bd. XIX, H. 9, 1947, S. 143—144.

äußere Perigonblätter unterseits an der Basis grün, an der Spitze dunkelweinrot; die mittleren unterseits grün, oberseits grünlich-

Abb. 185. *Haageocereus aureispinus* Rauh et Backbg.; II var. *rigidispinus* Rauh et Backbg.; III Längsschnitt durch die Blüte von *H. aureispinus*, *H* staminoidaler Haarring; IV Staubblatt des inneren Kreises mit Staminodialhaaren

weiß; die inneren meist reinweiß, 1,5 cm lang, 0,3 cm breit, bespitzt am Rande papillös; Staubblätter kürzer als die Perigonblätter, mit grünlichen Filamenten und gelben Staubbeuteln; Griffel und

Narben grünlich, die Staubblätter nur wenig überragend; Fruchtknotenhöhle halbkugelig, 0,5 cm im ⌀; Plazentarstränge dünn, reich verzweigt; Nektarkammer 1,5 cm lang, 0,5 cm im ⌀, sich spitzenwärts verjüngend und durch die Filamente des inneren Staubblattkreises verschlossen; an deren Basen 0,5 cm lange einreihige Haare (Abb. 185, IV); Früchte kugelig bis länglich, 3—4 cm im ⌀, weinrot, behaart und beschuppt.

Fundort: Canta-Tal (Rio Chillon, Zentralperu) zwischen 800 und 1200 m; Sammelnummer: K 170 (1956).

Planta usque 80 cm alta, a basi ramosa, 6—8 cm crassa, 18—20 costata, laete viridis; areolae confertae, rotundulo-oblongae, 0,3 cm in ⌀, albido-flavescenti-tomentosae; aculei marginales numerosi (30—40), tenues, usque 1 cm longi, radialiter in omnes partes divaricati, esetacei; aculeus centralis unus (—2), in caule novello erectus, postea oblique deflexo-curvatus, usque 4 cm longus, tenuis, vehementer luteus, apice obscuro, senectute ut aculei marginales primo in colorem rubescenti-violaceum transiens, postea in obscuro-atro-violaceum colorem mutans, cano-pruinatus; flores prope verticem, anguste infundibuliformes, 6—7 cm longi, aperti usque 3 cm in ⌀; tubus floralis fere rotundus, 1 cm in ⌀ squamis bracteaneis densiuscule obtectus, quarum pars libera brevi-trigona; in axillis earum pili longi albi; phylla perigonii exteriora subter basi viridia, apice atrorubri vini colore; mediana subter viridia, supra virescenti-alba; interiora albescenti-viridia vel candida, 1,5 cm longa, 0,3 cm lata, aculeata, margine papillosa; stamina breviora quam petala filamentis virescentibus et antheris luteis; stylus et stigmata virescentia, stamina vix superantia; cavum ovarii semiglobosum, 0,5 cm in ⌀; funiculi placentales tenues, arbusculiformiter ramosi; nectarium 1,5 cm longum, 0,5 cm in ⌀, apicem versus se angustans et filamentis circuli interioris staminum clausum, basibus eorum pili staminodiales uniseriales 0,5 cm longi; fructus globosi vel oblongi, 3—4 cm in ⌀, rubri vini colore, pilosi et squamosi.

H. aureispinus, mit seiner leuchtend gelben Bestachelung einer der schönsten *Haageocereen*, ist nicht selten in der Kakteenstufe zwischen 800—1200 m, in Gesellschaft von *Espostoa melanostele*, *Neoraimondia rosiflora*, *Haageocereus acranthus*, *Opuntia pachypus* und *Tephrocactus kuehnrichianus* anzutreffen. Er steht *H. viridiflorus* nahe, unterscheidet sich von diesem aber durch die schmäleren Rippen, die reichere, sich im Alter nicht grau, sondern tiefschwarz verfärbende Bestachelung und die meist reinweißen Blüten, deren Nektarkammer durch einen staminodialen Haarring verschlossen wird. Im Gegensatz zu *H. viridiflorus* blüht und fruchtet diese Art reichlich; ihre Blüten öffnen sich gegen 16 Uhr, werden von Kolibris und Fliegen (Abb. 176, rechts) als Bestäuber aufgesucht und schließen sich gegen 10 Uhr am nächsten Morgen.

H. aureispinus ist hinsichtlich der Bestachelung und Stachelfarbe variabel. So wurden die folgenden beiden Varietäten beobachtet:

var. *rigidispinus* Rauh et Backbg. nov. var.[1] (Abb. 185, II)

Unterscheidet sich vom Typus durch eine auffallend derbe Bestachelung; Zentralstacheln knotig verdickt.

Säulen 50—80 cm hoch, von der Basis her verzweigt, bis 8 cm dick, 18—19rippig; Rippen 0,5 cm breit, 0,3 cm hoch, lebhaft grün; Areolen 1 cm voneinander entfernt, rundlich bis länglichoval, 0,7 cm im ∅, im Scheitel hellgrau-filzig; Randstacheln 40—50, sehr derb und stechend, 0,8 cm lang, nur die zur Areolenbasis hinweisenden dünner, jung bernsteingelb, im Alter graubraunviolett, an jungen Austrieben oft mit rötlichbrauner Spitze; Zentralstacheln 1—2, der mittlere sehr derb, 3,5—4 cm lang, an der Basis 2 mm dick, waagerecht abstehend, im Scheitel aufgerichtet, jung bernsteingelb, mit dunkelbrauner Spitze, schon früh grau bereift und auffallend knotig verdickt (daher wellig erscheinend!), der zweite, der Areolenbasis entspringende Zentralstachel nur 2—3 cm lang, scharf basalwärts gekrümmt und der Sproßachse anliegend; Blüten 5—6 cm lang, mit dünner, grünlicher Röhre; äußere Petalen grünlich, innere weiß; Früchte kugelig, bis 4 cm im ∅, rotbraun.

Fundort: Canta-Tal (Rio Chillon, Zentralperu) unterhalb Sta. Rosa de Quiver, zwischen 800 und 1000 m, zusammen mit *H. aureispinus*; Sammelnummer: K 170a (1956).

A typo differt aculeatione conspicue rigida; aculei centrales nodoso-incrassati; caules columniformes 50—80 cm alti, a basi ramosi, usque 8 cm crassi, 18—19costati; costae 0,5 cm latae, 0,3 cm altae, laete virides; areolae 1 cm inter se distantes, rotundulae vel oblongo-ovales, 0,7 cm in ∅, in vertice canescenti-tomentosae; aculei marginales 40—50, solidissimi et pungentes, 0,8 cm longi, solum illi tenuiores, qui basim areolae versus directi sunt, iuventute luteo colore electri, senectute cano-brunneo-violacei, in caulibus novellis saepe apice rubiginoso; aculei centrales 1—2, medius solidissimus, 3,5—4 cm longus, basi 2 mm crassus, transverse patens, in vertice erectus, iuventute luteo colore electri, apice atrobrunneo, iam praecociter cano-pruinosus et conspicue noduloso-incrassatus, secundus aculeus centralis, a basi areolae ortus, tantum 2—3 cm longus, valde basim versus curvatus et ad caulem appressus; flores 5—6 cm longi, tubo gracili virescente; phylla perigonii exteriora virescentia, interiora alba; fructus globosi, usque 4 cm in ∅, rubiginosi.

var. *fuscispinus* Rauh et Backbg. nov. var.

Unterscheidet sich vom Typus durch die im Neutrieb rötlichbraunen Randstacheln; Zentralstacheln 1—2, an der Basis hellbraun, an der Spitze dunkelbraun, bereift, sich im Alter tiefschwarz verfärbend; Blüten wie beim Typus.

---

[1] Von BACKEBERG (1957) als eigne Art aufgeführt.

Standort: wie vorige; Sammelnummer: K 170b (1956).

Differt a typo aculeis marginalibus in caule novello rubiginosis; aculei centrales 1—2, basi laete brunnei, apice atrobrunnei, pruinosi, senectute in colorem profunde atrum se mutantes; flores ut in typo.

Haageocereus acanthocladus Rauh et Backbg. nov. spec. (Abb. 186)

Pflanze bis 70 cm hoch, von der Basis her verzweigt; Triebe ca. 6 cm im ⌀, 16—18rippig; Rippen schmal, infolge der dichten

Abb. 186. *Haageocereus acanthocladus* Rauh et Backbg.

und wilden Bestachelung kaum sichtbar; Areolen klein, rund, gelbweiß-filzig; Randstacheln zahlreich, dünn, stechend, bis 1,5 cm lang, bernsteingelb; Zentralstacheln 1—2, sehr derb, aufwärts und abwärts gerichtet, bis 5 cm lang, im Neutrieb an der Basis bernsteingelb, an der Spitze dunkelbraun, grau bereift, im Alter grau bis schwarz werdend; Blüten zahlreich, in Scheitelnähe und weiter rückwärts, engtrichterig, mit gerader, leicht abgeflachter Röhre; Schuppenblätter lockerstehend, mit sehr kurzem, dreieckigem freiem Abschnitt und wenigen, kurzen, weißen Wollhaaren in ihren Achseln; äußere Perigonblätter zurückgeschlagen, unterseits weinrot, oberseits grünlichrot bis intensiv grün, innere weißlichgrün, schmal zungenförmig, 1,5 cm lang, 4 mm breit, bespitzt; Staubblätter und

Griffel kürzer als die Perigonblätter, an der Basis der Filamente des inneren Kreises vereinzelte, staminodiale Haare; Fruchtknotenhöhle langgestreckt (0,6 cm lang); Plazentarstränge lang und dünn, reich verzweigt; Nektarkammer 1,5 cm lang, 0,6 cm im ∅, leicht abgeflacht; Früchte (unreif) kugelig, 2 cm im ∅, weinrot.

Fundort: Tal des Rio Huaura (Churin-Tal, nördliches Zentralperu); Kakteenfelswüste bei 900 m (nahe Sayan); Sammelnummer: K 90 (1956).

Planta usque 70 cm alta, a basi ramosa; caules ca. 6 cm in ∅, 16—18-costati; costae angustae propter aculeationem densam et ferocem vix apparentes; areolae parvae, rotundae, flavescenti-albo-tomentosae; aculei marginales numerosi, tenues, sed pungentes, usque 1,5 cm longi, colore electri; aculei centrales 1—2, rigidissimi, erecti et recurvati, usque 5 cm longi, in caule novello basi colore electri, apice atrobrunnei, cano-pruinosi, senectute canescentes vel nigrescentes; flores numerosi, etiam prope verticem et infra verticem, anguste infundibuliformes tubo recto modice applanato; squamae bracteaneae laxe insertae parte libera brevissime trigona et pilis laneis paucis brevibusque; phylla perigonii exteriora reclinata, subter rubri vini colore, supra virescenti-rubra vel profunde viridia, interiora albescenti-viridia, anguste linguiformia, 1,5 cm longa, 4 mm lata aculeata; stamina et stylus breviora quam petala, basibus filamentorum circuli interioris pili singuli staminodiales; cavum ovarii longe porrectum (0,6 cm longum); funiculi placentales longi et tenues, ramosissimi; nectarium 1,5 cm longum, 0,6 cm in ∅, leniter applanatum; fructus (immaturi) globosi, 2 cm in ∅, rubri vini colore.

Haageocereus tenuispinus Rauh et Backbg. nov. spec. (Abb. 187, I)

Pflanze 50—60 cm hoch, von der Basis her verzweigt; Säulen aufrecht, 6—8 cm dick, mit 18 schmalen Rippen; Areolen sehr klein, 0,3 cm im ∅, gelbfilzig; Randstacheln zahlreich (±30), bis 1 cm lang, sehr dünn, radial nach allen Seiten hin abstehend, im Neutrieb blaßgelb, im Alter braunviolett; Zentralstacheln 1(—2), bis 5 cm lang, schräg abwärts gerichtet, sehr dünn und biegsam, im Neutrieb blaßgelb, mit dunkler Spitze, im Alter dunkelrotbraunviolett, bereift, bis schwarz werdend; Blüten und Früchte unbekannt.

Fundort: Stark verwitterte Küsten-Cerros zwischen Trujillo und Chimbote (km 465 an der Carretera Panamericana); Sammelnummer: K 89 (1956).

Planta 50—60 cm alta, a basi ramosa; caules columniformes erecti, 6—8 cm crassi costis 18 angustis; areolae minimae, 0,3 cm in ∅, flavo-tomentosae; aculei marginales numerosi (± 30), usque 1 cm longi, tenuissimi, radialiter divaricati, in caule novello pallide flavi, senectute brunneo-violacei; aculei centrales 1—2, usque 5 cm longi, oblique deflexi tenuissimi flexibilesque, in caule novello pallide flavi, apice obscuro, senectute atrorubro-brunneo-violacei, pruinosi vel nigrescentes; flores et fructus ignoti.

Abb. 187. I *Haageocereus tenuispinus* Rauh et Backbg.; II *H. horrens* var. *sphaerocarpus* Rauh et Backbg.; III—IV *H. horrens* Rauh et Backbg.

Die am Standort recht unansehnliche und oft dicht von Flechten überwachsene Pflanze entwickelt sich in der Kultur zu einer prächtigen Art, die von allen anderen durch die langen und dünnen Zentralstacheln abweicht.

Haageocereus horrens Rauh et Backbg. nov. spec. (Abb. 187, III bis IV)

Pflanze 80—100 cm hoch, von der Basis her verzweigt; Triebe 8—10 cm dick, mit 18—20 sehr schmalen Rippen; Areolen rundlich, 5 mm im ∅, im Neutrieb gelbbraun; Randstacheln zahlreich, steif borstig, im Neutrieb gelblich, im Alter grau, ca. 1 cm lang, sich mit denen der Nachbarareolen verflechtend; Zentralstacheln 1(—3), sehr starr, im Neutrieb hornfarbig, im Alter grau, im Scheitel zusammenneigend, später schräg abwärts und aufwärts gerichtet; Blüten bis zu 8 cm lang, geöffnet bis 3 cm im ∅; Röhre 1,5 cm dick, mit kleinen Schuppenblättern, in den Achseln kurze Wollhaare tragend; äußere Perigonblätter grünlichrot, innere grünlichweiß; Früchte weinrot, 3—4 cm lang, 1—2 cm dick, abgeflacht.

Fundort: Trockne Küsten-Cerros in der Wüste bei km 720 an der Carretera Panamericana, nahe Trujillo; Sammelnummer: K 68 (1956)[1].

Planta 80—100 cm alta, a basi ramosa; caules 8—10 cm crassi costis 18—20 angustissimis; areolae rotundulae, 5 mm in ∅, in caule novello flavo-brunneae; aculei marginales numerosi rigide setacei, in caule novello flavescentes, senectute cani, ca. 1 cm longi, cum illis areolarum proximarum se implectentes; aculei centrales 1—3, rigidissimi, in caule novello corii colore, senectute cani, in vertice conniventes, postea oblique deflexi et erecti; flores usque ad 8 cm longi, aperti usque 3 cm in ∅; tubus floralis 1,5 cm crassus squamis bracteaneis parvis, in axillis pilos laneos breves ferentes; phylla perigonii exteriora virescenti-rubra, interiora virescenti-alba; fructus rubri vini colore, 3—4 cm longi, 1—2 cm crassi, applanati.

Ändert ab: var. *sphaerocarpus* Rauh et Backbg. nov. var. (Abb. 187, II)

Im Wuchs ähnlich dem Typus, aber kräftiger; Pflanze 80 bis 130 cm hoch, von der Basis her verzweigt; Triebe 8—10 cm im ∅, mit 22 Rippen; Areolen sehr dichtstehend, gelblichweiß-filzig, länglich, 0,7 cm im ∅, mit zahlreichen (±50), im Neutrieb bernsteingelben, bis 1,5 cm langen Randstacheln, sich mit denen der Nachbarareolen verflechtend; Zentralstacheln 1—2, sehr derb, schräg

[1] Bei der von Backeberg in „Descriptiones Cactacearum novarum" irrtümlich unter Sammelnummer K 170 (1956) als *H. horrens* angegebene Pflanze handelt es sich um *H. aureispinus*.

aufwärts oder abwärts weisend, häufig gebogen, im Scheitel zusammenneigend, an der Basis gelblich, an der Spitze rötlichbraun, im Alter sich graurot verfärbend; Blüten bis 7 cm lang, engtrichterig, mit 1 cm dicker, beschuppter und stark wolliger Röhre; äußere Perigonblätter unterseits grünlichrot, innere weiß; Früchte kugelig, weinrot, ca. 3 cm im ∅, vom abgetrockneten Blütenrest gekrönt.

Fundort: Tal des Rio Fortaleza, 1000 m (bei km 230), auf nacktem Granitfels zusammen mit *Tillandsia paleacea.*

Habitu typo similis sed validior; planta 80—130 cm alta, a basi ramosa; caules 8—10 cm in ∅, costis 22; areolae confertissimae, flavescenti-albotomentosae, oblongae, 7 mm in ∅, aculeis marginalibus numerosis (± 50), usque 1,5 cm longis, in caule novello electri colore, qui cum illis areolarum proximarum se implectunt; aculei centrales 1—2, rigidissimi, oblique erecti vel deflexi saepe curvati, in vertice conniventes, basi flavescentes, apice rubiginosi, senectute in colorem cano-rubrum se mutantes; flores usque 7 cm longi, angusto-infundibuliformiter tubo 1 cm crasso squamato lanosissimoque; phylla perigonii exteriora subter virescenti-rubra, interiora alba; fructus orbiculares, rubri vini colore, ca. 2 cm in ∅, residuo floris desiccato coronati.

Reihe: ***Setosi*** Backbg.

Haageocereus chosicensis (Werd. et Backbg.) Backbg. (Abb. 188, I—III).

Pflanze bis 1,5 m hoch, von der Basis her verzweigt; Triebe schlankwüchsig, bis 6 cm dick, im Scheitel mit Borstenhaaren; Rippen ca. 19, 3—4 mm hoch, zwischen den Areolen etwas eingeschnürt; Areolen ca. 1 cm voneinander entfernt, rund, gelblich-weiß-filzig; Randstacheln zahlreich (30—50), zum Teil borstenförmig, zum Teil feinnadelig, weißlichgelb, dunkel bespitzt, im Alter graubraun; Zentralstacheln 1—2, wenig hervortretend, bis 2 cm lang, im Scheitel bernsteingelb, im Alter grau; Blüten unterhalb des Scheitels[1]; engtrichterig, 6—7 cm lang, geöffnet 2,5—3 cm im ∅; Röhre abgeflacht, braunrot, dicht mit Schuppenblättern besetzt, ihr freier Abschnitt kurz dreieckig, in eine scharfe Stachelspitze auslaufend, in den Achseln Büschel weißlicher Wollhaare tragend; äußere Perigonblätter unterseits dunkelbraunrot bis schokoladenfarbig, oberseits dunkelkarminrot; innere Perigonblätter karminrotviolett, 1,5 cm lang, 0,5 cm breit; Filamente im oberen Teil karminviolett, an der Basis weiß, kürzer als die Perigonblätter; Staubbeutel gelb, Griffel violett, so lang wie die Staubblätter; Fruchtknotenhöhle langgestreckt, bis 0,7 cm lang, 0,3 mm im ∅; Nektarkammer zylindrisch, 1,2 cm lang, 0,5 cm im ∅, dunkelbraun, durch die herablaufenden Filamentbasen schwach gewulstet, an ihrem Ende lange, ein- bis mehrreihige Haare, welche den Basen der Filamente des inneren Staubblattkreises entspringen (Abb. 188, III); Früchte kugelförmig, weinrot, bis 4 cm im ∅.

Typ-Fundort: Rimac-Tal bei Chosica (Zentralperu), aber auch im Eulalia-Tal häufig; Sammelnummer: K 22, K 25 (1956).

---

[1] Da von BACKEBERG nur eine kurze Angabe über die Blütenfarbe gemacht wird, sei ausführlicher auf den Bau der Blüten eingegangen. Die Angaben beziehen sich auf die in Abb. 188, I wiedergegebene Pflanze (K 25), die wohl als eine Form von *H. chosicensis* mit längeren Zentralstacheln anzusehen ist.

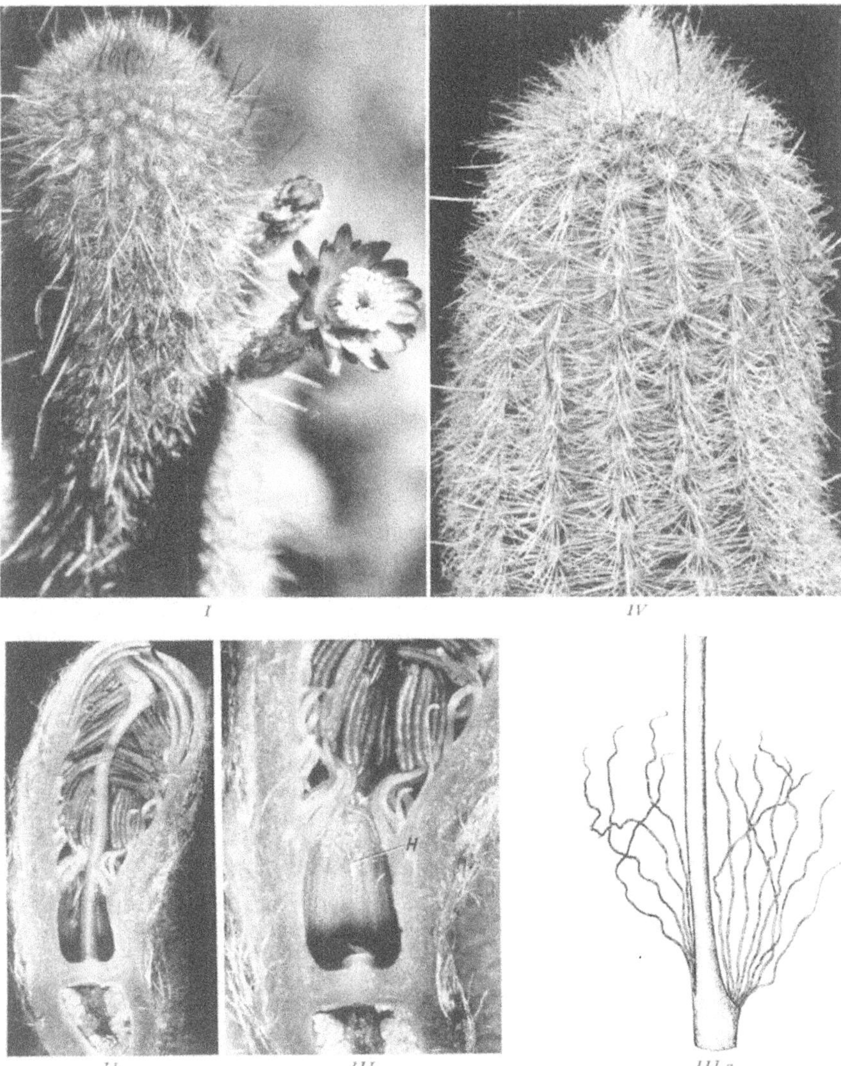

Abb. 188. I *Haageocereus chosicensis* Backbg.; II Längsschnitt durch ältere Blütenknospe; III Nektarkammer vergr. mit den Staminodialhaaren *H* diese in III a vergr.; IV *Haageocereus piliger* Rauh et Backbg.

H. chosicensis ist eine hinsichtlich der Stachelfarbe und -länge variable Art. So führt BACKEBERG noch die

var. *rubrispinus* (Akers) Backbg.

auf, die sich vom Typus durch rötlich- bis fuchsbraune Zentralstacheln unterscheidet und die von AKERS als eigne Art (*Peruvocereus rubrispinus* Akers[1]) beschrieben worden ist.

[1] Cactus and Succ. Journ. of America, Bd. XIX, H. 8, 1947, S. 121—123.

Typ-Fundort: Eulalia-Tal, 1000 m.

Aus dem gleichen Gebiet führt AKERS noch eine Reihe weiterer *Haageocereen* auf. Eine der schönsten, vegetativ an *Cleistocactus straussii* erinnernde Art ist:

Haageocereus albisetatus (Akers) Backbg. (syn. *Peruvocereus albisetatus* Akers[1])

Pflanze bis 2 m (!) hoch, von der Basis her verzweigt; Säulen bis 6 cm dick, 20—26rippig; Areolen rund, 0,5 cm im ⌀, weiß-wollig; Randstacheln ca. 25, borstenförmig, nicht stechend, im Scheitel bleichgelb, später silberweiß; Zentralstachel meist fehlend, wenn vorhanden, dann bis 1,5 cm lang; zwischen den Areolenstacheln 30—40 Borstenhaare; Blüten einzeln, unterhalb des Scheitels, 4,5 cm im ⌀, variabel in der Farbe, entweder grünlichweiß oder rötlichgrün; äußere Perigonblätter grünlich bis rötlichbraun.

Typ-Standort: Eulalia-Tal, oberhalb Santa Eulalia, 1000 m.

AKERS unterscheidet noch eine var. *robustus*, die sich vom Typus durch kräftigeren Wuchs und dichtere Bestachelung unterscheidet.

Haageocereus albispinus (Akers) Backbg. (syn. *Peruvocereus albispinus* Akers[2])

Pflanzen säulenförmig, bis 1 m hoch, von der Basis her verzeigt; Triebe 7—9 cm im ⌀, 25—26rippig; Areolen elliptisch, weiß-filzig, mit weißsilbrigen Borsten und 20—25 blaßgelben, stechenden, 4—5 mm langen Randstacheln; Zentralstachel 1, kurz (1,2 cm); Blüten einzeln, unterhalb des Scheitels, engtrichterig; Perigonblätter tiefrot mit bläulichem Schimmer; Staubblätter kürzer als die Perigonblätter, mit roten Filamenten; Früchte abgeflacht, orangerot, 6 cm im ⌀.

Typ-Standort: Eulalia-Tal, Zentralperu.

AKERS unterscheidet von dieser Art die beiden Varietäten: var. *floribundus* und var. *roseospinus*, die beide zusammen mit dem Typus im Eulalia-Tal auftreten.

Haageocereus setosus (Akers) Backbg. (syn. *Peruvocereus setosus* Akers[3])

Pflanze 1—3 m hoch, von der Basis her verzweigt. Triebe ca. 6 cm im ⌀, mit 2—4,5 cm langen Borstenhaaren im Scheitel; Randstacheln sehr dünn; Zentralstacheln 1—2, ca. 2 cm lang, sehr dünn; Blüten rot bis scharlachrot.

var. *longicoma* (Akers) Backbg.[4]

Pflanze nur bis 30 cm hoch; Triebe 4,5—10 cm im ⌀, 16rippig, dicht in Haare und Stacheln eingehüllt; Areolen ca. 6 mm im ⌀, gelblichweiß-filzig, mit ca. 20 bis 1 cm langen, gelblichgrauen Randstacheln und zahlreichen, bis 4,5 cm langen, der Areolenbasis entspringenden Borstenhaaren; Zentralstacheln 1—2, stechend, bis 3 cm lang, rötlichbraun; Blüten und Früchte unbekannt.

Typ-Fundort: Caracoles-Hügel südlich Lima.

Dieser Varietät nahestehend ist der von uns gefundene:

[1] Cactus and Succ. Journ. of America, Bd. XX, H. 12, 1948, S. 184—186.
[2] Cactus and Succ. Journ. of America, Bd. XX, H. 10, 1948, S. 154—156.
[3] Cactus and Succ. Journ. of America, Bd. XIX, H. 5, 1947, S. 68—70.
[4] Cactus and Succ. Journ. of America, Bd. XIX, H. 6, 1947, S. 91.

Haageocereus piliger Rauh et Backbg. nov. spec. (Abb. 188, IV), der sich von dieser durch die viel kürzere Behaarung (vergleiche Abb. 188, IV mit Abb. bei AKERS (1947), S. 91) und die dickeren, längeren Triebe unterscheidet. Die Borstenhaare bilden im Vergleich zu der von AKERS abgebildeten Pflanze im Scheitel nur einen kurzen Schopf.

Pflanze bis 70 cm hoch, nur wenig verzweigt, mit dicken (bis 15 cm), 16rippigen Säulen; Rippen ca. 1 cm breit, flach, vollständig von den sich gegenseitig verflechtenden Areolenstacheln und Borstenhaaren eingehüllt; Areolen klein, rundlich, weißgelb-filzig, mit zahlreichen, bis 1 cm langen, gelblichen Randstacheln; zwischen diesen bis 2,5 cm lange, weiße, an Sämlingen nicht selten braunrote Borstenhaare, welche im Scheitel einen kurzen, aufgerichteten Schopf bilden; Zentralstachel, sofern vorhanden, 1, bis 2 cm lang, im Neutrieb bernsteingelb, im Alter grau, mit etwas dunklerer Spitze; Blüten nur abgetrocknet beobachtet, bis 5 cm lang; Farbe wahrscheinlich weiß.

Fundort: Loma-Hügel bei Pachacamac, südlich Lima, in Gesellschaft von *Nolana*, *Oxalis*, *Alstroemeria* und anderen Loma-Pflanzen. Sammelnummer: K 178 (1956).

A *H. setoso* var. *longicoma* differt vestimento multo breviore pilorum et caulibus crassioribus longioribusque; pili setacei penicillum breviorem formant quam planta ab AKERS depicta.

Planta usque 70 cm alta, tantum paullum ramosa, caulibus columniformibus crassissimis (usque 15 cm) 16costatis; costae ca. 1 cm latae, planae, quae aculeis inter se intricatis et setis acicularibus omnino obtectae sunt; areolae parvae, rotundulae, albo-flavo-tomentosae, aculeis marginalibus numerosis usque 1 cm longis, inter eas pili aciculares usque 2,5 cm longi albi, in caulibus iunioribus haud raro rubiginosi, qui in vertice penicillum brevem erectumque formant; aculeus centralis, si praesens, solum unus, usque 2 cm longus, in caule novello electri colore, senectute canus, apice paullo obscuriore; flores tantum desiccati visi, usque 5 cm longi.

Haageocereus chrysacanthus (Akers) Backbg. (syn. *Peruvocereus chrysacanthus* Akers[1])

Pflanze 80—100 cm hoch, von der Basis her verzweigt; Triebe bis 7,5 cm im ⌀, 17—18rippig; Areolen klein, rund, weiß-filzig, mit ca. 65 goldgelben, stechenden, biegsamen, 7—12 mm langen Randstacheln und ca. 15, gelblichweißen Borstenhaaren; Zentralstacheln 2—3, horngelb, braun gefleckt, bis 4,5 cm lang; Blüten zahlreich, in Scheitelnähe, engtrichterig, ca. 5 cm im ⌀; innere Perigonblätter grünlichweiß, mit grünlichem Mittelstreifen; Röhre ca. 5 cm lang und 2 cm dick, beschuppt und behaart; Früchte grünlichrot, bis 4 cm lang.

Typ-Fundort: km 226 nördlich Lima an der Carretera Panamericana.

[1] Cactus and Succ. Journ. of America, Bd. XXI, H. 2, 1949, S. 45—46.

Haageocereus akersii Backbg. comb. nov. [syn.: *Peruvocereus multangularis* (Willd.) Akers[1]]

Pflanze bis 1 m hoch, von der Basis her verzweigt; Triebe bis 7 cm dick, lebhaft grün, 17—18rippig; Areolen dichtstehend, klein (0,4 cm im ⌀), weiß-wollig, mit 20—25 bleichgelben, kaum stechenden, bis 1 cm langen Randstacheln und bis 25, ca. 4 cm langen, weißen Borstenhaaren, welche im Scheitel zu einem Schopf zusammentreten; Zentralstacheln 1—2, biegsam, bis 4,5 cm lang, gelb, mit brauner Spitze; Blüten in Scheitelnähe, engtrichterig, 4—5 cm im ⌀, mit tiefrosa bis bläulich-purpurnen inneren Perigonblättern; die äußeren schokoladenpurpurfarbig; Staubblätter kürzer als die Perigonblätter, mit karminroten Filamenten; Griffel schwach rosa, mit gelblichgrünen Narben.

Typ-Standort: bei Cajamarquilla und in der Kakteenfelswüste des Rimac-Tales (Zentralperu).

Aus der *Setosi*-Gruppe wurden auch von uns eine Reihe weiterer Arten gefunden; einer der interessantesten ist

Haageocereus zehnderi Rauh et Backbg. nov. spec.[2] (Abb. 189, oben)

Pflanze 1—1,2 m hoch, buschig verzweigt; Säulen bis 8 cm dick, graugrün, ± 18rippig; Rippen ca. 0,5 cm hoch und 0,3 cm breit; Areolen rundlich, 0,5 cm im ⌀, mit schmutzigweißem Haarfilz; durch eine seichte Einkerbung voneinander getrennt. Areolenstacheln zahlreich (±50), dünn, haar- bis borstenförmig, 1—2 cm lang; Zentralstacheln bis 5 cm lang, dünn, biegsam, straff von der Sproßachse abstehend, im Neutrieb honigfarben, im Alter graubraun; Blütenareolen mit weißer Wolle; Blüten (engtrichteriger Typ) nur auf dem Knospenstadium und abgetrocknet beobachtet. Ältere Blütenknospe: Röhre flachgedrückt, dicht beschuppt und wollig behaart; Schuppenblätter mit kurz dreieckiger, in eine scharfe Stachelspitze auslaufendem freiem Abschnitt; äußere Perigonblätter unterseits bräunlichpurpurn, oberseits grünlichweiß; innere wohl weiß, zungenförmig, 1,5 cm lang, 0,3 cm breit; Filamente weißgelblich; Griffel und Narben leicht grünlich; Fruchtknotenhöhle fast quadratisch; Nektarkammer kurz; Blütenröhre abgetrocknet (mit Fruchtknoten) bis 7,5 cm lang; Früchte rundlich, bis 5 cm im ⌀, weinrot, an der Basis grün, vom Blütenrest gekrönt, locker beschuppt und behaart.

---

[1] BACKEBERG: Kaktus ABC, S. 209.

AKERS: Cactus and Succ. Journ. of America, Bd. XXII, H. 6, 1950, S. 174—175.

Zur Nomenklatur von *H. akersii* wird BACKEBERG ausführlich Stellung nehmen, so daß es sich erübrigt, hierauf näher einzugehen.

[2] Die Pflanze ist nach meinem damaligen Begleiter J. ZEHNDER, Turgi, Schweiz, benannt.

Abb. 189 Oben: *Haageocereus zehnderi* Rauh et Backbg.; unten: *H. longiareolatus* Rauh et Backbg.

Fundort: Tal des Rio Santa (nördl. Zentralperu), Trockenhänge oberhalb Huallanca, 1300 m; Sammelnummer: K 67 (1956).

Planta 1—1,2 m alta, fruticose ramosa; caules columniformes usque 8 cm crassi, viridi-cani, ± 18costati; costae ca. 0,5 cm altae, 0,3 cm latae; areolae rotundulae, 0,5 cm in ∅ tomento sordido-albo; aculei areolarum numerosi (± 50), tenues, capilliformes vel setiformes et flexuosi, usque 1—2 cm longi, singuli longiores, a caule astricte patentes, in caule novello helvi, senectute cano-brunnei; aculei centrales usque 5 cm longi flexibiles; areolae floriparae lana alba; flores (typus anguste infundibuliformis) aut in statu ante efflorationem aut in statu desiccato visi; gemmae florales seniores: tubus floralis complanatus, dense squamatus et lanato-pilosus; squamae bracteaneae parte libera brevi-trigona, in acumen acutum excurrente; phylla perigonii exteriora subter brunnescenti-purpurea, supra virescenti-alba, interiora probabiliter alba, linguiformia, 1,5 cm longa, 0,3 cm lata; filamenta albo-flavescentia; stylus et stigmata virescentia; cavum ovarii fere quadrangulare; nectarium breve; tubus floralis desiccatus usque 7,5 cm longus; fructus rotunduli, usque 5 cm in ∅, rubri vini colore, basi virides, residuo floris desiccato coronati, laxe squamati et pilosi.

H. zehnderi scheint nur lokale Verbreitung zu haben und ist eine infolge der lang-borstenförmigen Bestachelung recht auffällige und vegetativ leicht kenntliche Art.

Haageocereus longiareolatus Rauh et Backbg. nov. spec. (Abb. 189, unten)

Pflanze bis 1 m hoch, wenig verzweigt; Triebe bis 6,5 cm dick, mit 20, bis 0,5 cm breiten und 0,3 cm hohen, zwischen den Areolen etwas eingeschnürten Rippen; Areolen dichtstehend, auffallend langgestreckt, 0,6 cm lang, 0,3 cm breit, im Neutrieb weißgraufilzig; Randstacheln zahlreich (30—50), sehr kurz (0,3—0,5 cm lang), pfriemlich, spitz, ziemlich derb, stechend, leicht gelblich, im Neutrieb mit leicht rötlicher Spitze, dazwischen, vorwiegend an der Areolenbasis, bis 15, feine, weiße, bis 1 cm lange Borstenhaare; Zentralstacheln 1—2 (—4), meist sehr kurz, selten bis 2 cm lang, mit hellgelber Basis und dunkler Spitze, im Alter grau bereift, schräg aufwärts oder abwärts gerichtet; Blüten und Früchte unbekannt.

Fundort: Kakteenfelswüste des Eulalia-Tales bei 1000 m; Sammelnummer: K 41 (1956).

Planta usque 1 m alta, parum ramosa; caules usque 6,5 cm crassi costis 20 usque 0,5 cm latis, 0,3 cm altis inter areolas paullum constrictis; areolae confertae, conspicue porrectae, 0,6 cm longae, 0,3 cm latae, in caule novello albo-cano-tomentosae; aculei areolarum numerosi (30—50), brevissimi (0,3—0,5 cm longi), subulati, acuminati, modice rigidi, pungentes, flavescentes, in caule novello apice rufescente, inter eas praecipue basi areolae setae usque 15 graciles, albae usque 1 cm longae; aculei centrales 1—2 (—4) plerumque brevissimi, raro usque 2 cm longi, basi laete flavescente et apice obscuro, senectute cano-pruinosi, oblique erecti vel deflexi; flores et fructus ignoti.

Diese Art unterscheidet sich von allen übrigen *Haageocereen* durch die stark hervortretenden, länglichen Areolen und die sehr kurzen, kaum miteinander verflochtenen Stacheln.

Haageocereus smaragdiflorus Rauh et Backbg. nov. spec. (Abb. 190, I)

Pflanze bis 50 cm hoch (ob noch höher werdend?), von der Basis her verzweigt; Triebe bis 5 cm dick, mit 20 schmalen Rippen; Areolen sehr dicht stehend, rundlich, im Scheitel grauweiß-filzig; Randstacheln zahlreich, dünn, borstenförmig, 0,5—1 cm lang, sich mit denen der Nachbarareolen verflechtend, im Scheitel weißlich, später graugrün, dazwischen einzelne, weiße Borstenhaare; deutlich unterscheidbare Zentralstacheln nur selten entwickelt, grau; Blüten unterhalb des Scheitels, ca. 5 cm lang, bis 2,5 cm ∅, mit abgeflachter Röhre; diese dicht mit Schuppenblättern besetzt, deren freier Abschnitt breit dreieckig, in eine scharfe Stachelspitze auslaufend, in den Achseln weißliche Wollhaare; äußere Perigonblätter unterseits an der Spitze dunkelrot, oberseits grün; innere lebhaft smaragdgrün, ca. 1 cm lang, 0,3 cm breit, bespitzt; Filamente grünlich, mit gelben Staubbeuteln; Griffel mit intensiv grünen Narbenstrahlen; an der Basis der Filamente des inneren Staubblattkreises bis 1 cm lange Haare; Fruchtknotenhöhle langgestreckt, 0,7 cm lang, 0,5 cm im ∅; Nektarkammer 0,6 cm lang, 0,5 cm im ∅, stark gewulstet; Früchte unbekannt.

Fundort: Trockenhänge des Eulalia-Tales (Zentralperu) bei 1300 m. Sammelnummer: K 33 (1956).

Planta usque 50 cm alta (etiam alterior fiens?), a basi ramosa; caules usque 5 cm crassi costis 20 angustis; areolae confertissimae, rotundulae, in vertice cano-albo-tomentosae; aculei marginales numerosi tenues, setiformes, 0,5—1 cm longi, cum illis areolarum proximarum se implectentes, in vertice albescentes, postea cano-virides, inter eos pili setacei singuli albi; aculei centrales distincti raro adsunt, cani; flores infra verticem, 5 cm longi, usque 2,5 cm in ∅, tubo applanato squamis bracteaneis dense obtecto, quarum pars libera late trigona in acumen acutum excurrens et in axillis earum pili lanei albi; phylla perigonii exteriora subter apice atrorubentia, supra viridia, interiora laete smaragdina, ca. 1 cm longa, 0,3 cm lata acuminata; filamenta viridia antheris luteis; stylus radiis stigmatis saturate viridibus; filamentorum basibus circuli interioris staminum pili usque 1 cm longi; cavum ovarii porrectum, 0,7 cm longum, 0,5 cm in ∅; nectarium tantum 0,6 cm longum, 0,5 cm in ∅ valde torulosum; fructus ignoti.

Diese Pflanze unterscheidet sich von dem von Akers im Canta-Tal aufgefundenen *H. viridiflorus* auf Grund der von ihm gegebenen Beschreibung in folgenden Merkmalen: Pflanze niedriger bleibend; Triebe nur bis 5 cm dick; Rippen sehr schmal; Stacheln weniger zahlreich (bis 30), untermischt mit einzelnen weißen Borstenhaaren, im Neutrieb (Kultur) reinweiß (nicht gelb), im Alter gelblichgrün. Außerdem werden die staminodialen Haare an der Filamentbasis von AKERS für *H. viridiflorus* nicht angegeben.

Haageocereus dichromus Rauh et Backbg. nov. spec. (Abb. 190, II)

Pflanze bis 1 m hoch, von der Basis verzweigt; Triebe 5—8 cm dick, mit 20 schmalen Rippen und fuchsrotem Scheitel; Areolen rundlich, 0,3—0,5 cm im ⌀, im Neutrieb gelb-filzig; Randstacheln zahlreich, strahlend, dünn, im Neutrieb fuchsrot, gefleckt, im Alter grau, 0,8 cm lang, untermischt mit wenigen weißen, kurzen Borstenhaaren; Zentralstachel meist vorhanden, bis 2 cm lang, im Neutrieb fast schwarzrot, weiß gezont, im Alter grau; Blüten nur auf dem Knospenstadium beobachtet, mit dicht beschuppter und locker behaarter, grüner Röhre; äußere Perigonblätter unterseits weinrot, innere wohl weiß (?); Früchte unbekannt.

Fundort: Tal des Rio Huaura (Churin-Tal) bei 1200 m, selten; Sammelnummer: K 101 (1956).

Planta usque 1 m alta, a basi ramosa; caules 5—8 cm crassi costis 20 angustis et vertice rufo; areolae rotundulae, 0,3—0,5 cm in ⌀, in caule novello flavo-tomentosae; aculei marginales numerosi, radialiter patentes, tenues, in caule novello rufo-maculati, senectute cani, 0,8 cm longi pilis setaceis paucis albis brevibus permixti; aculeus centralis plerumque adest, usque 2 cm longus, in caule novello fere atrorubens, zonis albis, senectute canus; flores solum in statu ante efflorationem visi tubo prasino dense squamato et laxe piloso; phylla perigonii exteriora subter rubri vini colore, interiora probabiliter alba; fructus ignoti.

Diese Pflanze ist hinsichtlich der Stachelfarbe eine der schönsten peruanischen *Haageocereen*. Sie dürfte identisch sein mit RITTERs *H. marksianus* (nom. nud., FR 182).

var. *pallidior* Rauh et Backbg. nov. var.

Pflanze ähnlich dem Typus, aber mit kupferrotem Scheitel; Triebe bis 1 m hoch, ca. 5 cm dick, ± 18rippig; Areolen sehr klein, 2 mm im ⌀, im Neutrieb gelblich; Randstacheln zahlreich, 0,5 cm lang, im Neutrieb gelblich bis blaßrötlich, mit kupferroter Spitze, untermischt mit kurzen, weißen Borstenhaaren; Zentralstachel meist fehlend, wenn vorhanden, dann bis 2 cm lang, graurötlich; Blüten unbekannt; Blütenareolen mit kurzen Wollhaaren.

Fundort: Tal des Rio Huaura (Churin-Tal) bei 1700 m; Sammelnummer: K 99 (1956).

Planta typo similis, sed vertice cupreo, usque 1 m alta; caules columniformes usque 5 cm crassi, ± 18costati; areolae minimae, 2 mm in ⌀, in caule novello flavescentes; aculei marginales 0,5 cm longi, in caule novello flavescentes vel pallide rubescentes apice cupreo, pilis setaceis brevibus albis permixti; aculeus centralis plerumque absens; si adest, usque 2 cm est longus cano-rubescens; flores ignoti; areolae floriparae pilis laneis brevibus.

Haageocereus crassiareolatus Rauh et Backbg. nov. spec.

Pflanze bis 1 m hoch, von der Basis her verzweigt; Säulen bis 6 cm dick, mit 18 schmalen, graugrünen Rippen; Areolen dichtstehend und auffallend verdickt, 5—7 mm im ∅, im Neutrieb mit gelblichweißem Filz; Randstacheln zahlreich, borstenförmig, bis 0,8 cm lang, gelblich, untermischt mit einzelnen, bis 1 cm langen Wollhaaren; Zentralstacheln, wenn vorhanden, sehr kurz, bis 2 cm lang, graugelb; Blütenareolen mit kurzen, erhaltenbleibenden Wollhaaren; Blüten in Scheitelnähe, zahlreich, 7—8 cm lang, mit stark wolliger und dicht behaarter, zuweilen leicht gekrümmter Röhre; äußere Petalen unterseits an der Spitze rötlich, oberseits grün, innere weißlichgrün; Staubblätter kürzer als die Perigonblätter; Griffel dick; mit verdicktem Narbenkopf, wenig länger als die Staubblätter; Fruchtknotenhöhle halbkugelig, 0,6 cm im ∅; Plazentarstränge lang und reich verzweigt; Nektarkammer 1,5 cm lang, 0,6 cm im ∅; Früchte weinrot, 5 cm im ∅, locker beschuppt und behaart.

Fundort: Tal des Rio Huaura (Churin-Tal), 1200 m, zusammen mit *Haageocereus pachystele* und *H. achaetus*; Sammelnummer: K 90b (1956).

Planta usque 1 m alta, a basi ramosa, caules columniformes usque 6 cm crassi costis 18 angustis cano-viridibus; areolae confertae et conspicue incrassatae, 5—7 mm in ∅, in caule novello tomento flavescenti-albo; aculei marginales numerosi, setiformes, usque 0,8 cm longi, flavescentes, pilis laneis singulis usque 1 cm longis permixti; si aculeus centralis adest, est usque 2 cm longus, cano-flavescens; areolae floriparae pilis laneis brevibus persistentibus; flores prope verticem, numerosi, 7—8 cm longi, tubo lanosissimo et dense piloso interdum leniter curvato; phylla perigonii exteriora apice rubescentia, supra viridia, interiora albescenti-viridia; stamina breviora quam phylla perigonii; stylus crassus, stigmate incrassato, paullo longior quam stamina; cavum ovarii semiglobosum, 0,6 cm in ∅; funiculi longi et ramosissimi; nectarium 1,5 cm longum, 0,6 cm in ∅; fructus rubri vini colore, 5 cm in ∅, laxe squamati et pilosi.

Ändert hinsichtlich der Blütenfarbe ab: var. *smaragdisepalus* Rauh et Backbg. nov. var. (Abb. 190, III).

Vom Typus durch die längeren Zentralstacheln und die lebhaft grünen, äußeren Perigonblätter unterschieden.

Pflanze bis 80 cm hoch, von der Basis her verzweigt; Triebe bis 8 cm dick, mit 20 schmalen Rippen; Areolen dichtstehend, sich

Abb. 190. I *Haageocereus smaragdiflorus* Rauh et Backbg.; II *H. dichromus* Rauh et Backbg.; III *H. crassiareolatus* var. *smaragdisepalus* Rauh et Backbg.; III*a* Blüte längs; IV *H. seticeps* Rauh et Backbg.

fast gegenseitig berührend, auffallend groß, rund; Randstacheln zahlreich, borstenförmig, dünn, bis 1,8 cm lang, im Neutrieb gelblich, im Alter grau, untermischt mit einzelnen, weißen Borstenhaaren; Zentralstacheln meist vorhanden, dünn, im Scheitel starr aufgerichtet, länger als beim Typus, bis 3 cm lang, dunkelbraun gezont; Blütenareolen mit kurzer, erhaltenbleibender Wolle; Blüten zahlreich, in Scheitelnähe, 6—8 cm lang, engtrichterig, 2,5 bis 3 cm im ⌀, mit 1,2 cm dicker, an der Basis gelblicher, sonst smaragdgrüner, runder Röhre; Schuppenblätter etwas fleischig, dreieckig, bespitzt; äußere Perigonblätter unterseits lebhaft, oberseits heller smaragdgrün, innere blaßgrün, schmal zungenförmig, 1,5 cm lang, 0,3 cm breit; Staubblätter kürzer als die Perigonblätter; Griffel dünn, kaum länger als die Staubblätter; Fruchtknotenhöhle langgestreckt, 0,8 cm lang, 0,4 cm im ⌀; Nektarkammer bis 1 cm lang, 0,7 cm im ⌀; Früchte weinrot, 5 cm im ⌀.

Fundort: Tal des Rio Huaura (Churin-Tal, 1400 m; Sammelnummer: K 94 (1956).

Differt a typo aculeis centralibus longioribus et phyllis perigonii exterioribus laete smaragdinis.

Planta usque 80 cm alta, a basi ramosa; caules usque 8 cm crassi costis 20 angustis; areolae confertae, fere se tangentes, conspicue magnae, rotundae; aculei marginales numerosi, setiformes, tenues, usque 1,8 cm longi, in caule novello flavescentes, senectute cani, pilis laneis singulis albis permixti; aculei centrales plerumque adsunt, tenuis, in vertice rigide erecti, usque 3 cm longi, atrobrunneo-zonati; areolae floriparae lana brevi persistente; flores numerosi prope verticem, 6—8 cm longi, anguste infundibuliformes, 2,5—3 cm in ⌀, tubo rotundo, 1,2 cm crasso basi flavescente, ceterum smaragdino; squamae bracteaneae paullum carnosae, trigonae, acuminatae; phylla perigonii exteriora subter acriter, supra laetius smaragdina, interiora pallide viridia, anguste linguiformia, 1,5 cm longa, 0,3 cm lata; stamina breviora quam phylla perigonii; stylus gracilis vix longior quam stamina; cavum ovarii porrectum, 0,8 cm longum, 0,4 cm in ⌀; nectarium usque 1 cm longum, 0,7 cm in ⌀; fructus rubri vini colore, 5 cm in ⌀.

Mit *H. crassiareolatus* ist eine weitere grünblütige Art bekannt geworden, die jedoch von *H. viridiflorus* und *H. smaragdiflorus* hinsichtlich der Bestachelung stark unterschieden ist.

Haageocereus seticeps Rauh et Backbg. nov. spec. (Abb. 190, IV)

Pflanze bis 1 m hoch, von der Basis her verzweigt; Triebe 4—5 cm im ⌀, mit 19 sehr schmalen Rippen; Areolen dichtstehend, sich fast gegenseitig berührend, länglich, groß (0,5 cm lang), mit dichtem, im Scheitel leicht gelblichem, später weißlich-grauem, verlängertem Wollfilz; Randstacheln gelblich, zahlreich (±50), kurz

(0,5 cm), zur Areolenbasis verlängert (bis 1 cm) und mit längeren, weißen Wollhaaren untermischt; Zentralstacheln 1(—4), sehr dünn, z. T., vor allem im Scheitel, borstenförmig, oft gewunden, bis 4 cm (im Durchschnitt bis 2,5 cm) lang, blaßgelb, im Alter graubraunviolett; Blütenareolen mit kurzer, stehenbleibender Wolle; Blüten unterhalb des Scheitels (nur abgetrocknet beobachtet) ca. 6 cm lang, mit dünner, beschuppter und wolliger Röhre; Perigonblätter schmal, 1,5 cm lang, rot(?); Früchte (unreif) weinrot, 2,5 cm im ⌀, vom abgetrockneten Blütenrest gekrönt.

Fundort: Eulalia-Tal, 1000 m (Zentralperu); Sammelnummer: K 43 (1956).

Planta usque 1 m alta, a basi ramosa; caules 4—5 cm in ⌀, costis 19 angustissimis; areolae confertae, se fere tangentes, oblongae, magnae (0,5 cm longae) tomento laneo conspicue denso in vertice flavescente, postea albescenti-cano; aculei marginales flavescentes, numerosi (± 50), breves (0,5 cm), basim areolae versus porrecti, usque 1 cm longi et hic pilis laneis longioribus albidis permixti; aculei centrales oblongi 1 (— 4), tenuissimi, partim setiformes praecipue in vertice, saepe torquati, usque 4 cm longi, ± 2,5 cm longi, pallide flavi, senectute cano-brunneo-violacei; areolae floriparae lana brevi persistente; flores infra verticem (tantum desiccati visi), ca. 6 cm longi, tubo tenui squamato et piloso; phylla perigonii angusta, 1,5 cm longa, probabiliter rubra; fructus (haud ex toto maturi) rubri vini colore, 2,5 cm in ⌀, residuo floris desiccato coronati.

Diese Art dürfte *H. albispinus* var. *floribundus* von AKERS nahestehen, unterscheidet sich von diesem aber durch die stark filzigen Areolen und die sehr dünnen, borstenförmigen Mittelstacheln.

var. *robustispinus* Rauh et Backbg. nov. var.

Weicht vom Typus durch die Ausbildung derberer Zentralstacheln ab.

Pflanze bis 80 cm hoch, von der Basis her verzweigt; Triebe 4,5—5 cm dick, mit ± 17, bis 4 mm breiten und 3 mm hohen Rippen; Areolen wie beim Typus dichtstehend, 3 mm im ⌀, im Scheitel gelblich, stark wollig, im Alter grau; Randstacheln zahlreich (±30), bis 8 mm lang, borstenförmig, dünn, sich mit denen der Nachbarareolen verflechtend, in der Farbe variabel; im Scheitel älterer Triebe bernsteingelb, rot bespitzt, an Neuaustrieben fuchsrot, zwischen diesen 15—20, bis 1,5 cm lange, weiße Borstenhaare; Zentralstacheln 1—2, bis 2 cm lang, derb, mit hellrötlicher Basis und dunkelbrauner Spitze, im Alter grau bereift, im Scheitel aufgerichtet, später abwärts gekrümmt; Blüten in Scheitelnähe, ca. 6 cm lang, mit enger, behaarter Röhre; äußere Perigonblätter unterseits braunrot, oberseits wie die inneren weinrot; Filamente karminrot; Früchte weinrot, bis 2 cm (wohl größer werdend) im ⌀, vom abgetrockneten Blütenrest gekrönt.

Die Blüten sind häufig von Insektenmaden bewohnt und treten dann in ± zygomorpher Ausbildung entgegen.

Fundort: Eulalia-Tal, 1000 m; Sammelnummer: K 37 (1956).

A typo differt aculeis centralibus solidioribus; planta usque 80 cm alta, a basi ramosa; caules 4,5—5 cm crassi costis ± 17 usque 4 mm latis et 3 mm altis; areolae confertissimae ut in typo, 3 mm in ⌀, in vertice flavescentes, lanosissimae, senectute canae; aculei marginales numerosi (±30), usque 8 mm longi, setiformes, tenues, cum illis areolarum proximarum se implectentes, colore variabiles, in vertice caulium seniliorum electri colore, rubro-acuminati, in caulibus novellis rufi, inter eos pili setacei 15—20 usque 1,5 cm longi albi; aculei centrales 1—2, usque 2 cm longi, solidi, basi laete rubescente et apice atrobrunneo, senectute cano-pruinosi, in vertice erecti, postea recurvati; flores prope verticem, ca. 6 cm longi tubo angusto, piloso; phylla perigonii exteriora subter rubiginosa, supra rubri vini colore ut interiora; filamenta punicea; fructus rubri vini colore, usque 2 cm in ⌀ (probabiliter maiores fientes), residuo floris desiccato coronati.

Haageocereus turbidus Rauh et Backbg. nov. spec. (Abb. 191, I)

Pflanze 1—1,2 m hoch, von der Basis her verzweigt; Triebe 5—8 cm im ⌀, mit 19 schmalen Rippen; Areolen dichtstehend, rund, 3 mm im ⌀, weißgrau-filzig; Randstacheln zahlreich, sehr dünn, borstenförmig, elastisch, bis 0,8 cm lang, im Neutrieb lebhaft gelb, an Austrieben fuchsrot, untermischt mit einzelnen weißen Borstenhaaren; Zentralstacheln 1—2, 5—8 cm lang, im Scheitel an der Basis gelblich, mit gelbbrauner oder fuchsroter Spitze, später rötlichgrau, blaßviolett bereift, im Alter fast schwarz werdend; Blüten unterhalb des Scheitels, 5—6 cm lang, 2,5 cm im ⌀, mit grüner, 0,5 cm dicker Röhre; diese dicht mit Schuppenblättern besetzt, in deren Achseln kurze Wollhaare stehen; äußere Perigonblätter unterseits weinrot, oberseits günlich, innere weiß, 1,5 cm lang, 0,3 cm breit, bespitzt; Filamente weiß, kürzer als die Perigonblätter; Griffel weiß; Narben grünlich; Früchte weinrot, länglich, 3 cm lang, 2 cm im ⌀, wenig behaart.

Fundort: Nazca-Tal (südliches Zentralperu), Kakteenfelswüste zwischen 600 und 800 m; Sammelnummer: K 105 (1956).

Planta 1—1,2 m alta, a basi ramosa, caules 5—8 cm in ⌀, costis 19 angustis; areolae confertissimae, rotundae, 3 mm in ⌀, cano-tomentosae; aculei marginales numerosi, tenuissimi, setiformes, flexibiles, usque 0,8 cm longi, in caule novello laete flavi, in innovationibus rufi pilis singulis albis permixti, aculei centrales 1—2, 5—8 cm longi, in vertice basi sufflavi, apice flavo-brunneo vel rufo, postea rubenti-cano, pallide violaceo-pruinato, senectute fere nigrescente; flores infra verticem 5—6 cm longi, 2,5 cm in ⌀, tubo viridi 0,5 cm crasso, qui squamis bracteaneis dense obtectus est, in axillis earum pili lanei breves instructi sunt; phylla perigonii exteriora subter rubri vini colore, supra virescentia, interiora alba 1,5 cm longa, 0,3 cm lata acuminata; filamenta alba, breviora quam phylla perigonii; stylus albus; stigmata viridia; fructus oblongi, rubri vini colore, 3 cm longi, 2 cm in ∅ paullum pilosi.

Ändert ab: var. *maculatus* Rauh et Backbg. nov. spec. (Abb. 191, II)

Pflanze 80—100 cm hoch, von der Basis her buschig verzweigt; Säulen 5—8 cm im ∅, 19rippig; Areolen klein, rund, 3 mm im ∅, im Scheitel gelbweiß-filzig, mit zahlreichen, 0,8—1 cm langen, sehr dünnen, fast borstenförmigen, gelblichen, an Austrieben fuchsroten Randstacheln, diese untermischt mit feinen, weißen Borstenhaaren; Zentralstacheln 1—2, viel derber als beim Typus, bis 8 cm lang, im Scheitel aufgerichtet, später abwärts gekrümmt, bernsteingelb bis rötlichgelb, auffällig dunkel gefleckt, im Alter grau; Blüten unterhalb des Scheitels, postfloral bis 8 cm lang, engröhrig; Röhre 1 cm dick, locker mit Schuppenblättern besetzt, ihr freier Abschnitt schmal dreieckig; Wollhaare kurz; äußere Perigonblätter unterseits bräunlichrot, innere weiß; Früchte bis 4 cm im ∅, rot, wenig beschuppt und behaart.

Fundort: Nazca-Tal (südliches Zentralperu), 1200 m, zusammen mit *Tephrocactus mirus* und *Neoraimondia*; Sammelnummer: K 110 (1956).

Planta 80—100 cm alta, a basi fruticoso-ramosa; caules columniformes 5—8 cm in ∅, 19costati; areolae parvae, rotundae, 3 mm in ∅, in vertice flavo-albo-tomentosae aculeis marginalibus numerosis 0,8—1 cm longis tenuissimis subsetiformibus flavescentibusque, in innovationibus rufis, qui pilis setaceis tenuibus albisque permixti sunt; aculei centrales 1—2, multo solidiores quam in typo, usque 8 cm longi, in vertice erecti, postea recurvati electri colore vel rubescenti-flavi, conspicue obscuro-maculati, senectute cani; flores infra verticem, postfloraliter usque 8 cm longi anguste infundibuliformes; tubus 1 cm crassus, squamis bracteaneis laxe obtectus, quarum pars libera anguste trigona; pili lanei breves; phylla perigonii exteriora subter rubiginosa, interiora alba; fructus usque 4 cm in ∅, rubri, paullum squamati pilosique.

Diese Varietät, eine der schönsten *Haageocereen* des südlichen Peru, unterscheidet sich vom Typus durch die wildere Bestachelung und die, vor allem in der Scheitelregion, auffällig farbig gezonten Zentralstacheln.

Haageocereus pseudomelanostele Backbg.[1]

Pflanze höchstens 1 m hoch werdend, von der Basis her verzweigt; Triebe bis 10 cm dick, Rippen 18—22; Areolen weiß-filzig; Randstacheln

[1] BACKEBERG und WERDERMANN: Neue Kakteen (1935, S. 75).

Abb. 191. I *Haageocereus turbidus* Rauh et Backbg.; II var. *maculatus* Rauh et Backbg.; II*a* Blüte längs; III *H. pseudomelanostele* var. *carminiflorus* Rauh et Backbg.; IV *H. salmonoides* (Akers) Backbg. var. *rubrispinus*

zahlreich, borstenförmig, weißlich bis goldgelb, untermischt mit Borstenhaaren; verlängerte Mittelstacheln meist vorhanden, diese vereinzelt bis 8 cm lang, im Scheitel gelb, später grau; Blüten 4—5 cm lang, grünlichweiß.

Typ-Standort: Cajamarquilla (Rimac-Tal, Zentralperu), 500 m.

Nach WERDERMANN und BACKEBERG wurde die Pflanze von ROSE am gleichen Standort gefunden (Cactaceae, Bd. II, 1920, S. 167) und „unter dem von VAUPEL aufgestellten *Cephalocereus melanostele* beschrieben. Im Nachtrag stellten sie diese Art als synonym zu *C. multangularis* (Willd.) Haw. Tatsächlich hatte ROSE eine neue Art gefunden — auch beschrieben — sie nur irrtümlich zu einer schon bekannten gestellt." (WERDERMANN u. BACKEBERG, S. 75.)

H. pseudomelanostele ist eine hinsichtlich des Wuchses und der Stachelfarbe veränderliche Art; auch die Blütenfarbe scheint nicht einheitlich weiß zu sein; so wurde eine rotblühende Varietät, die

var. *carminiflorus* Rauh et Backbg. nov. var. (Abb. 191, III)

gefunden.

Pflanze bis 1,2 m hoch, von der Basis her verzweigt; Triebe 8—10 cm dick, 20rippig; Areolen länglich, 0,5 cm im ∅, weißfilzig; Randstacheln zahlreich, dünn, bernsteingelb, bis 1 cm lang, untermischt mit 1—1,5 cm langen, weißen Borstenhaaren, die besonders deutlich im Scheitel in Erscheinung treten; Zentralstacheln 1—2, 2—3 cm lang, auf- und abwärts gekrümmt, im Neutrieb von bernsteingelber Farbe, mit dunkler Spitze; blühbare Areolen mit weißem Wollfilz; Blüten wenig unterhalb des Scheitels engtrichterig, ca. 8 cm lang, mit zuweilen leicht gebogener, 1,2 cm dicker, runder, dicht beschuppter und behaarter Röhre; äußere Perigonblätter unterseits schokoladenfarbig, oberseits dunkelweinrot, die inneren leuchtend karminrot, 1,3 cm lang, 0,3 cm breit, kurz bespitzt; Staubblätter kürzer als die Perigonblätter, mit violetten Filamenten und gelben Staubbeuteln; Griffel karminrot, mit grünlichen Narben.

Fundort: Tal des Rio Eulalia, 1000 m; Sammelnummer: K 20 (1956).

Planta usque 1,2 m alta, a basi ramosa, caules 8—10 cm crassi, 20 costata; areolae oblongae, 0,5 cm in ∅, lana longa alba; aculei marginales numerosi, tenues, electri colore, usque 1 cm longi, pilis setaceis 1—1,5 cm longis albis permixti, qui praecipue in vertice prominent; aculei centrales 1—2, 2—3 cm longi, erecto-curvati vel reclinati, in caule novello electri colore, apice obscuro; areolae floriparae tomento laneo albo; flores parum infra verticem, anguste infundibuliformes, ca. 8 cm longi, tubo saepe leniter curvato, 1,2 cm crasso, rotundo dense squamato pilosoque; phylla perigonii exteriora subter badia, supra atrorubri vini colore, interiora lutescenti-punicea, 1,3 cm longa, 0,3 cm lata, breviter acuminata; stamina breviora quam phylla perigonii filamentis violaceis et antheris luteis; stylus puniceus stigmatibus viridibus.

Diese Varietät steht *Peruvocereus clavatus* Akers sehr nahe, der von BACKEBERG als Varietät von *H. pseudomelanostele* betrachtet wird, und sich von dem vorigen durch die wesentlich kleineren Areolen, die kürzere Areolenwolle[1], durch die rosafarbigen Blüten und Filamente unterscheidet.

H. pseudomelanostele var. *clavatus* (Akers) Backbg. nov. comb.

Pflanze kaum 1 m hoch, von der Bais her verzweigt; Säulen wie bei *H. pseudomelanostele* keulenförmig, ±10 cm im ∅, 18rippig; Areolen klein, mit kurzem, grauem Filz; Randstacheln ±30, gelb, gefleckt, biegsam, 1—1,5 cm lang, untermischt mit weißen Wollhaaren; Zentralstacheln 1—2, bis 4 cm lang, gelblich; Blüten einzeln, in Scheitelnähe, trichterig, 4—5 cm im ∅; äußere Perigonblätter dunkelbraunrot, innere tiefrosa, mit dunklerem Mittelstreifen; Staubblätter mit spitzenwärts rosafarbigen Filamenten; Narben grün; Früchte rötlich, 4,5 cm im ∅, abgeflacht.

Typ-Standort: Küstenberge nördlich des Lurin-Tales (Zentralperu; Canyons in the foothills north of the Lurin River-Valley).

Nach AKERS ist die Pflanze "a very sparse bloomer", die nach ihm nahe mit *H. setosus* verwandt ist, der gleichfalls die Berge der Küstenkordillere bewohnt.

Haageocereus salmonoides (Akers) Backbg. (syn. *Peruvocereus salmonoides* Akers[2])

Pflanze bis 1 m hoch, von der Basis her verzweigt; Triebe ±22rippig, bis 10 cm dick; Areolen elliptisch (0,7 cm im ∅), weiß-wollig; Randstacheln zahlreich, fast borstenförmig, gelb, im Alter grau werdend; Zentralstachel, wenn vorhanden, bis 2 cm lang; Blüten engtrichterig, 6 cm lang, 4 cm im ∅; äußere Perigonblätter goldbraun, innere rosafarbig; Filamente kürzer als die Perigonblätter, mit grünlichen Filamenten; Griffel grünlich, mit gelbgrünen Narben; Früchte sehr groß, 6,5 cm im ∅, grün, rot gefleckt, locker beschuppt und behaart.

Typ-Standort: Rimac-Tal (Zentralperu), 15 km oberhalb Chosica.

Bei der in Abb. 191, IV wiedergegebenen Pflanze dürfte es sich wohl um *H. salmonoides* handeln; sie stimmt mit der von AKERS beschriebenen sowohl in der Zahl der Rippen als auch der Bestachelung überein, nur sind die Stacheln nicht gelb, sondern im Neutrieb braun bis fuchsrot. Sie wird deshalb als eine rotstachelige Varietät (var. *rubrispinus*) von *H. salmonoides* angesehen. Blüten wurden nicht beobachtet.

Standort: Lurin-Tal (südlich Lima) zwischen 1000 und 1200 m; Sammelnummer: K 174 (1956).

---

[1] s. Abb. Fig. 35, S. 55 bei AKERS: Cactus and Succ. Journ. of America, Bd. XX, H. 4, 1948, S. 55—56.

[2] AKERS, J.: Cactus and Suc. Journ. of America, Bd. XIX, H. 7, 1947, S. 109—110.

Haageocereus comosus Rauh et Backbg. nov. spec. (Abb. 192, I)

Pflanze 1—1,3 m hoch, von der Basis her verzweigt; Triebe bis 10 cm dick, mit 20—22 Rippen; Areolen sehr dichtstehend, 0,4 cm im ⌀, mit längerem, weißlichgelbem Wollfilz; Randstacheln zahlreich (25—30), 0,8 cm lang, gelblich, oft mit rötlicher Spitze, zur Areolenbasis dünn und biegsam, untermischt mit 1—3 cm langen, weißen Borstenhaaren, die im Scheitel einen aufgerichteten Borstenschopf bilden; verlängerter Zentralstachel meist vorhanden, biegsam, bis 3 cm lang, schräg abwärts gerichtet, im Alter an der Basis hellgrau bereift, mit dunkler Spitze; Blüten unterhalb des Scheitels, zahlreich, engtrichterig; Blütenröhre locker mit Schuppenblättern besetzt, diese mit kurz dreieckigem, freiem, bespitztem Abschnitt; äußere Perigonblätter schokoladenfarbig, innere rot, 1,5—2 cm lang, schmal; Früchte kugelig, bis 4 cm im ⌀, grünlichrot.

Standort: Eulalia-Tal (Zentralperu) bei 1000 m; Sammelnummer: K 27 und 29 (1956).

Planta 1—1,3 m alta, a basi ramosa; caules usque 10 cm crassi costis 20—22; areolae confertissimae 0,4 cm in ⌀, tomento laneo albescenti-flavo; aculei marginales numerosi (25—30) 0,8 cm longi, flavescentes saepe apice rubescente in superiore parte areolae inserti, basim areolae versus tenues et flexibiles pilis setaceis 1—3 cm longis albis permixti, qui in vertice penicillum setaceum erectum formant; aculeus centralis porrectus plerumque adest, flexibilis usque 3 cm longus, oblique reclinatus, senectute basi canescenti-pruinosus apice obscuro; flores infra verticem, nûmerosi, anguste infundibuliformes; tubus floralis squamis bracteaneis laxe obtectus, quarum pars libera breviter trigona apiculata; phylla perigonii badia, interiora rubra, 1,5—2 cm longa, angusta; fructus globosi, usque 4 cm in ⌀, virescenti-rubri.

Haageocereus symmetros Rauh et Backbg. nov. spec. (Abb. 192, II)

Pflanze 1—1,2 m hoch, von der Basis her verzweigt; Säulen 8—10 cm dick, mit 21, zwischen den Areolen etwas eingeschnürten Rippen; Areolen dichtstehend, rund, 0,5 cm im ⌀, weiß-filzig, im Scheitel auffällig in Erscheinung tretend und sehr regelmäßig angeordnet; Randstacheln zahlreich, kurz, 0,5 cm lang, bernsteingelb; Borstenhaare kurz; Zentralstacheln 1—2, bis 2 cm lang, braungelb, heller gezont, im Alter grau; Blüten unterhalb des Scheitels, in Einzahl (?), engtrichterig, mit leicht gebogener und runder, grüner Röhre; Schuppenblätter dichtstehend, ihr freier Abschnitt lang-schmal dreieckig, bespitzt, mit Wollhaaren in ihren Achseln; äußere Perigonblätter unterseits an der Spitze weinrot, die inneren weiß; Früchte nicht bekannt.

Abb. 192. I *Haageocereus comosus* Rauh et Backbg.; II *H. symmetros* Rauh et Backbg.; III *H. divaricatispinus* Rauh et Backbg.; *a* fruchtend; *b* blühend; *c* Längsschnitt durch eine junge Blütenknospe

Fundort: Tal des Rio Huaura (Churin-Tal), 1200 m; Sammelnummer: K 102 (1956).

Planta 1—1,2 m alta, a basi ramosa, caules columniformes 8—10 cm crassi costis 21 inter areolas paullum constrictis; areolae confertae, rotundae 0,5 cm in ⌀ albo-tomentosae, praecipue in vertice prominentes, regulariter ordinatae; aculei marginales numerosi, brevissimi 0,5 cm longi electri colore; pili setacei breves, vix prominentes; aculei centrales 1—2 usque 2 cm longi, fusco-lutei, laetius zonati, senectute cani; flores infra verticem, singulares (?), anguste infundibuliformes tubo leniter curvato rotundo viridi; squamae bracteaneae confertae, quarum pars libera longe angusto-trigona acuminata, in axillis earum pili lanei; phylla perigonii exteriora subter apice rubri vini colore, interiora alba; fructus ignoti.

H. symmetros ist mit seinen großen, im Scheitel dichtstehenden Areolen eine recht auffällige Art.

Haageocereus divaricatispinus Rauh et Backbg. nov. spec. (Abb. 192, III; Abb. 193, oben)

Pflanze 1—1,2 m hoch, von der Basis her reich verzweigt und große, vielsäulige Gruppen bildend (Abb. 193, oben); Triebe 10(—15) cm dick, 18—19rippig; Areolen rundlich, klein, weißlichfilzig, mit zahlreichen, dünnen, borstenförmigen, im Neutrieb gelblichen bis dunkelpurpurroten Randstacheln; dazwischen 2(—3) cm lange, weiße Borstenhaare, die im Scheitel einen aufgerichteten Schopf bilden; Zentralstachel meist 1, bis 3(—5) cm lang, im Neutrieb an der Basis graugelb, an der Spitze bräunlich, im Alter sich grau bis schwarz verfärbend; Blütenareolen mit Wollschopf; Blüten zu mehreren unterhalb des Scheitels, engtrichterig, 8 cm lang, mit dreieckig-abgeflachter, bis 2 cm dicker, dunkelpurpurfarbiger Röhre; Schuppenblätter dichtstehend, mit kurz dreieckigem, in eine scharfe Stachelspitze auslaufendem, freiem Abschnitt, in den Achseln Büschel längerer Wollhaare; äußere Perigonblätter dunkelpurpurn, innere etwas heller; Filamente an der Spitze lebhaft karminrot, an der Basis weißlich, mit Staminodialhaaren; Griffel kürzer als die Staubblätter, karminrot, mit grünen Narben; Fruchtknotenhöhle halbkugelig, 0,4 cm im ⌀; Nektarkammer 2 cm lang, sehr weit; Früchte eiförmig, bis 6 cm lang und 4 cm im ⌀, blaß karminrot, locker beschuppt und behaart.

Fundort: Lurin-Tal (südlich Lima) zwischen 800 und 1200 m auf vegetationsarmen Flußterrassen; Sammelnummer: K 176 (1956).

Planta 1—1,2 m alta et turmas magnas multicolumnares formans; caules 10(—15) cm crassi, 18—19costati; areolae rotundulae, parvae albescenti-pilosae aculeis marginalibus numerosis tenuibus setiformibusque, in caule novello flavescentibus vel atropurpureis, inter eos pili setacei 2(—3) cm longi albi, qui in vertice penicillum erectum formant; aculeus centralis plerumque unus, usque 3(—5) cm longus, in caule novello basi ochroleucus, apice brunnescens, senectute paulatim in colorem canum vel atrum se mutans; areolae floriparae penicillo laneo; flores complures congregati infra

Abb. 193 Oben: *Haageocereus divaricatispinus* Rauh et Backbg.; unten: *H. pachystele* Rauh et Backbg.

verticem anguste infundibuliformes, 8 cm longi tubo trigono-applanato, usque 2 cm crasso, atropurpureo; squamae bracteaneae modice confertae parte libera breviter trigona in acumen acutum excurrente, in axillis earum penicillos densos pilorum longiorum; phylla perigonii exteriora atropurpurea, interiora paullo laetiora; filamenta apice laete punicea, basi albescentia et pilis instructa; stylus brevior quam stamina, puniceus stigmatibus viridibus; cavum ovarii semiglobosum 0,4 cm in ⌀; nectarium 2 cm longum amplissimum; fructus oviformes, usque 6 cm longi, 4 cm in ⌀ pallide punicei, laxe squamati et pilosi.

H. divaricatispinus unterscheidet sich von allen übrigen Arten aus der Reihe der „*Setosi*" durch seinen Wuchs. Keine dieser Arten bildet ähnlich große und reich verzweigte Säulengruppen; er stimmt darin mit den Vertretern aus der Reihe der „*Versicolores*" überein; von *H. clavatus*, den AKERS gleichfalls aus dem Lurin-Tal angibt, ist die vorstehende Art durch den Besitz der langen Borstenhaare und die großen, länglichen Früchte verschieden.

Abb. 194. *Haageocereus pachystele* Rauh et Backbg. I Triebspitze; II Areolen vergr. III Längsschnitt durch eine Blüte

Haageocereus pachystele Rauh et Backbg. nov. spec. (Abb. 193, unten; Abb. 194)

Pflanze bis 80 cm hoch, von der Basis her verzweigt; Triebe 10—15 cm dick, nicht selten niederliegend oder aufsteigend (Abb. 193, unten), mit 15—16 (an besonders dicken Sprossen 19—20), 1,2 cm breiten und 0,3 cm hohen Rippen; Areolen dichtstehend, 0,5—1 cm voneinander entfernt, rundlich, 0,3 cm im ⌀, im Scheitel lebhaft ockergelb, im Alter grau; Randstacheln im Neutrieb hell bernsteingelb, 1—1,5 cm lang, zahlreich, strahlend, davon 17—20 derbere, pfriemliche und 30—40 dünnere; die zur Areolenbasis hinweisenden sind als dünne, weiße Borsten ausgebildet; Scheitel deshalb borstig behaart; Zentralstacheln 1—2 (—3), bis 3 cm lang, im

Scheitel aufgerichtet, später abwärts gerichtet, an der Basis gelb, an der Spitze lederbraun, im Alter hellgrau bereift; nur ältere Blütenknospen und abgetrocknete Blüten beobachtet; die letzteren bis 7 cm lang; Knospen, mit dicker, runder, grüner Röhre; Schuppenblätter dichtstehend, ihr freier Abschnitt breit-dreieckig, zugespitzt, in den Achseln mit wenig Wollhaaren; äußere Perigonblätter grünlich, an der Spitze leicht rötlich, innere weiß; Staubblätter und Griffel kürzer als die Perigonblätter; Fruchtknotenhöhle halbkugelig, 0,4 cm im ⌀; Nektarkammer 1,3 cm lang, weit, 0,7 cm im ⌀, im Querschnitt fast rund; Früchte länglich-rund, 4 cm im ⌀, blaß-weinrot.

Fundort: Tal des Rio Huaura (Churin-Tal) bei Sayan, 900 m, zusammen mit *H. acanthocladus*; Sammelnummer: K 91 (1956).

Planta usque 80 cm alta, a basi ramosissima; caules 10—15 cm crassi, non raro decumbentes vel adscendentes costis 15—16 (in caulibus crassissimis 19—20), 1,2 cm latis et 0,3 cm altis; areolae confertae, 0,5—1 cm inter se distantes, rotundulae, 0,3 cm in ⌀ in vertice laete ochraceae, senectute canae; aculei marginales in caule novello laete colore electri, 1—1,5 cm longi, numerosi, radialiter patentes, quorum 17—20 solidiores subulati et 30—40 tenuiores; aculei inserti basim versus, setiformiter tenues et albi, itaque vertex setaceus apparens; aculei centrales 1—2 (—3), usque 3 cm longi, in vertice erecti, postea reclinati, basi flavi, apice corii colore, senectute canescenti-pruinosi; solum gemmae florales seniores et flores desiccati visi, posteriores usque 7 cm longi; gemmae florales tubo crasso rotundo; squamae bracteaneae confertae, pars libera earum late trigona acuminata, in axillis pilis laneis paucis; phylla perigonii exteriora virescentia, apice subrubra, interiora alba; stamina stylusque breviora quam phylla perigonii; cavum ovarii semiglobosum 0,4 cm in ⌀; nectarium 1,3 cm longum, amplissimum, 0,7 cm in ⌀, in sectione transversali fere rotundum; fructus oblongo-rotundi, 4 cm in ⌀ pallido-rubri vini colore.

Die Pflanze steht *H. pseudomelanostele* nahe, unterscheidet sich von diesem aber durch die viel dickeren und meist liegenden Triebe.

Neobinghamia Backbg.

Eine der interessantesten, zugleich aber auch umstrittensten, peruanischen Gattungen ist *Neobinghamia*, die 1950 von Backeberg[1] mit dem von H. Blossfeld im Rimac-Tal gesammelten Typus *N. climaxantha* begründet wurde. Werdermann, der die Bloßfeldsche Pflanze erstmalig beschrieb[2], stellte sie seinerzeit noch

[1] Cactus and Succ. Journ. of America, Bd. XXII, H. 5, 1950.

[2] Werdermann, E.: Neue und kritische Kakteen aus den Sammelergebnissen der Reise von Harry Blossfeld durch Südamerika, 1936/37. II. *Binghamia climaxantha* Werd., Fedde's Rep. Bd. 42, 1937, S. 4—6.

in das Sammelgenus *Binghamia*. AKERS traf die gleiche Pflanze im Eulalia-Tal an, glaubte eine neue Art gefunden zu haben und publizierte sie als *Peruvocereus albicephalus*[1]. Später mußte er jedoch zugeben, daß diese identisch ist mit WERDERMANNs *Binghamia climaxantha*[2].

Während die Gattung bisher als montoypisch galt und nur in wenigen Exemplaren aus Zentralperu (Rimac- und Eulalia-Tal) bekannt geworden war, so daß ihre Existenzberechtigung mit Recht angezweifelt wurde[3], konnten von uns einige neue Arten auch in Nordperu gefunden werden, womit die Kenntnis um dieses umstrittene Genus wesentlich erweitert wurde. Sein Verbreitungsgebiet erstreckt sich, soweit bisher bekannt, mit Unterbrechungen vom Lurin-Tal (Zentralperu) bis in die Gegend von Olmos (Nordperu) und nimmt die niederen Lagen der Westandenabhänge ein.

Neobinghamia ist durch die folgenden Merkmale charakterisiert: Im Wuchs an *Haageocereen* aus der Reihe der *Setosi* erinnernd, sich von diesen aber durch längere und dichtere Scheitelwolle unterscheidend. Zwischen den Areolenstacheln finden sich nicht nur dünnere Borsten (wie bei den *Setosi*), sondern echte Wollhaare, die an älteren Triebabschnitten zwar schwinden, im Scheitel aber als oft recht ansehnlicher Wollschopf in Erscheinung treten (Abb. 29). Blühbare Areolen mit dichter und langer Wolle, diese insgesamt zu ± regelmäßig etagenförmig angeordneten Wollringen (Abb. 29, links) oder längsverlaufenden Wollzonen zusammentretend (Abb. 32). Blüten rot oder weiß; nachtblütig, d. h. sich am späten Nachmittag öffnend und am Morgen des nächsten Tages schließend. Früchte, soweit bekannt, rötlich, beschuppt und behaart.

Im Habitus nehmen die Pflanzen, insbesondere *N. climaxantha*, eine Mittelstellung zwischen *Espostoa melanostele* und beispielsweise *Haageocereus chosicensis* ein. Sehr anschaulich schildert BLOSSFELD seinen Neufund: „Weiter fand ich bei Chosica dann noch einen ganz seltsamen Kaktus; ich stand wie vom Donner gerührt, als ich ihn zuerst fand. Zusammen mit den ganzen *Binghamias (= Haageocereus)* und dem *Cephalocereus (= Espostoa)*

[1] Cactus and Succ. Journ. of America, Bd. XIX, H. 10, 1947, S. 162—163.

[2] Zitiert bei A. F. H. BUINING: Kakteen in Peru, in „Sukkulentenkunde", Jahrb. d. Schweizer Kakteengesellschaft, H. IV, 1951, S. 45.

[3] Siehe auch F. BUXBAUM: Cactus and Succ. Journ. of America, Bd. VII (1), 1952, S. 11.

melanostele steht dieser *Cereus* an sonnendurchglühten Steinhängen. Im Habitus genau wie der *Cephalocereus melanostele,* doch der untere Teil des Körpers etwas schütter behaart, fast nackt, allerdings mit Stacheln. Auch hat er kein Cephalium, sondern blüht seitlich aus einem Querstreifen von Wollflocken, der etwa ein Drittel des Stammumfanges sich um diesen legt. Ich fand bei den meisten Pflanzen ungefähr acht solcher Wollstreifen in etwa gleichen Abständen untereinander, von denen der oberste in dieser Jahreszeit meist Früchte trägt und der zweitoberste blüht, manchmal auch noch der dritte. Die Blüte ähnelt sehr der von *Cereus chosicensis,* ist jedoch bedeutend gedrungener, kürzer und dickfleischiger. Die grünen Narben hängen heraus wie bei den meisten *Binghamias.* Bemerkenswert ist noch, daß die Filamente in zwei Gruppen stehen, von denen die innere etwas kürzer ist und mit den Staubbeuteln den Griffel unterhalb der Narben umschließt." [1]

Diese recht ausführlichen Beobachtungen deuten darauf hin, daß *Neobinghamia* der Gattung *Haageocereus* nahe steht. In der Form der Bestachelung und der Ausbildung zahlreicher Wollhaare bestehen jedoch auch Ähnlichkeiten mit *Espostoa melanostele*; von dieser sind zwei Varietäten bekannt, die var. *inermis* und die var. *typica* mit langen, gelben Zentralstacheln (s. S. 518ff). Die letztere sieht nun von der Ferne der *Neobinghamia climaxantha* var. *armata* zum Verwechseln ähnlich, zumal auch bei dieser die Triebe wie bei *Espostoa* an der Basis schwärzlich werden. Auf Grund der habituellen Übereinstimmungen, sowohl mit *Haageocereus* als auch mit *Espostoa,* liegt der Gedanke nahe, in *Neobinghamia* einen Gattungsbastard zwischen beiden zu sehen.

Für die Bastardnatur sprechen folgende Beobachtungen:

a) Wuchs und Bestachelung.

b) Geographische Verbreitung. Das Areal von *Neobinghamia* deckt sich mit dem von *Haageocereus* und *Espostoa.* Die Pflanze ist stets nur im Gebiet der beiden Gattungen anzutreffen, und zwar immer nur in wenigen Exemplaren, worauf auch Akers [2] hinweist.

Gegen die Bastardnatur sprechen:

a) die Größe der Pflanze.

Blossfeld gibt eine Höhe der Säulen von ca. 1 m, Akers bis zu 3 m an; ich selbst habe Pflanzen von *Neobinghamia climaxantha*

[1] Zitiert bei Werdermann: Fedde's Rep., Bd. 42 (1937).

[2] Akers, J.: Cactus and Succ. Journ. of America, Bd. XIX, Heft 10, 1947, S. 163.

bis zu 2,5 m Höhe gesehen; *Espostoa melanostele* hingegen erreicht nur eine Maximalhöhe von 2 m, bleibt im Durchschnitt aber unter 1,5 m Höhe; auch die *Haageocereen* werden selten höher.

b) die Blütenfarbe.

Nicht nur die zentralperuanische *Neobinghamia climaxantha* besitzt rote Blüten — sie tritt bekanntlich in Gesellschaft rotblühender *Haageocereen* auf — sondern auch die neu aufgefundene nordperuanische *N. mirabilis*. Aus diesem Gebiet aber sind bisher nur weißblühende *Haageocereen* bekannt, und die in der näheren Umgebung wachsende *Espostoa procera* besitzt gleichfalls weiße Blüten.

Auf cytologischem Wege läßt sich die Frage nach der Bastardnatur von *Neobinghamia* leider nicht klären, da sowohl *Espostoa melanostele* als auch die meisten *Haageocereen* und auch *Neobinghamia* die Chromosomenzahl 2n = 22 besitzen. Bis zu einer endgültigen Lösung des Problems, das nur durch langwierige Aussaat- und Kreuzungsversuche am Standort geklärt werden kann, soll *Neobinghamia* als eigne Gattung geführt werden, die auf Grund des Blütenbaues entgegen der Ansicht BACKEBERGs nicht zu den *Cephalocerei*[1], sondern in die engere Verwandtschaft von *Haageocereus* zu stellen ist. Auch innerhalb der *Haageocereen* gibt es Arten wie *H. zonatus*, *H. versicolor*, *H. icosagonoides* u. a., deren Blütenareolen sich durch eine starke Wollbildung auszeichnen und die insgesamt „Wollringe" bilden können; bei *Neobinghamia* aber sind diese Wollzonen viel ausgeprägter und treten nicht selten zu Pseudocephalien zusammen.

Auf Grund der bisherigen Untersuchungen kann *Neobinghamia* nicht mit *Haageocereus* vereinigt werden.

Neobinghamia climaxantha (Werd.) Backbg. (Abb. 29, links)

Pflanze 1—3 m hoch, von der Basis her verzweigt; Säulen 7—8 cm dick, mit 19—27, meist 20, niedrigen Rippen; Areolen dichtstehend, ca. 4 mm im ∅, mit zahlreichen, in der Jugend honiggelben, später schmutzig-grauen, 5—8 mm langen Randstacheln und zahlreichen (40—75), bis 1 cm langen Wollhaaren, welche im Scheitel einen dichten, aufgerichteten Schopf bilden, die jüngeren Teile der Pflanze seidig einspinnen, an älteren Triebabschnitten aber mehr und mehr verschwinden; Zentralstacheln 1—3, waagerecht abstehend oder schräg abwärts weisend, 1,5—2 cm lang, blaßgelb, im Alter

[1] Some results of twenty years Cactus research. Cactus and Succ. Journ. of America, 1950/51, S. 149. — BACKEBERG (Cactus and Succ. Journ. of America, Bd. 12/3, 1957, S. 50—53) sieht in der starken Wollbildung der Blühareolen von *Neobinghamia* eine Vorstufe zur Cephalienbildung von *Espostoa*.

grau-braun; Blütenareolen mit langen, dichten Wollbüscheln; in ihrer Gesamtheit bilden diese etagenförmig angeordnete, wohl aufeinanderfolgenden Blühperioden entsprechende Querzonen, die meist die Hälfte bis Dreiviertel der Sproßachse umfassen und aus 2—3 übereinanderstehenden Areolenreihen bestehen. Wie aus Abb. 29, links, zu ersehen ist, erlangen vegetative Areolen erst in einiger Entfernung vom Scheitel ihre Blühfähigkeit und kündigen ihre physiologische Umstimmung zuvor durch starke Wollbildung an. Blüten einzeln, auch an älteren Wollzonen, sich am späten Nachmittag öffnend und gegen Morgen des nächsten Tages schließend, engtrichterig, geöffnet 2—3 cm im ⌀, bis 6,5 cm lang; Röhre eng, dicht mit kleinen, rotbraunen Schuppenblättern besetzt, in deren Achseln zahlreiche, bis 1,5 cm lange, weiße Haare; äußere Perigonblätter braunrot, innere hellkarmin bis tiefrosa, schmal, 1,5 cm lang, 3—5 mm breit, fein bespitzt und ausgefranst gezähnt; Staubblätter kürzer als die Perigonblätter, mit rosafarbigen Filamenten, die kürzeren und die die 1,8 cm lange Nektarkammer verschließenden in Doppelreihe; Griffel rosafarbig, mit 15 grünlichgelben Narbenstrahlen; Fruchtknotenhöhle halbkugelig, 0,6 cm im ⌀; Plazentarstränge dünn, kurz, von der Basis her verzweigt; Samen klein, schwarz-glänzend, mit grubig vertiefter Schale; Früchte kugelig, bis 3 cm im ⌀, braunrot, beschuppt und behaart.

Typ-Fundort: Chosica (Bloßfeld), Eulalia-Tal (Akers; Rauh: Sammelnummer: K 24).

Die Blütenfarbe von *N. climaxantha* scheint veränderlich zu sein. Nach AKERS sind die inneren Perigonblätter tief-rosa (deep rose) gefärbt; WERDERMANN spricht von rot; nach unseren Beobachtungen sind sie hellkarmin bis bräunlich; BACKEBERG unterscheidet deshalb noch eine (wohl nicht berechtigte) var. *subfusciflora*.

Aber auch im inneren Bau der Blüte läßt sich eine gewisse Variabilität feststellen. So wurden an der gleichen Pflanze Blüten und Knospen gefunden, die eines staminodialen Haarringes an der Basis der Filamente des inneren Staubblattkreises entbehren und solche, bei denen die „Staminodial"haare ähnlich wie bei *Haageocereus chosicensis* in großer Zahl zur Ausbildung gelangen (Abb. 195, II—III); sie treten dann nicht nur als Auswüchse der Filamentbasen des innersten, die stark gewulstete Nektarkammer verschließenden Staubblattkreises auf, sondern auch an den Filamentbasen des dicht darauffolgenden (Abb. 195, III), eine Erscheinung, wie sie sonst bei keiner Art wieder beobachtet wurde. Die an *Neobinghamia* angestellten Beobachtungen bestärken mich in der schon auf S. 290 geäußerten Auffassung, daß dem staminodialen Haarring nicht in allen Fällen systematische Bedeutung beizumessen ist.

Im großen und ganzen aber bestehen nur unwesentliche Unterschiede im Blütenbau zwischen *Neobinghamia* und *Haageocereus*, wozu man Abb. 188, II—III mit Abb. 195 vergleichen möge.

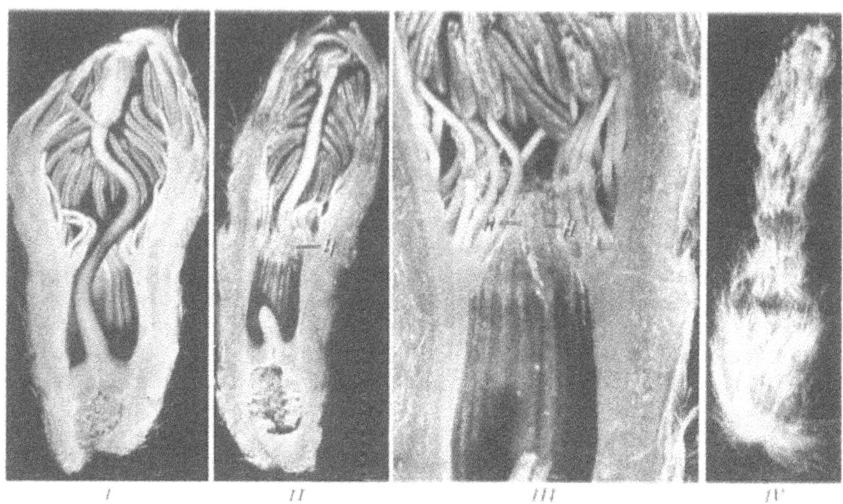

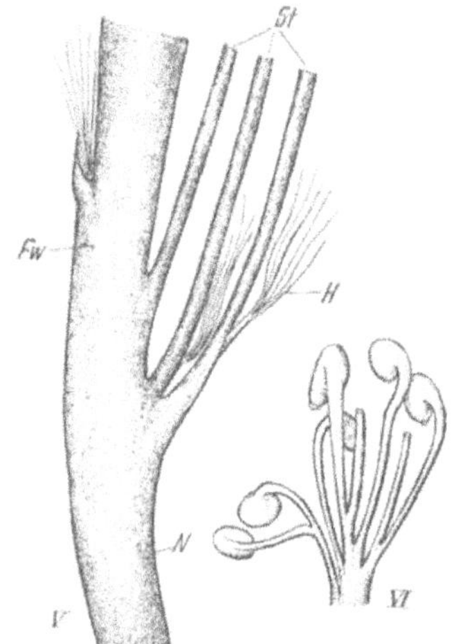

Abb. 195. *Neobinghamia climaxantha* (Werd.) Backbg. I Längsschnitt durch eine junge Blütenknospe ohne Haarring; II Längsschnitt durch eine ältere Blütenknospe mit staminodialem Haarring (*H*), der in III vergrößert wiedergegeben ist; IV abgetrocknete Blüte der var. *armata*; V—VI *N. climaxantha*; V Ausschnitt aus der Blütenröhre (FW); *St* Staubblätter mit den Haaren *H* an der Filamentbasis; *N* Nektarium; VI Samenanlagen vergr.

AKERS (Cactus and Succ. Journ. Bd. XIX, 10, 1947, S. 163) unterscheidet noch eine

var. *armata* Akers

die sich vom Typus durch den Besitz bis 6 cm langer, gelber Zentralstacheln unterscheidet. Die Wollhaare sind vorwiegend auf die Scheitelregion beschränkt, bilden hier einen dichten Schopf und schwinden bald an rückwärtigen Areolen.

Diese Varietät wurde von AKERS im Eulalia-Tal gefunden. Wir konnten nun im Churin-Tal (Sammelnummer K 100, Abb. 29; Abb. 196) eine Pflanze sammeln, die der Beschreibung von AKERS entspricht, die aber, soweit sich dies auf Grund abgetrockneter

Blüten beurteilen läßt, weißblütig ist [äußere Perigonblätter (trocken) blaß-schokoladenfarbig]; Früchte länglich, bis 3 cm lang, 2 cm im ⌀, wenig behaart. Auch sind die Blühareolen nicht in so regelmäßigen etagenförmigen Zonen angeordnet wie beim Typus.

Mit diesem Fund wurde festgestellt, daß das Verbreitungsgebiet von *N. climaxantha*, die bisher allein aus dem Rimac- und Eulalia-Tal bekannt war, sich wesentlich weiter nach Norden erstreckt, als bisher angenommen.

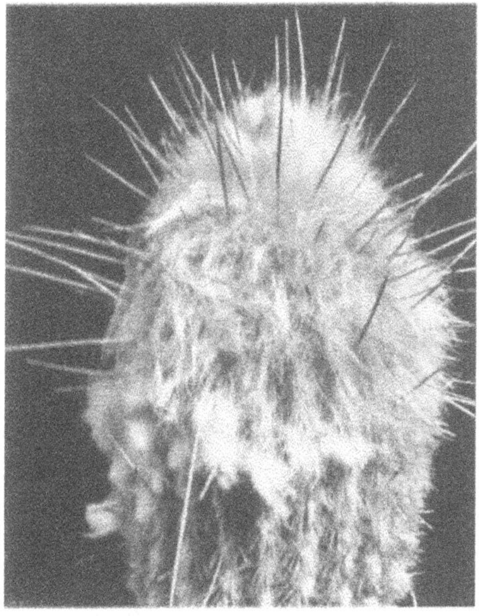

Abb. 196. Sproßspitze von *Neobinghamia climaxantha* var. *armata* (Akers) Backbg.

Neobinghamia climaxantha var. *lurinensis* Rauh et Backbg. nov. var. (Abb. 197, I—II)

Pflanze bis 1,5 m hoch, von der Basis her verzweigt; Säulen 8—10 cm dick, mit 22 breiten, flachen Rippen; Areolen dichtstehend, im Scheitel bräunlichgelb, 0,5 cm im ⌀; Randstacheln zahlreich, dünn, igelförmig abstehend, im Neutrieb gelb, mit leicht rötlicher Spitze, dazwischen, besonders im Scheitel, bis 2 cm lange, weiße Wollhaare, die an rückwärtigen Sproßabschnitten schwinden; Zentralstacheln 1—2, bis 4 cm lang, im Scheitel aufgerichtet, bernsteingelb, im Alter waagerecht abstehend, bräunlichrot, grau bereift; Jungtriebe (Abb. 197, I) mit zitronengelben Areolen, Randstacheln und bis 3 cm langen Wollhaaren; Blütenareolen mit langen weißen Wollhaaren, schon wenig unterhalb des Scheitels entstehend, nicht in etagenförmigen Zonen angeordnet, sondern zu einem unterbrochenem, nur auf eine Sproßseite lokalisierten Pseudocephalium zusammentretend; Blüten (abgetrocknet) bis 5 cm lang, engtrichterig; Blütenröhre dicht mit kleinen, dreieckigen, lang zugespitzten Schuppenblättern besetzt, die in ihrer Achsel lange, weiße Wollhaare tragen; innere Perigonblätter karminrot, 1,5 cm lang, 3 mm breit, zugespitzt; Früchte unbekannt.

Fundort: Lurin-Tal (südlich Lima), 1200 m; Sammelnummer: K 182 (1956).

Planta usque 1,5 m alta, a basi ramosa; caules columniformes 8—10 cm crassi, costis 22 latis planisque; areolae confertae, in vertice brunneo-flavae, 0,5 cm in ∅; aculei marginales numerosi tenues, erinaceo-divaricati, in caule novello flavi, apice rubescente; inter eos, praecipue in vertice, pili lanei albi usque 2 cm longi, qui inferne desunt; aculei centrales 1—2 usque 4 cm longi, in vertice erecti, electri colore, senectute transverse patentes, rubiginosi, canopruinati; caules iuniores areolis citrineis, aculeis marginalibus et pilis laneis usque 3 cm longis; areolae floriparae pilis laneis albis longis, iam paullo infra verticem orientes, haud tabulatim insertae sed pseudocephalio unilaterali se componentes; flores (desiccati) usque 5 cm longi, anguste infundibuliformes; tubus floralis squamis bracteaneis pusillis trigonis longe acuminatis obtectus, in axillis earum pili lanei longi albi; phylla perigonii interiora punicea, 1,5 cm longa, 3 mm lata acuminata; fructus ignoti.

Diese Varietät unterscheidet sich von der var. *armata* aus dem nahen Eulalia-Tal durch die weniger starke Behaarung des Scheitels älterer Triebe und die intensiv zitronengelbe Färbung und lang seidige Behaarung der jungen Triebe.

Neobinghamia multiareolata Rauh et Backbg. nov. spec. (Abb. 197, III; Abb. 32, rechts)

Pflanze bis 1,2 m hoch, von der Basis her verzweigt (Abb. 32, rechts); Säulen bis 10 cm dick, 22rippig; Areolen dichtstehend, länglich, 0,5 cm im ∅, im Scheitel bräunlichgelb; Randstacheln zahlreich (bis 80), dünn, 0,5 cm lang, gelblich, im Scheitel mit langen, weißen, einen dichten Schopf bildenden Wollhaaren; Zentralstacheln 1—2, bis 6 cm lang, derb, bernsteingelb, im Scheitel aufgerichtet, später waagerecht abstehend oder schräg abwärts weisend; Blütenareolen mit langer, weißer Wolle, an älteren Trieben bis fast zur Basis hinunterreichend (Abb. 32, rechts) und ein ziemlich dichtes Pseudocephalium bildend, das nur auf der Sonnenseite der Sproßachse zur Ausbildung gelangt (Abb. 197, III); Blüten (abgetrocknet) bis 6 cm lang, engtrichterig; Röhre dünn, locker mit Schuppenblättern besetzt, in deren Achseln Büschel dichter weißer Haare; äußere Perigonblätter grünlichbraun, innere wohl weiß, 1,5 cm lang, 3 mm breit; Früchte unbekannt.

Fundort: Tal des Rio Fortaleza (nördliches Zentralperu), Kakteenfelswüste bei 1200 m, zusammen mit *Espostoa melanostele*, *Armatocereus procerus*, *Melocactus* und *Haageocereus horrens* var. *sphaerocarpus*; Sammelnummer: K 51 (1956).

Planta usque 1,2 m alta, a basi ramosa; caules columniformes usque 10 cm crassi, 22costati; areolae confertae, oblongae, 0,5 cm in ∅ in vertice brunnescenti-flavae; aculei marginales numerosi (usque 80), tenues, 0,5 cm

Abb. 197. I—II *Neobinghamia climaxantha* var. *lurinensis*; I junger Trieb; II blühfähiger Sproß; III *N. multiareolata* Rauh et Backbg.; IV—V var. *superba* Rauh et Backbg.; V junge Pflanze

longi, flavescentes, in vertice pilis laneis longis albis penicillum densum formantibus permixti; aculei centrales 1—2, usque 6 cm longi, solidi, electri colore, in vertice erecti; postea transverse patentes vel oblique reclinati; areolae floriparae lana longa alba, in caulibus senioribus fere ad basim eorum procurrentes et pseudocephalium modice densum formantes, quod tantum in latere caulis ad solem verso exoritur; flores (desiccati) usque 6 cm lati anguste infundibuliformes; tubus floralis tenuis squamis bracteaneis laxe obtectus, in axillis earum penicilli densi pilorum alborum; phylla perigonii exteriora virescenti-fusca, interiora fortasse alba, 1,5 cm longa, 3 mm lata; fructus ignoti.

Von allen bisher bekannten *Neobinghamia*-Arten unterscheidet sich *N. multiareolata* durch die fast bis zur Basis der blühfähigen Triebe reichenden, zu einem Pseudocephalium zusammentretenden Blühareolen.

Neobinghamia multiareolata var. *superba* Rauh et Backbg. nov. var. (Abb. 197, IV—V)

Pflanze bis 2,5 m hoch, von der Basis her verzweigt; mit den im Neutrieb leuchtend gelben, sich an der Basis schwarz-violett verfärbenden Zentralstacheln und dem weißen Haarschopf von der Ferne einer sehr großen, cephalienlosen *Espostoa melanostele* gleichend.

Triebe an der Basis bis 15 cm dick, 18—24rippig; Areolen dichtstehend, länglich, gelbfilzig, ca. 5 mm im ⌀, mit zahlreichen, sich verflechtenden, im Neutrieb gelben, später grau und schwarz werdenden, 1—1,5 cm langen, dünnen Randstacheln, diese in Scheitelnähe mit kurzen Wollhaaren untermischt; Scheitel deshalb nicht so stark wollig wie bei *N. climaxantha*; Zentralstacheln 1—2, im Scheitel leuchtend gelb, aufgerichtet, später waagerecht abstehend, im Alter schwarz werdend; Blütenareolen mit dichter, weißer Wolle, schon wenig unterhalb des Scheitels zur Wollbildung schreitend und zu einem, bis 50 cm langen, in den rückwärtigen Sproßabschnitten vielfach unterbrochenen, nur auf der Sonnenseite der Sproßachse zur Ausbildung gelangenden Pseudocephalium zusammentretend (Abb. 197, IV). Dieses deshalb in ähnlicher Ausbildung wie bei *N. multiareolata*. Blüten unregelmäßig verteilt[1]; Röhre dicht, mit kleinen, in eine Stachelspitze auslaufenden Schuppenblättern besetzt; in deren Achseln dichte Büschel weißer Wollhaare; äußere Perigonblätter unterseits olivgrün, innere wohl weiß, linealisch, 1,5 cm lang, 3 mm breit, bespitzt; Staubblätter kürzer als die Perigonblätter; die inneren, die 1,5 cm lange, und 0,8 cm

[1] Diese nur auf dem Knospenstadium beobachtet.

weite Nektarkammer verschließenden in Doppelreihe; an der Basis der Filamente beider Kreise zuweilen haarartige Auswüchse; Griffel dünn, so lang wie die Staubblätter; Fruchtknotenhöhle halbkugelig, 0,5 cm im ⌀; Plazentarstränge lang, reich verzweigt; Früchte (unreif) ca. 2 cm im ⌀, braunrot, an der Basis grün, wenig beschuppt und behaart; Samen klein, schwach nierenförmig, schwarz-glänzend, mit grubig punktierter Schale.

Fundort: Eulalia-Tal, 1000 m; Sammelnummer: K 172 (1956).

Planta usque 2,5 m alta, a basi ramosa; ex longinquo aculeis centralibus, lucido-flavis basi nigrescentibus et penicillo albo *Espostoae melanostele* maximae ecephaliatae similis; caules basi usque 15 cm crassi, 18—24-costati; areolae confertissimae, oblongae flavo-tomentosae, ca. 5 mm in ⌀, aculeis marginalibus numerosis se implectentibus, in caule novello flavis, postea canescentibus nigrescentibusque 1—1,5 cm longis tenuibus, qui prope verticem pilis setaceis brevibus permixti sunt, itaque vertex non tam dense lanosus quam in *N. climaxantha*; aculei centrales 1—2, in vertice lucido-flavi, erecti, postea transverse patentes, senectute nigrescentes; areolae floriparae lana densa alba, iam paullo infra verticem lanam parentes et cephalio usque 50 cm longo, in partibus caulis inferioribus saepe interrupto se componentes, quod tantum in latere caulis ad solem verso exoritur, itaque eius in *N. multiareolata* similis; flores irregulariter distributi, tubus foliolis parvis in mucronem excurrentibus dense obtectus, in axillis eorum penicilli densi pilorum laneorum alborum; phylla perigonii exteriora subter olivacea, interiora fortasse alba, linealia, 1,5 cm longa, 3 mm lata acuminata; stamina breviora quam phylla perigonii, interiora in circulis duobus nectarium 1,5 cm longum, 0,8 cm latum claudentia; filamentorum basis circulorum duorum appendiculis capilliformibus; stylus gracilis, tam longus quam stamina; cavum ovarii semiglobosum, 0,5 cm in ⌀; funiculi placentales longi, ramosissimi; fructus (immaturi) ca. 2 cm in ⌀, rubiginosi, basi virides, paullum squamati et pilosi; semina pusilla, subnephroidea, atronitida, foveolato-punctata.

Die Pflanze unterscheidet sich vom Typus durch die viel längeren und dickeren Triebe; sie weicht von *N. climaxantha* var. *armata* durch die geringere Wollhaarbildung und die wohl weißen Blüten ab. Leider wurden nur Knospen und abgetrocknete Blüten gefunden, die jedoch beide auf weiße Blütenfarbe schließen lassen.

Neobinghamia villigera Rauh et Backbg. nov. spec. (Abb. 32, links; Abb. 198, I)

Pflanze bis 1,3 m hoch, von der Basis her verzweigt, mit wenigen, bis 10 cm dicken, 20rippigen Trieben (Abb. 32, links); Rippen ca. 1 cm hoch; Areolen dichtstehend, 0,3 cm im ⌀, im Scheitel gelblichbraun, im Alter grau, mit zahlreichen (bis 80), sehr dünnen, gelblichen, später grauen, sich kaum verflechtenden Randstacheln; dazwischen kurze, weiße Wollhaare, die im Scheitel einen aufrechten

Schopf bilden; Zentralstacheln 1—2, waagerecht abstehend, 2 bis 3 cm lang, im Scheitel gelb, im Alter grau; Blütenareolen mit dichter weißer Wolle, sehr dichtstehend, zu einem fellartigen, etwas unregelmäßigen, 20—50 cm langen Pseudocephalium zusammen-

Abb. 198. I *Neobinghamia villigera* Rauh et Backbg.; I*a* Blüte abgetrocknet; II—IV *N. mirabilis* Rauh et Backbg.; II Habitus; III Einzeltrieb; IV Samenanlagen

tretend; Blüten unregelmäßig in diesem verteilt (abgetrocknet) bis 6 cm lang, engtrichterig; Fruchtknoten und Röhre stark und lang seidig-wollig behaart; Perigonblätter (nach abgetrocknetem Material zu urteilen) wohl karminrot; die inneren 2 cm lang, 0,3 cm breit; Staubblätter kürzer als das Perigon; die inneren undeutlich 2reihig; Fruchtknotenhöhle langgestreckt, 0,5 cm lang; Nektarkammer 1,5 cm lang, 4 mm im ⌀; Früchte unbekannt.

Fundort: Churin-Tal, 1500 m, zusammen mit *Espostoa melanostele* und weißblütigen *Haageocereen*; Sammelnummer: K 93 (1956).

Planta usque 1,3 m alta, a basi ramosa, caulibus paucis usque 10 cm crassis, 20 costatis; costae ca. 1 cm altae; areolae confertae, 0,3 cm in ⌀, in vertice flavescenti-brunneae, senectute canae, aculeis marginalibus numerosis (usque 80), tenuissimis flavescentibus, postea canis parum implectentibus, inter eos pili lanei breves albi in vertice penicillum laneum brevem formantes; aculei centrales 1—2, transverse patentes, 2—3 cm longi, in vertice flavi, senectute cani; areolae floriparae lana densa alba confertissimae, in pseudocephalium pelliforme parum irregulare 20—50 cm longo se congregantes; flores irregulariter distributi, (desiccati) usque 6 cm longi, anguste infundibuliformes; ovarium et tubus floralis valde longeque sericeo-lanoso-pilosi; phylla perigonii fortasse punicea (quoad materia desiccata censeri potest), interiora 2 cm longa, 0,3 cm lata; stamina breviora quam perigonium, interiora indistincte biserialia; cavum ovarii porrectum, 0,5 cm longum; nectarium 1,5 cm longum, 4 mm in ⌀; fructus ignoti.

Die schöne, und sehr seltene Pflanze blüht reich, doch scheint sie nur selten Früchte anzusetzen.

Im abgetrockneten Zustand sind die inneren Perigonblätter dunkel-karminrot, woraus auf eine rote Blütenfarbe zu schließen ist. Da für das Churintal aber bisher kein rotblütiger *Haageocereus* nachgewiesen worden ist, spricht diese Feststellung nicht für die Bastardnatur von *Neobinghamia*.

Neobinghamia mirabilis Rauh et Backbg. nov. spec. (Abb. 43, rechts; Abb. 198, II—IV)

Pflanze 2—2,2 m hoch, von der Basis her verzweigt, mit wenigen, steil aufstrebenden, 8—10 cm dicken, 22rippigen, dunkelgrünen Trieben; Areolen dichtstehend, gelbbraun-filzig, mit zahlreichen, kurzen, sich nicht verflechtenden, tief purpurroten Randstacheln, diese untermischt mit weißen Wollhaaren; Scheitel deshalb purpurrot und weiß-wollig; Zentralstacheln 1—2, bis 2 cm lang, oft kaum von den Randstacheln unterscheidbar, im Scheitel an der Basis braun, an der Spitze schwarzrot; Blütenareolen mit sehr langer (bis 4 cm lang) und dichter, bräunlichweißer Wolle, diese erst in einiger Entfernung vom Scheitel auftretend und teils in etagenförmigen Ringen, teils in dichteren Gruppen angeordnet und durch vegetative Areolen voneinander getrennt (Abb. 198, III); Blüten aus älteren Wollareolen hervorbrechend, bis 6 cm lang, engtrichterig; Röhre 1,5 cm dick und dicht mit kleinen, dreieckigen, in eine Stachelspitze auslaufenden Schuppenblättern besetzt, die in ihren Achseln nur wenige, kurze Wollhaare tragen; äußere Perigonblätter dunkelpurpurrot, innere karminrot, 2 cm lang, 0,4 cm breit; Griffel länger als die Perigonblätter; Staubblätter kürzer als diese; innere Staubblätter undeutlich 2reihig; der innerste Kreis aus 23 locker angeordneten, der 2. aus 19 Staubblättern bestehend; äußerer, auf der Höhe der Perigonblätter abzweigender Kreis in einfacher Reihe, zwischen diesem und dem inneren Staubblattkreis noch 4 weitere, verschieden hoch von der Perigonröhre abzweigende Staubblattkreise; Fruchtknotenhöhle flach halbkugelig, 0,5 cm im ∅; Plazentarstränge lang und dünn, wenig verzweigt (Abb. 198, IV); Nektarkammer 1,8 cm lang, 0,6 cm im ∅; Früchte unbekannt.

Fundort: Tal von Olmos (Nordperu), Trockenwald bei 400 m, in Gesellschaft von *Armatocereus oligogonus, Monvillea maritima, Espostoa procera, Haageocereus versicolor, Haageocereus* spec. (K 81), sehr selten; Sammelnummer: K 82 (1956).

Planta 2—2,2 m alta, a basi ramosa caulibus paucis ardue erectis 8—10 cm crassis, 22 costatis, atroviridibus; areolae confertae, flavescenti-brunneo-tomentosae, aculeis marginalibus numerosis brevibus non se implectentibus saturate purpureis, qui sunt pilis laneis albis permixti, vertex itaque purpureus et albo-lanatus; aculei centrales 1—2, usque 2 cm longi, qui saepe non discerni possunt, in vertice basi brunnei, apice atrorubri; areolae floriparae lana longissima (usque 4 cm longa), densa, brunnescenti-alba, a vertice remotae, aliae in circulis tabulatiformibus insertae, aliae in turmis confertioribus, areolis vegetativis inter se separatae; flores ex areolis laneis senioribus orientes usque 6 cm longi, anguste infundibuliformes; tubus floralis 1,5 cm crassus squamis bracteaneis pusillis trigonis in mucronem excurrentibus obtectus, in axillis earum tantum pauci pili lanei breves; phylla perigonii exteriora atropurpurea, interiora punicea, 2 cm longa, 0,4 cm lata; stylus longior quam phylla perigonii, stamina breviora quam illa; stamina interiora indistincte biserialia; circulus intimus staminibus 23 inter se distantibus, circulus secundus staminibus 19 exstructus; circulus exterior in altitudine phyllorum perigonii insertus unilateralis; inter circulos interiores et exteriores praeterea circuli staminum 4 altitudine diversa a tubo perigonii deflectentes; cavum ovarii plane semiglobosum, 0,5 cm in ∅, funiculi longi et tenues, parum ramosi; nectarium 1,8 cm longum, 0,6 cm in ∅; fructus ignoti.

N. mirabilis, die nur in einem Exemplar gefunden wurde, ist eine der dekorativsten und am weitesten nach Norden vordringenden Arten der Gattung.

Pygmaeocereus Johnson et Backbg.

In seinem Katalog („Succulent Parade, Johnson Cactus Gardens“, 14, 1955) veröffentlicht JOHNSON ein Bild von *Pygmaeocereus akersii*. Es handelt sich um eine sehr klein bleibende, von der Basis her verzweigte Pflanze, mit rübenförmiger Wurzel, ca. 8 cm langen und 2 cm dicken Trieben und lang- und engröhrigen Blüten.

Die Pflanze scheint auch in der Kultur nicht größer zu werden, denn W. ANDREAE, Bensheim, kultiviert eine von JOHNSON bezogene Pflanze, die nach 2jährigem Wachstum nur eine Höhe von ca 10 cm erreicht, sich an der Basis aber bereits reich verzweigt. hat. Gepfropfte Triebe werden zwar etwas kräftiger, bleiben aber ebenfalls kurz. Es handelt sich demnach um ein eignes Genus, dessen Vertreter sich durch einen auffallend niedrigen Wuchs auszeichnen. Auch die Blüten weisen eine Reihe von Baueigentümlichkeiten auf, die sich mit keiner der bisher bekannten Gattungen vereinigen lassen. Da eine Beschreibung von JOHNSON selbst bis-

Abb. 198a. *Pygmaeocereus bylesianus* Backbg. u. Andreae. I Sproß (gepfropft); II Pflanze mit Knospen; III entfaltete Blüte; (II—III Umkopie nach Farbaufnahmen von W. ANDREAE)

her nicht erfolgt ist, hat BACKEBERG diese nachgeholt[1]. Er betrachtet als Typus der Gattung die bei W. ANDREAE kultivierte, als

Pygmaeocereus bylesianus Backbg. u. Andreae (Abb. 198a)
bezeichnete Pflanze.

Niedrige, von der Basis her verzweigte Gruppen bildend; Triebe bis 3 cm im ⌀, mit 12—14 schmalen und niedrigen Rippen; Areolen rund bis länglich, anfangs hellfilzig, mit zahlreichen, nach allen Seiten strahlenden, anfangs schwärzlichen, später grauen, 0,3—0,5 cm langen Randstacheln; Zentralstacheln nicht länger als die Randstacheln; Blüten unterhalb des Scheitels ca. 6 cm lang, mit dünner, 0,5 cm dicker, leicht gebogener, sich spitzenwärts trichterig erweiternder Röhre, geöffnet bis 4 cm im ⌀; Röhre locker mit dreieckigen Schuppenblättern besetzt; in deren Achseln Wollhaare; äußere Perigonblätter unterseits bräunlich, oberseits heller; innere weiß, ca. 1,5 cm lang, 4 mm breit, in eine scharfe Stachelspitze auslaufend; Fruchtknotenhöhle ca. 5 mm lang; Nektarkammer lang, eng; Griffel sehr kurz, 2,5 cm

[1] Cact. and Succ. Journ of America, Bd. 12/4, S. 86, 1957.

lang; Staubblätter oberhalb desselben von der Röhre abzweigend; Filamente weißlich, nur 3 mm lang, mit großen, gelblichen Staubbeuteln; Früchte unbekannt.

Fundort: Südperu (Chala?).

Von diesem unterscheidet sich *P. akersii* Johnson (nom. nud.) durch den Besitz eines auffallend verlängerten Mittelstachels. Bei diesem handelt es sich entweder um eine 2. Art oder eine Varietät des oben beschriebenen.

Vermutlich gehört auch Ritter Nr.: FR. 322 in diese Gattung.

Eine besondere Eigentümlichkeit der *Pygmaeocereus*-Blüten ist der auffallend kurze Griffel und die sehr kurzen, nur wenige Millimeter langen Filamente.

Ein genauer Standort wird nicht angegeben. Nach Johnson soll die Gattung in den Küstenbergen der Nebelzone des südlichen Peru beheimatet sein.

Weberbauerocereus Backbg.,

1942 von Backeberg[1] begründet, ist eine rein südperuanische, auf die mittleren Lagen der Westanden beschränkte Gattung (Abb. 200). Während sie bislang als monotypisch galt und allein aus der Umgebung von Arequipa bekannt war, wurde sie auch weiter im Norden, im Cañete-Tal und den angrenzenden südlichen Tälern mit neuen Arten festgestellt, so daß sich ihr bis heute bekanntes Areal vom Cañete-Tal südwärts bis nach Arequipa erstreckt (Abb. 200).

Typus der Gattung ist *W. fascicularis* (= *Cereus fascicularis* Meyen[2] = *C. weberbaueri* Schum.[3]), der von Britton und Rose (Cactaceae, Bd. II, S. 141) noch der Gattung *Trichocereus* zugeordnet wird. Aber beide Autoren weisen schon darauf hin, daß "the flowers of this species differ from those of typical *Trichocereus* in that they are very slender, bent at the base, and have short perianth segments" (S. 142). Backeberg, der 1937[4] sich noch der Ansicht von Britton und Rose anschließt, bringt jedoch bereits zum Ausdruck, daß *T. fascicularis* einen Übergang zu *Cleistocactus*, also zu den *Loxanthocerei* darstellt. Diese Ansicht konnte jetzt durch das Auffinden von *W. seyboldianus* bestätigt werden. Während die Blüten der bisher bekannten *Weberbauerocereen* nur in der Knospenlage zygomorph sind (Abb. 199, I), z. Zt. der Anthese

[1] Cactaceae, Jahrb. DKG. 1942, S. 31 u. 75.

[2] Meyen: Reise um die Welt, 1834, S. 447.

[3] In Vaupel: Cactaceae andinae, Engl. Botan. Jahrb., Beiblatt 111, 1913, S. 22.

[4] Blätter für Kakteenforschung, 1937/51—5.

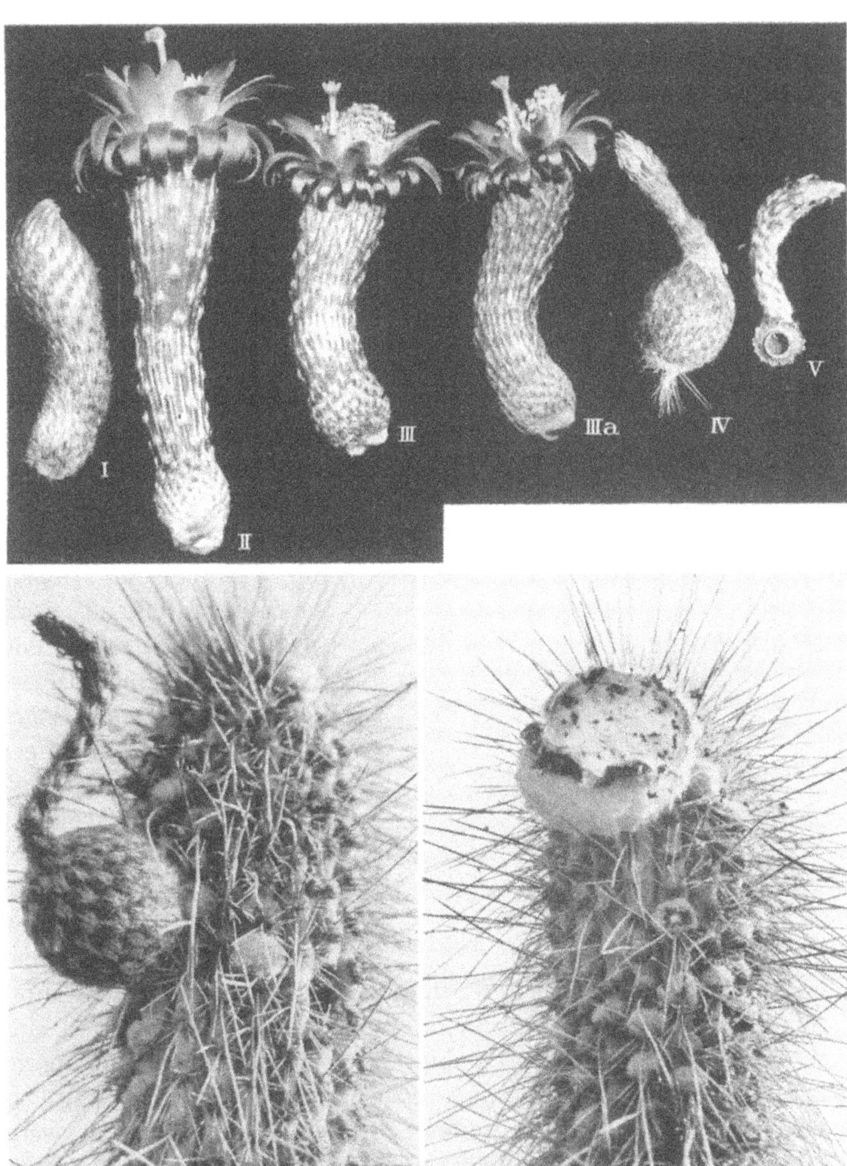

Abb. 199. I *Weberbauerocereus rauhii*, Blütenknospe; II *W. weberbaueri*, entfaltete Blüte; III *W. seyboldianus*, Blüte von vorn; III*a* von der Seite; IV *W. rauhii*, junge Frucht; V abgesprungener „Deckel"; VI *W. weberbaueri*, fruchtend; VII aufgeplatzte Frucht (I und III bei gleicher Vergr.)

aber annähernd radiären Bau aufweisen (Abb. 199, II), behalten die Blüten von *W. seyboldianus*, die zudem noch rote Petalen besitzen, ihre Zygomorphie auch im entfalteten Zustand bei (Abb. 199, III). Diese Art stellt somit eine wichtige Übergangsform zwischen den *Trichocerei* und *Loxanthocerei* dar.

Auch in vegetativer Hinsicht bestehen auffällige Unterschiede zu *Trichocereus*, so daß meines Erachtens die Abtrennung der Gattung *Weberbauerocereus* von *Trichocereus* gerechtfertigt erscheint.

Abb. 200. Verbreitungskarte von *Weberbauerocereus*

Die Gattungsmerkmale sind die folgenden:

Buschbildende, nahe der Basis eines kurzen Stammes verzweigte Säulencereen mit bogig oder steil aufsteigenden, schlanken, bis 4 m langen Trieben; Areolen auffallend groß, filzig, mit dichter und derber Bestachelung; Blüten bevorzugt in Scheitelnähe (aber auch an rückwärtigen Sproßabschnitten), mit oft leicht gebogener, nahezu gleichmäßig dicker, sich spitzenwärts nur wenig erweiternder Röhre; diese ziemlich dicht mit kleinen, in Parastichen angeordneten Schuppenblättern besetzt, die in ihren Achseln kurze, meist bräunliche Wollhaare tragen; Perigon engtrichterig; die äußeren Perigonblätter zurückgeschlagen, die inneren z.T. aufrecht, weiß, bräunlich oder rot[1]; Staubblätter zahlreich, kürzer als das Perigon; die innersten in Doppelreihe, die große, weite und stark gewulstete, an ihrem apikalen Ende häufig abgeschrägte Nektarkammer verschließend, an der Basis der Filamente des inneren Staubblattkreises zuweilen staminodiale Haare (*W. weber-*

[1] Über die Öffnungsdauer der Blüten herrscht noch Unklarheit. Wahrscheinlich fällt der Hochstand wie bei den *Haageocereen* in die Nacht, wobei die Blüten sich am späten Nachmittag, zwischen 16 und 17 Uhr öffnen, um sich am Vormittag (10 Uhr) des nächsten Tages zu schließen. Unter Mittag wurden nur selten offene Blüten angetroffen.

baueri, Abb. 207, IIa); Griffel lang und dünn, die Perigonblätter überragend; Fruchtknotenhöhle groß, halbkugelig, mit zahlreichen Samenanlagen; diese auf kurzen, reich verzweigten Plazentarsträngen; Früchte anfangs von der abgetrockneten, S-förmig gebogenen Blütenröhre gekrönt, die dann deckelartig abgeworfen

Abb. 201. *Weberbauerocereus fascicularis* (Meyen) Backbg. (phot. C. BACKEBERG)

wird, an der Spitze unregelmäßig aufreißend, ziemlich groß, bis 5 cm im ∅, meist orangefarbig, beschuppt und behaart; Samen klein, schwarz-glänzend, mit netzig-grubiger Schale.

Typus der Gattung ist

Weberbauerocereus fascicularis (Meyen) Backbg.[1] (syn. *Trichocereus* Br. et R., *Cereus* Meyen; Abb. 201).

Baumförmig; Äste aufstrebend, graugrün, 16rippig; Areolen braun bis grau-filzig, dick, rund; Stacheln zahlreich, zuerst gelb, später braun, die seitlichen oft nur 1 cm, die mittleren bis 4 cm lang und mehr; Blüte 8—11 cm

[1] Diagnose nach BACKEBERG, Blätter für Kakteenforschung, 1937/51—5.

lang, grünlichweiß[1], außen rötlich, gebogen, wenig geöffnet; Frucht kugelig, dicht beschuppt, schwach behaart, orangegelb; Samen klein, schwarz.

Typ-Fundort: Umgebung von Arequipa.

Nach BACKEBERG soll diese Art von den übrigen durch die weißen, nahezu radiären Blüten unterschieden sein; ich selbst konnte keine weißblütigen Pflanzen finden.

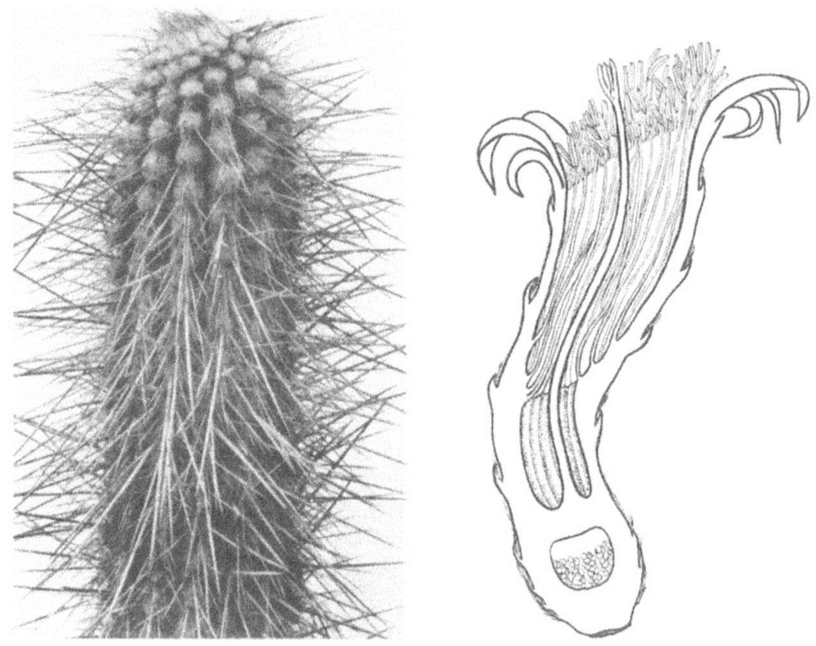

Abb. 202. *Weberbauerocereus seyboldianus* Rauh et Backbg. Rechts: Blüte längs

Weberbauerocereus seyboldianus Rauh et Backbg. nov. spec.[2] (Abb. 199, III; Abb. 202)

Pflanze 2—3 m hoch, vom Grunde her verzweigt und große, lockere Büsche bildend; Säulen bis 8 cm dick, lebhaft grün, 15rippig, mit dünner, rotbrauner Bestachelung; Areolen dick, 0,8 cm im ∅, im Scheitel ledergelb, im Alter grau; Randstacheln wenig zahlreich, im Scheitel fast borstenförmig (Abb. 202), im Alter bis 1,5 cm lang, dünn, ledergelb; Zentralstacheln 1—3, ledergelb, dünn, bis 7 cm lang, meist waagerecht von der Sproßachse abstehend; Blüten einzeln, in Scheitelnähe, viel gedrungener als bei den übri-

[1] Nach BRITTON u. ROSE sind die Blüten: "greenish to brownish (not white)".

[2] Die Pflanze wurde nach Prof. Dr. A. SEYBOLD, Heidelberg, benannt, der meine Peru-Reisen in großzügiger Weise gefördert hat.

gen Arten, nur 6—8 cm lang, stark zygomorph, geöffnet 4,5 cm im ∅ (Abb. 199, III; Abb. 202), Röhre dick, stark gekrümmt, rotbraun, dicht mit rötlich-braunen Schuppenblättern besetzt, in deren Achseln sehr kurze, rötlichbraune Wollhaare stehen; äußere Perigonblätter tiefdunkel-karminrot, zurückgeschlagen, die inneren aufgerichtet, hellweinrot, 1,5 cm lang, 0,5 cm breit, zugespitzt; Staubblätter zahlreich, mit lebhaft karminroten Filamenten und rosafarbigen Antheren; die in der entfalteten Blüte nach unten weisenden Staubblätter viel kürzer als die oberen; Griffel rötlich, mit 12 grünlichen Narbenstrahlen, die Blüte weit überragend (Abb. 199, IIIa); Fruchtknotenhöhle halbkugelig, ca. 1 cm im ∅; Nektarkammer 2 cm lang, sehr weit; abgeschrägt, Früchte bräunlichrot, ca. 3,5 cm im ∅.

Fundort: Auf Vulkanaschen am Fuße des Vulkans Chachani, oberhalb Caima bei Arequipa, Südperu, 2500 m; Sammelnummer: K 148 (1956).

Planta 2—3 m alta, a basi ramosa, frutices magnos et laxos formans; caules columniformes usque 8 cm crassi, laete virides, 15 costati; aculeatione tenui rubiginosa; areolae crassae, 0,8 cm in ∅, in vertice corii lutei colore, senectute canae; aculei marginales parum numerosi, in vertice fere setiformes, senectute usque 1,5 cm longi, corii lutei colore; aculei centrales 1—3, eodem colore, tenues, usque 7 cm longi plerumque transverse a caule patentes; flores singuli, prope verticem, multo coarctatiores quam in speciebus ceteris, tantum 6—8 cm longi, valde zygomorphi, aperti 4,5 cm in ∅, tubus floralis crassus, valde curvatus, rubiginosus, squamis bracteaneis rubiginosis densissime obtectus, in axillis earum pili lanei brevissimi rubiginosi; phylla perigonii exteriora profunde atropunicea, reclinata, interiora erecta lactorubri vini colore, 1,5 cm longa, 0,5 cm lata acuminata; stamina numerosa, filamentis laete puniceis et antheris roseis; stamina in flore aperto deorsum versa multo breviora quam superiora; stylus oblongus, rufescens, radiis stigmatis 12 virescentibus, florem valde superans; cavum ovarii semiglobosum, ca. 1 cm in ∅; nectarium 2 cm longum, amplissimum; fructus rubiginosi, ca. 3,5 cm in ∅.

W. seyboldianus ist ein interessanter und beachtenswerter Neufund, da dessen Blüten zur Klärung der Verwandtschaft von *Weberbauerocereus* beitragen. Die Blüte ist eine typische, allerdings sehr derbröhrige *Loxanthocerei*-Blüte, sowohl hinsichtlich der Farbe der Perigonblätter als auch der Zygomorphie, die sich nicht allein auf die Ausbildung der Blütenröhre, sondern auch auf die des Perigons und des Andröceums erstreckt.

Die Pflanze scheint selten zu sein; sie wurde bereits 1954, allerdings nur mit abgetrockneten Blüten, 1956 aber in wenigen, in voller Blüte stehenden Exemplaren angetroffen.

Weberbauerocereus rauhii Backbg. nov. spec. (Abb. 47, rechts; Abb. 203, Abb. 204, I) [1]

Pflanze 4—6 m hoch, kurz oberhalb des Erdbodens verzweigt, mit langen, steil aufstrebenden, sich nur wenig verzweigenden Trieben (Abb. 47, rechts), diese an der Basis bis 15 cm dick, an der Spitze 8 cm dick, 23rippig; Jungpflanzen, ältere Triebe und die Spitzen blühfähiger Sprosse hinsichtlich der Bestachelung stark voneinander verschieden, so daß diese getrennt beschrieben werden müssen:

Jungpflanzen (Abb. 203, I):

Areolen dichtstehend, länglich, 0,5 cm im ⌀, dick, im Scheitel gelblich, rückwärts grau; Randstacheln zahlreich, 60—80, bis 1 cm lang, z. T. borstenförmig, gelblich bis weiß, im Scheitel einen Borstenschopf bildend, dazwischen einzelne derbere. (Solange die Zentralstacheln nicht zur Ausbildung kommen, erinnern die Jungpflanzen an *Cleistocactus straussii*); Zentralstacheln, wenn vorhanden, 1—2, bis 4 cm lang, schräg auf- oder abwärts gerichtet, im Scheitel gelblichweiß, im Alter grau.

Basen älterer Triebe (Abb. 203, II):

Areolen länglich, bis 1 cm lang, 0,8 cm im ⌀, lang grau-filzig; halbkugelig aufgewölbt, mit zahlreichen 0,8—1 cm langen, z. T. borstenförmigen, z. T. derberen, weißlichgrauen Randstacheln; Zahl und Länge der Zentralstacheln stark wechselnd, oft bis zu 6 vorhanden, diese durchschnittlich bis 4 cm, der mittlere häufig 6—7 cm lang, sehr derb, stark basalwärts gekrümmt und der Sproßachse nahezu anliegend, an der Basis bis 3 mm dick, gelblich, an der Spitze dunkelschokoladenfarbig.

Blühfähige Triebe (Abb. 203, IV):

An blühfähigen Sprossen verschwinden gegen die Spitzen zu die sehr derben Zentralstacheln mehr und mehr; es kommen nur noch einzelne, verlängerte, aber sehr dünne Zentralstacheln zur Ausbildung (Abb. 203, IV); statt dessen verlängern sich die borsten-

[1] Die Pflanze wurde von uns 1954 im Tal des Rio Pisco entdeckt und von BACKEBERG als *W. rauhii* bezeichnet. Eine Veröffentlichung der Diagnose erfolgte jedoch erst 1956. In der Zwischenzeit hat F. RITTER die Pflanze wiedergefunden und sie, ohne Kenntnis unseres Fundes im Winter-Katalog als *W. marnierianus* (nom. nud.) angeboten. Da die Diagnose von BACKEBERG bereits veröffentlicht ist, kann eine Umbenennung nicht mehr erfolgen, so daß *W. marnierianus* als synonym von *W. rauhii* anzusehen ist.

Abb. 203. *Weberbauerocereus rauhii* Backbg. I Spitze einer unverzweigten, 30 cm hohen Jungpflanze; II Ausschnitt aus der Basis eines alten Triebes; III Spitze eines Neuaustriebes; IV Ausschnitt aus einem blühfähigen Sproß

förmigen Randstacheln, werden bis 2 cm lang und hüllen die Sproßachse in ein dichtes Borstenkleid ein (Abb. 203, IV). Da diese leicht abbrechen und hinfällig werden, sind die Spitzen älterer, blühfähiger Triebe fast „nackt", so daß an diesen die dicken Areolen auffällig in Erscheinung treten.

Blüten (Abb. 204,I; Abb. 207, I) oft nur auf einer Seite der Sproßachse auftretend, 9—10 cm lang, mit nur leicht gekrümmter Röhre und fast radiärem Perigon, geöffnet 3—4 cm im ⌀; Röhre 1,7—2 cm dick, dicht mit Schuppenblättern besetzt; deren freier Abschnitt dreieckig, zugespitzt, intensiv grün, in den Achseln mit braunvioletten Wollhaaren; äußere Perigonblätter zurückgeschlagen, oberseits schokoladenbraun, mit grüner Spitze, grün gesäumt; innere aufgerichtet, cremefarbig-braun, unterseits häufig dunkler gestreift; Staubblätter zahlreich, mit weißlichen Filamenten und gelblichen Staubbeuteln; Griffel mit der 19strahligen, gelblichgrünen Narbe das Perigon nur wenig überragend; Fruchtknotenhöhle halbkugelig; Nektarkammer 1,5—2 cm lang, durch die verschieden hohe Insertion der Filamente des inneren Staubblattkreises leicht abgeschrägt; Früchte 2,5—3 cm im ⌀, bräunlichrot; Samen anfangs lederbraun, später schwarz.

Fundort: Tal von Nazca bei 1200 m und Pisco-Tal bei ca. 2000 m, häufig; Sammelnummer: K 36 (1954); K 107 (1956).

Planta 4—6 m alta, paullo supra terram ramosa, caulibus longis ardue adscendentibus parum se ramificantibus basi usque 15 cm crassis, apice 8 cm crassis, 23 costatis; caules iuniores, caules seniores et caules floripari aculeatione tam diversi sunt, ut separatim describendi sint:

Plantae iuniores: Areolae confertae, oblongae, 0,5 cm in ⌀, crassae, in vertice flavescentes, deorsum canae; aculei marginales numerosi, 60—80, 0,8—1 cm longi, partim setiformes flavescentes vel albi, in vertice penicillum setaceum formantes, inter eos aculei singuli solidiores; dum nulli aculei centrales formati sunt, plantae iuniores *Cleistocactum straussii* in mentem referunt; aculei centrales, si adsunt, 1—2, usque 4 cm longi, in vertice flavescenti-albi usque 4 cm longi oblique erecti vel reflexi, senectute cani.

Bases caulium seniorum: Areolae oblongae usque 1 cm longae, 0,8 cm in ⌀, longe cano-tomentosae, semigibboso-prominulae, aculeis marginalibus numerosis 0,8—1 cm longis partim setiformibus partim rigidioribus albidocanis; numerus et longitudo aculeorum centralium diversi, saepe adsunt usque ad 6, usque ad 4 cm metientes; aculeus areolae medius saepe 6—7 cm longus, solidissimus, valde basim versus curvatus et caulem fere appressus, basi usque 3 mm crassus, flavescens apice atrobadius.

Caules floripari: Aculei centrales in regione apicali caulium floriparorum paulatim recedunt, tantum singuli aculei centrales porrecti, sed tenuissimi oriuntur, aculei marginales setiformes se valde producunt et caulem tam dense vestimento albido-cano setarum involvunt, ut caules seniores iterum *Cleistocactum straussii* in mentem referant; aculei seti-

Abb. 204. I *Weberbauerocereus rauhii*, blühend; II var. *laticornua* Rauh; III *Weberbauerocereus weberbaueri* Backbg. (Typ); IV ders., blühend

formes in apicibus caulium columniformium 4 m altorum infirmi, itaque areolae crassae conspicuissime prominulae; flores saepe tantum unilaterales, 9—10 cm longi, tubo tantum leniter curvato et perigonio fere radiali, aperti 3—4 cm in ⌀, tubus tantum 1,7—2 cm crassus squamis bracteaneis dense obtectus, quarum pars libera trigona acuminata, saturate viridis, in axillis earum pili lanei brunneo-violacei; phylla perigonii exteriora valde reclinata, supra badia apice, viridi-limbata; interiora erecta eburneo-fusca, subter saepe obscuro-striata; stamina numerosa, filamentis albidis et antheris luteis; stylus et stigma 19radiatum flavescenti-viride phylla perigonii parum superantia; cavum ovarii semiglobosum; nectarium 1,5—2 cm longum, insertione filamentorum circuli interioris oblique clausum; fructus 2,5—3 cm in ⌀, rubiginosi; semina primo corii brunnei colore, postea nigra.

W. rauhii, der nördlichste Vertreter der Gattung, ist infolge seiner silbrigen, im Alter fast borstenförmigen und an *Cleistocactus straussii* erinnernden Bestachelung eine sehr dekorative Art, die in zwei voneinander unterscheidbaren Wuchsformen auftritt. Beide bewohnen auch verschiedene Gebiete. Während im Pisco-Tal allein der schlanksäulige Typus mit seinen steil aufstrebenden, nahezu parallel angeordneten und wenig verzweigten, bis 6 m langen Trieben vorherrscht, gesellt sich zu diesem im Nazca-Tal, vor allem in niederen Lagen, noch eine niedrigbleibende Form, die sich durch einen breit ausladenden Wuchs auszeichnet. Sie soll deshalb als

var. *laticornua* Rauh nov. var. (Abb. 204, II)

bezeichnet werden.

Pflanze niedriger, nur bis 3 m hoch, viel reicher verzweigt als der Typus; Triebe mehr bogenförmig aufsteigend und sich selbst wieder reich verzweigend, an der Basis noch dichter und wilder bestachelt als der Typus; Areolen kleiner; Blüten und Früchte wie beim Typus.

Fundort: Nazca-Tal, zwischen 900 und 1000 m.

Planta humilior, tantum usque 3 m alta, multo ramosior quam typus; caules arcuatim adscendentes et ipsi iterum ramosissimi, basi multo densius et ferocius aculeati quam typus; areolae minores; flores et fructus ut in typo.

Weberbauerocereus horridispinus Rauh et Backbg. nov. spec. (Abb. 205, I)

Pflanze bis 2—2,5 m hoch, von der Basis her reich verzweigt, mit steif-aufrechten, bis 15 cm dicken, ca. 18rippigen Säulen; Areolen dichtstehend, sich fast gegenseitig berührend, sehr groß, 1—1,5 cm im ⌀, im Scheitel lang gelblichweiß-filzig; Randstacheln wenig zahlreich, z. T. dünn, borstenförmig, z. T. derber und stechend; 1—2 cm lang, im Neutrieb gelblich, im Alter grau; verlängerte Zentralstacheln 1—3, sehr derb und hart, an der Basis bis 3 mm dick, 4—8 cm lang, im Neutrieb ledergelb, im Alter hellgrau; Blüten kleiner als bei dem vorigen, nur bis 6 cm lang; Röhre dicht braunwollig behaart; Perigonblätter (abgetrocknet) grünlichbraun; Früchte (unreif) olivgrün, mit hellbräunlichen Schuppenblättern und weißlichen Haaren.

Fundort: Hochfläche oberhalb der linken Talseite des Rio Chala bei 2600 m, an extrem trocknen Standorten auf vulkanischem Gestein in Gesellschaft von *Browningia candelaris* und *Haageocereus platinospinus*; Sammelnummer: K 125 (1956).

Planta usque 2,5 m alta, a basi ramosissima caulibus columniformibus rigide erectis usque 15 cm crassis ca. 18 costatis; areolae confertae fere totum caulem obtegentes, maximae, 1—1,5 cm in ⌀, in vertice longe flavescenti-albo-tomentosae; aculei marginales parum numerosi, alii tenues, setiformes, alii solidiores et pungentes, 1—2 cm longi, in caule novello flavescentes, senectute cani; aculei centrales 1—3, solidissime et duri, basi usque 3 mm crassi partim usque 8 cm longi, in caule novello corii lutei colore, senectute canescentes; flores minores quam in *W. rauhii*, tantum usque 6 cm longi; tubus floralis ca. 5 cm longus, 0,8 cm crassus, dense brunneo-lanatopilosus; phylla perigonii (desiccata) virescenti-brunnea; fructus (immaturi) olivacei squamis bracteaneis laete brunnescentibus et pilis albidis.

W. horridispinus ist eine der wildest bestachelten Arten, die bisher bekannt geworden sind und die sich durch einen relativ niedrigen Wuchs auszeichnen.

Weberbauerocereus weberbaueri (K. Sch.) Backbg. nov. comb.

Typus: (= var. *weberbaueri* Backbg.; Abb. 204, III; Abb. 207, II)

Pflanze 2—4 m hoch, von der Basis her verzweigt, größere Büsche bildend; Triebe straff aufrecht, häufiger aber etwas schlangenförmig verbogen, bis 10 cm im ⌀, mit 15—22 graugrünen Rippen; Mamillen im Scheitel durch eine seichte Querfurche gegeneinander abgegrenzt; Areolen dick, 0,5—0,8 cm im ⌀, graugelblich, langwollig, mit zahlreichen (bis 20), dünnen, gelblichbraunen, später grauen, 1—1,5 cm langen, zur Areolenbasis verlängerten Randstacheln und 6—8 längeren, derben, lederbraunen, später grauen Zentralstacheln, die längsten bis 6 cm lang; Blüten 8—11 cm lang, geöffnet bis 5,5 cm im ⌀; Röhre nur schwach gebogen, an der Basis 1,5 cm dick, sich spitzenwärts wenig trichterig erweiternd, bräunlich bis olivgrün; Schuppenblätter in lockeren Parastichen, ihr freier Abschnitt dreieckig zugespitzt, grünlich, in der Achsel mit kurzen braunen Wollhaaren; Perigon fast radiär (Abb. 199, II); äußere Perigonblätter zurückgebogen, unterseits grünlichbraun, oberseits blaß-schokoladenbraun, mit dunklerer Spitze; die inneren aufrecht, unterseits blaß-bräunlich, gegen die Basis weißlich, oberseits bräunlichweiß, ca. 2 cm lang, 0,6 cm breit, zugespitzt; Staubblätter nur wenig kürzer als das Perigon; Filamente an der Basis grünlich, gegen die Spitze zu weiß, mit gelben Antheren; Griffel und Narben grünlich, die inneren Perigonblätter ca. 1 cm überragend; Fruchtknotenhöhle halbkugelig; Nektarkammer 2—3 cm lang, braun, durch die schief inserierten Filamente des inneren Staubblattkreises verschlossen; an deren Basis ein Ring stark gekräuselter und in die Nektarkammer ragender mehrreihiger Haare[1] (Abb. 207, II); Früchte rundlich, ca. 4 cm im ⌀, leuchtend orangegelb, mit grünlichen Schuppenblättern und kurzen Wollhaaren besetzt; nach Abwerfen des abgetrockneten Blütenrestes an der Spitze unregelmäßig aufreißend (Abb. 199, VII); Gewebe der Scheinfrucht stark schleimig; Samen klein, schwarz-glänzend.

Häufig in der Umgebung von Arequipa, sowohl westlich der Stadt auf den Cerros de Caldera, als auch östlich Arequipa am Fuße der Vulkane Misti und Chachani als Begleiter der *Franseria*-Formation (Abb. 59), bis 3000 m aufsteigend; Sammelnummer: K 140, K 149 (1956).

W. weberbaueri wurde in gleicher Vergesellschaftung auch im Tal des Rio Majes angetroffen.

Diese Art unterscheidet sich von der ihr nahestehenden *W. fascicularis* durch die bräunlichen Blüten.

Hinsichtlich der Bestachelung und Wuchsform ist *W. weberbaueri* recht variabel, so daß eine Reihe von Varietäten ausgesondert werden können, deren Blüten in Bau und Färbung der Perigonblätter übereinstimmen.

var. *aureifuscus* Rauh et Backbg. nov. var. (Abb. 205, III—IV)

Pflanze 2—4 m hoch, von der Basis her locker verzweigt; Säulen nicht straff aufrecht, schräg aufsteigend und meist etwas verbogen (Abb. 205), mit 17 schmalen, wenig erhabenen, lebhaft grünen Rippen; Mamillen weniger scharf abgegrenzt als beim Typus; Areolen rund, klein (0,5 cm im ⌀), grau-wollig; Randstacheln zahlreich (20—30), dünn, 1—1,5 cm lang, die zur Areolenbasis hinweisenden verlängert, im Scheitel lebhaft gelbbraun, im Alter graubraun, Zentralstacheln 1—3, im Scheitel leuchtend rotbraun, im Alter hellgrau-bräunlich, davon einer meist stark verlängert, bis 8 cm lang, biegsam und schräg abwärts gebogen; Haare der Blütenröhre und Früchte rotbraun.

Fundort: östlich Arequipa oberhalb des Dorfes Caima auf Vulkanaschen und in den Cerros de Caldera; Sammelnummer: K 140a (1956).

Planta 2—4 m alta, a basi ramosa; caules columniformes plerumque non ardue erecti sed oblique adscendentes et plerumque arcuati; costis 17 angustis parum prominulis laete viridibus; podaria minus distincte prominentia quam in typo; areolae rotundae, parvae (0,5 cm in ⌀), cano-tomentosae; aculei marginales numerosi (20—30) tenues, 1—1,5 cm longi, illi ad basim areolae versi porrecti, in vertice laete flavo-brunnei; aculei centrales

[1] Diese Haare scheinen bei *Weberbauerocereus* nicht regelmäßig zur Ausbildung zu kommen, denn sie wurden nur in wenigen Blüten angetroffen. Allerdings müßte daraufhin noch ein umfangreiches Material untersucht werden.

Abb. 205. I *Weberbauerocereus horridispinus* Rauh et Backbg.; II *W. weberbaueri* var. *horribilis* Rauh et Backbg.; III—IV var. *aureifuscus* Rauh et Backbg.; III Habitus; IV Einzeltrieb

1—3 in vertice lucido-rubiginosi, senectute canescenti-brunnescentes, quorum unus plerumque valde porrectus usque 8 cm longus flexibilis et oblique reflexus; pili tubi floris et fructus rubiginosi.

var. *horribilis* Rauh et Backbg. nov. var. (Abb. 205, II)

Pflanze buschig verzweigt, bis 2,5 m hoch; Triebe straff aufrecht, an der Basis bis 15 cm dick, mit ± 17 lebhaft grünen, zwischen den Areolen eingeschnürten Rippen; Mamillen aufgewölbt, durch eine Querfurche gegeneinander abgegrenzt; Areolen

Abb. 206. *Weberbauerocereus weberbaueri* var. *humilior* Rauh et Backbg.

0,7—1 cm im ⌀, im Scheitel gelbbraun-filzig, im Alter grau; Randstacheln zahlreich (± 20), vorwiegend auf die Areolenbasis beschränkt, derb, stechend, 1—1,5 cm lang, anfangs gelblichbraun, oft mit grauer Basis, im Alter grau; Zentralstacheln 1—4, davon der mittlere sehr derb, oft bis 8 cm lang, im Scheitel dunkelleder-braun, im Alter grau, waagerecht abstehend oder schräg abwärts gekrümmt; Blüten meist kleiner als beim Typus, bis 7 cm lang, mit dicker, stärker weiß-wollig behaarter Röhre.

Fundort: westlich von Arequipa, Cerros de Caldera, 2500 bis 2600 m; Sammelnummer: K 140b (1956).

Planta fruticose ramosa, usque 2,5 m alta, caules rigide erecti, basi usque 15 cm crassi, costis ± 17, laete viridibus, inter areolas constrictis; mamillae turgidae sulco transversali inter se separatae; areolae magnae, 0,7—1 cm in ⌀, in vertice flavescenti-brunneo-tomentosae, senectute canae; aculei marginales numerosi (± 20), praecipue basi areolae restricti, solidi, pungentes, 1—1,5 cm longi, primum flavescenti-brunnei, saepe basi cana, senectute cani; aculei centrales 1—4, quorum medius solidissimus transverse patens vel oblique recurvatus; flores plerumque minores quam in typo, saepe tantum usque 7 cm longi, tubo crasso albo-lanato-piloso.

Diese Varietät besitzt eine ähnlich derbe und wilde Bestachelung wie *W. horridispinus* (K 125), unterscheidet sich von diesem aber durch die viel kleineren Areolen, die derberen Randstacheln und die weniger dicken Zentralstacheln.

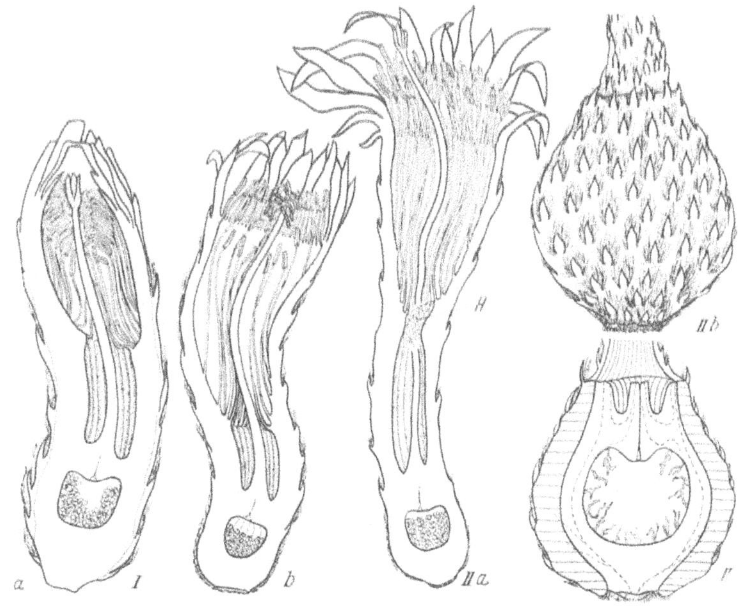

Abb. 207. *Weberbauerocereus rauhii* Backbg. *a* ältere Knospe; *b* offene Blüte längs; II *W. weberbaueri* Backbg. *a* Blüte längs, *H* staminodialer Haarring; *b* Frucht; *c* dieselbe längs, schleimhaltiges Gewebe quer schraffiert

var. *humilior* Rauh et Backbg. nov. var. (Abb. 206)

Pflanze nur 1,5—2 m hoch, von der Basis her verzweigt und große Büsche bildend; Triebe bis 10 cm dick, ± 16rippig; Mamillen scharf gegeneinander abgegrenzt; Areolen 0,8 cm im ∅, hellgrau; Randstacheln zahlreich, bis 1,5 cm lang, sehr derb, hellgrau; Zentralstacheln bis 8 cm lang, im Neutrieb hellbraun, im Alter grau bereift, dunkel bespitzt; Blüten fast radiär; äußere Perigonblätter schokoladenbraun.

Fundort: Umgebung von Arequipa, sowohl am Fuße der Vulkane als auch westlich der Stadt auf den Cerros de Caldera; Sammelnummer: K 140c (1956).

Planta tantum 1,5—2 m alta, a basi ramosa frutices magnas formans; caules usque 10 cm crassi, ± 16costati; mamillae distincte inter se separatae;

areolae 0,8 cm in ⌀, canescentes; aculei marginales numerosi usque 1,5 cm longi, rigidissimi canescentes; aculei centrales usque 8 cm longi, in caule novello laete fusci, senectute cano-pruinati, obscure acuminati; flores fere radiales; phylla perigonii exteriora badia.

Im Vergleich zu den übrigen Varietäten zeichnet sich diese durch einen auffallend niedrigen Wuchs aus und bildet breite Büsche.

Mit den vorstehenden Arten und Varietäten ist die Kenntnis um die Gattung *Weberbauerocereus* ganz wesentlich erweitert worden. Es ist nicht unwahrscheinlich, daß in dem bisher wenig erforschten Hochland südlich Arequipa bis zur chilenischen Grenze noch weitere Arten gefunden werden.

Austrocactinae Backbg.

Lobivia Br. et R.

Die Gattung *Lobivia* — in der älteren Literatur noch unter *Echinopsis* geführt — wurde 1922 von BRITTON und ROSE aufgestellt. Der Name ist ein Anagramm von Bolivien, dem Verbreitungs- und wohl auch Entwicklungszentrum dieser Pflanzengruppe. Es handelt sich um kugelige bis kurzzylindrische, nicht selten posterbildende Hochgebirgskakteen, deren Rippen häufig durch schiefe Querfurchen in keilförmige Mamillen unterteilt sind. BERGER (1926) betrachtet *Lobivia* als einen cactoiden Ast der *Trichocerei*-Sippe mit tagblütigen[1], recht ansehnlichen, weittrichterigen, lebhaft gefärbten Blüten. Ihre Röhre ist beschuppt und behaart.

Das Areal der Gattung erstreckt sich von Argentinien über Bolivien bis zum südöstlichen Peru und unterschreitet selten die 3000 m-Grenze. Die große Variabilität und Formenmannigfaltigkeit einzelner Arten deutet darauf hin, daß es sich um eine relativ junge, noch in Artneubildung begriffene Kakteengruppe handelt. „Nach unseren bisherigen Erfahrungen ist fast jede Lobivienart auf einen kleinen Distrikt beschränkt, ja, in jedem Tal, auf jedem Berg kann eine andere Art beheimatet sein, so daß eigentlich jeder Sammler, wenn er nicht bestimmte Standorte aufsucht, auch andere Arten bringt[2]." So wurden auch durch unsere Sammel-

[1] Nach HENZE (Kakteenkunde, Jahrg. 1940, S. 46) soll *Lobivia pentlandii* ein Nachtblüher sein, deren duftende Blüten sich erst in den frühen Nachtstunden zu entfalten beginnen.

[2] B. DÖLZ: Das Werden der Gattung *Lobivia*. Kakteenkunde, 1939, S. 33—37.

tätigkeit die bisher aus Peru bekannten Arten um einige neue bereichert:

Bisher bekannte Arten:

Lobivia hertrichiana Backbg.

BACKEBERG: Blätter f. Kakteenforschung 57/8, 1934. Kaktus ABC, 1935

Standort: SO-Peru, bei 3500 m.

Lobivia mistiensis Backbg.

(syn. *Echinopsis mistiensis* Werd. et Backbg., in „Neue Kakteen", 1931, S. 84).

BACKEBERG: Blätter f. Kakteenforschung 57/15, 1934; Kaktus ABC, 1935, S. 229

Die Farbe und Form der Perigonblätter scheint bei dieser Art variabel zu sein. Nach BACKEBERG sind sie beim Typus rosenholzfarbig, mit rotem Mittelstreifen.

Die Blüten der in Abb. 208 zwischen Chiguata und Arequipa, am Fuße des Misti gesammelten Exemplare (Sammelnummer: K 146, 1956) besitzen aber leuchtend orangegelbe Perigonblätter, die bei der in Fig. I wiedergegebenen Pflanze in eine lange, scharf abgesetzte Spitze auslaufen, während sie bei der Pflanze in Fig. II allmählich zugespitzt sind; Blütenfarbe bei beiden Pflanzen, auf welche die von BACKEBERG für *L. mistiensis* gegebene Diagnose zutrifft, die gleiche: äußere Perigonblätter blaß karminrot, innere orangegelb; Filamente und Staubbeutel weiß; Griffel und Narben grünlich; Narbenstrahlen 8; Körper einzeln oder polsterbildend; Wurzel lang und dick-rübenförmig.

Lobivia pentlandii var. *maximiliana* (Heyd) Backbg.
(syn. *Lobivia corbula* Br. et R.; Abb. 208, III—V)

BRITTON u. ROSE, Bd. III, 1922, S. 54
BACKEBERG: Blätter f. Kakteenforschung, 57/26, 1936; Some results of twenty years of Cactus research, Cact. and Succ. Journ. of America, 1950/51, S. 50

Pflanze einzeln oder kompakte, halbkugelige Polster bildend; Rippen 12—18, stark gehöckert; Areolen weiß-wollig, mit 7—12, bis 5 cm langen, hornfarbigen, ± gescheitelten Randstacheln; Blüten zahlreich, an der Basis der Körper auftretend, kurzröhrig, 3—4 cm lang, geöffnet 1,5—2 cm im ⌀; Schuppenblätter mit lanzettlichen freien Abschnitten, schmutzig-braunrot, in den Achseln wenige Wollhaare tragend; äußere Perigonblätter zurückgeschlagen, unterseits hellkarmin, zugespitzt; innere aufrecht, ± zusammenneigend, orangerot, an der Spitze unterseits karminrot; Staubblätter mit weißen Filamenten, kürzer als das Perigon; Griffel 1,5 cm lang, grünlich, mit 4 kurzen Narbenstrahlen, kürzer als die längsten Staubblätter; Fruchtknotenhöhle halbkugelig, 0,3 cm im ⌀; Früchte kugelig, grünrot.

Typ-Fundort: Südperu, nordwestliches Titicaca-Ufer, 3800 m; Sammelnummer: K 56 (1954).

Die Art scheint auf der ganzen Punahochfläche zwischen Juliaca und dem Titicaca-See verbreitet zu sein.

Lobivia wrightiana Backbg.
BACKEBERG: Blätter f. Kakteenforschung 57/29, 1937

Standort: Zentralperu (Mantaro-Tal)
Die in Peru am weitesten nach Norden vordringende Art.

Lobivia pampana Br. et R.

BRITTON u. ROSE, Bd. III, 1922, S. 54

Standort: Südperu, Pampas de Arrieros, 3500 m.

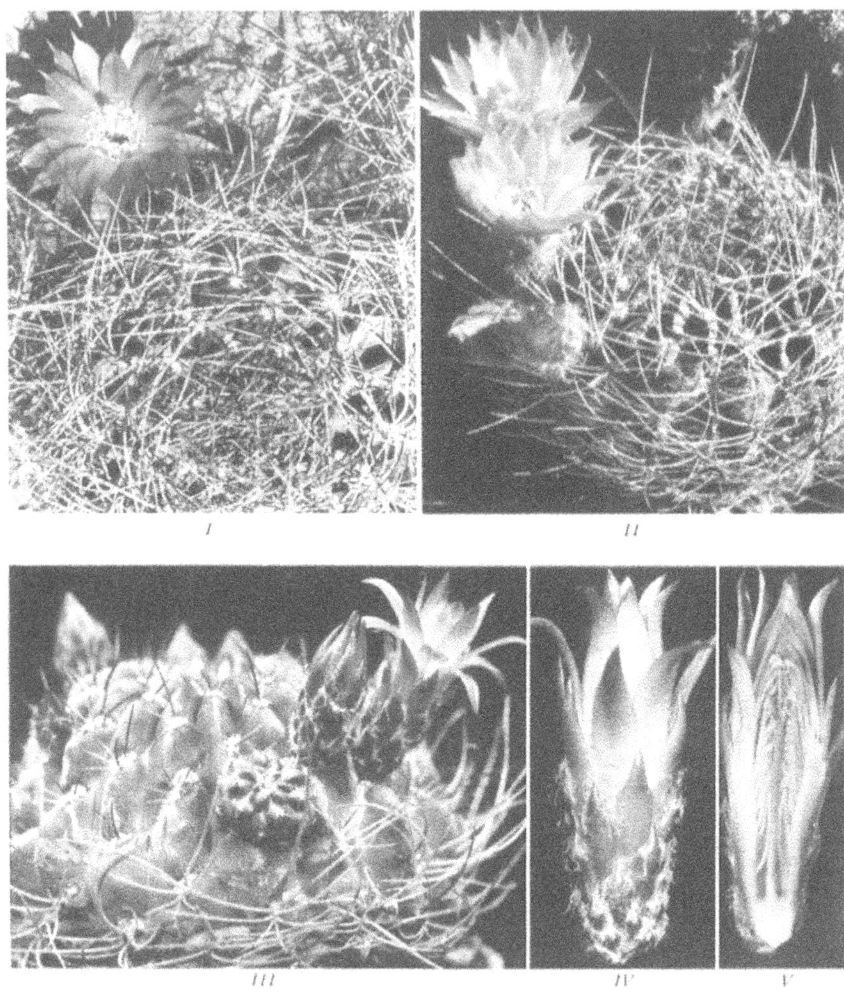

Abb. 208. I—II *Lobivia mistiensis* (Werd. et Backbg.) Backbg.; III—V *Lobivia pentlandii* var. *maximiliana* Backbg. (= *L. corbula* Br. et R.); III blühende Pflanze; IV Einzelblüte; V dieselbe längs durchschnitten

Lobivia allegraiana Backbg.

BACKEBERG: Kaktus ABC, 1935, S. 232

Standort: Südostperu, 3000 m.

Lobivia binghamiana Backbg.

BACKEBERG: Kaktus ABC, 1935, S. 232

Standort: Südostperu, 3000 m.

Lobivia incaica Backbg.
BACKEBERG: Kaktus ABC, 1935, S. 233
Standort: Südperu, Umgebung von Cuzco, 3000 m.

Lobivia planiceps Backbg.
BACKEBERG: Kaktus ABC, S. 233, 414
Standort: Südostperu, feuchte Täler.

Neue Arten:

Lobivia lauramarca Rauh et Backbg. nov. spec. (Abb. 209, links)

Körper einzeln oder wenig verzweigt, niedrig-kugelig, ca. 5,5 cm im ∅, mit 12—15, in langgestreckte Mamillen aufgelöste Rippen; Areolen klein, etwas seitlich versetzt, mit 6, blaßbraunen, bis 1,5 cm langen, dünnen, biegsamen, oft zum Körper hin gebogenen Randstacheln; Mittelstachel fehlend; Blüten zwischen den Rippen stehend, sich trichterig bis halb-radförmig öffnend, bis 6 cm lang, 3,5 cm im ∅; Röhre bis 4 cm lang, bräunlichrot, mit lanzettlichspitzen, blaßweinroten Schuppenblättern, in deren Achseln Büschel kurzer, weißgrauer Haare; innere Perigonblätter spatelförmig, kurz bespitzt, an der Spitze ziegelrot, gegen die Basis fast weiß; Staubblätter viel kürzer als das Perigon, mit rosafarbigen Filamenten und gelben Staubbeuteln; Griffel mit blaßgrünen Narben.

Fundort: Punahochfläche bei der Hacienda Lauramarca (Ocongate), 3000 m, Südperu; Sammelnummer: K 144 (1954).

Plantae simplices vel parum ramosae, humile globosae, ca. 5,5 cm in ∅, costis 12—15 in mamillas porrectas dissolutis; areolae pusillae, parum latus versus motae aculeis marginalibus 6 pallide fuscis, usque 1,5 cm longis, tenuibus flexibilibus saepe caulem versus curvatis; aculeus centralis deest; flos inter costas insertus, se infundibuliformiter vel semiradialiter aperiens, usque 6 cm longus, 3,5 cm in ∅, tubus floralis usque 4 cm longus, rubiginosus squamis bracteaneis lanceolato-acuminatis colore pallido-rubri vini, in axillis earum penicilli pilorum brevium albo-canorum; phylla perigonii interiora spathulata breviter mucronata apice latericea basim versus fere alba; stamina multo breviora quam phylla perigonii filamentis rosaceis et antheris luteis; stylus stigmatibus pallide viridibus.

Hinsichtlich der Blütenform bildet *L. lauramarca* einen Übergang zu den Arten, deren Perigon flach-radförmig ausgebreitet ist und jenen aus der „*Pentlandii*"-Gruppe, bei welchen die inneren Perigonblätter aufgerichtet sind.

Lobivia huilcanota Rauh et Backbg. nov. spec. (Abb. 209, rechts)

Körper einfach bis polsterbildend, flach-kugelig, bis 15 cm im ∅, mit ± 13 schmalen, fast geradlinig herablaufenden, wenig gehöckerten Rippen; Areolen wenig eingesenkt, länglich, weiß-wollig, mit 6—12, ungleich (1—2 cm) langen, im Scheitel braunschwarzen

Randstacheln, die zur Areolenbasis hinweisenden kurz und dünn; Zentralstacheln 1—3, nur wenig länger als die Randstacheln, mit auffallend verdickter Basis, im Alter weißgrau mit brauner Spitze; Blüten bis 4 cm lang, geöffnet ca. 3 cm im ∅; Röhre sehr eng (0,3 cm im ∅), sich spitzenwärts erweiternd; Fruchtknoten abgesetzt, 5 mm lang; Schuppenblätter mit schmal-lanzettlicher, grünlichroter, fein gesägter Spitze, in ihren Achseln wenige, lange,

Abb. 209. Links: *Lobivia lauramarca* Rauh et Backbg. (phot. J. MARNIER-LAPOSTOLLE); rechts: *Lobivia huilcanota* Rauh et Backbg., rechts unten: Einzelblüte, verblüht

weiße und einzelne, gewundene, schwärzliche Wollhaare; äußere Perigonblätter 1 cm lang, schmal-lanzettlich, blaß-braunrot; Staubblätter kürzer als die Perigonblätter, mit sehr dünnen, karminroten Filamenten und weißen Staubbeuteln; Griffel 2,5 cm lang, an der Basis grünlich, mit grünlichen Narben, die Länge der längsten Staubblätter erreichend; Fruchtknotenhöhle 0,4 cm lang, oval; Nektarkammer 1 cm lang, sehr eng; Früchte unbekannt.

Fundort: Huilcanota - (Vilcanota) Tal bei Urcos, Deptm. Cuzco, Südperu, bei 3200 m, buschige Hänge; Sammelnummer: K 60 (1954).

Planta simplex vel pulviniformis, applanato-globosa usque 15 cm in ∅, costis ± 13 angustis fere directe decurrentibus parum gibbosis; areolae parum immissae, oblongae, albo-lanatae, aculeis marginalibus 6—12 imparibus, 1—2 cm longis in vertice atrobrunneis, illi ad basim areolae vertentes breves et tenues; aculei centrales 1—3, paullo longiores quam marginales basi conspicue incrassata, senectute albo-cani apice brunneo; flores usque 4 cm longi perigonio aperto ca. 3 cm in ∅; tubus angustissimus (0,3 cm in ∅), apicem versus se amplificans; ovarium constrictum, 5 mm longum; squamae bracteaneae apice anguste lanceolato serrulato viridi-rubro, in axillis earum pili lanei quorum alii longi albi, alii torquati nigrescentes; phylla perigonii exteriora 1 cm longa, anguste lanceolata, pallide rubiginosa; stamina breviora quam phylla perigonii filamentis tenuissimis puniceis et antheris albis; stylus 2,5 cm longus basi virescens stigmatibus virescentibus, longitudine staminum longissimorum; cavum ovarii 0,4 cm longum, ovale; nectarium 1 cm longum angustissimum; fructus ignoti.

Acantholobivia Backbg.

Dieses, bisher monotypische Genus wurde 1942 von BACKEBERG[1] auf Grund der von *Lobivia* abweichenden Blütenform und der lang bestachelten Früchte aufgestellt und blieb bis heute umstritten. Auf unserer zweiten Peru-Reise konnten wir nun nahezu 1000 km vom Typstandort (Huancayo) in der Tolaheide von Incuio nahe der Lagune Parinacochas einen weiteren Vertreter der Gattung finden, deren Blüten sich ebenfalls nur wenig öffnen und deren Früchte während des Reifevorganges zahlreiche Stacheln entwickeln.

Typus der Gattung ist:

Acantholobivia tegeleriana Backbg. (=*Lobivia tegeleriana* Backbg.; Abb. 210, I)

Körper einzeln, gedrückt-kugelig; Rippen in einzelne, gegeneinander versetzte Mamillen aufgelöst; Randstacheln bis 8; Mittelstachel vorhanden; Blüten an der Basis des Körpers entstehend, sich nur wenig entfaltend; Perigonblätter deshalb aufgerichtet; Früchte kugelig, höckerig, bestachelt.

Typ-Fundort: Umgebung von Huancayo.

Acantholobivia incuiensis Rauh et Backbg. nov. spec. (Abb. 210, II—VIII) (syn.: *Lobivia incuiensis* Rauh et Backbg.[2])

Körper flachgedrückt-kugelig; von der Basis her sprossend; dunkelgrün, bis 15 cm im ∅, 18—20rippig; Rippen schmal, in langgestreckte Mamillen aufgelöst; Areolen schiefstehend, länglich (0,3 cm im ∅), mit gelblichem Filz; Randstacheln bis zu 12, verschieden lang (bis 2 cm), schräg abstehend, steif, im Neutrieb gelbbraun, im Alter grauviolett, mit brauner Spitze; der obere, mediane Randstachel oft bis 4 cm lang; Zentralstacheln 1—4, bis 4 cm lang,

[1] BACKEBERG: Cactaceae, Jahrb. d. DKG., Bd. II, 1942, S. 32 u. 69.

[2] Von BACKEBERG (Descriptiones Cactacearum novarum, 1956) wurde die Pflanze als *Lobivia* beschrieben, da damals die Früchte noch unbekannt waren. Sie hat inzwischen in der Kultur geblüht und Früchte angesetzt.

Abb. 210. I *Acantholobivia tegeleriana* Backbg.; II *A. incuiensis* Rauh et Backbg.; III Blüte (bereits verblüht); IV Längsschnitt durch dieselbe; V Fruchtknoten vergr., die sich entwickelnden Stacheln zeigend; VI reife Frucht; (I u. VI phot. C. BACKEBERG); VII Griffel und Narbenäste vergr.; VIII Samenanlagen

im Neutrieb an der Basis gelblich, an der Spitze lederbraun, im Alter grauviolett-braun, meist aufwärts gebogen; Blüten (Abb. 210, III) ziemlich hoch am Körper entstehend, seitlich in die Rippenfurche gedrückt, bis 4 cm lang, sich unvollständig öffnend[1]; Röhre 1,5 cm lang; Schuppenblätter schmutzigrot, mit grünlicher Spitze, in ihren Achseln Büschel weißlichbrauner Haare; Fruchtknoten von der Röhre abgesetzt (Abb. 210, III—V), dicht mit kleinen Schuppenblättern besetzt, in deren Achseln neben Wollhaaren schon zur Blütezeit 3—8, 0,5—0,8 cm lange, glasig helle, an der Spitze bräunliche Stacheln auftreten (Abb. 210, V), die sich an der heranreifenden Frucht verlängern und erhärten (Abb. 210, VI); äußere Perigonblätter braunrot, innere karminrot, lanzettlich, 1,5 cm lang, 2—3 mm breit, in eine scharfe Spitze auslaufend; Filamente blaßkarminrot, kürzer als das Perigon; Staubbeutel gelb, Griffel grünlich, mit 4, bis 3,5 mm langen, tief geteilten, grünlichen Narbenästen (Abb. 210, VII); Fruchtknotenhöhle breit-kugelig, 0,6 cm im ∅; Nektarkammer sehr eng, 1 cm lang, Plazentarstränge lang, dünn, reich verzweigt (Abb. 210, VIII); Samenanlagen sehr klein; Früchte breit-kugelig, 3,3 cm im ∅, 2 cm hoch, olivgrün, gehöckert, vom abgetrockneten Blütenrest gekrönt, dicht mit bestachelten Areolen besetzt; Samen ca. 1 mm groß, eiförmig, schwarz, fein grubig punktiert.

Fundort: Lavafelsen in der Tolaheide bei Incuio am Fuße des Vulkanes Sarasassa, 3600 m; nahe der Lagune Parinacochas zwischen Chala und Coracora.

Planta complanato-globosa, a basi proliferans, atroviridis, usque 15 cm in ∅, 18—20 costata; costae angustae in mamillas dissolutae, areolae oblique insertae, oblongae (0,3 cm in ∅), tomento flavo; aculei marginales usque ad 12 diversae longitudinis (usque 2 cm), oblique patentes, rigidi, in caule novello flavo-brunnei, senectute cano-violacei, apice brunneo, aculeus medianus superior saepe usque ad 4 cm longus, aculei centrales 1—4, usque 4 cm longi, in caule novello basi flavescentes, apice corii brunnei colore, senectute cano-violaceo-brunnei, plerumque erecte curvati; flores altiuscule orientes, a latere in sulcum costae pressi, usque 4 cm longi, non se omnino aperientes;

---

[1] Es bedarf noch der Nachprüfung, ob *Acantholobivia* vielleicht ein Nachtblüher ist. Die Pflanze hat in der Kultur eine Blüte hervorgebracht, deren Perigonblätter am frühen Morgen (gegen 9 Uhr) etwas auseinandergetreten waren. Die Annahme, daß die Blüte sich weiter öffnen würde, hat sich nicht bestätigt; im Gegenteil, gegen Mittag begann sie bereits zu welken. Das bei Backeberg in Kultur befindliche Exemplar hatte während seiner 14tägigen Abwesenheit gleichfalls eine Blüte hervorgebracht. Vorsorglich hatte B. die Knospe mit einer Papiertüte eingehüllt, unter der diese sich weiter entwickelt und auch eine Frucht angesetzt hatte. Daraus geht hervor, daß *A. incuiensis* selbstfertil und wohl auch autogam ist. Allein schon diese Tatsache unterscheidet *Acantholobivia* von den meisten Arten der Gattung *Lobivia*, die zur Fruchtbildung auf Fremdbestäubung angewiesen sind.

tubus floralis 1,5 cm longus, squamae bracteaneae sordido-rubrae, apice virescenti, in axillis earum penicilli albido-brunneorum pilorum; ovarium a basi squamis pusillis obtectum, in axillis earum iuxta pilos laneos iam tempore florali aculei 3—8, 0,5—0,8 cm longi vitreo-pellucidi apice brunnescentes, qui in fructibus maturescentibus producuntur et duri fiunt; phylla perigonii exteriora rubiginosa, interiora punicea lanceolata, 1,5 cm longa, 2—3 mm lata in acumen acutum excurrentia; filamenta pallide punicea, antherae luteae breviores quam perigonium; stylus virescens, lobis stigmatis 4, usque 3,5 mm longis, profunde divisis, virescentibus; cavum ovarii late globosum, 0,6 cm in ⌀, nectarium angustissimum, 1 cm longum; funiculi longi, tenues, ramosissimi; ovulae minimae; fructus late globosi, 3,3 cm in ⌀, 2 cm alti, olivacei, gibbosi areolis aculeatis dense obtecti; semina ca. 1 mm magna, oviformia, nigra, foveolato-punctata.

A. incuiensis weicht in so charakteristischen Merkmalen [sich nur wenig öffnende Blüten (evtl. Nachtblüher) und bestachelte, breitkugelige Früchte] von den Vertretern der Gattung der *Eulobivia* ab, daß sie trotz der habituellen Ähnlichkeit nicht in diese gestellt werden kann. Ob zwischen dem nördlichen Standort von *A. tegeleriana* und dem südlichen von *A. incuiensis* eine Verbreitungslücke besteht oder noch weitere Arten gefunden werden, müssen künftige Durchforschungen des Gebietes ergeben. In jedem Fall ist das Verbreitungsgebiet von *Acantholobivia* weiter nördlich gelegen als das von *Lobivia*.

Nach Buining (briefliche Mitteilung) sammelte Akers zwischen Churin und Oyon noch eine *Lobivia* (*L. oyonia* Akers nom. nud.), die allein schon auf Grund ihres weit nach Norden vorgeschobenen Standortes vermutlich auch zu *Acantholobivia* gehört. Buining teilt mir mit, „daß die Blüten sich nur nachts von 2—4 Uhr öffnen, und willig Samen ansetzen". Diese Angaben sprechen für *Acantholobivia*. Damit dürfte diese Gattung bis nach Zentralperu reichen.

Austroechinocacti Backbg.

Oroya Br. et R.[1]

Ziemlich groß werdende, einzeln wachsende oder wenigköpfige Polster bildende Kugelkakteen mit dichter Bestachelung und meist vertieftem Scheitel; Blüten zahlreich, in Scheitelnähe, in Kreisen angeordnet, mit kurzer, nur spärlich behaarter Röhre; äußere Perigonblätter zurückgeschlagen, innere zusammenneigend (Abbildung 211, I—II); Staubblätter kürzer als die Perigonblätter; der innere Kreis einem Diaphragma entspringend und die sehr kurze

[1] Von Buxbaum (1956) wird *Oroya* zu den *Loxanthocereen*, zwischen *Arequipa* und *Matucana* gestellt, eine Ansicht, der wir uns nicht anschließen können, denn im Gegensatz zu den *Loxanthocereen* mit ausgesprochen zygomorphen Blüten weisen die von *Oroya* radiären Bau auf.

Nektarkammer verschließend (Abb. 211, III); Griffel solang wie die Staubblätter; Plazentarstränge lang, dick und verzweigt; Früchte länglich, sich an der Basis öffnend und die Samen in den Scheitel ausstreuend.

Lange Jahre war nur die von WEBERBAUER bei Oroya gesammelte und von K. SCHUMANN (1903)[1] als *Echinocactus peruvianus* beschriebene Art bekannt, die mit Sicherheit bis heute nicht wiedergefunden worden ist; 1935 beschrieb BACKEBERG eine zweite, *O. neoperuviana*, die sich von der ersteren durch eine dichtere Be-

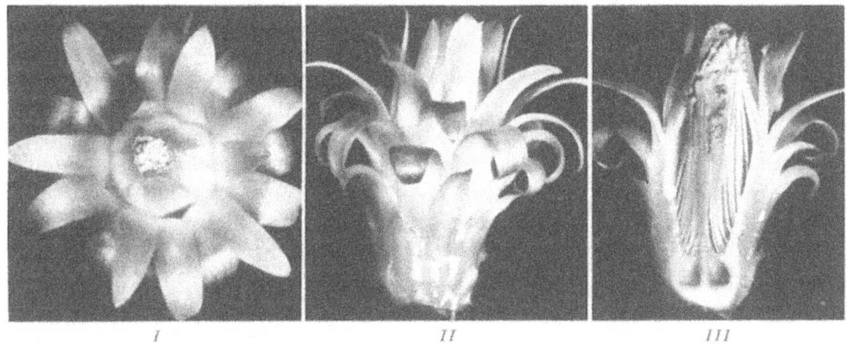

Abb. 211. *Oroya peruviana* (Vpl.) Br. et R. (Kulturform). I Blüte in Aufsicht; II in Seitenansicht; III längs durchschnitten

stachelung, eine größere Zahl der Rippen und durch eine geringe Neigung zur Blütenbildung in der Kultur unterscheidet. In der Umgebung von Oroya bis südlich nach Andahuaylas wurden nun im Jahre 1954 weitere, rotblühende *Oroyen* gesammelt, die schon 1954 von BACKEBERG als neue Arten aufgefaßt wurden[2] und die m. E. alle dem Formenkreis von *Oroya peruviana* angehören. Da die von WEBERBAUER gesammelte[3] und im Museum Berlin-Dahlem aufbewahrte Originalpflanze im Verlauf der Kriegswirren verlustig ging, ist ein Vergleich mit dieser nicht mehr möglich. Die heute in den meisten Kakteensammlungen sich befindlichen und als *Oroya peruviana* bezeichneten Pflanzen dürften alle auf das gleiche Ausgangssamenmaterial zurückgehen. Sie weichen stark von den am natürlichen Standort gesammelten Arten ab und sind durch die folgenden Merkmale charakterisiert (Abb. 213, I):

[1] Gesamtbeschr. der Kakteen, Nachtrag 113.

[2] Die Publizierung der Diagnosen erfolgte erst 1956 in „Descriptiones Cactacearum novarum".

[3] Eine genaue Standortsangabe liegt leider nicht vor.

Körper kugelig bis länglich, dunkelgrün, mit 18—20 breiten, stumpfen Rippen, die im Scheitel in aufgewölbte, sich an älteren Sproßabschnitten verflachende und wenig voneinander abgegrenzte Mamillen aufgelöst sind; Areolen länglich, weiß-filzig, mit ± 20, bis 1,5 cm langen, rötlichbraunen bis rötlich-schwarzvioletten, oft grau bereiften Randstacheln; Zentralstacheln fehlend oder 1—3, bis 2 cm lang, aufwärts gebogen; Blüten (Abb. 211) zahlreich, in Scheitelnähe, bis 2,5 cm lang; Röhre 0,6 cm lang, mit kurzen, grünlichroten Schuppenblättern, in deren Achseln kurze Wollhaare stehen; äußere Perigonblätter zurückgeschlagen, hellkarmin- bis zinnoberrot, an der Basis blaßgelb, die inneren hellkarminrot, an der Basis orangegelb, aufgerichtet, zusammeneigend und die Staubblätter umschließend, innere Staubblätter sehr kurz, ihre Filamente zu einem, die kurze Nektarkammer verschließenden Diaphragma vereinigt, die äußeren etwa so lang wie die inneren Perigonblätter; Narbenstrahlen 4—6, gelb; Fruchtknotenhöhle 0,4 cm breit, 0,2 cm hoch.

Abb. 212. Verbreitungskarte von *Oroya* und *Islaya* (doppelt schraffiert)

Eine besondere Eigentümlichkeit der kultivierten *O. peruviana* sind die dunkelfarbigen Stacheln, die in relativ geringer Anzahl auftreten. Nun haben aber unsere Standortsbeobachtungen ergeben, daß die Farbe der Areolenstacheln außerordentlich veränderlich ist und innerhalb einer Art am gleichen Standort vom reinen Weiß bis zum tiefen Braunschwarz variiert, so daß der Stachelfarbe bei der Beschreibung einer Art keine allzu große Bedeutung zukommt. Es wäre denkbar, daß WEBERBAUER zufällig eine besonders dunkel bestachelte Pflanze gesammelt hat, auf welche die heute in Kultur sich befindlichen Exemplare zurückgehen.

Da nun keine Vergleichsmöglichkeit mit der von K. SCHUMANN beschriebenen Originalpflanze besteht, sind langwierige Kulturversuche mit den nachfolgend beschriebenen Arten notwendig, um die Frage zu klären, ob die rotblühenden *Oroyen* nur Standortsvarietäten einer Art darstellen oder ob es sich wirklich um verschiedene Arten handelt. Am natürlichen Standort sind sie so auffallend voneinander unterschieden, daß sie zunächst als eigne Arten angesehen werden müssen.

Abb. 213. I *Oroya peruviana* (Vpl.) Br. et R. (Kulturform); II var. *depressa* Rauh et Backbg.; III *O.* cf. *peruviana* (K 3); III Ausschnitt aus dem Körper; III*a* blühend

Oroya ist eine ausgesprochen zentralperuanische Hochgebirgsgattung. Das Areal (Abb. 212) der rotblühenden Arten erstreckt sich von Oroya bis nach Andahuaylas im Süden; die gelbblütige *Oroya borchersii* ist ausschließlich auf die nördliche Cordillera blanca und Cordillera negra beschränkt. Zwischen den Verbreitungsgebieten beider Gruppen scheint eine Lücke zu bestehen, denn bis heute ist in dem dazwischenliegenden Hochland keine *Oroya* gefunden worden. Jede Art besitzt ein nur kleines, fest umschriebenes Verbreitungsgebiet.

Der Kulturform von *Oroya peruviana* steht die von uns 1954 gesammelte Pflanze

Oroya peruviana var. *depressa* Rauh et Backbg.[1] nov. var. (Abbildung 213, II)

sehr nahe.

Körper einzeln oder sprossend und dann polsterbildend, flachkugelig, bis 20 cm im ∅ und 10 cm hoch, tief im Boden steckend, mit fast rübenförmiger Wurzel; Zahl der Rippen wechselnd, 15—20, schmal, saftig-grün, in stark aufgewölbte Mamillen aufgelöst; Areolen langgestreckt, schmal, weiß-filzig, mit ±20, ziemlich derben, ± gescheitelten, bis 1,5 cm langen, im Scheitel fuchsroten, später schwarzroten Stacheln; Zentralstachel meist 1, aufrecht, dicker als die Randstacheln, bis 2 cm lang, z. T. fehlend; Blüten wie bei *O. peruviana*, nur viel kleiner, 1,5 cm lang, 1,5 cm im ∅, nicht sehr zahlreich; Früchte 1 cm lang, stumpf-karminrot.

Fundort: Puna-Hochfläche bei Andahuaylas, zwischen Abancay und Ayacucho, 3800 m; Sammelnummer: K 72 (1954).

Plantae singulae vel proliferantes et tum pulvinos formantes, plane globosae usque 20 cm in ∅, 10 cm altae, profunde in solo immissae radicibus fere rapiformibus; costae 15—20, angustae saturate virides in mamillas valde tumidulas dissolutae; areolae porrectae angustae albo-tomentosae aculeis ± verticiformiter partitis usque 1,5 cm longis in vertice rufis; aculeus centralis plerumque unus erectus crassior quam aculei marginales, usque 2 cm longus, interdum abest; flores ut in *O. peruviana* sed multo minores, 1,5 cm longi, 1,5 cm in ∅, haud numerosissimi; fructus 1 cm longi opace punicei.

Die Pflanze unterscheidet sich von *O. peruviana* durch die viel kleineren Blüten, die stark höckerig gegliederten Rippen und die größere Anzahl der Randstacheln. Sie ist, soweit bisher bekannt, die am weitesten nach Süden vordringende Art und wächst ca. 500 km südlich des Typ-Fundortes.

O. peruviana nahestehend ist auch die in wenigen Exemplaren gefundene und unter Nr. K 3 (1956) gesammelte Pflanze[2], die 15 km

[1] In: „Descriptiones Cactacearum novarum“ ist diese Pflanze als *O. neoperuviana var. depressa* beschrieben.

[2] BACKEBERG (Descriptiones Cactacearum novarum, 1956, S. 31) betrachtet diese Pflanze als die echte *O. peruviana* Br. et R., eine Ansicht, der ich mich nicht ganz anschließe.

südlich des Ortes Oroya auf Terrassen des Mantaro in wenigen Exemplaren angetroffen wurde (Abb. 213, III).

Körper einzeln, bis 20 cm hoch und 25 cm im ⌀, tief dunkelgrün, mit ±30, 1,5 cm breiten, flachen, zwischen den Areolen leicht eingeschnürten Rippen; Mamillen nahe des vertieften Scheitels warzenförmig aufgewölbt, später sich verflachend und durch eine seichte Querfurche gegeneinander abgegrenzt; Areolen 1,5—2 cm voneinander entfernt, langgestreckt (0,8—1 cm), bis 3 mm breit, weiß-filzig; Anzahl der Areolenstacheln wechselnd (20—30) ± gescheitelt, gegen die adaxiale Areolenseite hin oft gehäuft, dem Körper nicht anliegend, sondern starr abstehend, 1,5—2 cm lang, an der Basis bräunlich, im oberen Teil gelblich; Zentralstacheln 1—4, steif aufgerichtet, in der Länge sich kaum von den Randstacheln unterscheidend; Blüten sehr groß, bis 3 cm lang, 2,2 cm im ⌀; äußere Perigonblätter lebhaft zinnoberrot, mit orangegelber Basis, innere hellzinnoberrot, nach der Basis zu gelb werdend; innere Staubblätter diaphragmaartig vereinigt und die kurze, durch die Nektardrüsen stark gewölbte Nektarkammer verschließend; Fruchtknotenhöhle halbkugelig; Früchte unbekannt.

Caules singuli usque 20 cm alti; 25 cm in ⌀, profunde atrovirides, costis ± 30, 1,5 cm latis planis, inter areolas leniter constrictis; mamillae in vertice excavato verrucosae tumidae, postea deplanatae et sulco leni transversali inter se separatae; areolae 1,5—2 cm inter se distantes, porrectae (0,8—1 cm), usque 3 mm latae, albo-tomentosae; numerus aculeorum areolarum inter 20 et 30 mutans, aculei ± verticiformiter partiti partem areolae adaxilatem versus saepe aggregati, caulem non appressi sed rigide patentes, 1,5—2 cm longi, basi brunnescentes, in parte superiore flavescentes; aculei centrales 1—4, rigide erecti, ab aculeis marginalibus longitudine vix differentes; flores maximi usque 3 cm longi, 2,2 cm in ⌀; phylla perigonii exteriora vehementer miniacea basi aurantiaca, interiora laete miniacea, basim versus flavescentia; stamina interiora modo diaphragmatis coniuncta, quae nectarium breve glandulis nectariferis valde tumidum claudunt; cavum ovarii semiglobosum.

Das in Abb. 213, III wiedergegebene Exemplar stimmt mit den in Kultur befindlichen Pflanzen in folgenden Merkmalen überein: in den breiten Rippen, in den locker angeordneten, sich nicht verflechtenden Stacheln und den Besitz recht ansehnlicher Blüten. Sie weicht von jenen ab in der Ausbildung der derberen und zahlreicheren Randstacheln, deren Anzahl sich natürlich in der Kultur verringern könnte. Leider konnte von dieser Pflanze kein Samen gesammelt werden, so daß ein späterer Vergleich mit *Oroya peruviana* nicht möglich ist.

Am gleichen Standort, zusammen mit *Tephrocactus atroviridis*, zwischen Felsblöcken wachsend, wurde eine *Oroya* gefunden, die sowohl im Habitus als auch in der Bestachelung völlig von den übrigen Arten abweicht. Auf Grund der weit voneinander entfernten Areolen ist sie als

Abb. 214. I *Oroya laxiareolata*, Ausschnitt aus dem Körper; II Habitus; III *O. subocculta* var. *albispina* Rauh et Backbg., blühend

Oroya laxiareolata Rauh et Backbg. nov. spec. (Abb. 214, I—II) bezeichnet worden.

Körper anfangs flachgedrückt-kugelig, später kurz-säulenförmig verlängert, bis 15 cm hoch und 10 cm im ∅, einzeln wachsend oder mehrköpfige Gruppen bildend (Abb. 214, II), von eigentümlich grau-olivgrüner Farbe; Rippen 24—30, sehr schmal, flach, zwischen den Areolen stark eingeschnürt; Mamillen nicht gegeneinander abgegrenzt und im Scheitel nicht höckerig aufgewölbt; Areolen weit (bis 4 cm) voneinander entfernt, sehr schmal und langgestreckt, bis 1,2 cm lang und 2 mm breit, gelb-filzig; Randstacheln beiderseits 8—12, auffällig gescheitelt, waagerecht abstehend, aber dem Körper nicht angedrückt, leicht aufwärts gekrümmt, 1,5—2 cm lang; der basal-mediane oft kürzer, der adaxial-mediane zuweilen verlängert, an der Basis rot bis schwarzbraun, an der Spitze blaßgelblich; Zentralstacheln meist fehlend, wenn vorhanden, dann starr abstehend, mit leicht verdickter Basis; Blüten und Früchte unbekannt.

Fundort: Mantaro-Terrassen, 15 km südlich Oroya, 3600 m; Sammelnummer: K 4 (1956).

Plantae primum complanato-globosae, postea breviter columniformes, usque 15 cm altae, 10 cm in ∅, singulae vel pluricapitatas turmas formantes, proprio colore cano-olivaceo; costae 24—30 angustissimae planae, inter areolas profunde constrictae; mamillae inter se non separatae et in vertice non gibboso-tumidae; areolae amplissime inter se distantes (usque 4 cm), angustissimae et porrectae, usque 1,2 cm longae, 2 cm latae flavo-tomentosae; aculei marginales utrimque 8—12 conspicue verticiformiter partiti, transverse patentes sed caulem non appressi, leniter erecto-curvati, 1,5—2 cm longi, basali-medius saepe brevior, superiori-medius interdum porrectus, basi ruber vel atrofuscus, apice pallide flavus; aculeus centralis plerumque deest, si adest rigide patens basi modice incrassata; flores et fructus ignoti.

Trotz fehlender Blüten steht die Zugehörigkeit dieser Pflanze zur Gattung *Oroya* außer Zweifel; sie ist aber so abweichend von den übrigen, daß sie wohl als eigne Art betrachtet werden muß. In der Kultur hat sie nach 1jährigem, lebhaftem Wachstum ihren Wuchs und die Art der Bestachelung beibehalten.

Ca. 20—25 km südlich Oroya tritt in größeren Beständen auf blockigen Terrassen des Rio Mantaro eine weitere Art auf, die sich sowohl von *O. peruviana* als auch von *O. neoperuviana* durch ihre flachgedrückt-kugeligen, tief im Boden steckenden und mit einer rübenförmigen Wurzel (Abb. 215) versehenen und dicht bestachelten Körper unterscheidet. In Übereinstimmung mit den übrigen Arten ist auch bei dieser die Stachelfarbe veränderlich und variiert von Weiß bis Braunrot. Der flachgedrückten Körperform wegen ist die Pflanze, die von uns schon 1954 (Nr. K 82) gesammelt wurde, als

Oroya subocculta Rauh et Backbg. nov. spec. (Abb. 214; Abb. 215) bezeichnet worden.

Körper flachgedrückt-kugelig, im Alter zuweilen kurz-zylindrisch, selten verzweigt, bis 20 cm im ∅ und 15 cm hoch, 20—30rippig, sich zur Basis hin verjüngend und in eine rübenförmige Primärwurzel übergehend; Areolenstacheln zahlreich, dünn, sich gegen-

Abb. 215. *Oroya subocculta* Rauh et Backbg. (Typ)

seitig verflechtend und den Körper völlig einhüllend; Blüten zinnober- bis karminrot, 2,5—3 cm lang.

Planta complanato-globosa, senectute interdum brevi-cylindrica, raro ramosa, usque 20 cm in ∅ et 15 cm alta, 20—30costata basim versus se angustans et in radicem rapiformem transiens; aculei areolae numerosi tenues inter se implectentes et caulem omnino involventes; flores miniacei vel punicei, 2,3—3 cm longi.

var. *typica* Rauh et Backbg.[1]

Körper flach-kugelig, mit stark vertieftem Scheitel, bis 30rippig; Rippen ca. 1 cm breit; Mamillen nicht stark aufgewölbt, undeutlich gegeneinander abgegrenzt; Areolen dichtstehend, langgestreckt, schmal; Randstacheln gescheitelt, beiderseits ±10, sich mit denen

[1] Von BACKEBERG in „Decriptiones Cactacearum" als var. *subocculta* beschrieben.

der Nachbarareolen verflechtend, 1—1,5 cm lang, mit rötlicher Basis, sonst gelblich; Zentralstacheln meist vorhanden, kräftig, bis 2 cm lang, aufwärts gebogen; Blüten zahlreich, rings um den Scheitel stehend, 2—2,5 cm lang; Röhre locker mit Schuppenblättern besetzt, in deren Achseln nur wenige Wollhaare; äußere Perigonblätter nur wenig zurückgeschlagen, blaß-karminrot, mit orangegelber Basis; die inneren von gleicher Farbe, 1 cm lang, 0,4 cm breit, lanzettlich, zugespitzt; Fruchtknotenhöhle breitkugelig; Nektarkammer relativ groß, nur unvollständig von den Filamenten des inneren Staubblattkreises verschlossen; Griffel 1,9 cm lang, mit 4 Narbenstrahlen; Plazentarstränge wenig verzweigt.

Sammelnummer: K 2b (1956), K 82b (1954); häufigste Form.

Planta plane globosa vertice excavatissimo, usque 30costata; costae ca. 1 cm latae; mamillae parum tumidulae, inter se non separatae, inter areolas parum constrictae; areolae confertae porrectae angustae; aculei marginales verticiformiter partiti, utrimque ± 10, cum illis areolarum proximarum se implectentes, 1—1,5 cm longi, basi rubescente ceterum flavescentes; aculei centrales plerumque adsunt, solidi usque 2 cm longi oblique erecti; flores numerosi dense circa verticem inserti usque 2,5 cm longi; tubus floralis squamis bracteaneis laxe obtectus, in axillis earum pili lanei pauci; phylla perigonii exteriora paullum reclinata pallide punicea basi aurantiaca, interiora eodem colore, 1 cm longa, 0,4 cm lata lanceolata acuminata; cavum ovarii late globosa; nectarium magnum, circulo staminum interiore incomplete clausum; stylus 1,9 cm longus stigmatibus 4; funiculi placentales parum ramosi.

var. *albispina* Rauh et Backbg.

Im Wuchs der vorigen gleichend, aber mit kräftigerer Rübenwurzel; Rippen etwas stärker gehöckert; Randstacheln kräftiger, reinweiß, glashell, durchscheinend, an der Basis rötlich bis schwarzbraun, bis 2 cm lang; Zentralstacheln fehlend oder 1—3, schräg aufwärts gebogen, bis 3,3 cm lang; Blüten größer als bei voriger, 2,5—3 cm lang; in den Achseln der basalen Schuppenblätter der Blütenröhre sehr kurze Wollhaare; äußere Perigonblätter zurückgeschlagen, lebhaft zinnoberrot, mit orangegelber Basis, 3—4 mm breit, die inneren hellkarminrot, an der Basis gelblich; Nektarkammer durch den inneren, einem Diaphragma entspringenden Staubblattkreis völlig verschlossen; Nektarien wulstförmig, im oberen Teil der Nektarkammer; Griffel 1,5 cm lang, mit 7strahliger, blaßgelblicher Narbe.

Sammelnummer: K 2a (1956); K 82a (1954).

Typo similis sed potius radicem rapiformem formans; costae plus gibbosae quam in typo; aculei marginales validiores quam in typo, candidi vitreo-pellucidi, basi rubescentes vel atrobrunnei, usque 2 cm longi; aculei centrales 1—3 oblique erecti usque 3,3 cm longi saepe adsunt; flores maiores quam in specimine antecedente, usque 3 cm longi; in axillis squamarum bracteanearum brevissimi pili lanei vix visibiles; phylla perigonii exteriora reclinata, vehementer miniacea basi aurantiaca, 3—4 cm lata, interiora laete punicea, basi flavescentia; nectarium circulis staminum interioribus ex diaphragmate orientibus omnino clausum; nectaria torulosa; stylus 1,5 cm longus stigmate 7lobato pallide flavescente.

var. *fusca* Rauh et Backbg.

Im Wuchs den beiden vorigen gleichend, nur sind die Rippen breiter; Randstacheln kürzer (bis 1 cm lang) und sich deshalb weniger stark verflechtend, an der Basis schwarzrot, mit fuchsroter Spitze, im Alter verblassend; Zentralstacheln meist fehlend; wenn vorhanden, dann bis 2 cm lang und schräg aufwärts gebogen; Blüten viel kleiner, nur 1,5 cm lang und tiefdunkelrot; basale Schuppenblätter der Blütenröhre nur mit wenigen Wollhaaren; äußere Perigonblätter wenig zurückgeschlagen, lanzettlich, zugespitzt, die inneren kurz, tiefdunkelrot, mit rötlichgelber Basis; innere Staubblätter sehr kurz und die sehr breite Nektarkammer verschließend; Griffel 0,7 cm lang, mit 5strahliger Narbe.

Sammelnummer: K 2c (1956); K 82c (1954).

A typo differt costis latioribus; aculei areolae breviores (usque 1 cm longi), itaque se minus dense implectentes, basi atrorubi apice rufo, senectute pallescente; aculeus centralis plerumque deest, si adest tum usque 2 cm longus et oblique erectus; flores multo minores, tantum 1,5 cm longi, profunde atrorubri; squamae bracteaneae basales pilis laneis paucis; phylla perigonii exteriora parum reclinata, lanceolata acuminata, interiora brevia profunde atrorubra basi rufescenti-flava; stamina interiora brevissima nectarium latissimum claudentia; stylus 0,7 cm longus stigmate 5lobato.

O. subocculta, obwohl in der Natur reichblütig, scheint in der Kultur gleich *O. neoperuviana* nicht sehr blühfreudig zu sein.

Nördlich Oroya, gegen die das Talbecken von Tarma begrenzende Paßhöhe zu befindet sich der Standort von

Oroya neoperuviana Backbg.

Sie tritt hier auf dürftigen Kalkverwitterungsböden (p_H 5,8), zusammen mit Punagräsern in so großer Zahl auf, daß von einer kakteenreichen Fazies der Horstgraspuna gesprochen werden kann.

O. neoperuviana ist eine hinsichtlich des Wuchses, der Bestachelung und der Stachelfarbe recht variable Art, die im Gegensatz zu *O. subocculta* keine flachgedrückten, sondern nahezu runde Körper von einem Durchmesser bis zu 20 cm bildet, die im Alter sogar kurz cereoiden Wuchs annehmen und eine Länge bis zu 30 cm erreichen können (Abb. 78). Die Neigung zur Sprossung und damit zur Polsterbildung ist größer als bei *O. subocculta*. Eine rübenförmige Hauptwurzel ist niemals vorhanden, sondern an der Basis der sich nur wenig verjüngenden Körper treten zahlreiche, gleich dicke, flach unter der Bodenoberfläche dahinstreichende und eine Länge von 1 m und mehr erreichende Wurzeln auf. Die Areolenstacheln sind derber als bei *O. subocculta*, weniger auffällig gescheitelt und nicht so stark miteinander verflochten; die ähnlich gefärbten Blüten sind wesentlich größer als bei jener.

Auf Grund der Bestachelung, der Stachel- und Blütenfarbe sind mehrere Varietäten zu unterscheiden:

var. *typica* (Abb. 216, oben)

Körper kugelig, mit vertieftem Scheitel, bis 20 cm im ∅, 10—15 cm, im Alter bis 40 cm hoch, mit 20—35, 1—1,5 cm breiten, saftig-grünen Rippen, die in der Scheitelregion in aufgewölbte Mamillen aufgelöst sind; diese ca. 1 cm lang und 1,5 cm breit, durch eine Querfurche voneinander getrennt; Areolen deren apikalem Ende aufsitzend, verkehrt dreieckig, bis 1 cm lang, dichtstehend, weiß-filzig; Randstacheln 20—30, derb, stechend, 1—1,5 cm lang, radial abstehend und nicht dem Körper anliegend, am adaxialen Areolenabschnitt häufig gebüschelt, an der Basis dunkelbraun, sonst honiggelb; Zentralstacheln 1—5, meist nicht von den Randstacheln unterscheidbar, starr abstehend; Blüten zahlreich in Scheitelnähe, in 3—4 Kreisen angeordnet, bis 2 cm lang; in den Achseln der basalen Schuppenblätter der Blütenröhre wenige, kurze Wollhaare; äußere Perigonblätter stark zurückgeschlagen, unterseits leuchtend zinnober-, oberseits blaß-karminrot, 0,9 cm lang, 0,3 cm breit, gegen die Basis orangegelb; die inneren aufgerichtet, nur an der Spitze karminrot, sonst blaß-gelblich; innere Staubblätter einem breiten Diaphragma entspringend und die 0,3 cm lange Nektarkammer verschließend; Griffel 1,4 cm lang, mit 5 Narbenstrahlen; Fruchtknotenhöhle halbkugelig; Plazentarstränge wenig verzweigt, Pollenkörner kugelig, warzig, 42 μ im ∅; Früchte blaßrot, 1,5—2 cm lang.

var. *ferruginea* Rauh et Backbg.

Im Wuchs und der Art der Bestachelung dem Typus gleichend; aber alle Stacheln dunkelrotbraun, mit fast schwarzer Spitze, im Scheitel braunschwarz; Blüten kleiner als beim Typus und viel intensiver rot gefärbt; auch die inneren Perigonblätter lebhaft zinnober-karminrot; Körper saftig-dunkelgrün.

Abb. 216. *Oroya neoperuviana* Backbg. Oben: var. *typica*; unten: var. *tenuispina*

Sammelnummer: K 7a (1956).

Habitu et aculeatione typum adaequans, sed aculei atrorubiginosi apice fere atro, in vertice atrobrunnei; flores minores et multo saturius rubri quam in typo; etiam phylla perigonii interiora laete miniaceo-punicea; caules vivo-atrovirides.

var. *tenuispina* Rauh (Abb. 216, unten)

Im Wuchs der var. *typica* gleichend, Körper aber etwas kleiner; Rippen hellgrün, schmal, weniger stark gehöckert; Areolen dichtstehend, langgestreckt, schmal; Randstacheln sehr zahlreich, dünn, biegsam, 1,5—2,5 cm lang, ± gescheitelt, aber nicht so regelmäßig wie bei *O. subocculta*, sich mit denen der Nachbarareolen verflechtend und dem Körper anliegend; Zentralstacheln häufig vorhanden, aber von den Randstacheln kaum unterscheidbar; später blühend als die var. *typica*.

Tritt in 2 Farbvarianten auf:

a) mit blaß-gelblichen bis fast weißen Stacheln, diese nur an der Basis etwas dunkler;

b) mit braunrötlichen Stacheln.

Sammelnummer: K 7b (1956); K 24 (1954).

Typo similis, sed caules paullo minores; costae laete virides minus valde gibbosae angustae; areolae confertae porrectae angustae; aculei marginales numerosissimi tenues, flexibiles, 1,5—2,5 cm longi, ± verticiformiter partiti, sed non tam regulariter quam in *O. subocculata*, cum illis areolarum proximarum se implectentes et caulem appressi; aculei centrales saepe adsunt sed tantum indistincte ab aculeis marginalibus discerni possunt.

Serotinius florens quam var. *typica*.

In modificationibus coloris duabus inveniebatur:

a) aculeis pallide flavis vel fere albis basi paullo obscurioribus;

b) aculeis subrubiginosis.

Oroya borchersii (Boed.) Backbg. nov. comb. (= *Echinocactus borchersii* Boed.; Abb. 217)

Körper breit-kugelig (bis 20 cm im ⌀) bis kurz-säulenförmig (maximal 20—30 cm hoch), mit 20—30 dunkelgrünen, meist unter den Stacheln verborgenen Rippen; diese, vor allem in Scheitelnähe, in stark aufgewölbte, ca. 1,5 cm lange und 0,5 cm breite, scharf kinnförmig vorgezogene Mamillen aufgelöst; Areolen deren apikalem Ende aufsitzend, verkehrt dreieckig, ca. 1 cm lang, 0,3 cm breit, weiß- bis grau-filzig; Bestachelung verschiedenartig, bald dichtstehend und den Körper völlig einhüllend, bald lockerer angeordnet und die Rippen erkennen lassend; Randstacheln ± gescheitelt, zahlreich (16—25), bernsteingelb, mit leicht rötlicher Spitze, bis 2 cm lang, zum Körper hin gebogen und sich mit denen der Nachbarareolen verflechtend; Zentralstacheln meist vorhanden, 1—3, schräg aufwärts gebogen, im Scheitel zusammenneigend, bis

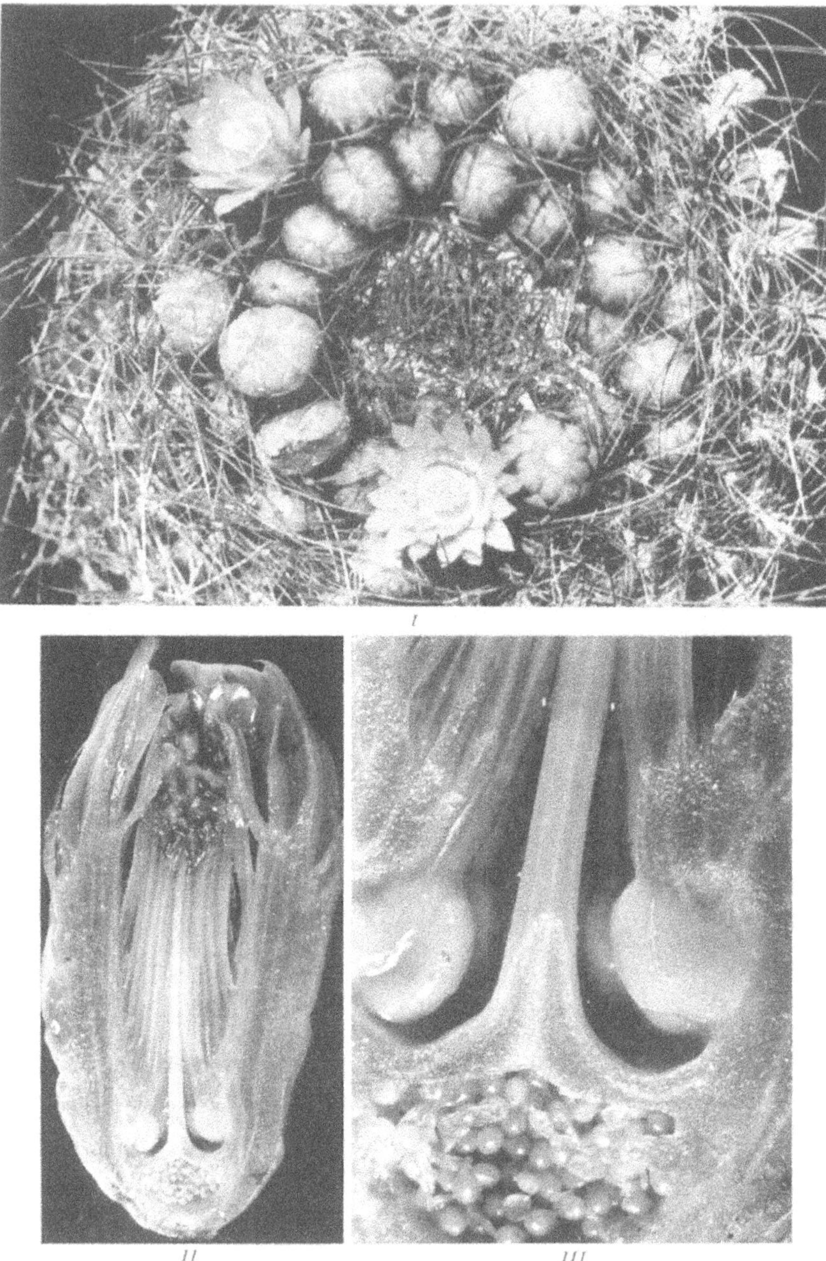

Abb. 217. *Oroya borchersii* (Boed.) Backbg. I Pflanze von oben; II Blüte längs; III Nektarkammer vergr.

2,5 cm lang; Blüten zahlreich, in Scheitelnähe, meist in 2 Kreisen stehend, kurzröhrig, 2—3 cm lang, mit 1,2 cm dicker Röhre;

Schuppenblätter der Röhre dichtstehend, mit langem, breit-dreieckigem, scharf zugespitztem freiem Abschnitt; in den Achseln der basalen sehr kurze, kaum sichtbare Wollhaare; äußere Perigonblätter fast aufrecht (nicht so stark zurückgeschlagen wie bei den rotblühenden Arten), zitronengelb, mit heller Basis, bis 1,2 cm lang, 0,3 cm breit, lanzettlich zugespitzt; die inneren kegelförmig zusammenneigend und die Staubblätter umschließend, 0,6 cm lang, 0,4 cm breit, fein bespitzt, gleich den äußeren gefärbt; Filamente kegelförmig zusammenneigend, weißlich, mit weißen Staubbeuteln; innere Staubblätter einem breiten Diaphragma entspringend; ihre an der Nektarkammer herablaufenden Basen zu dicken Nektardrüsen vereinigt, welche die Nektarkammer nahezu ausfüllen (Abb. 217, III); äußere Staubblätter sehr kurz, kegelförmig zusammenneigend; Plazentarstränge ziemlich lang, dick und verzweigt; Früchte keulenförmig, gelblichgrün, bis 2,5 cm lang.

Sammelnummer: K 96, 104 (1954); K 56 (1956).

var. *fuscata* Rauh et Backbg. nov. var.

Unterscheidet sich vom Typus durch die viel dichtere Bestachelung; Randstacheln nicht gescheitelt, dünn; diese, sowie die Zentralstacheln, fuchsrot; Blüten intensiver gelbgrün.

Die Varietät neigt stärker zur Verzweigung und zur Polsterbildung als der Typus.

Sammelnummer: K 96a (1954); K 56a (1956).

A typo differt aculeatione multo densiore; aculei marginales dense verticiformiter partiti, multo tenuiores, ii et aculei centrales rufi; flores saturatius flavovirentes; haec varietas ramosior quam typus, itaque pulvinos formans.

Das Verbreitungsgebiet von *O. borchersii* beschränkt sich auf das Gebiet der südlichen Cordillera blanca, von der Paßhöhe Conococha bis Recuay und dringt hier weit in die Quebradas (vor allem in die Qu. Queshque) ein, wo sie noch bei 4000 m zusammen mit *Puya raimondii* größere Bestände bildet. Auf dem Kamm der Cordillera negra findet sich die Pflanze vom Conococha-Paß nordwärts bis zur Punta Caillan; den südlich anschließenden Cordillerenzügen, der Cordillera Raura und Cordillera Huayhuash, fehlt *Oroya borchersii.*

Die Pflanze wurde erstmalig von Ph. Borchers auf der deutsch-österreichischen Andenexpedition 1932, allerdings ohne Blüten, gesammelt und von Boedeker (Kakteenkunde, 1933) als *Echinocactus borchersii* beschrieben. Bevor unsere Blütenbeobachtungen eindeutig die Zugehörigkeit zu *Oroya* bewiesen, war es zweifelhaft, ob es sich bei *O. borchersii* nicht um *Echinocactus aurantiacus* Vpl. handle, der auch rotbraun bestachelt ist, aber viel weiter nördlich im Deptm. Cajamarca bei San Pablo vorkommt, bis heute jedoch nicht wieder gefunden worden ist. Doch soll *E. aurantiacus* engtrichterige, bis 7 cm lange, rötlich-gelbe Blüten besitzen, während die von *O. borchersii* maximal bis 3 cm lang werden. Jene Art wird heute von BACKEBERG in das neuaufgestellte Genus *Submatucana* gestellt (s. S. 357).

Islaya Backbg.

Eine interessante und isoliert stehende Gattung ist *Islaya*, die in ihrer Verbreitung auf die küstennahen Wüsten- und Felswüstengebiete lokalisiert ist (Abb. 212). Ihre Vertreter sind die in Peru am weitesten im Süden auftretenden Kugelkakteen, die sich durch den Besitz eines Wollscheitels, gelber, duftender Blüten und roter, im Alter hohler, behaarter und vom abgetrockneten Blütenrest gekrönter Früchte auszeichnen. Die zuerst bekannt gewordene Art beschrieb FÖRSTER (1861) unter dem Namen *Echinocactus islayensis*; 1914 sammelte ROSE die Pflanze wieder, ordnete sie jedoch bei *Malacocarpus* ein (Bd. III, 1922, S. 201). 1934 stellte BACKEBERG auf Grund des Baues der Früchte die eigne Gattung *Islaya* auf und beschrieb im „Kaktus ABC" (S. 258) die beiden Arten *I. islayensis* und *I. minor*.

Nach BACKEBERG[1] sind die Samen „ringförmig in einer Art Säckchen" angeordnet. Er hält dieses Merkmal als charakteristisch für alle *Islaya*-Arten.

BUXBAUM[2] hat sich eingehender mit der Frucht von *I. minor* beschäftigt: „Der Längsschnitt zeigt aber einen besonders eigenartigen Bau. Die kaum 1 mm dicke, ziemlich feste Fruchtwand läßt im Innern einen großen Hohlraum frei, in den von oben her ein weißliches, kurzes, nach unten offenes Säckchen hineinragt, an dessen Innenseite die kurzen Samenstränge sitzen. Diese Frucht fällt leicht ab, aber so, daß der untere Zipfel abreißt und der Hohlraum dadurch unten ein Loch erhält. Durch dieses Loch können dann die Samen ausgestreut werden. Das Säckchen im Innern der Fruchthöhlung ist nun wieder nichts anderes als der ventrale Anteil

[1] Blätter für Kakteenforschung, 1934/10.

[2] BUXBAUM, F.: „Allgemeine Morphologie der Kakteen. Die Frucht" in: Cactaceae, Jahrb. d. DKG., 1941, 1. Teil, S. 7 u. Fig. 15.

der Carpelle." (1941, S. 7.) Diese Feststellung mag für *I. minor* zutreffen, nicht aber für die von uns neu gefundenen Arten. Bei diesen sind die matten oder glänzenden Samen nicht allein auf den oberen Teil der hohlen Frucht beschränkt, sondern finden sich auch an der Basis. Auch die Bemerkung BACKEBERGs "Germinations of greenhouse-grown seeds has never been observed to my knowledge"[1] und daß die Samen erst nach einer Liegedauer bis zu 8 Jahren keimen sollen, ist keineswegs zu verallgemeinern. Frisch geerntetes und sofort ausgesätes Saatgut läuft sogar recht schnell auf.

Die Arten der Gattung *Islaya*, die in der Kultur recht leicht zu halten sind und reichlich blühen, bewohnen in Südperu extreme Trockengebiete; sie wachsen sowohl in unmittelbarer Nähe des Meeres, als auch weiter landeinwärts *(I. grandis)*. Oft sind ihre Körper bis zum wolligen Scheitel im Sand versteckt und kaum sichtbar. Einige Arten nehmen im Alter kurz cereoiden Wuchs an, wobei ihre Scheitel stets von der Küste abgewendet sind.

Die nächsten Verwandten von *Islaya* dürften wohl die in Chile beheimateten Vertreter der Gattung *Copiapoa* sein.

Islaya islayensis (Först.) Backbg. (Abb. 218, I—II) (syn.: *Echinocactus* Först.; *Echinocactus molendensis* Vpl.[2]; *Malacocarpus* Br. et R.)

Körper im Alter bis zu 25 cm lang und 10 cm dick, olivgrün, im Scheitel mit gelbbrauner Wolle; Rippen 19—25; Areolen dichtstehend, mit 8—15, bis 1 cm langen Randstacheln; Mittelstacheln 4—7, kräftig, bis 1,6 cm lang, hornfarbig bis grau; Blüten ca. 2 cm lang, geöffnet 2 cm im ⌀ (Abb. 218, II); Röhre kurz, sich spitzenwärts stark trichterig erweiternd; Fruchtknoten abgesetzt; in den Achseln der Schuppenblätter lange, weiße Wollhaare, dazwischen einzelne, dunklere Borsten; äußere Perigonblätter unterseits bräunlichrot, in eine scharfe, zurückgebogene Spitze auslaufend, die inneren blaßgelb (in der Knospenlage grünlich), 2 cm lang, schmal, 2 mm breit, oberseits meist leicht eingerollt, in eine Spitze auslaufend; Fruchtknotenhöhle halbmondförmig; Griffel kurz, dick; Nektarkammer kurz, eng, unvollständig verschlossen; Staubblätter zahlreich, mit einwärts gebogenen Filamenten; Früchte keulenförmig, oft leicht gekrümmt, blasig aufgetrieben, bis 3,5 cm lang, blaß-karminrot, locker mit Schuppenblättern besetzt, in deren Achseln bis 1 cm lange, leicht gekräuselte Haare; Samen ca. 1 mm groß, matt, mit grubig-netziger Schale.

Fundort: Küstenwüste bei Mollendo (Südperu), wohl weiter nördlich, bis in die Gegend von Atico reichend; die von uns in den dortigen Küstenlomas gesammelte Pflanze K 127 (1956) entspricht der von VAUPEL (1913) beschriebenen *I. molendensis* (richtiger „*mollendensis*").

[1] Some Results of twenty years cactus research. Cactus and Succ. Journ. of America, Bd. 23, 1951, S. 119.

[2] Engl. Botan. Jahrb. 50, Beibl. 111, 1913, S. 24.

Islaya minor Backbg.[1]

Körper viel kleiner als bei voriger, bis 10 cm im ⌀ und ca. 12 cm hoch, dunkelgrün; Rippen ca. 17, bis 1 cm breit, 6 mm hoch; Areolen 3 mm voneinander entfernt, im Scheitel stark weiß-grau-filzig und diesen einhüllend; Randstacheln 20—24, dünn, bis 6 mm lang, stechend, im Scheitel schwarz, später grau; Mittelstacheln meist 4, kreuzförmig angeordnet, an der Basis verdickt, im Neutrieb schwarz, im Alter grau; Blüten goldgelb, ca. 2,2 cm im ⌀; Frucht behaart, rot, hohl; Samen in einem Säckchen.

Fundort: Oberhalb Mollendo bei 900 m (Südperu).

AKERS beschreibt noch eine weitere Art[2]:

Islaya bicolor Akers

Körper purpurgrün; Rippen 20; Randstacheln 12—14, 3—10 mm lang; Mittelstacheln meist 4, untereinanderstehend, bis 1,2 cm lang, Rand- und Mittelstacheln ± pfriemlich, die letzteren kaum dicker als die ersteren, grau, braun bespitzt; Blüten zweifarbig; äußere Perigonblätter rötlich, die inneren reingelb.

Fundort: Auf der Wüstenhochfläche zwischen Nazca und Lomas.

Bei dieser Art dürfte es sich um den nördlichsten Standort aller *Islayen* handeln; im übrigen ist die Zweifarbigkeit der Perigonblätter kein artspezifisches Merkmal; auch bei anderen Arten wurde eine rötliche Färbung der äußeren Perigonblätter festgestellt.

Islaya grandis Rauh et Backbg. nov. spec. (Abb. 218, III—VI)

Körper einzeln, selten verzweigt, im Alter kurzsäulig, bis 30 (—50) cm lang[3] und 20 cm dick, graugrün, mit ± 17, etwa 1 cm hohen Rippen; Areolen dichtstehend, langgestreckt, bis 1,2 cm lang und 0,5 cm breit, hellgrau-filzig; Wollfilz im Scheitel nicht so stark in Erscheinung tretend wie bei den anderen Arten; Randstacheln 8—15, 1,5—3 cm lang, sehr derb, im Neutrieb an der Basis rötlich, mit schwarzbrauner Spitze, im Alter grau bis schwarz werdend; Mittelstacheln 1—5, in der Länge von den Randstacheln nicht unterscheidbar; Blüten im Vergleich zu anderen Arten sehr klein (IV), 1,5 cm lang, geöffnet 1—1,5 cm im ⌀, nicht nur aus scheitelnahen, sondern auch aus älteren, rückwärtigen Areolen hervorgehend; Röhre sehr kurz; in den Achseln der Schuppenblätter lange weiße Wollhaare, die mit derberen, dunkelbraunen, an der Basis helleren Stachelborsten durchsetzt sind; äußere Perigonblätter grünlichgelb, die inneren blaßgelb, lanzettlich, zugespitzt, ± 1 cm lang, 2 mm breit; Fruchtknotenhöhle halbmondförmig; Nektarkammer sehr

[1] Abb. bei BACKEBERG in „Kaktus ABC", S. 258 und „Blätter für Kakteenforschung", 1934/10.

[2] Succulenta, 3, 39, 1951.

[3] Von E. SCHÖN, Arequipa, wurde mir ein Exemplar übersandt, das einem kleinen *Cereus* nicht unähnlich ist und eine Länge von 50 cm, bei einer Dicke von 15 cm aufweist (Abb. 218, IIIa).

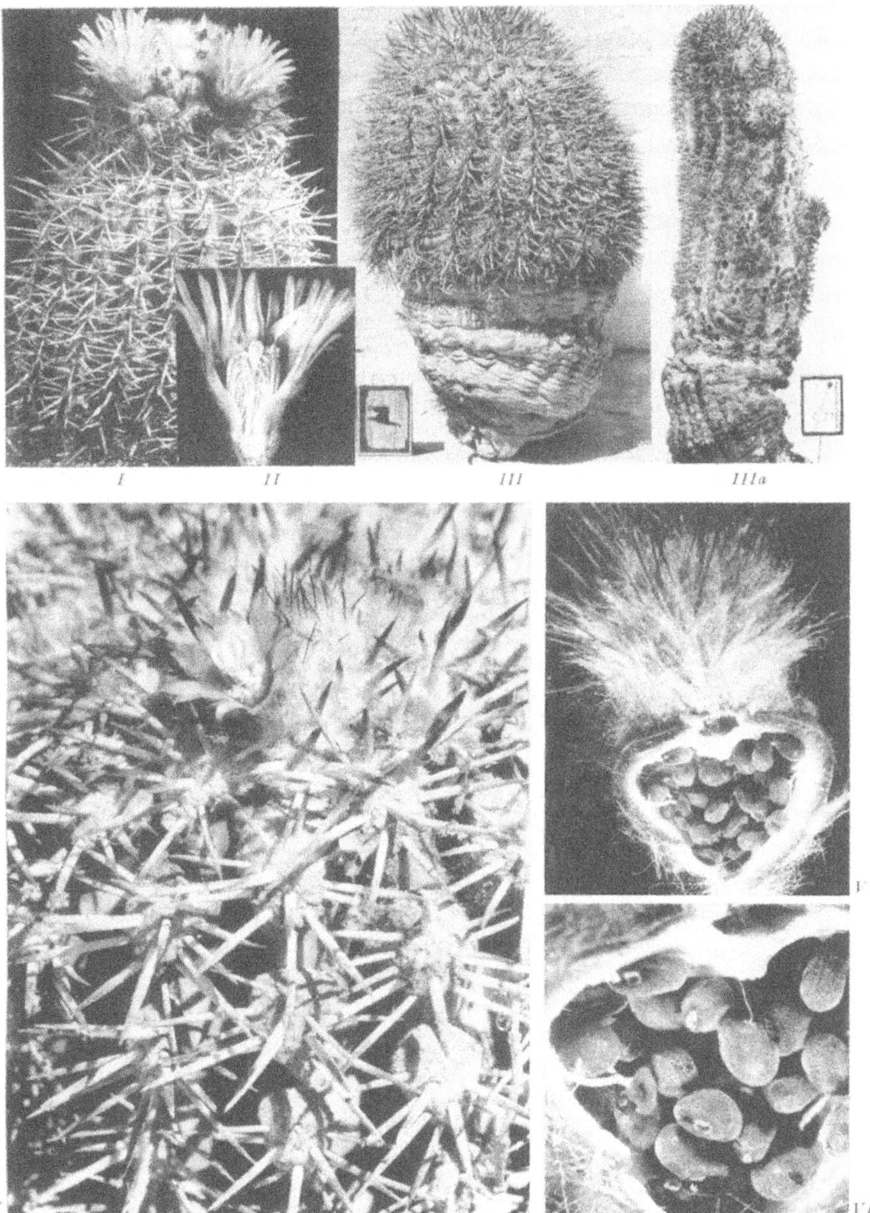

Abb. 218. I—II *Islaya islayensis* (Först.) Backbg.; III—VI *I. grandis* Rauh et Backbg.; III—III*a* ältere Pflanzen, als Vergleichsmaßstab daneben eine Streichholzschachtel; IV Ausschnitt aus einer blühenden Pflanze; V—VI Längsschnitte durch eine Frucht

kurz, unvollständig durch die weißlichgrünen Filamente verschlossen; Staubblätter nur die Hälfte der Länge der Perigonblätter erreichend; Griffel mit den 9 spreizenden Narbenstrahlen die Staubblätter überragend; Früchte anfangs kugelig, später verlängert, 2—4 cm lang, lang-wollig behaart, vom abgetrockneten braunwolligen Blütenrest gekrönt; Samen nicht in einem Säckchen, grauschwarz, matt, mit warzig punktierter Schale (Abb. 218, V—VI).

Fundort: Stark verwitterte Felshänge und Blockterrassen des Rio Majes bei der Hacienda Ongoro, zwischen 900 und 1100 m; Sammelnummer: K 150 (1956).

Caules solitarii, raro ramosi, senectute breviter columnares, usque 30(—50) cm longi et 20 cm crassi, viridi-cani, costis 17, ca. 1 cm altis; areolae confertae, porrectae, usque 1,2 cm longae, 0,5 cm latae, laete canotomentosae; tomentum laneum in vertice inconspicuum; aculei areolarum 8—15, usque 1,5—3 cm longi, solidissimi, caule novello basi rubescentes, apice atro-brunneo, senectute canescentes vel nigrescentes; aculei centrales 1—5, qui longitudine ab aculeis marginalibus non discerni possunt; flores comparati ad alias species minimi, 1,5 cm longi, aperti 1—1,5 cm in ⌀, non solum ex areolis vertici propinquis sed etiam ex senioribus a vertice remotis orientes; tubus floralis brevissimus; in axillis squamarum bracteanearum longi pili lanei singuli albi, setis acicularibus rigidioribus brunneis, basi laetioribus permixti; phylla perigonii exteriora virescenti-flava, interiora pallide lutea, lanceolata, acuminata, ± 1 cm longa, 2 mm lata; cavum ovarii semilunatum; nectarium brevissimum, filamentis albido-viridis incomplete clausum; stamina dimidium longitudinis perigonii metientia; stylus radiis stigmatis 9 divaricatis stamina superans; fructus primo globosi, postea oblongi, 2—4 cm longi, longe lanato-pilosi, residuo floris brunneo-lanato desiccato coronati; semina cano-nigrescentia, opaca, verrucoso-punctata.

Ändert hinsichtlich der Bestachelung ab:

var. *brevispina* Rauh et Backbg. nov. var.

Scheitel dichtwolliger als beim Typus, gelblichgrau; Areolen rundlich, nur 0,7 cm lang und 0,5 cm breit, grau-filzig; alle Stacheln sehr kurz und derb; Randstacheln 8—11, ± regelmäßig um die Areole gestellt, 0,5—1 cm lang, im Neutrieb mit gelber Basis und lederbrauner Spitze, im Alter hellgrau, braun bespitzt; Zentralstacheln 1—4, nicht von den Randstacheln unterscheidbar; Blüten wie beim Typus.

Sammelnummer: K 150a (1956).

Vertex densius lanatus quam in typo, flavescenti-canus; areolae rotundulae, solum 0,7 cm longae, 0,5 cm latae, cano-tomentosae; omnes aculei brevissimi et rigidissimi; aculei marginales 8—11, ± regulariter circum areolam instructi, 0,5—1 cm longi, in caule novello basi lutea et apice corii brunnei colore, senectute laete cani, apice brunneo; aculei centrales 1—4, qui ab aculeis marginalibus non discerni possunt.

I. grandis ist nicht nur die größte, sondern auch die am weitesten landeinwärts dringende aller bisher bekannten Arten.

Abb. 219. *Islaya copiapoides* Rauh et Backbg. I Pflanze von oben; II Blüte in Seiten-, III in Aufsicht; IV Längsschnitt durch den Fruchtknoten

Islaya copiapoides Rauh et Backbg. nov. spec. (Abb. 219, I—IV; Abb. 222, I)

Körper graugrün, einzeln oder wenigköpfige Gruppen bildend, maximal bis 10 cm hoch und 8 cm im ∅, tief im Boden steckend und oft nur mit dem dicht gelblich-filzigen Scheitel herausragend; Rippen 17—21, 0,5—1 cm breit, flach; Areolen höckerig abgesetzt, rund, im Scheitel dicht wollfilzig, 0,3 cm im ∅; Randstacheln 8—13, 0,5—0,7 cm lang, derb, ± regelmäßig um die Areole gestellt, im Neutrieb mit rötlicher Basis und grauvioletter Spitze, im Alter grau, braun bespitzt; Zentralstacheln 1—2, derb-stechend, bis 1,5 cm lang, an der Spitze schwarzviolett, im Neutrieb mit rötlicher Basis; Blüten klein, bis 1,5 cm lang, geöffnet bis 1,2 cm im ∅; Blütenröhre kurz; basale Schuppenblätter an der Spitze grün, die oberen grün mit brauner Spitze, in ihren Achseln lange, weiße Wollhaare tragend, die mit 1—4, gewundenen, hell bis schwarzbraunen, 0,8 cm langen Borsten untermischt sind; äußere Perigonblätter schmal-lanzettlich, 0,8—1 cm lang, 0,2 cm breit, unterseits braunrot, die inneren 1 cm lang, 0,2 cm breit, an der Spitze seicht ausgerandet, grünlichgelb; Fruchtknotenhöhle halbkugelig (Abb. 222, I); Nektarkammer sehr kurz; Staubblätter ca. 100, auf ungleicher Höhe von der Röhre abzweigend, viel kürzer als die Perigonblätter; Antheren lebhaft gelb; Griffel gelblichgrün, 0,8 cm lang, mit 7 weißlichgelben Narbenstrahlen; Früchte karminrot, bis 3 cm lang, vom abgetrockneten Blütenrest gekrönt; Samen matt-schwarz, nicht in einem Säckchen.

Fundort: Gipswüste zwischen Ocona und Camana, ca. 500 m hoch (Südperu); Sammelnummer: K 44 (1954) und K 135 (1956).

Caules cano-virides, solitarii vel turmas laxe aggregatas formantes, maxime usque 10 cm alti et 8 cm in ∅, in solum profunde immersi, itaque saepe tantum vertices flavescenti-tomentosi prominentes; costae 17—21, 0,5—1 cm latae, planae, areolae gibboso-prominulae, orbiculares, in vertice dense laneo-tomentosae, 0,3 cm in ∅; aculei marginales 8—13, 0,5—0,7 cm longi, rigidi, ± regulariter circa areolam distributi, in caule novello basi rufescente et apice cano-violaceo, senectute cani, apice brunneo; aculei centrales 1—2, rigido-pungentes, usque 1,5 cm longi, apice atro-violacei, in caule novello basi rufescente; flores parvi, usque 1,5 cm longi, aperti usque 1,2 cm in ∅; tubus floralis brevis; squamae bracteaneae basales apicibus viridibus, superiores viridibus apicibus brunneis, in axillis earum pili lanei albidi longi, qui setis 1—4 tortuosis laete atro-brunneis 0,8—1 cm longis permixti sunt; exteriora phylla perigonii anguste lanceolata, 0,8—1 cm longa, 0,2 mm lata, subter rubiginosa, interiora 1 cm longa, 0,2 cm lata, apice leniter emarginata, virescenti-lutea; cavum ovarii semiglobosum; nectarium brevissimum; stamina ca. 100, diversa altitudine instructa, multo breviora quam phylla perigonii; antherae laete luteae; stylus flavescenti-viridis, 0,8 cm longus, radiis stigmatis 7 albido-flavis; fructus punicei, usque 3 cm longi, residuo floris desiccato coronati; semina opace nigra.

Islaya brevicylindrica Rauh et Backbg. nov. spec. (Abb. 220, I; Abb. 222, II)

Körper einzeln, graugrün, im Alter bis 20 cm lang und 10 cm dick, sich zum dicht gelblich-filzigen Scheitel hin leicht verjüngend; Rippen 19—22, flach, über den Areolen seicht eingekerbt; Areolen rund, im Scheitel dicht gelblich-filzig, später verkahlend, 0,5 cm im ∅; Randstacheln bis zu 20, sehr dünn, 0,3—1 cm lang, sich zur Areolenbasis verlängernd, im Neutrieb an der Basis gelblichweiß, mit blaßbrauner Spitze, im Alter hellgrau bereift, mit grauvioletter Spitze; Zentralstacheln 1—3, davon der mittlere deutlich unterscheidbar, bis 2 cm lang und schräg abwärts gerichtet, in der Färbung den Randstacheln gleichend; Blüten in Scheitelnähe, 2,4 cm lang, geöffnet bis 1,5 cm im ∅; Röhre kurz, dicht mit Schuppenblättern besetzt, diese an der Basis grün, an der Spitze rötlich, in ihren Achseln lange, weiße Wollhaare tragend, die mit 2—3, bis 0,7 cm langen, reinweißen, nicht gedrehten Stachelborsten untermischt sind; äußere Perigonblätter unterseits orangerot, mit braunrotem Mittelstreifen und zurückgebogener, purpurroter Spitze; die inneren blaßgelb, schmal-linealisch, 1 cm lang, 2 mm breit; Fruchtknotenhöhle halbmondförmig (Abb. 222, II); Nektarkammer kurz (0,2 cm); innere Staubblätter ungleich hoch von der Röhre abzweigend; Filamente weiß, viel kürzer als die Perigonblätter; Antheren gelb; Griffel grün, mit 8 weißlichen Narbenstrahlen; Früchte bis 4 cm lang, blaßkarmin, locker weiß-wollig, vom abgetrockneten Blütenrest gekrönt; Samen nicht in einem Säckchen, matt-schwarz, mit warzig-grubiger Schale.

Fundort: Sandwüste bei Camana (Südperu), ca. 400 m hoch und 30 km landeinwärts, zusammen mit *Zephyranthes albicans*; Sammelnummer: K 136 (1956).

Caules solitarii, cano-virides, senectute usque 20 cm longi et 10 cm crassi, apicem flavescenti-tomentosum versus leniter se angustantes, costae 19—20, planae, supra areolas leniter sulcatae; areolae rotundae, in vertice dense flavescenti-tomentosae, postea glabrescentes, 0,5 cm in ∅; aculei marginales usque ad 20, tenerrimi, 0,3—1 cm longi, basim areolae versus elongati, in caule novello basi flavescenti-albi, apice pallide brunneo, senectute laete cano-pruinati, apice cano-violaceo; aculei centrales 1—3, quorum medianus distincte discerni potest, usque 2 cm longi et oblique reclinati, ut aculei marginales colorati; flores prope verticem, 2,4 cm longi, aperti usque 1,5 cm in ∅; tubus floralis brevis, squamis bracteaneis basi viridibus, apice rufescentibus dense obtectus, in axillis pilos laneos candidos longos ferentibus, qui setis acicularibus 2—3, usque 0,7 cm longis candidis, rectis permixti sunt; phylla perigonii exteriora subter aurantiaca linea mediana rubiginosa, apice retroflexo, puniceo, interiora pallide lutea, anguste linearia, 1 cm longa, 2 mm lata; cavum ovarii semilunatum; nectarium breve (0,2 cm); stamina interiora diversa altitudine instructa; filamenta alba, multo breviora quam phylla perigonii; antherae luteae; stylus viridis radiis stigmatis 8 albidis; fructus usque 4 cm longi, pallide punicei, laxe albo-lanati, residuo floris desiccato coronati; semina sacculo non involuta, opace nigra, testa verrucoso-foveolata.

Abb. 220. I *Islaya brevicylindrica* Rauh et Backbg.; II—III *I. grandiflorens* Rauh et Backbg.; II blühend; III fruchtend; IV var. *tenuispina* Rauh et Backbg.

Islaya grandiflorens Rauh et Backbg. nov. spec. (Abb. 220, II—III; Abb. 222, III)

Körper einzeln, kugelig, maximal bis 10 cm hoch und 10 cm im ⌀, graugrün, mit oft rübenförmiger Wurzel; Rippen 16—20, flach, ca. 1 cm breit; Areolen groß, oval-rund, 0,6 cm im ⌀, im Scheitel grau bis gelblich-filzig; Randstacheln zahlreich (20—25), dünn, aber starr und stechend, radial nach allen Seiten abstehend, im Neutrieb an der Basis rötlich, mit dunkler Spitze, im Alter hellgrau bereift, braun bespitzt; Mittelstacheln bis zu 8, bis 2 cm lang, derb; Pflanzen schon auf Jugendstadien blühfähig werdend; Blüten in Scheitelnähe, sehr groß, 2,5 cm lang, geöffnet bis 2,5 cm im ⌀; Fruchtknoten deutlich von der sich stark trichterig erweiternden Blütenröhre abgesetzt; basale Schuppenblätter der Röhre sehr klein, mit wenigen, kurzen Wollhaaren in ihren Achseln, obere Schuppenblätter mit dichten Haarbüscheln und je einer, bis 1 cm langen, dunkelbraunen Stachelborste; äußere Perigonblätter 1,3 bis 1,5 cm lang, grünlichgelb, mit rötlicher Spitze, die inneren leuchtend gelb, 2 cm lang, 2,5 mm breit, in eine feine Stachelspitze auslaufend; Fruchtknotenhöhle halbmondförmig; Nektarkammer diffus (im Sinne BUXBAUMs; Abb. 222, III) 0,1 cm lang; innere Staubblätter verschieden hoch von der verdickten Röhre abzweigend, viel kürzer als die Perigonblätter; Filamente weiß; Antheren gelb; Griffel 1,3 cm lang, gelb, mit 9 weißlichgelben Narbenstrahlen; Früchte karminrot, bis 3 cm lang (Abb. 220, III); Samen nicht in einem Säckchen, matt-schwarz, mit grubig-warziger Schale.

Fundort: Carretera Panamericana, km 697; Sammelnummer: K 130 (1956).

Caules solitarii, globosi, maxime usque ad 10 cm alti, 10 cm in ⌀, cano-virides, saepe radice rapiformi; costae 16—20, planae, ca. 1 cm latae; areolae magnae, ovali-rotundae, 0,6 cm in ⌀, in vertice canae vel flavescenti-tomentosae; aculei marginales numerosi (20—25), tenues, sed rigidi et pungentes, radialiter divaricati, in caule novello basi rufescentes, apice obscuro, senectute canescenti-pruinosi, apice brunneo; aculei centrales usque 8, usque 2 cm longi, solidi; iam plantae minimae florent; flores prope verticem, maximi 2,5 cm longi, aperti usque 2,5 cm in ⌀; ovarium a tubo florali valde infundibuliformiter dilatato distincte seiunctum; squamae bracteaneae basales minimae, in axillis earum pili lanei pauci breves, superiores penicillos pilorum densos et setam acicularem quaeque unam usque 1 cm longam atrobrunneam ferentes; phylla perigonii exteriora 1,3—1,5 cm longa, virescenti-flava apice rufescente, interiora lucenti-flava, 2 cm longa, 2,5 mm lata, in acumen mucronulatum excurrentia; cavum ovarii semilunatum; nectarium diffusum (sensu BUXBAUM), 0,1 cm longum; stamina interiora diversa altitudine instructa, multo breviora quam phylla perigonii; filamenta alba; antherae flavae; stylus 1,3 cm longus, flavus, radiis stigmatis albido-flavis 9; fructus punicei, usque 3 cm longi; semina non in sacculis, opace nigra, testa verrucoso-foveolata.

Ändert ab in der Bestachelung:

var. *tenuispina* Rauh et Backbg. nov. var. (Abb. 220, IV)

Körper flach-kugelig, dunkelgrün, im Scheitel weniger wollig als beim Typus; Rippen schmal, 0,5 cm breit; Areolen oval, 0,3 cm im ∅, gelbgrau-filzig; Randstacheln 10—15, sehr dünn, auffällig gescheitelt, 0,5—1 cm lang, hellgrau, mit bräunlicher Spitze, im Neutrieb an der Basis blaßbraun; Zentralstacheln meist 3, waagerecht abstehend oder schräg abwärts gerichtet, dünn, stechend, bis 2,5 cm lang, hellgrau, braun bespitzt, im Neutrieb mit roter Basis und schwarzroter Spitze; Blüten und Früchte wie beim Typus.

Fundort: Küstenwüste bei Atico (km 697), Südperu; Sammelnummer: K 130a (1956).

Caulis applanato-globosus, atroviridis, in vertice minus lanatus quam in typo; costae angustae, 0,5 cm latae; areolae ovales, 0,3 cm in ∅, flavo-cano-tomentosae; aculei marginales 10—15, tenuissimi, conspicue verticiformiter partiti, 0,5—1 cm longi, canescentes apice brunnescente, in caule novello basi pallide brunnei; aculei centrales plerumque 3, transverse patentes vel oblique deflexi, tenues, pungentes, usque 2,5 cm longi, canescentes apice brunneo, in caule novello basi rubra et apice atrorubro; flores et fructus ut in typo.

Von allen *Islaya*-Arten scheint *I. grandiflorens* die größten und zugleich primitivsten Blüten zu besitzen, da keine scharf abgegrenzte Nektarkammer ausgebildet ist. Die Filamente der inneren Staubblätter sind fast bis zur Griffelbasis frei, wobei die Filamentbasen als Nektarien fungieren.

Islaya paucispina Rauh et Backbg. nov. spec. (Abb. 221, I—IV)

Körper einzeln oder wenigköpfige Gruppen bildend, saftig-grün bis graugrün, oft bis zum gelblich-filzigen Scheitel im Sand stekkend, kugelig, bis zu 8 cm im ∅; Rippen, je nach Körpergröße 12—16; Areolen ca. 1 cm voneinander entfernt, oval bis rund, 0,7 cm im ∅; Randstacheln wenig zahlreich (5—8), ± gescheitelt, häufig schräg abwärts gerichtet und zur Areolenbasis verlängert, 0,8—1,5 cm lang, sehr derb, im Neutrieb an der Basis blaß-rötlichbraun, an der Spitze schwarzbraun, im Alter grau; Zentralstachel 1, häufig fehlend, bis 2,5(—3) cm lang, derb, waagerecht abstehend oder schräg abwärts gerichtet, im Neutrieb an der Basis braunrot, mit braunschwarzer Spitze, im Alter grau; Blüten zahlreich, viel kleiner als bei *I. islayensis*, 1,5 cm lang, geöffnet bis 1,5 cm im ⌀; Röhre dicht weiß-wollig behaart; zwischen den Wollhaaren ver-

Abb. 221. I—III *Islaya paucispina* Rauh et Backbg. I blühende Pflanze; II Blüte längs, III von oben; IV var. *curvispina* Rauh et Backbg.

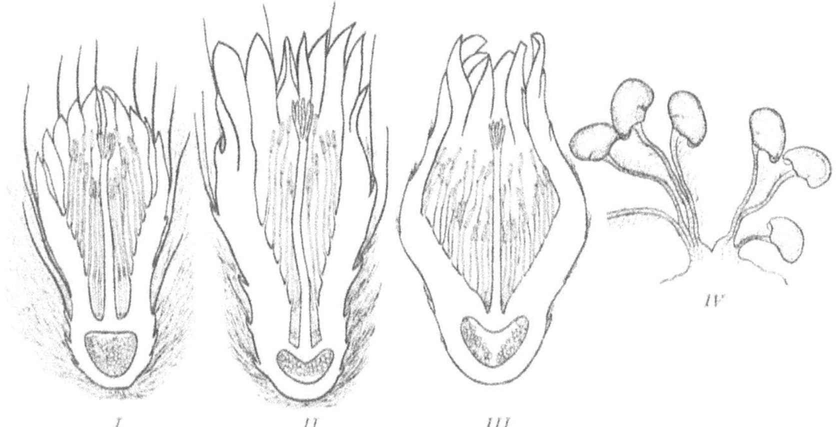

Abb. 222. Blütenlängsschnitte von I *Islaya copiapoides*, II *I. brevicylindrica*, III *I. grandiflorens*; IV Samenanlagen von *I. islayensis*

einzelte derbere Borstenhaare; Fruchtknoten wenig von der Röhre abgesetzt; äußere Perigonblätter schmal-lanzettlich, an der Spitze leicht rötlich; innere Perigonblätter 1,3—1,5 cm lang, zungenförmig, lebhaft gelb, an der Spitze leicht abgerundet; Fruchtknotenhöhle halbkugelig, sehr klein; Griffel dünn, mit 6 Narbenstrahlen; Früchte blaß-karminrot, keulig bis langgestreckt, bis 3,5 cm lang, 1,5 cm dick, locker mit Schuppenblättern besetzt, in deren Achseln Büschel reinweißer, gedrehter, bis 1 cm langer Wollhaare; Samen über die ganze Fruchthöhle verteilt, nicht in einem Säckchen, schwarz-glänzend, mit grubig-punktierter Schale.

Sammelnummer: K 127a (1956), K 42 (1954).

Caules singuli vel paucicapitatas turmas formantes, prasini vel canovirides, saepe usque ad verticem arena obtecti, globosi usque ad 8 cm in ⌀; costae 12—16 pro magnitudine plantae cuiusque; areolae ca. 1 cm inter se distantes, ovales vel orbiculares, 0,7 cm in ⌀; aculei marginales minus numerosi (5—8) ± verticiformiter partiti, saepe oblique reflexi et areolae basim versus elongati 0,8—1,5 cm longi, solidissimi, in caule novello basi pallide rubiginosi, apice atrobrunnei, senectute cani; aculeus centralis unus, saepe absens, usque 2,5(—3) cm longus, solidus, transverse patens vel oblique reflexus, in caule novello basi rubiginosus apice atrobrunneo, senectute canus; flores numerosi multo minores quam in *I. islayensi,* 1,5 cm longi aperti usque 1,5 cm in ⌀; tubus floralis dense albolanato-pilosus, inter pilos laneos pili setacei singuli rigidiores; ovarium a tubo paullum separatum; phylla perigonii exteriora anguste lanceolata, apice rubescentia, interiora 1,3—1,5 cm longa, linguiformia, laete flava apice leniter rotundata; cavum ovarii semiglobosum minimum; stylus tenuis radiis stigmatis 6; fructus pallide punicei, claviformes vel elongati; usque 3,5 cm longi, 1,5 cm crassi squamis bracteaneis laxe obtecti, in axillis earum penicilli pilorum laneorum candidorum torquatorum usque 1 cm longorum; semina in toto cavo ovarii distributa, haud in sacculis, parum membranacea, atronitentia, testa foveolato-punctata.

Ändert ab in der Bestachelung:

var. *curvispina* Rauh et Backbg. nov. var. (Abb. 221, IV)

Unterscheidet sich vom Typus durch die sehr kurzen, auffällig gekrümmten und dem Körper anliegenden Randstacheln; Mittelstachel meist 1, stark abwärts gekrümmt.

Fundort: Strandterrassen südlich und nördlich Chala; Sammelnummer: K 127b (1956).

A typo differt aculeis marginalibus brevissimis conspicue curvatis caulem appressis; aculeus centralis plerumque unus valde deorsum recurvatus.

Im Winter-Katalog wird noch eine bisher unbeschriebene *I. krainziana* Ritter et Rupf (FR 200) aufgeführt, die nach RITTERs Angaben in der regenlosen Küstenwüste Nordchiles beheimatet sein soll (genaue Standortangabe fehlt). Demnach würde sich das Verbreitungsgebiet der Gattung bis nach Nordchile hinein erstrecken (Abb. 212).

Gymnocerei Berg.

In dieser Sippe wurden schon von BERGER (1926) die Gattungen *Monvillea, Cereus, Stetsonia, Jasminocereus* u. a. vereinigt. Während sich BUXBAUM (1956) der Ansicht BERGERs anschließt, stellt BACKEBERG die beiden zuletzt genannten Gattungen in die Sippe der *Gymnanthocerei* (s. S. 277) und beläßt in den *Gymnocerei* nur noch *Monvillea* und *Cereus*. Nach BERGER haben die Vertreter dieser Sippe „merkwürdig kahle, nur wenig beschuppte Fruchtknoten und Blütenröhren und fast ganz kahle Früchte" (S. 55).

Monvillea Br. et R.

Schlanktriebige, oft dichte Dickichte bildende *Cereen* mit engröhrigen, kahlen, nächtlichen Blüten; Früchte kugelig bis länglich, kahl, bei einigen Arten vom abgetrockneten Blütenrest gekrönt.

Das Gattungsareal[1], mit dem Schwerpunkt im nordöstlichen bzw. östlichen (Brasilien, Argentinien, Paraguay) Südamerika erstreckt sich westwärts bis nach Südecuador und Nordperu, also „rings um das Gebiet des südamerikanischen Tropengürtels, und wir finden sie da, wo es warm, aber licht ist, doch zieht *Monvillea* Halbschatten und Zwischenwuchs im lichten Buschwald vor" (BACKEBERG, 1935, S. 122)[1]. BACKEBERG knüpft an die eigenartige Verbreitung von *Monvillea* — er spricht direkt von einem „Rätsel um die Gattung *Monvillea*"[1] — weittragende theoretische Erörterungen über die Entwicklung und Verbreitung der südamerikanischen Kakteen im allgemeinen an, auf die in diesem Zusammenhang nicht eingegangen werden soll; die westandinen Arten (*M. diffusa* und *M. maritima*) betrachtet er als einen eignen Entwicklungsschwarm und faßt sie in der Untergattung *Hummelia* Backbg.[2] zusammen.

Monvillea diffusa Br. et R. (Abb. 223, I)

Pflanze buschig und sparrig verzweigt (Abb. 17, unten), 2—3 m hoch; Triebe anfangs aufrecht, später niederliegend und wurzelnd, 5—8 cm im ⌀, mit 7—8 schmalen, ca. 1 cm hohen Rippen; Areolen etwas eingesenkt, rund, 0,5 cm im ⌀, grauweiß-wollig, ca. 2 cm voneinander entfernt; Randstacheln ± 10, 1—2 cm lang, derb, im Neutrieb mit heller Basis und schwarzroter Spitze, im Alter weißgrau, schwarz bespitzt; Zentralstacheln 1—4, einer davon bis 5 cm lang, grauschwarz bespitzt, schräg abwärts oder aufwärts gerichtet; Blüten bis 7 cm lang, mit stark gerippter Röhre; Schuppenblätter oval, zugespitzt; Perigonblätter weiß, zugespitzt; Früchte länglich, stark gerippt.

[1] Verbreitungskarte s. bei BACKEBERG: „Das Rätsel der Gattung *Monvillea*", Jahrb. der DKG., Bd. 1, 1935—36, S. 121—125.

[2] Jahrb. Schweizer Kakteen-Ges., H. II, 1948, S. 49—56.

Abb. 223. I *Monvillea diffusa* Br. et R.; II *M. maritima* Br. et R.; III—V *M. jaenensis* Rauh et Backbg., III Habitus mit Crista-Bildung; IV Einzeltrieb; V Längsschnitt durch eine ältere Blüte, VI durch eine jüngere Blütenknospe; VII *Monvillea jaenensis* var. *paucispina* Rauh et Backebg.

Typ-Fundort: Catamayo-Tal, Südecuador.

Nach unseren Beobachtungen tritt *M. diffusa* als Begleitpflanze des regengrünen Trockenbusches von Südecuador bis zum Tal des Rio Olmos (Nordperu) und bis zu einer Höhe von ca. 400 m Höhe auf.

Monvillea maritima Br. et R. (Abb. 223, II)

Pflanze im Wuchs ähnlich der vorigen, buschig verzweigt; Triebe 5—8 cm im ∅, zuweilen 4—5 m lang und nicht selten im Gebüsch klimmend; Anzahl der Rippen geringer als bei der vorigen, nur 4—6, manchmal etwas wellig, sehr schmal, 1 cm hoch; Areolen leicht eingesenkt, kleiner als bei voriger, nur 0,3 cm im ∅; Randstacheln 1—2 cm lang, wenig zahlreich, ± 8, davon meist 3, im Dreieck angeordnete länger und derber, im Neutrieb rötlich, im Alter grau, schwarz bespitzt; Zentralstachel meist 1, bis 3 cm lang, an der Basis oft gedreht, waagerecht abstehend, grau, mit dunkelbrauner Spitze; Blüten ähnlich denen von *M. diffusa,* bis 6 cm lang.

Typ-Fundort: Trockenbusch bei Santa Rosa, Südecuador.

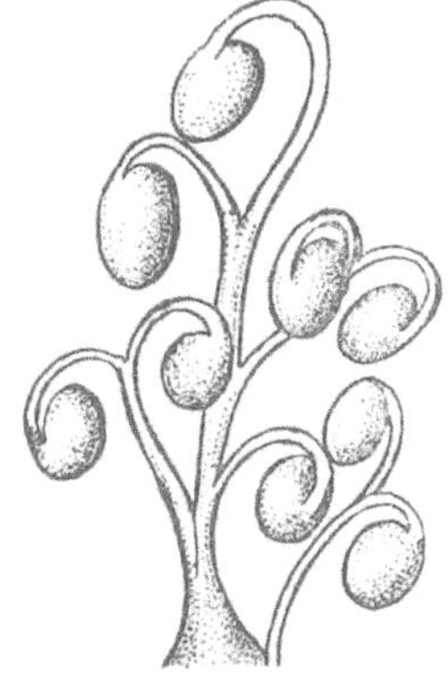

Abb. 223.
VIII *Monvillea jaenensis,* Samenanlagen vergr.

Nach Britton u. Rose (Bd. II, S. 24) unterscheiden sich beide Arten weniger im Wuchs und im Bau ihrer Blüten, als vielmehr hinsichtlich ihrer ökologischen Ansprüche. *M. diffusa* soll im Landesinnern, in den Trockentälern bis 2100 m aufsteigen, während *M. maritima* „is from a humid region near the sea level", eine Ansicht, die durch Backebergs und unsere Beobachtungen nicht gestützt werden kann. Auch *M. maritima* dringt weit ins Landesinnere vor und wurde von uns im Tal des Rio Saña noch bei 1000 m Höhe gefunden, während umgekehrt *M. diffusa* ebenso häufig im Küstengebiet als Begleiter eines Trockenbusches erscheint.

Der Entwicklungsgruppe der beiden vorstehenden Arten gehört nach Backeberg auch die ostandine

Monvillea amazonica (K. Schum.) Br. et R. (syn. *Cereus amazonicus* K. Schum.)[1]

an, die bei Tarapota am Huallaga im amazonischen Peru gefunden wurde.

Triebe anfangs aufrecht, bis 5 m hoch, nicht sehr stark verzweigt, mit 7 niedrigen Rippen; Areolen 1,7 cm voneinander entfernt, mit 15 spitzen, 8 mm langen Randstacheln; Blüten bis 8 cm lang; Röhre nackt, mit kleinen Schuppen; Perigonblätter zahlreich, an der Spitze abgerundet; Früchte länglich, vom abgetrockneten Blütenrest gekrönt.

[1] Vaupel, Monatsschrift für Kakteenkunde, Bd. 23, 1913, S. 164.

Monvillea jaenensis Rauh et Backbg. nov. spec. (Abb. 223, III—VIII)

Säulen wenig verzweigt, bis 6 m hoch und 5—10 cm im ⌀, mit 11—14 sehr schmalen, 0,5 cm hohen, dunkelgrünen Rippen; Areolen dichtstehend, 1 cm voneinander entfernt, rundlich, 2—3 mm im ⌀, weiß-filzig, im Scheitel mit verlängerten Haaren; Randstacheln zahlreich (±20), sehr dünn, z. T. borsten- bis haarförmig, im Neutrieb rötlichbraun, im Alter grauweiß, dunkel bespitzt; Zentralstacheln 1—3 (—4), davon einer bis 5 cm lang, grauweiß, schwarzbraun bespitzt; Blüten unterhalb des Scheitels, bis 6 cm lang; Röhre 0,5—1 cm dick, gerieft und locker mit Schuppenblättern besetzt; diese mit breit-dreieckigem, in eine kurze Spitze auslaufendem, freiem Abschnitt; äußere Perigonblätter unterseits grün, mit violetter Spitze; die inneren weiß, breit-oval, 1,5 cm lang, 1,2 cm breit, mit Stachelspitzchen; Fruchtknotenhöhle langgestreckt, ca. 1 cm lang; Griffel dick, mit 15 kurzen Narbenstrahlen; Filamente der zahlreichen Staubblätter nur im oberen Röhrenabschnitt abzweigend, in der Knospenlage scharf nach unten gebogen und mit den langen Staubbeuteln fast die gesamte Röhre ausfüllend; Plazentarstränge reich verzweigt, dünn (Abb. 223, VIII). Früchte länglich, bis 4 cm lang, grünlich; abgetrockneter Blütenrest früh abfallend.

Fundort: Trockenwald zwischen Chamaya und Jaén, 600 m, häufig; Sammelnummer: K 78 (1956).

Caules columniformes parum ramosi usque 6 m alti, 5—10 cm in ⌀ costis 11—14, angustissimis, 0,5 cm altis, atroviridibus; areolae confertissimae 1 cm inter se distantes, rotundulae, 2—3 mm in ⌀, albo-tomentosae in vertice pilis elongatis; aculei marginales numerosi (± 20), tenuissimi, partim setiformes vel capilliformes, in caule novello rubiginosi, senectute cano-albi obscure apiculati; aculei centrales 1—3 (—4) quorum unus usque 5 cm longus, cano-albus atrobrunneo-apiculatus; flores infra verticem usque 6 cm longi; tubus floralis 0,5—1 cm crassus, striatus, squamis bracteaneis laxe obtectus, quarum pars libera late trigona in acumen gracile excurrens; phylla perigonii exteriora subter viridia apice violaceo, interiora alba late ovalia, 1,5 cm longa, 1,2 cm lata mucronulata; cavum ovarii porrectum ca. 1 cm longum; stylus crassus radiis stigmatis 15 brevibus; filamenta staminum numerosorum tantum in regione superiore tubi inserta, in aestivatione oblique deorsum curvata, antheris longis fere omnem tubum explentia; funiculi ramosissimi tenues; fructus oblongi usque 4 cm longi virescentes; residuum floris desiccati praecociter defluens.

Ritter führt im Winter-Katalog unter der Nummer FR 293 eine neue *Monvillea* aus dem Gebiet des Marañon an. Der einzigen Angabe: „Hoch im Baumwerk des tropischen Urwaldes (gemeint ist wohl Trockenwald) anlehnend" , kann nicht entnommen werden, ob diese Art mit *M. jaenensis* identisch ist.

Westlich des Typ-Standortes von *M. jaenensis* (Huancabamba-Tal, bei km 130) wurde eine weitere *Monvillea* gefunden, die sich vom Typus durch einen niedrigeren Wuchs, die geringere Anzahl der wesentlich breiteren Rippen und die viel schwächere Bestachelung unterscheidet und die wohl als Varietät von *M. jaenensis* anzusehen ist. Auf Grund der weniger zahlreichen Areolenstacheln soll sie als

var. *paucispina* Rauh et Backbg. nov. var. (Abb. 223, VII) bezeichnet werden.

Pflanze 2—3 m hoch, größere Büsche bildend; Triebe bis 5 cm im ⌀, mit 9 flachen und abgerundeten, dunkelgrünen Rippen (Abb. 223, VII); Areolen klein (0,3 cm im ⌀), rund, weiß-filzig; Randstacheln bis zu 12, bis 1 cm lang, z. T. dünn, borstenförmig, z. T. derber, im Neutrieb schwarzbraun; Zentralstacheln 1—3 (häufig fehlend), 2—4 cm lang, im Neutrieb schwarzbraun, im Alter grau, mit dunkler Spitze; Blüten unterhalb des Scheitels, mit nackter, locker beschuppter, ziemlich dicker Röhre; Perigonblätter unterseits grün, mit violetter Spitze, oberseits weiß; Früchte nackt, bis 3 cm lang und 1,5 cm dick, dunkelgrün, mit blaugrünen Streifen, von einem kurzen Rest der Blütenröhre gekrönt; Samen 1—2 mm lang, halbnierenförmig, mit breitem Hilum, schwarz, mit netzig-grubiger Schale.

Sammelnummer: K 74 (1956).

Planta usque 2—3 m alta frutices maiores formans; caules usque 5 cm in in ⌀, costis 9 planis et rotundatis atroviridibus; areolae parvae (0,3 cm in ⌀) rotundae, albo-tomentosae; aculei marginales usque ad 12, usque 1 cm longi alii tenues et setiformes alii solidiores, in caule novello atrobrunnei; aculei centrales 1—3 (saepe absentes), 2—4 cm longi, in caule novello atrobrunnei, senectute cani apice obscuro; flores infra verticem tubo glabro modice crasso laxe squamato; phylla perigonii subter viridia apice violaceo supra alba; fructus glabri, usque 3 cm longi, 1,5 cm crassi atrovirides, glauco striati, residuo brevi tubi floralis coronati; semina 1—2 mm longa, seminephroidea hilo lato atra, testa reticulato-foveolata.

Cereus Mill.

Die Gattung *Cereus* im Sinne von Britton u. Rose (Bd. II, S. 3) scheint, soweit bis heute bekannt, in Peru nur durch wenige, in ihrer Verbreitung auf den atlantischen Andenbereich beschränkte Arten vertreten zu sein. Da aber gerade dieses Gebiet auf Kakteen hin als schlecht durchforscht gelten kann, sind von hier wohl noch interessante Neufunde zu erwarten.

Der von K. SCHUMANN (Engl. Botan. Jahrb. 40, 1908) beschriebene

C. trigonodendron Schum.

wird von BRITTON u. ROSE auf Grund des Blütenbaues als echter *Cereus* angesehen (Bd. IV, S. 267).

Pflanze baumförmig wachsend, bis 15 m hoch, mit reich verzweigter Krone; Stamm bis 5 m lang und 30 cm dick; Rippen 3—6, 2—3 cm hoch; Areolen 2—3 cm voneinander entfernt, an Neutrieben zahlreiche, bis 1 cm lange Wollhaare hervorbringend; Stacheln 2—7, davon 2 bis 5,5 cm lang, braun; Blüten 10—15 cm lang; Früchte saftig, eßbar.

Typ-Fundort: Loreto, nordöstl. Peru.

HERRERA (1941, S. 315, Nr. 1472) gibt *C. trigonodendron* auch für das östliche Urubamba-Tal bei St. Ana an. Da die Neutriebe der dort wachsenden Pflanze (Abb. 8, rechts) aber der Wollhaare entbehren, dürfte es sich wohl um eine andere Art handeln (s. auch S. 151). Sie ist vermutlich identisch mit dem von CARDENAS (Succulenta, 34, 1951) beschriebenen *Cereus vargasianus*, dessen charakteristisches Merkmal die wellig verlaufenden Rippenkanten sein sollen. Solche Pflanzen wurden zwar in der Umgebung von St. Ana beobachtet neben zahlreichen Exemplaren, die dieses Merkmal vermissen lassen. Hieraus wäre zu schließen, daß entweder *C. vargasianus* hinsichtlich der Ausbildung seiner Triebe variabel ist oder im Urubamba-Tal zwei Arten wachsen, von denen die eine in ihrer systematischen Stellung bisher noch ungeklärt ist.

Cephalocerei Backbg.

Säulencereen mit einem recht ausgedehnten Verbreitungsgebiet, das sich von Mexiko bis nach Südamerika und hier im Westen über Ecuador bis nach Peru und im Osten bis nach Brasilien erstreckt. Die Vertreter dieser *Cereen*sippe zeichnen sich, von wenigen Ausnahmen abgesehen, durch starke Wollbildung der Blühareolen aus. Diese treten in ihrer Gesamtheit zu lockeren bis dichten Pseudo- oder echten Cephalien zusammen. Blüten röhrig bis glockig, mit kahler oder behaarter Röhre; Nachtblüher.

BACKEBERG[1] unterscheidet nach der Art der Cephalienbildung die Untergruppen der:

[1] Ob alle die von BACKEBERG in dieser Sippe allein auf Grund der Cephalienbildungen zusammengefaßten Gattungen verwandtschaftliche Beziehungen zueinander aufweisen, sei an dieser Stelle nicht diskutiert.

Acephalocerei:

Blütenareolen sich durch verstärkte Woll- oder Stachelbildung auszeichnend, nicht oder zu lockeren Pseudocephalien zusammentretend.

Hemicephalocerei:

Blütenareolen mit stärkerer Wollbildung und zu kompakteren Pseudocephalien zusammentretend.

Eucephalocerei:

Pflanzen mit echten Cephalien[1].

Acephalocerei

Hierher gehört die Gattung

Pilosocereus Byles u. Rowl. (= *Pilocereus* K. Schum.),

deren südliche Verbreitungsgrenze im westlichen Südamerika in Nordperu liegt und hier mit

P. tweedyanus (Br. et R.) Backbg. (Abb. 224, I—II)

vertreten ist, einer 3—5 m hohen Art mit aufrechten, nicht kandelaberartig verzweigten, im Neutrieb lebhaft blau-grünen Trieben; Blütenareolen mit dicht lang-seidig-weißer Wolle und nicht selten zu einem bis 1,5 m langen, jedoch häufig unterbrochenen Pseudocephalium zusammentretend. (Abb. 224, I)

P. tweedyanus ist eine Charakterpflanze des regengrünen Trokkenwaldes des südlichen Ecuador und nördlichen Peru (Abb. 17, oben). Als südlichster Standort wurde das Tal von Chanchaque festgestellt, wo er weit ins Landesinnere vordringt und noch bei 500 m in einigen Exemplaren anzutreffen ist, während er weiter im Norden die niederen Lagen besiedelt.

Wesentlich höher hinauf (bis 900 m) steigt der der vorigen Art nahestehende und in seiner Verbreitung auf Südecuador beschränkte

Pilosocereus gironensis Rauh et Backbg. nov. spec. (Abb. 224, III)

Er unterscheidet sich von *P. tweedyanus* durch den abweichenden Wuchs; die relativ kurz bleibenden und sich reich verzweigenden Triebe steigen bogenförmig auf, so daß ein mehr kandelaberartiger Wuchs resultiert; Pflanze 3—5 m hoch, sparrig verzweigt; Triebe bogig aufsteigend, weniger blau bereift als bei *P. tweedyanus*, 7—8rippig, bis 10 cm dick; Randstacheln ± 9, grau (nicht schwarz),

[1] Die Begriffe: „Pseudocephalium" und „echtes Cephalium" sind an anderer Stelle (Beiträge zur Biologie der Pflanzen, Bd. 34, H. 1, 1957) ausführlich erläutert worden.

Abb. 224. I—II *Pilosocereus tweedyanus* (Br. et R.) Backbg.; III *P. gironensis* Rauh et Backbg.; IV *P. tuberculosus* Rauh et Backbg., junger Trieb

dazwischen längere Wollhaare; diese aber in geringerer Anzahl als bei *P. tweedyanus*; Zentralstacheln 1—2, schräg aufwärts oder abwärts gerichtet, bis 2 cm lang; Blüten und Fürchte unbekannt.

Fundort: Trockental zwischen Giron und Pasaje (Südecuador) bei 900 m; Sammelnummer: K 113 (1954).

A *P. tweedyano* conspicue differt habitu; caules breves manentes ramosissimi arcuatim adscendunt; itaque habitum candelabriformem praebent; planta 3—5 m alta, squarrose ramosa; caules arcuatim adscendentes, minus glauco-pruinati quam in *P. tweedyano*, 7—8 costati usque 10 cm crassi; aculei marginales ± 9, cani (non atri), inter quos pili lanei longiores; aculei centrales 1—2, oblique erecti vel reflexi, usque 2 cm longi; flores et fructus ignoti.

Pilosocereus tuberculosus Rauh et Backbg. nov. spec. (Abb. 224, IV)

Pflanze 1,5 m hoch (im Alter wohl höher werdend), ca. 1 m über dem Erdboden verzweigt; Triebe 6—10 cm dick, mit 11—12 flachen Rippen, die im Neutrieb in stark höckerig aufgewölbte, dunkelgrüne Mamillen aufgelöst sind; oberhalb der weißfilzigen Areolen eine deutliche Querfurche; Areolen rund, ca. 5 mm im ∅, im Scheitel mit 1 cm langen, weißen, gekräuselten Haaren, die an älteren Areolen bald abfallen; Randstacheln ca. 15, bis 0,8 cm lang, gelbbraun; Zentralstacheln 1—2, bis 4 cm lang, derb, im Scheitel an der Basis leuchtend karminrot, im Alter gelbbraun; Blüten und Früchte unbekannt.

Fundort: Tal des Rio Saña, bei 500 m; Sammelnummer: K 86a (1956).

Planta 1,5 m alta (senectute forsan altior fiens), ca. 1 m supra terram ramosa; caules 6—10 cm crassi, costis 11—12 planis, in caule novello gibbosissime tesselatis atroviridibus; supra areolam albo-tomentosam unam quamque sulcus transversalis distinctus; areolae rotundae, ca. 5 mm in ∅, in vertice pilis 1 cm longis albis crispatis; aculei marginales ca. 15 usque 0,8 cm longi flavo-brunnei; aculei centrales 1—2 usque 4 cm longi, solidissimi, in vertice basi lucido-punicei, senectute flavobadii; flores et fructus ignoti.

Die Pflanze scheint selten zu sein, sie wurde nur in einem jüngeren Exemplar angetroffen. Obwohl Blüten und Früchte unbekannt sind, steht die Zugehörigkeit zu *Pilosocereus* außer Zweifel, wenngleich auch die auffallende Mamillenbildung stark von den übrigen westandinen Arten abweicht. *P. tuberculosus* ist die auf der Andenwestseite am weitesten nach Süden vordringende Art.

Eucephalocerei[1]

Diese Kakteensippe ist in Peru mit den beiden Gattungen *Thrixanthocereus* und *Espostoa* vertreten. Während die letztere ein

[1] Die *Hemicephalocerei* sind in Peru nicht vertreten.

größeres, sich von Zentral- bis Nordperu erstreckendes Areal besitzt, ist *Thrixanthocereus* in seiner Verbreitung auf ein kleines Gebiet in Nordperu beschränkt.

Thrixanthocereus Backbg.

Die Gattung galt bisher als monotypisch, vertreten mit der einzigen Art:

Th. bloßfeldiorum (Werd.) Backbg. (Abb. 69, unten; Abb. 225)

Neuerdings will F. Ritter in Nordperu eine zweite Art, *Th. senilis* F. R. (nom. nud.), gefunden haben.

Th. bloßfeldiorum wurde von H. Blossfeld bei Huancabamba (Sondorillo) entdeckt und von Werdermann[1] als *Cephalocereus* (?) *bloßfeldiorum* beschrieben. Backeberg fand auf seinen Reisen die Pflanze am Typstandort wieder und stellte auf Grund der stark behaarten Blütenröhre (bei *Cephalocereus* ist diese nackt) das obige Genus auf. Er schreibt 1937[2], daß die Pflanzen „nur noch in rund 25 Exemplaren existieren; wegen der ungeheuren Trockenheit wurden viele von Eseln zerfressen". Während *Thrixanthocereus* bei Huancabamba (2400 m) auch heute noch selten ist, tritt er in größeren Beständen im Huancabamba-Tal (bei km 100 von Olmos aus gerechnet), östlich des Flußdurchbruches durch die Westkordillere auf, und zwar sowohl auf Flußterrassen (Abb. 69, unten), als auch auf extrem trocknen, stark verwitterten, steilen Felshängen. Von hier aus dringt die Pflanze nach Osten bis zum Marañon vor und wurde noch in vereinzelten Exemplaren zwischen Bellavista und Bagua angetroffen; sie fehlt aber dem feuchteren Talbecken von Jaén.

Pflanze säulenförmig, in der Regel unverzweigt, selten an der Basis sprossend, bis 3 m hoch und 10(—15) cm dick; an der Sproßbasis junger Pflanzen ein auffälliger Kranz verlängerter Borsten (Abb. 225, I), wie er in dieser Form sonst nur noch bei dem ostbrasilianischen *Cephalocereus polyanthus* Werd. angetroffen wird; Rippen bis 25, schmal, oberhalb der dichtstehenden, kleinen (3—4 mm im ⌀), anfangs weiß-wolligen, später verkahlenden Areolen mit seichter Querfurche; Randstacheln zahlreich (20—25), dünn, nadelförmig, strahlig abstehend, bis 1 cm lang, sich nur wenig mit denen der Nachbarareolen verflechtend; Mittelstachel meist 1, bis 3 cm lang, schwarzbraun, mit schwarzer Spitze, schräg aufwärts gerichtet oder waagerecht abstehend; Cephalium vom Scheitel ausgehend, ca. 4 cm breit und 4—8 Rippen einnehmend, im Durchschnitt 50—80 cm, seltener bis 2 m lang, viel lockerer als bei *Cephalocereus* und bei *Espostoa*. Die Blühareolen tragen am Grunde dichte, kurze, gelblichweiße Wolle, die von

[1] Kakteenkunde 1937, S. 4—5.

[2] Blätter f. Kakteenforschung 1937, Nachtrag 15.

längeren, glashellen Borsten und schwarzen Stacheln überragt wird (Abb. 225, II). Wird die Spitze eines Cephaliums verletzt, so entwickelt sich eine unterhalb der Verletzungsstelle gelegene vegetative Areole zu einem neuen Langtrieb, der nach einer kurzen Zone vegetativen Wachstums sofort

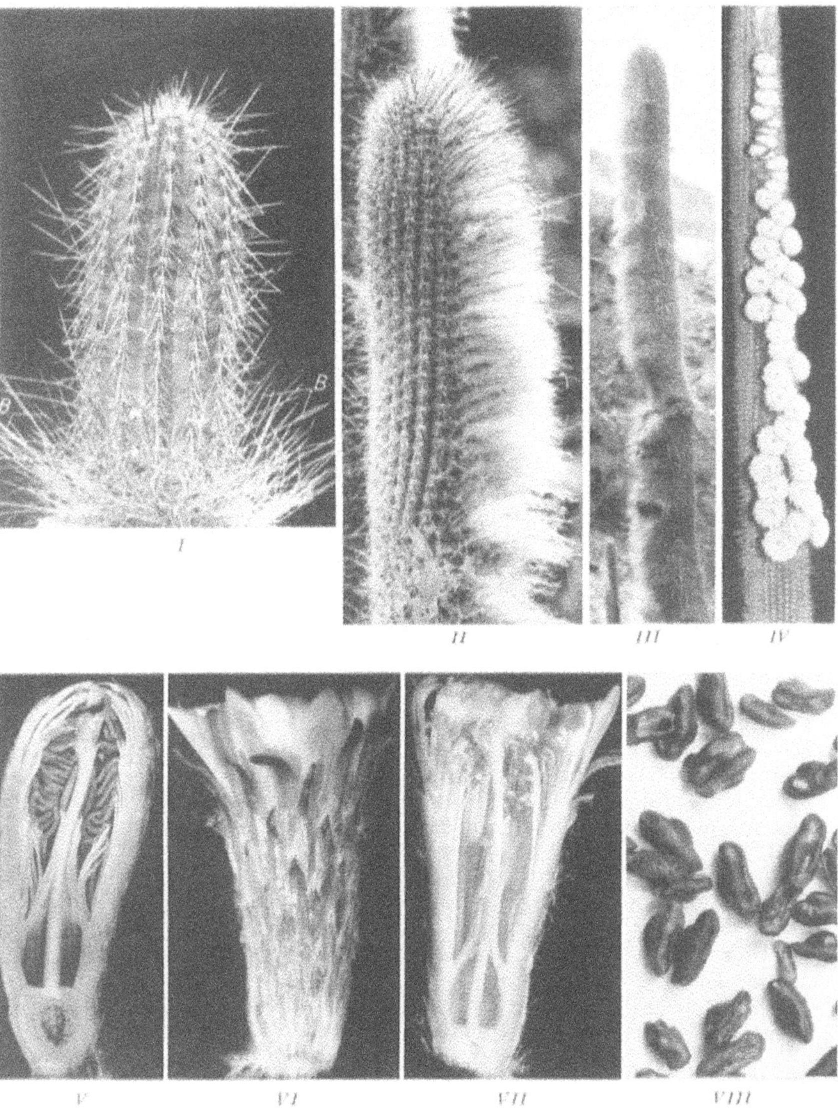

Abb. 225. *Thrixanthocereus bloßfeldiorum* (Werd. et Backbg.) Backbg. I Jungpflanze mit dem basalen Borstenkranz (*B*); II Cephalium einer blühfähigen Pflanze; III im Bereich eines Cephaliums verletzte Pflanze; bei × hat sich eine vegetative Areole zu einem cephalientragenden Trieb entwickelt; IV blühende Pflanze in der Kultur; V Längsschnitt durch eine ältere Blütenknospe; VI Blüte; VII dieselbe durchschnitten; VIII Samen (IV phot. W. CULLMANN)

wieder zur Cephalienbildung schreitet (Abb. 225, III)[1]. Die Cephalien aller Pflanzen sind wie bei *Espostoa* vorwiegend nach W bis WSW ausgerichtet[2].

Blüten sich nach Sonnenuntergang öffnend, nach Aas riechend, über das ganze Cephalium verteilt — nur die Cephalienspitze bleibt frei davon — und zu gleicher Zeit in größerer Zahl erscheinend[3], 5—6,5 cm lang, geöffnet bis 5 cm im ⌀; Röhre gerade, ziemlich dick, sich spitzenwärts schwach trichterig erweiternd, dicht mit Schuppenblättern besetzt, von denen die basalen in eine hinfällige, grannenartige Spitze auslaufen; in den Achseln der Schuppenblätter lange, seidige Wollhaare; äußere Perigonblätter schmal-lanzettlich, ca. 1 cm lang, 0,4 cm breit, olivgrün bis bräunlich; die inneren cremefarbig, breit zungenförmig, an der Spitze abgerundet und leicht ausgefranst gezähnt, 1,5 cm lang, 0,5 cm breit; Fruchtknotenhöhle halbkugelig, 0,5 cm im ⌀; Nektarkammer kurz, 1 cm lang, 0,7 cm im ⌀; Staubblätter zahlreich (± 350), die inneren in Doppelreihe angeordnet, mit ihren miteinander vereinigten Basen die Nektarkammer verschließend und sich dem Griffel anlegend, kürzer als die äußeren (Abb. 225, VII). In der Knospe sind die Filamentspitzen hakenförmig gekrümmt und damit die Antheren einwärts gebogen (Abb. 225, V); Griffel 3—5 cm lang, dick, mit 12—15 langen gelblichen, die längsten Staubblätter nur wenig überragenden Narbenstrahlen.

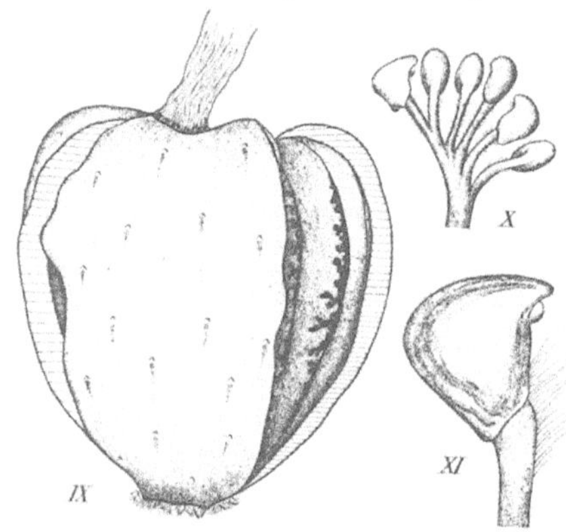

Abb. 225. *Thrixanthocereus bloßfeldiorum.* IX aufgesprungene Frucht; X Samenanlagen; XI einzelne Samenanlage vergr.;

Von besonderem Interesse ist die Frucht, von der BUXBAUM[4] schreibt, „daß es sich um die eigenartigste Frucht der Kakteen überhaupt handelt". Es ist eine ovoide, vom abgetrockneten Blütenrest gekrönte, sich mit Längsrissen öffnende, ca. 4 cm lange und 3 cm im ⌀ breite, mit kleinen Schuppenblättern besetzte „Spaltbeere"[5]. Die Fruchtwand ist lederartig zähe und öffnet sich mit 2—5 Längsspalten[6], wobei die einzelnen Fruchtwandabschnitte nicht nur an der Basis, sondern auch an der Spitze mit dem abge-

[1] Nach brieflicher Mitteilung von CULLMANN kann in der Kultur auch ohne Verletzung Verzweigung erfolgen, indem eine Blühareole des Cephaliums zu vegetativem Wachstum umgestimmt wird und zu einem Langtrieb auswächst, eine Erscheinung, die am natürlichen Standort niemals beobachtet wurde.

[2] Die gleiche Beobachtung machte CULLMANN auch an seinen Kulturexemplaren. Als Himmelsrichtung gibt er allerdings SSW an.

[3] CULLMANN zählte an einer Kulturpflanze in einer Nacht 42 geöffnete Blüten (Abb. 225, IV).

[4] F. BUXBAUM: „Allgemeine Morphologie der Kakteen. Die Frucht" in „Cactaceae", Jhrb. der DKG. 1941, I, S. 11 u. Abb. 28.

[5] Die Früchte sind wesentlich größer als „kirschengroß" (BUXBAUM).

[6] Nach BUXBAUM öffnet sich die Frucht stets mit 5 Längsrissen. Das ist nach meinen Beobachtungen nicht der Fall; die Zahl der Spalten ist nicht konstant; meist wurden nur 2 beobachtet.

trockneten Blütenrest vereinigt bleiben (Abb. 225, IX). Durch Aufbiegen ihrer Ränder nach außen können die kleinen Samen, die allerdings sehr fest an den fleischig werdenden Plazentarsträngen haften, entlassen werden. Das Aufplatzen der reifen Früchte steht vermutlich in Abhängigkeit vom Quellungszustand der großen Schleimzellen, welche in großer Zahl das den eigentlichen Fruchtknoten umgebende Achsengewebe durchsetzen; Plazentarstränge sehr kurz, verzweigt, fleischig und „behaart"; Samenanlagen gekrümmt; Mikropyle aber nach oben weisend (Abb. 225, X—XI).

Von ebenso eigenartigem Bau ist der Samen, den BUXBAUM schon früher beschrieben hat[1], er „ist eine schwärzlich-rotbraune, fein warzige Halbkugel, die auf einem schmalen, aber das Samenkorn an Länge übertreffenden Hilum aufsitzt. Letzteres ist heller rotbraun und fein grubig punktiert" (Abb. 225, VIII).

Die Art ist selbststeril.

Sammelnummer: K 123 (1954).

Auf Grund der behaarten Blütenröhre (Abb. 225, VI) und Früchte schließen sich KRAINZ und BUXBAUM[2] der Ansicht MARSHALLs[3] an, ziehen das Genus *Thrixanthocereus* ein und stellen *Th. bloßfeldiorum* zu der in Ostbrasilien im Staate Bahia beheimateten Gattung *Facheiroa* Br. et R. Ich kann dieser Ansicht nicht folgen, denn schon allein arealkundliche Betrachtungen machen eine derartige Zusammenlegung unmöglich. Es ist bekannt, daß gerade die südamerikanischen Cephalienträger — eine Ausnahme bildet *Melocactus* — sehr begrenzte und fest umschriebene Verbreitungsgebiete haben. Es erscheint deshalb völlig unwahrscheinlich, daß eine im äußersten Osten Südamerikas lokal verbreitete Gattung mit einem recht isoliert stehenden Vertreter nochmals im äußersten Westen des Kontinents auftreten soll, wobei beide Standorte durch tausende von Kilometern kakteenfreien Urwaldes getrennt sind. Die Annahme, daß *Thrixanthocereus* zu *Facheiroa* gehört, setzt voraus, daß es sich einmal bei der letzteren um eine sehr alte Gattung handeln und zum anderen ein früher geschlossenes, sich von der Ostküste Südamerikas bis zur Westküste erstrekkendes Areal bestanden haben muß. Aber auch in morphologischer Hinsicht bestehen auffällige Unterschiede zwischen *Facheiroa* und *Thrixanthocereus*. Die erstere wächst nach den Angaben von BRITTON und ROSE[4] und WERDERMANN[5] strauchförmig und ist reich verzweigt, während *Thrixanthocereus* normalerweise unverzweigte Säulen bildet. Bei *Facheiroa* besteht das Cephalium „aus einer

[1] Cactaceae, Jahrb. DKG., 1937, II, S. 22.
[2] Die Kakteen; Franckhsche Verlagshandlung, Lieferung 1957.
[3] MARSHALL u. BOCK: Cactaceae. Pasadena, 1941, S. 102.
[4] „The Cactaceae", Bd. II, S. 173.
[5] Brasilien und seine Säulenkakteen; Neudamm, 1933, S. 113.

kompakten Masse braunrötlicher Wollhaare" (WERDERMANN), während es bei *Thrixanthocereus* sehr locker und von Borsten und Stacheln durchsetzt ist. Die Blüten sind bei *Facheiroa* klein (3 bis 4,5 cm lang), kurz-zylindrisch bis glockig, bei *Thrixanthocereus* viel größer und trichterig-glockig. Von einer Öffnungsweise der Früchte durch Spalten bei *Facheiroa* sprechen weder BRITTON und ROSE noch WERDERMANN; auch lassen die Samen das für *Thrixanthocereus* charakteristische auffällige Hilum vermissen. Schließlich besitzen junge Pflanzen von *Facheiroa* nicht den basalen Borstenkranz.

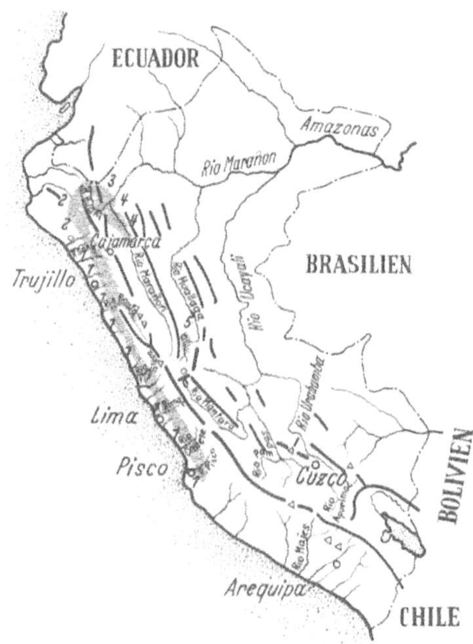

Abb. 226. Verbreitungskarte der Gattung *Espostoa*. 1 *Espostoa melanostele*; 2 *E. procera*; 3 *E. laticornua*; 4 *E. lanata*; 5 *E. mocupensis* (?)

All die aufgeführten Unterschiede sprechen wohl eindeutig dafür, daß es sich bei *Facheiroa* und *Thrixanthocereus* um zwei verschiedene Gattungen handelt.

Espostoa Br. et R.

Im Gegensatz zu *Thrixanthocereus* besitzt die Gattung *Espostoa* ein recht großes Areal, das sich von Nordperu (Tal des Rio Huancabamba) bis zum südlichen Zentralperu (Tal des Rio Cañete) erstreckt. Das Hauptverbreitungsgebiet liegt in der niederschlagsarmen Kakteenstufe der westlichen Andenabdachung; im Norden, im Tal des Rio Huancabamba und im nördlichen Zentralperu bei Huanuco wird die Westkordillere überschritten, und das Areal greift hier im Bereich der interandinen Trockengebiete weit nach Osten vor (Abb. 226).

Hinsichtlich der Wuchsformen sind 2 Gruppen zu unterscheiden:

a) die kandelaberartig verzweigte, stammbildende „*lanata*"-Gruppe,

b) die strauchig wachsende, von der Basis her verzweigte „*melanostele*"-Gruppe.

Für die letztere hat BACKEBERG das eigne Genus *Pseudoespostoa* aufgestellt.

Nach ihm rechtfertigen die nachstehend aufgeführten Unterschiede die Aufstellung einer neuen Gattung:

Espostoa	*Pseudoespostoa*
Wuchs: kandelaberartig; Bildung eines kurzen Stammes.	Wuchs: strauchig; Primärsproß von der Basis her verzweigt, ohne hervortretende Stammbildung.
Cephalienbildung: „Spaltcephalium", d. h. eingesenktes Cephalium, das zu einer „Spaltung" der Sproßachse im Bereich des Cephaliums führen soll.	Cephalienbildung: „Oberflächencephalium", d. h. Cephalium nicht eingesenkt, oberflächlich entstehend und seitlich deshalb unregelmäßig abgegrenzt.
Früchte: karminrot.	Früchte: blaß-gelblich bis grünlich.
Samen: matt.	Samen: glänzend.
Verbreitung: Nordperu.	Verbreitung: Nord- bis Zentralperu.

BACKEBERG legt besonderen Wert auf die angeblich verschiedenartige Ausbildung des Cephaliums bei *Espostoa* und „*Pseudoespostoa*". Aber schon BUXBAUM[1] weist darauf hin, daß die bestehenden Unterschiede nur quantitativer Art sind. Ich selbst habe am natürlichen Standort immer wieder die Cephalienbildung, sowohl von *Espostoa* als auch „*Pseudoespostoa*", untersucht mit dem Ergebnis, daß keine grundsätzlichen Unterschiede festzustellen sind[2]. Auch die Beschaffenheit der Samenschale, glänzend oder matt, ist kein Merkmal, das zur Aufstellung einer neuen Gattung berechtigt. Innerhalb der Gattung *Islaya* konnte ich feststellen, daß es sowohl Arten mit glänzenden als auch solche mit matten Samen gibt (siehe S. 491). Schließlich spielt auch die Form der Verzweigung keine entscheidende Rolle, denn wir kennen im Bereich der Blütenpflanzen ungezählte Gattungen, deren zugehörige Arten sowohl in baum- als auch strauchförmigen Wuchs auftreten können.

Zusammenfassend müssen wir feststellen, daß *Pseudoespostoa* als eigenes Genus abzulehnen ist. Zu ähnlichem Ergebnis kommt auch JOHNSON[3]: "The more I see of the two genera *Espostoa* and *Pseudoespostoa* the more convinces I am that *Pseudoespostoa* cannot be defended as a separate genus. When we were dealing only with *Espostoa lanata* and *Pseudoespostoa melanostele* separated by

[1] F. BUXBAUM: „Morphologie des ‚Spaltcephaliums' von *Espostoa sericata*." Öst. Botan. Zeitschr. Bd. 99, 1952.

[2] Hierüber wird an anderer Stelle ausführlich berichtet.

[3] JOHNSON, H.: „A Cactus collector in the Andes." Teil II, Cactus and Succ. Journ. of America, Bd. XXIV, 1952, S. 92.

hundreds of miles one could not be too sure that the small differences were basic i. e. basal branching and shining smooth seeds in *Pseudoespostoa* and lateral branching from a trunk and dull rugose seeds in *Espostoa*. Such differences at best are very feeble to raise a new genus on" (S. 92).

BACKEBERG kannte übrigens aus eigner Anschauung *Espostoa lanata* nur aus dem interandinen Huancabamba-Tal und *Pseudoespostoa* nur aus dem Rimac-Tal Zentralperus. Nun haben aber unsere Studienreisen das Ergebnis gezeitigt, daß nicht nur *E. melanostele* weit nach Norden vordringt, sondern auch Kandelaber-Espostoen, die bisher nur von der östlichen Abdachung der Westkordillere aus Höhenlagen von 2400 m bis 800 m her bekannt waren, auch auf den pazifischen Hängen in niederen Höhenlagen (400—500 m) auftreten; im Tal des Rio Saña erscheinen beide Wuchstypen, strauchige und Kandelaberformen sogar nebeneinander, denn in diesem Tal erreichen die Kandelaber-Espostoen mit *E. procera* die Süd-, *E. melanostele* hingegen die Nordgrenze ihrer Verbreitung (Abb. 226).

BRITTON u. ROSE waren sich der zwischen *E. lanata* und *E. melanostele* bestehenden Unterschiede im Wuchs nicht klar bewußt, denn bei der in Bd. II, Abb. 88 als *Espostoa lanata* abgebildeten Pflanze handelt es sich eindeutig um *E. melanostele*; auch die Abb. 87 zeigt keine typische *E. lanata*, sondern vielmehr eine Pflanze, die im Wuchs mit unserer *E. laticornua* übereinstimmt.

Espostoa melanostele (Vpl.) Borg. (syn.: *Cephalocereus* Vpl.; *Pseudoespostoa* Backbg.)[1] (Abb. 19; Abb. 31; Abb. 227.)

Pflanze 1—2 m hoch, strauchig wachsend, von der Basis her verzweigt[2], im Alter ohne hervortretenden Primärsproß, mit 5—25, aufrecht wachsenden oder aufsteigenden, bis zu 10(—15) cm dicken Trieben; Rippen 18—20, flach, ca. 1 cm voneinander entfernt; Areolen dichtstehend, rund, weißfilzig, mit zahlreichen (40—50), bis 1 cm langen, bernsteingelben Randstacheln; dazwischen zahlreiche, lange, sich miteinander verwebende weiße Wollhaare, welche die Säulen in ein dichtes Wollkleid einhüllen; Sprosse im Alter, vorwiegend an der Basis, verkahlend; Zentralstacheln 1—3, 5—10 cm lang, im Neutrieb bernsteingelb, im Alter sich purpurschwarzviolett verfärbend.

Bei einer Größe von ca. 1 m schreiten die Sprosse zur Cephalienbildung, indem die Blühareolen dichte Büschel intensiv gelbbraun gefärbter Woll-

[1] Siehe auch AKERS, J.: „A Cactus Collector goes to Peru." Cactus and Succ. Journ. of America, Bd. XIX, 1947, S. 37.

[2] Werden aber ältere Triebe an der Spitze verletzt, so verzweigen sich diese unter akrotoner Förderung, indem sich unterhalb der Verletzungsstelle gelegene Areolen zu neuen Langtrieben entwickeln.

Abb. 227. *Espostoa (Pseudoespostoa) melanostele* (Vpl.) Borg. I Trieb mit beginnender Cephalienbildung; II Trieb mit Doppelcephalium; III Bildung eines abnormen Cephaliums, das über den Scheitel hinweggreift; IV blühender Sproß (nach Einbruch der Dunkelheit phot.) mit zahlreichen Ameisen als Bestäuber; V Längsschnitt durch eine ältere Blütenknospe; VI fruchtender Sproß

(Abb. 227, I). Die Länge der Cephalien beträgt 20—60 cm. In Übereinstimmung auch mit anderen Cephalienträgern sind alle Cephalien einer Pflanze vorwiegend nach einer Himmelsrichtung und zwar nach SW ausgerichtet. In selteneren Fällen konnte auch die Bildung von Doppelcephalien beobachtet werden (Abb. 227, II) und einmal sogar ein scheitelständiges (Abb. 227, III), d. h. ein Doppelcephalium, das über den Scheitel hinweggreift.

Blüten unregelmäßig am Cephalium verteilt (Abb. 227, IV), mehrere oft zu gleicher Zeit erscheinend, sich gegen 18⁰⁰, d. h. mit eintretender Dunkelheit öffnend und bei Tagesanbruch schließend; zur Zeit der vollen Anthese werden sie von zahlreichen Ameisen aufgesucht (Abb. 227, IV), die wohl auch die Bestäubung vornehmen; Blüten 5—6 cm lang, mit flach ausgebreitetem Perigon, ca. 5 cm im ⌀; Röhre 1,5—2 cm im ⌀, sich spitzenwärts nur wenig erweiternd, dicht mit Schuppenblättern besetzt; diese mit 2—3 mm langem, scharf zugespitztem, bräunlich-rotem, freiem Abschnitt, in ihren Achseln mit Wollhaaren; äußere Perigonblätter unterseits grünlich, mit schwach rötlichem Mittelstreifen und rötlicher Spitze, oberseits reinweiß, die inneren reinweiß, ca. 1,5 cm lang und 0,7 cm breit, an der Spitze ausgefranst gezähnt; Fruchtknotenhöhle 0,3 cm im ⌀; Plazentarstränge dünn, vorwiegend an der Basis verzweigt, „behaart"; Nektarkammer 1,2 cm lang, sehr weit (0,6—1 cm im ⌀), nur unvollständig durch die kürzeren, inneren, meist in Doppelreihe angeordneten und an der Basis miteinander vereinigten Staubblätter verschlossen (Abb. 227, V); häufig fällt einer der beiden inneren Staubblattkreise aus; in diesem Falle treten dann an der Filamentbasis haarartige, verzweigte Auswüchse auf (Abb. 227, VII), die in diesem Falle wohl als Staminodialhaare zu deuten sind; Filamente weiß, Antheren gelb; Griffel dick, die Staubblätter überragend. Früchte birnenförmig, sich aus der Cephalienwolle herausschiebend, bis 5 cm lang, anfangs vom abgetrockneten Blütenrest gekrönt, zunächst grasgrün, reif weißlichgelb, mit sehr dünner, glänzender Fruchtschale, diese mit kleinen Schuppenblättern besetzt; Samen klein, schwarz-glänzend.

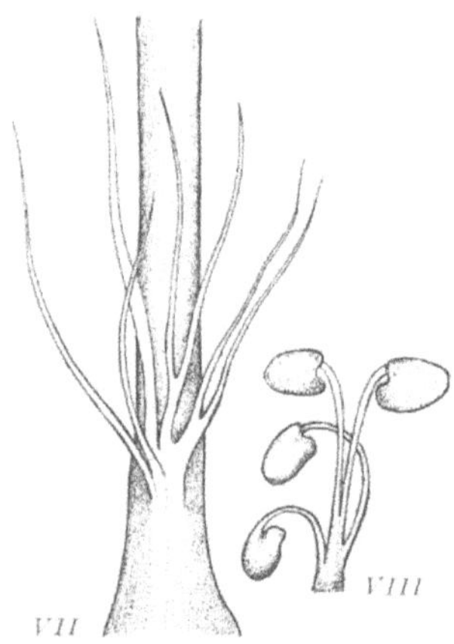

Abb. 227. *Espostoa (Pseudoespostoa) melanostele*, VII inneres Staubblatt mit Staminodialhaaren, VIII Samenanlagen

Obwohl die Pflanzen reichlich blühen, setzen nur relativ wenig Blüten Früchte an.

Espostoa melanostele var. *inermis* Backbg. (Abb. 20)

unterscheidet sich vom Typus durch die fehlenden Zentralstacheln und die Bildung längerer und dichterer Wollhaare, die sich so stark miteinander verweben, daß weder die Areolen noch der Körper sichtbar sind.

Diese Varietät mit ihren weißen Wollschöpfen (Abb. 20) gehört zu den schönsten Kakteen der westandinen Kakteenstufe.

Wie schon an früherer Stelle erwähnt, läßt sich in der Wollbildung häufig eine gewisse Rhythmik erkennen, indem Zonen mit stärkerer und schwächerer Wollbildung miteinander abwechseln. Wahrscheinlich entsprechen die einzelnen Zonen Ruhe- und Wachstumsperioden.

E. melanostele ist ein typischer Vertreter der westandinen Kakteenfelswüste und ist in nahezu allen Andenquertälern vom Cañete-Tal im Süden bis zum Saña-Tal im Norden anzutreffen. Ihr vertikales Areal erstreckt sich von 800 m bis an die untere Grenze der regengrünen Region (2000—2400 m); in mittleren Höhenlagen (1000—1500 m) bildet *E. melanostele* durch ihr bestandsbildendes Auftreten nicht selten eine eigne Pflanzengesellschaft (s. Teil I).

Espostoa lanata (H. B. K.) Br. et R. (Abb. 67, unten; Abb. 228, III—V, Abb. 229) (syn.: *Cactus lanatus* H.B.K., 1823; *Cereus lanatus* DC., 1828; *Pilocereus dautwitzii* Hge., 1873; *Piloc. haagei* Rumpl.; *Cereus dautwitzii* Ore, 1904; *Cleistocactus lanatus* Web., 1904; *Oreocereus lanatus* Br. et R., 1916).

Pflanze 2—4 m hoch, mit kurzem, bis 0,6—1 m hohem und 20 cm dickem Stamm; Seitenäste bis 15 cm dick, steil aufstrebend; diese sich bei ungestörtem Wachstum stets an ihrer Basis verzweigend, so daß Kandelaber aus ± parallel angeordneten Säulen resultieren (Abb. 228, I); Rippen je nach Dicke der Säulen 20—30, ca. 1 cm breit, hell- bis dunkelgrün; Areolen dichtstehend, 5—6 mm voneinander entfernt, rund, weiß- bis leicht gelb-filzig; Randstacheln zahlreich, nadelförmig-dünn, bis 1 cm lang, blaßgelb, im Scheitel häufig mit roter Spitze, im Alter verblassend und grau; zwischen diesen lange, weiße, sich miteinander verwebende Wollhaare, die besonders im Scheitel sehr dicht stehen und den Sproß völlig einhüllen; Triebe im Alter verkahlend; Zentralstacheln 1—2, bis 10 cm lang, entweder derb, leuchtend gelb, dunkler gezont und rot bespitzt oder dünner, blaßgelb, ohne rote Spitze, im Alter vergrauend; Bestachelung an ein und derselben Pflanze je nach dem Alter der Triebe sehr variabel; junge Austriebe mit langen Zentralstacheln, die mit zunehmendem Längenwachstum derselben kürzer werden.

Cephalien bis 1,5 m lang, mit weißlichgrauer Wolle, etwa $^1/_4$ des Sproßumfanges einnehmend, an der Spitze „eingezogen", d. h. leicht in die Sproßachse versenkt (II). Alle Cephalien ein und derselben Pflanze nach der gleichen Himmelsrichtung weisend; Blüten zahlreich, über die ganze Länge des Cephaliums verteilt, bis 6 cm lang, geöffnet bis 5 cm im ⌀; Röhre bis 1,5 cm dick, durch die Basen der Schuppenblätter leicht gerieft, diese mit kurzem, in eine scharfe Stachelspitze auslaufendem freiem Abschnitt; in ihren Achseln seidige Wollhaare; äußere Perigonblätter unterseits bräunlichrot, oberseits cremefarbig, die inneren weißlichgelb, 1,5 cm lang, 0,7 cm breit, an der Spitze abgerundet und fein gezähnelt; Fruchtknotenhöhle lang-dreieckig (0,7 cm lang); Samenstränge dünn, mehrmals gabelig verzweigt; Nektarkammer kurz, 0,7 cm lang, 0,4 cm im ⌀, durch die Filamentbasen stark gewulstet; innerer Staubblattkreis einfach; Griffel dünn, die Perigonblätter überragend; Frucht birnenförmig, bis 4 cm lang, lebhaft karminrot, locker beschuppt, mit weißem, wäßrigem Fruchtmus und zahlreichen, kleinen, schwarz-glänzenden Samen.

Espostoa lanata var. *sericata* Werd. et Backbg.[1]
unterscheidet sich vom Typus durch die dickeren Triebe, die viel kürzeren und dünneren, oft fehlenden Zentralstacheln und die dichtere, weiß bis leicht gelbliche Behaarung.

[1] Diagnose bei BACKEBERG: Neue Kakteen, Frankfurt/Oder, 1931. S. 71.

Abb. 228. *Espostoa lanata*. I Typus; II Trieb mit beginnender Cephalienbildung; III gabelig verzweigte Triebe mit Doppelcephalien; IV *E. laticornua* var. *rubens*; V *E. laticornua* var. *typica*, Einzeltrieb

Der Typus und die var. *sericata* kommen zusammen im Tal des Rio Huancabamba in der näheren und weiteren Umgebung von Huancabamba zwischen 2400 und 2000 m vor, wo sie auf Trockenhängen oft größere Bestände bilden. Wie schon BACKEBERG festgestellt hat, sind dort beide durch Übergangsformen miteinander verbunden.

Wahrscheinlich gehört auch *Pilocereus dautwitzii* zu *Espostoa lanata*. Hierzu hat sich bereits WERDERMANN ausführlich geäußert: „Über die Klärung der Frage, ob der *Pilocereus dautwitzii* mit dem *C. lanatus* identisch sei, ist schon viel Tinte geflossen, und die Meinungen der einzelnen Autoren gingen sehr weit auseinander, da von beiden keine Originale und auch kein Material vorliegt. Ich halte es für besser, den umstrittenen Namen *P. dautwitzii* fallen zu lassen, wegen der Unmöglichkeit, die Arten einwandfrei zu klären" (WERDERMANN, S. 72, in „Neue Kakteen" 1931).

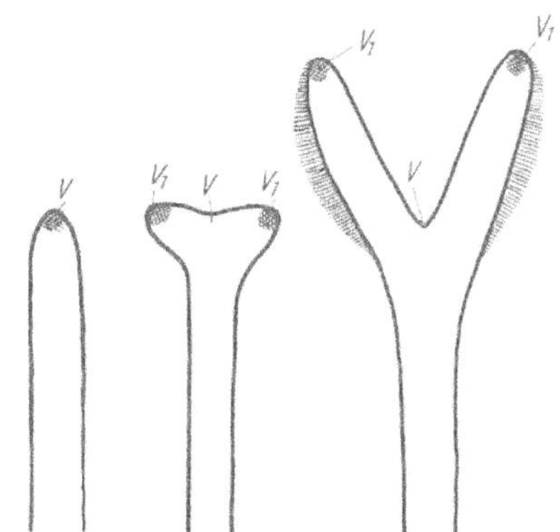

Abb. 229. Schema der gabeligen Verzweigung bei *Espostoa lanata*; *V* ursprünglicher Sproßscheitel; V_1 neue Sproßscheitel

Wie schon in Teil I ausgeführt worden ist, neigt *E. lanata* viel stärker zur Cristabildung als *E. melanostele*. Auch sonst treten eine Reihe von Mißbildungen auf, wie z. B. eine „Gabelung" der Triebe (Abb. 68, rechts), wobei die beiden Gabeläste jeder für sich ein Cephalium ausbilden (Abb. 228, III). Diese für Säulenkakteen recht eigenartige Verzweigung dürfte wohl damit zu erklären sein, daß das Scheitelmeristem unter Verbreiterung zunächst zur Cristabildung schreitet (Abb. 229, mittlerer Trieb), der ursprüngliche Vegetationspunkt (*V*) dann sein Wachstum einstellt, während sich an der Peripherie der Scheitelverbreiterung zwei neue Vegetationspunkte (V_1) herausdifferenzieren, die als normale Triebe weiterwachsen (Abb. 228, III und Schema Abb. 229).

Auch Doppelcephalien treten wesentlich häufiger auf als bei *E. melanostele*.

Espostoa laticornua Rauh et Backbg. nov. spec. (Abb. 69, oben; Abb. 228, III—IV; Abb. 230, I—II)

Eine von *E. lanata* erheblich abweichende Wuchsform besitzt *E. laticornua*. Einmal bleibt die Pflanze viel niedriger — sie erreicht maximal eine Höhe bis zu 2 m — zum anderen sind die Kandelaber weit ausladend, da die einzelnen Seitenäste nicht von Anfang an steil aufgerichtet sind, sondern bogenförmig nach oben streben.

Das Verzweigungsbild ist deshalb viel unregelmäßiger (s. Abb. 69, oben). Auch sind die Blüten größer als bei *E. lanata*, und die äußeren Perigonblätter zeichnen sich durch eine auffallend grüne Färbung aus.

Wie *E. lanata* ist auch diese Art hinsichtlich der Bestachelung und Stachelfarbe recht variabel, so daß mehrere Formen zu unterscheiden sind.

var. *typica* Rauh et Backbg. nov. var. (Abb. 69, oben; Abb. 228, V; Abb. 230, I—II)

Pflanze 1,5—2 m hoch, reich verzweigt, mit kurzem, bis 50 cm hohem und 30 cm dickem Stamm; Seitenäste breit ausladend und bogenförmig aufsteigend, sich nicht nur an ihrer Basis, sondern auch höher verzweigend, bis 10 cm dick, mit 16—25, ca. 1 cm breiten, hellgrünen Rippen; Areolen dichtstehend, 0,3—0,5 cm im ⌀, weißfilzig, mit zahlreichen, blaßgelben, dünnen, bis 1 cm langen Randstacheln und zahlreichen weißen Wollhaaren; Wolle nur im Scheitel dichter, ältere Triebabschnitte verkahlend, so daß Sproßachse und Areolen deutlich sichtbar werden; Zentralstacheln 1—2, sehr derb, bis 10 cm lang, waagerecht abstehend oder leicht abwärts gekrümmt, bernsteingelb; Cephalium maximal bis 50 cm lang, breit und dicht, oft mehr als $^1/_3$ des Sproßumfanges einnehmend, mit gelblichweißer bis gelblich-bräunlicher Wolle; Blüten bis 6 cm lang, geöffnet bis 5 cm im ⌀, mit dicker (Basis 1,5 cm im ⌀, Mitte 2 cm im ⌀), sich spitzenwärts trichterig erweiternder Röhre; Schuppenblätter locker stehend, mit kurz dreieckigen, schmutzig-weinroten, freien Abschnitten, in den Achseln lang-seidige Wollhaare tragend; äußere Perigonblätter unterseits lebhaft grün, mit dunkelolivgrünem Mittelstreifen, oberseits weiß, etwas gefältelt, die inneren weiß, 2,5 cm lang, 1,3 cm breit, gegen die Spitze zu verbreitert und fein gezähnelt, etwas gefältelt; Fruchtknotenhöhle halbkugelig, 0,7 cm im ⌀; Nektarkammer kurz (0,8 cm) und sehr weit (1,2 cm im ⌀), durch die Filamentbasen gewulstet; innerer Staubblattkreis einfach; die Basen der sehr derben Filamente der 26—28 Staubblätter miteinander vereinigt (Abb. 230, II), der darauffolgende 2. Staubblattkreis ca. 1 mm höher ansetzend, locker und nur aus ca. 10 Staubblättern bestehend; alle Filamente grünlichweiß; Staubbeutel blaßgelb; Griffel lang, dick, mit den gelblichgrünen Narben weit aus der Blüte herausragend; Blüten sich bei Einbruch der Dunkelheit öffnend und bei Sonnenaufgang schließend; Früchte

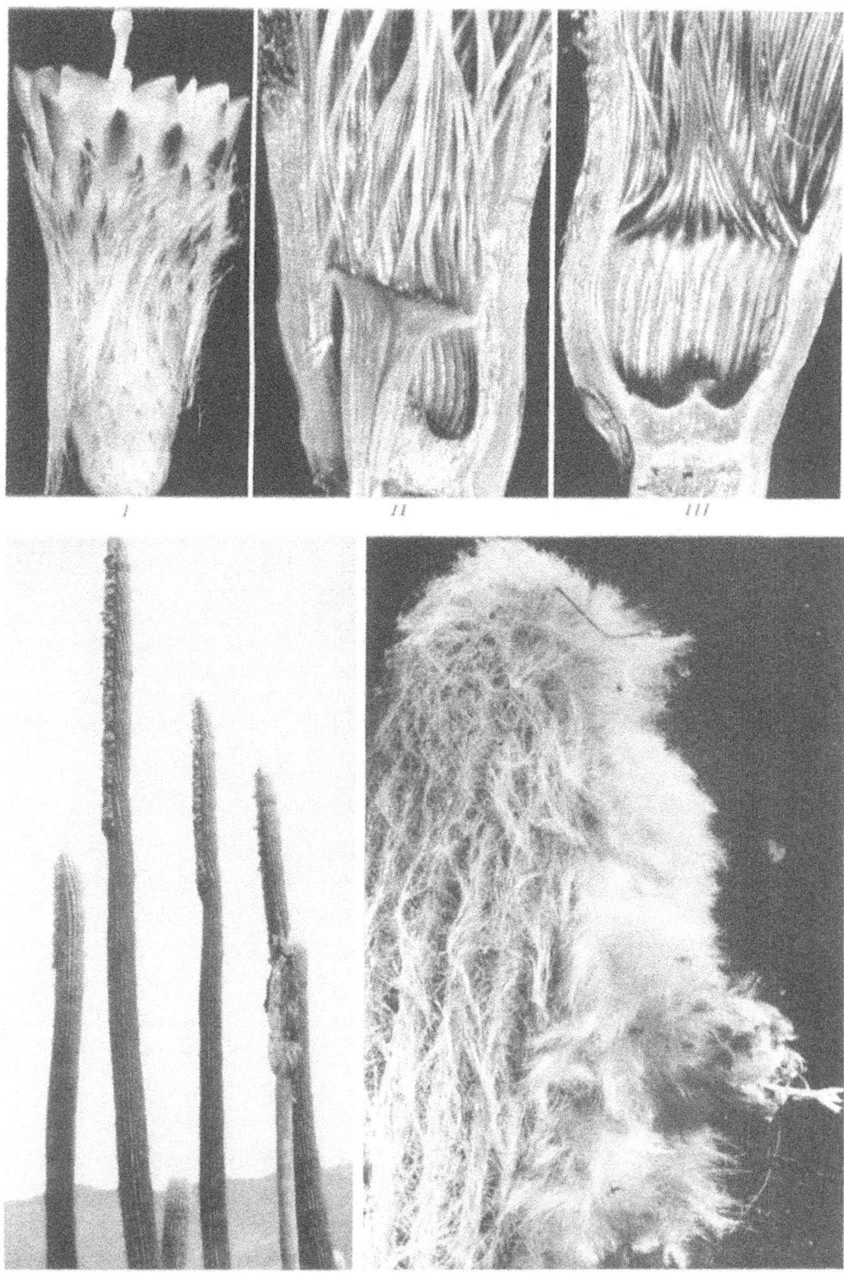

Abb. 230. I—II *Espostoa laticornua* var. *typica*; I Blüte, II dieselbe durchschnitten (der innere Staubblattkreis mit den vereinigten Filamentbasen ist nach vorn geklappt); III—V *E. procera*; III Längsschnitt durch die Blütenbasis; IV cephalientragende Triebe; V blühender Trieb

birnenförmig, ca. 4 cm lang, blaß-karminrot, locker beschuppt; Samen wie bei *E. lanata* schwarz-glänzend.

Planta 1,5—2 m alta, ramosissima caule brevi usque 50 cm alto, 30 cm crasso; rami ample patentes et arcuatim adscendentes, non solum basi sed etiam superiore parte se ramificantes, usque 10 cm crassi costis 16—25, ca. 1 cm latis laete viridibus; areolae confertae 0,3—0,5 cm in ∅, albo-tomentosae aculeis marginalibus numerosis pallide flavis tenuibus usque 1 cm longis et pilis laneis albis, lana solum in vertice densior, in partibus senioribus caulis tam laxissima, ut caulis areolaeque conspicue visibiles sint; aculei centrales 1—2, solidissimi usque 10 cm longi, transverse patentes vel leniter deorsum curvati electri colore; cephalium maxime usque 50 cm longum latissimum et densum saepe plus quam partem tertiam amplitudinis caulis obtinens lana flavido-alba vel flavido-brunnescente; flores usque 6 cm longi, aperti usque 5 cm in ∅ tubo crassissimo (basi 1,5 cm in ∅, media 2 cm in ∅ metiente) apicem versus infundibuliformiter se amplificante; squamae bracteaneae laxe insertae parte libera brevi-trigona sordide rubra, in axillis longos pilos laneo-bombycinos ferentes; phylla perigonii exteriora subter laete viridia linea mediana atro-olivacea, supra alba, paullum plicatula, interiora alba, 2,5 cm longa 1,3 cm lata apicem versus dilatata et denticulata, paullum plicatula; cavum ovarii semiglobosum, 0,7 cm in ∅; nectarium breve (0,8 cm) et amplissimum (1,2 cm in ∅) basibus filamentorum torulatum; circulus staminum interior simplex, bases filamentorum solidiorum staminum 26—28 inter se connexae, circulus staminum secundus ca. 1 mm altius instructus laxus, solum ex staminibus 10 compositus; filamenta omnia viridi-alba; antherae pallide flavae; stylus longissimus, crassus, una cum stigmatibus flavido-albis ex flore longe prominens; flores prima nocte se aperientes, prima luce se claudentes; fructus pyriformes, ca. 4 cm longi pallide-punicei, laxe squamati; semina atronitida ut in *E. lanata*.

var. *atroviolacea* Rauh et Backbg. nov. var.

Wuchs wie beim Typus; Seitenäste aber steiler aufsteigend, so daß weniger stark ausladende Kandelaber resultieren; junge Triebe bis 10 cm dick, mit 16—20 dunkelgrünen Rippen; Areolen ca. 1 cm voneinander entfernt, 0,3—0,5 cm im ∅, weiß-filzig, im Alter grau; Randstacheln 25—35, dünn, spitz, bis 0,8 cm lang, im Neutrieb lebhaft purpurrot, im Alter hellbraunrot; Wollhaare auf den basalen Teil der Areole beschränkt, bis 2 cm lang, im Scheitel einen dichten, von den roten Stacheln untermischten Schopf bildend; Zentralstacheln 1, seltener 2, 4—6 cm lang, waagerecht abstehend oder schräg abwärts gerichtet, im Neutrieb dunkelschwarzrot, später braunrot, oft heller gezont, im Alter graurot, mit dunkler Spitze; Cephalienwolle reinweiß bis grünlichweiß.

Planta habitu ut in typo, sed ramis magis ardue adscendentibus, itaque candelabra minus ample ramosa formans; caules iuniores usque 10 cm crassi costis 16—20 atroviridibus; areolae ca. 1 cm inter se distantes, 0,3—0,5 cm in ∅ albo-tomentosae, senectute canae; aculei marginales 25—35, tenues acuti usque 0,8 cm longi, in caule novello laete purpurei, senectute laete rubiginosi; pili lanei ad basalem partem areolae restricti, usque 2 cm longi, in vertice penicillum densum aculeis laete rubris permixtum formantes; aculeus centralis unus, rarius duo, 4—6 cm longus, transverse patens vel oblique deorsum versus, in caule novello atroruber, postea rubiginosus, saepe laetius zonatus, senectute cano-ruber apice obscuro; lana cephalii candida vel virescenti-alba.

Diese nicht sehr häufige Varietät ist eine der prachtvollsten *Espostoen*, vor allem im Austrieb, wenn zu den fast schwarzen Stacheln die weiße Wolle kontrastiert.

Mit dieser dürfte wohl *E. ritteri* (nom. nud.) identisch sein.

var. *rubens* Rauh et Backbg. nov. var. (Abb. 228, IV)

Im Wuchs zwischen den beiden vorigen stehend; Randstacheln rötlich bis braunrot, junge Triebe daher braunrot erscheinend; Zentralstacheln 1—2, bis 8 cm lang, derb, bernsteingelb, mit rötlicher Spitze, oft dunkler gezont und mit helleren Strichen versehen, waagerecht abstehend oder leicht abwärts gekrümmt; Cephalienwolle reinweiß bis gelblichweiß.

Fundort: Huancabamba-Tal, atlantische Seite zwischen Pomahuaca und Chamaya, 2000—800 m; Sammelnummer: K 129 (1954).

Planta habitu inter duas species antecedentes posita; aculei marginales rubentes vel rubiginosi, itaque plantae iuniores rubiginoso colore; aculei centrales 1—2, usque 8 cm longi, rigidi, electri colore apice rufescente saepe obscurius zonati et laetius striati, transverse patentes vel leniter deorsum curvati; lana cephalii candida vel flavescenti-alba.

E. laticornua ist häufig im Tal des Rio Huancabamba östlich des Durchbruches durch den westlichen Ast der Westcordillere. Sie erscheint wenig unterhalb der Paßhöhe Alta Porculla (2144) bei 1900 m, anfangs in Gesellschaft von *Seticereus chlorocarpus*, *S. roezlii*, *S. icosagonus* und *Euphorbia weberbaueri*; in tieferen Lagen, zwischen 1300 und 900 m zusammen mit *Thrixanthocereus bloßfeldiorum* und *Armatocereus rauhii*. Bei Chamaya tritt *E. laticornua* zusammen mit der *E. lanata* von Huancabamba auf, wo die im Wuchs zwischen beiden bestehenden Unterschiede deutlich zum Ausdruck kommen. Auch im Flußtal des Marañon wurde *E. laticornua* noch festgestellt.

Espostoa procera Rauh et Backbg. nov. spec. (Abb. 43, links; Abb. 230, III—V)

Pflanze 5—7 m hoch (Abb. 43, links), mit steil aufstrebenden, wenig verzweigten, bis 15 cm dicken Sprossen; Primärsproß nahe der Basis verzweigt, so daß eine ausgeprägte Stammbildung unterbleibt; Säulen 16—25rippig; Areolen dichtstehend, weiß-filzig, mit zahlreichen, dünnen, gelblichen Randstacheln und weißen Wollhaaren, die im Scheitel einen dichten Schopf bilden, an älteren Triebabschnitten aber bald verschwinden; Zentralstacheln 1—2, 2—5 cm lang, an der Basis gelblich, mit roter Spitze; Cephalium bis 2 cm lang, mit gelblicher Wolle; Blüten 5—6 cm lang, geöffnet ca. 4 cm im ⌀; Röhre 1,6 cm dick, derb, locker mit Schuppenblättern besetzt; deren freier, karminroter Abschnitt kurz dreieckig, mit wenigen Haaren in den Achseln; äußere Perigonblätter unterseits an der Basis grünlich, an der Spitze braunrot, oberseits gelblichweiß; die inneren reinweiß, 1,4 cm lang, 0,9 cm breit, gegen die Spitze verbreitert und seicht eingebuchtet; Fruchtknoten von der Röhre leicht abgesetzt, mit halbkugeliger, 0,6 cm im ⌀ großer Höhle; Plazentarstränge lang und reich verzweigt; Nektarkammer kurz, 0,7 cm hoch und 1 cm weit, auf dem Querschnitt leicht abgeflacht, durch die Filamentbasen gewulstet; innere Staubblätter wenig zahlreich (ca. 30), lockerstehend, ihre derben, weißen Filamente an der Basis nicht miteinander vereinigt (Abb. 230, III; Gegensatz zu *E. lanata* und *E. laticornua*); Griffel dick, weiß, mit den 10—12, bis 3 mm langen, gelblichgrünen Narbenstrahlen die Perigonblätter weit überragend (Abb. 230, V); Früchte karminrot, beschuppt; Samen schwarzglänzend, etwas größer als bei *E. lanata*.

Fundort: Tal von Olmos-Canchaque bis zum Rio Saña-Tal bei 500 m, pazifische Anden-Seite (Nordperu); Sammelnummer: K 122 (1954); K 83 (1956).

Planta 5—7 m alta, caulibus ardue adscendentibus parum ramosis usque 15 cm crassis; caudex prope basim ramosus, itaque nulla formatio caulium praecipua ut in *E. lanata*; caules columniformes 16—25costatae; areolae confertae, albo-tomentosae aculeis marginalibus numerosis tenuibus flavescentibus et pilis laneis albis, qui in vertice penicillum densum album formant, sed partibus senioribus caulium mox pereunt; aculei centrales 1—2, 2—5 cm longi, basi flavescentes apice rubro; cephalium usque 2 cm longum lana flavescente; flores 5—6 cm longi, aperti ca. 4 cm in ⌀, tubus 1,6 cm crassus solidus squamis bracteaneis laxe obtectus, quarum pars libera brevi-trigona punicea, in axillis pilis paucis; phylla perigonii exteriora subter basi virescentia, apice rubiginosa, supra flavescenti-alba, interiora candida, 1,4 cm longa, 0,9 cm lata, apicem versus dilatata et leniter emarginata; ovarium constrictione leni a tubo separatum cavo semigloboso, 0,6 cm in ⌀; funiculi longi ramosissimi; nectarium brevissimum, 0,7 cm altum, 1 cm in ⌀ modice applanatum, basibus filamentorum torulatum; stamina interiora parum numerosa (ca. 30) laxe inserta, filamenta solida alba quorum bases inter se non coniunctae sunt; stylus crassus albus radiis stigmatis usque 3 mm longis flavido-viridibus phylla perigonii valde superans; fructus punicei squamati; semina atro-nitida, paullo maiora quam ea in *E. lanata*.

E. procera ist eine im Wuchs von den übrigen völlig abweichende Art. Besonders auffallend sind die langen, nur spärlich verzweigten, steil aufsteigenden Triebe mit ihren sehr langen Cephalien. Auch im Blütenbau bestehen Unterschiede zu *E. lanata*, vor allem in der lockeren Anordnung des inneren Staubblattkreises und der Ausbildung des langen, die Perigonblätter meist überragenden Griffels.

Aber auch in arealkundlicher Hinsicht nimmt *E. procera* eine Sonderstellung ein, denn sie ist bis jetzt die einzige, von der pazifischen Seite der Westanden her bekannte Art aus der Gruppe der Kandelaber-Epostoen. AKERS beschreibt zwar eine Art aus den Westanden unter dem Namen *E. dautwitzii* Hge. jr.[1], gibt aber weder eine genaue Standortsangabe noch eine ausführliche Diagnose, so daß nicht beurteilt werden kann, ob die von ihm erwähnte Pflanze identisch ist mit *E. procera*. Er weist zwar darauf hin, daß diese eine Mittelstellung zwischen *E. lanata* und *E. melanostele* einnimmt — was man von *E. procera* nicht behaupten kann —, daß sie aber karminrote Früchte und glänzende Samen besitzen soll.

E. procera ist im Olmos-Tal Begleitpflanze eines regengrünen Buschwaldes und vergesellschaftet mit *Neoraimondia gigantea, Armatocereus cartwrightianus, A. oligogonus, Haageocereus versicolor, Melocacteen*, sowie zahlreichen Sträuchern und kleinen Bäumen.

Über den Artwert der von JOHNSON in den Handel gebrachten *E. mocupensis* (nom. nud.) und *E. huanucensis* (nom. nud.) vermag ich kein Urteil zu fällen, da ausführliche Diagnosen nicht vorliegen und ich die Pflanzen am Standort selbst nicht aufsuchen konnte; sie gehören vermutlich beide in die „*lanata*"-Gruppe.

In pflanzengeographischer Hinsicht ist das Vorkommen der Kandelaber-Epostoen bei Huanuco (nördliches Zentralperu) besonders interessant, da es sich hier um den in Zentralperu am weitesten nach Osten vorgeschobenen Standort dieser Kakteengruppe handelt. Vermutlich stand dieses heute isolierte Vorkommen mit dem Hauptareal des Huancabamba- und Marañon-Tales in Verbindung. Wie weit *E. lanata* im Tal des Marañon flußaufwärts nach Süden vordringt, ist leider nicht bekannt.

---

[1] Cactus and Succ. Journ. of America, Bd. XIX, 1947.

Cephalocacti Backbg.

Kugelkakteen mit Scheitelcephalium.

Melocactus Lk. et Otto (syn.: *Cactus* Lk.)

Körper kugelig bis zylindrisch; Areolen in Orthostichen angeordnet; Cephalium scheitelständig, kurz bis lang-zylindrisch; Blühareolen mit dichter, von längeren Borsten durchsetzter Wolle, in Parastichen; Tagblüher; Blüten klein, karminrot, in Scheitelnähe stehend, sich am späten Nachmittag voll entfaltend und von Kolibris bestäubt; Früchte zinnober- bis karminrot, keulig, mit glänzend-glatter Epidermis, in der Cephalienwolle heranreifend. Sie werden durch den Druck, den die zusammengepreßte Wolle der Blühareolen auf sie ausüben, aus dem Cephalium herausgepreßt und fallen zu Boden.

Von allen *Cactaceen*-Gattungen besitzt *Melocactus* das größte Verbreitungsgebiet. Es erstreckt sich von Mexiko, Cuba, den Westindischen Inseln über Guatemala im Osten bis nach Ostbrasilien, und im Westen über Kolumbien bis nach Südperu (Tal von Nazca). Schon BERGER[1] (1926, S. 77) weist darauf hin, daß das Areal von *Melocactus* weitgehend mit dem der *Cephalocerei* zusammenfällt. Er folgert daraus, „eine Abstammung der *Melocacteen* von *Cephalocereus* als einen hoch entwickelten kaktoiden Zweig mit in den Bereich der Möglichkeit zu ziehen" (S. 76). Während BERGER sich recht vorsichtig ausdrückt, nimmt BACKEBERG es als gesichert an, daß die *Cephalocacti* einen Seitenast der *Cephalocerei* darstellen. Abschließende, durch konkrete Beweise gestützte Untersuchungen hierüber liegen jedoch nicht vor.

In Peru reicht das Verbreitungsgebiet von *Melocactus* von der ecuadorianischen Grenze bis in das Tal von Nazca als südlichstem Standort; die Gattung dringt demzufolge noch weiter nach Süden vor als *Espostoa*. Während *Melocactus* bisher nur von der Andenwestseite als Bewohner extrem trockner Felswüstengebiete und lichter, xerothermer Wälder bekannt war, konnten nun auch Vertreter für die östliche Abdachung der Westanden im Norden Perus festgestellt werden; im Tal von Olmos—Bellavista überschreitet *Melocactus* die Westanden und dringt weit nach Osten bis in das Marañon-Tal vor.

Das Gebiet Olmos—Canchaque ist für die Kakteenverbreitung und -wanderung überhaupt ein bemerkenswerter pflanzengeogra-

[1] BERGER, A.: Die Entwicklungslinien der Kakteen. Jena, 1926.

phischer Punkt. Über die hier sehr niederen Pässe hinweg kann eine Ausbreitung von West nach Ost und umgekehrt erfolgt sein. So finden sich gerade in diesem Gebiet mehrere Gattungen sowohl auf der westlichen Abdachung der Westanden als auch auf ihren Ostabhängen. Es sind dies: *Monvillea*, *Espostoa* („*lanata*"-Gruppe), *Armatocereus*, *Seticereus* und *Melocactus*.

Die Klassifizierung der *Melocacteen* bereitet recht große Schwierigkeiten, da im Bau, in der Färbung der Blüten, sowie der Früchte keine wesentlichen Unterschiede zwischen den einzelnen Arten bestehen; sie kann deshalb nur nach morphologischen Merkmalen des Vegetationskörpers, nach der Art der Bestachelung und der Form des Cephaliums vorgenommen werden. Aber auch hier stößt man auf Schwierigkeiten, da die einzelnen Arten eine große Variationsbreite aufweisen.

Melocactus peruvianus Vpl.[1] (syn. *M. townsendianus* hort.; Abb. 231, I—III)

Körper einzeln, selten verzweigt, fast kugelig, 10—15 cm im ⌀; Rippen 12—13, breit, flach; Areolen 1—1,5 cm voneinander entfernt; Randstacheln 7—8, bräunlich; Zentralstacheln (zuweilen fehlend) bis 4 cm lang; Cephalium kurz-zylindrisch, 6—8 cm lang, mit rötlichbraunen Borsten; Blüten rosa, karminrot, 2,5 cm lang; Früchte rot, 1—1,5 cm lang; Samen schwarz, mit grubiger Schale.

Typ-Standort: Rimac-Tal bei Chosica, 900 m, an der Lima-Oroya-Bahn.

M. peruvianus, ein konstanter Begleiter der unteren, nahezu niederschlagslosen Kakteenstufe, ist eine weit verbreitete Art mit einer großen Variationsbreite. Sie variiert sowohl hinsichtlich der Körperform und -größe als auch der Bestachelung (Anzahl der Stacheln und Stachelfarbe). Charakteristisch ist allein das flache, im Scheitel stark wollige, in älteren Abschnitten von rötlichen Stachelborsten durchsetzte Cephalium. Die Blüten besitzen ein flach ausgebreitetes Perigon.

Aus den zahlreichen Formen seien die folgenden ausgesondert, die sich hinsichtlich der Bestachelung auffallend vom Typus unterscheiden und wohl als Varietäten aufzufassen sind:

var. *amstutziae* Rauh et Backbg. nov. var. (Abb. 231, IV—V)

Körper kurz-zylindrisch bis konisch, an der Basis ca. 13 cm dick, an der Spitze 9—10 cm, mit ± 13 graugrünen, 2,5 cm breiten, 1—1,5 cm hohen Rippen; Areolen rundlich, grau-filzig; Zentralstachel fehlend; Randstacheln beiderseits 4, bis 2,5 cm lang, schwach gebogen, dunkelbraun, oberseits stark abgeflacht und

[1] „Cactaceae andinae" in Engl. Botan. Jahrb. 50, Beibl. 111 (1913).

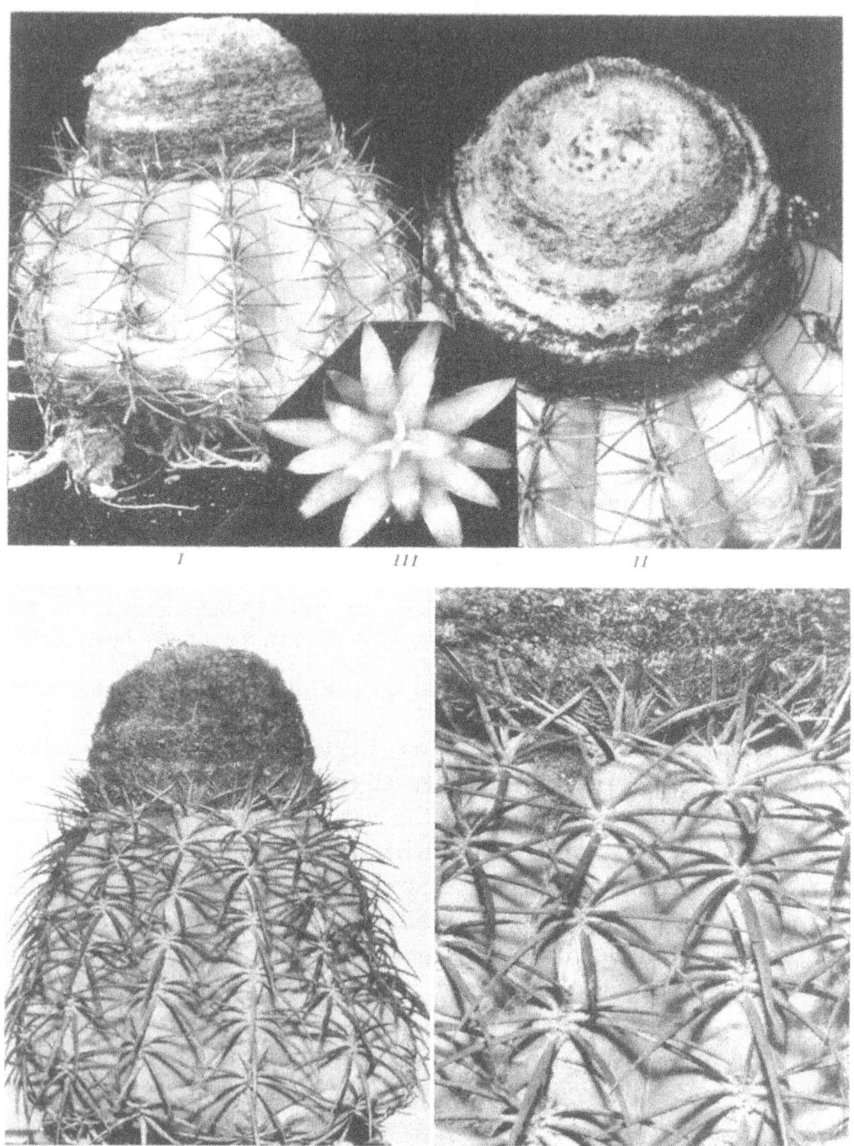

Abb. 231. *Melocactus peruvianus* Vpl. I Habitus; II Cephalium; III Einzelblüte; IV—V var. *amstutziae* Rauh et Backbg.; IV Habitus; V Ausschnitt aus dem Körper

fast kantig (Abb. 231, IV—V); Cephalium kurz-zylindrisch, 5—6 cm lang, ca. 7 cm im ⌀; Cephalienwolle von zahlreichen, karminroten Borsten durchsetzt; Blüten karminrot; Früchte dunkelkarminrot, 1,5 cm lang.

Fundort: Rimac-Tal, Zentralperu, Höhe?; leg. Dr. AMSTUTZ (AMSTUTZ Nr. 1, 1955).

Planta brevi-cylindrica vel conica basi ca. 13 cm, apice 9—10 cm crassa costis ± 13 cano-viridibus, 2,5 cm latis, 1—1,5 cm altis; areolae rotundulae cano-tomentosae; aculeus centralis absens; aculei marginales utroque 4, usque 2,5 cm longi leniter curvati atrobrunnei supra valde applanati et fere angulati; cephalium brevi-cylindricum 5—6 cm longum, ca. 7 cm in ∅; lana cephalii setis numerosis puniceis permixta; flores punicei; fructus atropunicei 1,5 cm longi.

Diese Varietät weicht vom Typus durch das Fehlen der Mittelstacheln, die stark abgeflachten Randstacheln und das stärker verlängerte Cephalium ab.

var. *lurinensis* Rauh et Backbg. nov. var. (Abb. 232, oben)

Körper flach-kugelig bis kurz-zylindrisch, bis 10 cm hoch und ca. 10 cm im ∅, mit 11—13, graugrünen, schmalen, stumpfen Rippen; Areolen dichtstehend; Randstacheln 8—10, sehr derb, im Neutrieb schokoladenfarbig, im Alter grau, zur Areolenbasis an Größe zunehmend, stark hakenförmig abwärts gekrümmt, an der Spitze nicht selten eingerollt, sich mit denen der Nachbarareolen verflechtend; Zentralstachel (häufig fehlend) bis 4 cm lang, sehr derb, abwärts gekrümmt; Cephalium flach, bis 6 cm hoch, 5—6 cm im ∅, weiß-wollig, untermischt mit derben, roten Borsten; Blüten karminrot, 0,8 cm im ∅, mit zurückgeschlagenen Perigonblättern; Früchte karminrot, ca. 2 cm lang, leicht gekrümmt.

Fundort: Lurin-Tal (südlich Lima), 1000 m, steinige Terrassen; Sammelnummer: K 179 (1956); und Eulalia-Tal, bei 1000 m; Sammelnummer: K 21 b (1956).

Planta plano-globosa vel brevi-cylindrica, usque 10 cm alta, 10 cm in ∅, costis 11—13 cano-viridibus angustis obtusis; areolae confertae; aculei marginales 8—10, solidissimi, in caule novello badii, senectute cani, basim areolae versus se magnificantes, valde uncinatim deorsum curvati, haud raro apice inclinati, cum illis areolarum proximarum se implectentes; aculeus centralis (saepe absens) usque 4 cm longus, solidissimus deorsum curvatus; cephalium planum usque 6 cm altum, 5—6 cm in ∅, albo-tomentosum setis rigidis rubris permixtum; flores punicei, 0,8 cm in ∅, phyllis perigonii reclinatis; fructus punicei, ca. 2 cm longi, leniter curvati.

var. *cañetensis* Rauh et Backbg. nov. var. (Abb. 232, unten) besitzt ähnlich derbe, sich miteinander verflechtende, aber nicht so stark gekrümmte Stacheln.

Körper kugelig bis kurz-zylindrisch, bis 15 cm hoch und 15 cm im ∅, mit 12—14 ca. 1,5 cm breiten und 1,5 cm hohen, graugrünen

Rippen; Areolen schmal, langgestreckt, mit auffällig gescheitelten Randstacheln; diese sehr derb, bis 2,5 cm lang, im Neutrieb rosa-

Abb. 232. I *Melocactus peruvianus* var. *lurinensis* Rauh et Backbg. Oben: junge Pflanze von oben; unten: var. *cañetensis* Rauh et Backbg., jüngere, zur Cephalienbildung schreitende Pflanze

farbig, im Alter grau, zum Körper hin gebogen und sich mit denen der Nachbarareolen verflechtend, beiderseits 3; median-adaxiale Stacheln 2—3, sehr kurz, der median-abaxiale sehr derb, waagerecht abstehend oder leicht abwärts gebogen; Mittelstachel fehlend; Cephalium bis 10 cm hoch und 10 cm im ∅, weiß-wollig, mit derben, im Neutrieb karminroten, im Alter braunroten Stachelborsten durchsetzt; Blüten karminrot, ca. 1 cm im ∅; Früchte karminrot bis 2 cm lang.

Fundort: Tal des Rio Cañete (Südperu) bei 800 m; Sammelnummer: K 168.

Diese Varietät gehört zu den am weitesten nach Südperu vordringenden *Melocacteen*.

Planta aculeis similiter solidis, inter se implectentibus sed non tam valde curvatis instructa, globosa vel brevi-cylindrica, usque 15 cm alta, 15 cm in ∅, costis 12—14 ca. 1,5 cm latis, 1,5 cm altis cano-viridibus; areolae angustae porrectae aculeis marginalibus verticiformiter conspicue partitis, utroque tribus, rigidissimis usque 2,5 cm longis, in caule novello roseis, senectute canis, caulem versus curvatis, cum illis areolarum proximarum se implectentibus; aculei mediano-adaxiales 2—3, brevissimi, mediano-abaxialis rigidissimus transverse patens vel leniter deorsum curvatus; aculeus centralis absens; cephalium usque 10 cm altum, 10 cm in ∅, albo-tomentosum setis acicularibus rigidis in caule novello puniceis, senectute rubiginosis permixtum; flores punicei ca. 1 cm in ∅; fructus punicei usque 2 cm longi.

Melocactus jansenianus Backbg.[1]

Körper kugelig, im Alter verlängert, ca. 13 cm im ∅; Rippen 10, sehr flach, 2—3 cm breit; Areolen leicht eingesenkt, mit 8 schwärzlichen, zum Körper hin gebogenen, 2—3 cm langen Randstacheln; Mittelstachel 1, bis 3 cm lang, schwärzlich, aufwärts gebogen; alle Stacheln kräftig, in der Jugend braunrot, im Alter dunkelbraun bis schwarz, rund, an der Basis verdickt; Cephalium im Alter zylindrisch, bis 15 cm lang und 6 cm im ∅; Blühareolen mit gelblich-weißen Wollhaaren und längeren, rotbraunen Borsten; Blüten klein, violettrot; Früchte keulig, 15 mm lang, glatt, glänzend, dunkelkarminrot; Samen matt, schwarz, mit gerieft-punktierter Schale.

Typ-Fundort: Laredo (nahe Trujillo), Nordperu.

Melocactus fortalezensis Rauh et Backbg. nov. spec. (Abb. 21)

Körper zylindrisch, 10—20 cm lang und bis 10 cm im ∅, mit 9—11 (—12), ca. 2 cm breiten und 2 cm hohen, graugrünen Rippen; Areolen rundlich, graufilzig; Randstacheln ± 10, regelmäßig um die Areole angeordnet, im Neutrieb rosafarbig, mit rötlicher Spitze, im Alter grau bis schwarz werdend, sehr derb, 3—4 (—6!) cm lang, sich mit denen der Nachbarareolen zuweilen verflechtend, oft etwas gekrümmt; Zentralstacheln 1(—3), sehr derb, bis 6 cm lang, an der Basis leicht verdickt; Cephalium anfangs flach, im Alter zylindrisch, bis 10 cm lang und 6 cm im ∅, stark weiß-wollig,

[1] Diagnose und Abb. bei BACKEBERG, C.: Blätter für Kakteenforschung, 1935/2 und BRÜCKNER, E.: Melocacteen; Kakteenkunde, 1939, S. 65.

von dünnen, roten Borsten durchsetzt; Blüten karminrot, ca. 1 cm im ∅, mit flach ausgebreitetem Perigon; Früchte karminrot, ca. 2 cm lang.

Fundort: Tal des Rio Fortaleza zwischen 700 und 1000 m; Sammelnummer K 47 (1956).

Planta cylindrica 10—25 cm longa, 10 cm in ∅, costis 9—11 (—12) ca. 2 cm latis, 2 cm altis cano-viridibus; areolae rotundulae, cano-tomentosae; aculei marginales ± 10, circum areolam regulariter instructi, in caule novello rosei, apice rufescente, senectute canescentes vel nigrescentes, solidissimi, 3—4 (—6) cm longi, cum illis areolarum proximarum interdum se implectentes saepe parum curvati; aculei centrales 1 (—3) solidissimi usque 6 cm longi, basi modice incrassati; cephalium primum planum, senectute cylindricum usque 10 cm longum, 6 cm in ∅, valde albo-tomentosum, setis tenuibus rubris permixtum; flores punicei ca. 1 cm in ∅ perigonio plane expanso; fructus punicei, ca. 2 cm longi.

M. fortalezensis dürfte wohl auf Grund der im Alter langzylindrischen Cephalien in die engere Verwandtschaft von *M. jansenianus* gehören, unterscheidet sich von diesem aber durch die sehr derben, besonders an jüngeren Pflanzen bis 6 cm langen, an der Basis verdickten Stacheln.

Von allen westandinen Arten neigt diese am stärksten zur Verzweigung, d. h. zur doppel- und dreifachen Cephalienbildung; ja es wurde sogar Verzweigung des Cephaliums selbst beobachtet.

Melocactus trujillensis Rauh et Backbg. nov. spec. (Abb. 233, I)

Körper zylindrisch, bis 11 cm lang, sich spitzenwärts leicht verjüngend, an der Basis ca. 11 cm, an der Spitze ca. 8 cm im ∅; Rippen ± 10, hellgrün, ca. 2,5 cm breit, bis 1,5 cm hoch; Areolen ca. 2 cm voneinander entfernt, rundlich, graufilzig; Stacheln hellgrau-rötlich, glasig-durchsichtig, mit dunkelbrauner Spitze, sehr derb, etwas abgeflacht; Randstacheln 10—12, fast gerade, bis 2 cm lang, der median-abaxiale verlängert; Mittelstacheln 1—4 (meist 3), sehr derb, mit leicht verdickter Basis, schräg aufwärts gerichtet; Cephalium flach, 2—3 cm hoch (ob höher werdend?), bis 6 cm im ∅; Wolle von zahlreichen, hellkarminroten Borsten überragt; Blüten hellkarminrot, mit flach ausgebreitetem Perigon; Früchte karminrot, 2,8 cm lang, spitzenwärts keulig verdickt.

Fundort: Küstencordillere bei Trujillo, 200 m; leg. E. SCHÖN (SCHÖN Nr. 4, 1955).

Planta cylindrica usque 11 cm longa apicem versus se angustans, basi ca. 11 cm, apice ca. 8 cm in ∅; costae ± 10, laete virides, ca. 2,5 cm latae, ca. 1,5 cm altae; areolae ca. 2 cm inter se distantes rotundae, cano-tomentosae; aculei canescenti-rubescentes, vitreo-pellucidi apice atrobrunneo, solidissimi paullum applanati; aculei marginales 10—12 fere recti usque 2 cm longi, mediano-abaxialis elongatus; aculei centrales 1—4, plerumque 3 solidissimi basi modice incrassata, oblique erecti; cephalium planum 2—3 cm altum ca. 6 cm in ⌀; setae numerosae laete puniceae lanam superantes; flores laete punicei perigonio plane expanso; fructus punicei, 2,8 cm longi, apicem versus claviformiter incrassati.

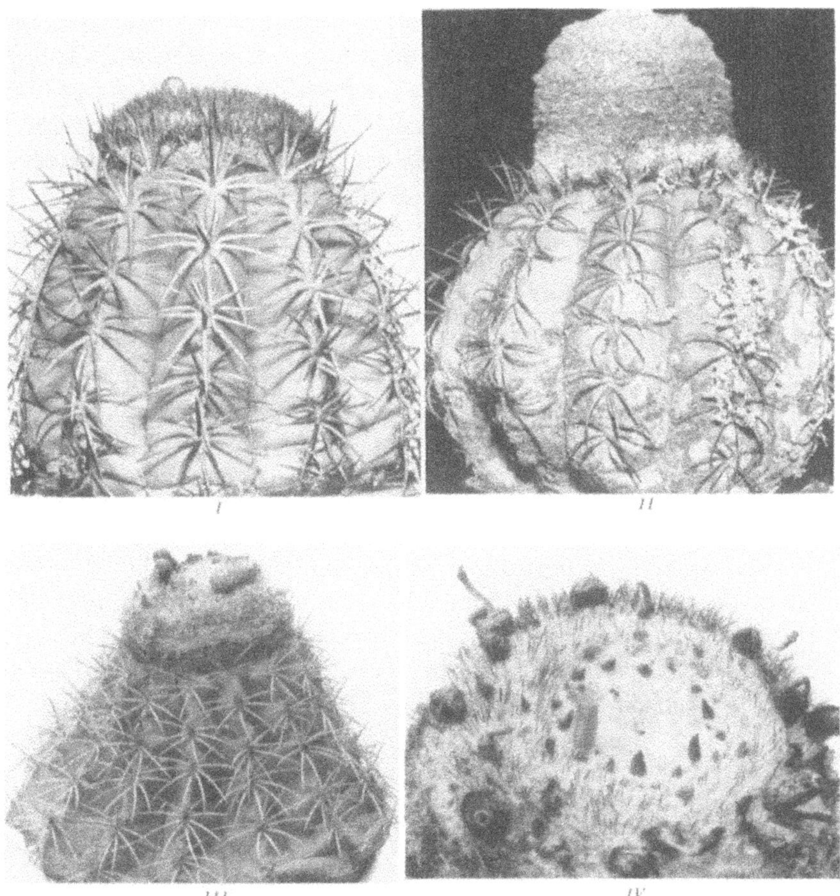

Abb. 233. *Melocactus trujillensis* Rauh et Backbg.; II var. *schoenii* Rauh et Backbg.; III—IV *M. huallancensis* Rauh et Backbg. (III—IV phot. C. Backeberg)

Mit den flachen Cephalien steht diese Art *M. peruvianus* nahe, unterscheidet sich von diesem aber durch den gestreckten Wuchs und die zahlreichen Mittelstacheln.

Auch diese Art ist formenreich; so schickte mir E. Schön mehrere am gleichen Standort gesammelte Formen, solche mit stark abgeflachten Stacheln und mit fehlenden Mittelstacheln.

Eine der auffälligsten Formen ist die

var. *schoenii* Rauh et Backbg. nov. var. (Abb. 233, II)

Körper kugelig bis kurz-zylindrisch, 10—12 cm lang, ca. 10 cm im ⌀, mit ± 10 breiten, flachen, hellgrünen, bis 2,5 cm breiten Rippen; Areolen sehr klein, ca. 2 cm voneinander entfernt, mit ± 10, dünnen, 1,5—2 cm langen, rotbraunen, gekrümmten, dem Körper anliegenden Randstacheln und 1—4, schräg aufwärts gerichteten Zentralstacheln; alle Stacheln an der Basis verdickt; Cephalium im Alter kurz-zylindrisch, ca. 5 cm lang und 5 cm im ⌀, im Alter fast schwarz, an der wachsenden Spitze mit einem hervortretenden, weißen, zentralen Wollschopf.

Fundort: Küstenberge bei Trujillo; leg. E. Schön (Schön Nr. 1, 1955).

Planta globosa vel brevi-cylindrica, 10—12 cm longa, ca. 10 cm in ⌀, costis ± 10 planis laete viridibus usque 2,5 cm latis; areolae minimae, ca. 2 cm inter se distantes aculeis marginalibus ± 10, tenuibus 1,5—2 cm longis rubiginosis curvatis ad caulem appressis et aculeis centralibus 1—4 oblique erectis, omnibus basi incrassatis; cephalium senectute brevi-cylindricum, ca. 5 cm longum, 5 cm in ⌀, senectute fere atrum, apice crescente penicillo laneo prominulo albo centrali.

Melocactus huallancensis Rauh et Backbg. (Abb. 233, III—IV)

Körper blau-graugrün, zur Spitze hin leicht verjüngt, 8—10 cm hoch, an der Basis ca. 13 cm im ⌀, mit ± 14, bis 2 cm hohen, ziemlich scharfkantigen Rippen; Areolen elliptisch, 5 mm lang, ca. 2 cm voneinander entfernt, graufilzig; Randstacheln ± 10, beiderseits 4, bis 2 cm lang, leicht abwärts gekrümmt; der abaxial-mediane verlängert, bis 2,5 cm lang; der adaxial-mediane kürzer; alle Stacheln dünn, elastisch, rund, im Neutrieb blaßrötlich, im Alter grau; Zentralstacheln meist vorhanden, etwas derber, an der Basis leicht verdickt; Cephalium flach, bis 3 cm hoch (ob höher werdend?), bis 6,5 cm im ⌀, dicht weiß-wollig, nur mit vereinzelten, bräunlichroten Stacheln; Blüten karminrot, keulig aus dem Schopf hervortretend, sich nur wenig entfaltend; Perigonblätter kurz, fast aufrecht; Früchte karminrot, bis 2 cm lang.

Fundort: Santa-Tal bei Huallanca (westlich des Cañon de Pato), 1200 m, zusammen mit *Haageocereus zehnderi*; Sammelnummer: K 67a.

Planta cano-glauca apicem versus se angustans, 8—10 cm alta, basi ca. 13 cm in ⌀, costis ± 14 usque 2 cm altis acutangulis; areolae ellipticae, 5 mm longae ca. 2 cm inter se distantes cano-tomentosae; aculei marginales

± 10, utroque 4, usque 2 cm longi leniter deorsum curvati; aculeus abaxiali-medianus elongatus, usque 2,5 cm longus, adaxiali-medianus brevior; omnes aculei tenues flexibiles rotundi, in caule novello pallide rubescentes, senectute cani; aculei centrales plerumque adsunt, paullo solidiores, basi modice incrassati; cephalium planum usque 3 cm altum (vel altius fiens) usque 6,5 cm in ⌀, dense albolanosum tantum singulis aculeis rubiginosis; flores punicei e penicillo claviformiter orientes paullum se aperientes; phylla perigonii brevia fere erecta; fructus punicei usque 2 cm longi.

M. huallancensis weicht von den zentralperuanischen Arten durch die auffallend dünne Bestachelung und die eigenartigen, engröhrigen Blüten ab, wie sie bei keiner anderen Art in ähnlicher Ausbildung wieder angetroffen werden.

Melocactus unguispinus Backbg. nov. spec. (Abb. 234, I)

Körper graugrün, im Alter lang-zylindrisch, sich spitzenwärts etwas verjüngend, bis 20 cm lang, an der Basis 10—15 cm dick; Rippen 13—14, ca. 2 cm breit, 1,5 cm hoch, scharfkantig; Areolen 1,5 cm voneinander entfernt, oval; Randstacheln 8—12, sehr hart und derb an der Spitze häufig hakenförmig gebogen, die oberen bis 1 cm, die zur Areolenbasis hinweisenden bis 2,5 cm lang, rund; Zentralstacheln 1(—3), waagerecht abstehend, an der Basis verdickt; alle Stacheln rosafarbig, mit dunkler Spitze, im Alter hellgrau bereift; Cephalium bis 5 cm lang und bis 6 cm im ⌀, dicht weißwollig, nur an der Basis von wenigen, roten Borsten überragt; Blüten klein, hellkarminrot; Früchte leuchtend dunkelkarminrot, gerade, 1 cm lang, unterhalb des abgetrockneten Blütenrestes 0,5 cm im ⌀.

Fundort: Tal des Rio Piura, zwischen Morropon und Buenos Aires (Nordperu), als Begleitpflanze eines lichten, regengrünen Savannenwaldes, zusammen mit *Haageocereus versicolor*; Sammelnummer: K 73 (1956)

Planta cano-viridis, senectute longe cylindrica apicem versus paullum se angustans, usque 20 cm longa, basi 10—15 cm crassa; costae 13—14, ca. 2 cm latae, 1,5 cm altae acutangulae; areolae 1,5 cm inter se distantes ovales; aculei marginales 8—12, durissimi solidique, apice saepe uncinati, superiores usque 1 cm longi, ad basim areolae versi usque 2,5 cm metientes, rotundi; aculei centrales 1 (—3) transverse patentes, basi incrassati; omnes aculei rosei apice obscuriore, senectute canescenti-pruinati; cephalium usque 5 cm longum, usque 6 cm in ⌀, dense albo-lanatum, solum basi setis paucis rubris superatum; flores parvi, laete punicei; fructus lucido-atropunicei recti, 1 cm longi, infra residuum floris desiccati 0,5 cm in ⌀.

Die Pflanze wurde bereits 1931 von Backeberg am gleichen Standort gefunden und 1937 in „10 Jahre Kakteenforschung" ohne Beschreibung als *M. unguispinus* (nom. nud.) aufgeführt. Wir

Abb. 234. I *Melocactus unguispinus* Backbg.; II—III *M. bellavistensis* Rauh et Backbg., II jüngere, III ältere Pflanze

fanden sie 1956 am Typ-Standort wieder, so daß jetzt die Diagnose nachgeholt werden kann.

Melocactus bellavistensis Rauh et Backbg. nov. spec. (Abb. 73, unten; Abb. 234, II—III)

Körper saftig dunkel- bis blaugrün, im Alter bis zu 50 cm hoch und an der Basis bis zu 30(—40) cm dick, z. T. tief im Boden sitzend; Wurzeln flach unter der Erdoberfläche streichend, weit über 1 m lang; Rippen je nach Körpergröße zwischen 12—20, sehr schmal, scharfkantig (besonders an jungen Exemplaren), bis 3 cm hoch; Areolen länglich, weißlich, ca. 2 cm voneinander entfernt; Randstacheln 7, sehr dünn, hakig abwärts gebogen, 1—2 cm lang, im Neutrieb rötlich, im Alter hellgrau bereift; Zentralstachel fehlend; Cephalium bis zu 30 cm lang und 10 cm im ⌀, mit weißem Scheitel, Wolle von zahlreichen, leuchtend roten Borsten überragt, so daß das Cephalium insgesamt eine leuchtend rote Färbung annimmt; Blüten klein, 0,5 cm im ⌀, hellkarminrot; Früchte lebhaft karminrot, bis 4 cm lang, etwas gebogen.

Fundort: Huancabamba-Tal, zwischen Chamaya und Jaén, und am rechten Marañon-Ufer bei Bellavista (atlantische Andenseite, Nordperu), 500 m; Sammelnummer: K 137 (1954); K 73 und 79a (1956).

Planta saturate atroviridis vel glauca, senectute usque 50 cm alta, basi usque 30 (—40) cm crassa, partim profunde in solo sita; radices proxime infra superficiem terrae se plane extendentes, multo plus 1 m metientes; costae pro magnitudine inter 12 et 20, angustissimae acutangulae (praecipue in plantis iunioribus) usque 3 cm altae; areolae oblongae albidae ca. 2 cm inter se distantes; aculei marginales 7, tenuissimi, uncinati, 1—2 cm longi, in caule novello rubentes, senectute canescenti-pruinosi; aculeus centralis absens; cephalium usque ad 30 cm longum, 10 cm in ⌀, vertice albo, ceterum setis numerosis lucido-rubris superatum, itaque omnino lucido-rubrum; flores parvi, 0,5 cm in ⌀, laete punicei; fructus laete punicei usque 4 cm longi, paullum curvati.

M. bellavistensis ist wohl der größte unter den südamerikanischen Arten. In pflanzengeographischer Hinsicht ist sein Vorkommen auf der niederschlagsreicheren Andenostseite von besonderem Interesse. Er tritt hier in großen Beständen im Unterwuchs xerothermer Trockenwälder auf, sowie als Begleitpflanze von „Kakteenwäldern", in denen *Seticereus roezlii*, *Espostoa laticornua*, *E. lanata* und *Peireskia vargasii* vorherrschen. Die Art neigt stark zur Doppel-Cephalienbildung.

Die von F. Ritter gesammelte Pflanze FR 289 (*M. stenogonus* Krainz et Ritter, nom. nud.) dürfte wahrscheinlich hierher gehören.

Benutzte, nicht im Literaturverzeichnis zu Teil I und im Text des speziellen Teiles aufgeführte Literatur

BACKEBERG, C.: Die Sippe der *Loxanthocerei* Backbg. „Cactaceae", Jb. dtsch. Kakteenges. **1937**; einleitender Sonderteil. — Die Vorkommen der Sippe der *Loxanthocerei* Backbg. „Cactaceae", Jb. dtsch. Kakteenges. **1937 I**. — Über die Gattung *Binghamia* Br. et R. Kakteen und andere Sukkulenten **1937**, H. 3, 36—38. — Colored Cereae. Cactus and Succ. J. Amer. **9**, 89 (1937). — Cactaceae Lindley. Systematische Übersicht (Neubearbeitung) mit Beschreibungsschlüssel. „Cactaceae", Jb. dtsch. Kakteenges. **1941 II**, 1—80. — Zur Geschichte der Kakteen im Verlauf der Entwicklung des amerikanischen Kontinentbildes. „Cactaceae", Jb. dtsch. Kakteenges. **1942 II**, 1—72. — *Peruvocereus* Akers n. g. oder *Haageocereus* Backbg.? Sukkulentenkunde II. Jb. schweiz. Kakteenges. **1948**, 46—49. — Das Genus *Monvillea* Br. et R. Sukkulentenkunde II. Jb. schweiz. Kakteenges. **1948**, 49—56. — New ways in cactology, Teil III u. IV. Cactus and Succ. J. Amer. **21**, 83—84, 123—125 (1949). — Die *Loxanthocerei*-Sippe. Ein Gattungsschlüssel nach Nektariumuntersuchungen. Sukkulentenkunde III. Jb. schweiz. Kakteenges. **1949**, 3—9. — BUXBAUM, F.: Vorläufige Gedanken zur Phylogenie der *Loxanthocerei*. — Morphology of Cacti, Sect. II: Flower. Pasadena: Abbey Garden Press 1953. — KRAINZ, H.: Zur Gattung *Lobivia* Br. et Rose (1922). Sukkulentenkunde III. Jb. schweiz. Kakteenges. **1949**, 41—46. — KRAINZ, H., F. BUXBAUM u. W. ANDREAE: Die Kakteen (in Einzellieferungen). Stuttgart: Franckhsche Verlagshandlung 1956. — PORSCH, O.: Die Bestäubungseinrichtungen der *Loxanthocerei*. „Cactaceae", Jb. dtsch. Kakteenges. **1937 I**.

Ab Jahrgang 1948 erscheinen die „Sitzungsberichte" im Springer-Verlag.

Inhalt des Jahrgangs 1948:

1. P. Christian und R. Haas. Über ein Farbenphänomen. DM 1.50.
2. W. Blaschke. Zur Bewegungsgeometrie auf der Kugel. DM 1.—.
3. P. Uhlenhuth. Entwicklung und Ergebnisse der Chemotherapie. DM 2.—.
4. P. Christian. Die Willkürbewegung im Umgang mit beweglichen Mechanismen. DM 1.50.
5. W. Bothe. Der Streufehler bei der Ausmessung von Nebelkammerbahnen im Magnetfeld. DM 1.—.
6. W. Troll. Urbild und Ursache in der Biologie. DM 1.50.
7. H. Wendt. Die Jansen-Rayleighsche Näherung zur Berechnung von Unterschallströmungen. DM 2.40.
8. K. H. Schubert. Über die Entwicklung zulässiger Funktionen nach den Eigenfunktionen bei definiten, selbstadjungierten Eigenwertaufgaben. DM 1.80.
9. W. Schaaff. Biegung mit Erhaltung konjugierter Systeme. DM 1.80.
10. A. Seybold und H. Mehner. Über den Gehalt von Vitamin C in Pflanzen. DM 9.60.

Inhalt des Jahrgangs 1949:

1. H. Maass. Automorphe Funktionen und indefinite quadratische Formen. DM 3.60.
2. O. H. Erdmannsdörffer. Über Flasergranite und Böllsteiner Gneis. DM 1.20.
3. K. H. Schubert. Die eindeutige Zerlegbarkeit eines Knotens in Primknoten. DM 2.80.
4. K. Holldack. Grenzen der Herzauskultation. DM 4.20.
5. K. Freudenberg. Die Bildung ligninähnlicher Stoffe unter physiologischen Bedingungen. DM 1.—.
6. W. Troll und H. Weber. Morphologische und anatomische Studien an höheren Pflanzen. DM 7.80.
7. W. Doerr. Pathologische Anatomie der Glykolvergiftung und des Alloxandiabetes. DM 9.80.
8. W. Threlfall. Knotengruppe und Homologieinvarianten. DM 1.50.
9. F. Oehlkers. Mutationsauslösung durch Chemikalien. DM 3.80.
10. E. Sperner. Beziehungen zwischen geometrischer und algebraischer Anordnung. DM 3.—.
11. F. Heller. Ursus (Plionarctos) stehlini Kretzoi. DM 4.80.
12. W. Rauh. Klimatologie und Vegetationsverhältnisse der Athos-Halbinsel und der ostägäischen Inseln Lemnos, Evstratios, Mytiline und Chios. DM 10.50.
13. Y. Reenpää. Die Schwellenregeln in der Sinnesphysiologie und das psychophysische Problem. DM 1.60.

Inhalt des Jahrgangs 1950:

1. W. Troll und W. Rauh. Das Erstarkungswachstum krautiger Dikotylen, mit besonderer Berücksichtigung der primären Verdickungsvorgänge. DM 13.40.
2. A. Mittasch. Friedrich Nietzsches Naturbeflissenheit. DM 8.80.
3. W. Bothe. Theorie des Doppellinsen-β-Spektrometers. DM 1.90.
4. W. Graeub. Die semilinearen Abbildungen. DM 7.20.
5. H. Steinwedel. Zur Strahlungsrückwirkung in der klassischen Mesonentheorie. — Die klassische Mesondynamik als Fernwirkungstheorie. DM 1.80.
6. B. Haccius. Weitere Untersuchungen zum Verständnis der zerstreuten Blattstellungen bei den Dikotylen. DM 6.20.
7. Y. Reenpää. Die Dualität des Verstandes. DM 6.80.
8. Petersson. Konstruktion der Modulformen und der zu gewissen Grenzkreisgruppen gehörigen automorphen Formen von positiver reeller Dimension und die vollständige Bestimmung ihrer Fourierkoeffizienten. DM 9.80.

Inhalt des Jahrgangs 1951:

1. A. MITTASCH. Wilhelm Ostwalds Auslösungslehre. DM 11.20.
2. F. G. HOUTERMANS. Über ein neues Verfahren zur Durchführung chemischer Altersbestimmungen nach der Blei-Methode. DM 1.80.
3. W. RAUH und H. REZNIK. Histogenetische Untersuchungen an Blüten- und Infloreszenzachsen sowie der Blütenachsen einiger Rosoideen, I. Teil. DM 10.—.
4. G. BUCHLOH. Symmetrie und Verzweigung der Lebermoose. Ein Beitrag zur Kenntnis ihrer Wuchsformen. DM 10.—.
5. L. KOESTER und H. MAIER-LEIBNITZ. Genaue Zählung von β-Strahlen mit Proportionalzählrohren. DM 2.25.
6. L. HEFFTER. Zur Begründung der Funktionentheorie. DM 2.30.
7. W. BOTHE. Die Streuung von Elektronen in schrägen Folien. DM 2.40.

Inhalt des Jahrgangs 1952:

1. W. RAUH. Vegetationsstudien im Hohen Atlas und dessen Vorland. DM 17.80.
2. E. RODENWALDT. Pest in Venedig 1575—1577. Ein Beitrag zur Frage der Infektkette bei den Pestepidemien West-Europas. DM 28.—.
3. E. NICKEL. Die petrogenetische Stellung der Tromm zwischen Bergsträßer und Böllsteiner Odenwald. DM 20.40.

Inhalt des Jahrgangs 1953/1955:

1. Y. REENPÄÄ. Über die Struktur der Sinnesmannigfaltigkeit und der Reizbegriffe. DM 3.50.
2. A. SEYBOLD. Untersuchungen über den Farbwechsel von Blumenblättern, Früchten und Samenschalen. DM 13.90.
3. K. FREUDENBERG und G. SCHUHMACHER. Die Ultraviolett-Absorptionsspektren von künstlichem und natürlichem Lignin sowie von Modellverbindungen. DM 7.20.
4. W. ROELCKE. Über die Wellengleichung bei Grenzkreisgruppen erster Art. DM 24.30.

Inhalt des Jahrgangs 1956/1957:

1. E. RODENWALDT. Die Gesundheitsgesetzgebung des Magistrato della sanità Venedigs. 1486—1550. DM 13.—.
2. H. REZNIK. Untersuchungen über die physiologische Bedeutung der chymochromen Farbstoffe. DM 16.80.
3. G. HIERONYMI. Über den alternsbedingten Formwandel elastischer und muskulärer Arterien. DM 23.—.
4. Symposium über Probleme der Spektralphotometrie. Herausgegeben von H. KIENLE. DM 14.60.

Inhalt des Jahrgangs 1958:

1. W. RAUH. Beitrag zur Kenntnis der peruanischen Kakteenvegetation. DM 113.40.

GPSR Compliance
The European Union's (EU) General Product Safety Regulation (GPSR) is a set of rules that requires consumer products to be safe and our obligations to ensure this.

If you have any concerns about our products, you can contact us on

ProductSafety@springernature.com

In case Publisher is established outside the EU, the EU authorized representative is:

Springer Nature Customer Service Center GmbH
Europaplatz 3
69115 Heidelberg, Germany

www.ingramcontent.com/pod-product-compliance
Ingram Content Group UK Ltd.
Pitfield, Milton Keynes, MK11 3LW, UK
UKHW021901190726
13853UKWH00003B/1368